M. WALDMEIER

—

DIE SONNENKORONA
BAND II

LEHRBÜCHER UND MONOGRAPHIEN
AUS DEM GEBIETE
DER EXAKTEN WISSENSCHAFTEN

ASTRONOMISCH-GEOPHYSIKALISCHE REIHE · BAND V

DIE SONNENKORONA

BAND II

STRUKTUR UND VARIATIONEN DER MONOCHROMATISCHEN KORONA

VON

M. WALDMEIER

PROFESSOR AN DER EIDGENÖSSISCHEN TECHNISCHEN HOCHSCHULE
UND AN DER UNIVERSITÄT ZÜRICH

Springer Basel AG
1957

Ursprünglich erschienen bei Birkhäuser Verlag Basel, 1957.
Softcover reprint of the hardcover 1st edition 1987

ISBN 978-3-0348-6831-0   ISBN 978-3-0348-6830-3 (eBook)
DOI 10.1007/978-3-0348-6830-3

Im Andenken an

PROF. DR. WALTER GROTRIAN
1890—1954

Direktor des Astrophysikalischen Observatoriums Potsdam

VORWORT

Als der erste Band des Koronawerkes im Jahre 1951 erschien, lag auch der vorliegende zweite Band zu mehr als der Hälfte druckfertig vor. Dann aber setzten die Vorbereitungen für die Expedition nach dem Sudan ein zur Beobachtung der Korona anlässlich der totalen Sonnenfinsternis vom 25. Februar 1952. Vorbereitung und Durchführung dieses Unternehmens und später die Bearbeitung des umfangreichen eingebrachten Beobachtungsmaterials haben des Verfassers Zeit auf Jahre voll in Anspruch genommen, so dass erst jetzt die Vollendung des vorliegenden Bandes, das heisst die Abfassung der Kapitel V bis VIII, möglich geworden ist. Es ist vorgesehen, die reichhaltigen Ergebnisse der Finsternisexpedition in einem weiteren Band dieses Koronawerkes zu publizieren.

Der vorliegende Band enthält vor allem die Verarbeitung der im ersten Band mitgeteilten Beobachtungen an den Linien 5303 und 6374 Å zu heliographischen Karten und die Untersuchungen über die räumlichen und zeitlichen Variationen dieser Linien. In derselben Weise sind auch die Beobachtungen an der nur selten auftretenden Linie 5694 Å mitgeteilt und verarbeitet. Neben diesen mehr die «flächenhafte» Struktur der Korona über die Sonnenoberfläche zum Ausdruck bringenden Untersuchungen ist auch der räumlichen Struktur der Korona, das heisst ihrer Höhenentwicklung, in grossem Umfang Rechnung getragen durch die Beobachtung der sogenannten koronalen Kondensationen, durch Beobachtung der Umrissformen und vor allem durch die Aufnahme ganzer Isophotenbilder der monochromatischen Korona. Es sind hier jedoch nur solche Beobachtungen mitgeteilt, welche programmässig über längere Zeit, meist über einen ganzen elfjährigen Sonnenzyklus fortgeführt worden sind. Nur gelegentlich angestellte Beobachtungen werden in dem späteren Band über die «Physik der Korona» publiziert werden. Es hätte nahegelegen, an viele der aufgefundenen Gesetzmässigkeiten physikalische Erklärungen zu knüpfen oder aus denselben Schlüsse auf den physikalischen Zustand der Korona zu ziehen. Die strenge Beschränkung auf die beschreibende Mitteilung der Beobachtungsergebnisse erfolgte jedoch einerseits, um den Umfang dieses Buches nicht zu gross werden zu lassen, andererseits aber, um nicht dem Bande über die «Physik der Korona» vorzugreifen. Auf eine Rekapitulation des Inhaltes der einzelnen Kapitel glaubte der Verfasser verzichten zu können, weil die hier erhaltenen Ergebnisse in dem Band «Physik der Korona» verarbeitet und unter dem Hinweis auf die vorliegende ausführliche Publikation kurz zusammengefasst werden.

Beim Lesen der Korrekturen, anfangs 1956, sind verschiedene Tabellen, soweit dies möglich war und wünschbar erschien, bis zum Minimum der Sonnenaktivität 1954 fortgeführt worden, wodurch das Werk einen natürlichen Abschluss gefunden hat.

Für die unermüdliche Mitarbeit beim Entwerfen der zahlreichen heliographischen Karten dankt der Verfasser Herrn Dr. H. BACHMANN und für die Ausführung eines grossen Teiles der graphischen Arbeiten Herrn Ing. E. HUSMANN. Der vorliegende Band erscheint mit finanzieller Unterstützung der Wolf-Stiftung der Eidgenössischen Sternwarte. Für die Gewährung eines Sonderkredites für die umfangreichen graphischen Arbeiten ist der Verfasser Herrn Schulratspräsident Prof. Dr. H. PALLMANN besonders dankbar. Schliesslich dankt der Verfasser dem Verlag für die Sorgfalt und die gediegene Ausstattung, welche er dem Werk hat zukommen lassen.

Zürich, April 1954.   M. WALDMEIER

INHALTSVERZEICHNIS

V. *Koronale Kondensationen*

VI. *Isophotendarstellungen der Korona*

VII. *Polarkarten der Korona*

VIII. *Heliographische Karten der Korona*

I. KAPITEL

DAS VERHALTEN DER KORONALINIE 5694 Å

Wenn wir die Betrachtungen über die Koronalinie 5694 Å, die sogenannte gelbe, an den Anfang stellen, so geschieht dies einesteils, weil das Verhalten dieser Linie besonders einfachen Gesetzmässigkeiten folgt und deshalb grundlegend ist für die späteren Betrachtungen über das weniger einfache Verhalten der sogenannten grünen Linie 5303 Å und der sogenannten roten 6374 Å, andernteils auch weil von diesen drei regelmässig beobachteten Linien die Beobachtungen der grünen und der roten bereits in Band I publiziert sind, so dass durch die Voranstellung der gelben Linie die im ersten Band begonnene Veröffentlichung des Beobachtungsmaterials ergänzt wird. Die Beobachtungen der gelben Linie aus den Jahren 1940–1943 haben bereits eine zusammenfassende Bearbeitung gefunden[1]. Die in jener Arbeit abgeleiteten, das Verhalten der gelben Linie charakterisierenden Eigenschaften werden durch das viel reichhaltigere Beobachtungsmaterial ab 1946, speziell aus den Jahren des Sonnentätigkeitsmaximums 1947/48, in allen Punkten bestätigt. Dieses Kapitel ist Ende 1950 geschrieben worden. Beim Lesen der Korrekturen wurden die Tabellen bis zum Sonnenfleckenminimum 1954 ergänzt.

1. *Die Beobachtungen der Linie 5694 Å*

sind in den Abbildungen 1 bis 10 in graphischer Form mitgeteilt, in Anlehnung an die im ersten Band publizierten Beobachtungen der grünen und roten Linie. In den dabei verwendeten Diagrammen repräsentiert der Kreis den Sonnenrand. Im Gegensatz zur grünen und roten Linie, welche meistens längs des ganzen Sonnenrandes oder mindestens über grössere Bereiche desselben sichtbar sind, tritt die gelbe Linie nur vereinzelt auf und immer nur in eng begrenzten Gebieten, nie in der Polarzone. Deshalb sind in den Diagrammen, in welchen die Sonnenachse vertikal, der Sonnenäquator horizontal verläuft, die Polarzonen weggelassen worden. Bezüglich der Orientierung der Diagramme sei noch bemerkt, dass Osten links und Norden oben liegt. Am Sonnenrand sind die heliographischen Breiten von 10° zu 10° eingetragen. Die Stellen, an denen die Linie 5694 Å aufgetreten ist, sind durch schwarze Flächen dargestellt. Die Höhe dieser Fläche vom Sonnenrand aus gemessen gibt die Intensität an dem betreffenden Positionswinkel in einem Abstand von rund 30″ vom Sonnenrand. Das Innere

---

[1] M. WALDMEIER, *Das Verhalten der Koronalinie 5694* Å, Astron. Mitt. Zürich, Nr. 146 (1946).

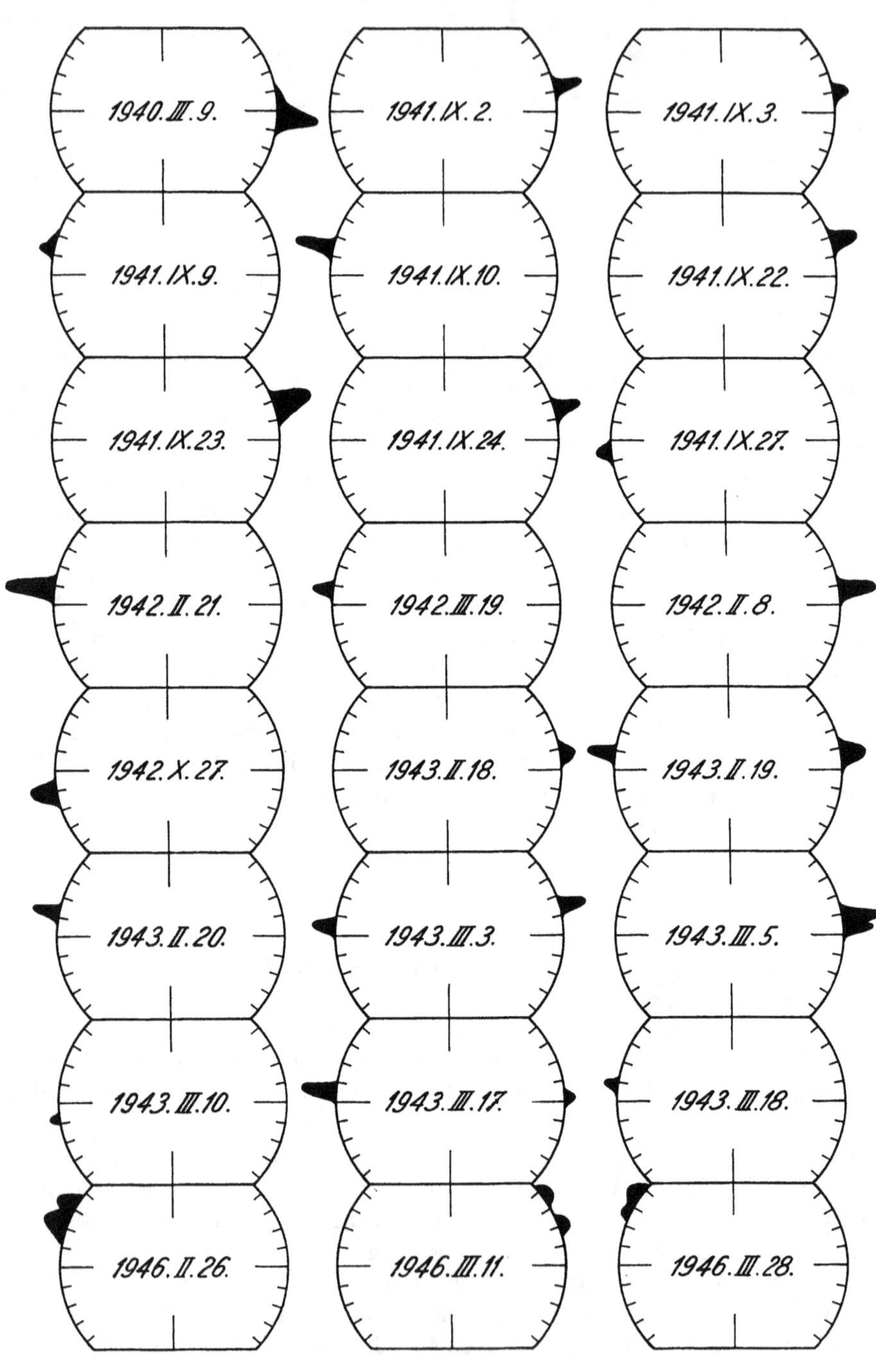

Abbildung 1. Intensitätsverteilungen der Koronalinie 5694 Å.

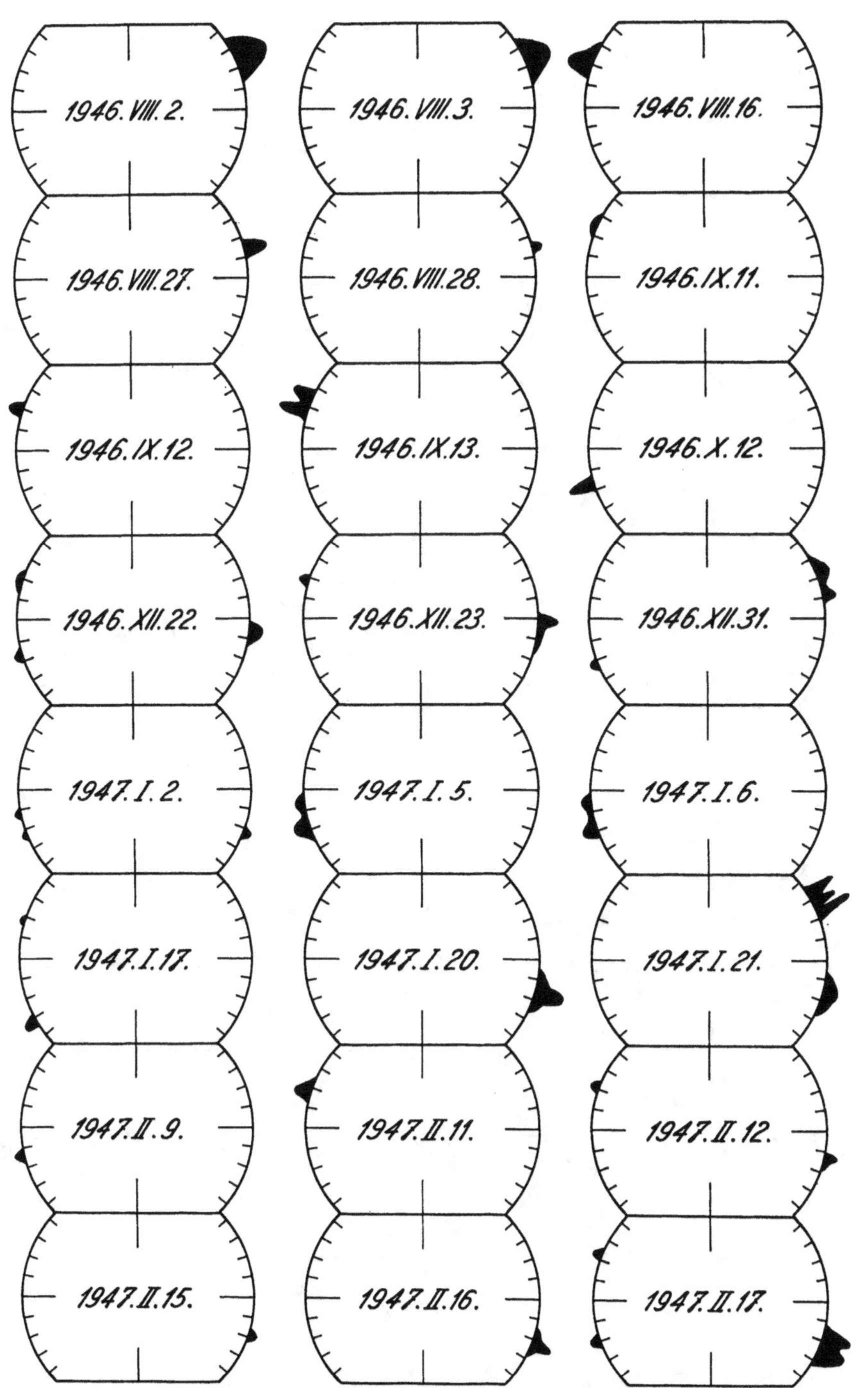

Abbildung 2. Intensitätsverteilungen der Koronalinie 5694 Å.

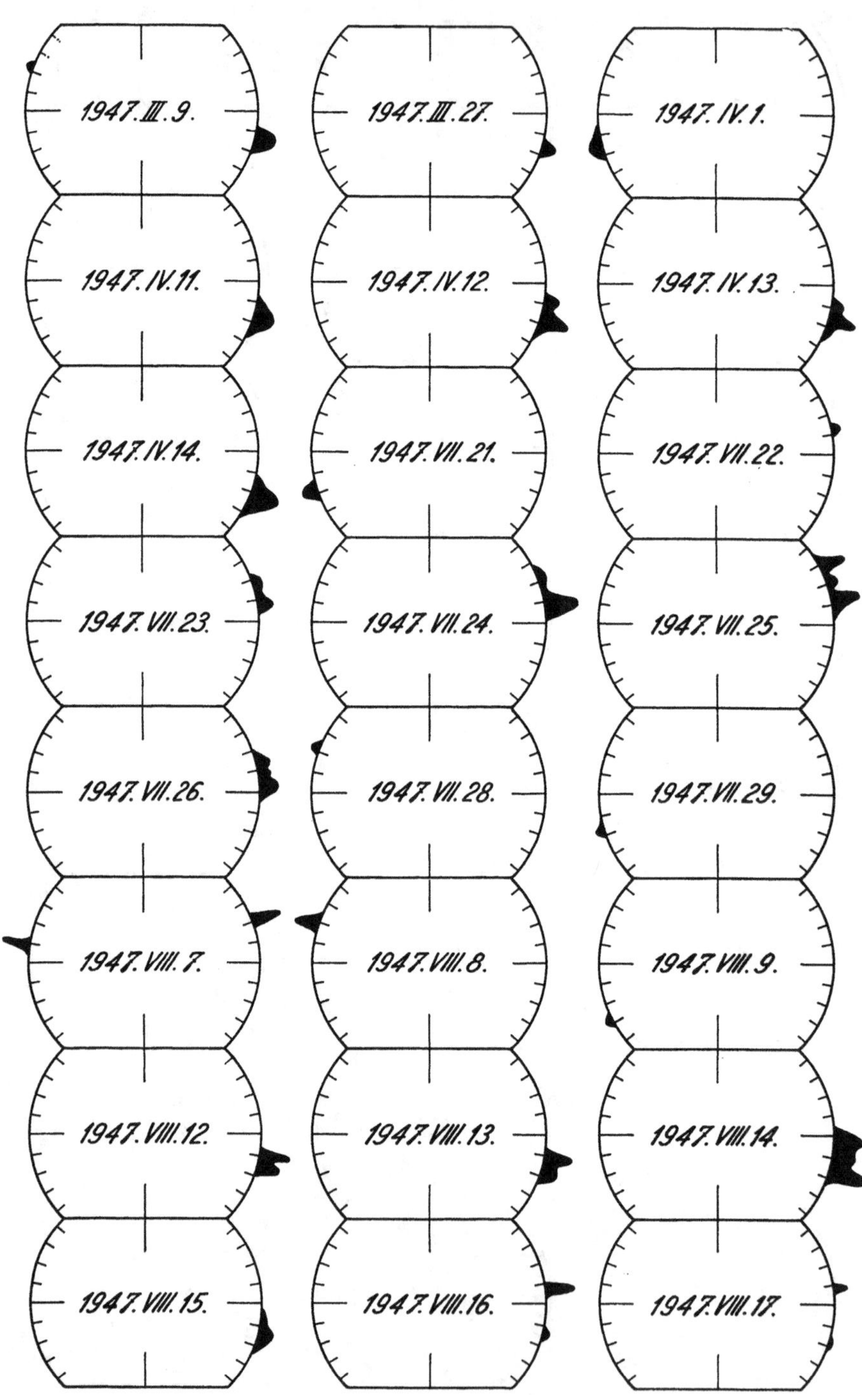

Abbildung 3. Intensitätsverteilungen der Koronalinie 5694 Å.

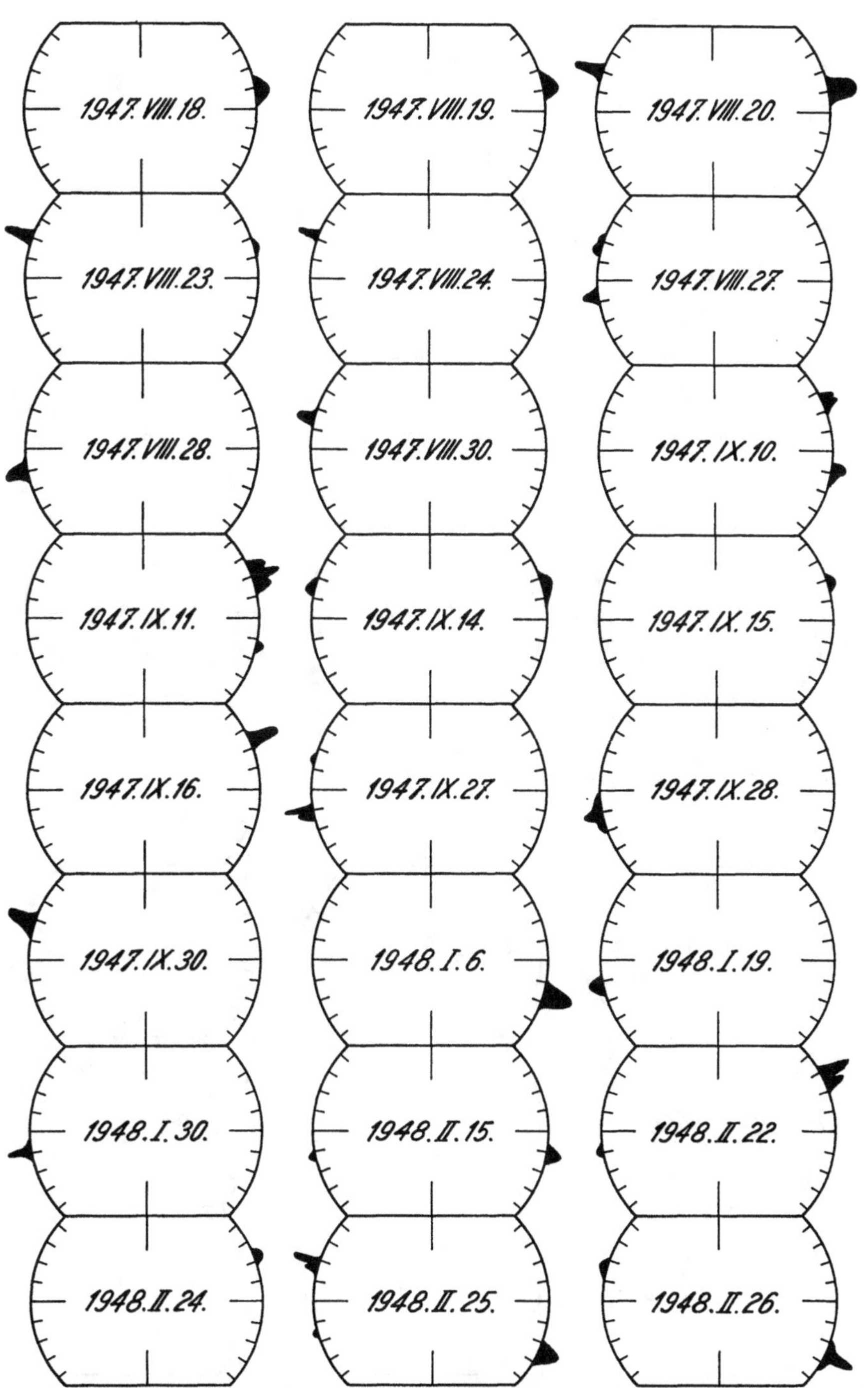

Abbildung 4. Intensitätsverteilungen der Koronalinie 5694 Å.

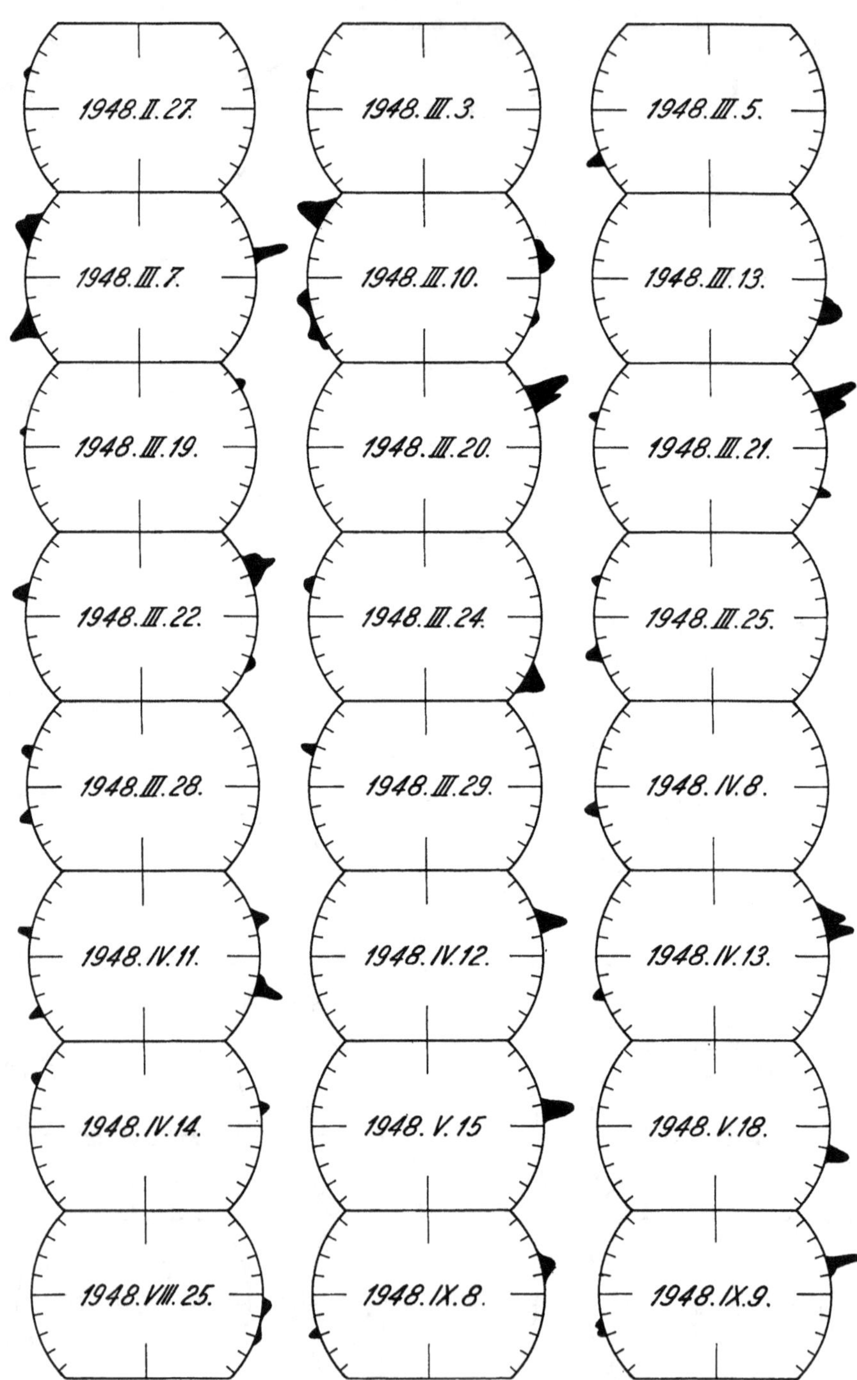

Abbildung 5. Intensitätsverteilungen der Koronalinie 5694 Å.

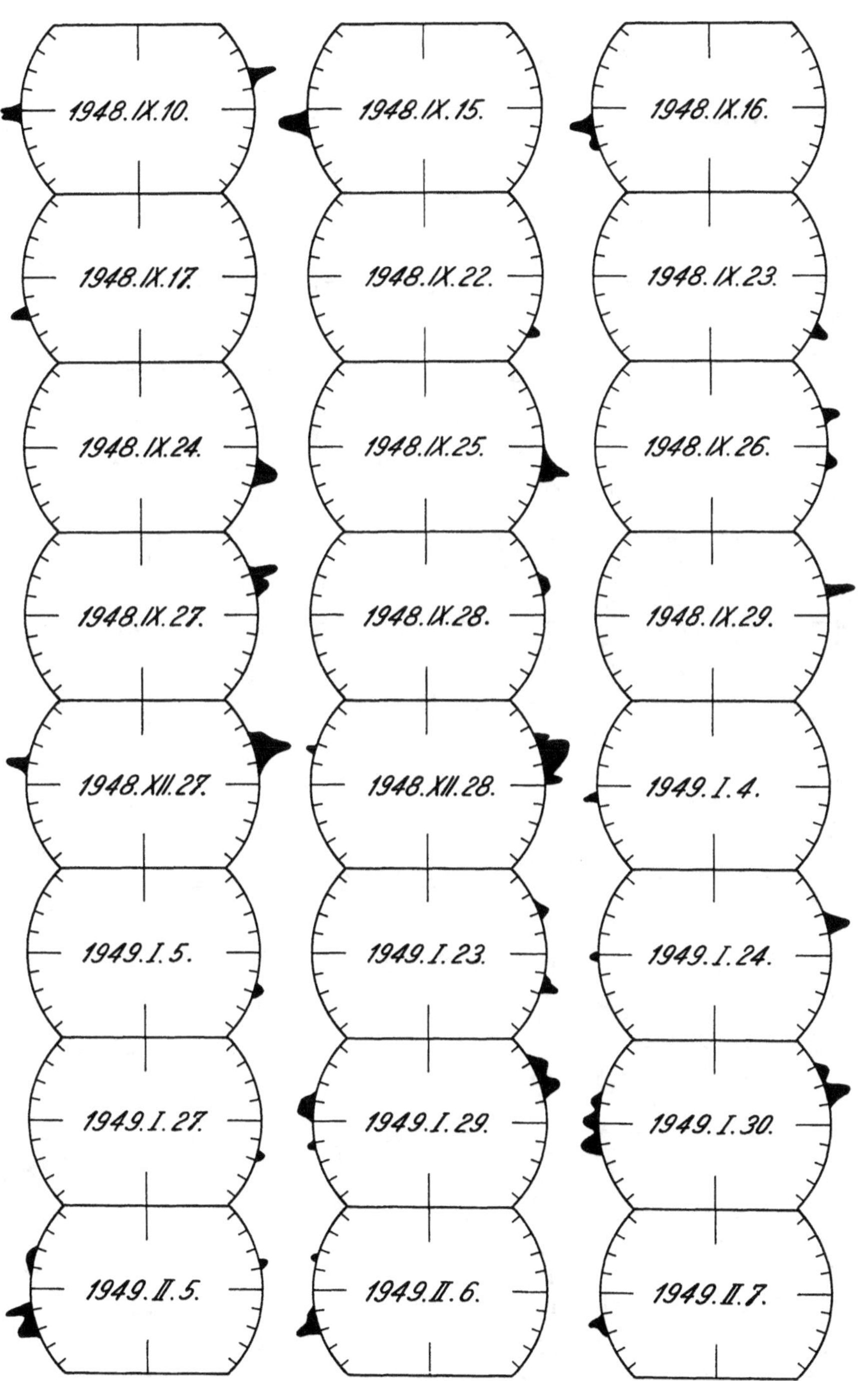

Abbildung 6. Intensitätsverteilungen der Koronalinie 5694 Å.

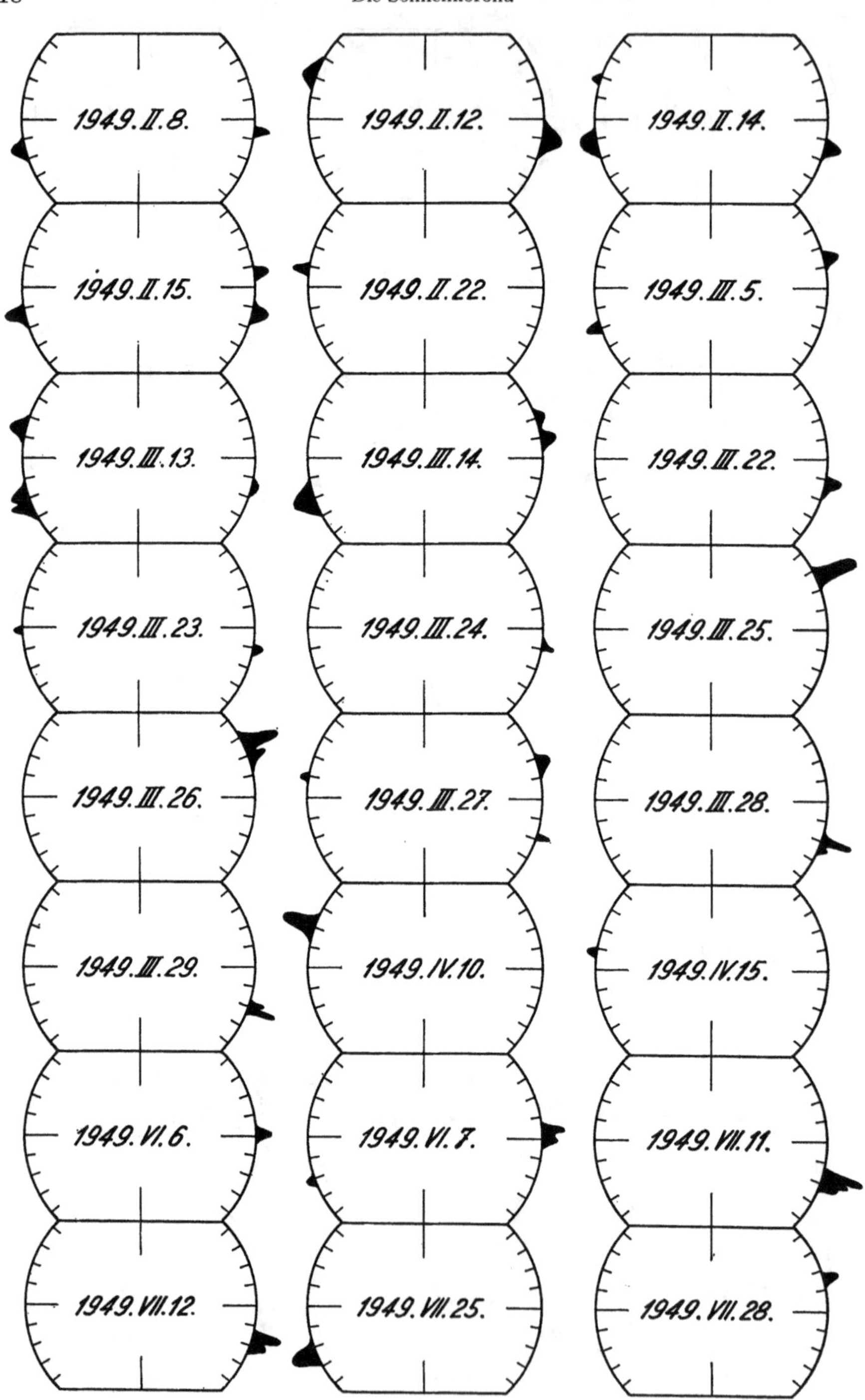

Abbildung 7. Intensitätsverteilungen der Koronalinie 5694 Å.

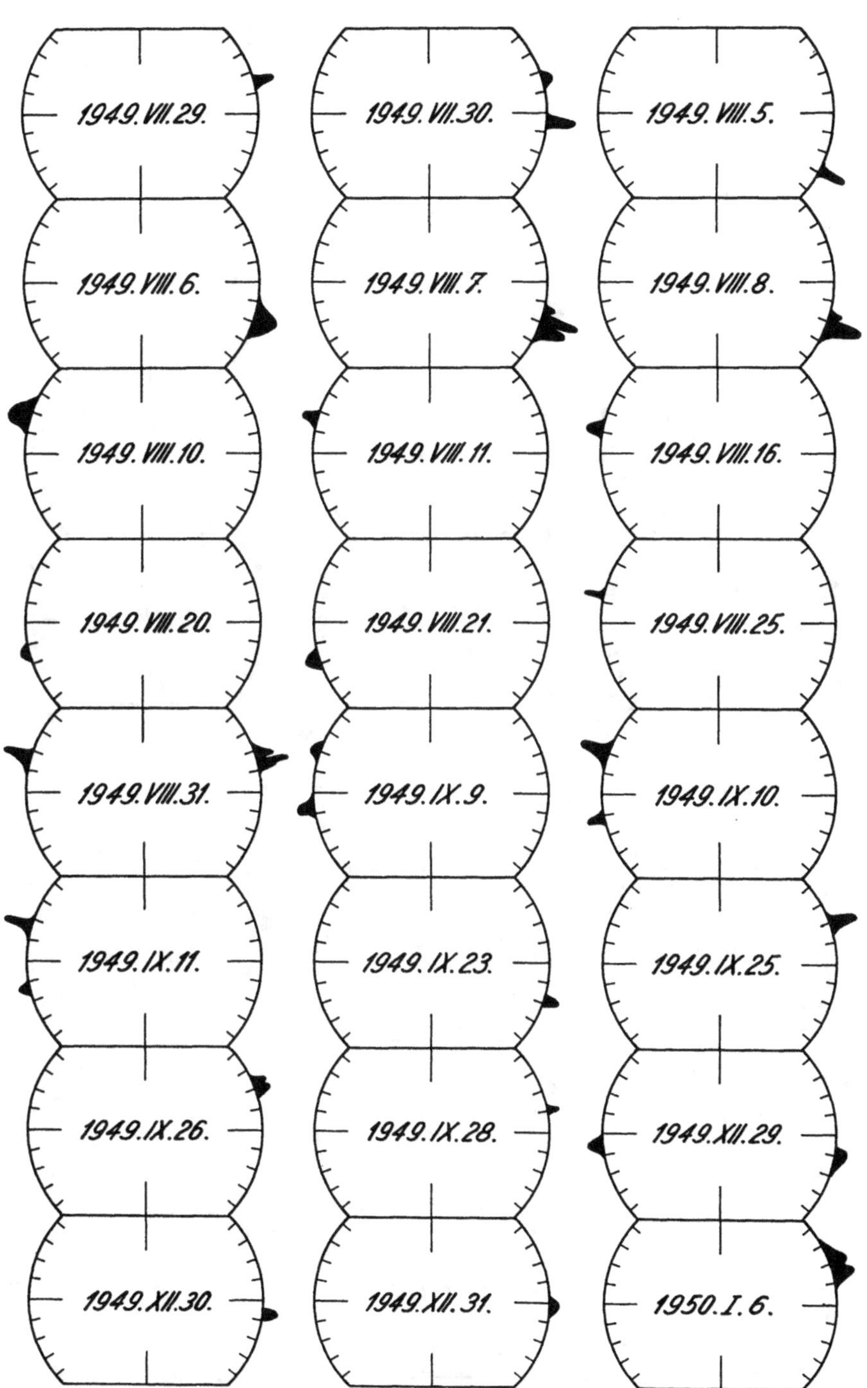

Abbildung 8. Intensitätsverteilungen der Koronalinie 5694 Å.

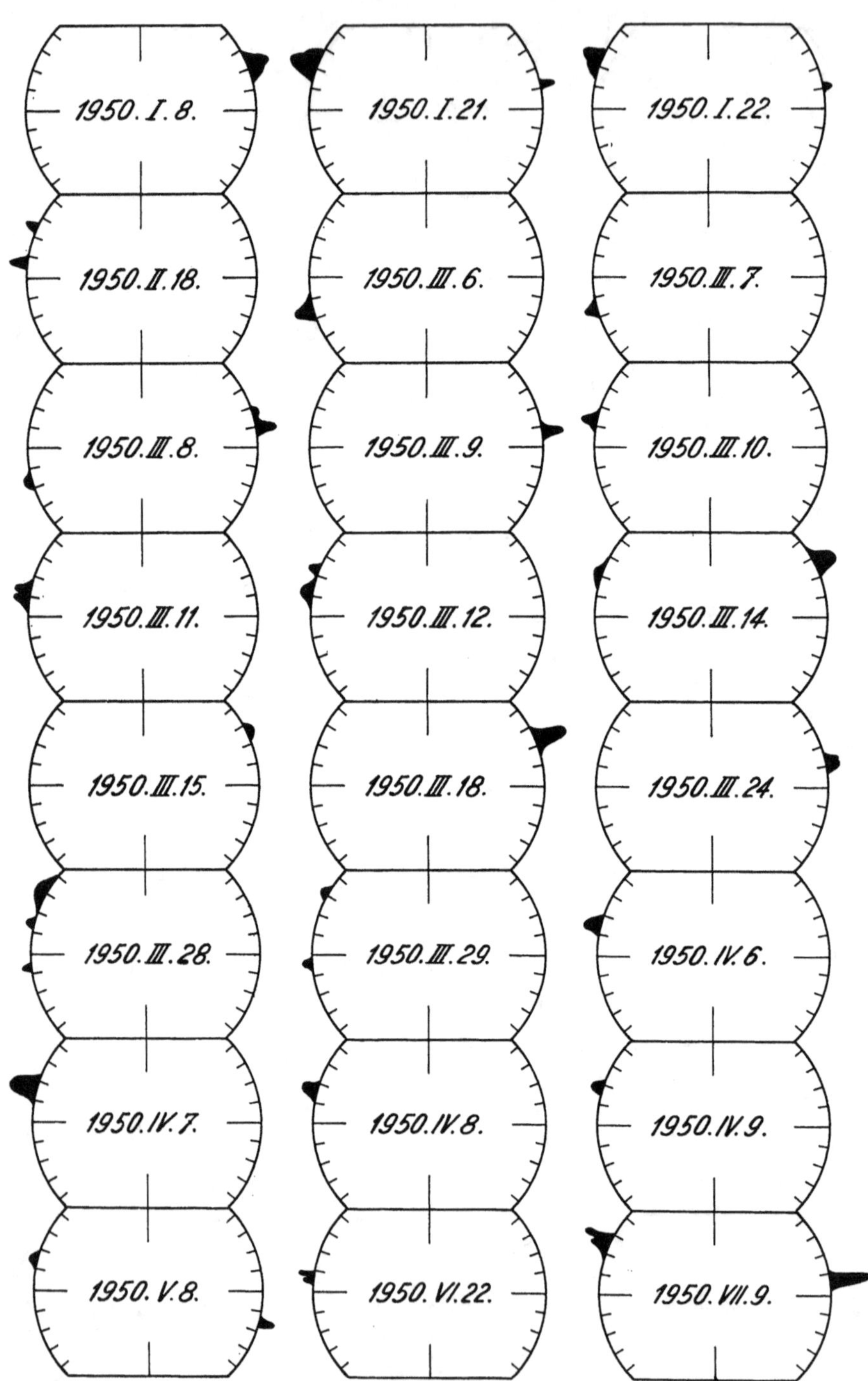

Abbildung 9. Intensitätsverteilungen der Koronalinie 5694 Å.

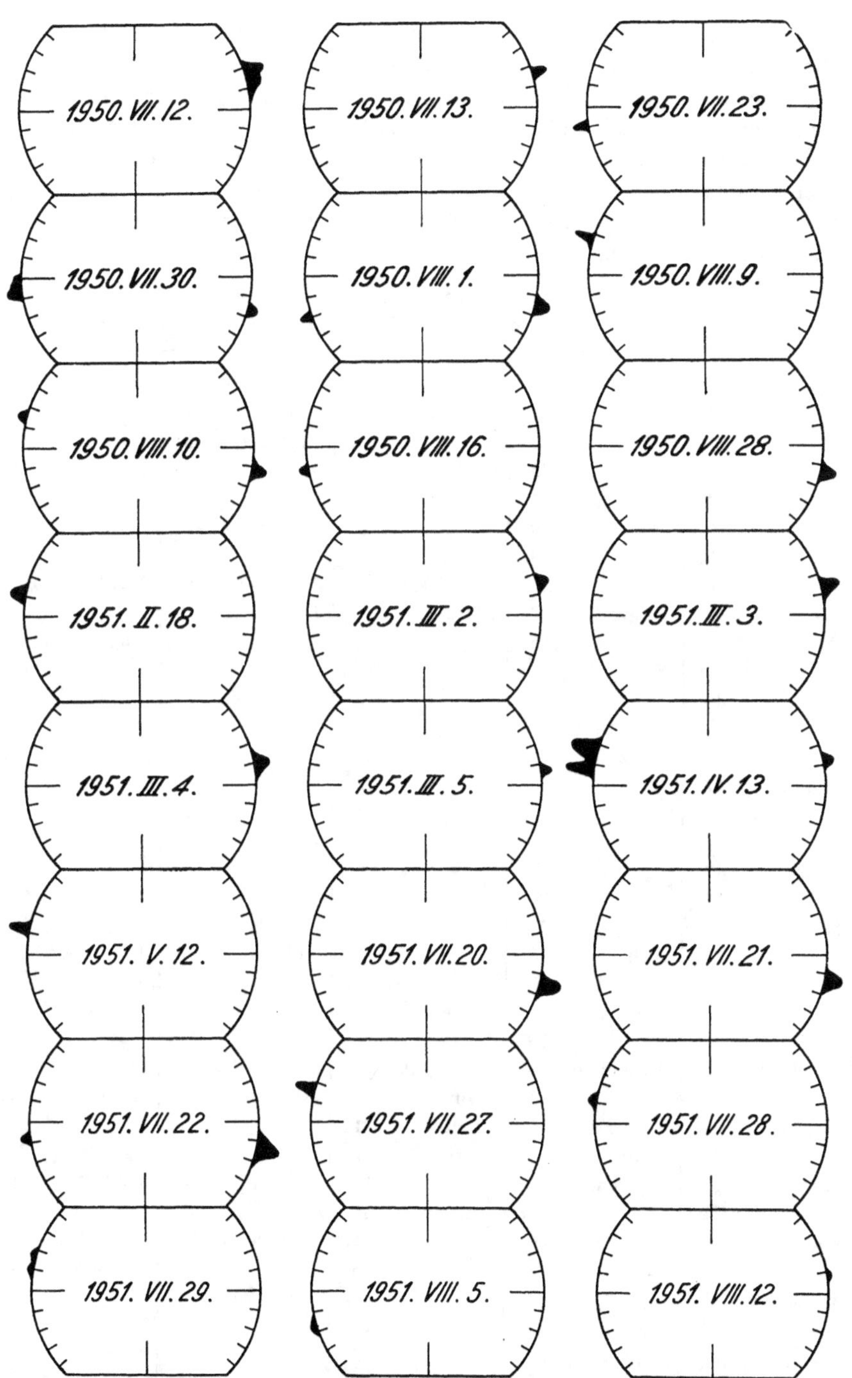

Abbildung 10. Intensitätsverteilungen der Koronalinie 5694 Å.

22   Die Sonnenkorona

der Diagramme enthält das Datum der Beobachtung. Die Beobachtungszeit ist nicht mitgeteilt; sie ist in den meisten Fällen etwa 8^h Weltzeit. Die Emissionsgebiete der Linie 5694 sind im allgemeinen während ihrer Passage am Sonnenrand an mehreren aufeinanderfolgenden Tagen sichtbar. Es kommen aber auch schnelle Variationen vor, Entstehung oder Verschwinden eines 5694-Emissionsgebietes innerhalb weniger Stunden, welche viel markanter in Erscheinung treten als die entsprechenden Helligkeitsvariationen der grünen oder gar diejenigen der roten Linie.

Tabelle 1

Tage, an denen die Koronalinie 5694 nicht gesehen werden konnte

1940		**1943**		**1947**		**1949**		**1951**	
März	12.	Januar	17.	September	17.	August	27.	März	10.
			19.		18.	September	5.		12.
1941		Februar	23.		20.		6.		14.
September	4.		24.		21.		7.		26.
	16.	März	19.		29.		27.	April	4.
	17.	Mai	19.			Oktober	3.		6.
	18.		20.	**1948**			4.	Mai	5.
	19.	August	10.	März	4.	Dezember	27.		6.
	20.		16.		11.		28.	August	14.
	21.	September	24.		14.				15.
	28.				18.	**1950**		Oktober	3.
		1945			27.	Januar	5.		4.
1942		März	13.	August	20.		10.		5.
Januar	17.	Juli	21.		23.		30.		6.
	21.				24.		31.		7.
	27.	**1946**		September	5.	März	5.		9.
Februar	7.	April	11.		6.		16.		10.
	12.		20.		7.		26.		15.
März	9.		21.		14.		27.		16.
	17.	Juli	30.		18.	Juli	16.	Dezember	29.
	24.	August	20.		19.		24.		
	25.	September	1.	November	1.		25.	**1952**	
	26.		10.				27.	April	7.
April	6.	Dezember	21.	**1949**			28.	Mai	21.
	9.			Januar	7.	August	5.	Juni	4.
Juli	24.	**1947**		März	21.		6.	Juli	12.
	28.	Januar	4.	April	2.		7.		27.
August	10.	Februar	1.		14.		20.	August	4.
	27.		14.	Juli	31.		21.		
Oktober	14.		26.	August	1.	Dezember	30.	**1953**	
	25.	März	21.		3.			August	1.
November	1.	April	3.		4.	**1951**			
	7.	Juli	19.		15.	Februar	2.		
	9.	August	26.		19.		16.		
	15.	September	12.		22.		17.		

Für die Intensitätsschätzungen wurde anfänglich eine dreistufige Skala eingeführt (1, 2, 3), welche später durch dezimale Unterteilung verfeinert worden ist. Der Intensität 3 entspricht in den Diagrammen ein Abstand vom Sonnenrand von 0,34 Sonnenradien. Vereinzelte photographische Helligkeitsmessungen zeigen, dass die Intensität bei Schätzung 1 kleiner als etwa $15 \cdot 10^{-6}$ Å Aquivalentbreite im Spektrum der Sonnenmitte ist, bei Schätzung 2 etwa 15 bis $30 \cdot 10^{-6}$ und bei Schätzung $3 > 30 \cdot 10^{-6}$.

Während die Koronalinien 5303 und 6374 an jedem Tag erscheinen, sind die Tage, an welchen die Linie 5694 auftritt, viel weniger häufig als diejenigen, an denen sie nicht beobachtbar ist. Ein richtiges Bild vom Verhalten der gelben Linie erhält man deshalb erst, wenn man den in den Diagrammen enthaltenen Tagen, an welchen mit Erfolg nach der Linie 5694 gesucht worden ist, die in Tabelle 1 aufgeführte Liste der Tage, an denen die genannte Linie unsichtbar war, gegenübergestellt.

2. Die Häufigkeit des Auftretens der Linie 5694Å

Eine Rekapitulation der Beobachtungen der gelben Koronalinie ist in Tabelle 2 enthalten. Die Spalte *a* enthält die Anzahl der Tage, an denen die Linie beobachtet worden ist; sie lässt deutlich die Abhängigkeit von der Sonnenflek-

Tabelle 2

Die Häufigkeit der Sichtbarkeit der Linie 5694 Å

Jahr	*a* Anzahl der Beobachtungstage der Linie 5694	*b* Anzahl der Tage mit 5303 Beobachtungen	*c* Anzahl der Tage, an denen 5694 nicht gefunden worden ist	*d* Anzahl der Tage, an denen 5694 mit oder ohne Erfolg gesucht worden ist	*a:b*	*a:d*
1940	1	34	1	2	0,03	0,50
1941	8	66	8	16	0,12	0,50
1942	4	81	22	26	0,05	0,15
1943	8	97	10	18	0,08	0,44
1944	0	62	0	0	0,00	—
1945	0	96	2	2	0,00	0,00
1946	15	93	8	23	0,16	0,65
1947	52	97	14	66	0,54	0,79
1948	45	87	15	60	0,52	0,75
1949	57	108	20	77	0,53	0,74
1950	34	88	19	53	0,39	0,64
1951	18	71	23	41	0,25	0,44
1952	1	54	6	7	0,02	0,14
1953	0	69	1	1	0,00	0,00
1954	0	55	0	0	0,00	—

kentätigkeit erkennen: keine Beobachtungen im Minimumsjahr 1944 und in dem darauffolgenden Jahr, viele dagegen in den Jahren grosser Sonnenaktivität 1947 bis 1950. Aus der Zeit vor dem Minimum 1944 liegen nur vereinzelte Beobachtungen vor, so dass das Material für diese Jahre für statistische Betrachtungen wenig geeignet ist; dies gilt besonders für das Jahr 1940, wo nur eine einzige Beobachtung der Linie 5694 vorliegt, die zudem zufällig erfolgt ist.

Da die Zahl der Tage, an denen die Linie 5694 beobachtet worden ist, allein noch kein geeignetes Mass für die Häufigkeit des Auftretens dieser Linie bildet, ist in der letzten Spalte der Tabelle 2 der Quotient: Anzahl der Beobachtungstage/Anzahl der Tage, an denen nach der Linie 5694 (mit oder ohne Erfolg) gesucht worden ist, aufgeführt. Dieser wächst von Null im Minimumsjahr auf 0,79 im Jahre des Fleckenmaximums; aber auch die folgenden Jahre weisen noch sehr hohe Werte auf, und erst 1950 zeigt wieder eine stärkere Abnahme. Die Jahre vor dem Fleckenminimum 1944 dagegen zeigen keinen ausgeprägten Gang mit der Fleckentätigkeit, was aber sicher auf die Spärlichkeit des Materials zurückzuführen ist. Überdies ist der verwendete Quotient $a:d$ ebenfalls kein befriedigendes Mass für die Häufigkeit des Auftretens der Linie 5694, da, nachdem der enge Zusammenhang dieser Linie mit grossen Fleckengruppen gefunden war, nach dieser Linie vorwiegend dann gesucht worden ist, wenn ihr Auftreten erwartet werden konnte. Dieser Auswahleffekt spielt bei den früheren Beobachtungen sicher eine grosse Rolle, während er ab 1946 weniger wirksam sein dürfte, da in den letzten Jahren ziemlich regelmässig der Sonnenrand nach der Linie 5694 abgesucht worden ist, wenn die atmosphärischen Bedingungen günstig waren. Zur Beurteilung der Verhältnisse wurde deshalb noch der Quotient: Anzahl der Beobachtungstage der Linie 5694/Anzahl der Beobachtungstage der Linie 5303 gebildet (zweitletzte Spalte der Tabelle 2). Für die Zeit nach dem Fleckenminimum zeigen diese Zahlen wieder den Gang mit der Fleckentätigkeit, während die Zahlen für die Jahre vor dem Minimum 1944 sicher zu klein sind, da damals dieser Linie erst geringe Beachtung geschenkt worden war.

Zusammenfassend lässt sich sagen, dass die Linie 5694 Å in einem Sonnenfleckenminimumsjahr überhaupt nicht auftritt, während sie in einem Maximumsjahr etwa an 3/4 aller Tage an mindestens einer Stelle sichtbar ist.

3. *Die Variation der Totalemission der Korona in der Linie 5694 Å im elfjährigen Zyklus*

Auf Grund der in den Diagrammen (Abb. 1–10) dargestellten Beobachtungen der Linie 5694 Å wurde für jedes einzelne 5694-Gebiet die Gesamtintensität G bestimmt. Diese ist die Summe der Intensitätsschätzungen in äquidistanten Intervallen des Positionswinkels von 1° zu 1° über das ganze 5694-Gebiet. Es wäre somit beispielsweise für ein 5694-Gebiet, welches eine Ausdehnung von 10° in Richtung des Positionswinkels besitzt und überall die Intensität 1 aufweist, $G = 10$. Sämtliche G-Werte sind in Tabelle 3 zusammengestellt. Die erste Spalte gibt Jahr und Datum der Beobachtung, die folgenden Positionswinkel p,

Tabelle 3

Heliographische Breite und Länge, Intensität und Gesamtemission der 5694-Gebiete

Datum			p	b	l	I	G
1940	März	9.	242°	− 4°	90°	3	26,5
1941	September	2.	303°	+12°	135°	2	10,0
		3.	301°	+10°	122°	1	4,5
		9.	101°	+12°	218°	1	6,2
		10.	100°	+13°	208°	2	13,0
		22.	312°	+17°	222°	2	14
		23.	312°	+17°	214°	3	28
		24.	310°	+15°	202°	2	12,5
		27.	121°	− 5°	345°	1	6
1942	Februar	8.	262°	+ 7°	198°	3	17
		21.	64°	+ 7°	201°	3	27,5
	März	19.	58°	+ 7°	215°	2	7
	Oktober	27.	124°	− 9°	170°	2	17,5
1943	Februar	18.	260°	+ 8°	292°	1	8
		19.	63°	+ 8°	102°	2	9
			259°	+ 7°	282°	2	17
		20.	61°	+11°	89°	2	10
	März	3.	64°	+ 4°	297°	2	8
			262°	+14°	110°	2	9
		5.	256°	+ 9°	94°	3	24
		10.	74°	− 8°	208°	0,6	2
		17.	59°	+ 6°	110°	2	16
			247°	+ 2°	295°	0,6	3
		18.	56°	+ 9°	100°	1	3,5
1946	Februar	26.	48°	+21°	296°	2,0	30
	März	11.	267°	+21°	305°	1,0	6
			283°	+37°	305°	0,8	7
		28.	28°	+36°	261°	1,2	15,5
	August	2.	305°	+24°	202°	2,6	34
		3.	303°	+22°	188°	2,0	24
		16.	87°	+19°	196°	2,0	17
		27.	303°	+13°	231°	2,0	10,5
		28.	304°	+14°	218°	0,8	3
	September	11.	88°	+25°	213°	0,5	4
		12.	94°	+19°	200°	1,0	5,5
		13.	97°	+17°	187°	2,0	16
	Oktober	12.	134°	−18°	164°	1,7	7
	Dezember	22.	78°	+19°	308°	0,5	4
			114°	−17°	308°	0,6	2
			272°	− 5°	128°	1,0	7
		23.	78°	+19°	295°	0,8	3
			272°	− 5°	115°	1,5	12
		31.	115°	−22°	189°	0,6	2
			297°	+24°	9°	1,0	13

Tabelle 3   Fortsetzung

Datum			p	b		I	G
1947 Januar		2.	102°	−10°	163°	0,4	1,5
			114°	−22°	163°	0,4	1
			250°	−22°	343°	0,5	2
		5.	108°	−18°	124°	1,0	11
		6.	110°	−20°	110°	1,0	10
		17.	66°	+18°	326°	0,4	1
			116°	−32°	326°	1,0	4
		20.	250°	−13°	106°	2,0	17,5
		21.	245°	−18°	97°	1,0	12
			286°	+23°	97°	2,5	21
	Februar	9.	88°	−13°	23°	0,7	3
		11.	58°	+16°	356°	1,0	7
		12.	52°	+22°	343°	0,5	2
			240°	−14°	163°	1.0	4,5
		15.	233°	−19°	124°	0,6	3
		16.	231°	−21°	111°	1,5	8
		17.	50°	+22°	278°	0,5	3
			91°	−19°	278°	0,7	3
			231°	−21°	98°	2,0	25,5
	März	9.	45°	+22°	14°	0,5	2
			234°	−13°	194°	1,2	12
	April	27.	227°	−17°	317°	1,0	6
		1.	80°	−16°	71°	1,0	6
		11.	232°	−12°	119°	1,5	17,5
		12.	227°	−17°	106°	2,0	19
		13.	226°	−18°	92°	2,0	18
		14.	224°	−20°	79°	2,0	22
	Juli	21.	115°	−19°	43°	1,0	6,5
		22.	290°	+14°	210°	0,7	4
		23.	283°	+ 6°	196°	1,0	11
		24.	286°	+ 9°	183°	2,3	25
		25.	298°	+20°	170°	2,0	28
		26.	283°	+ 5°	157°	1,3	18
		28.	78°	+21°	310°	0,6	3
		29.	119°	−19°	297°	0,6	3
	August	7.	93°	+10°	178°	2,0	8,5
			303°	+20°	358°	2,0	8
		8.	89°	+15°	165°	1,6	8
		9.	132°	−28°	152°	0,6	3
		12.	275°	−10°	292°	2,0	16
		13.	275°	−10°	279°	2,0	17
		14.	268°	−18°	265°	3,0	42
		15.	272°	−14°	252°	1,0	10
		16.	273°	−13°	239°	0,5	3
			294°	+ 8°	239°	2,0	8

Tabelle 3 Fortsetzung

Datum			p	b	l	I	G
1947 August		17.	265°	− 22°	226°	0,3	2
			294°	+ 7°	226°	1,0	3
		18.	296°	+ 9°	212°	1,0	9
		19.	296°	+ 9°	199°	1,0	8
		20.	89°	+18°	6°	2,0	10
			298°	+11°	186°	2,0	16
		23.	89°	+20°	326°	1,6	9
			305°	+16°	146°	0,3	1,5
		24.	88°	+21°	313°	1,5	5
		27.	95°	+15°	274°	0,7	4
			118°	− 8°	274°	1,0	5
		28.	121°	−11°	260°	1,5	10
		30.	96°	+15°	234°	1,0	4
	September	10.	285°	− 8°	269°	1,0	5,5
			318°	+25°	269°	1,0	7
		11.	281°	−12°	255°	0,5	2
			313°	+20°	255°	2,0	16
		14.	99°	+15°	36°	0,6	3
			310°	+16°	216°	0,6	6
		15.	312°	+18°	203°	0,5	2,5
		16.	320°	+26°	189°	2,0	8
		27.	101°	+15°	224°	0,3	1
			125°	− 9°	224°	2,0	6
		28.	128°	−12°	211°	1,5	12
		30.	97°	+19°	185°	2,0	12
1948 Januar		6.	254°	−16°	153°	2,0	15,5
		19.	97°	−13°	162°	1,0	5
		30.	89°	−10°	17°	1,5	6
	Februar	15.	85°	−12°	166°	0,5	2
			240°	−13°	346°	1,0	6
		22.	80°	− 9°	74°	0,3	1,5
			278°	+27°	254°	2,0	13
		24.	272°	+22°	228°	0,5	2,5
		25.	52°	+18°	34°	2,0	9,5·
			88°	−18°	34°	0,3	1 ·
			225°	−25°	214°	1,5	11
		26.	52°	+17°	21°	0,5	3
			223°	−26°	201°	2,0	9,5
		27.	53°	+16°	8°	0,3	1
	März	3.	50°	+16°	302°	0,3	1
		5.	92°	−25°	276°	1,0	4
		7.	43°	+24°	250°	1,5	15
			91°	−24°	250°	2,0	16
			258°	+11°	70°	2,5	10
		10.	37°	+29°	210°	2,0	18

Tabelle 3   Fortsetzung

Datum			p	b	l	I	G
1948 März		10.	93°	− 27°	210°	0,8	15
			226°	− 20°	30°	0,5	2,5
			255°	+ 9°	30°	1,0	9
		13.	230°	− 16°	350°	1,5	13
		19.	56°	+ 9°	91°	0,3	1
			276°	+ 31°	271°	0,5	2
		20.	270°	+ 25°	258°	3,0	21
		21.	50°	+ 15°	65°	0,5	2
			222°	− 23°	245°	1	4
			268°	+ 23°	245°	3	21
		22.	53°	+ 12°	52°	1	5
			223°	− 22°	232°	0,5	2
			269°	+ 24°	232°	2	15
		24.	47°	+ 17°	25°	0,5	2
			213°	− 31°	205°	1,5	14
		25.	48°	+ 16°	12°	1	1,5
			81°	− 17°	12°	1	4
		28.	47°	+ 17°	333°	0,5	3
			79°	− 15°	333°	0,5	3
		29.	47°	+ 17°	319°	1	4
	April	8.	75°	− 11°	188°	0,7	3
		11.	52°	+ 12°	148°	1	3,5
			92°	− 28°	148°	1	4
			228°	− 16°	328°	2	8,5
			262°	+ 18°	328°	1	5
		12.	258°	+ 14°	315°	2,0	13,5
		13.	84°	− 20°	122°	0,5	2
			253°	+ 9°	302°	2,0	18
		14.	40°	+ 24°	108°	0,5	2
			254°	+ 10°	288°	0,5	2
	Mai	15.	258°	+ 9°	239°	2	13
		18.	237°	− 13°	199°	1,5	7
	August	25.	268°	− 21°	329°	0,5	2
			285°	− 4°	329°	0,5	4
	September	8.	131°	− 18°	324°	0,5	2
			306°	+ 13°	144°	1,0	7
		9.	130°	− 17°	311°	0,5	3,5
			307°	+ 14°	131°	2,5	9,5
		10.	116°	− 3°	298°	1,5	8
			309°	+ 16°	188°	2,0	8
		15.	120°	− 6°	232°	2,0	15,5
		16.	122°	− 8°	219°	1,5	12
		17.	132°	− 18°	205°	1,0	4,5
		22.	269°	− 26°	319°	1	3
		23.	269°	− 26°	306°	1	5

Tabelle 3   Fortsetzung

Datum		p	b	l	I	G
1948 September	24.	285°	−10°	293°	1,5	11,5
	25.	283°	−13°	280°	2	13,5
	26.	288°	− 8°	267°	0,5	3
		310°	+14°	267°	1	5
	27.	314°	+18°	253°	2	12
	28.	310°	+14°	240°	0,5	4
	29.	306°	+10°	227°	2	6
Dezember	27.	83°	+11°	314°	1,5	6,5
		289°	+15°	134°	2,5	22,5
	28.	77°	+17°	301°	0,5	1,5
		291°	+17°	121°	2,0	28,5
1949 Januar	4.	95°	− 4°	208°	1	3
	5.	251°	−19°	15°	0,5	3
	23.	243°	−19°	138°	1,0	4
		280°	+18°	138°	0,8	3,5
	24.	83°	− 2°	305°	0,5	2
		275°	+14°	125°	1,5	7,5
	27.	244°	−16°	86°	0,5	2
	29.	74°	+ 5°	239°	1,0	9,5
		90°	−11°	239°	0,5	2
		276°	+17°	59°	1,3	15
	30.	76°	+ 3°	226°	1	11
		88°	− 9°	226°	1,5	8
		274°	+15°	46°	1,8	12,5
Februar	5.	62°	+14°	147°	0,5	5,5
		87°	−11°	147°	2,0	14,5
		270°	+14°	327°	0,5	2
	6.	60°	+16°	134°	0,4	1,5
		93°	−17°	134°	1,8	10
	7.	89°	−14°	121°	1	5,5
	8.	89°	−14°	108°	1	6
		249°	− 6°	288°	1	4
	12.	53°	+21°	55°	1	8
		243°	−11°	235°	1,3	13,5
	14.	56°	+17°	29°	0,5	2
		86°	−13°	29°	1,2	9
		240°	−13°	209°	1	7,5
	15.	85°	−13°	15°	1,5	7,5
		241°	−11°	195°	1	6
		261°	+ 9°	195°	1	5
	22.	61°	+ 9°	283°	0,4	2
März	5.	86°	+19°	138°	1	3
		261°	+14°	318°	1	5
	13.	51°	+15°	33°	1	8
		88°	−22°	33°	1,3	11,5

Tabelle 3 Fortsetzung

Datum			p	b	l	I	G
1949 März		13.	232°	−14°	213°	0,5	2
		14.	85°	−19°	20°	1,5	14
			260°	+14°	200°	1	9
		22.	233°	−12°	94°	1,5	7
		23.	66°	− 2°	261°	0,4	1
			233°	−11°	81°	0,5	2
		24.	235°	− 9°	68°	1	2
		25.	270°	+26°	55°	3	19
		26.	268°	+24°	42°	2	19,5
		27.	54°	+10°	208°	0,5	2
			225°	−19°	28°	1	3
			261°	+17°	28°	1	7
		28.	225°	−19°	15°	2	7
		29.	223°	−21°	2°	2	6
April		10.	43°	+21°	24°	2,4	16
		15.	55°	+ 9°	318°	0,4	2
Juni		6.	258°	+ 2°	170°	1	4
		7.	97°	−20°	337°	0,4	1
			261°	+ 4°	157°	1,5	10,5
Juli		11.	257°	−15°	67°	3	16
		12.	258°	−14°	54°	2	12
		25.	121°	−23°	62°	1,6	13
		28.	295°	+16°	202°	1	4
		29.	295°	+15°	189°	1,5	5,5
		30.	277°	− 3°	175°	2	7
			296°	+16°	175°	0,5	3
August		5.	254°	−28°	96°	2	5
		6.	265°	−18°	83°	1,7	18
		7.	265°	−18°	70°	2,5	22,5
		8.	263°	−21°	57°	2,5°	18,5
		10.	89°	+15°	210°	1,5	16
		11.	88°	+17°	197°	1	4
		16.	95°	+11°	131°	1	4
		20.	123°	−15°	78°	0,5	2
		21.	127°	−19°	65°	0,8	6
		25.	98°	+11°	12°	1,5	3
		31.	93°	+18°	292°	2	10
			303°	+12°	112°	3	20
September		9.	93°	+20°	174°	0,5	3
			121°	− 8°	174°	1	4
		10.	93°	+20°	160°	2	11
			126°	−13°	160°	1	3
		11.	97°	+16°	147°	2	9
			127°	−14°	147°	0,7	3
		23.	278°	−17°	169°	1	3,5

Tabelle 3   Fortsetzung

Datum			p	b	l	I	G
1949 September	25.		315°	+ 19°	142°	2	9
	26.		319°	+ 23°	129°	1	7,5
	28.		307°	+ 11°	103°	0,8	3
Dezember	29.		100°	− 6°	150°	1	5
			266°	− 8°	330°	0,8	5
	30.		267°	− 5°	317°	1	4
	31.		271°	− 2°	304°	0,5	3
1950 Januar	6.		285°	+ 15°	224°	1,5	18
	8.		291°	+ 22°	198°	1,5	13
	21.		62°	+ 21°	207°	2	18
			275°	+ 12°	27°	1	3
	22.		58°	+ 24°	194°	1,5	12
			273°	+ 11°	14°	0,5	1,5
Februar	18.		46°	+ 25°	198°	0,8	2,5
			64°	+ 7°	198°	1,2	4,0
März	6.		83°	− 16°	348°	1,2	9
	7.		83°	− 16°	334°	0,7	3
	8.		83°	− 16°	321°	0,5	2
			257°	+ 10°	141°	1,5	8,5
	9.		254°	+ 7°	128°	1,5	5,5
	10.		54°	+ 12°	295°	1,0	4
	11.		55°	+ 11°	282°	1,0	8,5
	12.		43°	+ 23°	268°	0,5	2
			55°	+ 11°	268°	0,8	6
	14.		45°	+ 21°	242°	0,5	2,5
			272°	+ 26° ·	62°	1,5	11,5
	15.		270°	+ 24°	49°	0,3	2
	18.		268°	+ 23°	9°	2,2	14,5
	24.		257°	+ 13°	290°	1	5
	28.		33°	+ 31°	58°	0,8	9
			50°	+ 14°	58°	0,5	2
			71°	− 7°	58°	0,5	1
	29.		33°	+ 31°	44°	0,4	1,5
			68°	− 4°	44°	0,5	2
April	6.		50°	+ 14°	299°	1	5
	7.		48°	+ 16°	286°	2,0	16
	8.		48°	+ 16°	272°	1,0	5
	9.		46°	+ 18°	259°	0,8	3,5
Mai	8.		52°	+ 15°	236°	0,5	2,5
			232°	− 15°	56°	1	2,5
Juni	22.		76°	+ 7°	1°	1	4
Juli	9.		64°	+ 27°	136°	2	10
			278°	+ 7°	316°	3	12
	12.		291°	+ 19°	276°	1,2	14
	13.		290°	+ 17°	263°	1	2,5

Tabelle 3   Fortsetzung

Datum			p	b	l	I	G
1950 Juli		23.	107°	−10°	310°	1	2,5
		30.	108°	− 8°	216°	1,2	9,5
			264°	−16°	36°	0,7	3
	August	1.	120°	−19°	191°	0,7	2
			266°	−15°	11°	1,0	5
		9.	86°	+18°	85°	1,4	4,5
		10.	89°	+15°	72°	0,6	1,5
			273°	−11°	252°	1,1	5
		16.	118°	−12°	353°	0,6	2
		28.	278°	−12°	13°	1,1	4,5
1951 Februar		18.	60°	+12°	60°	1	6,5
	März	2.	265°	+17°	82°	0,5	4
		3.	262°	+14°	69°	1,2	7
		4.	258°	+10°	55°	1	6
		5.	255°	+ 7°	42°	0,6	2
	April	13.	51°	+13°	68°	2	27
			255°	+11°	248°	0,5	2,5
	Mai	12.	56°	+12°	45°	1,5	8
	Juli	20.	262°	−14°	31°	1,5	11
		21.	264°	−12°	18°	1,2	10
		22.	104°	− 8°	185°	0,5	2
			263°	−13°	5°	1,8	13
		27.	82°	+17°	120°	1,2	4,5
		28.	88°	+11°	106°	0,3	3,0
		29.	84°	+15°	92°	0,5	3,5
	August	5.	120°	−18°	1°	0,3	2
		12.	293°	+ 8°	87°	0,3	1,5
	Oktober	8.	129°	−13°	235°	0,5	4
		13.	110°	+ 6°	169°	3	15
		21.	279°	+17°	243°	2	12
1952 August		18.	90°	+17°	37°	0,3	1

heliographische Breite b und Länge l sowie die maximale Intensität I (auf welche Stelle sich p und b beziehen) und die Gesamtemission G. Für die Berechnung der heliographischen Koordinaten wurde vorausgesetzt, dass sich das Objekt exakt am Sonnenrand befinde. Dann ist $b = 90° - (p - p_0)$ für Objekte am Sonnenostrand und $b = (p - p_0) - 270°$ für Objekte am Westrand und entsprechend $l = l_0 - 90°$ bzw. $l = l_0 + 90°$, falls p_0 den Positionswinkel des Sonnennordpols und l_0 die heliographische Länge des Mittelpunktes der Sonnenscheibe zur Zeit der Beobachtung bedeuten. Da man jedoch den Längenabstand eines beobachteten 5694-Gebietes vom scheinbaren Sonnenrand im allgemeinen nicht kennt, können die mitgeteilten heliographischen Längen bis zu 10° unrichtig sein. Aber auch die heliographische Breite kann erheblich verfälscht sein. Beispielsweise hat ein radialer Koronastrahl mit der heliographischen Breite

+ 20°, falls der Mittelpunkt der Sonnenscheibe die Breite + 7° besitzt, die folgenden scheinbaren heliographischen Breiten b': bei einer Lage der Basis des Koronastrahles 20° vor dem Sonnenrand $b' = 18°\!.6$, bei 10° vor dem Rand $b' = 19°\!.0$, bei 10° hinter dem Rand $b' = 21°\!.2$ und bei 20° hinter dem Rand $b' = 23°\!.2$.

Die in Tabelle 4 aufgeführten Intensitätssummen ΣG können zunächst nicht als Mass für die Emission in der Linie 5694 betrachtet werden, sondern nur die auf gleiche Beobachtungshäufigkeit reduzierten Q-Werte. Q_1 ist ΣG

Tabelle 4

Die Gesamtemission der Linie 5694 Å im elfjährigen Zyklus

Jahr	ΣG	Q_1	Q_2	Q_3
1940	26,5	13,2	26,5	0,78
1941	94,2	5,9	11,8	1,43
1942	69,0	2,7	17,3	0,85
1943	109,5	6,1	13,7	1,13
1944	0	—	—	0
1945	0	0,0	0	0
1946	222,5	9,7	14,8	2,39
1947	632,0	9,6	12,2	6,51
1948	574,0	9,6	12,8	6,59
1949	617,5	8,2	10,8	5,72
1950	288,0	5,4	8,5	3,28
1951	144,5	3,5	8,0	2,04
1952	1,0	0,1	1,0	0,02
1953	0,0	0,0	—	0
1954	0,0	0,0	—	0

dividiert durch die Anzahl der Tage, an denen (mit oder ohne Erfolg) nach der Linie 5694 gesucht worden ist. Q_2 ist der Quotient aus ΣG und der Anzahl der Tage, an denen die Linie 5694 gesehen worden ist. Q_3 ist ΣG dividiert durch die Anzahl der Tage, von denen vollständige Beobachtungen der Linie 5303 vorliegen. Die hier benötigten Divisoren sind in Tabelle 2 enthalten. Besonders die Spalten ΣG und Q_3 zeigen den Gang der 5694-Intensität mit dem Sonnenflekkenzyklus sehr deutlich, wobei wieder den Beobachtungen vor 1944 aus den schon erwähnten Gründen kein grosses Gewicht erteilt werden kann. Zur Zeit grösster Sonnenaktivität beträgt das Tagesmittel von ΣG (Spalte Q_1) rund 10, gegenüber 0 um die Zeit des Sonnenfleckenminimums.

4. Die Breitenverteilung der 5694-Gebiete

Da die Linie 5694 praktisch nur in Verbindung mit Flecken, jedenfalls aber nur in der Fleckenzone auftritt, kann zum vornherein damit gerechnet werden, dass die Breitenverteilung der 5694-Gebiete ungefähr mit derjenigen der Flekkengruppen übereinstimmt.

Dies lässt sich an Hand der Tabelle 5 bestätigen. Bei der Mittelwertsbildung mit Gewichten ist jedem 5694-Gebiet ein Gewicht erteilt worden, welches seinem G-Wert (Tabelle 3) proportional ist. Die Abweichungen der mittleren Breite der

Tabelle 5

Mittlere heliographische Breite der 5694-Gebiete und der Fleckengruppen

Jahr	Anzahl der 5694-Gebiete		Mittlere Breite (ohne Gewichte)		Mittlere Breite (mit Gewichten)		Mittlere Breite der Fleckengruppen[1]	
	Süd	Nord	Süd	Nord	Süd	Nord	Süd	Nord
1946	5	15	13,4	22,0	12,0	22,1	20,4	20,2
1947	36	34	16,3	16,1	16,3	15,8	16,8	17,1
1948	37	39	17,0	16,7	17,1	17,4	14,2	14,8
1949	46	40	13,4	14,7	14,2	14,9	13,2	14,3
1950	14	34	12,6	17,1	12,6	17,8	12,0	13,7
1951	6	14	13,0	12,1	13,0	12,2	10,5	11,7

[1] Nach Astron. Mitt. Zürich Nr. 150, 156, 161, 172, 176, 180.

5694-Gebiete von denjenigen der Fleckengruppen erreichen wohl gelegentlich 2–3°, sind meistens aber bedeutend kleiner, mit Ausnahme derjenigen im Jahre 1946 auf der Südhalbkugel, wo aber nur fünf 5694-Gebiete beobachtet wurden. Während die Zonenwanderung bei den Flecken klar in Erscheinung tritt, ist sie bei den 5694-Gebieten nur schwer erkennbar (Abb. 11). Bei der Beurteilung dieses unterschiedlichen Verhaltens muss man berücksichtigen, dass das statistische Material der Fleckengruppen etwa zehnmal reichhaltiger ist als dasjenige der 5694-Gebiete und dass sich die Mittelwerte der Flecken auf das vollständige Material beziehen, die 5694-Beobachtungen dagegen auf jährlich zwei Beobachtungsperioden, etwa Januar bis März und Juli bis September. In Abbildung 12 sind die einzelnen 5694-Gebiete nach ihrer heliographischen Breite eingetragen. Die Abbildung bestätigt das oben erwähnte, indem die Zonenwanderung hier eher noch schwerer erkennbar ist als in Abbildung 11. Der Grund dafür ist in der ziemlich grossen Streuung der 5694-Gebiete in heliographischer Breite zu erblicken, welche die immerhin nur geringe Zonenwanderung (für die Flecken betrug sie 1947 bis 1950 nur 4°) verschleiert. Diese Verhältnisse kommen klarer in der in Abbildung 13 dargestellten Breitenverteilung der 5694-Gebiete zum Ausdruck. Hier tritt die Zonenwanderung durch die Verschiebung des Maximums der Breitenverteilung deutlich hervor. Überdies lässt die mit eingezeichnete Breitenverteilung der Flecken erkennen, dass das Maximum der 5694-Gebiete eine um wenige Grad höhere Breite aufweist als dasjenige der Sonnenflecken, dass aber im übrigen die 5694-Gebiete dieselbe Breitenverteilung besitzen wie die Fleckengruppen.

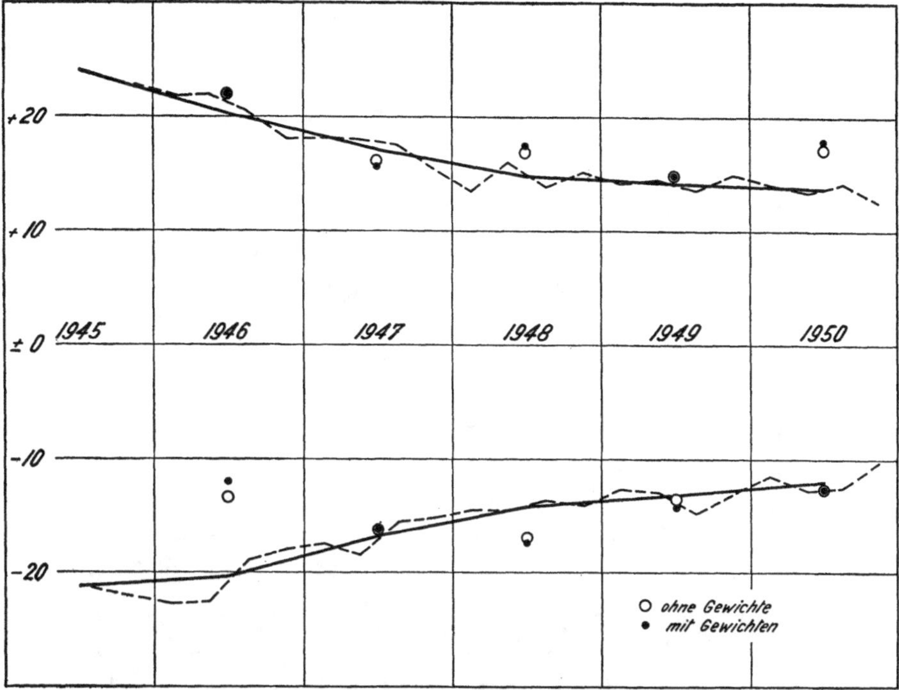

Abbildung 11. Heliographische Breite der 5694-Gebiete (Punkte und Kreise) sowie der Sonnen-flecken (gestrichelte Kurve = Quartalsmittel, ausgezogene Kurve = Jahresmittel).

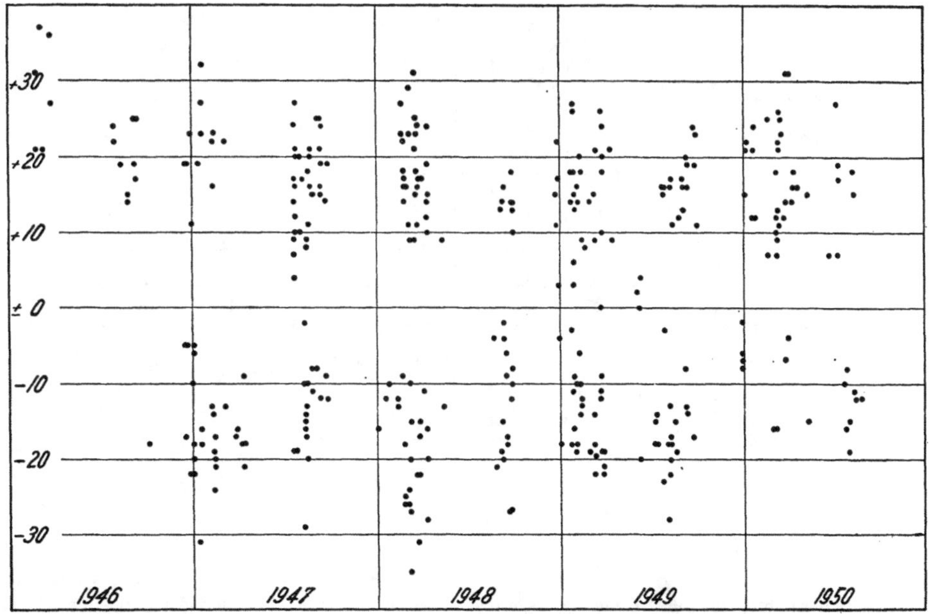

Abbildung 12. Die Verteilung der 5694-Gebiete nach heliographischer Breite.

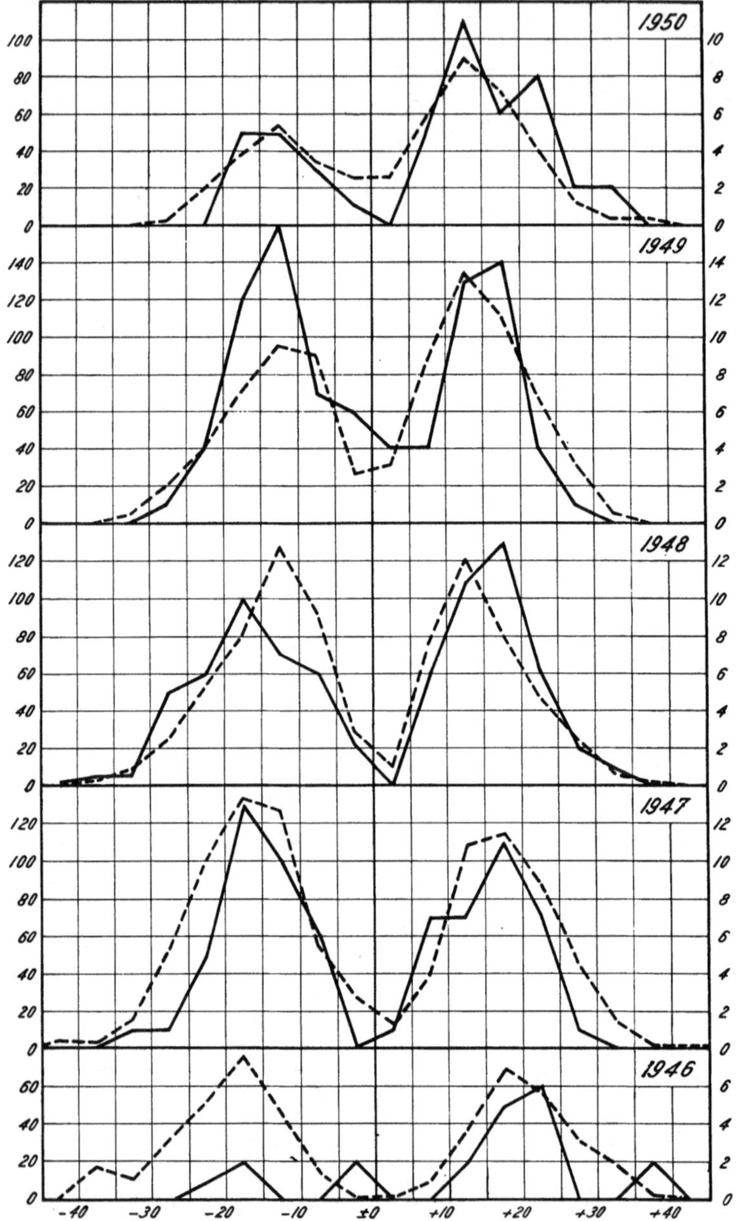

Abbildung 13

Breitenverteilung der 5694-Gebiete (ausgezogene Kurven, Skala rechts) und der Sonnenfleckengruppen (gestrichelte Kurven, Skala links).

5. *Der Zusammenhang der 5694-Gebiete mit dem Typus der Sonnenfleckengruppen*

Es wurde auf Grund der heliographischen Karten der Photosphäre[1] festgestellt, zu welcher Fleckengruppe jedes 5694-Gebiet gehört. Da die Lokali-
sierung eines 5694-Gebietes, besonders bezüglich der heliographischen Länge

Tabelle 6

Absolute und relative Häufigkeit der 5694-Gebiete in den einzelnen Typen von
Fleckengruppen

Typus			keine Gruppe	A	B	C	D	E	F	G	H	J
$G \leqq 10$	absolut		14	9	7	34	46	45	11	29	15	20
	relativ		6,1%	3,9	3,0	14,8	20,0	19,6	4,8	12,6	6,5	8,7
$10 < G \leqq 20$	absolut		0	3	0	6	11	18	20	9	6	0
	relativ		0%	4,1	0	8,2	15,1	24,7	27,4	12,3	8,2	0
$G > 20$	absolut		0	0	0	0	1	1	12	3	0	1
	relativ		0%	0	0	0	5,5	5,5	66,7	16,8	0	5,5
total	absolut		14	12	7	40	58	64	43	41	21	21
	relativ		4,4%	3,7	2,2	12,5	18,1	19,9	13,4	12,8	6,5	6,5

oftmals etwas unsicher ist, gilt dasselbe auch für die Zuordnung eines 5694-Ge-
bietes zu einer bestimmten Fleckengruppe. Immerhin fällt die Zahl der 5694-
Gebiete, welche nur unsicher mit einer Fleckengruppe identifiziert werden können, nicht ins Gewicht neben den mit Sicherheit identifizierbaren. Sofern dem
5694-Gebiet eine Fleckengruppe zugeordnet werden konnte, wurde der Typus
derselben (A bis J) notiert, welchen sie bei 52° bis 65° Abstand vom Zentralmeridian, also etwa 2 bis 2 $^1/_2$ Tage nach der Passage des Ost- bzw. vor der
Passage des Westrandes besass. Eine zuverlässige Klassifikation der Fleckengruppen in unmittelbarer Nähe des Sonnenrandes ist zufolge der perspektivi-
schen Verkürzung nicht möglich. Die Klassifikation der Fleckengruppe und die
Beobachtung des 5694-Gebietes beziehen sich somit auf zwei verschiedene
Momente, was bei der Diskussion der folgenden Ergebnisse beachtet werden muss.
   Die Klassifikation der Fleckengruppen, die durch einige typische Beispiele
in Abbildung 14 charakterisiert ist, stellt im wesentlichen die einzelnen Stufen
dar, welche eine grosse Fleckengruppe während ihrer Entwicklung durchläuft.
Es ist die Klassifikation, welche in den «Publikationen der Eidgenössischen
Sternwarte» seit langer Zeit verwendet wird. Für die Klassifikation gelten fol-
gende Merkmale:
A: Ein einzelner Fleck oder eine Gruppe von Flecken, ohne Penumbra und
   bipolare Struktur.

---

[1] Publ. Eidg. Sternw. Zürich *9* (1946–1950).

B: Gruppe von Flecken ohne Penumbra in bipolarer Anordnung.

C: Bipolare Fleckengruppe, von der der eine Hauptfleck von einer Penumbra umgeben ist.

D: Bipolare Gruppe, deren Hauptflecken eine Penumbra besitzen; mindestens einer der beiden Hauptflecken soll eine einfache Struktur aufweisen. Länge der Gruppe im allgemeinen $< 10°$.

E: Grosse bipolare Gruppe; die beiden von Penumbrae umgebenen Hauptflecken zeigen im allgemeinen eine komplizierte Struktur. Zwischen den Hauptflecken zahlreiche kleinere Flecken. Länge der Gruppe mindestens 10°.

F: Sehr grosse bipolare oder komplexe Sonnenfleckengruppe; Länge mindestens 15°.

G: Grosse bipolare Gruppe ohne kleinere Flecken zwischen den beiden Hauptflecken. Länge mindestens 10°.

H: Unipolarer Fleck mit Penumbra; Durchmesser $> 2,5°$.

J: Unipolarer Fleck mit Penumbra; Durchmesser $< 2,5°$.

In Tabelle 6 sind die 5694-Gebiete je nach ihrem G-Wert in drei Klassen unterteilt: schwache $(G \leq 10)$, mittlere $(10 < G \leq 20)$ und starke $(G > 20)$. Für jede Klasse und für die Gesamtheit der 5694-Gebiete sind absolute und prozentuale Häufigkeiten mitgeteilt. Die intensiven 5694-Gebiete treten grösstenteils in Verbindung mit F-Flecken auf, die schwächeren Gebiete zwar noch bevorzugt in F-Typen, jedoch auch in entwicklungsmässig den F-Typen benachbarten Klassen, und die schwachen 5694-Gebiete schliesslich findet man in allen Klassen, besonders häufig aber unter den Typen C, D und E. In Tabelle 6 sind nur die Beobachtungen bis Ende 1950 verwendet worden.

Ein richtiges Bild von der Verteilung der 5694-Gebiete auf die verschiedenen Fleckentypen erhält man jedoch erst, wenn man noch die relative Häufigkeit der einzelnen Typen berücksichtigt. Diese ist in Tabelle 7 für die einzelnen Jahre 1943 bis 1949 und für die Gesamtheit aller Flecken dieses Zeitraumes mitgeteilt.

Tabelle 7

Die prozentuale Häufigkeit der einzelnen Typen von Fleckengruppen in den Jahren 1943 bis 1949

Fleckentypus	1943	1944	1945	1946	1947	1948	1949	1943–1949
A	23,2	28,6	31,9	25,7	28,7	29,5	29,5	28,7
B	13,7	15,6	7,8	5,2	9,1	9,5	14,9	10,2
C	7,7	9,9	12,0	13,4	14,3	16,4	14,8	14,4
D	6,9	8,2	11,6	17,5	12,9	15,1	7,9	12,5
E	8,6	2,8	8,4	5,6	8,2	5,7	10,2	7,7
F	5,1	2,3	1,1	2,3	1,9	2,2	1,1	1,9
G	5,4	4,5	6,0	5,6	5,8	7,0	4,6	5,7
H	18,2	11,9	8,4	10,2	2,8	3,3	4,2	5,3
J	11,2	16,2	12,8	14,5	16,3	11,3	12,8	13,6
Anzahl	466	353	1031	2589	4821	3973	4256	17 489

Im wesentlichen geben alle Jahre dasselbe Bild: grosse relative Häufigkeit der kleinen Gruppen, kleine Häufigkeit der grossen Gruppen. Da das Material sowohl minimale wie maximale Sonnenaktivität umfasst, bietet sich die Möglichkeit, die Abhängigkeit der Typenhäufigkeit von der Phase des elfjährigen

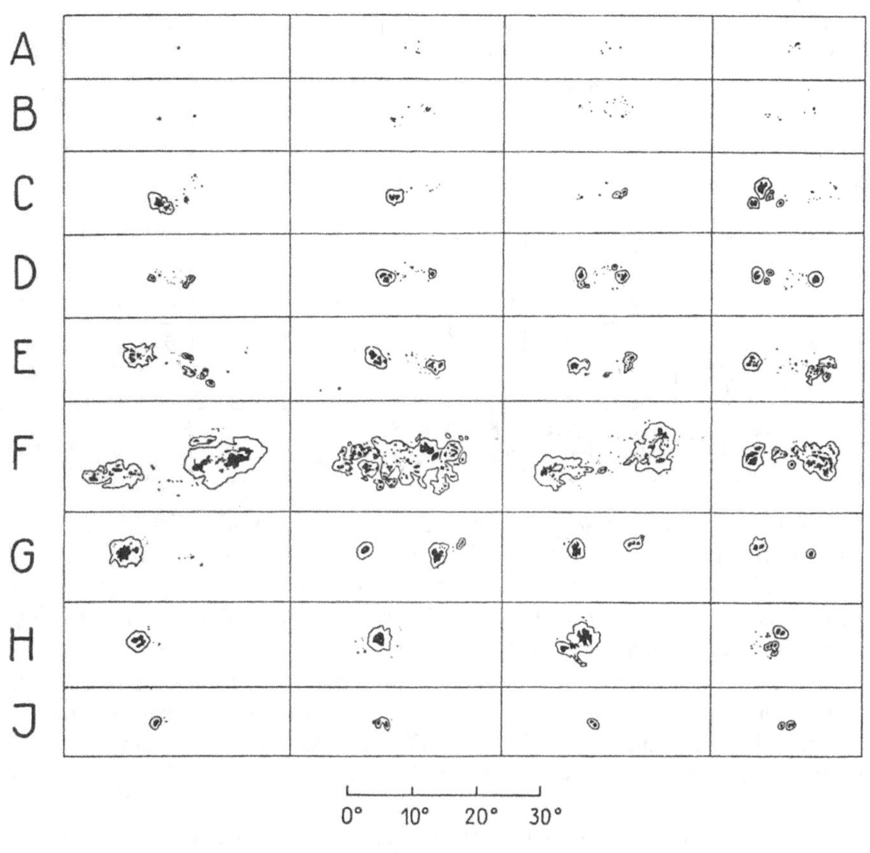

Abbildung 14

Klassifikation der Sonnenfleckengruppen.

Zyklus zu untersuchen. Grosse Verschiebungen der Typenhäufigkeit sind nicht erkennbar. Immerhin scheinen die Typen C und D bevorzugt bei grosser Fleckentätigkeit, Typus H bevorzugt bei geringer Fleckentätigkeit aufzutreten.

Die Tabelle 7 ist auf Grund der Klassifikationen in den «Publikationen der Eidgenössischen Sternwarte» zusammengestellt worden. An jedem Tag wurden sämtliche Fleckengruppen klassifiziert mit Ausnahme derjenigen, welche in der Nähe des Sonnenrandes standen. Eine einzelne Fleckengruppe figuriert somit in der Statistik so oft, als sie an einzelnen Tagen beobachtet und klassifiziert werden konnte. Die einzelnen Fleckentypen erhalten somit ein Gewicht, das der Verweilzeit während der Entwicklung der Fleckengruppe in dem betreffenden Typus proportional ist.

Unter Benutzung der Zahlen der Tabelle 7 sind die in Tabelle 6 enthaltenen Häufigkeitszahlen reduziert worden. Tabelle 8 gibt die Quotienten aus den prozentualen Häufigkeiten (Tabelle 6) und den relativen Häufigkeiten der einzelnen Typen (Tabelle 7, letzte Kolonne). Diese Quotienten sind proportional der Wahrscheinlichkeit, dass mit einer Fleckengruppe von vorgegebenem Typus ein 5694-Gebiet verbunden ist. Eine Umwandlung dieser relativen Wahrscheinlichkeiten in absolute ist dadurch möglich, dass die Linie 5694 Å dann stets gefun-

Tabelle 8

Relative und absolute Wahrscheinlichkeit für das Auftreten eines 5694-Gebietes in den einzelnen Fleckengruppen

Intensität	A	B	C	D	E	F	G	H	J
$G \leqq 10$	0,136	0,294	1,028	1,600	2,544	2,523	2,212	1,226	0,640
$10 < G \leqq 20$	0,143	0,000	0,570	1,208	3,209	14,410	2,160	1,547	0,000
$G > 20$	0,000	0,000	0,000	0,440	0,714	35,100	2,948	0,000	0,404
Total { relativ	0,129	0,216	0,868	1,448	2,583	7,055	2,246	1,226	0,478
{ absolut	0,0183	0,0306	0,1150	0,2051	0,3660	1,0000	0,3184	0,1737	0,0676

den worden ist, wenn nach derselben gesucht wurde und gleichzeitig eine F-Gruppe in der Nähe des Sonnenrandes stand, das heisst dadurch, dass die Wahrscheinlichkeit für das Auftreten eines 5694-Gebietes im Zusammenhang mit einer F-Gruppe praktisch = 1 ist. Die letzte Zeile der Tabelle 8 gibt die absoluten Wahrscheinlichkeiten (für alle 5694-Gebiete, unbekümmert um den G-Wert), aus denen entnommen wird, dass die Wahrscheinlichkeit für das Auftreten der Linie 5694 Å in den früheren Typen A und B sehr klein ist, über die weiteren Entwicklungsstufen C, D und E stark ansteigt, bei F ein hohes Maximum erreicht und bei den späten Entwicklungsstadien G, H und J wieder stark abfällt.

Betrachtet man die 5694-Gebiete getrennt nach Intensitäten, so fällt bei grossen Intensitäten das sehr schmale und hohe Maximum beim Typus F auf. Die 5694-Gebiete grösster Intensität sind praktisch ganz auf Fleckengruppen vom F-Typus beschränkt. Die mittelstarken 5694-Gebiete treten ebenfalls noch stark bevorzugt mit den F-Typen auf, finden sich aber auch gelegentlich unter den Typen D, E, G und H. Die schwachen 5694-Gebiete schliesslich finden sich unter allen Fleckentypen, bevorzugt aber wieder in Verbindung mit den grossen Fleckengruppen.

Einer besonderen Betrachtung bedürfen diejenigen 5694-Gebiete, welche an fleckenfreien Stellen beobachtet worden sind. Zunächst ist aus Tabelle 6 ersichtlich, dass solche nur in der Gruppe der schwachen Gebiete ($G \leqq 10$) auftreten. Wenn man diese Gebiete in Tabelle 3 aufsucht, so zeigt sich, dass auch ihre Maximalintensität I in fast allen Fällen gering ist, das heisst $< 1,0$. Nur in zwei Fällen übersteigt sie diesen Wert, nämlich am 7. August 1947 bei Positionswinkel 303° ($I = 2,0$) und am 5. August 1949 bei Positionswinkel 254° ($I = 2,0$). Auf das erstgenannte 5694-Gebiet wird im folgenden Abschnitt zurückzukommen sein. Betreffend das zweitgenannte sind die Verhältnisse in Abbildung 15 dargestellt. Dem Punkt des Sonnenrandes mit dem Positionswinkel 254° entsprechen die Koordinaten $b = -28°$, $l = 96°$. In der Umgebung dieser Stelle finden sich auf den heliographischen Karten[1] zwei Fleckengruppen vom Typus F, nämlich bei $b = -12°$, $l = 80°$ und bei $b = -20°$, $l = 62°$. Für eine Identifikation mit dem 5694-Gebiet kommt die erste Fleckengruppe wegen zu grosser

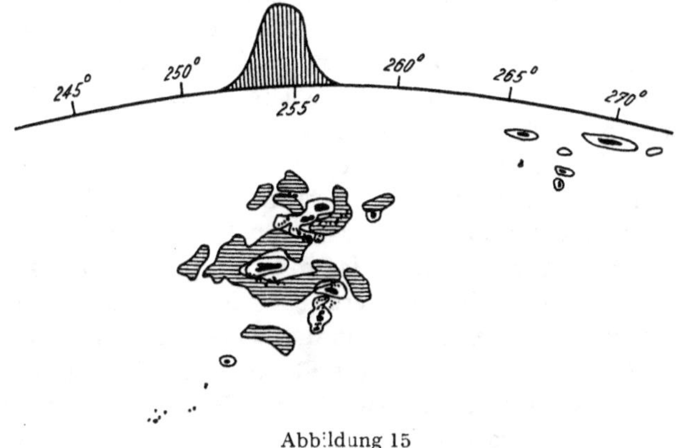

Abbildung 15

Zusammenhang eines 5694-Gebietes (vertikal schraffiert) mit einer chromosphärischen Eruption (horizontal schraffiert) am 5. August 1949.

Breitendifferenz, die zweite wegen zu grosser Längendifferenz vorerst nicht in Betracht. Auf Grund der Abbildung 15 wird aber sofort klar, dass mit der Fleckengruppe $b = -20°$, $l = 62°$ offenbar ein sehr intensives und hochreichendes 5694-Gebiet verbunden sein muss, von welchem der oberste Teil bei Positionswinkel 254° über den Sonnenrand hinausragt. Wir haben hier den Fall, wo scheinbare und wahre Koordinaten extrem auseinandergehen, um 8° in Breite und 34° in Länge. Er zeigt, wie vorsichtig man bei der Identifizierung der 5694-Gebiete mit Fleckengruppen sein muss, aber auch wie schwierig diese im Einzelfall sein kann. In dieser Fleckengruppe hat sich eine Eruption von ungewöhnlicher Intensität, Ausdehnung und Dauer ereignet. Sie begann um $7^h 00$ und erreichte um $8^h 09$ die maximale Intensität. Die Beobachtung der Linie 5694 erfolgte etwa um $7^h 15$. Ihre Intensität hatte bis um $8^h 00$ bereits stark abgenommen.

6. *Heliographische Koronakarten im monochromatischen Licht der Linie 5694Å*

Besonders aufschlussreich bezüglich des Verhaltens der Linie 5694 sind heliographische Karten dieser Linie und ihre Vergleichung mit den heliographi-

---

[1] Publ. Eidg. Sternw. Zürich *9*, 105 (1950).

schen Karten der Photosphäre. Für die Konstruktion solcher Karten sind hinreichend lückenlose Beobachtungen notwendig, und zwar über eine lange Zeit und über ein Intervall hoher Sonnenaktivität. Eine diesen Anforderungen genügende Beobachtungsreihe liegt aus der Zeit vom 19. Juli bis 30. September 1947 vor und erstreckt sich über die Sonnenrotationen Nr. 1255 bis 1258. Diese Karten zusammen mit den photosphärischen Karten sind in den Abbildungen 16 bis 19 mitgeteilt. Um sich ein Bild von der Vollständigkeit bzw. Lückenhaftigkeit des Materials zu machen, sind am Fuss der Karten die Meridiane markiert, längs denen nach der Koronalinie 5694 gesucht worden ist. Auf den Koronakarten sind die Kurven gleicher Intensität der Linie 5694: 0, 0,5; 1,0; 1,5 ... eingezeichnet. Intensitäten 0 bis 1 sind leicht, solche zwischen 1 und 2 dicht schraffiert und solche über 2 schwarz gezeichnet. Auf den entsprechenden Karten der Photosphäre[1] sind die Fackelgebiete schraffiert, die Flecken (Umbra inklusive Penumbra) schwarz eingetragen.

Auf Rotation Nr. 1255 ist im Gebiet $l = 140$ bis $210°$, $b = 0$ bis $+ 30°$ ein durch Ausdehnung und Intensität bemerkenswertes 5694-Gebiet vorhanden, welches im engsten Zusammenhang steht mit der sehr grossen F-Gruppe bei $l = 178°$, $b = + 11°$, aber noch über die grosse Gruppe bei $l = 143°$, $b = + 11°$ hinausreicht, welche sich mit Annäherung an den Westrand ebenfalls zur F-Gruppe entwickelt hat. Interessant sind die beiden 5694-Gebiete bei $l = 42°$, $b = - 19°$ und $l = 0°$, $b = + 20°$, da die Fleckentätigkeit in diesen beiden Gebieten nur sehr schwach war, und zwar auch in der vorangehenden wie auch in der nachfolgenden Rotation. Besonders bemerkenswert ist das zweite der beiden genannten Gebiete, weil dasselbe auch noch in der Rotation Nr. 1256 vorhanden ist ($l = 7°$, $b = + 20°$). Das grosse 5694-Gebiet von Rotation Nr. 1255 hat sich in Rotation Nr. 1256 erhalten, sich jedoch bis zur Länge $240°$ ausgedehnt, bedingt durch die bei $l = 228°$, $b = +10°$ neu entstandene Fleckengruppe, die sich auf der westlichen Hemisphäre bis zum E-Typ entwickelt hat. Ein sehr ausgedehntes 5694-Gebiet ist bei $l = 220°$ bis $300°$, $b = 0°$ bis $- 25°$ aufgetreten, dessen intensivste Stellen mit den ausgedehnten Fleckenkomplexen bei $l = 270°$, $b = - 9°$ und $l = 262°$, $b = - 17°$ zusammenfallen. Der schwache Ausläufer in das Gebiet $l = 225°$, $b = - 20°$ fällt zusammen mit der Fleckengruppe bei $l = 222°$, $b = - 21°$, welche den Typus D erreichte. Die kleine Fleckengruppe bei $l = 320°$, $b = 20°$, welche bei der Passage des Sonnenostrandes die maximale Entwicklung schon überschritten hatte, ist ebenfalls von einem kleinen 5694-Gebiet begleitet. Unklar bleibt hingegen das kleine 5694-Gebiet bei $l = 150°$, $b = - 28°$, denn die kleine Fleckengruppe bei $l = 140°$, $b = - 20°$ kommt wohl als Ursache für dasselbe nicht in Betracht, da diese Gruppe erst am 13. August auf der Ostseite entstanden, das 5694-Gebiet dagegen am 9. August am Ostrand beobachtet worden ist.

In Rotation Nr. 1257 ist von dem mächtigen 5694-Gebiet auf der Südhalbkugel nur noch ein kleiner Rest übriggeblieben, entsprechend der starken Rückbildung der Flecken in jenem Gebiet. Das neue 5694-Gebiet bei $l = 35°$,

---

[1] Entnommen aus Publ. Eidg. Sternw. Zürich 9, H. 2 (1948).

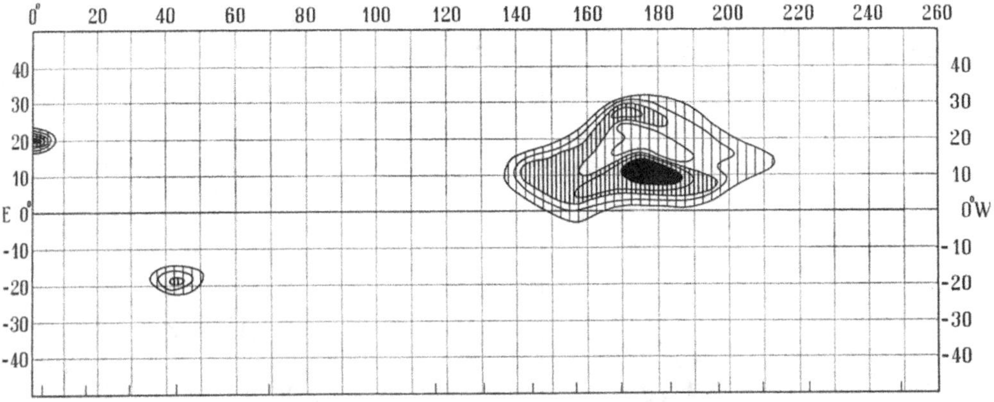

Abbildung 16a

Heliographische Karte der Korona im monochromatischen Licht der Linie 5694 während der Rotation 1255.

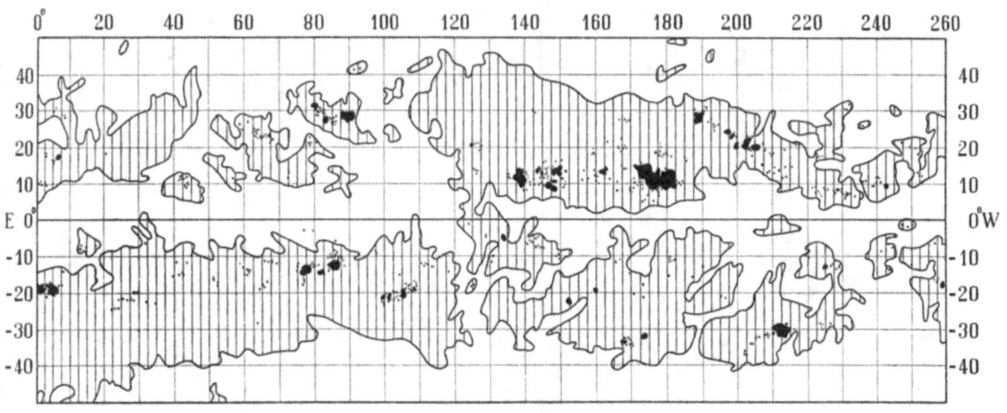

Abbildung 16b

Heliographische Karte der Photosphäre während der Rotation 1255.

$b = + 17°$, welches nur am Ostrand beobachtet worden ist, kann unschwer der Fleckengruppe bei $l = 34°$, $b = + 12°$ zugeordnet werden, welche bereits bei der Passage des Ostrandes vom Typus D gewesen ist, sich jedoch am 24. August vor Erreichung des Westrandes aufgelöst hat. Das grosse 5694-Gebiet auf der Nordhalbkugel hat sich durch Auflösung am östlichen und Entwicklung am westlichen Ende stark verlagert. Die neuen Zentren dieses 5694-Gebietes bei $l = 190°$, $b = + 25°$ und bei $l = 270°$, $b = + 20°$ sind durch die Fleckentätigkeit an diesen Stellen bedingt. Das bereits in Rotation Nr. 1256 aufgetretene 5694-Gebiet bei $l = 320°$, $b = + 21°$ hat sich, wie die Fleckentätigkeit an dieser Stelle, verstärkt.

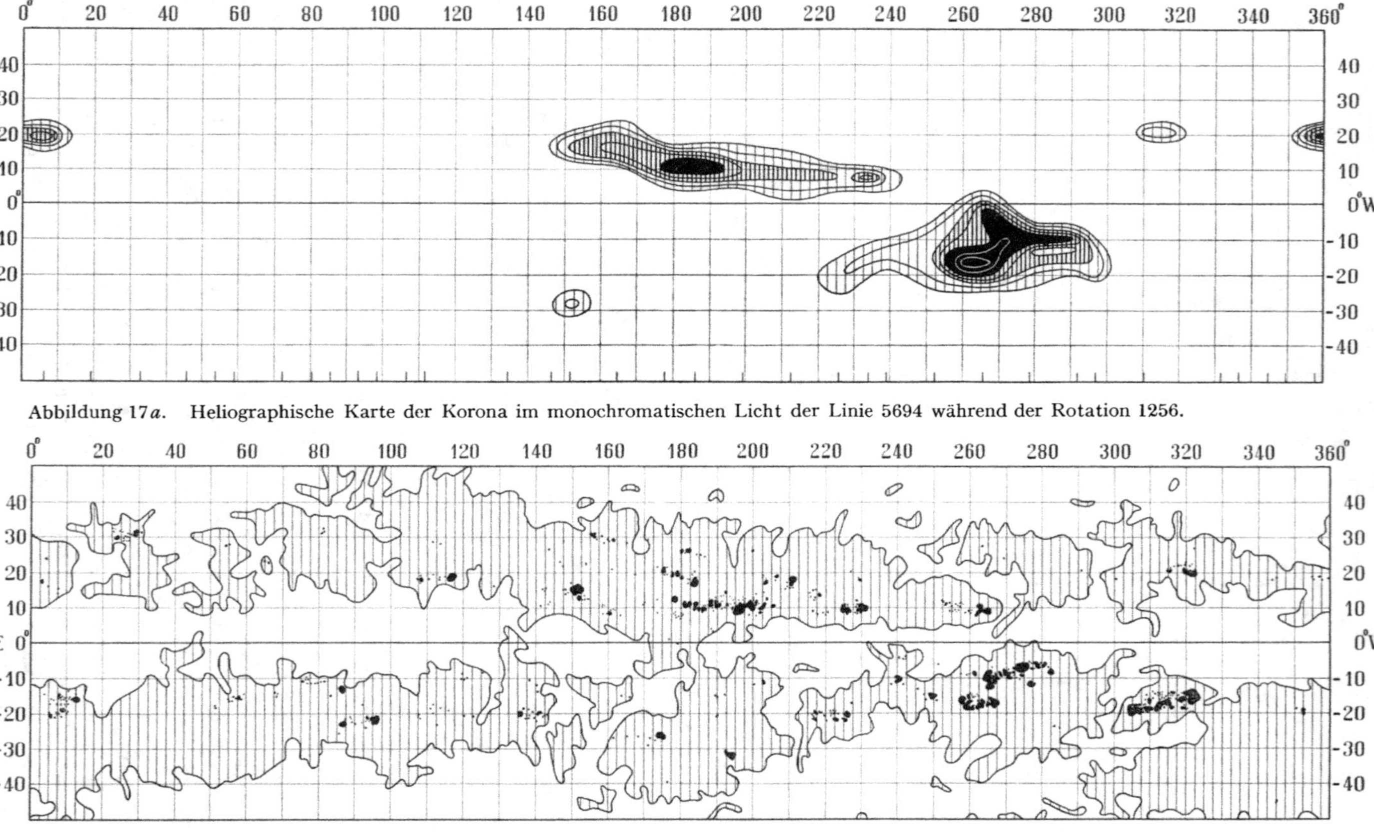

Abbildung 17a. Heliographische Karte der Korona im monochromatischen Licht der Linie 5694 während der Rotation 1256.

Abbildung 17b. Heliographische Karte der Photosphäre während der Rotation 1256.

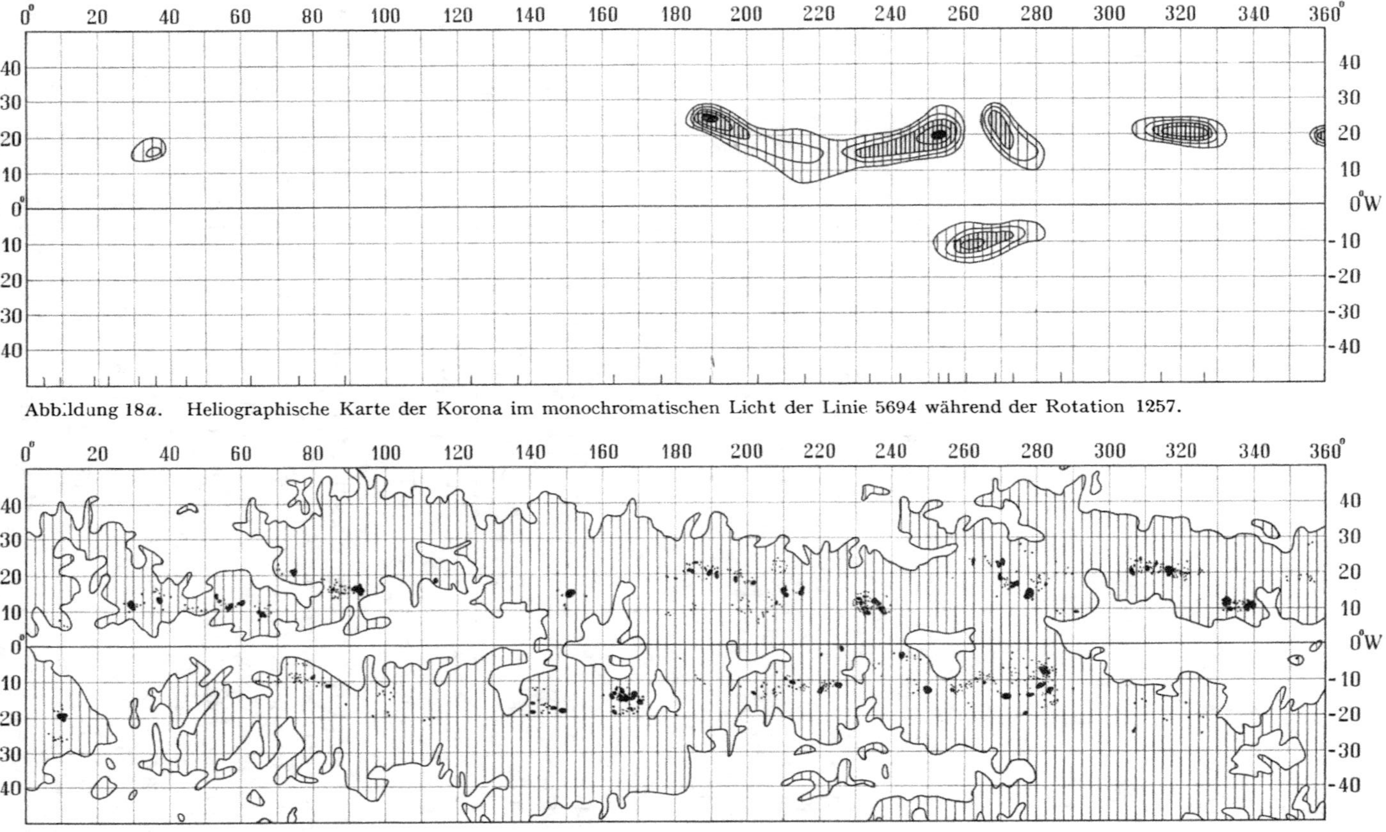

Abbildung 18a. Heliographische Karte der Korona im monochromatischen Licht der Linie 5694 während der Rotation 1257.

Abbildung 18b. Heliographische Karte der Photosphäre während der Rotation 1257.

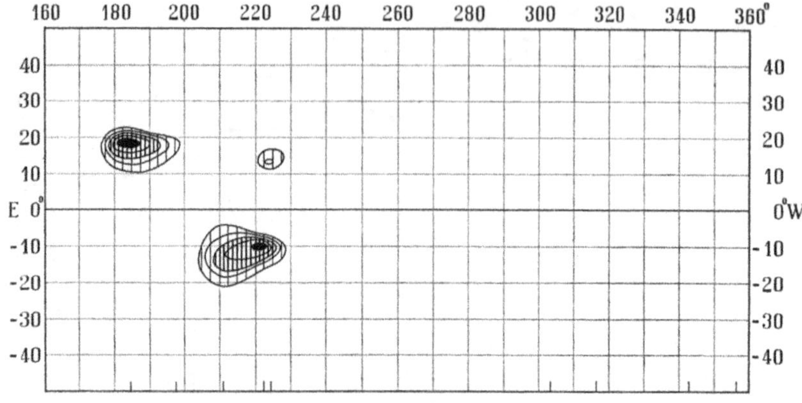

Abbildung 19 a

Heliographische Karte der Korona im monochromatischen Licht der Linie 5694 während der
Rotation 1258.

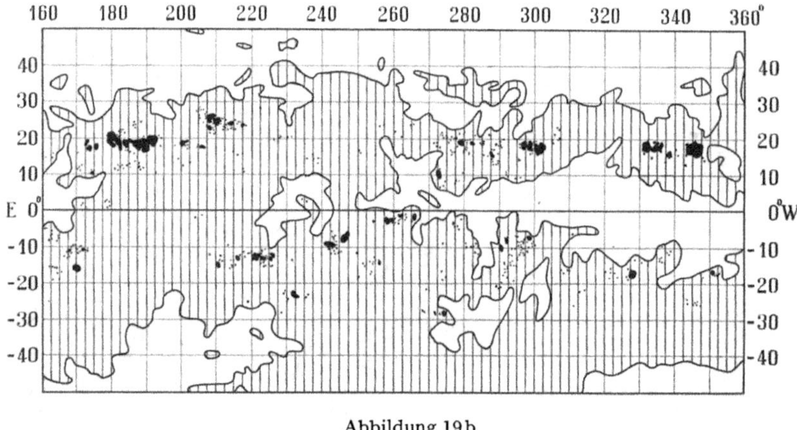

Abbildung 19 b

Heliographische Karte der Photosphäre während der Rotation 1258.

Rotation Nr. 1258 zeigt ein völlig verändertes Bild. Die alten 5694-Gebiete
sind alle verschwunden, mit Ausnahme des grossen Gebietes auf der Nordhalbkugel, von welchem bei $l = 225°$, $b = + 15°$ noch ein kleines Relikt vorhanden
ist. Das neue Gebiet bei $l = 220°$, $b = - 12°$ hängt mit einer auf der Rückseite
der Sonne entstandenen Fleckengruppe bei $l = 220°$, $b = - 12°$ zusammen, welche
bei der Passage des Ostrandes vom Typus E gewesen ist, vermutlich aber ihre
maximale Entwicklung schon überschritten hatte. Das neue 5694-Gebiet bei
$l = 185°$, $b = + 18°$ ist durch die ebenfalls auf der Rückseite der Sonne entstandene sehr grosse Fleckengruppe bei $l = 185°$, $b = + 19°$ verursacht. Diese
Gruppe war am Ostrand vom Typus D, hat sich aber rasch weiterentwickelt
über E nach F. Bemerkenswert ist, dass die grosse Gruppe bei $l = 340°$,
$b = + 18°$, die bei der Passage am Sonnenostrand bereits stark entwickelt war,

kein 5694-Gebiet aufweist. Bei dem Fleckenherd $l = 300°$, $b = + 18°$ hingegen ist das Fehlen des 5694-Gebietes verständlich, da sich die Koronabeobachtungen nur auf den Ostrand beziehen, die Fleckengruppe jedoch erst vier Tage nach dieser Beobachtung entstanden ist.

Zusammenfassend lässt sich sagen, dass die heliographischen Karten der Korona im monochromatischen Licht der Linie 5694 Å eine sehr enge Beziehung zwischen den 5694-Gebieten und den grossen bis sehr grossen Fleckengruppen erkennen lassen. Weitaus die meisten 5694-Gebiete lassen sich zwangslos einer grossen Fleckengruppe zuordnen. Daneben gibt es aber, wenn auch selten, 5694-Gebiete, an deren Stelle keine bemerkenswerte Fleckentätigkeit beobachtet worden ist. Da es sich bei diesen Gebieten stets um solche geringerer Intensität handelt, nie um solche grösserer, besteht die Möglichkeit, dass die zugehörige Fleckengruppe entweder erst in Nähe des Westrandes sich entwickelt hat (bei der 5694-Beobachtung am Westrand) oder dass sich die Gruppe kurz nach der Passage des Ostrandes aufgelöst hat (bei der 5694-Beobachtung am Ostrand). Geht man umgekehrt von den Fleckengruppen aus und fragt, welche von einem 5694-Gebiet begleitet werden, so zeigt es sich, dass wohl alle sehr grossen Gruppen vom Typus F von einem meistens sehr intensiven 5694-Gebiet umgeben sind. Mit abnehmender Grösse und Aktivität der Fleckengruppen sinkt die Wahrscheinlichkeit für das Auftreten eines 5694-Gebietes stark. Ob eine kleine oder mittelgrosse Fleckengruppe von bestimmtem Typus von einem 5694-Gebiet begleitet ist oder nicht, lässt sich aus dem Aussehen der Gruppe nicht erkennen. Das Auftreten der Koronalinie 5694 Å ist somit ein feineres Kriterium zur Unterscheidung von «aktiven» und weniger aktiven Fleckengruppen. Die Linie erscheint überdies vorübergehend im Zusammenhang mit chromosphärischen Eruptionen, die den höchsten Grad der «Aktivität» darstellen, sehr intensiv.

II. KAPITEL

DAS VERHALTEN DER KORONALINIE 5303Å

Von allen Koronalinien ist die sogenannte grüne mit der Wellenlänge 5303 Å wegen ihrer Intensität und bequemen Lage im visuellen Spektralgebiet die am besten untersuchte. Das Verhalten dieser Linie bezüglich der Variation ihrer Intensität mit der heliographischen Breite und im elfjährigen Zyklus, welches in diesem Kapitel dargestellt wird, beruht ausschliesslich auf dem in Band I publizierten Beobachtungsmaterial und den seit dem Jahre 1949 hinzugekommenen Beobachtungen bis zum Sonnenfleckenminimum 1954. Spezielle Untersuchungen über die zeitliche und örtliche Variation der Intensität der Linie 5303 Å werden in dem Band «Physik der Korona» mitgeteilt werden.

7. *Die Breitenverteilung der 5303-Intensität*

Aus den längs des Sonnenrandes geschätzten Intensitäten, welche in den Diagrammen des ersten Bandes dargestellt sind, wurden die Intensitäten von 5° zu 5° heliographischer Breite entnommen. Diese 72 Zahlenwerte sind allerdings nur ein unvollkommener Ersatz für die Koronadiagramme, indem Maxima und Minima, welche zwischen zwei Ablesungen hineinfallen, unterdrückt werden. Wie die Diagramme zeigen, erfolgen die örtlichen Intensitätsvariationen, besonders in der Umgebung von Fleckengruppen, so rasch, dass die Verhältnisse nur bei viel kleineren Intervallen von etwa 1° durch eine Zahlentabelle richtig wiedergegeben werden könnten. Dies ist der Hauptgrund, weshalb wir in Band I das Beobachtungsmaterial in der Form von Diagrammen publiziert haben. Aus diesen können alle gewünschten Intensitätswerte abgelesen werden, während aus einer Zahlentabelle die Diagramme nur in groben Zügen rekonstruiert werden könnten. Tatsächlich benötigt man sowohl die Diagramme als auch die Zahlentabellen. Aus Raummangel muss hier jedoch auf die Publikation der Zahlentabellen verzichtet werden.

Die Intensitätsverteilung längs des Sonnenrandes an einem bestimmten Tag ist weitgehend durch die Störungsherde (Flecken, Fackeln, Protuberanzen), die sich gerade am Sonnenrand befinden, bedingt. Durch Mittelung über mehrere aufeinanderfolgende Tage erhält man eine von solchen Zufälligkeiten freie Intensitätsverteilung. Normalerweise wurden die Beobachtungen von 10 (ausnahmsweise auch von 12 bis 15) aufeinanderfolgenden Tagen zu einem Mittelwert zusammengefasst. Diese mittleren Intensitätsverteilungen sind in Tabelle 9

Tabelle 9

zusammengestellt. Die erste Kolonne gibt die fortlaufendeNummer der einzelnen Mittelwerte, die zweite die Epoche, auf welche sich der Mittelwert bezieht, und die folgenden die mittleren Intensitäten vom Sonnennordpol $(+\ 90°)$ bis zum Südpol $(-\ 90°)$. Es ist zu erwähnen, dass die Beobachtungen vom Ost- und Westrand der Sonne zusammengefasst worden sind, die Mittelwerte sich somit nicht auf 10, sondern auf 20 Einzelwerte beziehen. Die letzten drei Kolonnen geben die Summen der Intensitäten von 5° zu 5° über die Nord- bzw. die Südhemisphäre und längs des ganzen Umfanges des Sonnenrandes (Σ).

Das Zahlenmaterial der Tabelle 9 ist jedoch so umfangreich und unübersichtlich, dass es zweckmässig erscheint, dasselbe für eine erste Diskussion noch weiter zusammenzufassen. Es wurden deshalb Jahresmittel der Intensitätsverteilung berechnet. Diese sind in Tabelle 10 mitgeteilt, in welcher die einzelnen Kolonnen dieselbe Bedeutung besitzen wie in Tabelle 9. Überdies veranschaulicht Abbildung 20 die Jahresmittel der Breitenverteilung. Das Jahr 1939 zeigt Maxima der 5303-Intensität in der Flecken- und Fackelzone. Sowohl gegen den Äquator wie auch nach höheren Breiten fällt die Intensität ab. Wir nennen die Zone grösster Intensität die Hauptzone der Korona. Die Intensität nimmt nach höheren Breiten viel langsamer ab als die Fackeln oder gar die Flecken. Bei etwa 35° ist die Intensität auf die Hälfte ihres Maximalwertes gesunken. In heliographischen Breiten grösser als 75° ist die Linie unsichtbar. Dieselben Verhältnisse treffen wir für das Jahr 1949 an. Dieses Bild der Hauptzone verändert sich in den Jahren 1939 bis 1941 nicht wesentlich. Hingegen erscheint bei der Breite 60° in den Jahren 1940 und 1941 ein sekundäres Intensitätsmaximum, die sogenannte Nebenzone der Korona. Diese Zone ist auch auf zahlreichen individuellen Beobachtungen aus dem Jahre 1939 vorhanden, kommt aber im Mittelwert nicht zum Ausdruck, weil dieselbe meist nur schwach in Erscheinung tritt und in heliographischer Breite stark streut. Dasselbe gilt auch für das Jahr 1942, wo die Nebenzone in vielen individuellen Beobachtungen auftritt, im Mittelwert jedoch nur in einer «Schulter» bei 55° auf der Südhalbkugel angedeutet ist. Im Jahre 1943 zeigen die einzelnen Beobachtungen die Nebenzone, jetzt bei 50 bis 55° heliographischer Breite, wieder ausgeprägter, so dass, wenigstens auf der Südhalbkugel, auch im Mittelwert ein Intensitätsmaximum resultiert. Selbst im Fleckenminimumsjahr 1944 ist die Nebenzone deutlich entwickelt, auf der Nordhalbkugel als «Schulter» bei 55° und auf der Südhalbkugel als Maximum bei 60°. Das Jahr 1945 zeigt die koronale Nebenzone auf beiden Halbkugeln bei 60°, das Jahr 1946 bei etwa 67°, das Jahr 1947 bei 80°, und im Jahr 1948 ist dieselbe auf der Nordhemisphäre nicht mehr vorhanden, nachdem sie zu Beginn des Jahres den Pol erreicht hatte und unmittelbar darauf erloschen ist, während auf der Südhemisphäre die koronale Nebenzone in der ersten Jahreshälfte in unmittelbarer Nähe des Poles noch kräftig entwickelt war. Im Jahre 1949 ist die Polarzone, wieder wie im Jahre 1939, frei von Linienemission. Aber bereits 1948 und deutlicher in den Jahren 1949 und 1950 beginnt die neue Nebenzone gelegentlich, 1951 sogar häufig bei etwa 60° hervorzutreten.

Das Verhalten der Hauptzone folgt weitgehend demjenigen der Fleckenzone. Die beiden Hauptmaxima in tiefen Breiten rücken von Jahr zu Jahr näher zu-

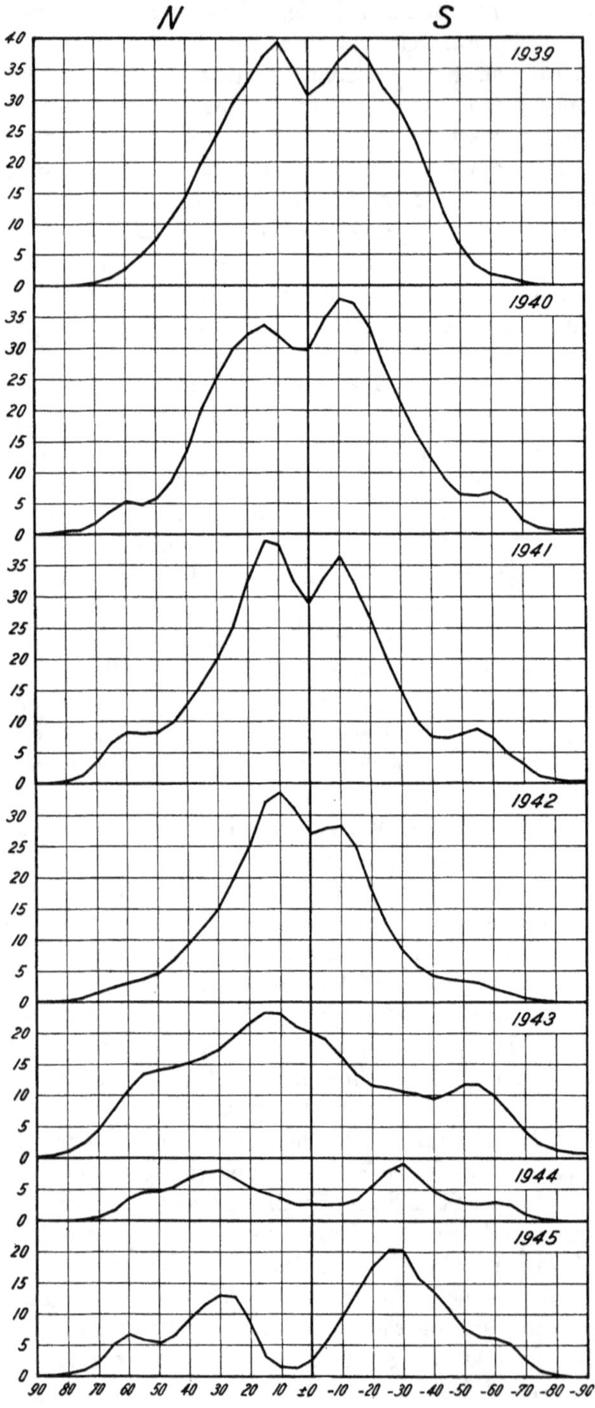

Abbildung 20 a

Breitenverteilung der Intensität der Linie 5303 von 1939 bis 1945.

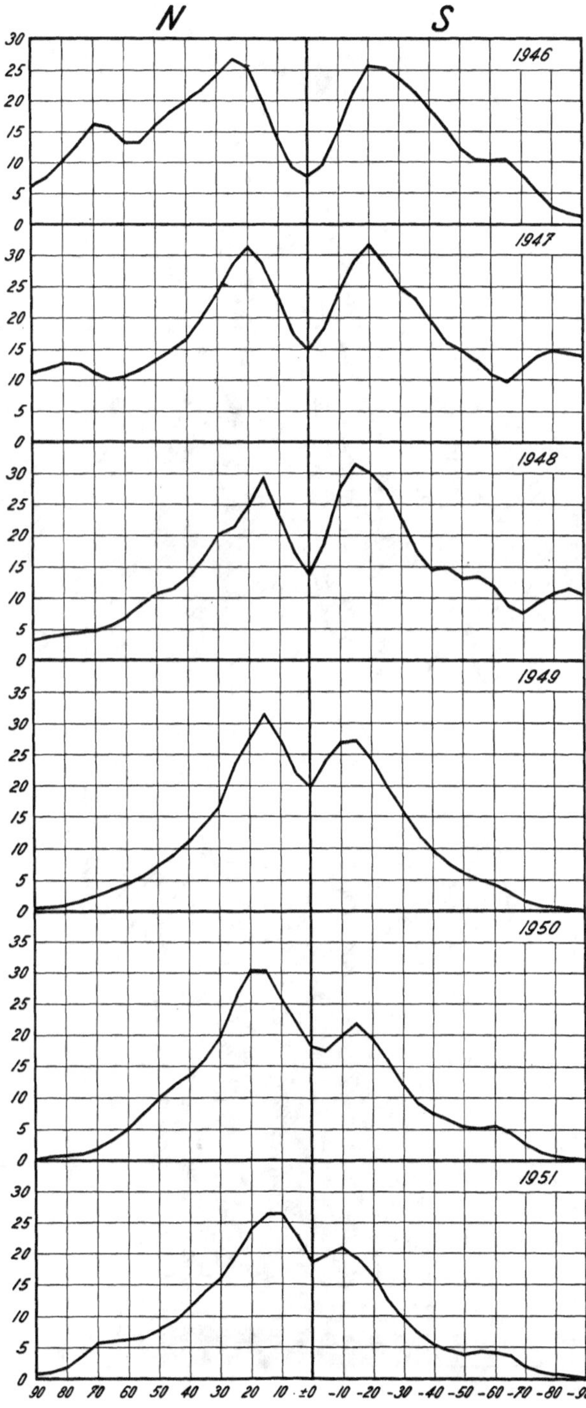

Abbildung 20 b

Breitenverteilung der Intensität der Linie 5303 von 1946 bis 1951.

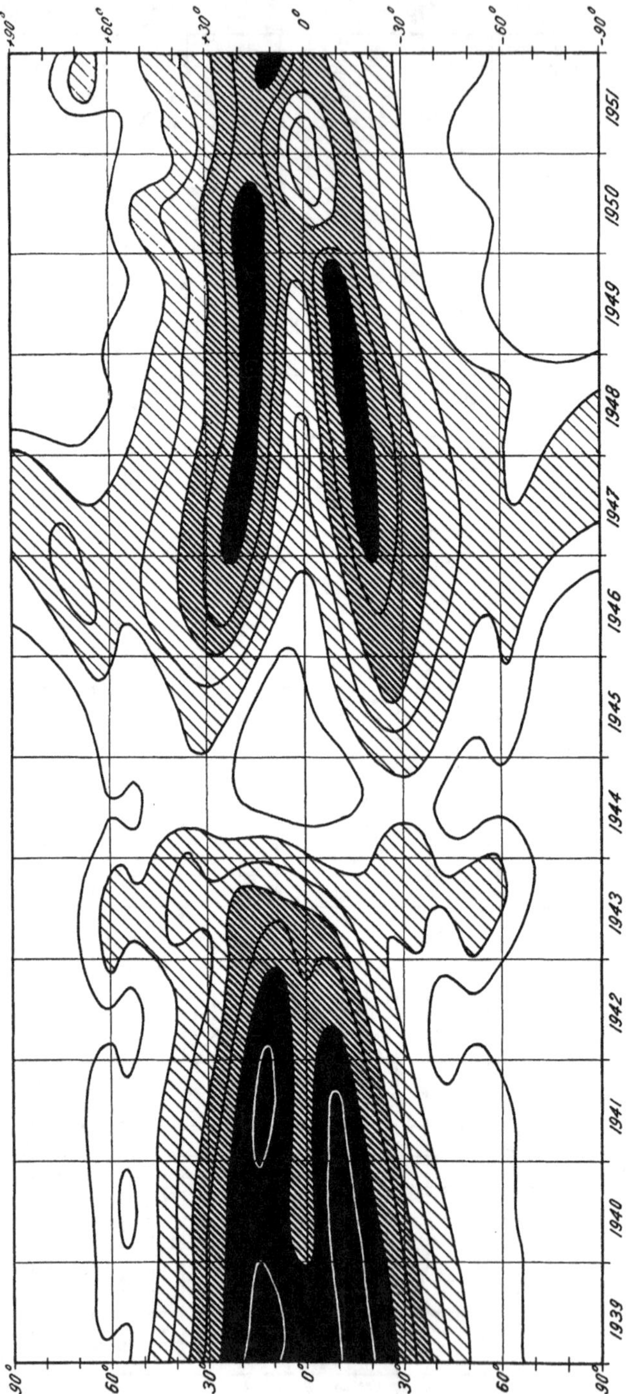

Abbildung 21

Die Abhängigkeit der Intensität der Linie 5303 von der heliographischen Breite und von der Zeit. Eingezeichnet sind die Isophoten 5, 10, 15, 20, 25, 30 und 35.

sammen, und das zwischen ihnen liegende Minimum wird flacher und ist 1943 überhaupt verschwunden. Die Hauptzone ist aber noch im Jahre 1943 kräftig entwickelt, im Jahre 1944 dagegen bereits verschwunden. An ihrer Stelle tritt die Hauptzone des neuen Zyklus in etwa 30° Breite in Erscheinung, welche an Intensität rasch zunimmt und sich langsam äquatorwärts verschiebt. Zugleich füllt sich das Äquatorminimum, welches unmittelbar nach dem Fleckenminimum am tiefsten liegt (1945) regelmässig auf.

Diese zonale Struktur der koronalen Emissionen, speziell auch die polare Aktivitätszone der Korona, sind vom Verfasser[1] schon frühzeitig erkannt und beschrieben worden.

In Abbildung 21 ist die Intensität der Linie 5303 Å in Abhängigkeit von der heliographischen Breite und von der Zeit dargestellt. Es handelt sich dabei im wesentlichen um eine Darstellung der Hauptzone, da die Nebenzone bei dem relativ grossen gegenseitigen Isophotenabstand von 5 Einheiten nur dort in Erscheinung tritt, wo sie sehr kräftig und von der Hauptzone durch ein tiefes Minimum getrennt ist. Auffällig ist, dass die Intensität in der Hauptzone während des intensiven Sonnenfleckenmaximums von 1947/48 geringer gewesen ist als 3 bis 4 Jahre nach dem Fleckenmaximum von 1937. Es lässt sich nicht mit Sicherheit entscheiden, ob dieser Intensitätsunterschied reell oder zum Teil durch eine Änderung der Kalibrierung bedingt ist. Die Betrachtung der Koronadiagramme im ersten Band lässt erkennen, dass die Diagramme späteren Datums durchschnittlich strukturreicher sind als diejenigen der ersten Beobachtungsjahre. Dies gilt besonders für Gebiete über Fleckengruppen, in denen mitten in Regionen grösster Linienintensität schmale Zonen geringer Intensität auftreten. Werden diese unterdrückt, was in den ersten Beobachtungsjahren teilweise der Fall gewesen zu sein scheint – um so mehr als diese Zonen geringer Intensität oft so schmal sind, dass sie in den Koronadiagrammen gar nicht wiedergegeben werden könnten –, so ergibt sich für die Hauptzone notwendigerweise eine grössere mittlere Intensität. Die auch beim Maximum 1947 festgestellte Erscheinung, dass in der Fleckenzone die maximale 5303-Intensität erst etwa 2 Jahre nach dem Fleckenmaximum auftritt, lässt es plausibel erscheinen, dass die 5303-Intensität in der Fleckenzone 1939/40 tatsächlich grösser gewesen ist als im Jahre 1947.

Für die Konstruktion der Isophoten der Abbildung 21 sind die in Tabelle 9 mitgeteilten Intensitätsverteilungen verwendet, die Isophoten jedoch geglättet worden. Um alle in Tabelle 9 enthaltenen Details zum Ausdruck zu bringen, ist das in Abbildung 22 gezeigte Relief gebaut worden. Die 87 Breitenverteilungen von 1939 bis 1949 sind aus Holz ausgesägt und aneinandergereiht worden. Das Modell lässt zunächst erkennen, wie gross die Schwankungen sind zwischen irgendeiner Breitenverteilung und den benachbarten. Solche Schwankungen sind, in Anbetracht, dass jede Breitenverteilung den Mittelwert über etwa 10 Beobachtungstage darstellt, zu erwarten. Bei genauerer Betrachtung des Modells lassen sich auch sprunghafte Änderungen erkennen, zum Beispiel am

---

[1] M. WALDMEIER, Z. Astrophys. *20*, 172 (1940), Naturwissenschaften *29*, 150 (1941), Astron. Mitt. Eidg. Sternw. Zürich, Nr. 157 (1949), Z. Astrophys. *21*, 85 (1941), *27*, 237 (1950).

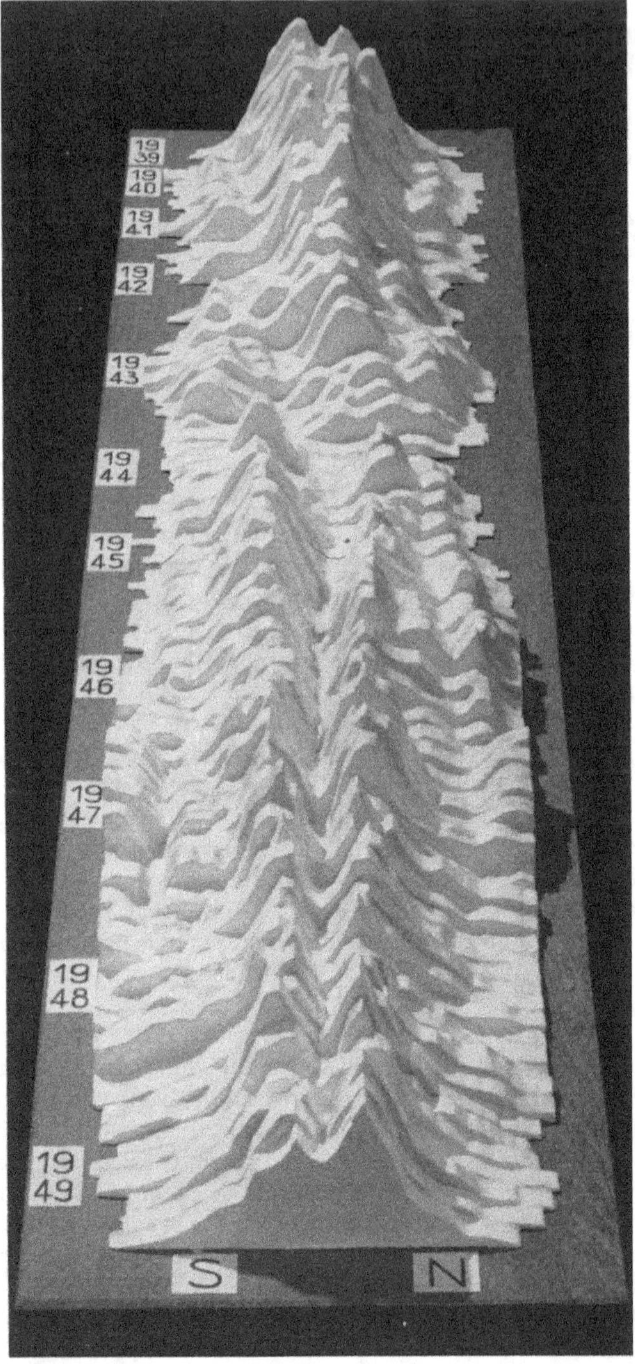

Abbildung 22.   Relief der Intensitätsverteilung der Linie 5303 von 1939 bis 1949.

Ende des Jahres 1947 in der nördlichen Polarzone. Wenn die Entwicklung schnell vor sich geht, müssen sich solche einstellen, da unsere Beobachtungen sich vorzugsweise jeweils über die Monate Januar bis anfangs April und Ende Juli bis anfangs Oktober erstrecken.

Das Modell zeigt, wie die Hauptmaxima von 1939 an zusammenlaufen und niedriger werden, schliesslich zu einem einzigen Äquatormaximum verschmelzen, welches unmittelbar vor dem Fleckenminimum verschwindet. Schon zwei Jahre vor dem Minimum erscheint in mittleren Breiten die neue koronale Hauptzone, welche aber erst nach dem Verschwinden der alten Hauptzone an Intensität stark zunimmt und dann zufolge des sehr breiten und tiefen Äquatorminimums sehr prägnant in Erscheinung tritt. Da sich die südliche Hauptzone rascher und stärker entwickelt hat als die nördliche, findet man im Jahre 1945 das Äquatorminimum um 5° bis 10° auf die nördliche Hemisphäre verschoben. Die weitere Entwicklung der Hauptzone besteht in einer Zunahme der Intensität, welche sich über das Sonnenfleckenmaximum hinaus bis zum Jahre 1949 fortsetzt, in einer Annäherung an den Äquator und in einer Auffüllung des Äquatorminimums.

Die polare Aktivitätszone der Korona ist von 1940 ab auf beiden Hemisphären entwickelt. In den Jahren 1942/43 tritt sie schwächer in Erscheinung und hat sich von ihrer ursprünglichen Breite von 60° bis 65° nach etwa 55° verlagert. Da sich die neue Hauptzone bereits 1943 kräftig entwickelt, jedoch in rund 40° Breite liegt, sind die beiden Aktivitätszonen in den Jahren 1943 und 1944 nicht immer deutlich auseinanderzuhalten. Immerhin lässt sich erkennen, dass die polare Zone sich um diese Zeit polwärts zu verschieben beginnt, so dass bereits 1945 die beiden Zonen sauber getrennt sind, indem die Polarzone bei 60° liegt, die Hauptzone jedoch bereits auf die Breite 30° abgesunken ist. Während bezüglich der Hauptzone die südliche Hemisphäre der nördlichen vorangeht, gilt für die Polarzone das Umgekehrte. 1946 ist dieselbe auf der nördlichen Halbkugel schon stark entwickelt, während sie auf der südlichen erst schwach hervortritt. Es kommt sogar öfters vor, dass die maximale Intensität der Linie 5303 Å nicht in der Hauptzone, sondern in der Polarzone auftritt. Mit Annäherung an das Sonnenfleckenmaximum verschiebt sich die polare Zone mit zunehmender Geschwindigkeit nach höheren Breiten und erreicht den Pol um die Zeit des Fleckenmaximums, worauf die Polarzone erlischt und das Polargebiet von der Linienemission frei wird.

Auf eine andere Art ist in Abbildung 23 die zonale Struktur der Korona zum Ausdruck gebracht. Es sind in derselben für jeden einzelnen Beobachtungstag die Lagen der Intensitätsmaxima der vier Quadranten je durch eine rechteckige Fläche dargestellt. Alle Rechtecke besitzen dieselbe Breite (= Ausdehnung in der Richtung der Zeitachse); ihre Höhe und damit ihre Fläche ist der geschätzten Intensität proportional. Die Beobachtungen der einzelnen Tage sind fortlaufend aneinandergereiht, unabhängig davon, ob es sich um aufeinanderfolgende Tage handelt oder um Beobachtungen, die durch kleinere oder grössere Intervalle voneinander getrennt sind. Die einzelnen Jahre erscheinen deshalb in Abbildung 23 verschieden breit, je nach der Anzahl der Beobachtungstage.

Tabelle 10

Jahresmittel der Breitenverteilung der Intensität der Linie 5303 Å

Jahr	+90	+85	+80	+75	+70	+65	+60	+55	+50	+45
1939	0,00	0,00	0,02	0,13	0,48	1,02	2,61	4,61	7,33	10,85
1940	0,07	0,20	0,43	0,62	1,64	3,70	5,16	4,82	5,73	8,55
1941	0,02	0,07	0,29	1,30	3,68	6,73	8,36	8,33	8,48	9,92
1942	0,02	0,08	0,26	0,84	1,61	2,51	3,15	3,78	4,93	6,84
1943	0,13	0,31	0,95	2,26	4,60	7,70	10,99	13,52	14,20	14,54
1944	0,00	0,00	0,16	0,30	0,54	1,69	3,60	4,76	4,96	5,68
1945	0,04	0,16	0,43	1,03	2,29	5,07	6,75	5,93	5,03	6,86
1946	6,41	7,56	10,14	13,08	16,26	15,64	13,21	13,11	15,92	18,10
1947	11,13	11,77	12,68	12,66	11,20	10,07	10,49	11,75	13,25	14,96
1948	2,27	2,40	2,70	2,95	3,18	3,75	4,98	7,04	9,05	10,41
1949	0,38	0,43	0,66	1,37	2,43	3,45	4,40	5,55	7,33	8,83
1950	0,35	0,47	0,76	1,18	2,04	3,36	5,38	7,77	10,06	12,24
1951	1,00	1,24	2,02	3,66	5,71	6,11	6,34	6,56	7,93	9,34
1952	0,00	0,06	0,19	0,38	0,99	2,66	5,81	6,89	6,10	5,06
1953	0,00	0,01	0,11	0,28	0,79	2,45	5,28	7,31	6,81	5,68
1954	0,00	0,00	0,04	0,09	0,33	1,27	2,44	3,17	4,05	4,89

Jahr	+40	+35	+30	+25	+20	+15	+10	+5	0	−5
1939	14,41	19,70	24,22	29,41	32,96	37,24	39,37	35,31	30,67	32,80
1940	13,18	19,93	25,25	29,62	32,38	33,61	31,98	29,95	29,82	34,68
1941	12,78	16,33	20,33	25,21	33,23	38,86	38,44	32,45	28,88	33,08
1942	9,42	12,17	15,21	20,09	25,24	32,20	33,77	30,93	27,00	27,83
1943	15,23	16,19	17,49	19,52	21,77	23,39	23,20	21,20	20,14	19,04
1944	7,10	7,97	8,13	6,75	5,36	4,67	3,79	2,81	2,71	2,56
1945	9,35	11,70	13,17	12,92	8,94	3,24	1,36	1,16	2,62	5,74
1946	19,59	21,81	24,30	26,57	25,58	20,55	13,73	9,05	7,53	9,37
1947	16,66	20,07	24,03	28,73	31,37	28,96	23,72	17,44	14,81	18,35
1948	12,47	15,76	19,24	23,37	27,63	28,83	23,80	18,59	16,55	20,94
1949	11,03	13,63	16,45	23,07	27,41	31,79	27,44	21,87	19,55	23,89
1950	13,58	16,22	20,04	26,17	30,46	30,48	25,98	21,99	18,33	17,62
1951	11,37	14,09	15,95	19,66	23,94	26,44	26,50	22,82	18,72	19,99
1952	5,05	5,46	6,81	9,48	12,81	15,11	16,94	16,42	16,50	17,84
1953	5,33	5,72	6,88	8,65	10,34	11,24	10,67	9,46	7,85	6,81
1954	6,15	6,15	4,73	3,01	1,72	1,15	1,39	0,60	0,39	0,73

Da Abbildung 23 nur die Stellen der grössten Intensität jedes Quadranten (unabhängig von ihrer absoluten Intensität) enthält, normalerweise aber die Intensität der Hauptzone diejenige der Nebenzone stark übertrifft, vermittelt, mit ganz vereinzelten Ausnahmen, Abbildung 23 nur ein Bild der Hauptzone. Die Maxima der Hauptzone verschieben sich von 1939 an progressiv gegen den Äquator. Schon 1941 und 1942 wird die grösste Intensität oftmals und nach

Tabelle 10 Fortsetzung

Jahr	− 10	− 15	− 20	− 25	− 30	− 35	− 40	− 45	− 50	− 55
1939	36,50	38,85	36,06	31,76	28,43	23,59	17,28	11,20	6,11	3,11
1940	38,00	37,34	33,29	26,86	21,11	16,29	12,34	8,71	6,48	6,21
1941	35,83	32,14	26,04	20,46	14,96	10,17	7,62	7,42	7,88	8,59
1942	28,11	24,61	17,91	12,47	8,43	5,82	4,33	3,65	3,46	3,06
1943	16,06	13,24	11,61	11,43	10,72	10,17	9,68	10,36	11,71	11,71
1944	2,63	3,32	5,77	8,14	9,14	6,96	4,82	3,48	2,87	2,66
1945	9,47	13,95	17,87	20,11	20,14	15,76	13,71	10,79	7,72	6,25
1946	15,31	21,36	25,64	25,33	23,59	21,56	18,41	15,56	12,28	10,23
1947	24,15	29,20	31,64	28,81	24,64	23,05	19,52	16,24	15,04	13,39
1948	28,33	30,21	28,03	25,06	19,80	16,41	14,83	14,05	12,06	12,24
1949	27,01	27,53	24,59	20,33	16,00	12,40	9,53	7,57	6,10	4,95
1950	20,02	22,05	19,99	16,35	12,22	9,31	7,71	6,68	5,36	5,09
1951	21,00	19,63	16,84	12,40	9,82	7,46	5,47	4,54	4,03	4,18
1952	19,30	17,02	14,69	10,87	7,41	5,66	5,03	5,48	5,35	4,71
1953	8,12	7,33	4,35	2,62	1,76	1,76	2,28	2,85	3,50	2,77
1954	0,98	0,81	1,30	2,06	2,45	2,39	1,84	1,09	0,64	0,24

Jahr	− 60	− 65	− 70	− 75	− 80	− 85	− 90	N	S	N + S
1939	1,72	1,13	0,56	0,09	0,00	0,00	0,00	550,0	569,1	1119,1
1940	6,79	5,12	2,23	0,98	0,57	0,57	0,61	523,4	545,6	1069,0
1941	7,50	4,87	3,06	1,31	0,51	0,23	0,26	558,5	472,5	1031,0
1942	2,31	1,49	0,75	0,32	0,15	0,04	0,00	433,1	316,5	749,6
1943	10,01	7,08	4,26	2,18	1,35	0,92	0,81	474,4	344,0	818,4
1944	2,98	2,53	1,00	0,09	0,00	0,00	0,00	139,3	120,6	259,9
1945	5,97	5,13	2,73	0,82	0,12	0,01	0,00	193,3	317,4	510,7
1946	10,15	10,28	8,12	5,09	2,92	1,74	1,47	582,1	482,9	1065,0
1947	10,98	9,75	11,73	13,99	14,83	14,41	14,01	625,5	668,3	1293,8
1948	12,04	10,05	8,71	9,12	9,31	9,42	9,07	451,0	587,0	1038,0
1949	4,27	2,92	1,71	0,89	0,39	0,19	0,13	434,1	400,2	834,3
1950	5,39	4,82	3,00	1,55	0,81	0,33	0,22	475,0	335,2	810,2
1951	4,12	3,69	2,14	1,11	0,45	0,13	0,13	439,1	292,8	731,9
1952	3,66	2,07	0,75	0,23	0,09	0,01	0,00	248,9	256,8	505,7
1953	1,46	0,59	0,14	0,02	0,00	0 00	0,00	201,9	100,6	302,5
1954	0,08	0,04	0,01	0,00	0,01	0,01	0,00	82,7	29,8	112,5

dem Minimum 1944 überhaupt ausschliesslich in hohen Breiten beobachtet. In Tabelle 11 sind die mittleren heliographischen Breiten der Stellen maximaler Intensität für den alten und den neuen Aktivitätszyklus mitgeteilt. Bei der Bestimmung der mittleren heliographischen Breiten wurden den einzelnen Intensitätsmaxima Gewichte erteilt, die ihren Intensitäten proportional sind. Die heliographische Breite der Hauptzone im Zyklus Nr. 17 fällt praktisch zu-

Tabelle 11

Mittlere heliographische Breite der Hauptzone der Korona

Jahr	b_n		b_s	
	Zyklus Nr. 17	Zyklus Nr. 18	Zyklus Nr. 17	Zyklus Nr. 18
1939	+ 14,2 (14,5)[1]		− 17,2 (12,2)	
1940	15,7 (12,2)		13,1 (10,2)	
1941	12,9 (11,0)	+ 57,0	11,3 (7,9)	
1942	10,7 (10,0)	54,9	8,7 (7,3)	− 62,0
1943	10,3 (9,3)	40,2	5,9 (6,6)	47,4 (31,3)
1944	9,2 (5,8)	36,2 (22,6)	5,0 (6,6)	32,4 (26,6)
1945		31,5 (24,0)	5,2	26,8 (21,0)
1946		27,0 (20,2)		24,2 (20,4)
1947		20,7 (17,1)		20,1 (16,8)
1948		18,5 (14,8)		16,1 (14,2)
1949		15,8 (14,3)		13,7 (13,2)
1950		16,7 (13,7)		14,6 (12,0)
1951		12,8 (11,7)		13,4 (10,5)

[1] Die in Klammern gesetzten Zahlen geben die heliographische Breite der Fleckenzone.

sammen mit derjenigen der Flecken- und Fackelzone. Sie erlischt im Jahre 1945 in etwa 5° heliographischer Breite. Es ist allerdings ein systematischer Unterschied gegenüber den mittleren heliographischen Breiten der Flecken (Tabelle 11) zu erkennen, in dem Sinne, dass die Maxima der Koronaaktivität in höherer Breite liegen als die Flecken. Während dieser Unterschied in den Jahren 1939 und 1940 noch ausgeprägt ist, wird er mit Annäherung an das Minimum ständig kleiner.

Bereits 1942 (2 Jahre vor dem Fleckenminimum) tritt die grösste Intensität häufig in 55 bis 60° Breite auf. Dies ist das Gebiet, von welchem aus sich sowohl die neue Hauptzone (Zyklus Nr. 18) entwickelt, als auch die Polarzone nach höheren Breiten aufsteigt. Die heliographische Breite der Hauptzone nimmt schnell ab, doch liegt sie beim ersten Auftreten der Flecken des neuen Zyklus im Jahre 1943 noch etwa 15° höher als die Fleckenzone. Im Jahre 1944 beträgt diese Differenz noch rund 10°, 1945 noch ungefähr 7°, 1946 noch 5° und 1947 noch etwa 3°. Bis zum Jahre 1951 nimmt dieselbe bis auf 2° ab. Bemerkenswerterweise nimmt die heliographische Breite der Hauptzone von 1949 auf 1950 in beiden Hemisphären wieder zu, wodurch erneut der enge Zusammenhang der Korona mit den Fackeln hervortritt, indem auch die heliographische Breite der Fackeln für das Jahr 1950 grösser ist als für 1949[1].

Naturgemäss gibt Abbildung 23 nur eine Darstellung der Hauptzone, während die polare Zone praktisch nicht in Erscheinung tritt. Wenn nämlich die Hauptzone eine grössere Intensität aufweist als die Nebenzone, was normalerweise der Fall ist, so ist die Nebenzone überhaupt nicht eingetragen. Sie ist

[1] M. WALDMEIER, Astron. Mitt. Zürich, Nr. 172 (1950), Nr. 176 (1951).

Additional material from *Die Sonnenkorona,*
ISBN 978-3-0348-6831-0 (978-3-0348-6831-0_OSFO2),
is available at http://extras.springer.com

Abbildung 23

nur in den ziemlich seltenen Fällen eingezeichnet, in denen die Nebenzone die Hauptzone an Intensität übertroffen hat. Dies kommt hauptsächlich in den Minimumsjahren vor, wo die Intensität über der Flecken- und Fackelzone gering ist. Aber noch bis zum Maximum 1947 kommt es gelegentlich vor, dass die Intensität in der Nebenzone diejenige der Hauptzone übertrifft. Aus den vereinzelten Fällen der Abbildung 23 (hauptsächlich auf der Nordseite), wo die Nebenmaxima in Erscheinung treten, lässt sich die Polwärts-Verschiebung der Nebenzone in den Jahren 1945 bis 1947 deutlich erkennen.

Die Bestimmung der heliographischen Breite der Hauptzone auf Grund der Abbildung 23 führt nur dort zu zuverlässigen Werten, wo die Nebenzone nicht in Erscheinung tritt, also bei den Werten, die sich auf den Zyklus Nr. 17 beziehen und bei denjenigen der Jahre 1946 bis 1948. In den Minimumsjahren dagegen erscheint wegen des Auftretens der polaren Maxima die heliographische Breite der Hauptzone des Zyklus Nr. 18 zu gross, besonders im Jahre 1943 und, in geringerem Masse, auch im Jahre 1944. Die in Tabelle 11 mitgeteilten Werte für die neue Hauptzone in den Jahren 1941 und 1942 resultieren fast ausschliesslich aus der Polarzone. Man muss bedenken, dass in den Jahren unmittelbar vor dem Minimum der Sonnenaktivität die neu in Erscheinung tretende Hauptzone und die Polarzone so nahe beisammenliegen, dass eine sichere Zuordnung der Intensitätsmaxima zu der einen oder andern dieser Zonen oft fast unmöglich wird.

8. *Die Aktivitätszonen der Korona*

Die vorangegangenen Betrachtungen haben gezeigt, dass die Intensität der Koronalinie 5303 Å zwei Aktivitätszonen folgt. Die Hauptzone ist durch die Ergebnisse in Abschnitt 7 genügend festgelegt und in ihrem Verhalten im elfjährigen Zyklus ausführlich beschrieben, so dass wir uns vorerst nur noch mit der Polarzone zu beschäftigen brauchen. Diese lag in den Jahren 1939–1945 mit geringen Variationen in der Breite von 60°. Seit dem Sonnenaktivitätsminimum hat sie sich jedoch polwärts verlagert, zunächst nur langsam und mit Annäherung an das Aktivitätsmaximum immer schneller. Zur Zeit des Sonnenfleckenmaximums hat die Nebenzone den Pol erreicht und ist unmittelbar darauf erloschen. Diese Entwicklung geht aus Tabelle 12 hervor, in welcher für heliographische Breiten $|b| \geqq 40°$ die mittleren Intensitäten der Linie 5303 Å von 5° zu 5° gegeben sind. Die Mittelbildung erstreckt sich über je 30 bis 40 Beobachtungstage. Die Maximalwerte der Intensitäten sind durch Fettdruck hervorgehoben. Die Entwicklung der Polarzone ist besonders schön auf der Nordhalbkugel zu beobachten. Sie liegt 1945 bei 60°, anfangs 1946 bei 65°, Ende 1946 bei 70°, anfangs 1947 bei 72° und verschiebt sich darauf sehr schnell und erreicht etwa Juli 1947 den Pol. Zu Beginn des Jahres 1948 ist sie verschwunden, und im Sommer 1948 war die Linie 5303 Å im ganzen nördlichen Polargebiet meistens unsichtbar. Diese Entwicklung geht klar aus Abbildung 24 hervor, welche die Werte der Tabelle 12 in graphischer Darstellung gibt.

Tabelle 12

Entwicklung der Intensität der Koronalinie 5303 Å in der Polarzone vom Minimum zum Maximum der Sonnenaktivität

Beobachtungsintervall	Mittlere Epoche	+90°	+85°	+80°	+75°	+70°	+65°	+60°	+55°	+50°	+45°	+40°
16. Januar 1945 bis 25. Mai 1945	1945. 22			0,06	0,22	1,06	3,81	**6,68**	**7,34**	6,01	7,71	9,41
30. Juni 1945 bis 3. August 1945	1945. 54			0,07	0,57	1,70	4,43	**6,28**	4,87	3,90	5,25	7,55
4. August 1945 bis 21. Oktober 1945	1945. 70	0,13	0,55	1,25	2,56	4,57	**7,50**	**7,43**	5,26	4,91	7,44	11,17
29. Dezember 1945 bis 16. April 1946	1946. 14	4,28	4,79	6,21	8,54	12,16	**13,32**	11,56	10,48	·11,65	14,25	17,68
17. April 1946 bis 14. August 1946	1946. 45	7,40	9,17	12,25	15,64	**18,41**	**17,52**	14,18	13,54	17,48	19,98	20,01
16. August 1946 bis 29. Januar 1947	1946. 85	7,77	9,14	12,57	16,15	**18,56**	16,80	14,63	16,06	19,81	21,54	21,88
1. Februar 1947 bis 14. Mai 1947	1947. 22	7,07	7,80	9,85	**12,40**	**12,65**	10,70	10,93	13,07	14,80	15,82	16,30
29. Juli 1947 bis 20. August 1947	1947. 60	**15,80**	**16,10**	**15,80**	12,87	9,60	8,60	9,07	9,90	11,93	13,23	16,40
21. August 1947 bis 1. Oktober 1947	1947. 69	**12,20**	**12,93**	**13,10**	11,70	9,53	8,47	9,83	10,80	10,83	13,03	15,23
30. Dezember 1947 bis 23. März 1948	1948. 11	3,30	3,76	4,29	4,61	4,66	5,40	6,96	9,16	10,61	11,31	13,21

Beobachtungsintervall	Mittlere Epoche	−40°	−45°	−50°	−55°	−60°	−65°	−70°	−75°	−80°	−85°	−90°
16. Januar 1945 bis 25. Mai 1945	1945. 22	9,12	6,51	4,82	4,10	3,76	2,90	1,61	0,55	0,11	0,02	
30. Juni 1945 bis 3. August 1945	1945. 54	18,18	15,02	10,20	8,00	7,78	6,75	2,55	0,48	0,05		
4. August 1945 bis 21. Oktober 1945	1945. 70	15,68	12,60	9,35	7,57	7,25	6,67	4,47	1,52	0,20	0,01	
29. Dezember 1945 bis 16. April 1946	1946. 14	17,25	14,12	10,61	8,95	8,39	8,36	5,42	2,31	0,80	0,40	0,32
17. April 1946 bis 14. August 1946	1946. 45	19,24	16,42	13,14	10,90	**11,11**	**11,03**	9,11	5,80	3,29	1,84	1,39
16. August 1946 bis 29. Januar 1947	1946. 85	19,08	16,54	13,68	11,32	11,20	**12,28**	**11,70**	8,42	5,32	3,41	2,98
1. Februar 1947 bis 14. Mai 1947	1947. 22	16,23	15,75	13,23	10,82	10,53	11,27	**11,67**	**11,95**	11,10	9,08	7,83
29. Juli 1947 bis 20. August 1947	1947. 60	23,87	17,53	15,57	13,13	9,67	8,23	11,83	16,20	**18,57**	**19,20**	**19,20**
21. August 1947 bis 1. Oktober 1947	1947. 69	18,73	15,37	16,70	16,80	12,87	8,63	10,70	15,50	18,27	**18,83**	**19,00**
30. Dezember 1947 bis 23. März 1948	1948. 11	14,50	14,95	13,19	13,54	12,30	8,65	7,69	9,59	10,60	**11,42**	**10,62**

Eine analoge Entwicklung beobachtet man nach Tabelle 12 und Abbildung 25 auf der Südhalbkugel. In den gemittelten Intensitäten erscheint das polare Maximum erst ab 1946 und erreicht in der zweiten Hälfte 1947 den Südpol. Die Entwicklung auf der südlichen Halbkugel folgt derjenigen auf der nördlichen mit einer kleinen Verspätung, und das Polarmaximum ist zu Beginn des Jahres 1948 noch stark entwickelt, während dasselbe am Nordpol bereits verschwunden ist. Die Tatsache, dass in den gemittelten Intensitätswerten das polare Maximum 1945 und anfangs 1946 nicht in Erscheinung tritt, bedeutet nicht, dass dasselbe zu dieser Zeit nicht bestanden hat. Tatsächlich zeigen die meisten individuellen Beobachtungen das polare Maximum. Man sieht aber ein, dass dasselbe bei der Mittelung leicht verschwinden kann, wenn die beobachteten Maxima der Nebenzone nicht sehr ausgeprägt sind oder in der heliographischen Breite streuen. In Abbildung 25 tritt die polare Aktivitätszone auch im Jahre 1945 in Erscheinung als «Sattel» bei rund 60°.

Die abgeleiteten Ergebnisse über die Aktivitätszonen und ihre Verlagerungen sind in Abbildung 26, zusammen mit den bereits bekannten Aktivitätszonen der photosphärischen und chromosphärischen Erscheinungen, dargestellt.

Das einfachste Verhalten zeigen die Sonnenflecken, welche in nur einer Zone auftreten, die zu Beginn des Zyklus bei rund 30° liegt, sich äquatorwärts verschiebt und am Ende des Zyklus bei etwa 6° Breite verschwindet. Komplizierter verhalten sich die Protuberanzen, bei denen man üblicherweise zwei Zonen unterscheidet, die sogenannte Hauptzone und die Polarzone. Daneben hat der Verfasser wiederholt auf eine dritte Protuberanzenzone hingewiesen, welche praktisch mit der Fleckenzone zusammenfällt und diejenigen Protuberanzen enthält, welche nur in Verbindung mit Fleckengruppen auftreten (Eruptionen, Auswürfe chromosphärischer Materie und sogenannte Fleckenprotuberanzen). Die Unterteilung der Protuberanzenaktivität in diese drei Zonen ist auch in Abbildung 26 verwendet worden. Die Hauptzone folgt der Fleckenzone, hat jedoch stets eine etwa 15° höhere Breite als diese. Die Polarzone setzt etwa zwei Jahre vor dem Minimum der Sonnenaktivität in etwa 45° ein. Zur Zeit des Minimums beginnt sie sich polwärts zu verlagern, während gleichzeitig sich die Hauptzone von ihr ablöst und sich äquatorwärts verschiebt. Die Polarzone erreicht etwa ein Jahr nach dem Fleckenmaximum den Pol und erlischt. Die koronale Hauptzone ist eng an die Fleckenzone gebunden, weist jedoch eine etwas höhere Breite auf als diese. Zu Beginn des Zyklus beträgt diese Differenz 5° bis 10° und vermindert sich bis auf etwa 1° am Ende des Zyklus. Die Polarzone führt eine von den übrigen Manifestationen der Sonnenaktivität weitgehend unabhängige Existenz. Sie erscheint um die Zeit des Sonnenfleckenmaximums oder kurz zuvor in etwa 45°. Sie zeigt anfänglich eine rasche, polwärts gerichtete Verlagerung und kommt bereits 1 bis 2 Jahre nach dem Fleckenmaximum in rund 60° Breite zum Stillstand. Während des absteigenden Astes der Fleckentätigkeit bleibt sie nahezu stationär und beginnt nach dem Fleckenminimum sich mit zunehmender Geschwindigkeit polwärts zu verlagern und verschwindet um die Zeit des Fleckenmaximums am Pol.

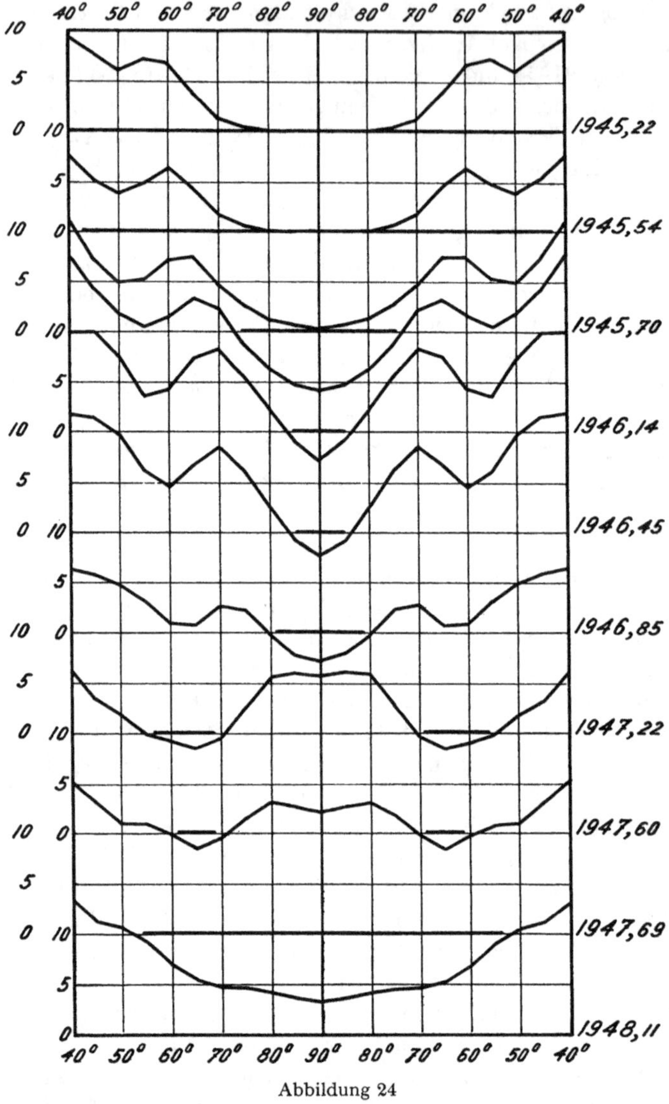

Abbildung 24

Entwicklung der polaren Aktivitätszone auf der Nordhalbkugel von 1945 bis 1948.

Die Koronahauptzone steht in verschiedener Hinsicht mit der Fackelzone in engerer Beziehung als mit der Fleckenzone.

Die Polarzonen der Protuberanzen und der Korona zeigen ein ähnliches Verhalten, indem sie zwischen Minimum und Maximum der Fleckentätigkeit gegen die Pole aufsteigen. Es handelt sich aber um zwei verschiedene Zonen, indem zwischen den beiden eine Breitendifferenz von durchschnittlich etwa 15° besteht. Das Intensitätsminimum zwischen der Hauptzone und der Polarzone

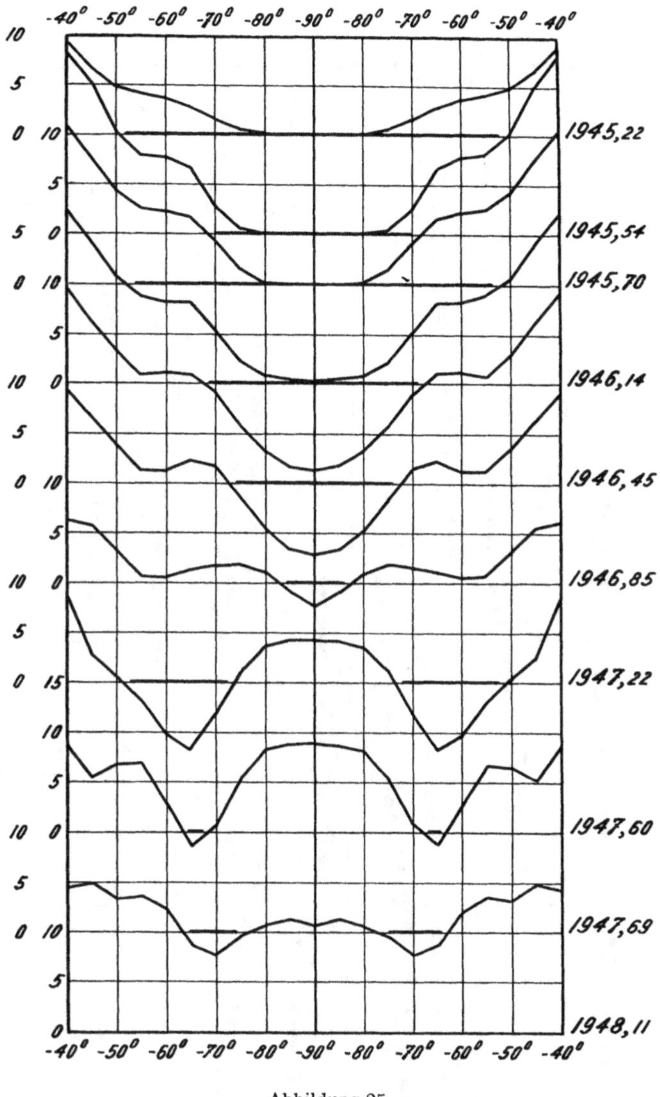

Abbildung 25

Entwicklung der polaren Aktivitätszone auf der Südhalbkugel von 1945 bis 1948.

ist besonders in der Zeit zwischen Minimum und Maximum der Fleckentätigkeit gut ausgeprägt, weil dann beide Aktivitätszonen stark entwickelt sind und ihr gegenseitiger Abstand relativ gross ist (siehe Abbildungen 22, 24 und 25). In dieses Minimum der 5303-Intensität fällt die ziemlich scharf definierte Polarzone der Protuberanzen. Nicht nur statistisch konnte die negative Korrelation zwischen Koronaintensität und Protuberanzen festgestellt werden, sondern in

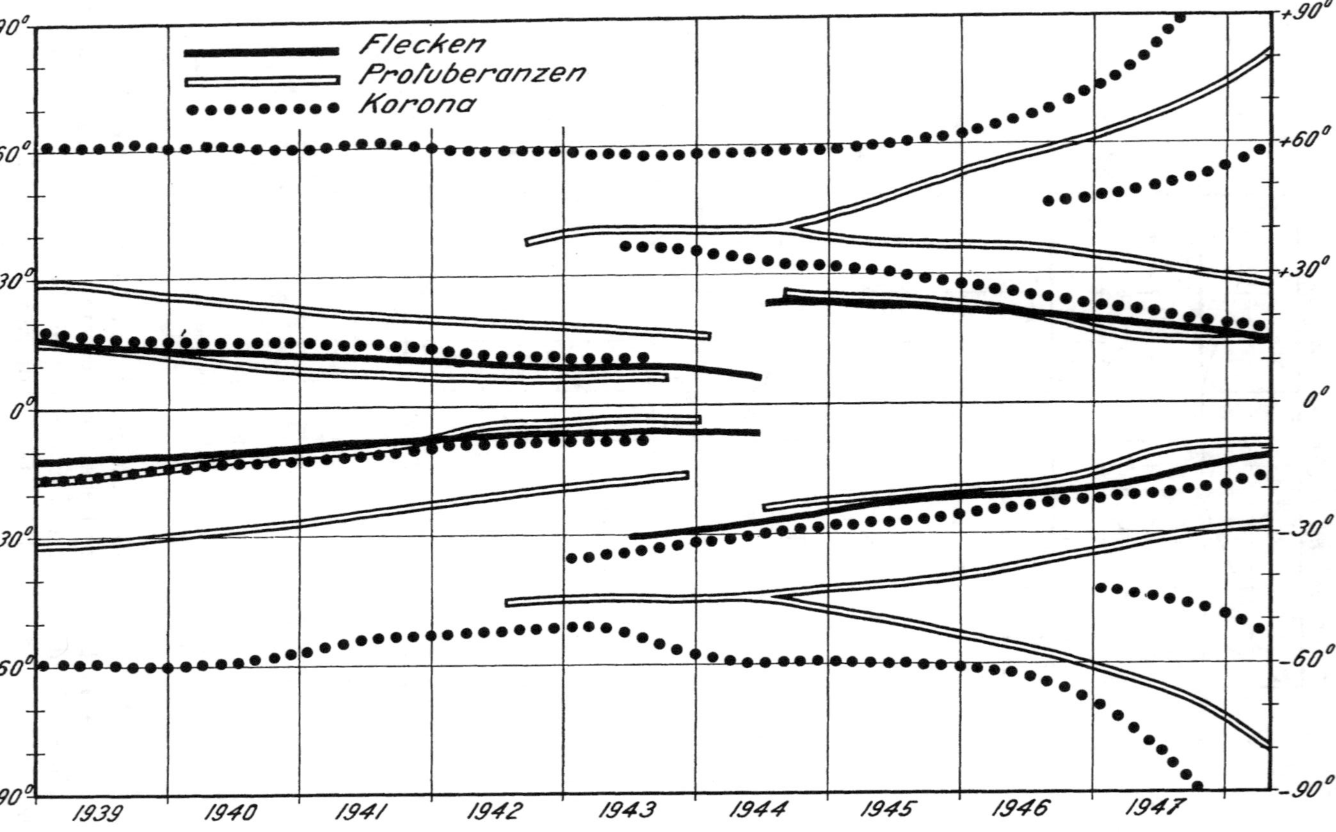

Abbildung 26.   Die Aktivitätszonen der Flecken, der Protuberanzen und der Korona von 1939 bis 1948.

zahlreichen Einzelfällen konnte das exakte Zusammenfallen einer Stelle minimaler Koronaintensität mit einer Protuberanz beobachtet werden.

Durch die veränderliche Lage der Polarzone wird die Koronaintensität an den Polen bestimmt. Diese ist gross, wenn die Zone in hohen Breiten liegt und verschwindet, wenn sie sich in tiefen Breiten befindet. Die wechselnde Ausdehnung des linienfreien Polargebietes ist in Abbildung 27 dargestellt. Das schraf-

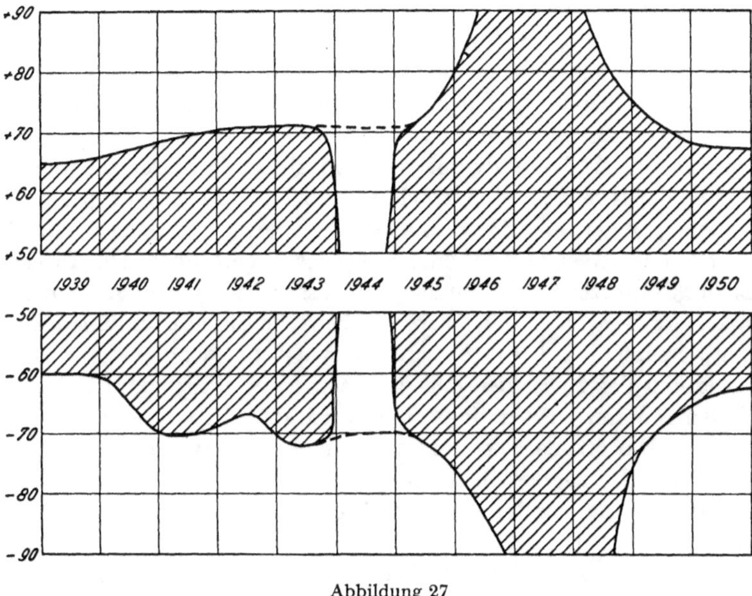

Abbildung 27

Die von der Linienemission 5303 freien Gebiete von 1939 bis 1950.

fierte Gebiet zeigt die Erstreckung der Linienemission von der heliographischen Breite 50° an polwärts. Die Abbildung ist stark schematisiert, indem in Wirklichkeit die Stellen, an welchen die Linienemission verschwindet, von Tag zu Tag in heliographischer Breite stark streuen. An Tagen, wo die Polarzone nicht erkennbar ist, liegt die Stelle, wo die Linienemission verschwindet, in tieferen Breiten als an Tagen mit gut entwickelter Polarzone. Die Grenze der Linienemission liegt 1939 bei 60° bis 65° und verschiebt sich bis 1943 langsam nach 70°. Da kurz vor dem Sonnentätigkeitsminimum die Linienemission in allen Breiten sehr schnell abnimmt, zuerst in der Polarzone, so fällt die Grenze der Linienemission zunächst fast sprunghaft ab auf die Breite des Randes der Hauptzone, bis während des Minimums oftmals der ganze Bereich vom Äquator bis zum Pol linienfrei ist. Nach dem Minimum erscheint zunächst die Hauptzone wieder und unmittelbar darauf auch die Polarzone, und zwar in derselben heliographischen Breite, die sie unmittelbar vor dem Fleckenminimum besass, wodurch das sprunghafte Ansteigen des Bereiches der Linienemission in heliographischer Breite resultiert. Die nachfolgende Untersuchung über die Verteilung der Koronastrahlen wird die Vermutung, dass die Polarzone über das Minimum hinweg weiterbesteht, bestätigen. Nach dem Einsatz des neuen Aktivitätszyklus schrumpft das linienfreie Polargebiet schnell zusammen und verschwindet bereits 1946. Erst 1948, nach dem Erlöschen der Polarzone, wird das Polargebiet wieder linienfrei, und der Bereich der Linienemission zieht sich auf die Breite von etwa 65° zurück, indem die neue koronale Polarzone zu dieser Zeit in der Breite von 60° liegt.

Die Feststellung der Aktivitätszonen auf Grund mittlerer Intensitätsverteilungen hat sich bei der stets kräftig in Erscheinung tretenden Hauptzone als befriedigend erwiesen, weniger jedoch bei der oft nur schwach angedeuteten Polarzone. Es ist bereits darauf hingewiesen worden, dass bei der Mittelung schwache Aktivitätszonen leicht verwischt werden können. Die polare Zone lässt sich deshalb aus den individuellen Beobachtungen besser ableiten als aus Mittelwerten der Intensität. Die Abbildungen 28 und 29 zeigen typische Intensitätsverteilungen der Linie 5303 aus allen Phasen des elfjährigen Zyklus. Dabei ist der Positionswinkel vom Sonnennordpol aus gerechnet. Die Intensitätsmaxima der Hauptzone sind durch nach aussen weisende Pfeile am inneren Rand markiert, diejenigen der polaren Nebenzone durch nach innen weisende Pfeile am äusseren Rand. Ein besseres Hervortreten der Polarzone lässt sich erreichen durch das Auszählen der einzelnen Intensitätsmaxima. Ein kleines Intensitätsmaximum in der Polarzone wird dabei gleich gezählt wie ein grosses in der Hauptzone. Die einzelnen Intensitätsmaxima der grünen Linie 5303 bei Beobachtung der Intensität derselben längs des Sonnenrandes in festem Abstand von demselben werden als grüne Koronastrahlen definiert. Die Berechtigung dieser Bezeichnung liegt darin, dass ein in einem bestimmten Positionswinkel, in unmittelbarer Nachbarschaft des Sonnenrandes, beobachtetes Intensitätsmaximum auch noch in grösseren Abständen gefunden wird, die Isophoten somit eine Ausbuchtung aufweisen. Viele dieser «Strahlen» sind allerdings sehr kurz und erreichen oftmals eine Höhe von bloss 1′, während die längsten Strahlen bis gegen 10′ hoch sind.

Aus sämtlichen Koronabeobachtungen im monochromatischen Licht der Linie 5303 Å in den Jahren 1939 bis 1949 sind Lage und Intensität der Koronastrahlen ausgezogen und in einem «Katalog der grünen Koronastrahlen»[1] zusammengestellt worden. Der Katalog enthält 11693 Strahlen. Die Strahlen sind ausgezählt worden in Intervallen der heliographischen Breite von 5°, getrennt für Intensitäten 1 bis 10, 10 bis 20 ... 40 bis 50 und $\geq$ 50, jeweils für ein halbes Jahr. Tabelle 13 gibt die Anzahl der Koronastrahlen in jedem 5°-Intervall, unbekümmert um die Intensität. Die Periode I bezieht sich auf die Zeit vom Jahresanfang bis etwa Mitte April, Periode II auf die Zeit von Mitte Juli bis Anfang Oktober.

Um die Ergebnisse aus verschiedenen Phasen des elfjährigen Zyklus miteinander vergleichen zu können, haben wir die Grösse $N = 100\, \Sigma/T$ gebildet,

---

[1] Astron. Mitt. Eidg. Sternw. Zürich Nr. 170 (1950), Nr. 177 (1951). – M. WALDMEIER, *Statistik der grünen Koronastrahlen*, Astron. Mitt. Eidg. Sternw. Zürich Nr. 171 (1950), Z. Astrophys. **27**, 237 (1950).

wobei Σ die Zahl der Koronastrahlen je 5°-Intervall bedeutet während der
ganzen Betriebsperiode und T die Anzahl der Beobachtungstage während derselben. Diese Grösse ist in Tabelle 13 aufgeführt. Da zu Beginn des Jahres 1939
die feinen Intensitätsvariationen noch nicht erfasst worden sind, fallen die
Zahlen der Koronastrahlen je Beobachtungstag im Jahre 1939 wesentlich
kleiner aus als in den späteren Jahren. Zur Homogenisierung des Materials
wurden die Anzahlen der Strahlen des Jahres 1939 mit 1,5 multipliziert.

Eine weitere Ausgleichung der Breitenverteilung erhält man durch Bildung
der Jahresmittel von N (Tabelle 14). Beide Tabellen sind für die Diskussion
notwendig, indem schwache, aber persistente Aktivitätszonen, welche in den
Halbjahresmitteln nicht oder nicht deutlich in Erscheinung treten, in den Jahresmitteln sich besser zu erkennen geben. Umgekehrt können Aktivitätszonen,
welche in den Halbjahreswerten auftreten, in den Jahresmitteln verschwinden,
falls die Zone sich in heliographischer Breite rasch verschiebt. In Abbildung 30
sind die Jahresmittelwerte von N in Abhängigkeit von der heliographischen
Breite dargestellt. Dieselbe zeigt, dass durch die Statistik der Koronastrahlen
unser Zweck erfüllt wird, indem in der Breitenverteilung die einzelnen Zonen
viel deutlicher in Erscheinung treten als in der Breitenverteilung der Intensität. Auf eine Wiedergabe der Breitenverteilung der Koronastrahlen, unterteilt nach der Intensität der Strahlen, können wir hier verzichten und beschrän-
ken uns auf Abbildung 31, in welcher ein Resultat dieser Untersuchung dargestellt ist. Dabei haben wir uns auf die Koronastrahlen grösserer Intensität
beschränkt, indem diejenigen kleinerer Intensität keine sehr ausgeprägte Breitenverteilung aufweisen. Die drei Gruppen umfassen die Intensitäten 20 bis 29,
30 bis 39 und über 40. In Abbildung 31 sind nur die Lagen der Maxima der
Breitenverteilung eingetragen. Die Strahlen der Intensitäten 30 bis 40 und > 40
zeigen im wesentlichen dasselbe Verhalten; ihre Breitenverteilungen weisen
nur *ein* Maximum auf, welches in der Hauptzone liegt. Die aufeinanderfolgenden Maxima sind durch Linienzüge miteinander verbunden, aus welchen die
äquatoriale Verschiebung der Hauptzone klar hervorgeht. Ganz anders sieht
die Breitenverteilung der Koronastrahlen mit Intensitäten zwischen 20 und 30
aus; hier treten im allgemeinen mehrere Maxima auf, welche alle in Abbildung
31 eingetragen sind. Zum Teil liegen sie zu beiden Seiten der Hauptzone;
diesen Maxima kommt aber keine tiefere Bedeutung zu, denn da die Intensität
von der Hauptzone aus nach beiden Seiten abnimmt, besitzen die Strahlen
unmittelbar ausserhalb der Hauptzone notgedrungen eine geringere Intensität.
Eine andere Gruppe von Maxima tritt in hohen Breiten auf und repräsentiert
die Polarzone; die aufeinanderfolgenden Maxima dieser Zone sind ebenfalls
durch einen Linienzug miteinander verbunden. Schliesslich besteht noch eine
dritte Gruppe von Maxima der Koronastrahlen der Intensität 20 bis 30, welche
besonders in den Jahren 1947/48 in mittleren Breiten auftreten und auf welche wir
noch zurückkommen werden. Abbildung 31 bestätigt somit in jeder Hinsicht die
früher aus anderer Bearbeitung des Beobachtungsmaterials erhaltenen Ergebnisse
über die koronalen Aktivitätszonen und ihre Verlagerung im elfjährigen Zyklus.

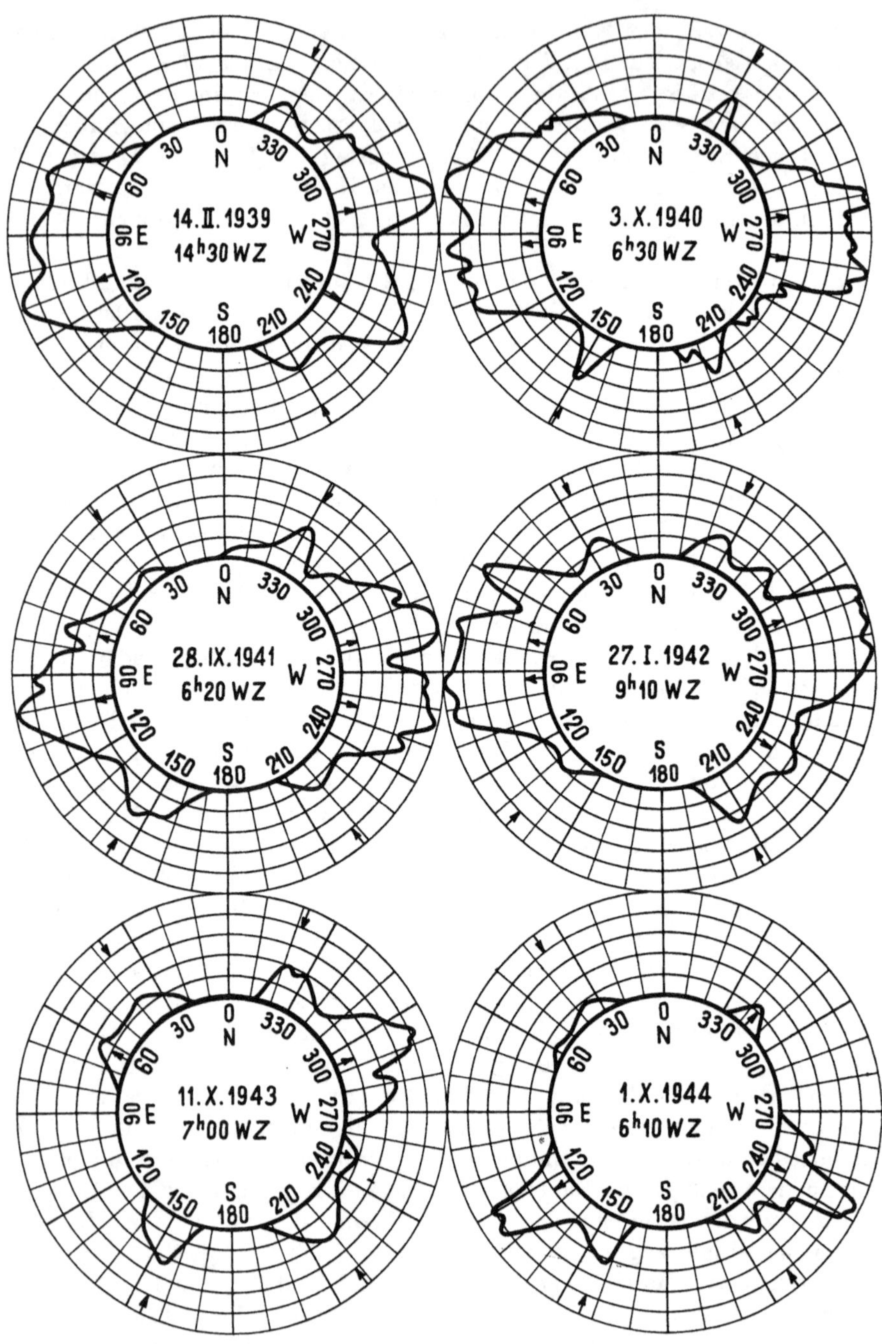

Abbildung 28

Charakteristische Intensitätsverteilungen der Koronalinie 5303 aus den Jahren 1939 bis 1944.

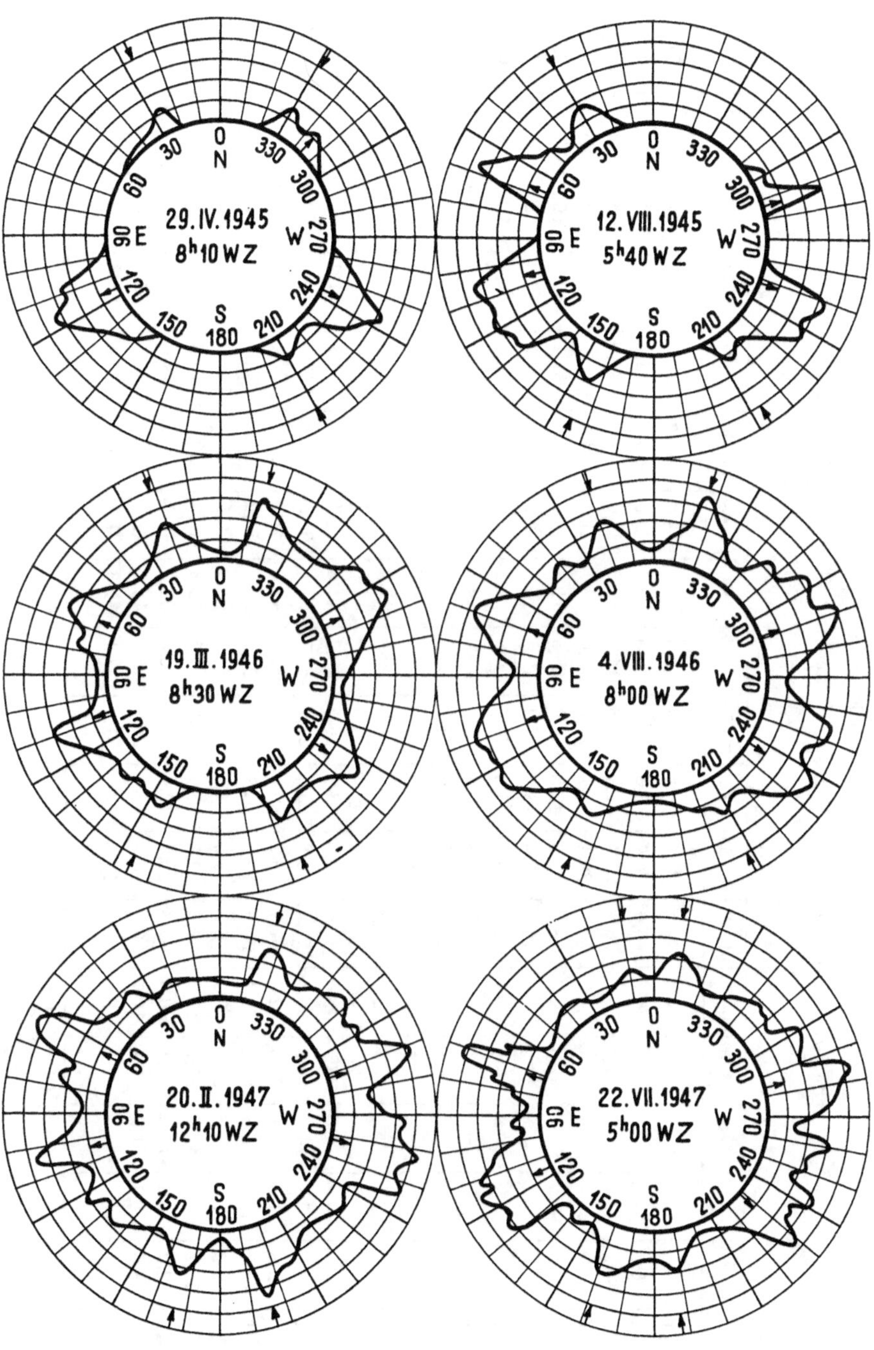

Abbildung 29

Charakteristische Intensitätsverteilungen der Koronalinie 5303 aus den Jahren 1945 bis 1947.

Tabelle 13

Die reduzierte Strahlenhäufigkeit N pro 5° Breitenintervall 1939–1949, Halbjahresmittel

Süd

		86–90	81–85	76–80	71–75	66–70	61–65	56–60	51–55	46–50	41–45	36–40	31–35	26–30	21–25	16–20	11–15	6–10	0–5
1939	I	—	—	—	—	8,3	8,3	—	12,5	16,7	25,0	33,3	25,0	54,2	70,8	112,3	112,3	54,2	37,5
1940	I	6,7	—	—	—	6,7	40,0	26,7	33,3	6,7	40,0	46,7	33,3	33,3	53,3	73,3	106,7	86,7	60,0
1940	II	—	7,1	14.3	21.4	35,7	78,6	21,4	21,4	14,3	14,3	42,8	28,6	64,3	78,6	142,9	128,6	128,6	100,0
1941	I	4,3	—	—	17.4	21,7	30,4	39,1	26,1	13,0	13,0	8,7	21,7	43,5	82,6	69,6	143,5	160,9	104,4
1941	II	2,3	—	—	2.3	4,7	18,6	53,5	48,8	34,9	25,6	11,6	18,6	30,2	37,2	55,8	120,9	141,9	93,0
1942	I	—	—	—	5.6	—	16,7	19,4	13,9	16,7	19,4	16,7	2,8	11,1	22,2	55,6	83,3	80,6	75,0
1942	II	—	—	—	—	—	2,3	4,5	13,6	4,5	6,8	4,5	6,8	4,5	13,6	29,5	70,5	100,0	63,6
1943	I	—	—	—	2,1	2,1	17,0	40,4	46,8	10,6	17,0	19,2	31,9	27,7	29,8	19,2	29,8	70,2	85,1
1943	II	4,1	2,0	12,2	4,1	10,2	24,5	16,3	44,9	38,8	22,5	24,5	24,5	18,4	14,3	10,2	16,3	6,1	34,7
1944	I	—	—	—	—	2,9	20,0	11,4	14,3	8,6	—	—	17,1	22,9	14,3	5,7	5,7	5,7	17,1
1944	II	—	—	—	—	8,3	33.3	20,8	20,8	25,0	20,8	45,8	45,8	62,5	70,8	37,5	8,3	4,2	12,5
1945	I	—	—	—	4,3	15,2	21,7	32,6	30,4	34,8	39,0	54,4	45,7	56,5	39,0	39,0	28,3	26,1	19,6
1945	II	—	—	1,6	8,1	43,6	38,8	30,6	12,9	30,6	40,3	43,6	67,7	114,5	67,7	71,0	46,8	29,0	24,2
1946	I	2,1	2,1	4,3	14,9	51,1	55,3	46,8	25,5	27,7	57,5	51,1	68,1	72,4	117,0	76,6	59,6	25,5	4,3
1946	II	3,8	11,3	15,1	35,9	62,3	67,9	30,2	39,6	35,9	39,6	47,2	64,2	79,3	60,4	96,2	73,6	32,1	22,6
1947	I	12,2	31,7	46,3	51,2	63.4	36,6	19,5	26,8	51,2	31,7	39,0	65,9	70,7	92,7	102,5	82,9	78,0	43,9
1947	II	40,3	62,9	51,6	38,8	9,7	3,2	35,5	61,3	33,9	54,8	91,9	66,1	74,2	100,0	122,6	90,3	59,7	38,8
1948	I	29,7	64,1	42,2	31,2	17.2	37,5	53,1	46,9	31,2	37,5	43,8	37,5	59,4	70,3	87,5	92,2	67,2	32,8
1948	II	22,0	20,3	15,2	27,1	30.5	45,8	39,0	42,4	33,9	50,8	61,0	49,1	40,7	74,6	86,7	71,2	59,3	47,5
1949	I	3,6	1,8	1,8	7,1	10,7	39,3	26,8	23,2	26,8	16,1	14.3	42,9	42,9	51,8	83,9	76,8	92,8	69,6
1949	II	—	—	—	4,2	8,3	22,9	14,6	27,1	31,3	27,1	31,3	41,7	56,3	70,8	83,3	72,9	100,0	43,8

Nord

		0–5	6–10	11–15	16–20	21–25	26–30	31–35	36–40	41–45	46–50	51–55	56–60	61–65	66–70	71–75	76–80	81–85	86–90
1939	I	50,0	112,3	112,3	79,1	66,6	50,0	29,2	25,0	37,5	45,8	8,3	25,0	8,3	8,3	—	—	—	—
1940	I	66,7	80,0	46,7	66,7	60,0	86,7	66,7	26,7	6,7	13,3	13,3	26,7	20,0	13,3	—	6,7	—	6,7
1940	II	114,3	171,4	221,4	135,7	100,0	50,0	71,4	21,4	7,1	14,3	7,1	71,4	42,8	7,1	21,4	7,1	—	14,3
1941	I	65,2	169,6	213,0	182,6	104,4	56,5	78,3	87,0	21,7	21,7	13,0	39,1	47,8	39,1	4.3	—	4,3	4,3
1941	II	72,1	132,4	174,2	123,1	69,7	41,8	30,2	27,9	27,9	20,9	39,5	44,2	34,9	7,0	4,7	—	2,3	—
1942	I	66,7	88,9	138,9	88,9	47,2	19,4	13,9	27,8	13,9	2,8	5,6	16,7	25,0	11,1	5,6	2,8	—	—
1942	II	68,2	86,4	111,4	40,9	34,1	22,7	20,5	27,3	15,9	11,4	6,8	6,8	—	—	—	—	—	—
1943	I	57,5	72,4	87,2	55,3	21,3	31,9	21,3	38,3	36,2	31,9	40,4	12,8	2,1	—	—	—	—	—
1943	II	22,5	42,9	59,2	53,1	49,0	40,8	30,6	38,8	18,4	30,6	49,0	44,9	32,7	30,6	12,2	—	6,1	—
1944	I	17,1	17,1	20,0	20,0	11,4	28,6	40,0	45,7	14,3	22,9	25,7	28,6	8,6	—	—	2,9	—	—
1944	II	—	8,3	4,2	—	20,8	8,3	20,8	29,2	12,5	20,8	12,5	25,0	—	—	—	—	—	—
1945	I	4,3	6,5	4,3	10,9	37,0	50,0	50,0	39,0	39,0	17,4	45,7	80,4	23,9	2,2	—	2,2	—	—
1945	II	9,7	—	4,8	30,6	66,1	67,7	43,6	38,8	16,1	19,4	11,3	43,6	40,3	21,0	9,7	1,6	4,8	—
1946	I	4,3	17,0	25,5	74,5	83,0	89,4	83,0	61,7	38,3	44,7	29,8	29,8	48,9	78,7	17,0	21,3	12,8	12,8
1946	II	22,6	18,9	60,4	96,2	103,8	64,2	58,5	45,3	60,4	71,7	54,7	13,2	30,2	73,6	69,8	49,1	20,8	13,2
1947	I	24,4	26,8	73,2	109,8	100,0	51,2	41,5	58,5	63,4	51,2	68,3	19,5	26,8	43,9	73,2	46,3	9,8	21,9
1947	II	27,4	61,3	90,3	112,9	95,2	67,7	72,6	51,6	41,9	40,3	33,9	37,1	32,3	12,9	30,6	58,1	56,5	32,3
1948	I	26,6	45,3	87,5	84,4	73,4	71,9	46,9	32,8	31,2	35,9	40,6	17,2	15,6	18,7	25,0	26,6	31,2	14,1
1948	II	18,6	54,4	83,1	98,3	49,1	47,5	50,8	32,2	35,6	20,3	16,9	6,8	8,5	10,2	11,9	8,5	10,2	3,4
1949	I	57,1	62,5	112,5	78,5	87,5	62,5	55,3	69,6	35,7	48,2	19,6	35,7	39,3	26,8	17,9	3,6	7,1	5,4
1949	II	35,4	81,2	95,8	102,1	54,2	58,3	52,2	35,4	41,7	37,5	33,3	16,7	4,2	8,3	8,3	4,2	—	2,1

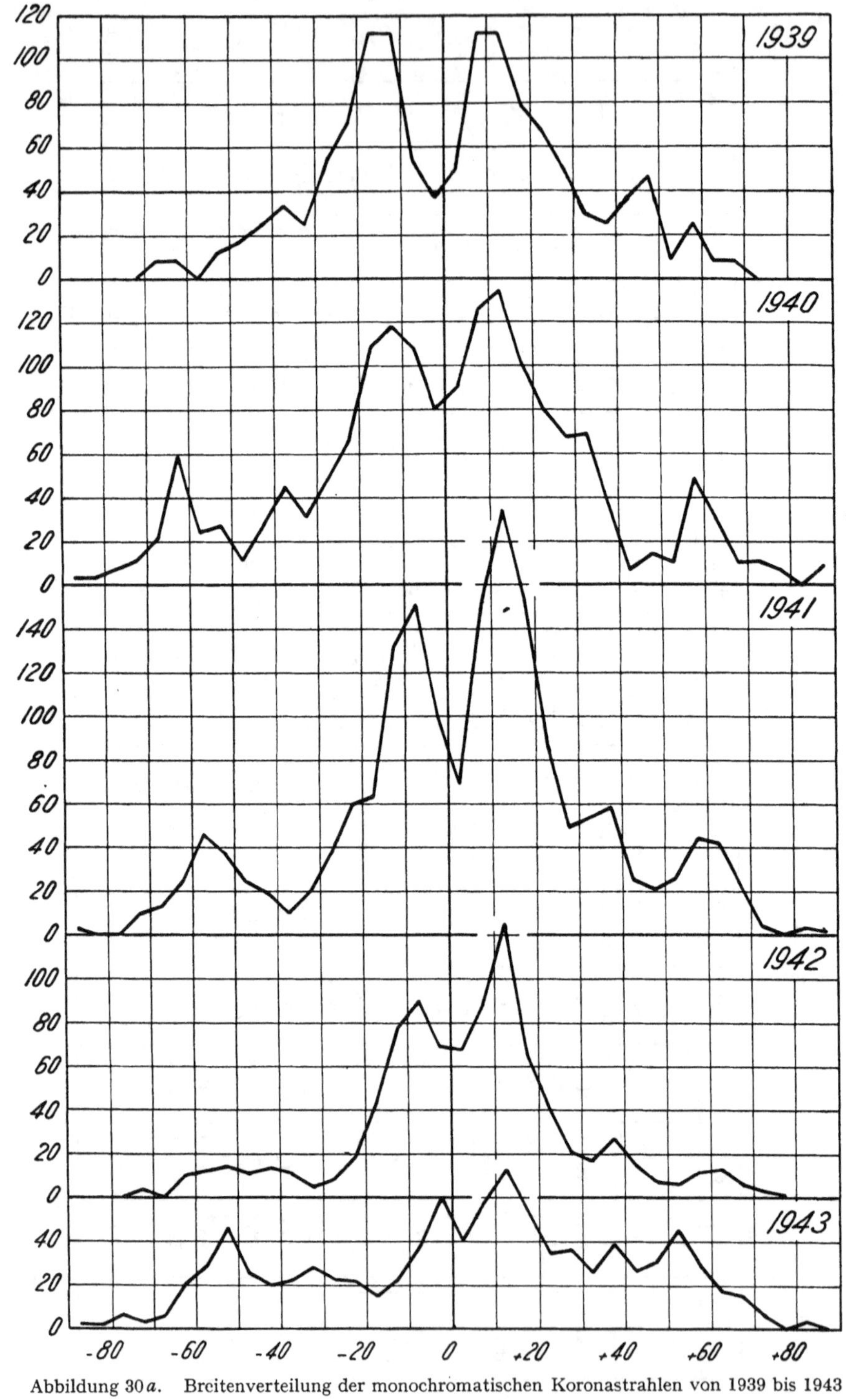

Abbildung 30 a.   Breitenverteilung der monochromatischen Koronastrahlen von 1939 bis 1943

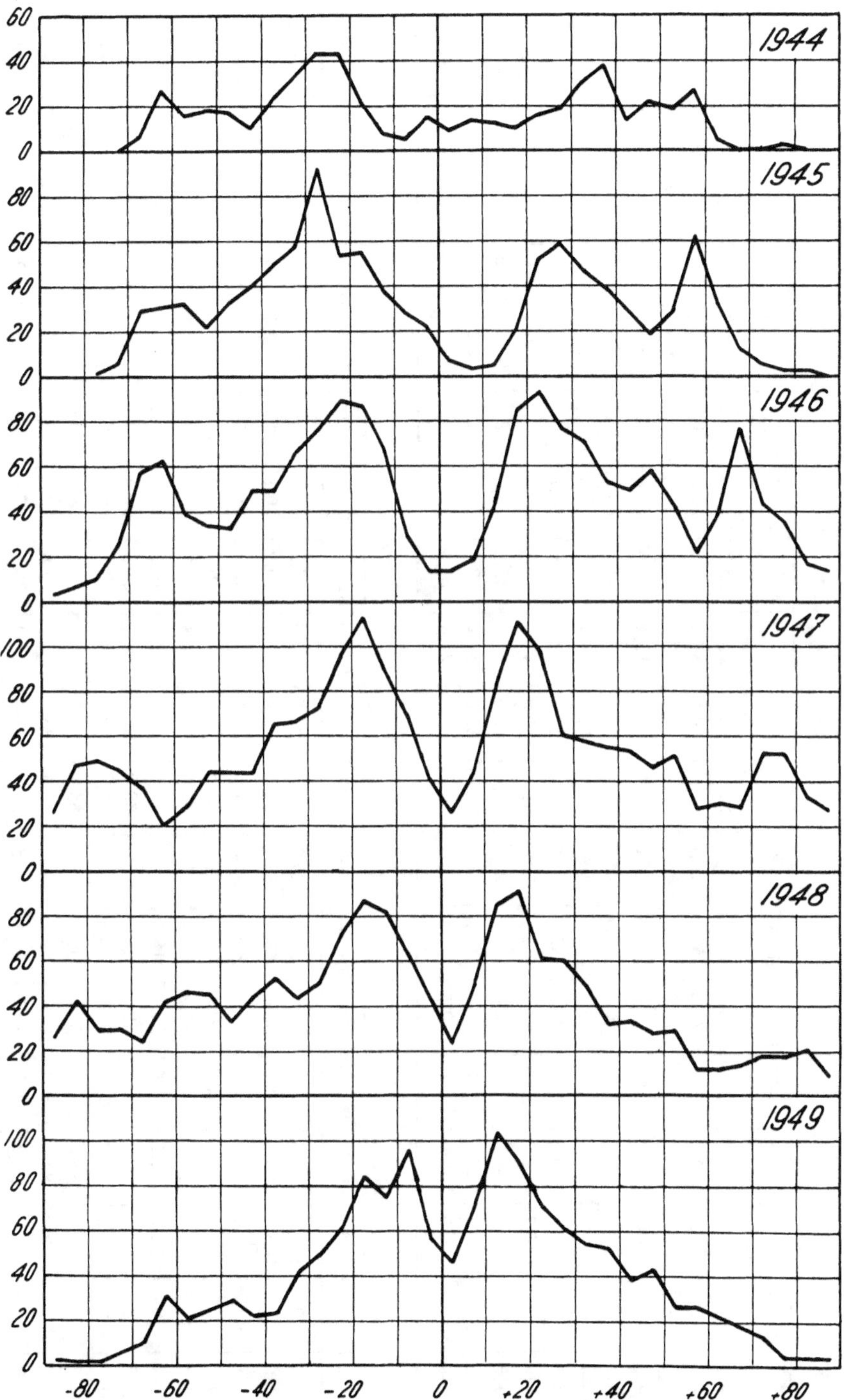

Abbildung 30 b.   Breitenverteilung der monochromatischen Koronastrahlen von 1944 bis 1949.

Tabelle 14. Die reduzierte Strahlenhäufigkeit N pro 5° Breitenintervall 1939–1949, Jahresmittel

Süd

	86–90	81–85	76–80	71–75	66–70	61–65	56–60	51–55	46–50	41–45	36–40	31–35	26–30	21–25	16–20	11–15	6–10	0–5
1939	—	—	—	—	8,3	8,3	—	12,5	16,7	25,0	33,3	25,0	54,2	70,8	112,3	112,3	54,2	37,5
1940	3,4	3,6	7,2	10,7	21,2	59,3	24,1	27,4	10,5	27,2	44,8	31,0	48,8	66,0	108,1	117,7	107,7	80,0
1941	3,3	—	—	9,9	13,2	24,5	46,3	37,5	24,0	19,3	10,2	20,2	36,9	59,9	62,7	132,2	151,4	98,7
1942	—	—	—	2,8	—	9,5	12,0	13,8	10,6	13,1	10,6	4,8	7,8	17,9	42,6	76,9	90,3	69,3
1943	2,2	1,0	6,1	3,1	6,2	20,8	28,4	45,9	24,7	19,8	21,9	28,2	23,1	22,1	14,7	23,1	38,2	59,9
1944	—	—	—	—	5,6	26,7	16,1	17,6	16,8	10,4	22,9	31,5	42,7	42,6	21,6	7,0	5,0	14,8
1945	—	—	0,8	6,2	29,4	30,3	31,6	21,7	32,7	39,7	49,0	56,7	85,5	53,4	55,0	37,6	27,6	21,9
1946	3,0	6,7	9,7	25,4	56,7	61,6	38,5	32,6	31,8	48,6	49,2	66,2	75,9	88,7	86,4	66,6	28,8	13,5
1947	26,3	47,3	49,0	45,0	36,6	19,9	27,5	44,1	42,6	43,3	65,5	66,0	72,4	96,4	112,6	86,6	68,9	41,4
1948	25,9	42,2	28,7	29,2	23,9	41,7	46,1	44,7	32,6	44,2	52,4	43,3	50,2	72,5	87,1	81,7	63,3	40,2
1949	1,8	0,9	0,9	5,6	9,5	31,1	20,7	25,2	29,0	21,6	22,8	42,3	49,6	61,3	83,6	74,8	96,4	56,7

Nord

	0–5	6–10	11–15	16–20	21–25	26–30	31–35	36–40	41–45	46–50	51–55	56–60	61–65	66–70	71–75	76–80	81–85	86–90
1939	50,0	112,3	112,3	79,1	66,6	50,0	29,2	25,0	37,5	45,8	8,3	25,0	8,3	8,3	—	—	—	—
1940	90,5	125,7	134,1	101,2	80,0	68,4	69,1	24,1	6,9	13,8	10,2	49,1	31,4	10,2	10,7	6,9	—	10,5
1941	68,7	151,0	193,6	152,9	87,1	49,2	54,3	57,5	24,8	21,3	26,3	41,7	41,4	23,1	4,5	—	3,3	2,2
1942	67,5	87,7	125,2	64,9	40,7	21,1	17,2	27,6	14,9	7,2	6,2	11,8	12,5	5,6	2,8	1,4	—	—
1943	40,0	57,7	73,2	54,2	35,2	36,4	26,0	38,6	27,3	31,3	44,7	28,9	17,4	15,3	6,1	—	3,1	—
1944	8,6	12,7	12,1	10,0	16,1	18,5	30,4	37,5	13,4	21,9	19,1	26,8	4,3	—	—	1,5	—	—
1945	7,0	3,3	4,6	20,8	51,6	58,9	46,8	38,9	27,6	18,4	28,5	62,0	32,1	11,6	4,9	1,9	2,4	—
1946	13,5	18,0	43,0	85,4	93,4	76,8	70,8	53,5	49,4	58,2	42,3	21,5	39,6	76,2	43,4	35,2	16,8	13,0
1947	25,9	44,1	81,8	111,4	97,6	59,5	57,1	55,1	52,7	45,8	51,1	28,3	29,6	28,4	51,9	52,2	33,2	27,1
1948	22,6	49,9	85,3	91,4	61,3	59,7	48,9	32,5	33,4	28,1	28,8	12,0	12,1	14,5	18,5	17,6	20,7	8,8
1949	46,2	71,9	104,2	90,3	70,9	60,4	53,8	52,5	38,4	42,9	26,4	26,2	21,8	17,6	13,1	3,9	3,6	3,8

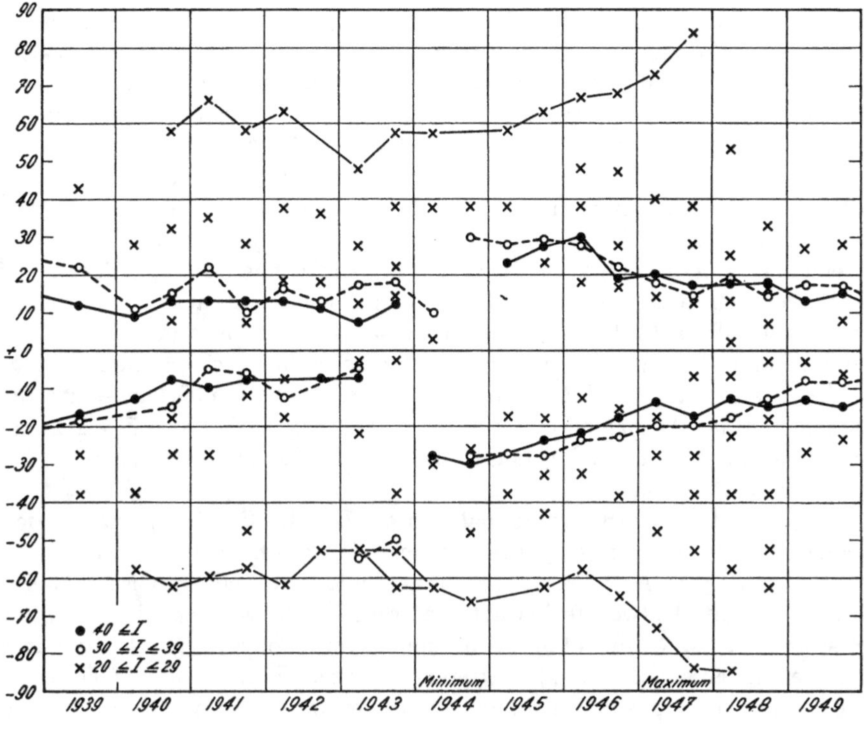

Abbildung 31

Verteilung der Häufungsstellen der Koronastrahlen verschiedener Intensität nach heliographischer
Breite von 1939 bis 1949.

Die Einführung der Strahlenstatistik an Stelle der Intensitätsstatistik ver-
folgte das Ziel, durch eine verfeinerte Methode über die bisherigen Ergebnisse
hinaus vorzudringen und den Verlauf der koronalen Aktivitätszonen auch zu
jenen Zeiten festzulegen, wo sich dieselben in der mittleren Intensitätsverteilung nicht bemerkbar machen. Zu diesem Zweck sind die in den Breitenverteilungen der Tabelle 13 auftretenden Maxima in Abbildung 32 durch Punkte
dargestellt. Einige wenig ausgeprägte Maxima sind weggelassen worden, aber
die Vergleichung von Tabelle 13 mit Abbildung 32 zeigt, dass nur ganz unbe-
deutende Teilmaxima unterdrückt worden sind. In der Abbildung sind die
Gebiete, in welchen die maximalen Häufigkeiten der Koronastrahlen liegen, zu
Zonen zusammengefasst. Gegenüber unserer früheren Untersuchung treten
keine neuen Aktivitätszonen auf; hingegen ist die zeitliche Erstreckung der
beiden Zonen wesentlich grösser, als aus unserer früheren Untersuchung hervor-
gegangen war:

die Hauptzone beginnt mit dem Fleckenmaximum,
die Hauptzone endet mit dem Fleckenminimum,
die Polarzone beginnt mit dem Fleckenminimum,
die Polarzone endet mit dem Fleckenmaximum,

wobei das Ende jeder Zone in dem Zyklus liegt, der auf denjenigen folgt, in welchem der Anfang liegt. Beide Zonen erstrecken sich somit über $1^1/_2$ Zyklen. Dies hat zur Folge, dass zu jeder Zeit mindestens drei koronale Aktivitätszonen vorhanden sind, zu gewissen Zeiten, nämlich um die Zeit von Fleckenminimum und -maximum, sogar deren vier. In Abbildung 32 ist die Hauptzone durch Schraffierung, die Polarzone durch Punktierung hervorgehoben. Nur ein einziges wesentliches Teilmaximum liegt ausserhalb der Aktivitätszonen, dasjenige bei $+ 73°$ 1948 II, welches durch einen offenen Kreis dargestellt ist. Wenn auch stets 3 bis 4 koronale Zonen vorhanden sind, so treten doch meist nur 2 deutlich in Erscheinung, weil sowohl die Haupt- als auch die Polarzone im ersten halben Zyklus nur schwach entwickelt sind. Nur um die Zeit des Fleckenminimums sind 3 auffällige Koronazonen zu beobachten: die Polarzone sowie die alte und neue Hauptzone. Vom Fleckenmaximum bis zum -minimum dominieren die Hauptzone und die Polarzone bei $b = 60°$, vom Fleckenminimum bis zum -maximum die Hauptzone und die sich von $b = 60°$ nach $b = 90°$ verlagernde Polarzone.

Die Hauptzone erscheint erstmals um die Zeit des Fleckenmaximums desjenigen Zyklus, welcher demjenigen, zu dem die Hauptzone gehört, vorangeht. Sie ist anfänglich noch wenig ausgeprägt, und ihre heliographische Breite, welche im Mittel etwa 40° beträgt, unterliegt noch starken Schwankungen. Erst unmittelbar vor dem folgenden Minimum wird sie ausgeprägt, zusammen mit der in diesem Zeitpunkt auftretenden neuen Flecken- und Fackelzone; gleichzeitig beginnt sie sich, immer intensiver werdend, mit dieser äquator-

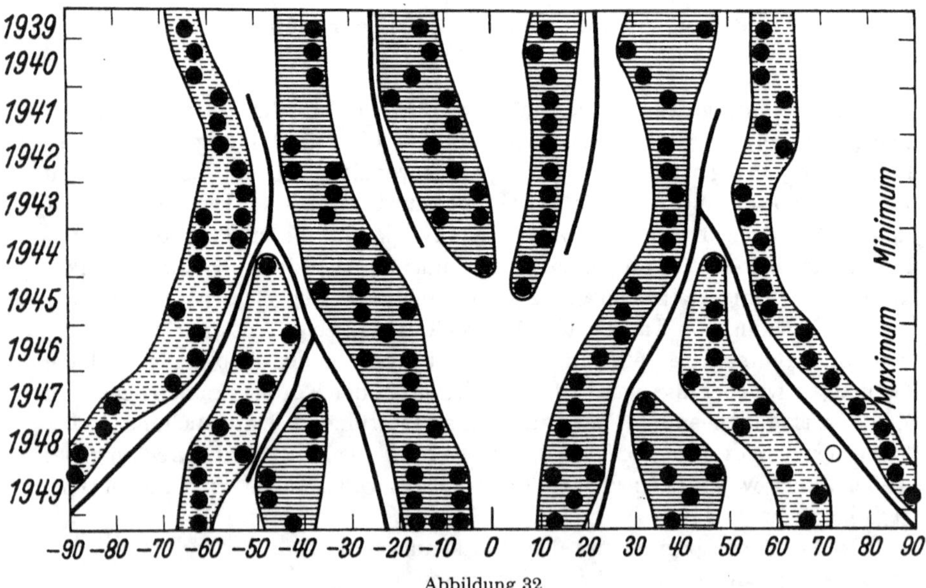

Abbildung 32

Die Häufungsstellen der monochromatischen Koronastrahlen und ihre Zusammenfassung zu
Aktivitätszonen.

wärts zu verlagern und verschwindet in Äquatornähe zusammen mit der Flek-
ken- und Fackelzone unmittelbar nach dem Fleckenminimum.

Die Polarzone erscheint erstmals um die Zeit des Fleckenminimums und
bleibt bis zum kommenden Maximum von geringer Intensität; in dieser Zeit
verschiebt sie sich von etwa $b = 45°$ nach $b = 60°$. In der nächstfolgenden
Phase vom Maximum bis zum Minimum, in welcher die Polarzone stets klar
in Erscheinung tritt, bleibt sie in bezug auf ihre heliographische Breite stationär, mit Ausnahme einer vorübergehenden Absenkung nach $b = 55°$ etwa 1 Jahr
vor dem Fleckenminimum. In der Schlussphase, welche sich vom Minimum bis
unmittelbar nach dem Fleckenmaximum erstreckt, verschiebt sich die Polarzone mit zunehmender Geschwindigkeit von $b = 60°$ nach $b = 90°$.

9. *Theoretische Bemerkungen zur Statistik der Koronastrahlen*

Sowohl bei den Intensitätsuntersuchungen als auch bei den Koronastrahlen
ist jeder Erscheinung diejenige heliographische Breite zugeschrieben worden,
welche ihr zugekommen wäre, falls sie sich bei der Beobachtung exakt am Sonnenrand befunden hätte. Da die Korona eine ausgedehnte, durchsichtige Atmo-
sphäre ist, lassen sich im allgemeinen koronale Erscheinungen nicht exakt
lokalisieren. Wir betrachten deshalb das Problem statistisch und fragen, wie im
Mittel die heliographische Breite der Koronastrahlen durch den erwähnten
Effekt verfälscht wird.

Um die Aufgabe mathematisch nicht unübersichtlich werden zu lassen, sind
wir genötigt, ein die tatsächlichen Verhältnisse stark vereinfachendes Modell
der Korona und ihrer Strahlen einzuführen. Die Strahlen sollen gerade sein,
sehr dünn, radial stehen und eine Höhe von $1'$ besitzen. Die Zahl der Strahlen
pro Flächeneinheit in der heliographischen Breite φ sei $n(\varphi)$. Ferner sei $n_1(\varphi')\,d\varphi'$
die Anzahl der über den Sonnenrand hervorragenden Strahlen im Intervall φ'
bis $\varphi' + d\varphi'$, wobei φ' die scheinbare heliographische Breite, das heisst den vom
Äquatorpunkt aus gemessenen Positionswinkel bedeutet. Die Funktion $n_1(\varphi')$
ist beobachtet, die Funktion $n(\varphi)$ gesucht.

Die im Intervall φ' bis $\varphi' + d\varphi'$ sichtbaren Strahlen stehen auf dem Gebiet
G der Sonnenoberfläche. Dieses Gebiet wird begrenzt einerseits durch zwei
Ebenen, welche durch den Erd- und Sonnenmittelpunkt gehen und gegeneinan-
der um den Winkel $d\varphi'$ geneigt sind, somit aus der Sonne zwei Grosskreise
herausschneiden und anderseits durch den Winkel ψ_1, welcher in dem erwähnten
Grosskreis vom scheinbaren Sonnenrand aus in der Blickrichtung positiv gerechnet wird. Für die angenommene Höhe der Koronastrahlen ist $\cos\psi_1 = 16/17$.
G hat somit die Gestalt eines Zweiecks, dessen beide Spitzen im Abstand ψ_1
vom Zentrum abgeschnitten sind. Das rechtwinklige Flächenelement von G
hat die Dimensionen $R\,d\psi$ und $R\,d\varphi'\cos\psi$, wobei R den Sonnenradius bedeutet;
es ist somit:

$$dG = R^2\,d\varphi'\,d\psi\cos\psi. \tag{1}$$

Die heliographische Breite dieses Elementes sei φ_G. Dann erhält man für die beobachtete Verteilung:

$$n_1(\varphi') \, d\varphi' = \int_G n(\varphi_G) \, dG = R^2 \int_{-\psi_1}^{\psi_1} n(\varphi_G) \cos \psi \, d\varphi' \, d\psi, \qquad (2)$$

$$n_1(\varphi') = R^2 \int_{-\psi_1}^{\psi_1} n(\varphi_G) \cos \psi \, d\psi. \qquad (3)$$

φ_G lässt sich aus φ', ψ und B_0 (= heliographische Breite des Zentrums der Sonnenscheibe) berechnen:

$$\sin \varphi_G = \sin \varphi' \cos \psi \cos B_0 + \sin B_0 \sin \psi. \qquad (4)$$

Da $B_0 \leqq 7°$, vereinfacht sich diese Gleichung zu:

$$\sin \varphi_G = \sin \varphi' \cos \psi + B_0 \sin \psi. \qquad (5)$$

Bei der Berechnung des Integrals (3) spielen φ' und B_0 die Rolle von Parametern, während ψ die Integrationsvariable ist. Für die Grenzwerte $\pm \psi_1$ nimmt φ_G minimale Werte an, während der maximale gegeben ist durch:

$$\sin \varphi_G = \sin \varphi' + \frac{B_0^2}{2 \sin \varphi'}. \qquad (6)$$

Die Koronastrahlen treten in den einzelnen Zonen auf, wobei uns besonders die polare Zone interessiert, da der hier untersuchte Effekt sich in hohen Breiten stark auswirkt. Die heliographische Breite der Zone sei φ^*, und diese habe eine Breite von 10°; zur Vereinfachung des Problems betrachten wir eine kastenförmige Verteilung der Koronastrahlen:

$$n(\varphi) = 1 \text{ für } \varphi^* - 5° < \varphi < \varphi^* + 5°,$$

$$n(\varphi) = 0 \text{ ausserhalb dieser Zone.}$$

Diese Verteilungsfunktion wird durch die Projektion der räumlichen Koronastruktur auf die Himmelssphäre zur scheinbaren Verteilung $n_1(\varphi')$ deformiert. Diese Deformation besteht in einer scheinbaren Verbreiterung der Zone und in einer polwärts gerichteten Verschiebung ihres Schwerpunktes. Wie die folgenden Zahlen zeigen,

φ^*		50°	60°	70°	80°	85°	90°
	$B_0 = 0°$	51,8	62,7	74,7	85,0	90,0	90,0
φ'_m	$B_0 = 7°$	53,9	64,7	74,8	84,9	90,0	90,0

liegt das scheinbare Maximum φ'_m je nach dem Wert von B_0 und φ^* bis zu 5° höher als das wahre Maximum φ^*. In der Nähe des Pols ist die scheinbare Verteilung gegenüber der wahren so stark verbreitert, dass die Bestimmung von φ^* unmöglich wird.

Diesen Verhältnissen muss bei der Diskussion der Breitenverteilung der koronalen Erscheinungen, speziell derjenigen in hohen Breiten, Rechnung getragen werden.

10. *Die Gesamtemission der Korona im monochromatischen Licht der Linie 5303 Å*

Es sei $i(r, \varphi)$ die Flächenhelligkeit der Korona im monochromatischen Licht der Linie 5303, wobei r den Abstand vom Sonnenzentrum in Einheiten des Sonnenradius und φ den Positionswinkel bedeutet; dann beträgt die Gesamtemission T der Korona ausserhalb des Sonnenrandes:

$$T = \int_{\varphi=0}^{2\pi} \int_{r=1}^{\infty} i(r, \varphi)\, r\, dr\, d\varphi.$$

Da die Emissionslinien selten bis zu Abständen $> 5'$ zu beobachten sind, können wir näherungsweise r durch einen konstanten mittleren Wert, oder auch durch 1 ersetzen. Für den radialen Helligkeitsabfall machen wir den Ansatz

$$i(r, \varphi) = i_0(\varphi)\, e^{-(r-1)/\alpha},$$

womit man für die Totalemission erhält:

$$T = \alpha \int i_0(\varphi)\, d\varphi.$$

Dabei ist vorausgesetzt, dass der Helligkeitsgradient nicht von φ abhängt. Unter diesen Umständen ist somit die Summe der bei äquidistanten Werten von φ bestimmten Randintensitäten ein Mass für die Gesamtemission. Nach photometrischen Untersuchungen[1] ist jedoch der Helligkeitsgradient variabel und nur in grober Näherung i durch ein Exponentialgesetz darstellbar. Aus diesem Grund kann das von uns benutzte Mass für die Totalemission, nämlich die Summe der Randintensitäten von 5° zu 5° längs des Positionswinkels, nicht im strengen Sinne als Gesamtemission bezeichnet werden, umso weniger als die Intensitäten nicht gemessen, sondern bloss geschätzt sind.

Da das Material über tausend Beobachtungstage umfasst, müssen wir auf eine Mitteilung der täglichen T-Werte, welche übrigens im Bedarfsfalle auf Grund der Koronadiagramme in Band I bestimmt werden können, verzichten. In Tabelle 15 sind für dieselben Gruppen, welche schon der Tabelle 9 zugrunde lagen, von den uns hier interessierenden Grössen die Mittelwerte enthalten. Die zweite Spalte gibt die Epoche des zeitlichen Mittelpunktes der Gruppe, die

---

[1] M. WALDMEIER, Z. Astrophys. *21*, 120 (1941).

 Die Sonnenkorona

Tabelle 15

Gesamtemissionen und Intensitäten der Koronalinie 5303 Å

Nr.	Epoche	Σ_{NE}	Σ_{SE}	Σ_{NW}	Σ_{SW}	I_N	I_S
1	1939.10	248,9	294,5	289,7	306,3	38,0	40,8
2	1939.21	280,0	272,2	282,4	262,3	40,9	36,7
3	1940.03	290,1	217,5	245,6	285,4	36,2	35,3
4	1940.18	283,0	272,2	241,1	324,6	34,3	40,8
5	1940.64	291,0	243,4	223,8	296,4	39,1	38,0
6	1941.05	323,6	172,3	287,0	291,4	41,4	36,4
7	1941.26	262,1	222,1	274,3	178,7	40,7	33,9
8	1941.59	209,1	195,5	303,3	259,1	39,3	35,4
9	1941.64	313,2	237,1	206,6	272,3	37,6	41,0
10	1941.69	263,4	249,3	276,3	263,2	36,9	—
11	1941.73	258,4	256,6	350,2	245,1	39,5	41,0
12	1942.04	237,4	151,6	208,0	130,0	36,0	31,8
13	1942.12	310,5	181,4	246,1	224,1	38,1	33,2
14	1942.19	298,1	186,9	224,9	186,7	40,2	34,3
15	1942.25	242,6	234,6	271,0	225,9	41,4	30,4
16	1942.58	217,7	105,6	139,0	148,9	26,7	28,2
17	1942.62	156,4	74,8	199,3	126,1	33,9	—
18	1942.73	200,1	48,7	171,1	162,9	30,4	—
19	1942.84	174,0	122,3	192,3	237,4	26,0	29,9
20	1943.04	181,4	154,7	133,0	157,1	20,4	29,1
21	1943.11	225,9	184,9	224,2	150,7	26,4	24,6
22	1943.16	250,7	217,9	358,7	347,2	33,3	34,5
23	1943.19	318,2	251,4	193,6	249,6	28,4	28,8
24	1943.29	256,2	227,9	281,9	218,2	32,3	—
25	1943.60	246,4	198,1	326,8	133,6	28,2	—
26	1943.65	238,4	105,6	220,0	192,9	20,2	8,4
27	1943.70	210,0	163,4	329,5	138,1	27,5	8,9
28	1943.75	204,7	124,2	181,2	44,5	18,2	—
29	1943.79	201,8	42,1	168,2	113,8	11,5	2,9
30	1944.02	145,6	35,0	102,6	41,0	11,0	2,8
31	1944.10	77,3	11,0	150,3	73,4	9,4	6,7
32	1944.28	18,9	18,3	45,4	27,0	4,2	3,9
33	1944.70	0,8	36,1	5,4	100,6	0,7	9,9
34	1944.76	22,0	112,2	35,9	146,8	4,1	22,3
35	1944.96	79,9	70,4	95,9	113,2	17,4	14,6
36	1945.08	150,8	30,2	66,1	144,3	17,5	12,9
37	1945.15	103,6	90,6	153,1	152,7	16,5	14,1
38	1945.20	106,6	91,1	45,5	107,0	8,5	12,4
39	1945.33	48,6	103,7	39,7	95,8	6,3	14,8
40	1945.51	130,7	227,6	22,4	215,3	11,1	26,9
41	1945.55	28,1	171,8	83,7	224,4	8,7	26,7
42	1945.57	74,4	169,0	125,1	229,6	14,1	26,6
43	1945.61	148,0	187,1	76,0	211,4	20,9	25,7
44	1945.65	95,7	135,2	180,2	234,8	22,1	24,6

Tabelle 15 Fortsetzung

Nr.	Epoche	Σ_{NE}	Σ_{SE}	Σ_{NW}	Σ_{SW}	I_N	I_S
45	1945. 74	175,2	160,4	94,4	209,1	19,6	25,0
46	1946. 02	134,9	167,4	106,5	185,5	18,8	21,8
47	1946. 11	182,3	154,5	246,1	179,3	24,0	23,5
48	1946. 22	284,5	208,3	299,9	231,3	28,1	24,5
49	1946. 28	301,4	261,6	339,3	259,2	28,1	31,8
50	1946. 42	237,4	186,5	242,9	263,9	19,8	26,3
51	1946. 56	364,3	241,5	298,2	316,7	30,9	29,9
52	1946. 60	322,4	261,2	392,2	282,0	32,7	26,7
53	1946. 64	398.7	277,2	351,0	322,8	33,6	29,0
54	1946. 68	347,0	242,9	386,4	294,4	32,1	25,5
55	1946. 88	293,9	218,6	279,4	268,6	24,0	24,3
56	1947. 04	341,5	293,7	343,2	328,9	30,1	31,3
57	1947. 11	310,9	274,9	299,6	342,8	28,2	30,7
58	1947. 21	271,7	327,8	270,4	309,1	26,0	30,2
59	1947. 31	286,7	275,3	236,5	333,6	29,0	28,9
60	1947. 56	286,6	372,0	407,7	344,5	36,4	32,4
61	1947. 59	389,6	321,0	321,0	400,2	37,4	32,2
62	1947. 62	290,6	282,0	312,9	429,0	30,6	34,2
63	1947. 66	309,4	390,2	377,8	319,4	34,1	33,2
64	1947. 70	308,0	309,6	294,4	407,0	30,6	32,8
65	1947. 73	265,8	313,6	328,8	317,2	34,2	31,0
66	1948. 03	214,1	255,6	199,4	307,3	26,7	29,6
67	1948. 12	215,1	260,2	227,9	308,3	27,0	29,3
68	1948. 17	292,1	344,6	270,2	356,7	34,4	38,5
69	1948. 21	243,1	270,0	217,2	332,5	29,5	31,9
70	1948. 25	207,4	266,8	214,9	282,5	31,4	33,9
71	1948. 32	222,1	232,7	244,1	291,3	32,4	25,0
72	1948. 41	245,4	299,6	249,6	336,2	31,7	33,0
73	1948. 50	234,2	251,7	227,5	268,7	27,4	28,9
74	1948. 59	202,8	275,0	246,6	319,5	28,8	29,2
75	1948. 65	158,9	241,0	206,8	317,2	23,7	28,8
76	1948. 70	236,6	298,8	207,9	300,9	35,3	30,9
77	1948. 77	168,1	261,0	264,4	361,0	28,9	33,3
78	1949. 03	230,1	167,8	214,7	231,8	30,1	30,0
79	1949. 09	252,9	198,5	250,6	269,9	32,0	34,5
80	1949. 16	244,9	213,7	244,4	224,4	33,7	31,3
81	1949. 22	282,2	200,2	212,3	263,4	37,5	34,5
82	1949. 26	226,2	216,3	211,1	185,3	34,1	28,4
83	1949. 40	251,2	150,0	200,0	216,7	29,7	22,7
84	1949. 55	156,2	151,4	172,0	186,5	24,1	21,1
85	1949. 59	249,3	135,2	198,9	258,3	34,2	27,1
86	1949. 63	185,9	178,9	206,3	180,0	32,3	26,9
87	1949. 69	206,9	121,1	160,4	209,0	32,8	25,2
88	1949. 86	237,0	193,3	181,6	294,8	30,7	33,4
89	1950. 01	227,0	125,6	210,2	193,4	30,4	23,2
90	1950. 12	229,6	143,6	227,1	157,9	31,5	20,4

Tabelle 15   Fortsetzung

Nr.	Epoche	Σ_{NE}	Σ_{SE}	Σ_{NW}	Σ_{SW}	I_N	I_S
91	1950.19	266,8	193,9	270,2	180,5	32,9	21,4
92	1950.23	320,3	149,5	272,6	228,0	34,7	22,0
93	1950.39	272,1	172,2	253,4	170,2	31,6	22,6
94	1950.54	276,2	138,8	217,8	235,9	33,2	22,9
95	1950.58	227,0	180,0	228,4	155,0	31,6	28,2
96	1950.63	241,4	123,2	208,4	180,2	30,8	21,1
97	1950.83	174,2	140,7	136,6	143,7	25,1	25,3
98	1951.10	185,4	98,9	193,3	132,8	31,6	20,6
99	1951.23	179,2	136,9	212,3	136,9	26,8	20,5
100	1951.41	178,9	102,8	219,5	139,0	25,0	19,2
101	1951.57	238,3	112,8	144,4	167,2	21,8	23,2
102	1951.61	173,4	178,5	305,4	201,6	27,8	26,8
103	1951.68	219,6	190,0	284,2	133,6	33,6	21,8
104	1951.88	285,7	104,1	245,0	212,5	30,5	—
105	1952.31	164,4	130,0	122,6	172,4	—	20,9
106	1952.46	114,6	114,0	101,8	112,1	17,0	16,5
107	1952.56	100,6	114,9	148,7	148,8	17,6	21,3
108	1952.60	165,1	86,3	73,1	172,0	17,2	21,1
109	1952.81	144,7	106,7	110,0	130,6	18,1	17,4
110	1953.08	185,0	97,8	82,1	39,0	14,7	11,0
111	1953.19	121,0	110,0	100,4	79,5	12,6	13,0
112	1953.29	169,8	65,0	65,8	61,8	11,1	7,4
113	1953.48	79,4	47,6	96,4	39,2	10,3	7,4
114	1953.59	118,7	28,0	57,9	11,1	10,2	—
115	1953.68	70,2	26,0	79,0	18,1	10,2	4,2
116	1953.77	54,6	47,4	131,1	31,1	13,5	9,6
117	1954.14	28,9	22,8	21,6	32,0	3,8	4,0
118	1954.57	46,5	0,0	21,7	4,3	5,0	0,3
119	1954.65	17,8	0,6	43,0	14,8	4,4	3,0
120	1954.73	76,2	15,8	23,5	8,5	9,5	3,3
121	1954.88	55,0	27,8	81,9	13,6	11,5	5,1

vier folgenden geben die Summen der Randintensitäten von 5° zu 5° für die 4 Quadranten und die beiden letzten die mittlere Intensität I_N und I_S auf den beiden Hemisphären an der Stelle, wo diese ein Maximum hat (das heisst in der Flecken- und Fackelzone). Die Summe der 4 Σ-Werte liefert die als Gesamtemission bezeichnete Grösse. Die Mittelwerte der Intensitätssummen über die beiden Hemisphären sind unter den Bezeichnungen N und S bereits in Tabelle 9 aufgeführt.

In den Abbildungen 33 bis 36 sind der Reihenfolge nach die Grössen T, N, S sowie I_N und I_S dargestellt. In allen 4 Abbildungen ist der stark ausgeglichene Verlauf der Zürcher Sonnenfleckenrelativzahlen durch eine gestrichelte Kurve eingezeichnet. Das tiefe Minimum im Jahre 1944 und das hohe Maximum im

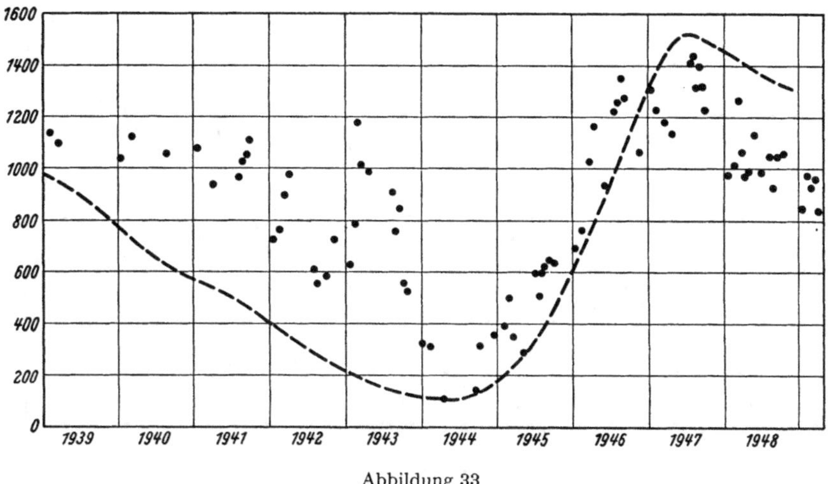

Abbildung 33

Totalemission der Korona in der Linie 5303 Å.

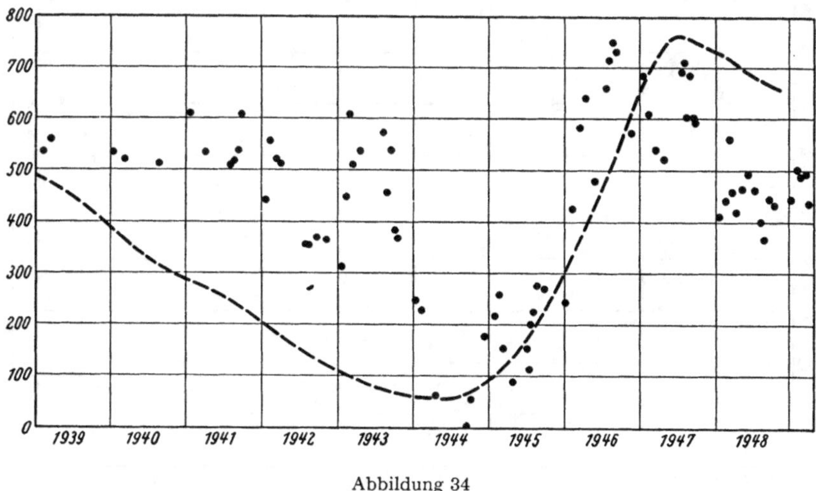

Abbildung 34

Totalemission der Nordhalbkugel der Korona in der Linie 5303 Å.

Jahre 1947 fallen eindeutig mit den entsprechenden Extrema der Fleckentätigkeit zusammen. Eine Phasenverschiebung zwischen Fleckentätigkeit und Gesamtemission der Korona ist in dieser Darstellung nicht zu erkennen. Noch
klarer tritt der Zusammenhang zwischen der Emission der Korona und der
Fleckentätigkeit aus den in Tabelle 16 enthaltenen Jahresmittelwerten hervor.
Am engsten ist der Zusammenhang zwischen Fleckentätigkeit und monochro-
matischer Koronaemission auf dem aufsteigenden Ast der Aktivitätskurve. Die
Amplitude beträgt (unter Benutzung der Jahresmittelwerte) für die Flecken-
relativzahl $R_{max}/R_{min} = 13{,}8$, für die koronale Gesamtemission $T_{max}/T_{min} =$

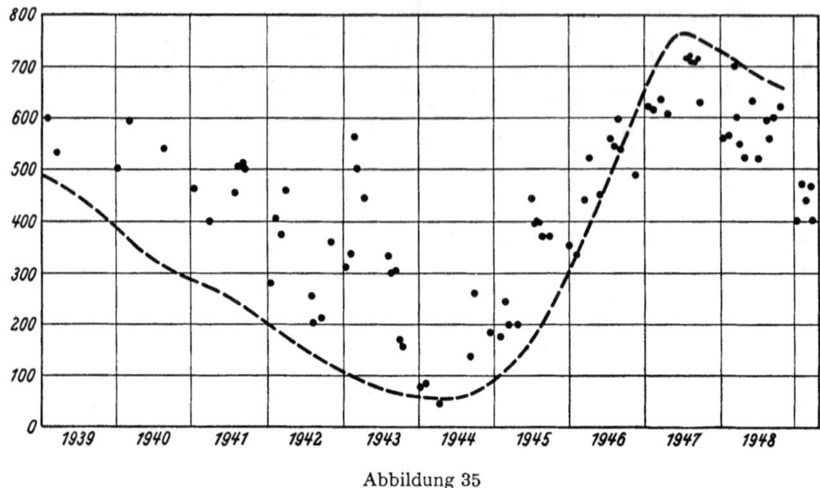

Abbildung 35

Totalemission der Südhalbkugel der Korona in der Linie 5303 Å.

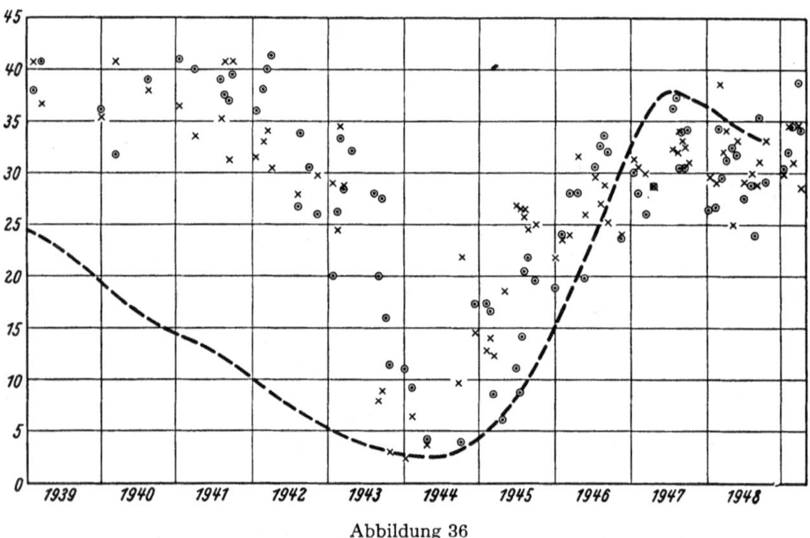

Abbildung 36

Maximalintensität (in der Hauptzone) der Linie 5303 Å. x = Südhalbkugel, ⊙ = Nordhalbkugel.

5,0. Auf dem absteigenden Ast der Aktivitätskurve folgt die koronale Gesamtemission der Fleckenkurve nur in ziemlich loser Anlehnung. Unmittelbar nach dem Fleckenmaximum fällt die Gesamtemission stark ab, während die Fleckentätigkeit nur langsam zurückgeht. Diese erste Anomalie erklärt sich aus dem Verhalten der koronalen Aktivitätszonen. Unmittelbar nach dem Fleckenmaximum erreicht die polare Aktivitätszone den Pol, worauf sie verschwindet. Der während des Sonnenfleckenmaximums erhebliche Beitrag der Polarzone zur Gesamtemission verschwindet somit in kurzer Zeit und bedingt den starken

Tabelle 16

Jahresmittel der Sonnenfleckenrelativzahl und der Gesamtemission der Korona

Jahr	1939	1940	1941	1942	1943	1944	1945	1946
Sonnenflecken-relativzahl	88,8	67,8	47,5	30,6	16,3	9,6	33,2	92,6
Gesamtemission T der Korona	1137,6	1049,1	1025,8	738,3	818,8	246,3	510,7	1065,0

Jahr	1947	1948	1949	1950	1951	1952	1953	1954
Sonnenflecken-relativzahl	151,6	136,3	134,7	83,9	69,4	31,5	13,9	4,4
Gesamtemission T der Korona	1293,8	1038,0	834,3	810,4	731,9	505,7	302,5	112,5

Abfall unmittelbar nach dem Fleckenmaximum. Die zweite Anomalie besteht
darin, dass nach diesem ersten, starken Rückgang der Gesamtemission diese
während einigen Jahren nur langsam abnimmt, während die Fleckentätigkeit
bedeutend schneller zurückgeht. Dies hat seinen Grund darin, dass die Gesamtemission nach dem Ausscheiden der Polarzone wesentlich durch die Intensität
der Koronalinie in der Hauptzone (Flecken- und Fackelzone) bedingt ist, diese
aber nach Überschreitung des Fleckenmaximums noch weiter zunimmt und
erst etwa 2 Jahre vor dem Fleckenminimum stark abzunehmen beginnt, worauf
bei Besprechung von Abbildung 36 noch zurückzukommen sein wird.

Die Abbildungen 34 und 35 zeigen die Variationen der Gesamtemission der
Nord- bzw. Südhemisphäre. Darin kommen deutliche Unterschiede der beiden
Halbkugeln zum Ausdruck. Der auffallendste besteht darin, dass das Maximum
auf der Nordhalbkugel schon Ende 1946, dasjenige der Südhalbkugel jedoch
erst gegen Ende 1947 erreicht wird. Das hängt damit zusammen, dass die Entwicklung der nördlichen Polarzone derjenigen der südlichen vorangeht. Das
polare Intensitätsmaximum war auf der Nordhalbkugel bereits zu Beginn des
Jahres 1948 verschwunden, dasjenige der Südhalbkugel erst Mitte 1948. Der
Abfall der Gesamtemission in den Jahren 1939 bis 1944 erfolgt auf der Südhalbkugel, besonders wenn wir die 3 hohen Werte zu Beginn des Jahres 1943
ausser Betracht lassen, viel konformer mit der Fleckentätigkeit, als dies aus
den Abbildungen 33 und 34 hervorgeht. Die hohen Werte der Gesamtemission
im Jahre 1943 (das Jahresmittel liegt höher als dasjenige von 1942) sind ausschliesslich durch die in diesem Jahr stark entwickelte neue Aktivitätszone in
mittleren Breiten bedingt.

Diese Ergebnisse erscheinen in noch klarerem Lichte bei Heranziehung von
Abbildung 36. Diese gibt, getrennt für die beiden Hemisphären, die Intensität
der Linie 5303 an der Stelle, wo diese maximal ist (Flecken- und Fackelzone).
Die höchsten Werte zeigen, fast ohne zeitliche Variation, die Jahre 1939 bis
1941. Von 1942 an beginnt die Intensität zuerst langsam und dann immer

schneller abzunehmen bis zur Erreichung des tiefen Minimums in der ersten Hälfte des Jahres 1944. Die Amplitude beträgt hier für die Jahresmittel $i_{max}/i_{min} = 4{,}8$, stimmt also mit derjenigen für die Gesamtemission überein. Nach dem Minimum nimmt die Intensität in der Fleckenzone mit der Fleckentätigkeit wieder rasch zu, steigt aber noch weiter an, wenn auch nur noch schwach, wenn die Fleckentätigkeit bereits wieder abnimmt. Die maximale Intensität (in der Fleckenzone) zeigt ein breites, sich über mehrere Jahre hinziehendes Maximum, welches bis zu 3 Jahre nach dem Fleckenmaximum auftritt, und ein schmales, tiefes Minimum gleichzeitig mit dem Fleckenminimum.

III. KAPITEL

DAS VERHALTEN DER KORONALINIE 6374 Å

Die Ergebnisse bezüglich des Verhaltens der sogenannten roten Koronalinie, das heisst bezüglich der Variationen ihrer Intensität mit der heliographischen Breite und mit dem elfjährigen Zyklus, beruhen ausschliesslich auf dem
in den Koronadiagrammen des ersten Bandes enthaltenen Beobachtungsmaterial sowie auf den seit dem Abschluss des ersten Bandes hinzugekommenen
Beobachtungen. Wenn wir von Anfang an die regelmässige Beobachtung der
roten Linie 6374 neben derjenigen der grünen Linie 5303 auf das Programm
genommen haben, so war dafür anfänglich die relativ hohe Intensität dieser
Linie und ihre bequeme Lage im Spektrum ausschlaggebend; die konsequente
Weiterführung dieses Programms dagegen wurde wesentlich durch die alsbald
erfolgte Identifikation dieser Linie mitbestimmt. Während die grüne Linie der
höchsten in der Korona auftretenden Ionisationsstufe des Eisens (Fe XIV) angehört, wird die rote Linie von der niedrigsten in der Korona beobachteten
Ionisationsstufe des Eisens (Fe X) emittiert. Vergleichende Beobachtungen[1] an
diesen beiden Linien geben somit eine leistungsfähige Methode zur Untersuchung der örtlichen und zeitlichen Variationen des physikalischen Zustandes,
insbesondere der Temperatur, der Korona.

Bei der Bearbeitung des Materials befolgen wir nach Möglichkeit den bereits bei der Linie 5303 eingeschlagenen Weg. Es kann sich auch hier nur um
die Ableitung der Resultate handeln, während auf ihre physikalische Interpre-
tation erst in dem Band über die Physik der Korona eingegangen werden wird.

11. *Die Breitenverteilung der 6374-Intensität*

Aus den längs des Sonnenrandes geschätzten Intensitäten, welche in den
Diagrammen des ersten Bandes dargestellt sind, wurden die Intensitäten von
5° zu 5° heliographischer Breite entnommen. Diese 72 Zahlenwerte vermögen
allerdings noch weniger als bei der Linie 5303 die Intensitätsverteilung hinreichend zu charakterisieren, indem die Intensität der Linie 6374 innerhalb
eines Positionswinkelintervalls von nur 1 bis 2° sich bis zu mehreren hundert Pro-
zent ändern kann. Für die Darstellung einer individuellen Intensitätsverteilung
müssten somit kleinere Intervalle verwendet werden. Hingegen ist es für stati-

---

[1] M. WALDMEIER, *Vergleichende Beobachtungen an den Koronalinien 5303, 5694 und 6374 Å,*
Z. Astrophys. *20*, 172 (1940).

stische Betrachtungen ziemlich bedeutungslos, ob 1°-, 2°- oder 5°-Intervalle verwendet werden. Wie bei der Linie 5303 sind auch hier die Beobachtungen von je rund 10 Tagen zu einem Mittelwert zusammengefasst worden. Diese mittleren Intensitätsverteilungen sind in Tabelle 17 zusammengestellt. Die erste Kolonne gibt die fortlaufende Nummer der einzelnen Mittelwerte, die zweite die Epoche, auf welche sich der Mittelwert bezieht und die folgenden die mittleren Intensitäten vom Sonnennordpol (+ 90°) bis zum Südpol (− 90°). Es ist auch hier zu beachten, dass die Beobachtungen von Ost- und Westrand der Sonne zusammengefasst worden sind, die Mittelwerte sich somit durchschnittlich nicht auf etwa 10, sondern auf etwa 20 Einzelwerte beziehen. Die letzten drei Kolonnen geben die Summen der Intensitäten von 5° zu 5° über die Nord- bzw. Südhemisphäre und längs des ganzen Umfanges der Sonnenscheibe.

Für eine erste Diskussion erscheint es jedoch zweckmässig, das Material durch Bildung von Jahresmitteln weiter zusammenzufassen. Diese sind in Tabelle 18 mitgeteilt, in welcher die einzelnen Kolonnen dieselbe Bedeutung besitzen wie in Tabelle 17. Überdies zeigt Abbildung 37 die Jahresmittel der Breitenverteilung. Beginnend mit dem Jahre 1940 treten in der Breitenverteilung Intensitätsmaxima zu beiden Seiten des Äquators in 10° bis 15° Abstand von demselben auf. Wir erkennen darin wieder die mit der Flecken- und Fakkelzone zusammenfallende Hauptzone der Koronaaktivität. In den folgenden Jahren rücken die beiden Maxima näher an den Äquator heran, wodurch das äquatoriale Minimum nach und nach aufgefüllt wird. 1943 ist die Trennung gerade noch schwach erkennbar, während im Minimumsjahr 1944 die beiden Hauptzonen verschmolzen sind und ein einziges, auf dem Äquator liegendes Intensitätsmaximum bilden. Dasselbe ist, wenn auch abgeschwächt, im Jahre 1945 immer noch vorhanden, worauf es aber bald erlischt und 1946 sich an seiner Stelle ein breites Äquatorminimum befindet. Während sich beim Übergang von 1940 zu 1941 in der Hauptzone keine starken Veränderungen zeigen, erkennt man in höheren Breiten die Ausbildung einer neuen Aktivitätszone, welche auf der Südhalbkugel bei 45° zu einem Intensitätsmaximum führt, während man auf der Nordhalbkugel, wo die Entwicklung etwas zurück ist, lediglich die Ausbildung einer «Schulter» erkennt. Bereits 1942 aber ist die neue Aktivitätszone auf beiden Hemisphären kräftig entwickelt; wir sehen dann nebeneinander die alte Hauptzone bei ± 10° und die neue bei + 45° bzw. − 35°. Die heliographische Breite der neuen Hauptzone, welche sich auf der südlichen Halbkugel durchgängig verfolgen lässt, hat somit von 1941 bis 1942 um 10° abgenommen und nimmt bis 1943 weiter ab auf 30°, bis 1944 auf 25°, bis 1946 auf 20°. Auf der nördlichen Halbkugel, wo die neue Hauptzone in den Jahresmitteln zeitweise nicht in Erscheinung tritt, geht ihre Breite von 45° im Jahre 1942 auf 20° im Jahre 1946 hinab. Wir finden auch hier wieder, wie bei der grünen Koronalinie, dass die neue Hauptzone schon zwei Jahre früher auftritt als die neue Fleckenzone, indem die ersten Flecken des neuen Zyklus erst 1943 (und zwar ebenfalls auf der südlichen Hemisphäre) aufgetreten sind. Nachdem von 1941 bis 1945 alte und neue Hauptzone nebeneinander bestanden haben, werden von 1946 an die Verhältnisse wieder einfacher, indem dann nur

Additional material from *Die Sonnenkorona,*
ISBN 978-3-0348-6831-0 (978-3-0348-6831-0_OSFO3),
is available at http://extras.springer.com

Tabelle 17

noch die neue Zone weiterbesteht. Die äquatoriale Verschiebung der Zone, welche beim Beginn sehr stark war, verlangsamt sich mit dem Fortschreiten des Zyklus; 1950 finden wir die Hauptzone in 10° bis 15° Breite, wie im Jahr 1940. In den Jahren 1947 und 1948 war die südliche, in den Jahren 1949 bis 1954 die nördliche Hemisphäre die fleckenreichere; dies kommt auch in der Intensität der Linie 6374 in der Hauptzone zum Ausdruck, welche vor 1949 auf der südlichen, nach 1949 auf der nördlichen Halbkugel maximal war.

Von der Hauptzone aus beobachtet man polwärts einen Intensitätsabfall, der aber nicht so ausgeprägt ist wie bei der Linie 5303 und auch hier keineswegs monoton erfolgt. Etwa gleichzeitig mit dem Auftreten der neuen Hauptzone beginnt die Intensität im Polargebiet zuzunehmen, was 1943 zu einem polaren Intensitätsmaximum und einem Minimum bei 70° bis 80° führt. 1944 besteht dieselbe Intensitätsverteilung weiter, wenn auch alle Intensitäten abgenommen haben. Das Minimum bei 72° verschwindet im Jahre 1945, indem die Polintensität weiter abnimmt, besonders aber durch das Auftreten einer polaren Aktivitätszone bei − 55° bzw. + 60°. Die südliche Polarzone verschiebt sich rasch polwärts, besitzt 1946 die Breite − 65° und hat bereits 1947 den Pol erreicht, worauf die Polintensität stark abnimmt. Die nördliche Polarzone hat sich 1946 bis + 70° vorgeschoben und den Pol 1948 erreicht (gekennzeichnet durch maximale Polintensität). Wenn die Polarzone am Pol angelangt ist, tritt in mittleren Breiten bereits eine neue Aktivitätszone auf, welche 1948 bei − 60° bzw. + 60° liegt, 1949 bei − 55°, 1950, stark verflacht, ebenfalls bei − 55° und 1951, besser aus den Zahlen der Tabelle 17 erkennbar als aus dem Jahresmittelwert, bei − 40° bis − 50°. In den Jahren 1952−54 findet sie sich bei − 30° bis − 40° und mündet dann in die neue Hauptzone ein. Auf der nördlichen Halbkugel kann die Entwicklung dieser Zone ab 1948 an Hand der Jahresmittel nicht weiter verfolgt werden, zum Teil weil die Intensität am Pol nach 1948 nur sehr langsam zurückgegangen ist. Erst 1951 ist ein starker Rückgang der Intensität in hohen Breiten eingetreten, so dass die Breitenverteilung sich nun wieder den in den Jahren 1940/41 beobachteten Verhältnissen nähert. Vermutlich handelt es sich bei der in den Jahren 1948 bis 1951 bei − 40° bis − 60° beobachteten Aktivitätszone um dieselbe, bereits 1941 bei − 45° beobachtete. In diesem Fall liessen sich die erhaltenen Ergebnisse folgendermassen zusammenfassen:

Es gibt zwei koronale Aktivitätszonen, die Hauptzone und die Polarzone, welche beide in etwa 60° heliographischer Breite ihren Ursprung nehmen. Die Polarzone beginnt zur Zeit des Fleckenminimums, verschiebt sich polwärts und verschwindet nach dem Fleckenmaximum, nachdem sie den Pol erreicht hat. Die Hauptzone beginnt beim Fleckenmaximum des vorangehenden Zyklus, verschiebt sich gegen den Äquator bis zum folgenden Minimum langsam, dann bis zum nächsten Maximum rascher, zusammen mit der Fleckenzone, und dann wieder langsamer, bis sie den Äquator erreicht hat und etwa ein Jahr nach dem Fleckenminimum verschwindet.

Da die beiden Hemisphären sich in dem betrachteten Zeitintervall, bis auf die zeitlich länger anhaltende nördliche Polarzone, gleich verhalten, kann man durch Mittelbildung über beide Halbkugeln die erwähnten Aktivitätszonen

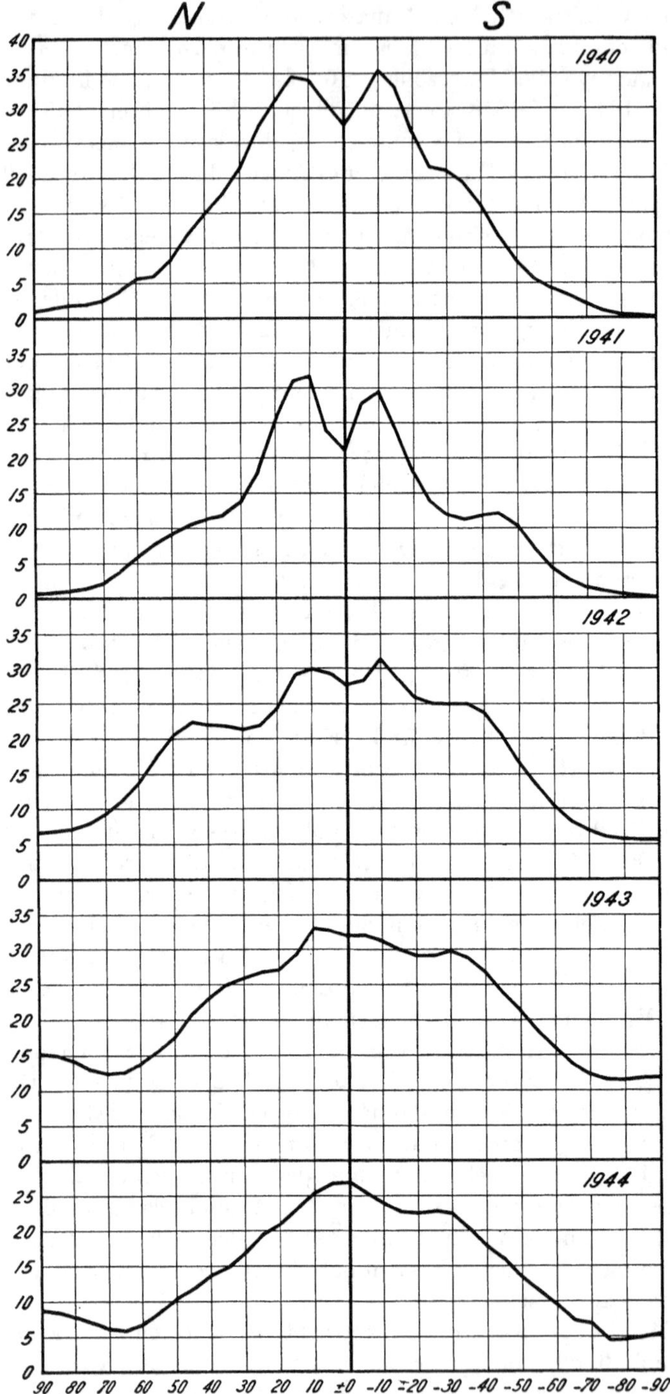

Abbildung 37 a

Jahresmittelwerte der Breitenverteilung der Intensität der Linie 6374.

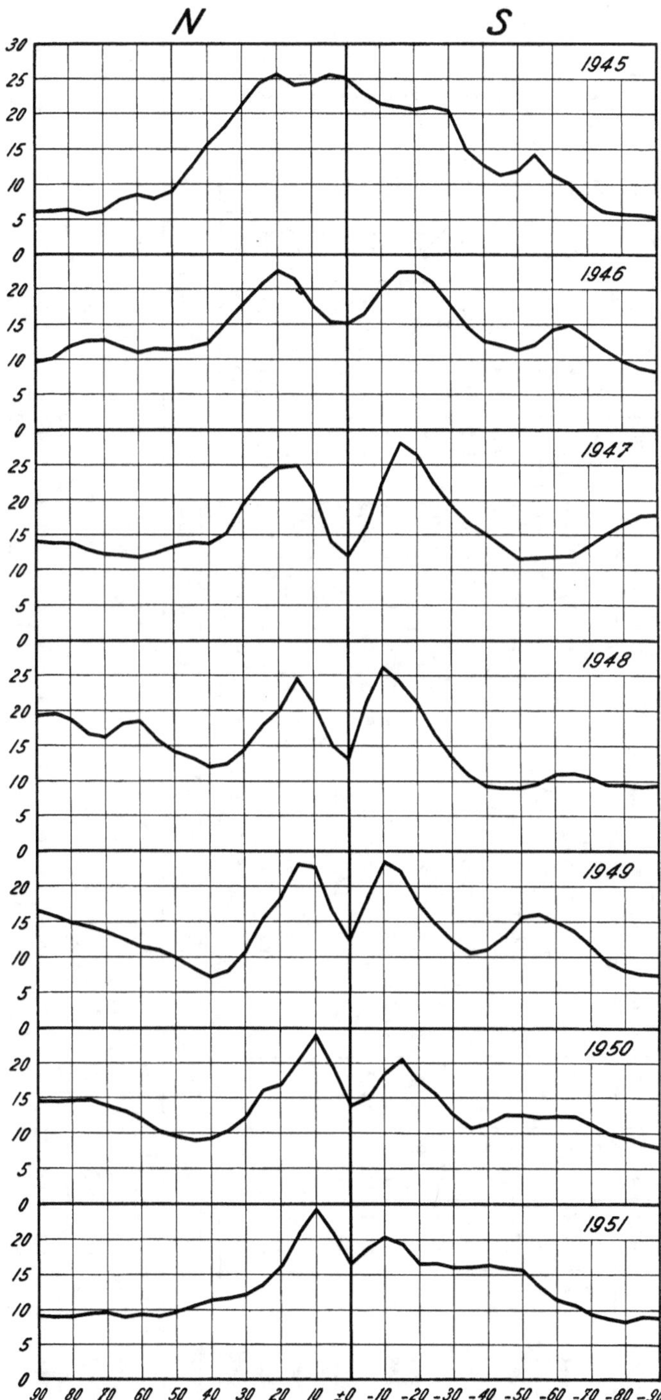

Abbildung 37 b

Jahresmittelwerte der Breitenverteilung der Intensität der Linie 6374.

Tabelle 18. Jahresmittel der Breitenverteilung der Intensität der Linie 6374 Å

Jahr	+90	+85	+80	+75	+70	+65	+60	+55	+50	+45	+40	+35	+30	+25	+20	+15	+10	+5	0
1940	1,2	1,4	1,8	2,0	2,5	3,9	5,6	6,0	8,4	12,1	15,0	17,7	21,5	27,1	31,0	34,5	34,1	30,8	27,6
1941	0,7	0,8	1,1	1,5	2,3	3,8	5,8	7,7	9,2	10,4	11,2	11,8	13,5	17,8	25,2	31,0	31,9	23,8	21,1
1942	6,7	6,8	7,1	8,0	9,3	11,1	13,7	17,3	20,6	22,2	22,1	21,8	21,2	21,9	24,3	29,0	30,0	29,5	27,6
1943	15,3	15,2	14,4	13,1	12,3	12,6	13,7	15,6	17,7	20,9	23,2	25,0	26,1	26,8	27,0	29,3	33,1	32,8	31,9
1944	8,8	8,6	7,9	6,9	6,1	5,9	6,7	8,5	10,5	12,1	13,8	14,9	17,0	19,4	21,1	23,3	25,3	26,7	29,9
1945	6,4	6,4	6,4	5,8	6,2	7,8	8,5	7,9	9,0	1,33	15,7	18,2	21,4	24,6	25,7	24,2	24,6	25,7	25,3
1946	9,8	10,5	12,1	12,8	12,8	11,8	11,2	11,5	11,6	11,7	12,4	15,0	17,9	20,6	22,7	21,8	17,8	15,3	15,1
1947	14,0	13,9	13,8	12,8	12,3	12,2	11,9	12,7	13,5	13,9	13,9	15,2	19,7	22,7	24,8	25,1	21,4	14,0	11,9
1948	19,5	19,7	18,6	16,6	16,3	18,1	18,4	16,0	14,2	12,2	12,1	12,4	14,6	18,0	20,3	24,7	20,8	15,1	13,1
1949	16,7	15,8	14,8	14,2	13,6	12,5	11,4	11,1	10,0	8,3	7,3	7,9	11,1	15,3	18,7	23,1	22,7	16,2	12,1
1950	14,6	14,5	14,6	14,7	13,8	13,3	12,1	9,9	9,4	9,1	9,3	10,1	12,1	16,0	16,9	20,0	23,9	19,8	13,8
1951	9,0	8,8	8,8	9,2	9,5	8,9	9,2	9,1	9,6	10,3	11,2	11,6	12,1	13,5	16,1	20,7	24,2	20,4	16,3
1952	7,9	7,1	6,8	6,3	5,3	4,5	4,6	5,7	7,2	9,3	12,0	15,3	17,9	18,4	18,4	19,8	19,9	18,9	18,8
1953	10,3	10,4	9,7	8,5	7,4	6,9	7,6	8,7	10,8	13,9	15,4	16,3	16,8	17,2	16,8	18,4	21,3	22,4	23,3
1954	8,5	8,5	8,0	6,8	5,3	5,7	7,4	10,0	11,4	12,1	14,1	18,8	21,4	21,8	22,3	24,0	26,4	26,4	25,5

Jahr	−5	−10	−15	−20	−25	−30	−35	−40	−45	−50	−55	−60	−65	−70	−75	−80	−85	−90	N	S	N+S
1940	31,1	35,5	32,9	26,2	21,5	21,0	19,3	16,1	11,7	8,0	5,8	4,3	3,3	2,0	1,0	0,3	0,1	0,1	540	508	1047
1941	27,6	29,4	23,7	17,8	13,7	11,8	11,2	11,8	12,0	10,2	7,0	4,3	2,6	1,5	0,8	0,5	0,2	0,2	439	394	833
1942	28,3	31,4	28,3	25,7	24,9	24,8	24,9	23,7	20,4	16,4	13,2	10,3	8,2	6,9	6,1	5,8	5,7	5,7	666	643	1309
1943	32,1	31,3	30,0	29,0	29,1	29,8	28,8	26,8	23,6	20,6	18,1	15,7	13,8	12,2	11,5	11,4	11,7	11,8	745	795	1539
1944	25,4	24,1	22,8	22,4	22,7	22,5	20,2	17,6	16,0	13,2	11,5	9,4	7,2	6,7	4,5	4,6	5,1	5,5	505	544	1049
1945	23,3	21,6	21,2	20,7	21,2	20,6	14,8	12,9	11,6	11,8	14,3	11,4	10,1	7,7	6,0	5,8	5,7	5,3	532	512	1044
1946	16,4	20,0	22,5	22,7	21,0	18,1	14,7	12,7	12,3	11,5	12,2	14,1	15,0	13,5	11,5	10,1	9,1	8,5	524	538	1062
1947	15,7	23,0	28,3	26,5	22,4	19,0	16,7	15,1	13,4	11,6	11,7	11,8	12,1	13,5	15,2	16,7	18,0	18,0	573	611	1185
1948	21,0	26,2	24,0	21,2	16,6	13,5	10,6	9,3	8,9	9,1	9,8	11,1	10 9	10,4	9,5	9,6	9,3	9,4	611	484	1095
1949	18,3	23,3	22,0	17,7	14,5	12,1	10,6	10,9	12,8	15,7	16,1	15,1	13,8	11,6	9,3	8,1	7,6	7,4	497	498	995
1950	14,8	18,6	20,5	17,0	15,2	12,5	10,8	11,3	12,5	12,5	12,3	12,3	12,2	11,3	9,9	9,2	8,4	8,0	508	464	972
1951	18,7	20,3	19,2	16,2	16,5	16,0	16,1	16,2	15,8	15,5	13,1	11,2	10,5	9,3	8,8	8,3	9,1	8,9	452	507	959
1952	21,0	18,9	16,1	14,5	15,9	17,3	17,5	17,3	15,3	13,4	11,3	8,5	6,4	6,4	7,2	7,3	7,8	7,5	421	471	892
1953	23,9	25,0	25,5	23,1	22,8	20,9	18,4	16,8	14,4	12,7	10,7	9,0	9,5	7,2	8,6	10,3	10,2	10,5	490	568	1058
1954	25,9	25,4	23,9	22,5	20,8	19,8	18,6	17,1	15,1	12,8	10,1	7,7	6,5	7,1	8,1	9,0	9,2	8,7	535	554	1089

Tabelle 19

Jahresmittelwerte der 6374-Intensität in Abhängigkeit vom Abstand vom Äquator

	0	5	10	15	20	25	30	35	40	45
1940	27,6	31,0	**34,5**	33,7	28,5	24,3	21,2	18,5	15,5	11,9
1941	21,1	25,7	**30,7**	27,4	21,5	15,8	12,6	11,5	11,5	11,2
1942	27,6	28,9	**30,7**	28,6	25,0	23,4	23,0	**23,3**	22,9	21,3
1943	31,9	**32,4**	32,2	29,6	28,0	27,9	27,9	26,9	25,0	22,3
1944	**26,9**	26,1	24,6	23,0	21,7	21,0	19,7	17,6	15,7	14,2
1945	**25,3**	24,5	23,1	22,7	**23,2**	22,9	21,0	16,5	14,3	11,9
1946	15,1	15,9	18,9	22,2	**22,7**	20,8	18,0	14,9	12,5	12,0
1947	11,9	14,8	22,2	**26,7**	25,6	22,5	19,3	16,0	14,5	13,7
1948	13,1	18,0	23,5	**24,3**	20,8	17,8	14,1	11,5	10,7	11,1
1949	12,1	17,3	**23,0**	22,6	18,2	14,9	11,6	9,3	9,1	10,5
1950	13,8	17,3	**21,2**	20,3	17,0	15,7	12,3	10,5	10,3	10,8
1951	16,3	19,5	**22,3**	20,0	16,1	15,0	14,1	13,9	13,7	13,1
1952	18,8	**20,0**	19,4	17,9	16,5	17,2	**17,6**	16,4	14,6	12,3
1953	**23,3**	23,2	23,2	22,4	20,0	20,0	18,8	17,3	16,1	14,2
1954	25,5	**26,2**	25,9	23,9	22,4	21,3	20,6	18,7	15,1	13,1

	50	55	60	65	70	75	80	85	90
1940	8,2	5,9	4,9	3,6	2,2	1,5	1,1	0,7	0,6
1941	9,7	7,4	5,1	3,2	1,9	1,1	0,8	0,5	0,4
1942	18,5	15,2	12,0	9,7	8,1	7,1	6,5	6,2	6,2
1943	19,2	16,8	14,7	13,2	12,2	12,3	12,9	13,5	**13,6**
1944	**14,4**	10,0	8,0	6,6	6,4	5,7	6,2	6,8	**7,2**
1945	10,4	**11,1**	9,9	8,9	6,9	5,9	**6,1**	**6,1**	5,9
1946	11,6	11,8	12,6	**13,4**	13,2	12,2	11,1	9,8	9,2
1947	12,5	12,2	11,9	12,1	12,6	14,0	15,2	15,9	**16,0**
1948	11,7	12,9	**14,7**	14,5	13,4	13,0	14,1	14,5	**14,8**
1949	12,8	**13,6**	13,2	13,1	12,6	11,7	11,4	11,7	**12,0**
1950	10,9	11,1	12,2	**12,8**	12,6	12,3	11,9	11,4	11,3
1951	12,5	11,2	10,2	9,7	9,4	9,0	8,6	9,0	9,0
1952	10,3	8,5	6,6	6,0	5,9	6,8	7,1	7,4	**7,7**
1953	11,8	9,6	8,3	8,2	7,3	8,6	9,2	10,3	**10,4**
1954	12,1	10,1	7,6	6,2	6,2	7,5	8,5	**8,8**	8,6

noch sicherer erfassen, wobei gleichzeitig Intensitätsmaxima, welche nur durch statistische Auswahl der Beobachtungstage zustande kommen, weiter ausgemerzt werden. Tabelle 19 enthält die aus Tabelle 18 gewonnenen Mittelwerte. Wir erkennen darin auf Grund der Maximalzahlen, welche fett gedruckt sind, 5 Zonen: 1. die alte Hauptzone, welche sich von 1940 bis 1945 von 10° nach 0° verschiebt; 2. die neue Hauptzone, welche erstmals 1942 bei 35° erscheint, 1943 nur als «Schulter» bei 25° bis 30° zu erkennen ist, im Minimumsjahr überhaupt nicht, von 1945 bis 1954 sich jedoch von 20° nach 5° verlagert; 3. die

Polarzone, die 1944 bei 50° erscheint und 1947 den Pol erreicht und dort noch bis 1949, wenn auch abgeschwächt, weiterbesteht; 4. eine neue Aktivitätszone, welche 1948 erstmals hervortritt, bei 55° bis 65° liegt und vermutlich in die Hauptzone des nächsten Zyklus übergehen wird; 5. eine stationäre Zone, welche um die Zeit des Sonnenfleckenminimums (1943 bis 1945 und besonders 1952 bis 1954) auftritt und sich durch eine Intensitätssteigerung an den Polen bemerkbar macht.

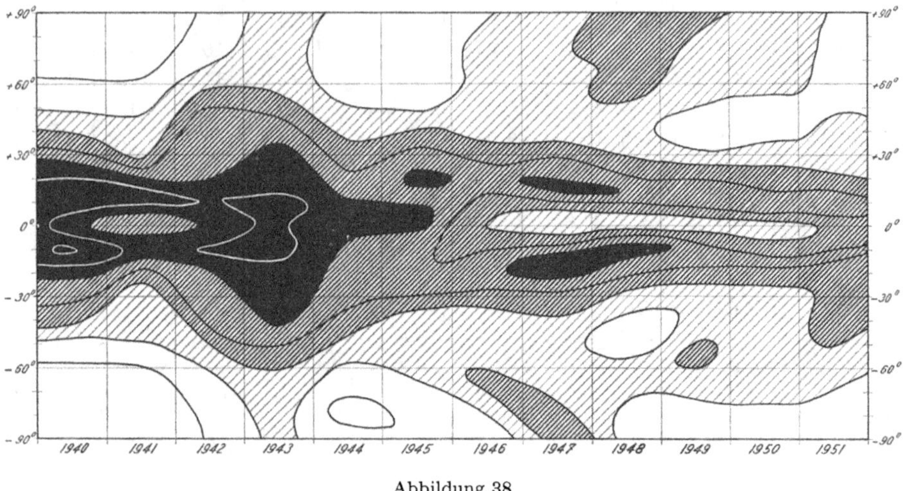

Abbildung 38

Die Intensität der Linie 6374 in Abhängigkeit von heliographischer Breite und Zeit.

In Abbildung 38 ist die Intensität der Linie 6374 in Abhängigkeit von der heliographischen Breite und von der Zeit (auf Grund der Jahresmittelwerte) dargestellt. Es handelt sich dabei im wesentlichen um eine Darstellung der Hauptzone, da die Nebenzone bei dem relativ grossen gegenseitigen Isophotenabstand von 5 Einheiten nur dort in Erscheinung tritt, wo sie sehr kräftig und von der Hauptzone durch ein tiefes Minimum getrennt ist. Es fällt auf, dass das Ende des Diagramms nicht an den Anfang desselben anschliesst, obschon dasselbe gerade 11 Jahre umfasst. Ende 1951 sind die 6374-Intensitäten in höheren Breiten grösser, in der Fleckenzone dagegen geringer als anfangs 1940. Die die höheren Breiten betreffende Diskrepanz ist leicht verständlich, da beim Beginn der Beobachtungen der Verfasser noch wenig Übung besass im Erfassen schwacher Intensitäten. Die die Fleckenzone betreffende Diskrepanz, die auch darin zum Ausdruck kommt, dass die Intensität während des intensiven Fleckenmaximums 1947/48 wesentlich geringer war als auf dem absteigenden Ast der Sonnenaktivität 1940 bis 1943, hat ihren Grund nicht so sehr in einer systematischen Änderung der Schätzungsskale, sondern hauptsächlich in einer besseren Erfassung der Variationen der Linie 6374. Im Gebiet von Fleckengruppen zeigt die Intensität der Linie 6374 starke örtliche Variationen, besonders schmale Streifen, in welchen die Intensität nahezu auf Null hinunter-

geht. Je besser und vollständiger diese dunkeln Lücken in der Korona erfasst
werden, um so geringer fällt die mittlere Intensität in der Fleckenzone aus.
Diese die mittlere Intensität reduzierende Feinstruktur ist sehr ausgeprägt bei
starker Fleckentätigkeit und fehlt fast ganz bei geringer Fleckenhäufigkeit,
wie sie 1941 bis 1943 vorgeherrscht hat.

12. *Die Aktivitätszonen der 6374-Emission*

Wenn auch aus den Jahresmitteln (Abb. 37 und 38) schon deutlich hervorgeht, dass die Emission der roten Koronalinie wie diejenige der grünen sich im
wesentlichen auf zwei Zonen konzentriert, die Hauptzone und die polare Nebenzone, so erfordert eine genauere Festlegung dieser Zonen die Benutzung des in
Tabelle 17 bereitgestellten Beobachtungsmaterials, eventuell sogar das Zurück-
gehen auf die individuellen Beobachtungen (Band I). Mit Hilfe der in Tabelle 17
enthaltenen Breitenverteilungen ist, wie für die grüne Koronalinie, das in Abbildung 39 gezeigte Relief gebaut worden, das mit Ende 1950 abschliesst. Bezüglich der Hauptzone zeigt das Relief in den Jahren 1940/41 die beiden spitzen
Maxima zu beiden Seiten des Äquators, die von 1942 an zu einem einzigen
breiten Äquatormaximum zusammenwachsen. Die neue Hauptzone tritt erst
zur Zeit des Fleckenminimums deutlich in Erscheinung, sehr prägnant jedoch
erst 1945, nachdem das alte Äquatormaximum erloschen ist und einem tiefen
Minimum Platz gemacht hat. Die Maxima der neuen Hauptzone erreichen 1947
ihre grösste Intensität, worauf sich dieselben langsam verringern und gleichzeitig die beiden Maxima weiter zusammenlaufen. Bezüglich der Intensität der
Linie 6374 in höheren Breiten ist vor dem Fleckenminimum vor allem der
Intensitätsanstieg an den Polen in den Jahren 1943/44 bemerkenswert. In
diesen Jahren wird auch die sogenannte Polarzone, die damals in mittleren
Breiten lag, erstmals sichtbar, kann über das Aktivitätsminimum hinweg verfolgt
werden und verschiebt sich vom Jahre 1946 ab polwärts, erreicht auf der südlichen Hemisphäre bereits Ende 1947 den Pol, auf der nördlichen erst 1949. Während am Südpol die Linienintensität schon 1948, also unmittelbar nach dem
Fleckenmaximum, auf sehr kleine Werte absinkt und sich bei 50° bis 60° im
Jahre 1949 bereits eine neue Aktivitätszone abzeichnet, hält im Nordpolgebiet
die hohe Linienintensität bei nur geringer Abnahme noch bis 1951 an.

13. *Statistik der roten Koronastrahlen*

Bereits bei der Untersuchung der koronalen Aktivitätszonen der grünen
Linie (Ziffer 8) ist darauf hingewiesen worden, dass bei der Mittelung der Breitenverteilung der Koronaintensität schwach entwickelte Aktivitätszonen zum
Verschwinden gebracht werden können. Ein besseres Hervortreten der schwachen Zonen lässt sich erreichen durch das Auszählen der einzelnen Intensitätsmaxima, der sogenannten Strahlen. Aus sämtlichen Koronabeobachtungen im

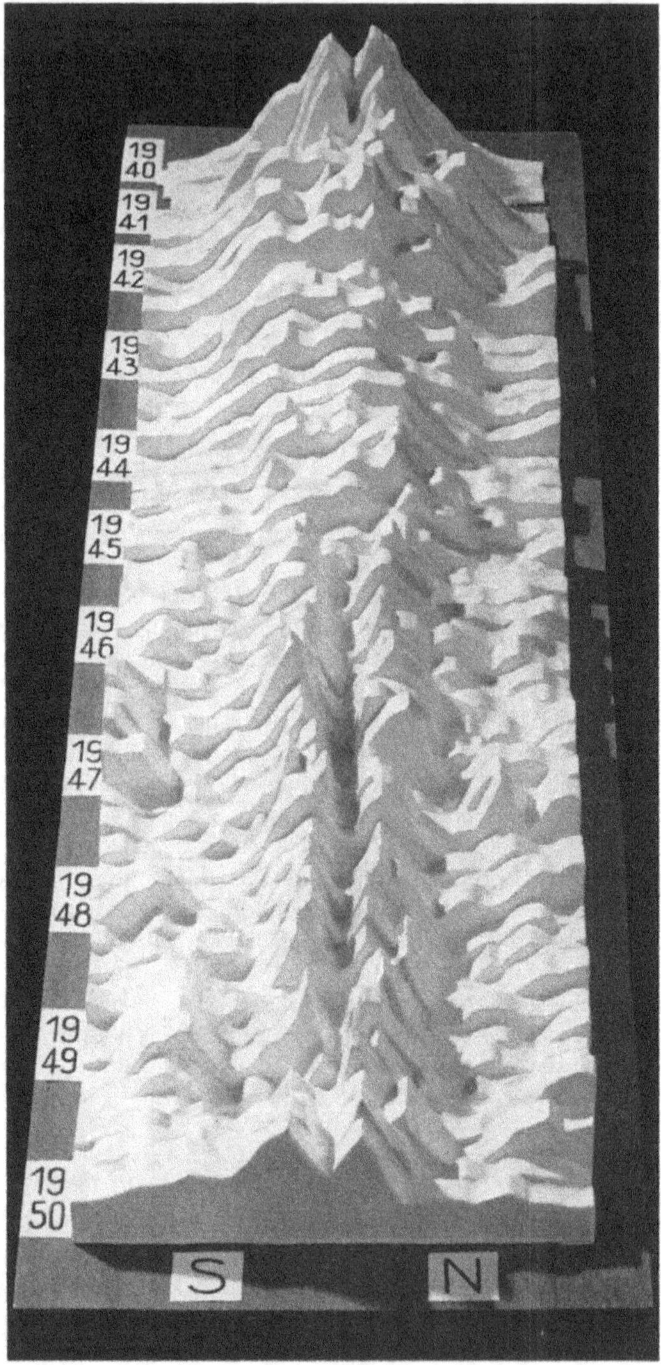

Abbildung 39.   Relief der örtlichen und zeitlichen Variationen der 6374-Intensität.

monochromatischen Licht der Linie 6374 Å ab 1940 sind Lage und Intensität der Koronastrahlen ausgezogen und in einem «Katalog der roten Korona-strahlen» (welcher im Gegensatz zu demjenigen der grünen Strahlen nicht publiziert ist) zusammengestellt worden.

Die Definition eines Strahles ist ebenso wie die reduzierte Häufigkeit der Strahlen dieselbe wie bei den grünen Strahlen (siehe Ziffer 8). Tabelle 20 ent-hält die reduzierte Strahlenhäufigkeit bei halbjährlicher, Tabelle 21 bei jähr-licher Zusammenfassung. Dabei sind die Häufigkeitsmaxima, denen mit Sicher-heit oder bloss vermutlich eine Realität zukommt, unterstrichen. Die weniger ausgeprägten Häufigkeitsmaxima dürften durch statistische Schwankungen bedingt sein. Mit Hilfe der Maxima der Intensitätsverteilung (Tabellen 17 bis 19) und derjenigen der Strahlenhäufigkeit (Tabellen 20 und 21) ist Abbildung 40 konstruiert worden, in welcher die Gebiete jener Maxima zu Aktivitätszonen zusammengefasst sind. Mit Hilfe der Intensitätsmaxima allein oder der Strah-lenmaxima allein wäre es nicht möglich, die zonale Struktur der 6374-Emission derart detailliert zu erfassen, sondern nur durch beide Betrachtungsweisen zu-sammen. Auch so bleibt das Bild der 6374-Aktivitätszonen weit unsicherer als das entsprechende für die 5303-Emission (Abb. 32). Klar und genügend ge-sichert treten in dem verfügbaren Beobachtungsmaterial hervor:

a) die alte Hauptzone, die 1940 in 10° bis 15° Breite liegt, sich weiter zum Äquator verschiebt, diesen 1946 erreicht und erlischt;

b) die neue Hauptzone, die beim kräftigen Einsetzen des neuen Flecken-zyklus (1945) bei 20° bis 25° liegt und sich bis 1951 mit der Fleckenzone nach 10° verlagert. Diese Zone kann aber noch in die Zeit vor dem Auftreten der ersten Flecken des neuen Zyklus verfolgt werden, jedenfalls auf der Südhalb-kugel, wo der neue Fleckenzyklus früher und kräftiger eingesetzt hat als auf der Nordhalbkugel. Im Jahre 1944 liegt das Maximum bei − 25°, 1943 bei − 30°,

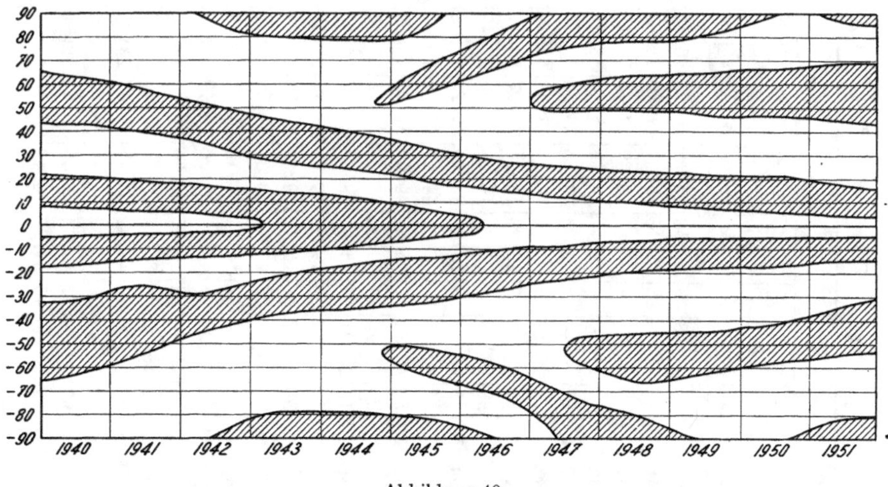

Abbildung 40

Die koronalen Aktivitätszonen nach Beobachtungen in der Linie 6374 Å.

Tabelle 20. Die reduzierte Häufigkeit N der roten Koronastrahlen pro 5°-Breitenintervall 1940–1951, Halbjahresmittel

	Süd																		Nord																	
	86—90	81—85	76—80	71—75	66—70	61—65	56—60	51—55	46—50	41—45	36—40	31—35	26—30	21—25	16—20	11—15	6—10	0—5	0—5	6—10	11—15	16—20	21—25	26—30	31—35	36—40	41—45	46—50	51—55	56—60	61—65	66—70	71—75	76—80	81—85	86—90
1940	—	—	8	8	—	**38**	15	8	8	23	46	**46**	46	38	54	77	**108**	50	50	**92**	**92**	77	54	54	31	54	**62**	15	8	**31**	23	23	—	8	15	—
1941 I	—	—	5	5	5	**26**	5	21	**47**	10	21	5	21	10	52	**100**	**100**	81	44	52	**110**	63	26	21	21	21	16	10	**26**	**26**	**26**	21	10	5	5	—
1941 II	—	—	—	—	—	3	10	29	42	**48**	32	13	22	13	13	55	**97**	45	16	61	**93**	80	48	22	19	22	**42**	26	22	10	—	3	3	3	—	—
1942 I	—	**19**	4	—	4	—	4	**19**	15	**38**	**38**	23	11	19	30	54	**65**	36	48	**65**	**65**	30	26	—	**30**	15	35	85	46	4	—	4	—	—	—	—
1942 II	**19**	6	—	6	3	3	3	6	25	36	36	47	**50**	14	19	44	**75**	32	**51**	44	**56**	33	22	22	**41**	19	**33**	25	14	11	3	3	6	—	3	8
1943 I	**21**	19	17	9	7	7	19	19	17	37	**62**	48	38	14	19	24	**69**	45	55	**98**	31	26	37	**55**	43	33	26	5	9	12	14	—	2	19	**48**	31
1943 II	**22**	20	10	17	20	20	15	20	32	27	30	**42**	**42**	40	**47**	30	35	**50**	35	37	**50**	37	10	27	27	25	**40**	32	10	12	12	17	10	25	**27**	20
1944 I	**33**	18	6	9	12	6	15	6	**33**	30	27	**48**	45	15	**30**	27	24	**62**	42	48	**51**	3	21	**24**	12	27	**48**	24	3	15	12	12	6	24	36	**39**
1944 II	8	**15**	—	8	23	23	**31**	15	**31**	23	15	85	54	23	**62**	23	38	77	46	**77**	46	23	**77**	46	8	31	—	**54**	38	15	—	—	8	23	**38**	15
1945 I	21	**42**	21	—	9	33	**54**	51	12	9	30	**63**	42	**58**	18	36	21	56	62	21	15	48	**54**	39	30	30	9	12	18	**58**	36	15	36	21	**42**	30
1945 II	30	**32**	**32**	2	46	37	49	**60**	37	21	28	63	**72**	46	56	35	28	26	**80**	44	35	56	51	**76**	30	56	**60**	30	9	11	**46**	28	9	**44**	30	28
1946 I	25	**46**	18	14	50	**86**	36	21	29	43	29	57	**86**	61	**79**	64	29	**63**	27	**46**	36	46	**68**	61	43	39	32	**46**	29	29	32	**36**	29	**54**	29	14
1946 II	14	28	31	52	45	**59**	28	34	21	**62**	24	45	69	**72**	62	**93**	24	**37**	28	41	76	76	**90**	55	**69**	34	31	31	34	41	17	31	**45**	41	**45**	21
1947 I	19	41	27	**54**	49	35	19	**54**	41	27	51	54	**62**	51	62	**95**	73	30	35	32	76	**81**	51	**57**	46	32	**68**	43	46	24	16	**54**	43	**57**	32	16
1947 II	**58**	53	22	16	16	16	**40**	24	29	**64**	42	64	53	87	89	**111**	44	28	37	51	**104**	91	74	78	51	33	36	40	38	47	**53**	29	11	47	24	**60**
1948 I	31	**66**	17	17	29	43	**60**	37	49	34	23	51	**57**	51	**77**	**77**	77	51	43	71	**80**	69	49	**57**	46	43	31	34	26	71	**91**	20	9	34	**63**	37
1948 II	6	—	6	22	**33**	11	6	17	11	11	6	44	**66**	50	66	**100**	72	50	33	66	88	**100**	72	66	50	50	44	28	11	**61**	22	**50**	33	28	22	33
1948 III	30	30	33	**60**	47	**57**	23	30	13	40	27	23	37	**70**	63	87	**90**	53	40	70	67	**100**	47	63	30	37	37	**57**	10	27	7	47	**57**	20	47	40
1949 I	28	26	26	33	36	36	28	**56**	**56**	23	38	33	31	41	**87**	82	79	69	49	79	**100**	56	**72**	**72**	36	15	**36**	26	26	21	15	41	**46**	31	44	**56**
1949 II	16	16	9	28	28	41	**69**	66	56	13	25	22	**72**	50	50	**91**	81	53	38	78	**106**	97	63	34	41	**47**	13	50	**63**	47	56	9	16	41	**53**	50
1950 I	26	32	26	45	42	42	48	**61**	39	42	23	29	48	45	58	**74**	42	29	71	**103**	71	55	68	**77**	39	42	23	35	23	35	**61**	39	35	42	42	29
1950 II	32	24	20	20	**52**	32	36	44	**88**	24	44	20	56	56	64	**88**	52	36	52	**80**	**84**	56	32	**44**	20	32	40	**52**	24	44	40	**60**	40	48	32	28
1951 I	**67**	22	—	17	44	44	28	**50**	28	22	**50**	**50**	33	17	28	**83**	56	50	44	**100**	61	**83**	22	28	**67**	33	44	33	**61**	50	22	28	17	33	33	**50**
1951 II	47	**50**	30	43	37	33	20	43	**53**	37	43	43	**57**	43	47	63	**77**	63	37	**103**	87	70	40	40	33	40	40	10	13	20	20	50	43	**73**	30	27

Tabelle 21

Die reduzierte Häufigkeit N der roten Koronastrahlen pro 5°-Breitenintervall 1940–1951, Jahresmittel

Süd

	86—90	81—85	76—80	71—75	66—70	61—65	56—60	51—55	46—50	41—45	36—40	31—35	26—30	21—25	16—20	11—15	6—10	0—5
1940	—	—	8	8	—	38	15	8	8	23	46	46	46	38	54	77	108	50
1941	—	—	2	2	2	12	8	26	44	34	28	10	22	12	28	72	98	58
1942	11	11	2	3	3	2	3	11	21	37	37	37	34	16	24	48	71	34
1943	22	20	13	13	13	13	17	20	24	32	46	45	40	27	33	27	52	48
1944	26	17	4	9	15	11	20	9	33	28	24	59	48	17	39	26	28	65
1945	26	37	28	1	30	36	51	57	26	16	29	63	59	51	39	36	25	38
1946	19	37	25	33	47	72	32	28	25	53	26	51	77	67	70	79	26	49
1947	40	48	24	33	30	24	30	38	34	48	46	60	57	71	77	104	57	29
1948	21	33	17	29	31	35	30	26	23	27	17	34	44	49	59	72	68	44
1949	23	21	18	31	32	38	46	61	56	18	32	28	49	45	70	86	80	62
1950	29	29	23	34	46	38	43	54	61	34	32	25	52	50	61	80	46	32
1951	54	40	19	33	40	37	23	46	44	31	46	46	48	33	40	71	69	58

Nord

	0—5	6—10	11—15	16—20	21—25	26—30	31—35	36—40	41—45	46—50	51—55	56—60	61—65	66—70	71—75	76—80	81—85	86—90
1940	50	92	92	77	54	54	31	54	62	15	8	31	23	23	—	8	15	—
1941	28	58	100	74	40	22	20	22	32	20	24	16	10	10	6	4	2	—
1942	48	53	56	32	24	13	37	18	34	50	27	8	2	3	3	—	2	5
1943	45	68	40	32	23	41	35	29	33	18	10	12	13	8	6	22	38	26
1944	43	57	50	9	37	30	11	28	35	33	13	15	9	9	7	24	37	33
1945	72	34	26	53	53	59	30	45	38	22	13	32	42	22	21	34	36	29
1946	28	44	56	61	79	58	56	37	32	39	32	35	25	33	37	47	37	18
1947	35	43	91	87	63	68	49	33	50	41	41	37	37	40	26	51	28	40
1948	34	58	65	73	45	52	35	36	31	35	14	45	39	31	27	23	41	32
1949	44	79	103	75	68	55	38	30	25	37	42	32	34	27	32	35	48	54
1950	62	93	77	55	52	62	30	37	30	43	23	39	52	48	38	45	38	29
1951	40	102	77	75	33	35	46	37	42	19	31	31	21	42	33	58	31	35

1942 bei $-35°$ und 1941 bei $-45°$. Auf der Nordhemisphäre ist in den Jahren 1941 und 1942 bei etwa 45° ebenfalls eine sekundäre Aktivitätszone aufgetreten, die aber 1943 und 1944 nur unsicher zu erkennen ist, so dass der Zusammenhang der Zone bei 45° im Jahre 1942 mit derjenigen bei 25° im Jahre 1945 fraglich ist. Wenn in Abbildung 40 trotzdem dieser Zusammenhang eingezeichnet ist, so geschah es, weil auf der Südhalbkugel dieser Zusammenhang in überzeugender Weise vorliegt und nicht anzunehmen ist, dass sich die beiden Halbkugeln in so grundlegender Weise unterscheiden sollten. Auf beiden Hemisphären ist diese Zone auch über das Jahr 1940 erstreckt worden, wofür allerdings nur geringes Beobachtungsmaterial vorliegt. Die Zone ist in diesem Jahr sehr breit gezeichnet worden, damit sie sowohl die Maxima bei $\pm 60°$ als auch diejenigen zwischen $\pm 30°$ und $\pm 45°$ umfasst. Da die entsprechende Zone bei der Linie 5303 in diesem Jahr eindeutig bei $60°$ liegt, wäre es vielleicht berechtigt, die Maxima in mittleren Breiten von dieser Zone auszuschliessen, worauf noch zurückzukommen sein wird;

c) die Polarzone, die erstmals um die Zeit des Fleckenminimums (1944) auftritt, sich rasch polwärts verschiebt und darauf erlöscht. Diese Zone stimmt völlig mit der Lage der Polarzone der Linie 5303 überein, wobei auch hier die Entwicklung auf der südlichen Halbkugel derjenigen auf der nördlichen etwas vorauseilt;

d) eine erstmals zur Zeit des Fleckenmaximums (1947) in mittleren Breiten auftretende Zone, die in den folgenden Jahren weiterbesteht, ohne deutliche Breitenänderungen;

e) eine Zone erhöhter Aktivität am Pol von 1942 bis 1946 und wieder ab 1951, also in den Jahren um das Fleckenminimum.

In diesem Bild von den Aktivitätszonen der Korona sind allerdings einige Punkte noch nicht genügend geklärt, besonders das Verhalten der schwachen Aktivitätszonen und in den Zeiten geringer Sonnenaktivität.

Im Jahre 1951 treten bemerkenswerte Maxima bei $+ 35°$ und $- 30°$ auf, die ausserhalb der eingezeichneten Aktivitätszonen liegen und möglicherweise eine neue Zone darstellen. Man wird dabei an die schon erwähnten, 11 Jahre zurückliegenden Verhältnisse des Jahres 1940 denken, wo neben den Maxima bei $60°$ solche bei $+ 40°$ und $- 30°$ auftraten, die vermuten lassen, dass die in Abbildung 40 eingezeichnete neue Hauptzone um diese Zeit tatsächlich aus zwei Zonen besteht, der neuen Hauptzone bei $40°$ und der Polarzone bei $60°$, und ähnlich für das Jahr 1951. In den Jahren 1942 bis 1944 lässt sich jedoch die Fortsetzung der $60°$-Polarzone, die bei der Linie 5303 ausgeprägt ist, nicht feststellen. Deshalb ist es nicht klar, ob die 1944 in Erscheinung tretende Polarzone erst um diese Zeit auftritt oder mit der 1940 bei $60°$ aufgetretenen Polarzone zusammenhängt. Wenn man diesen Zusammenhang annimmt und man die erwähnte Abtrennung einer besonderen Zone bei $30°$ bis $40°$ (neue Hauptzone) in den Jahren 1940 und 1951 vornimmt, so geht Abbildung 40 weitgehend in die entsprechende Abbildung 32 für die Linie 5303 über, bei welcher die Aktivitätszonen sicherer erfasst werden konnten. Die dadurch erzielbare qualitative Übereinstimmung der Zonen in den Linien 5303 und 6374 lässt die aufgeführten Abänderungen an Abbildung 40, über welche nur weitere Beobachtungen entscheiden können, plausibel erscheinen. Quantitativ werden bestimmt Unterschiede vorhanden sein zwischen den Aktivitätszonen der Linien 5303 und 6374, sowohl bezüglich ihrer heliographischen Breiten als besonders auch bezüglich ihrer Intensitäten; so scheint zum Beispiel kurz vor dem Sonnenfleckenminimum die neue Hauptzone besonders in der Linie 6374, die Polarzone in der Linie 5303 hervorzutreten.

14. *Die Gesamtemission der Korona im monochromatischen Licht der Linie 6374 Å*

Wie bei der Linie 5303 führen wir auch bei der roten Linie als Gesamtemission die Summe aller von 5° zu 5° längs des Sonnenrandes beobachteten Intensitäten ein (Ziffer 10). Die täglichen Werte dieser Gesamtemission T hier mitzuteilen, würde zu weit führen. Hingegen sind in Tabelle 22 von den uns hier interessierenden Grössen Mittelwerte enthalten, die sich auf dieselben Gruppen von Beobachtungen beziehen wie die in Tabelle 17 mitgeteilten Mittelwerte der Breitenverteilung der Intensität. Die zweite Spalte gibt die Epoche des zeitlichen Mittelpunktes der Gruppe, die vier folgenden enthalten die Summen der Randintensitäten von 5° zu 5° für die vier Quadranten und die beiden letzten die mittlere Intensität I_N und I_S auf den beiden Hemisphären an der Stelle, wo diese ein Maximum hat (das heisst in der Flecken- und Fackelzone). Die Summe der vier Σ-Werte liefert die als Gesamtemission bezeichnete Grösse, welche zusammen mit den Intensitätssummen über die nördliche und südliche Hemisphäre N bzw. S bereits in Tabelle 17 aufgeführt ist.

In den Abbildungen 41 bis 44 sind der Reihenfolge nach die Grössen T, N, S sowie I_N und I_S dargestellt. Während bei den entsprechenden Darstellungen für die grüne Koronalinie (Abb. 33–36) die elfjährige Fleckenperiode augenfällig war, tritt sie bei der roten Linie kaum in Erscheinung. Vielmehr beobachtet man eine Doppelwelle, deren Hauptmaximum 1942/43 auftritt, während das Nebenmaximum 1947 mit dem Sonnenfleckenmaximum zusammenfällt. Von den beiden etwa gleich tiefen Minima fällt das eine in der zweiten Hälfte 1944 nahezu mit dem Sonnenfleckenminimum zusammen, während das andere 1941 und 11 Jahre später, 1952, auftritt, somit auf den absteigenden Ast der Fleckentätigkeit fällt.

Ohne auf die einem späteren Band vorbehaltene Physik der Korona einzutreten, sei nur kurz auf die Erklärung der Doppelwelle bei der roten Koronalinie hingewiesen. Die Ergiebigkeit der roten Koronalinie beträgt[1]:

$$E_r = 6{,}30 \cdot 10^{-6} \frac{N_e^2}{\sqrt{T}} 10^{-0{,}988 \cdot 10^4/T} \cdot \frac{N_{\mathrm{Fe\,X}}}{N_{\mathrm{Fe}}},$$

diejenige der grünen:

$$E_g = 15{,}16 \cdot 10^{-6} \frac{N_e^2}{\sqrt{T}} 10^{-1{,}187 \cdot 10^4/T} \frac{N_{\mathrm{Fe\,XIV}}}{N_{\mathrm{Fe}}}.$$

Da die Ionisationsgrade $N_{\mathrm{Fe\,X}}/N_{\mathrm{Fe}}$ und $N_{\mathrm{Fe\,XIV}}/N_{\mathrm{Fe}}$ näherungsweise nur von der Temperatur abhängen, treten in den Linienintensitäten lediglich Elektronendichte N_e und Elektronentemperatur T auf. Die Intensität beider Linien nimmt mit der Elektronendichte zu, während bei steigender Temperatur diejenige der grünen Linie zu-, diejenige der roten abnimmt. Da sowohl Elektronendichte wie Temperatur[2] im Fleckenmaximum höher liegen als im Minimum, ist der Gleichlauf der 5303-Intensität mit der Fleckentätigkeit evident, während derselbe bei der Linie 6374 jedenfalls abgeschwächt sein muss. Der Unterschied

[1] M. WALDMEIER, *Synthese der Sonnenkorona*, Z. Astrophys. *31*, 308 (1953).
[2] M. WALDMEIER, *Variationen der Koronatemperatur*, Z. Astrophys. *30*, 137 (1952).

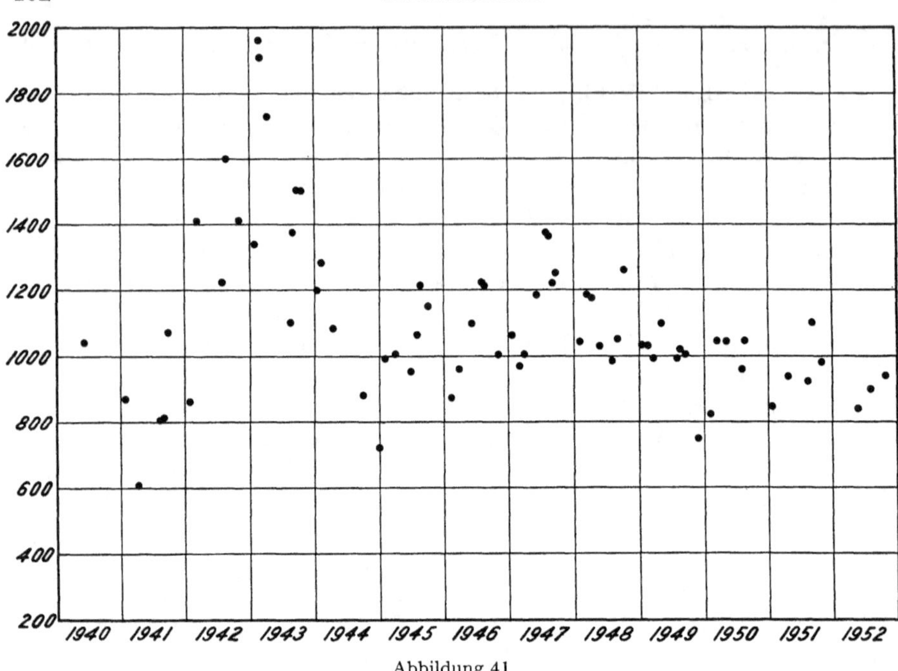

Abbildung 41

Totalemission der Korona in der Linie 6374 Å.

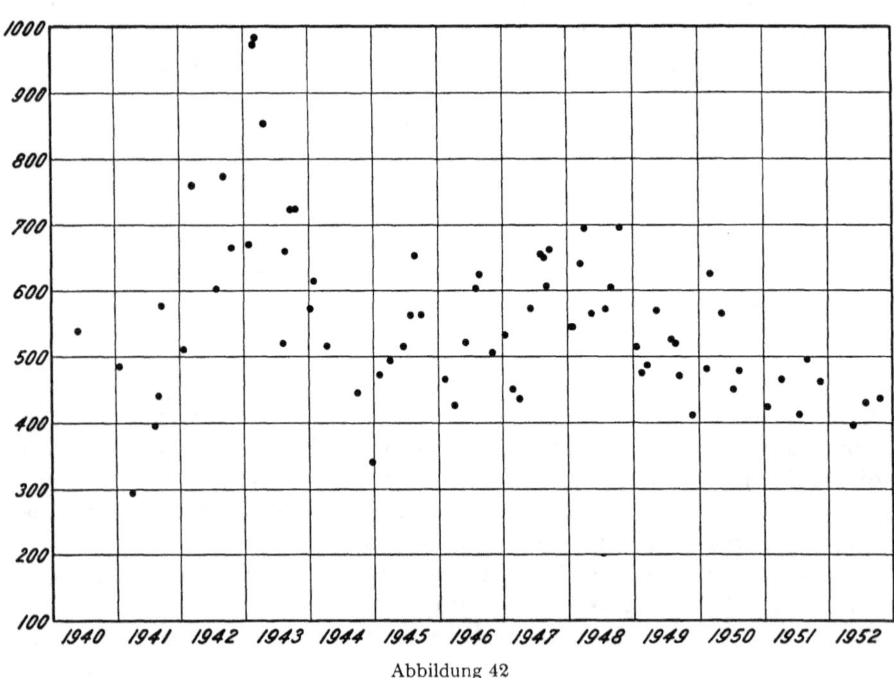

Abbildung 42

Totalemission der Nordhalbkugel der Korona in der Linie 6374 Å.

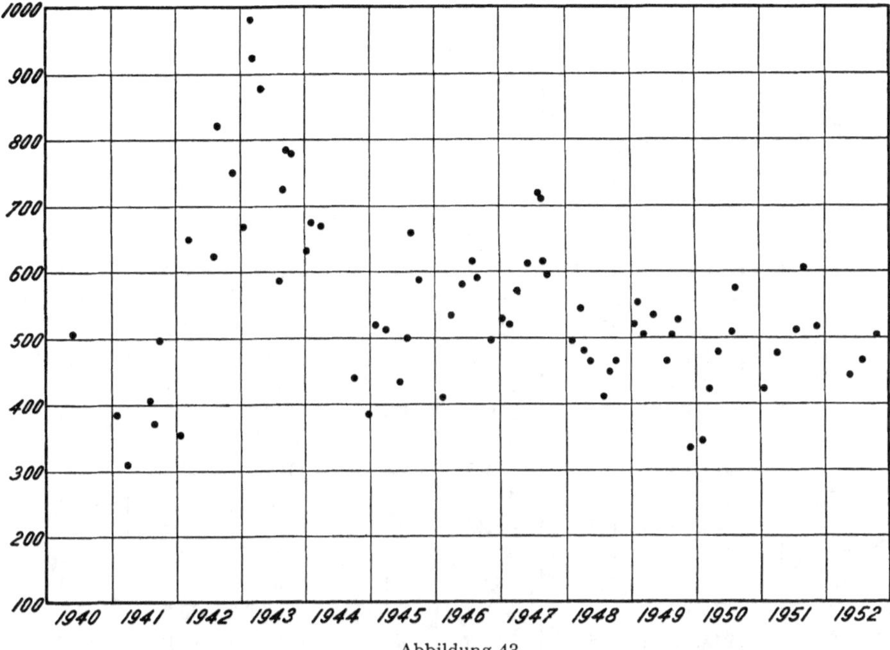

Abbildung 43

Totalemission der Südhalbkugel der Korona in der Linie 6374 Å.

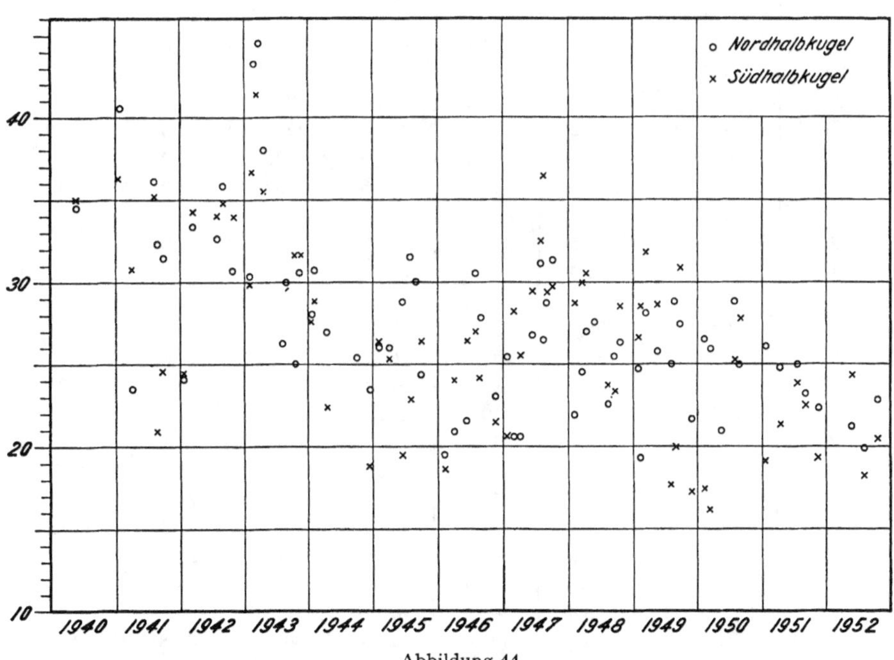

Abbildung 44

Maximalintensität (in der Hauptzone) der Linie 6374 Å.

Die Sonnenkorona

Tabelle 22

Gesamtemission und Intensitäten der Koronalinie 6374 Å

Nr.	Epoche	Σ_{NE}	Σ_{SE}	Σ_{NW}	Σ_{SW}	I_N	I_S
1	1940. 41	283,7	212,4	255,8	295,1	34,5	35,0
2	1941. 06	244,4	190,3	240,9	197,0	40,6	36,2
3	1941. 26	112,7	152,0	182,1	158,7	23,5	30,9
4	1941. 60	202,5	180,6	193,5	226,3	36,2	35,1
5	1941. 67	221,1	167,6	220,9	204,8	32,3	20,9
6	1941. 73	275,3	166,1	302,0	331,9	31,5	24,6
7	1942. 06	238,3	152,1	273,5	202,8	24,1	24,2
8	1942. 20	402,0	317,3	359,1	332,0	33,3	34,2
9	1942. 58	307,7	288,2	293,4	336,1	32,7	34,0
10	1942. 64	403,0	369,6	374,8	453,1	35,9	34,6
11	1942. 83	349,7	352,6	315,6	400,8	30,7	34,0
12	1943. 06	316,1	334,5	356,0	334,8	30,3	29,9
13	1943. 15	484,6	519,9	488,9	467,0	43,2	36,6
14	1943. 18	488,2	457,5	496,5	468,1	44,6	41,4
15	1943. 29	432,2	428,6	420,9	448,4	38,0	35,4
16	1943. 61	293,6	282,2	225,9	304,4	26,2	25,0
17	1943. 65	345,0	361,1	316,9	364,5	30,0	29,5
18	1943. 72	365,8	344,5	356,1	441,5	25,0	31,8
19	1943. 79	378,0	367,2	346,9	415,1	30,6	31,8
20	1944. 02	288,4	324,4	285,6	307,7	28,0	27,6
21	1944. 10	323,0	347,1	292,0	328,2	30,8	28,0
22	1944. 28	248,7	298,1	268,4	270,1	27,0	22,2
23	1944. 74	232,5	215,1	212,4	224,0	25,3	—
24	1944. 98	162,9	201,4	178,0	182,2	23,4	18,9
25	1945. 09	213,2	293,9	259,3	227,0	26,0	26,1
26	1945. 24	237,6	266,5	256,3	247,0	26,0	25,2
27	1945. 47	254,9	221,6	260,5	215,9	28,9	19,5
28	1945. 57	282,6	222,3	281,6	278,5	31,6	22,9
29	1945. 63	326,5	283,2	327,6	280,1	30,0	—
30	1945. 74	275,4	273,2	290,0	315,1	24,3	26,4
31	1946. 11	235,9	199,1	228,4	212,0	19,6	18,6
32	1946. 24	208,1	253,5	217,3	281,7	20,9	24,0
33	1946. 42	252,3	268,7	268,3	311,3	21,6	26,4
34	1946. 58	287,9	311,6	318,5	305,8	30,5	27,0
35	1946. 64	304,1	279,5	321,8	310,0	27,9	24,1
36	1946. 84	259,3	236,4	247,4	262,5	23,1	21,7
37	1947. 04	268,4	257,7	269,5	272,1	25,2	20,6
38	1947. 15	261,6	250,4	187,8	271,6	20,6	28,2
39	1947. 25	214,1	277,6	219,9	295,9	20,5	25,5
40	1947. 43	303,6	295,7	270,1	316,8	26,9	29,4
41	1947. 58	319,6	314,4	334,2	407,5	31,1	32,6
42	1947. 62	273,4	340,5	378,6	371,0	26,5	36,5
43	1947. 67	284,5	308,4	323,7	305,1	28,8	29,3
44	1947. 73	333,6	254,7	328,7	338,3	31,2	29,9

Tabelle 22 Fortsetzung

Nr.	Epoche	Σ_{NE}	Σ_{SE}	Σ_{NW}	Σ_{SW}	I_N	I_S
45	1948.09	289,6	237,0	257,3	261,8	21,9	28,8
46	1948.20	320,9	233,1	320,0	311,1	24,6	30,0
47	1948.26	349,6	226,5	347,5	255,2	26,9	30,4
48	1948.38	279,3	230,4	287,8	234,0	27,6	27,7
49	1948.58	314,2	192,7	259,2	218,3	22,6	23,8
50	1948.68	290,0	213,9	315,9	235,4	25,4	23,1
51	1948.78	367,9	261,5	328,6	305,3	26,4	28,5
52	1949.04	223,2	252,3	293,5	268,8	24,7	26,7
53	1949.13	255,9	254,8	220,6	299,8	19,2	28,5
54	1949.21	246,4	223,0	241,9	282,2	28,1	31,9
55	1949.34	274,3	247,6	294,2	286,7	25,8	28,7
56	1949.56	220,0	209,8	308,4	257,5	25,1	17,8
57	1949.63	259,3	225,9	261,6	276,5	28,9	20,1
58	1949.71	245,0	229,3	226,5	299,1	27,4	30,9
59	1949.89	182,8	182,8	228,8	153,4	21,8	17,2
60	1950.10	220,5	164,0	259,6	182,7	26,4	17,4
61	1950.19	307,0	171,3	319,3	250,5	25,9	16,1
62	1950.34	290,0	215,5	277,8	264,4	21,0	21,1
63	1950.54	218,4	250,2	234,2	257,5	28,9	25,1
64	1950.61	214,7	250,6	264,2	325,1	25,0	27,8
65	1951.06	210,5	208,3	213,7	215,8	26,1	19,1
66	1951.28	222,5	215,5	242,0	260,6	24,7	21,3
67	1951.56	224,3	255,4	188,1	257,9	24,9	23,9
68	1951.68	267,6	278,8	228,1	326,3	23,2	22,5
69	1951.88	258,2	293,1	204,5	224,5	22,3	19,3
70	1952.40	202,8	226,8	194,3	217,6	21,2	24,3
71	1952.59	202,1	215,2	288,7	253,1	19,9	18,2
72	1952.82	225,1	249,3	212,2	254,4	22,8	20,4
73	1953.16	222,2	252,6	244,0	298,4	16,5	24,0
74	1953.22	214,6	289,2	261,6	321,2	23,2	25,7
75	1953.46	270,5	291,5	262,4	306,2	26,5	29,5
76	1953.59	266,8	281,9	266,2	274,9	25,6	26,5
77	1953.70	244,5	274,2	198,6	249,2	20,7	24,4
78	1954.14	209,3	231,4	189,0	222,0	−	21,5
79	1954.57	277,2	268,0	259,8	265,7	30,2	21,1
80	1954.65	283,0	286,9	283,4	271,7	27,2	26,4
81	1954.73	312,3	307,2	272,1	288,2	28,6	28,0
82	1954.88	339,3	337,0	291,0	320,0	31,7	−

zwischen Sonnenfleckenminimum und -maximum ist nach Abbildung 41 tatsächlich gering. Während für die grüne Linie $T_{max}/T_{min} = 5{,}0$ war, folgt für die rote Linie nur ein Wert von 1,2. Immerhin gibt im Fleckenminimum und -maximum die Elektronendichte den Ausschlag über den entgegengesetzt wirkenden Temperatureinfluss. Nach dem Fleckenmaximum nehmen sowohl Elektronendichte als auch Temperatur ab, wobei die Intensität der roten Linie ebenfalls zurückgeht. Kurz vor dem Fleckenminimum beginnt die Temperatur stark abzunehmen, so dass der Temperatureinfluss über die zu dieser Zeit nur geringe Abnahme der Elektronendichte dominiert und die Linienintensität stark ansteigt, ehe sie im Sonnenfleckenminimum zufolge starker Abnahme der Elektronendichte wieder abfällt. Es ist somit massgebend für das Hauptmaximum 1942/43 die niedrige Temperatur, für das Nebenmaximum die hohe Elektronendichte.

VI. KAPITEL

DIE FORM DER MONOCHROMATISCHEN KORONA

Hinsichtlich der Form der Sonnenkorona im integrierten Licht, definiert als die Form der Isophoten, ist schon lange bekannt, dass dieselbe von der Phase der Sonnenaktivität abhängt. RANYARD[1] bemerkte 1881, dass zu Zeiten geringer Fleckenhäufigkeit die äquatorialen Teile der Sonnenkorona weit stärker entwickelt sind als die polaren. In mehr quantitativer Hinsicht (worauf in der «Physik der Korona» ausführlich eingegangen wird) hat später LUDENDORFF[2] die Koronaform untersucht und die Exzentrizität der Koronaisophoten eingeführt. Diese Exzentrizität erreicht für eine typische Minimumskorona ihren maximalen und für eine typische Maximumskorona ihren minimalen Wert. Über den Gegenstand dieses Kapitels, die Form der monochromatischen Korona, sowie ihre Veränderung innerhalb des elfjährigen Zyklus liegt nur eine einzige Untersuchung vor[3].

15. *Die Grenzisophoten im monochromatischen Licht der Linie 5303 Å*

Seit dem Jahre 1939 hat der Verfasser parallel laufend mit den Beobachtungen der Intensität der grünen Koronalinie 5303 häufig auch sogenannte Grenzisophoten im monochromatischen Licht dieser Linie bestimmt. Dabei wurde in Intervallen von rund 10° des Positionswinkels, notwendigenfalls auch in kleineren Intervallen, der Abstand vom Sonnenrand gemessen, bis zu welchem die Linie 5303 noch gesehen werden konnte. Während die Bestimmung solcher Grenzisophoten anfänglich nur gelegentlich vorgenommen worden ist, gehört ihre Beobachtung heute zum täglichen Programm. Vereinzelte dieser Grenzisophoten, besonders solche von Tagen, an denen eine totale Sonnenfinsternis stattgefunden hat, sind bereits früher veröffentlicht worden[4]. Grenzisophoten von mehreren aufeinanderfolgenden Tagen wurden überdies zur Konstruktion von Isohypsenkarten der Korona verwendet[5]. Die Gesamtheit der von 1939 bis 1950 vorliegenden 192 Grenzisophoten ist in den Abbildungen 45 bis 76 dargestellt.

---

[1] A.C. RANYARD, Mem. Roy. Astron. Soc. *46*, 238 (1881).

[2] H. LUDENDORFF, Sitz.-Ber. preuss. Akad. XVI, 185 (1928), 200 (1934).

[3] M. WALDMEIER, Astron. Mitt. Zürich Nr. 174 = Z. Astrophys. *28*, 262 (1951).

[4] M. WALDMEIER, Z. Astrophys. *20*, 246 (1941); *21*, 181 (1942); *26*, 1 (1949). Astron. Mitt. Zürich, Nr. 149 (1946).

[5] M. WALDMEIER, Z. Astrophys. *27*, 73 (1950).

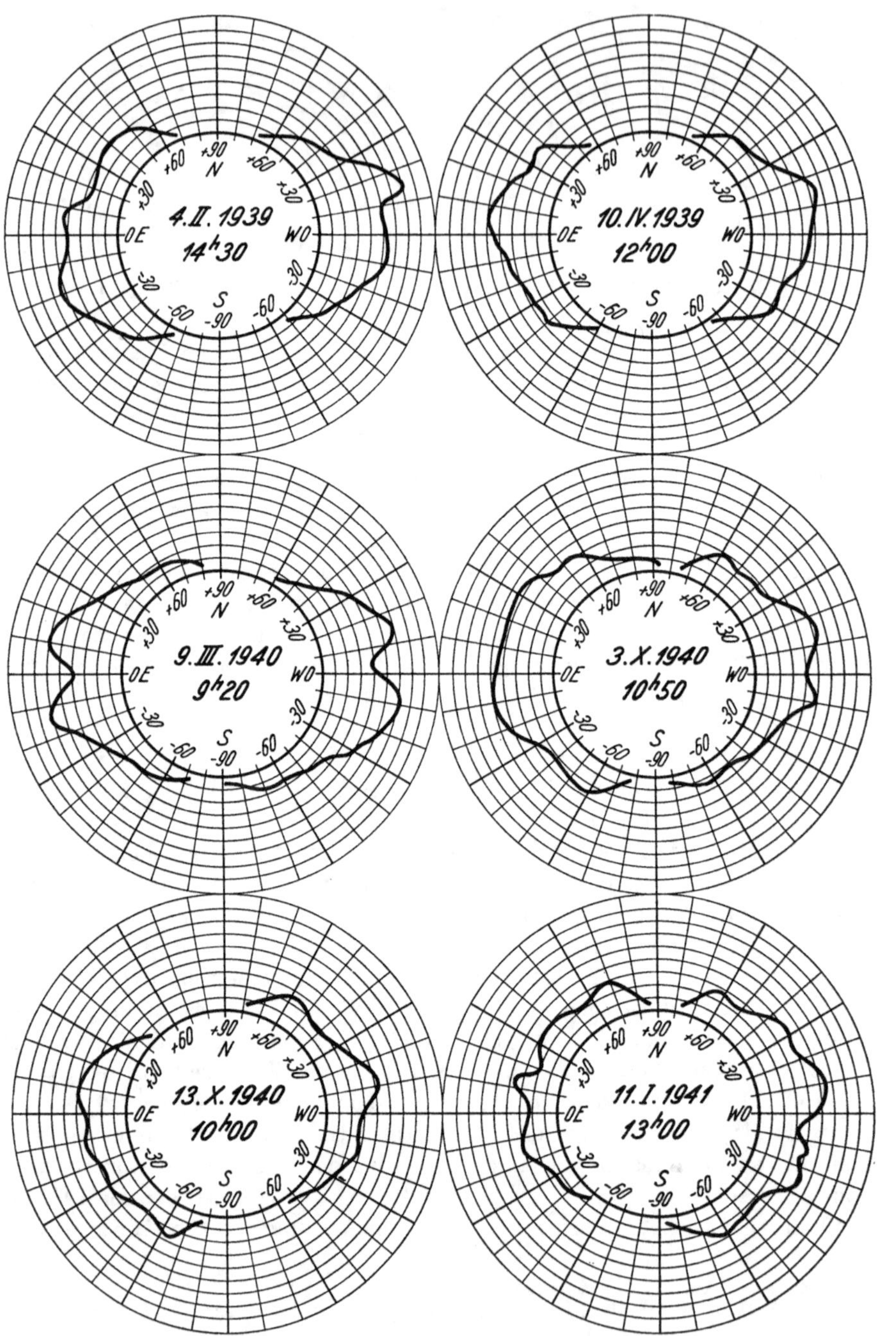

Abbildung 45

Grenzisophoten der grünen Koronalinie.

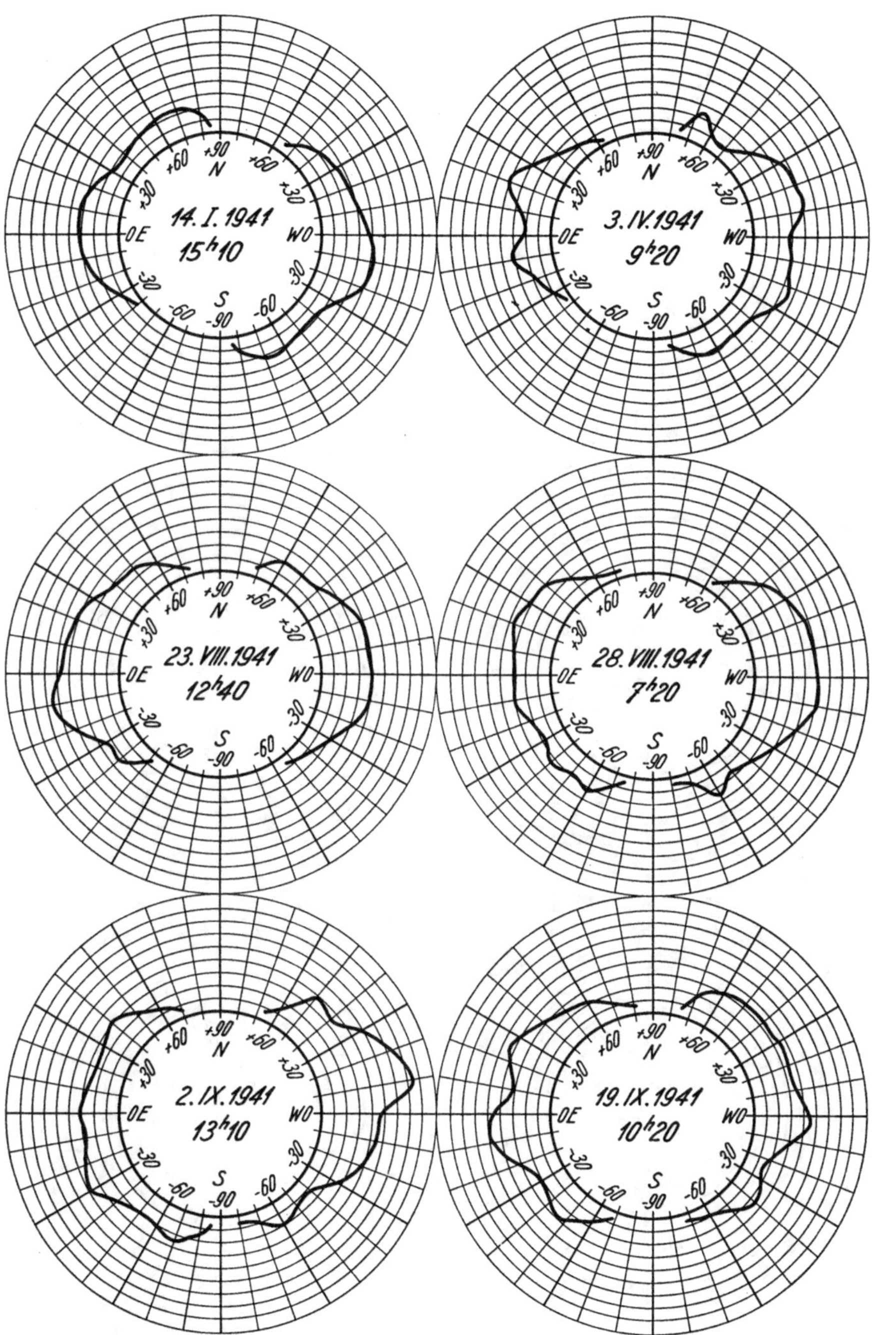

Abbildung 46

Grenzisophoten der grünen Koronalinie.

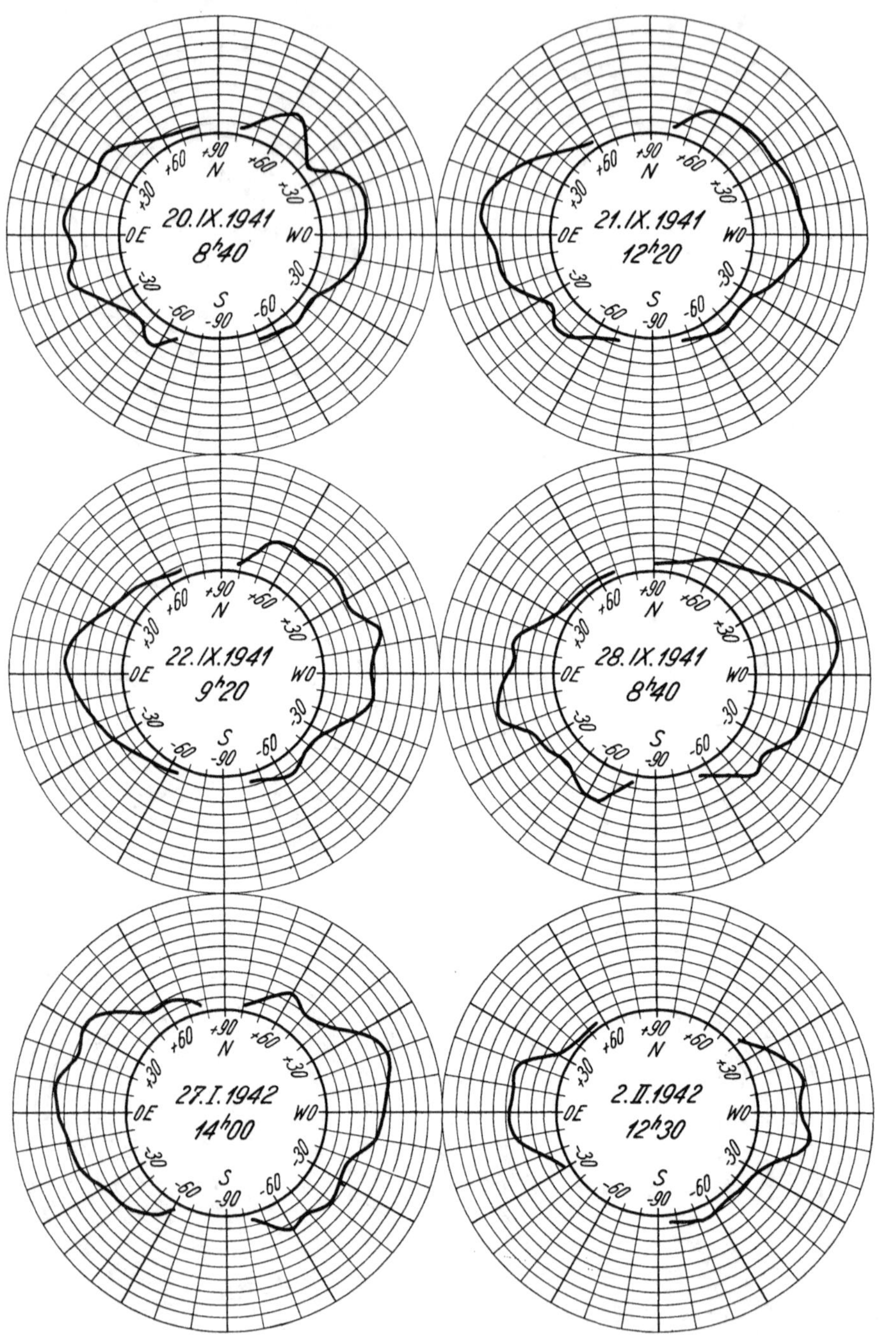

Abbildung 47

Grenzisophoten der grünen Koronalinie.

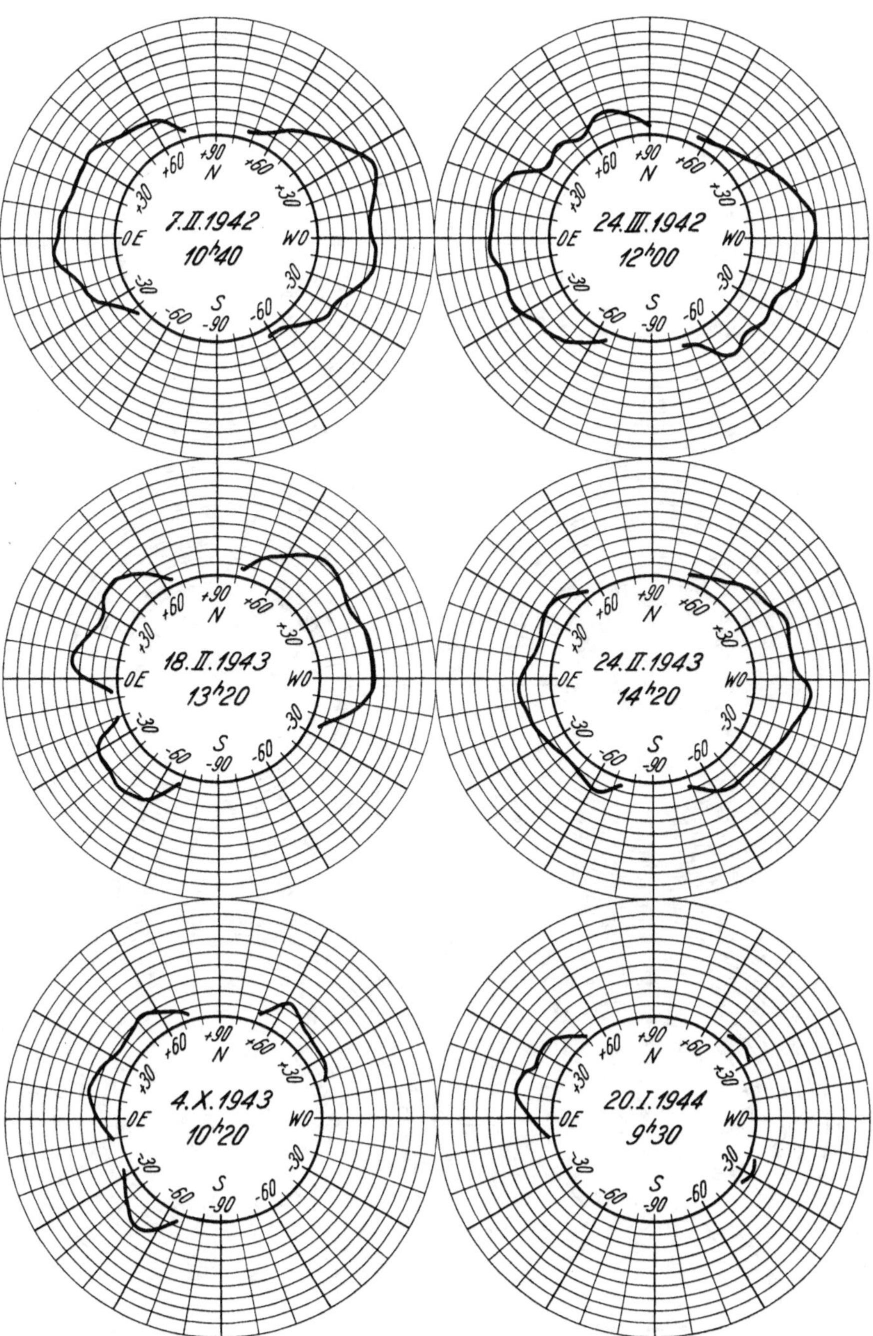

Abbildung 48

Grenzisophoten der grünen Koronalinie.

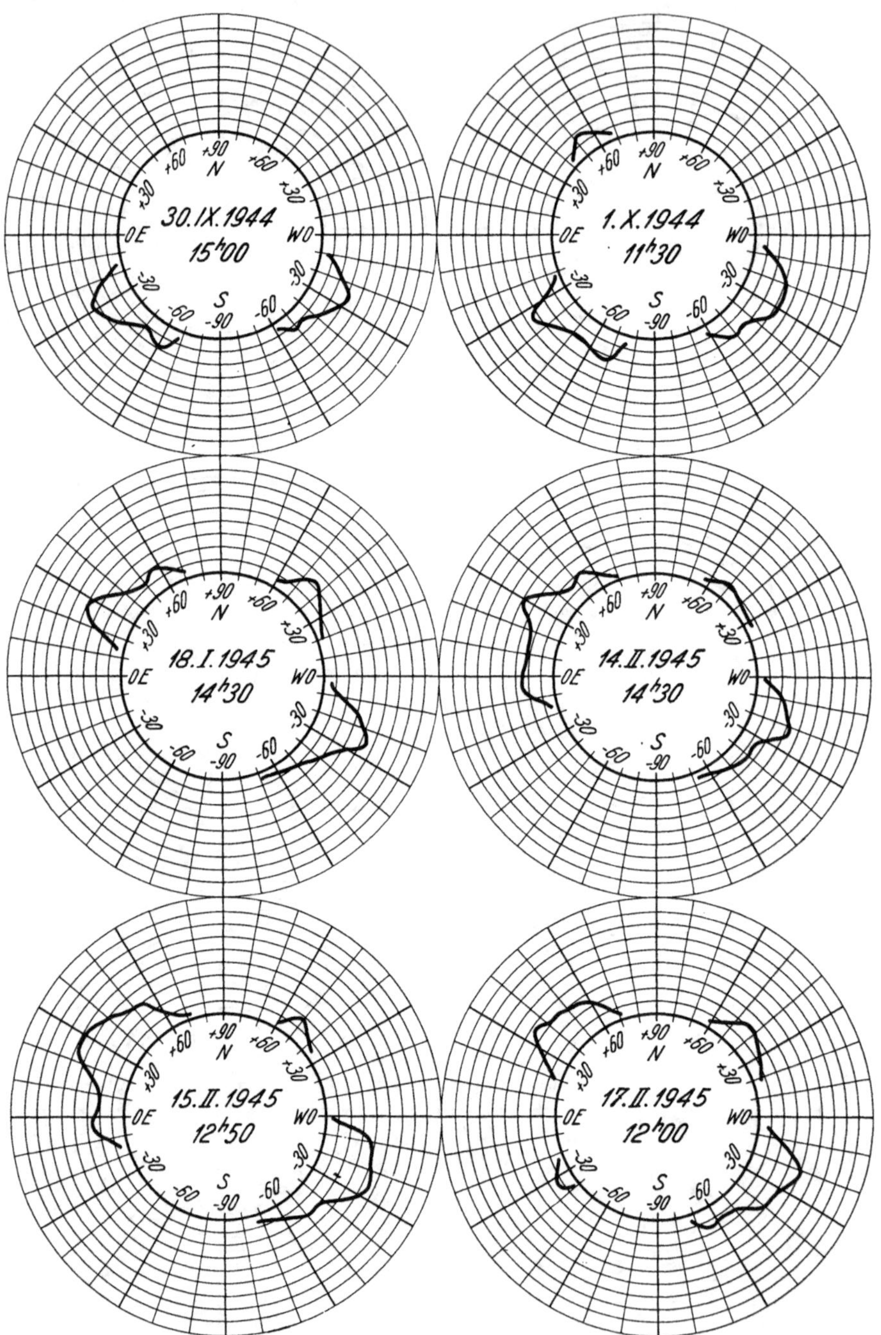

Abbildung 49

Grenzisophoten der grünen Koronalinie.

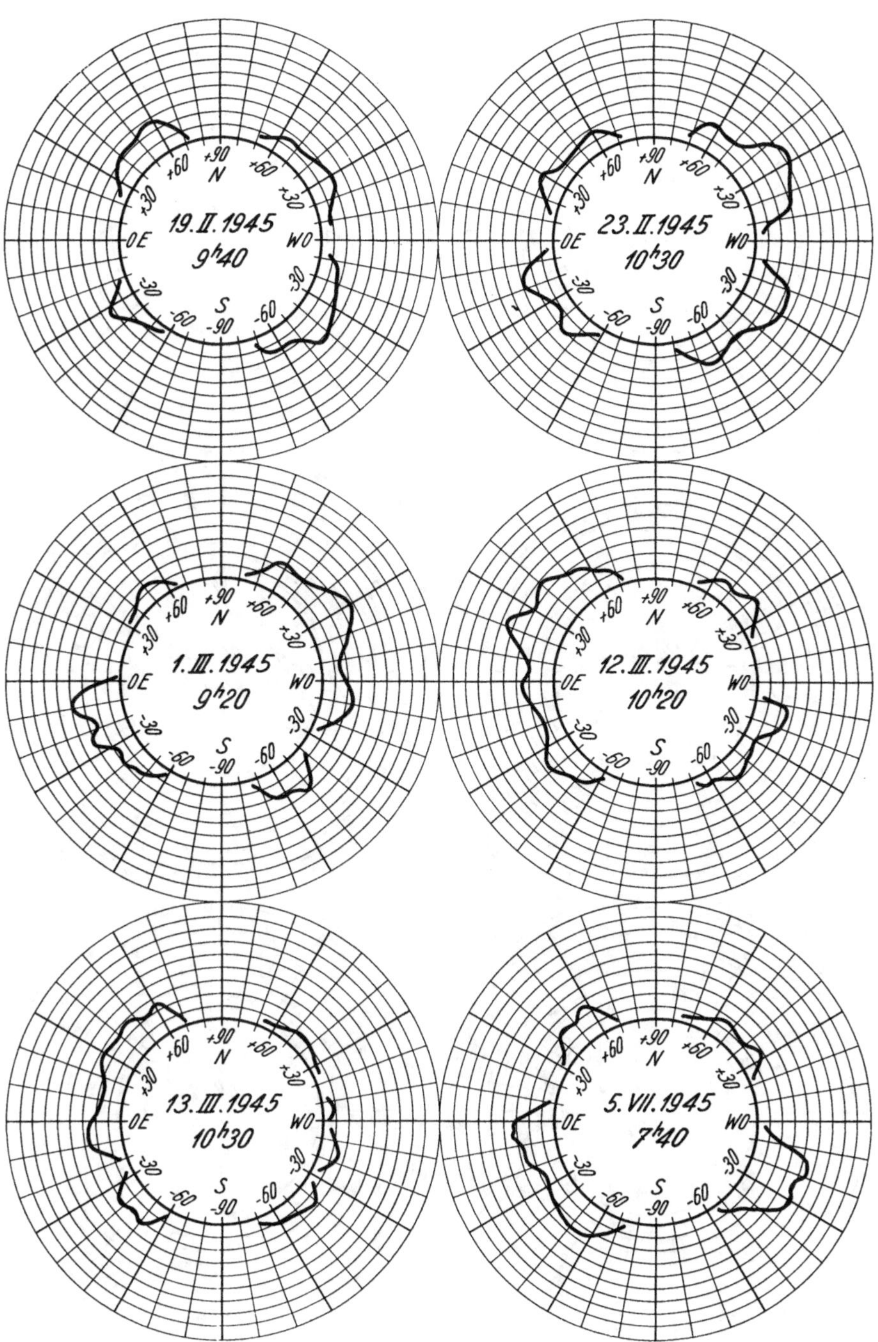

Abbildung 50

Grenzisophoten der grünen Koronalinie.

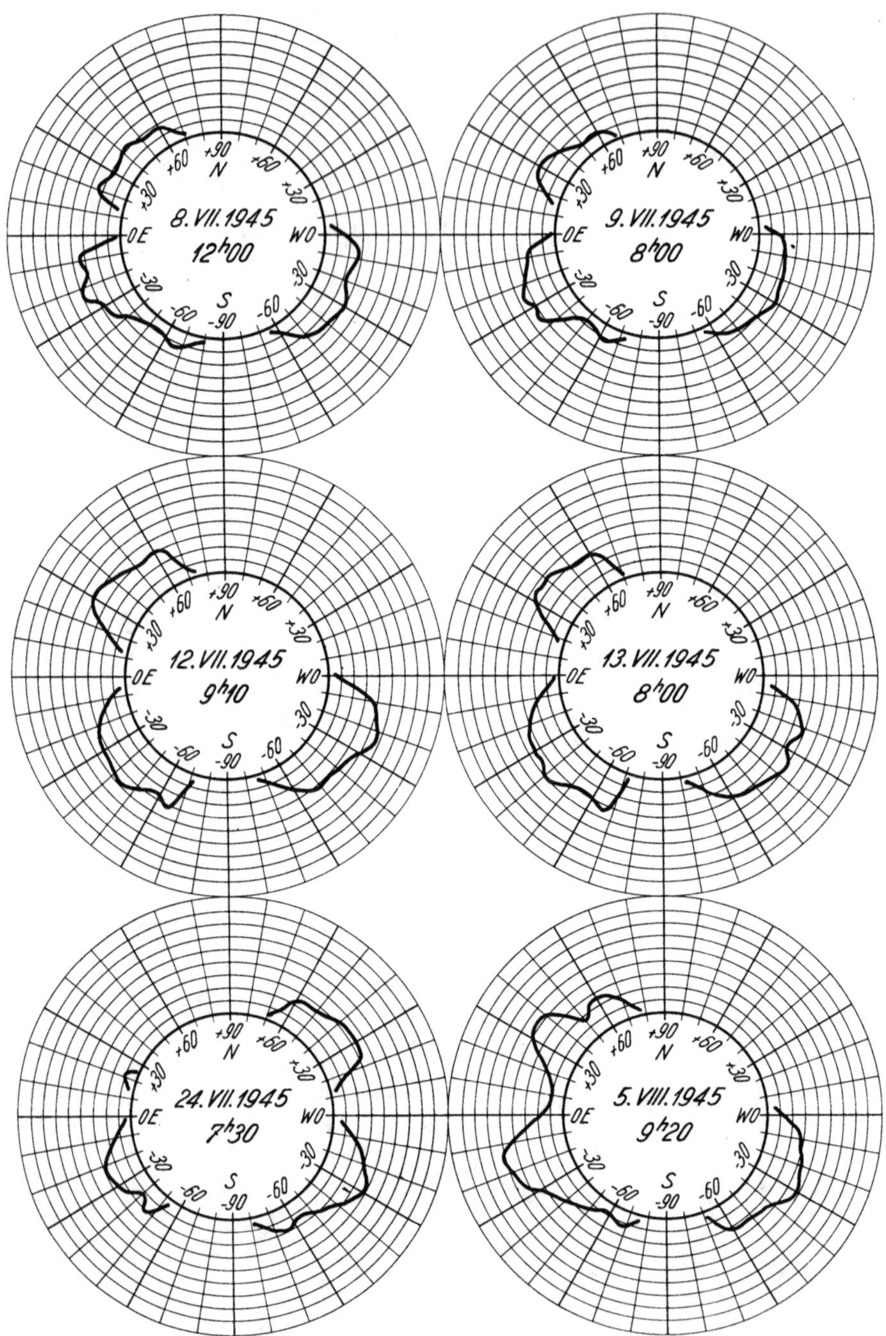

Abbildung 51

Grenzisophoten der grünen Koronalinie.

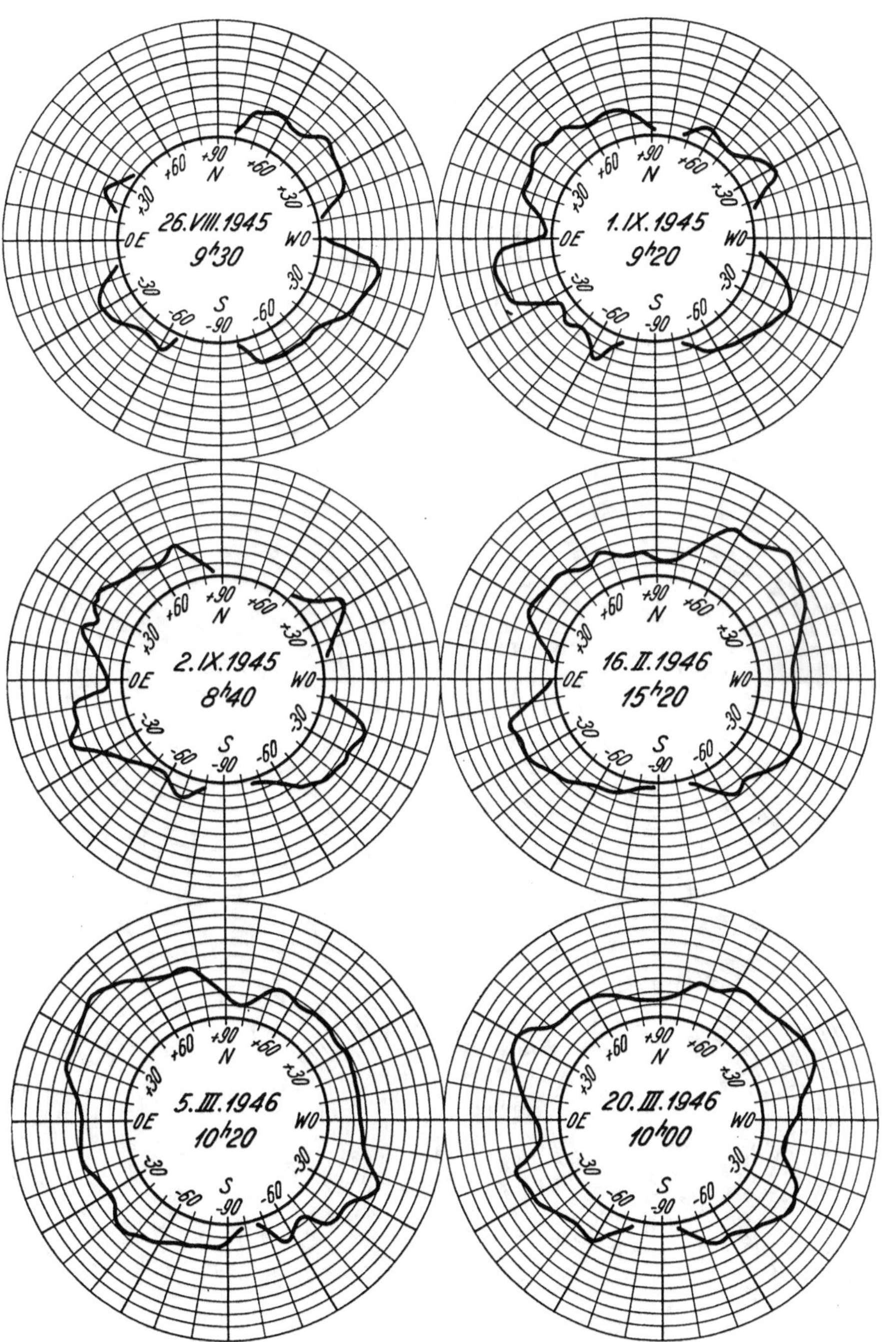

Abbildung 52

Grenzisophoten der grünen Koronalinie.

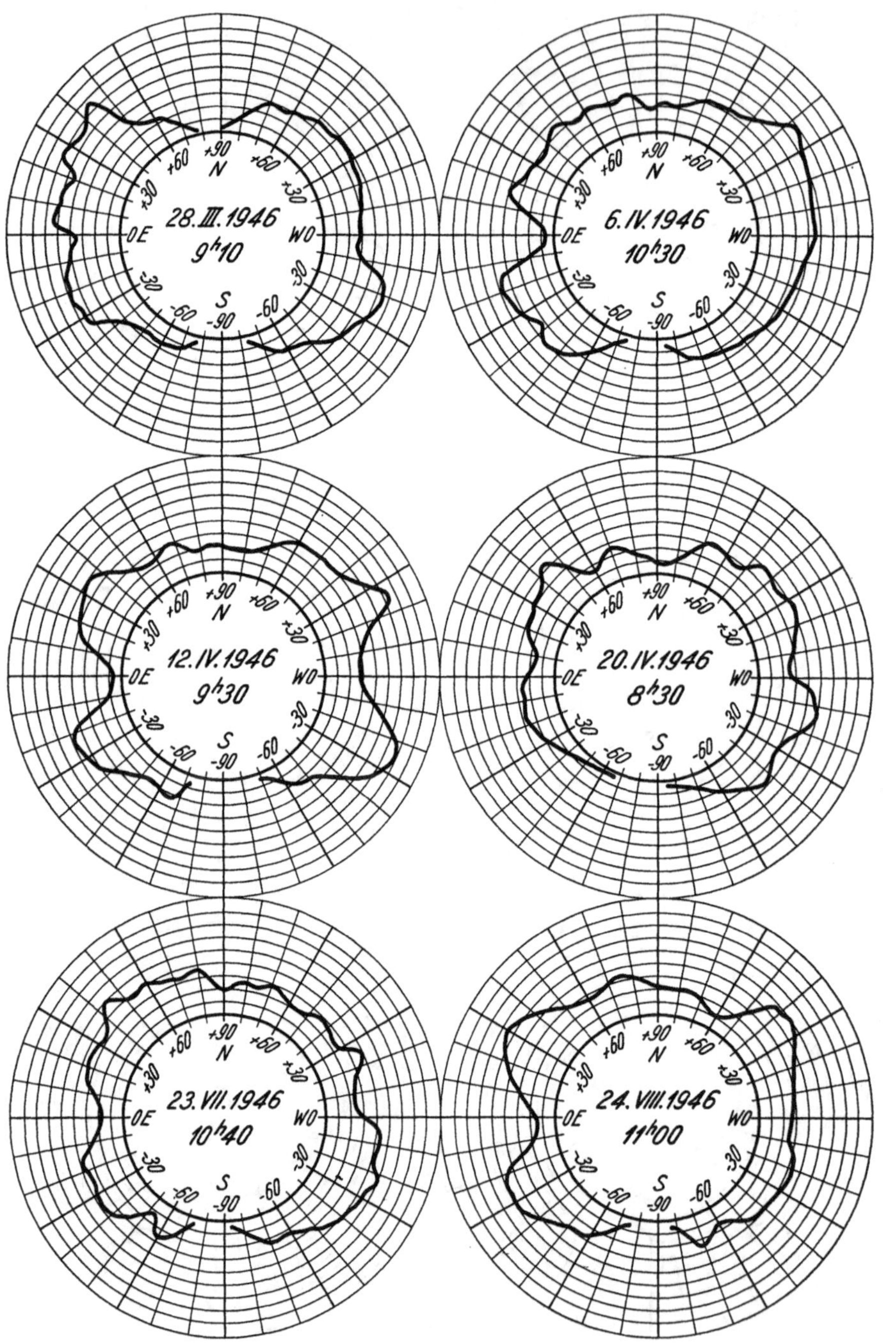

Abbildung 53

Grenzisophoten der grünen Koronalinie.

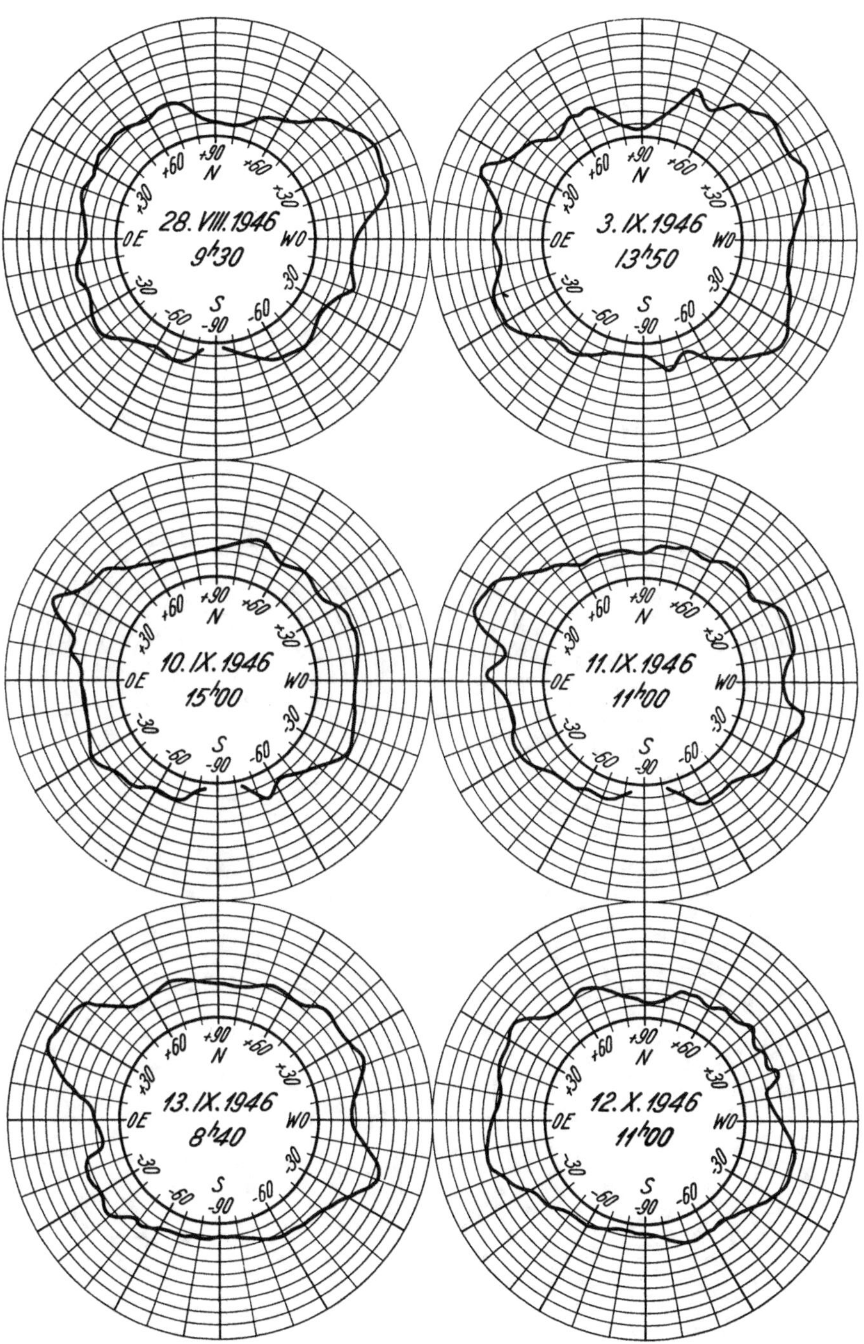

Abbildung 54

Grenzisophoten der grünen Koronalinie.

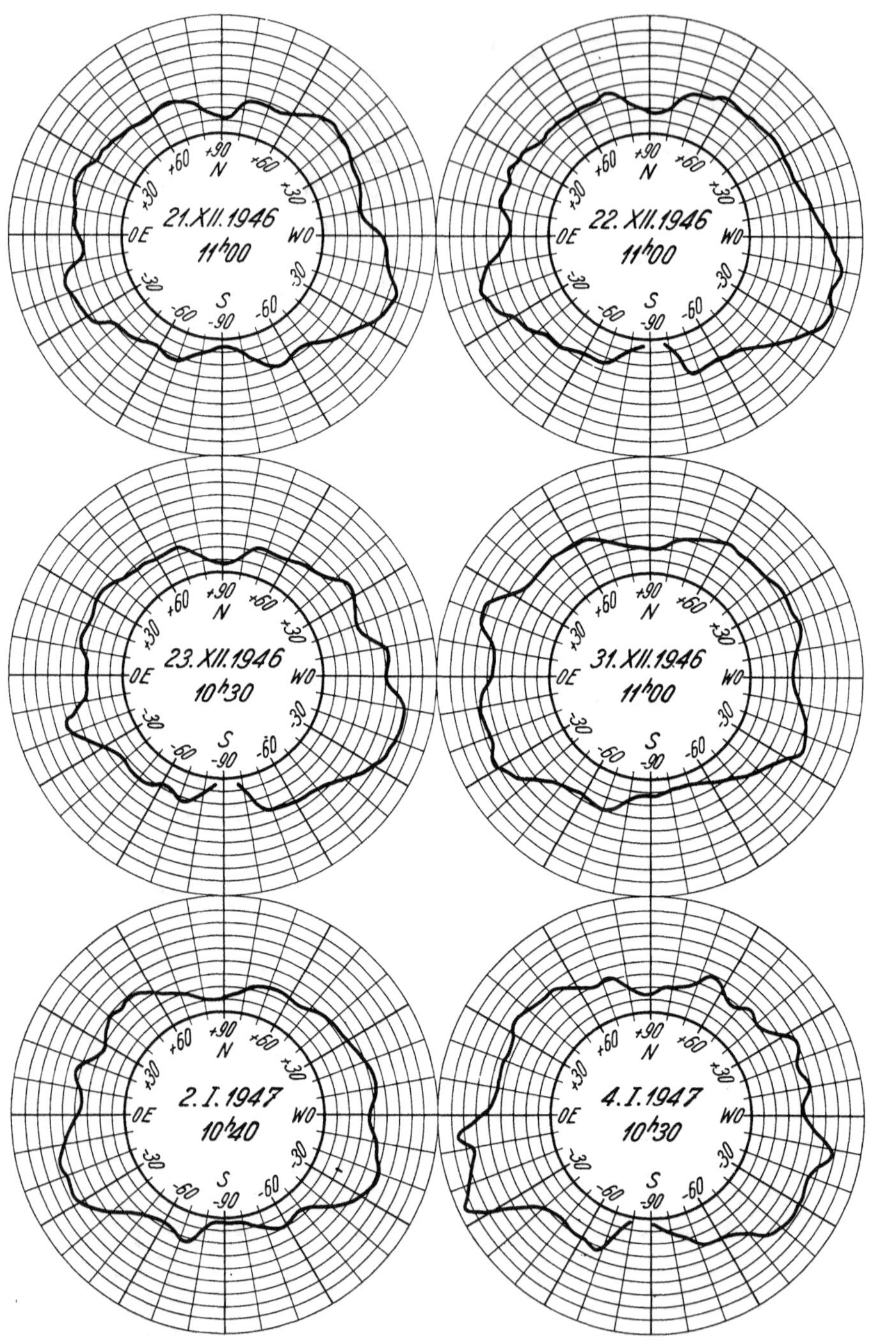

Abbildung 55

Grenzisophoten der grünen Koronalinie.

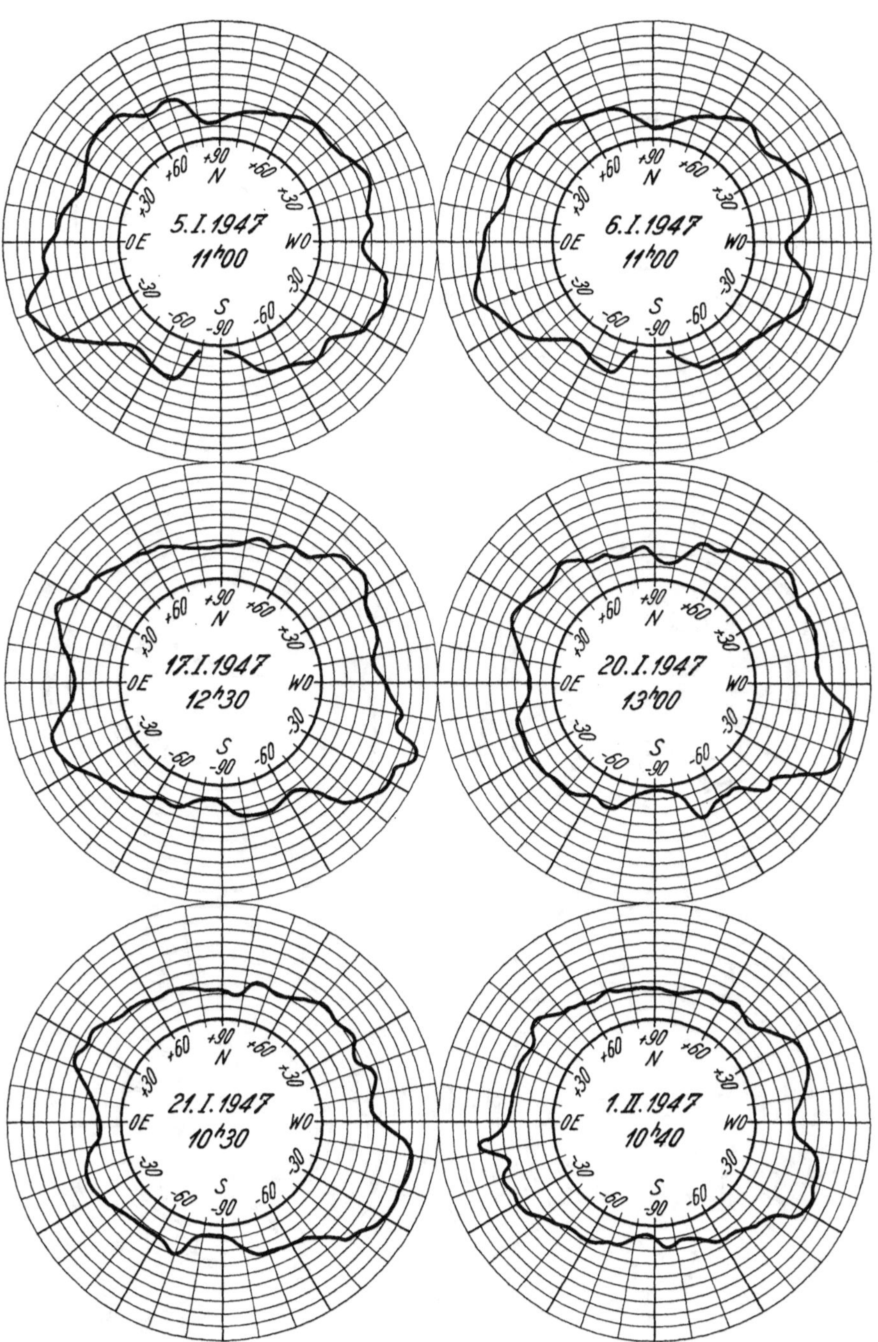

Abbildung 56

Grenzisophoten der grünen Koronalinie.

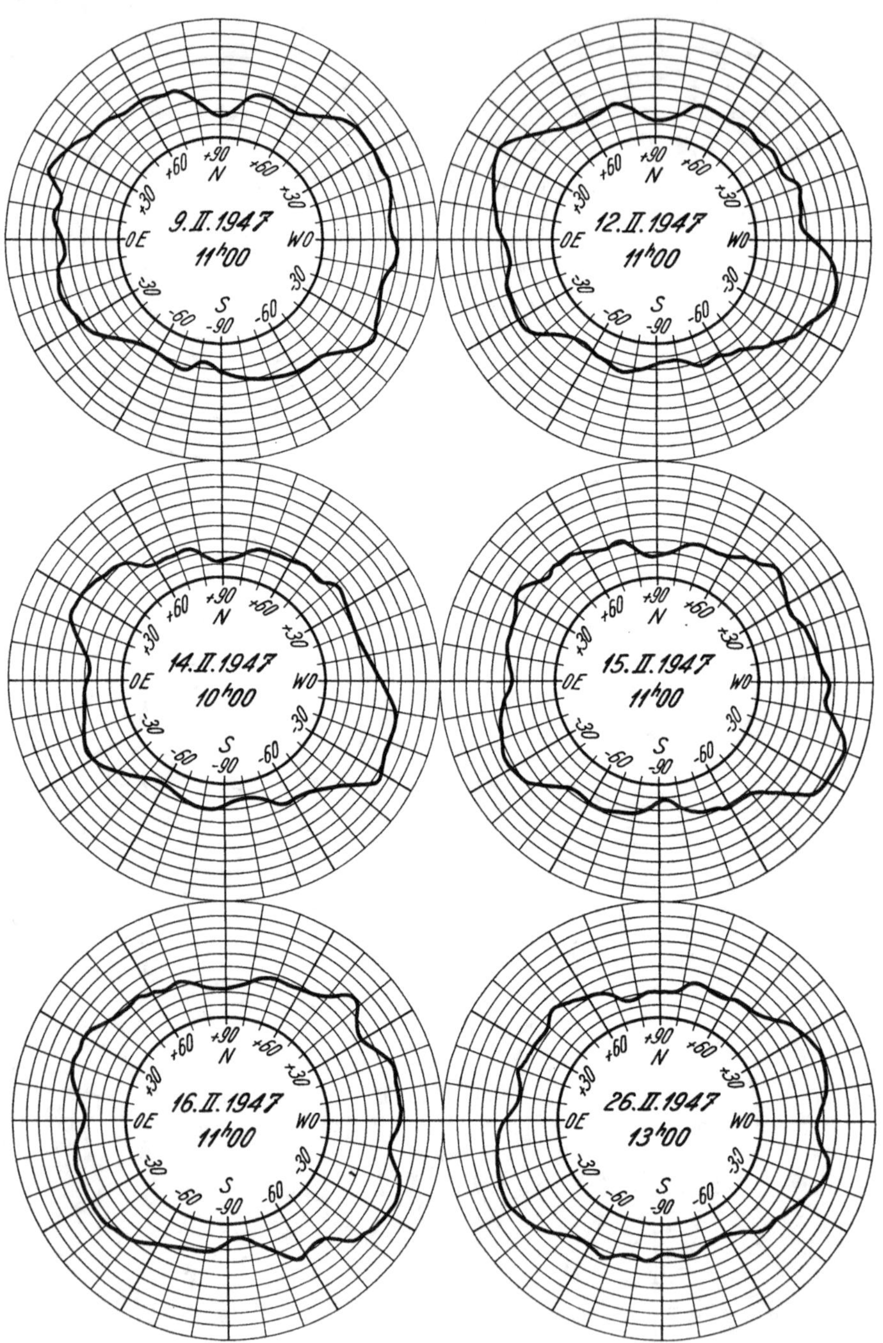

Abbildung 57

Grenzisophoten der grünen Koronalinie.

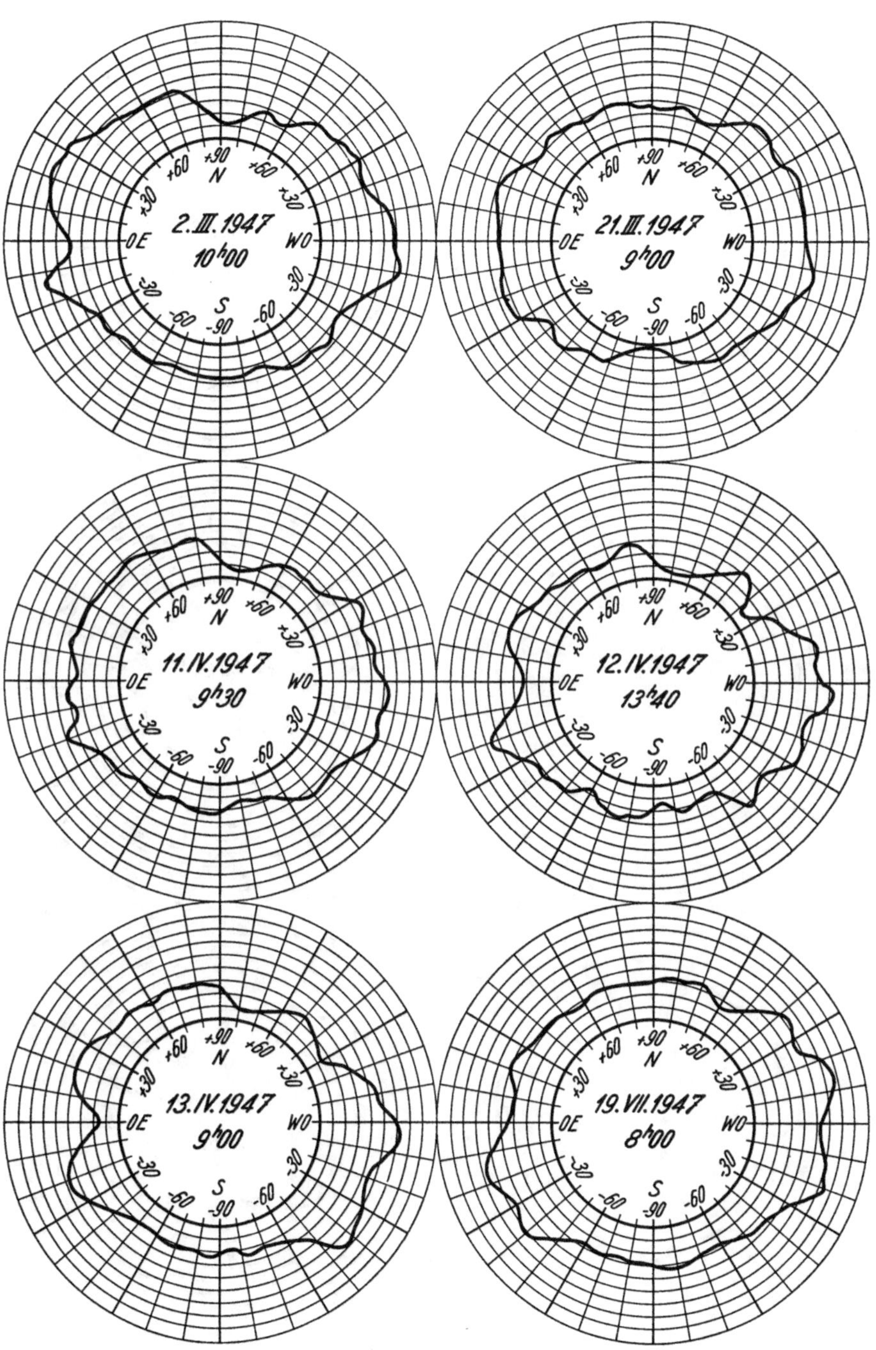

Abbildung 58

Grenzisophoten der grünen Koronalinie.

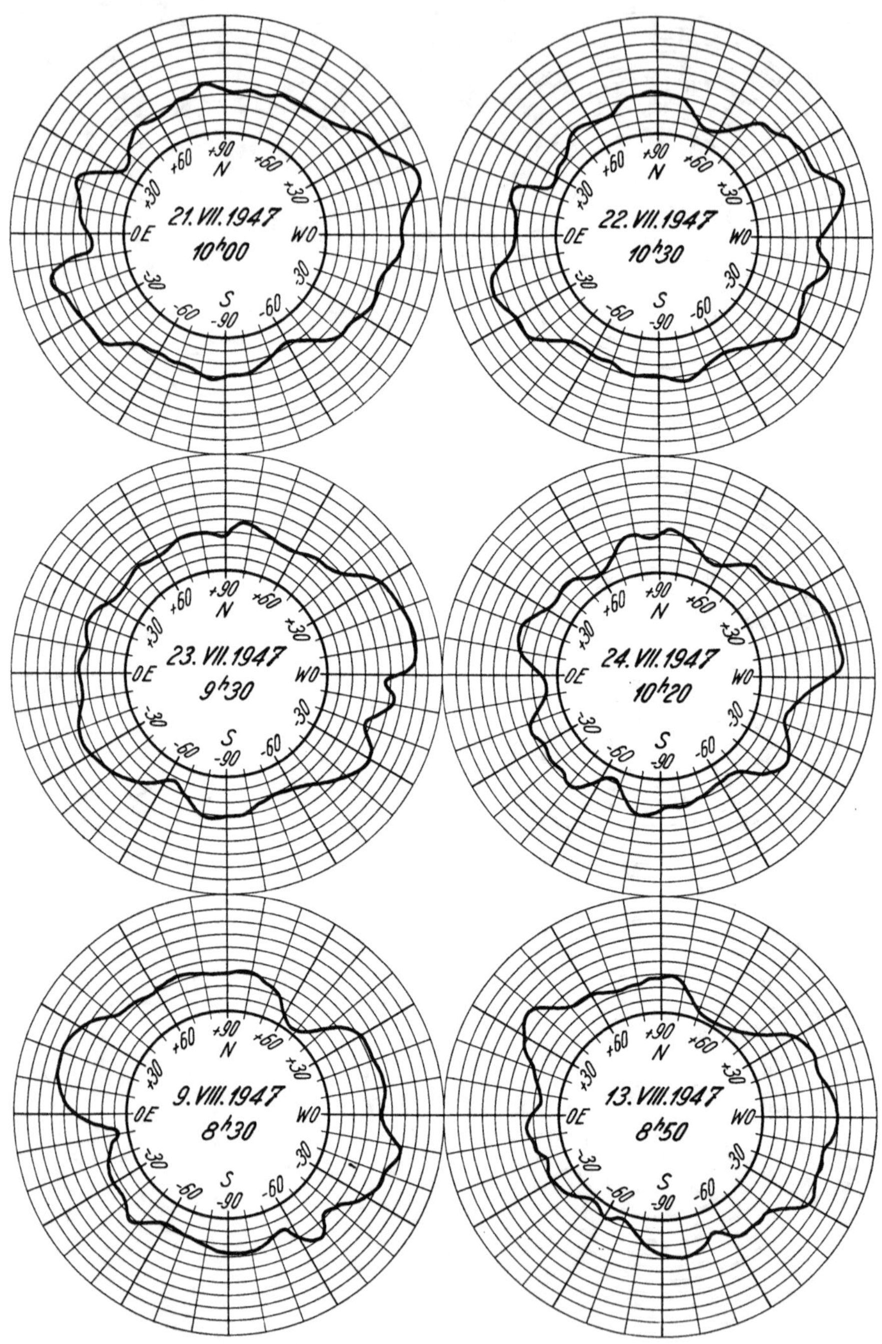

Abbildung 59

Grenzisophoten der grünen Koronalinie.

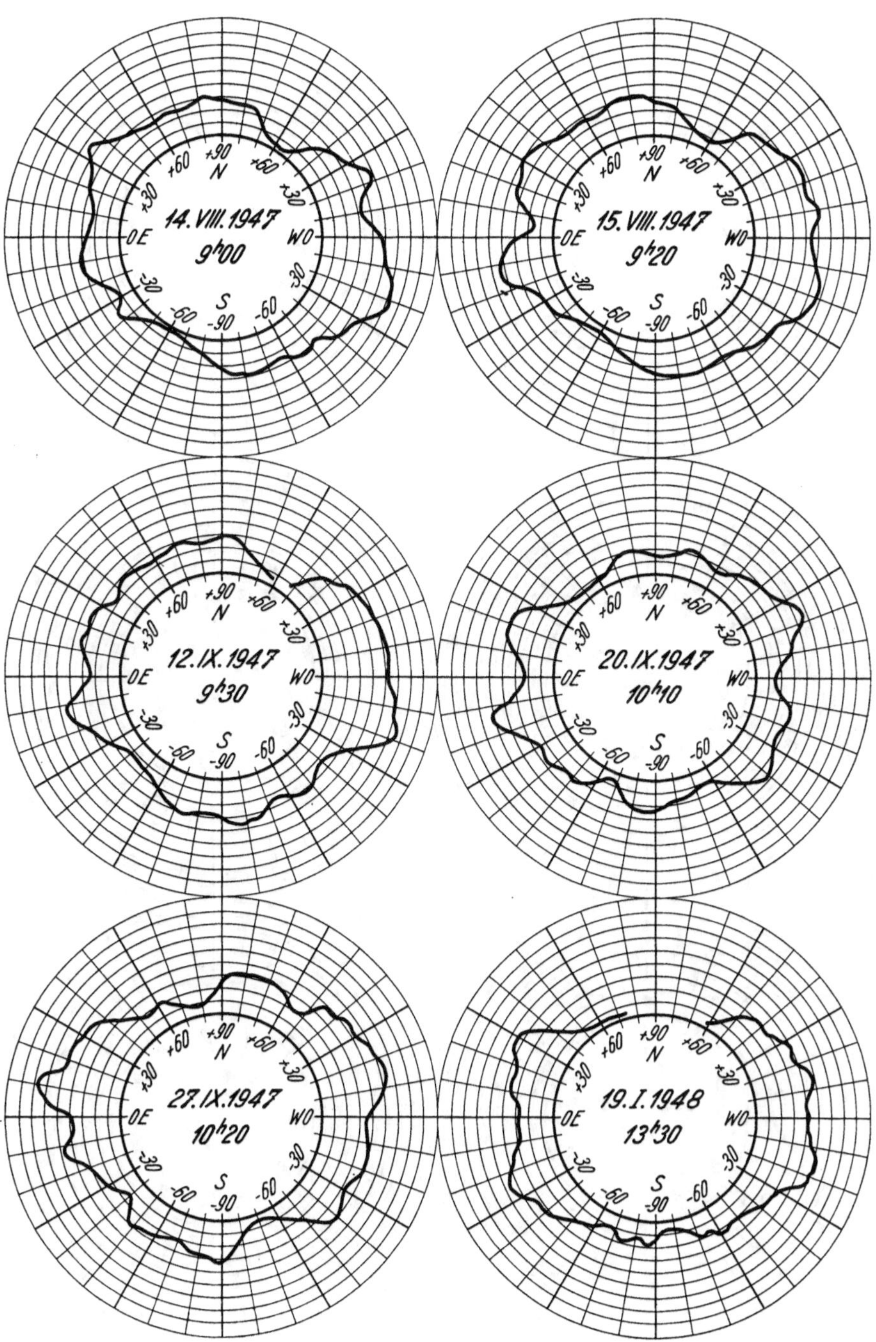

Abbildung 60

Grenzisophoten der grünen Koronalinie.

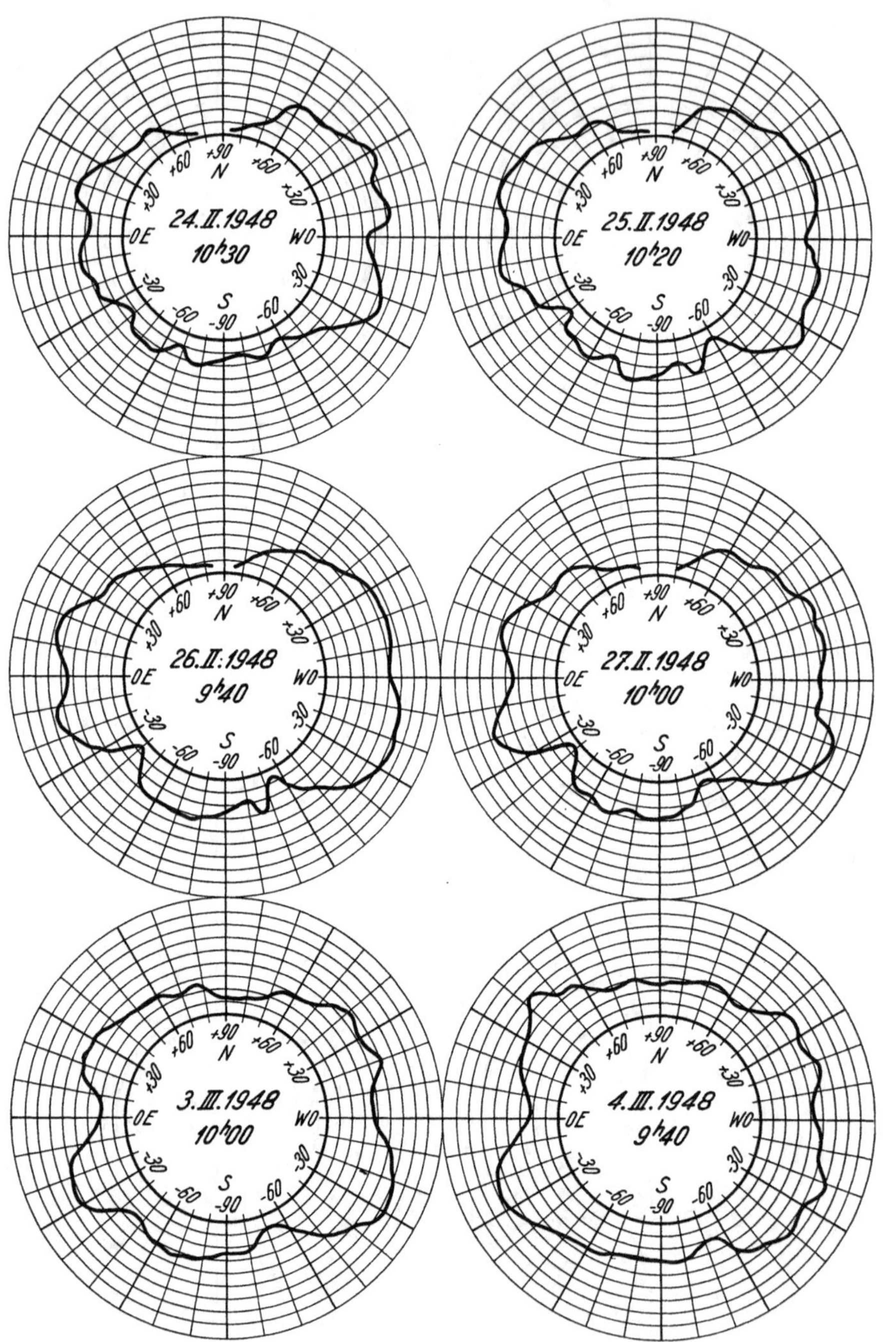

Abbildung 61

Grenzisophoten der grünen Koronalinie.

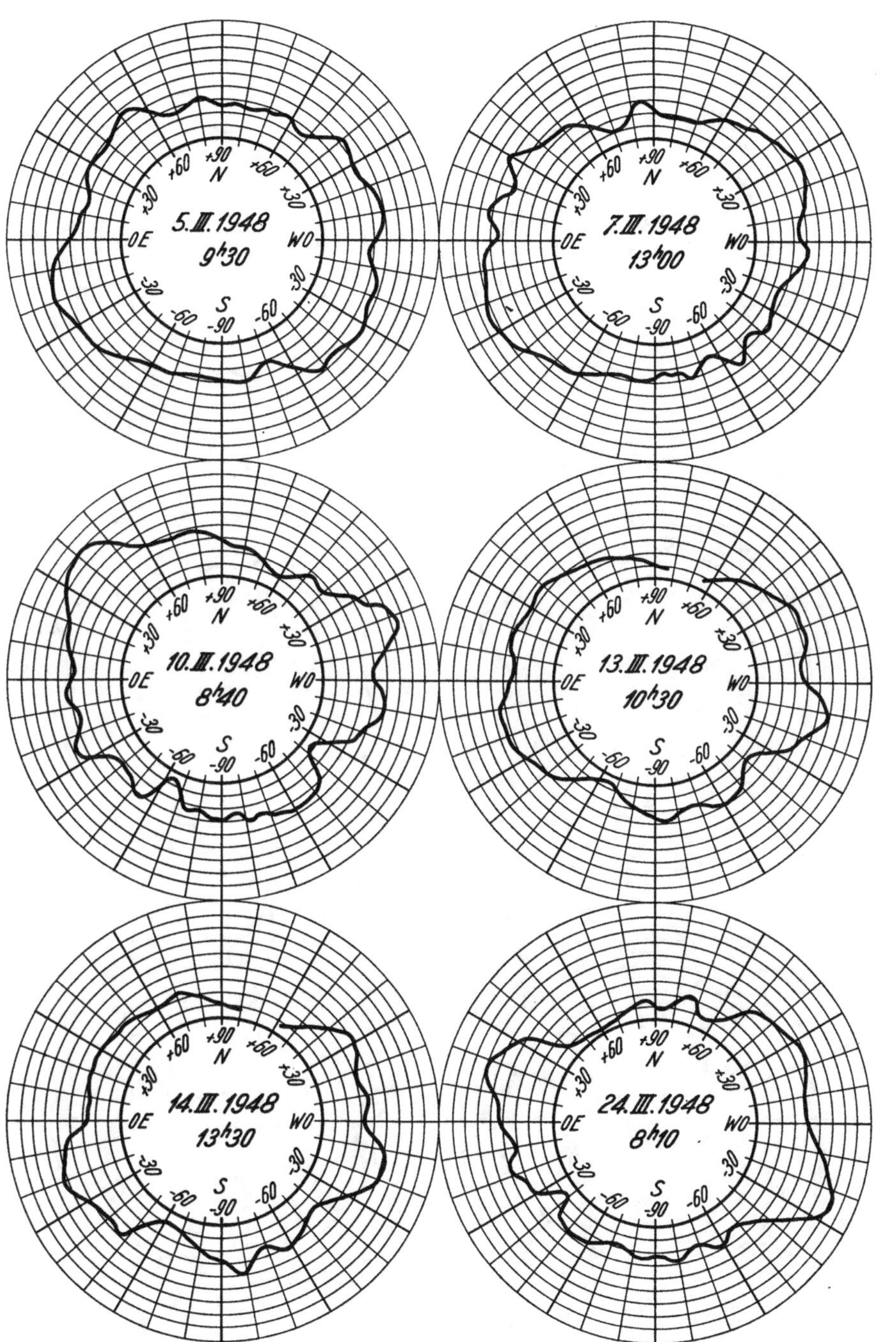

Abbildung 62

Grenzisophoten der grünen Koronalinie.

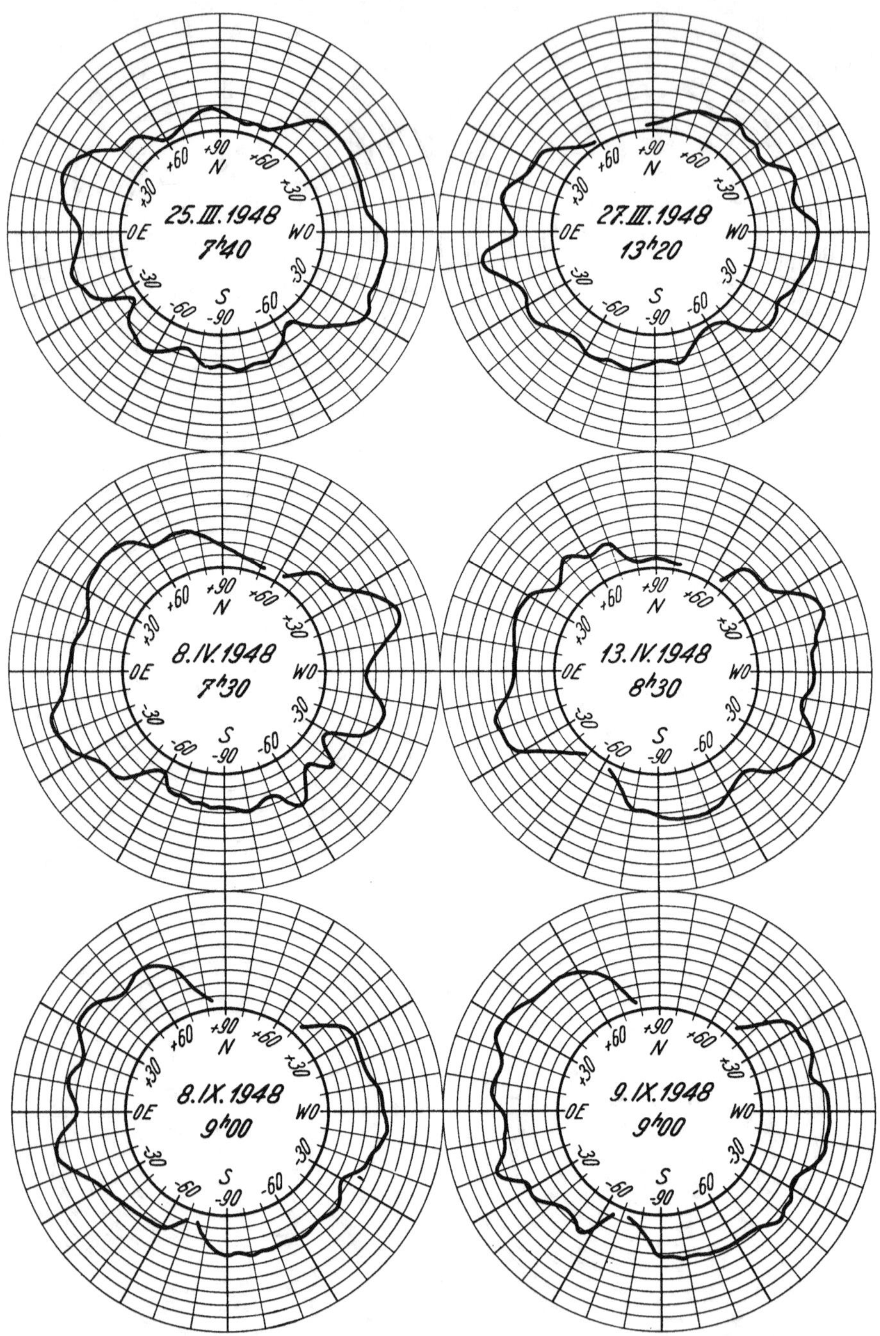

Abbildung 63

Grenzisophoten der grünen Koronalinie.

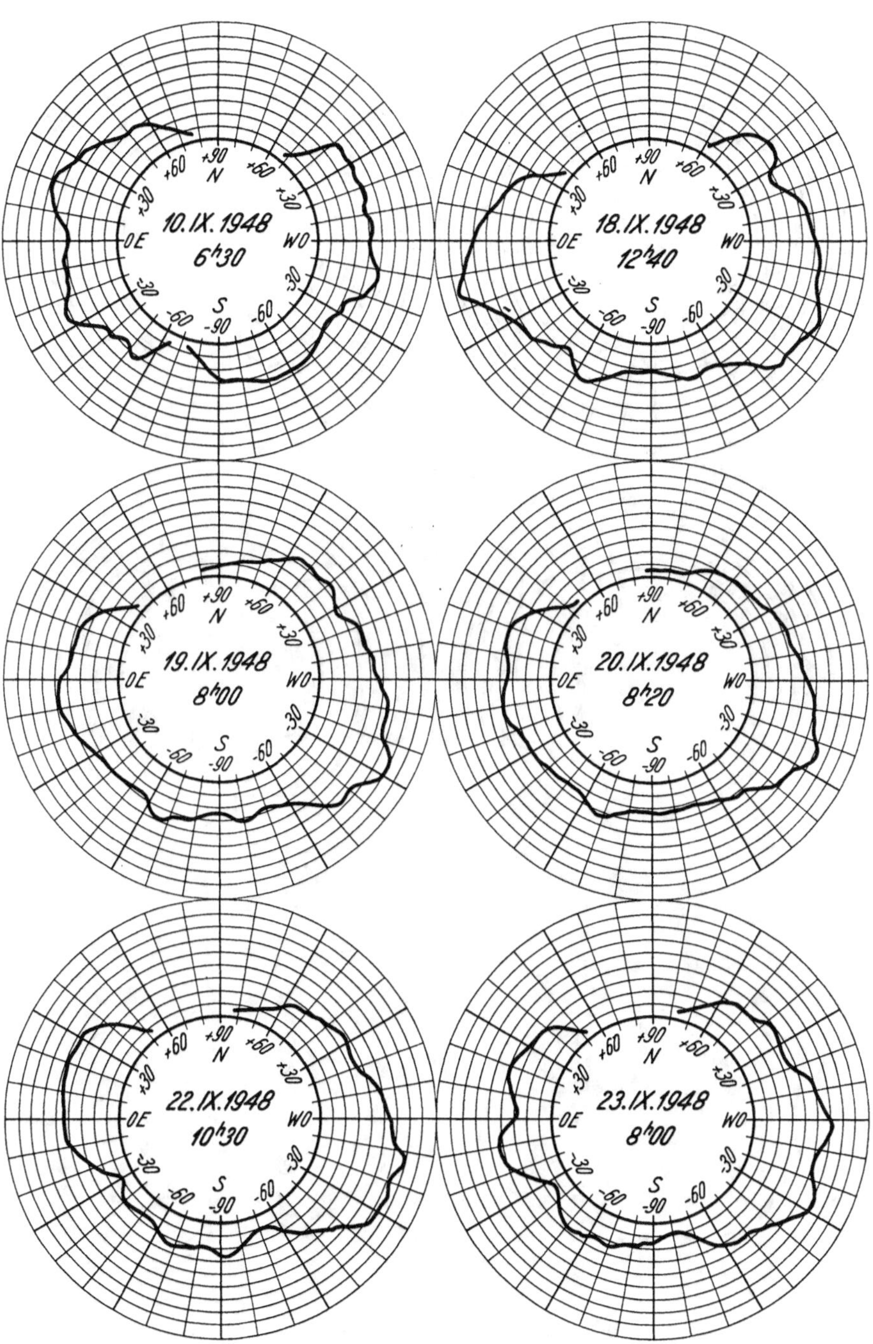

Abbildung 64

Grenzisophoten der grünen Koronalinie.

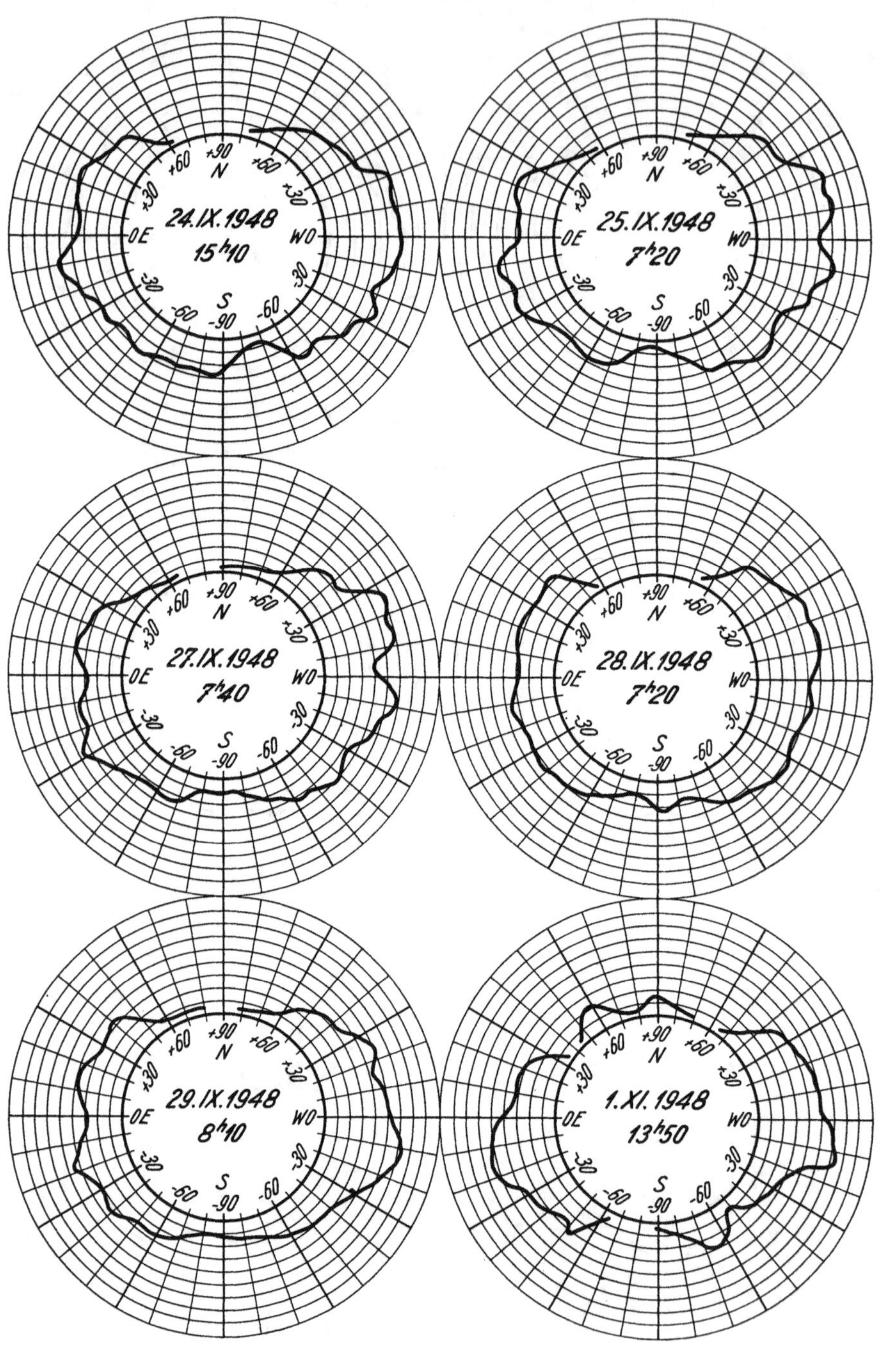

Abbildung 65

Grenzisophoten der grünen Koronalinie

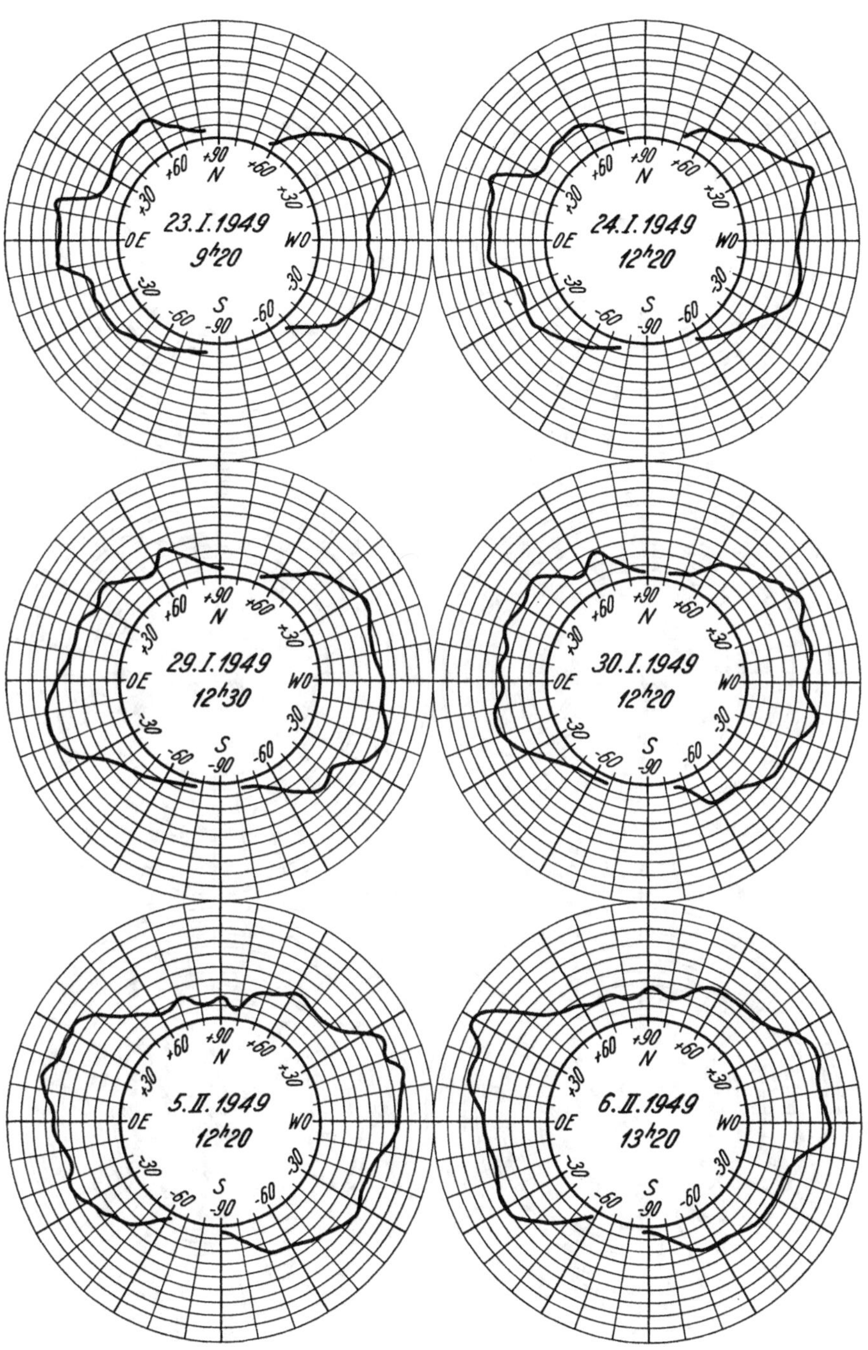

Abbildung 66

Grenzisophoten der grünen Koronalinie

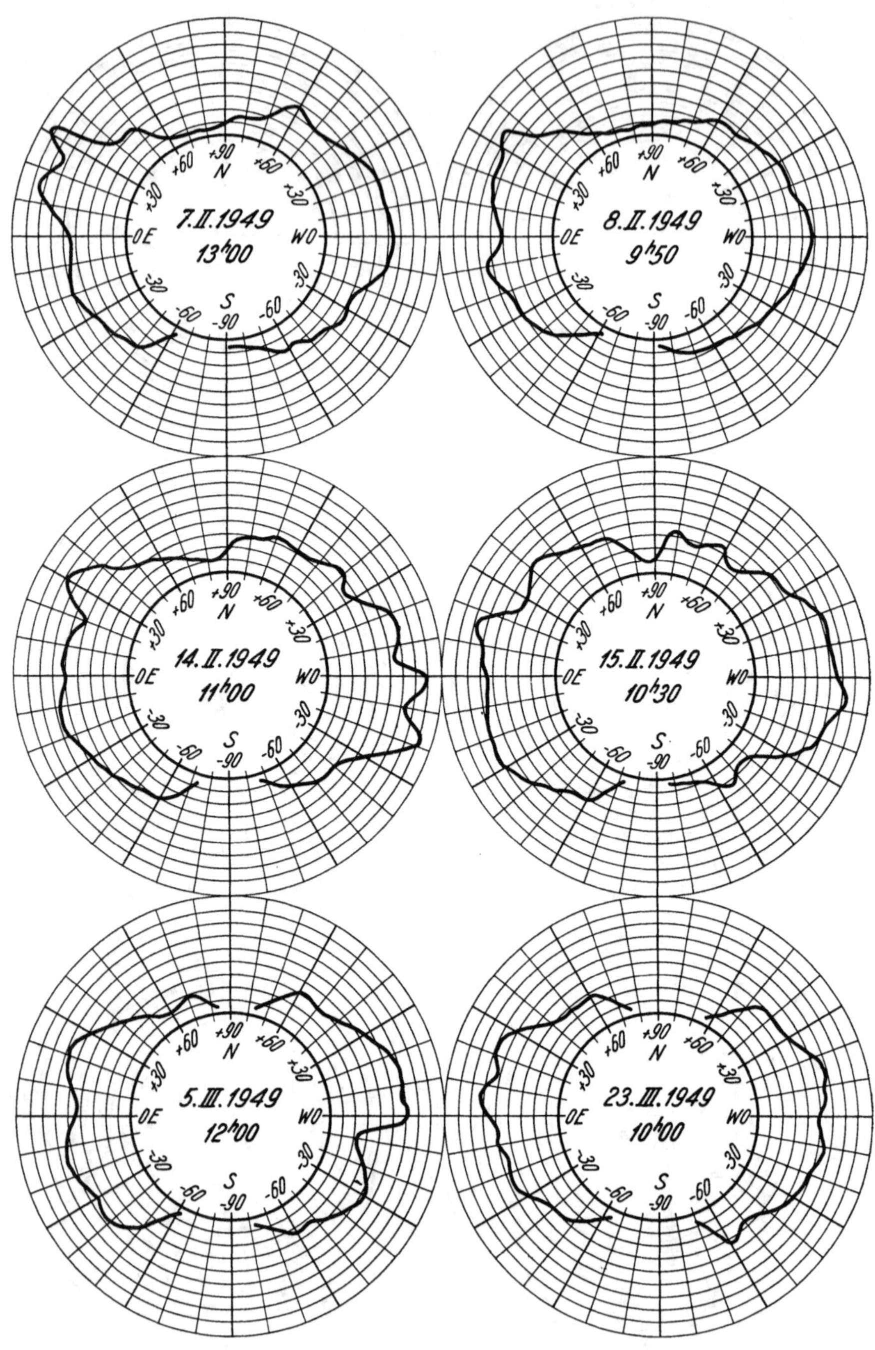

Abbildung 67

Grenzisophoten der grünen Koronalinie

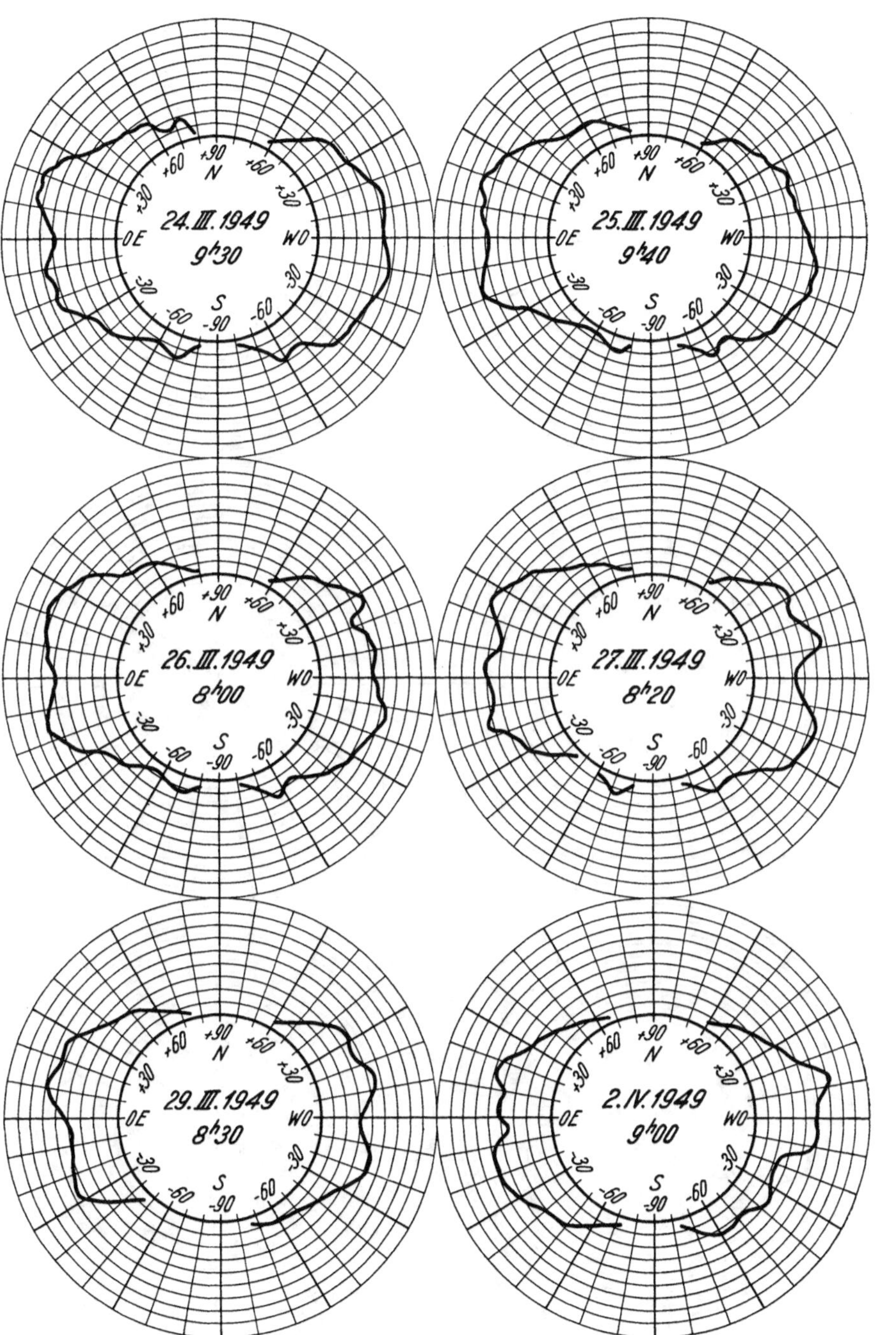

Abbildung 68

Grenzisophoten der grünen Koronalinie

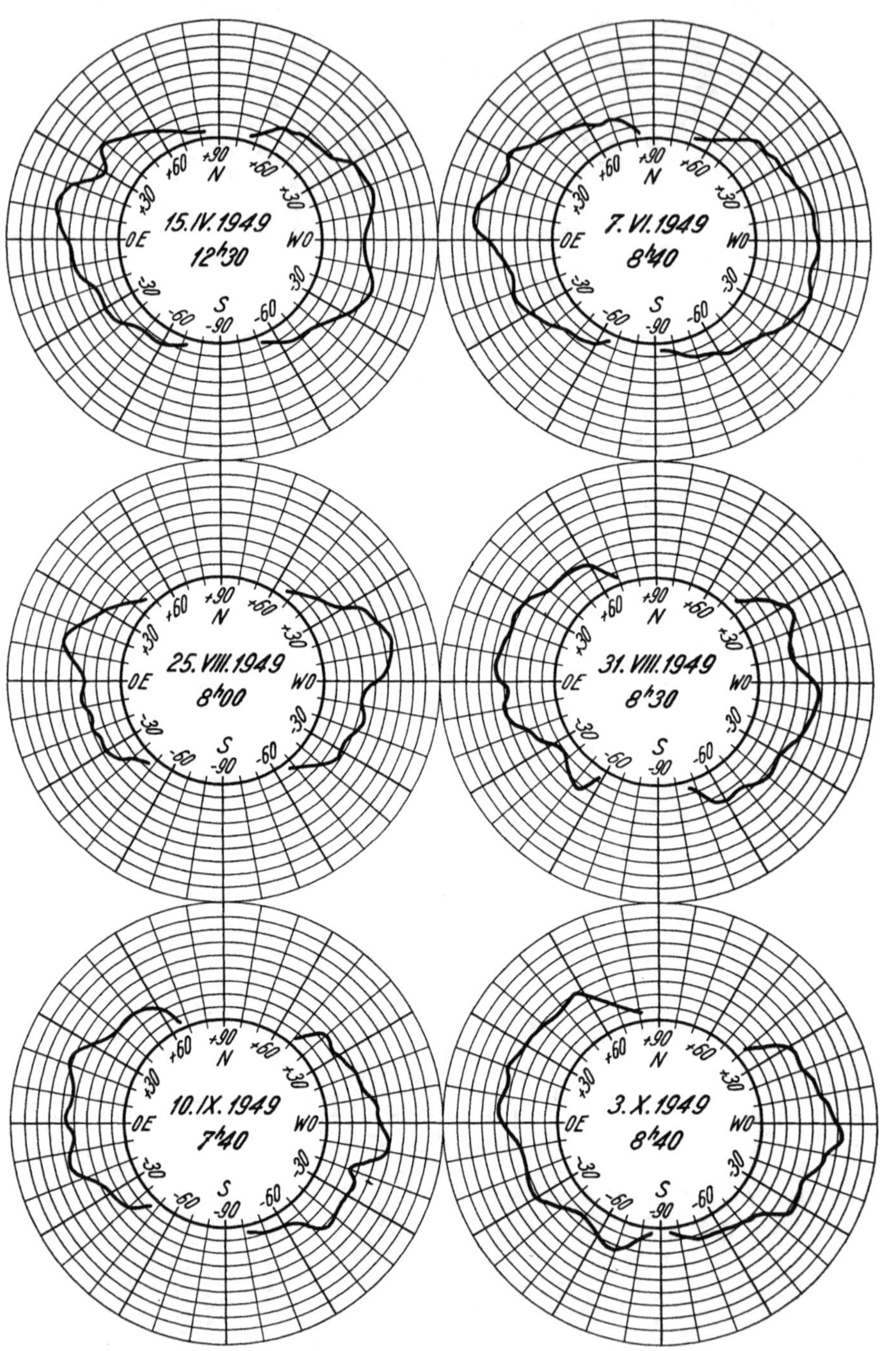

Abbildung 69

Grenzisophoten der grünen Koronalinie

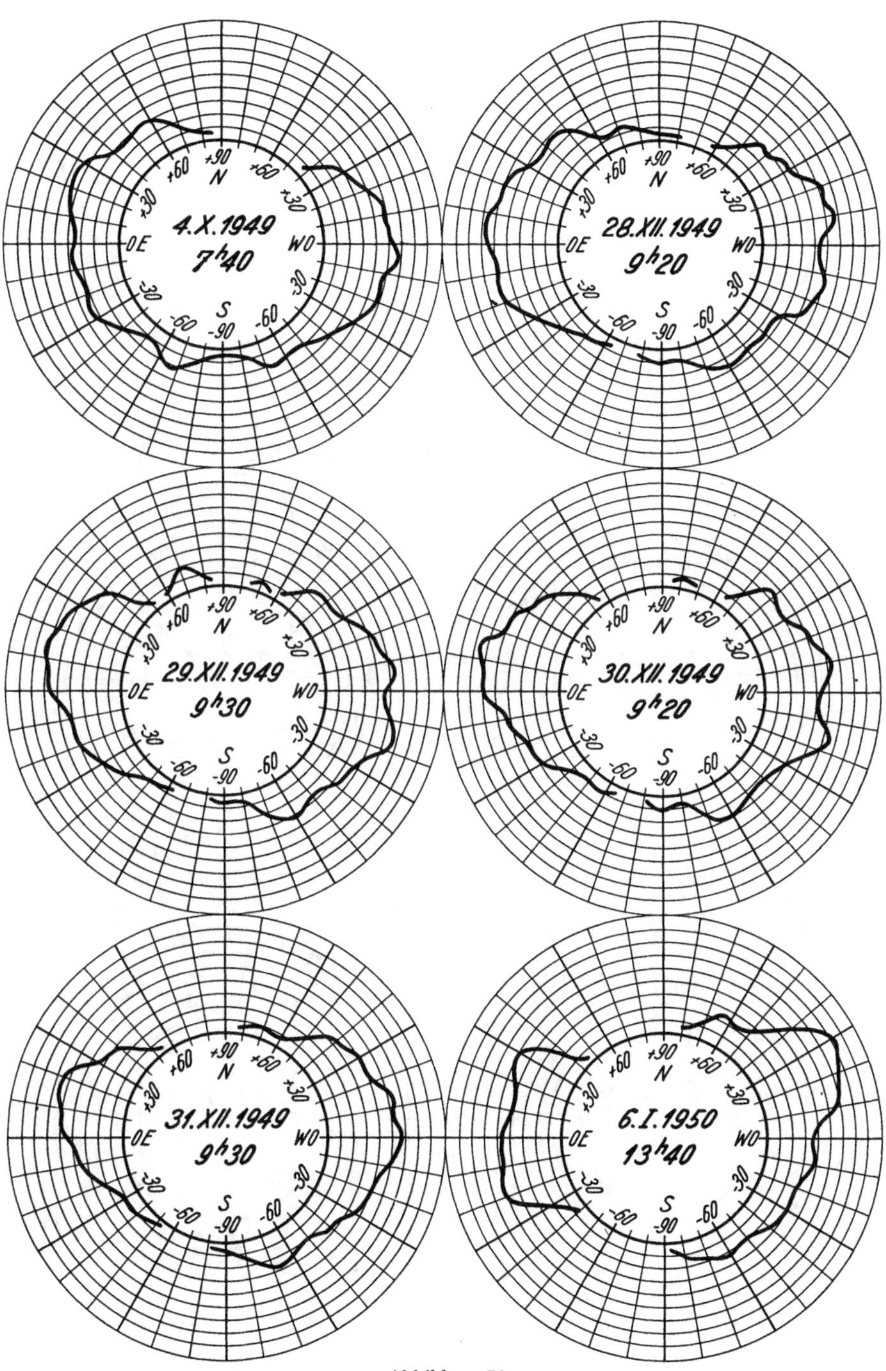

Abbildung 70

Grenzisophoten der grünen Koronalinie

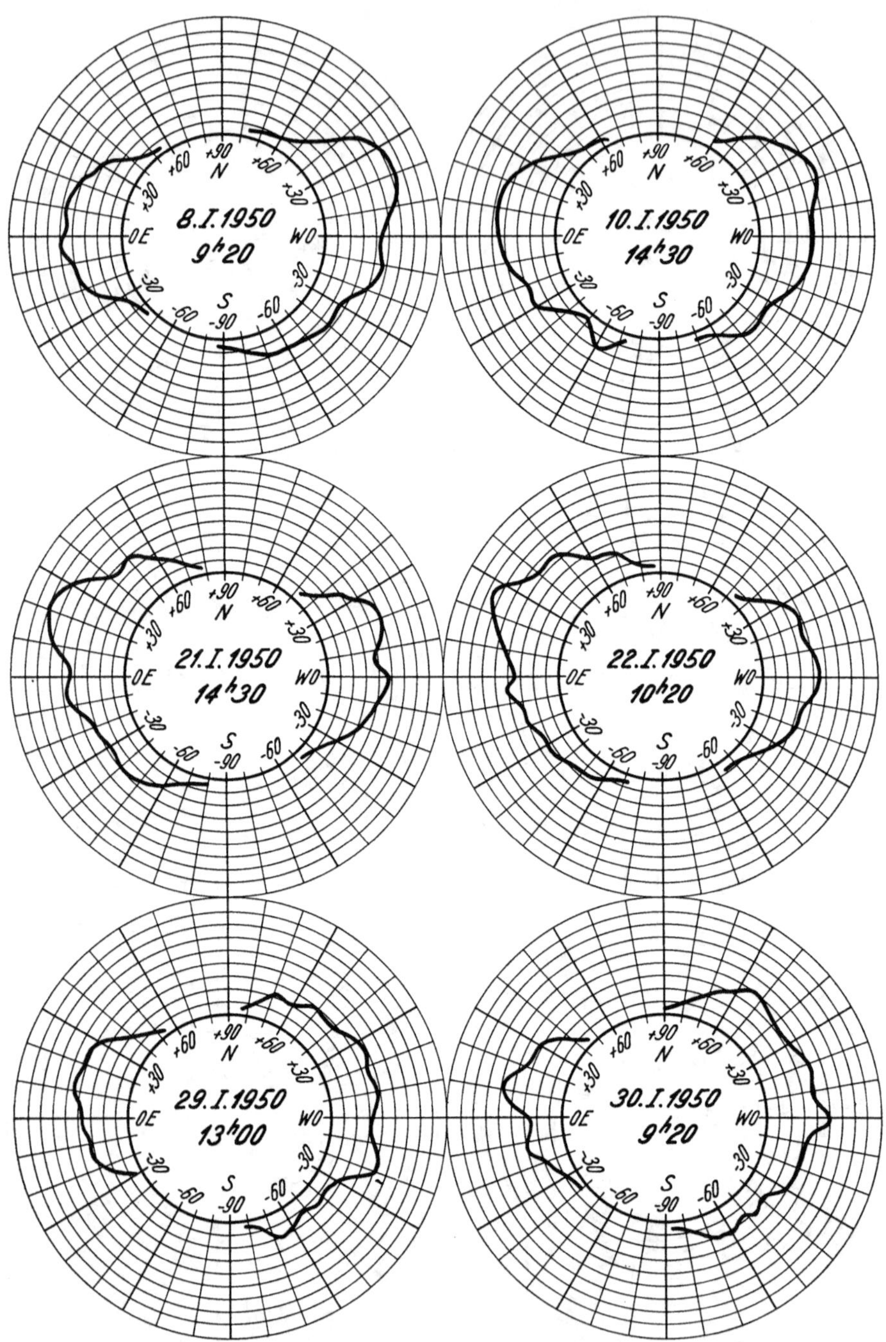

Abbildung 71

Grenzisophoten der grünen Koronalinie

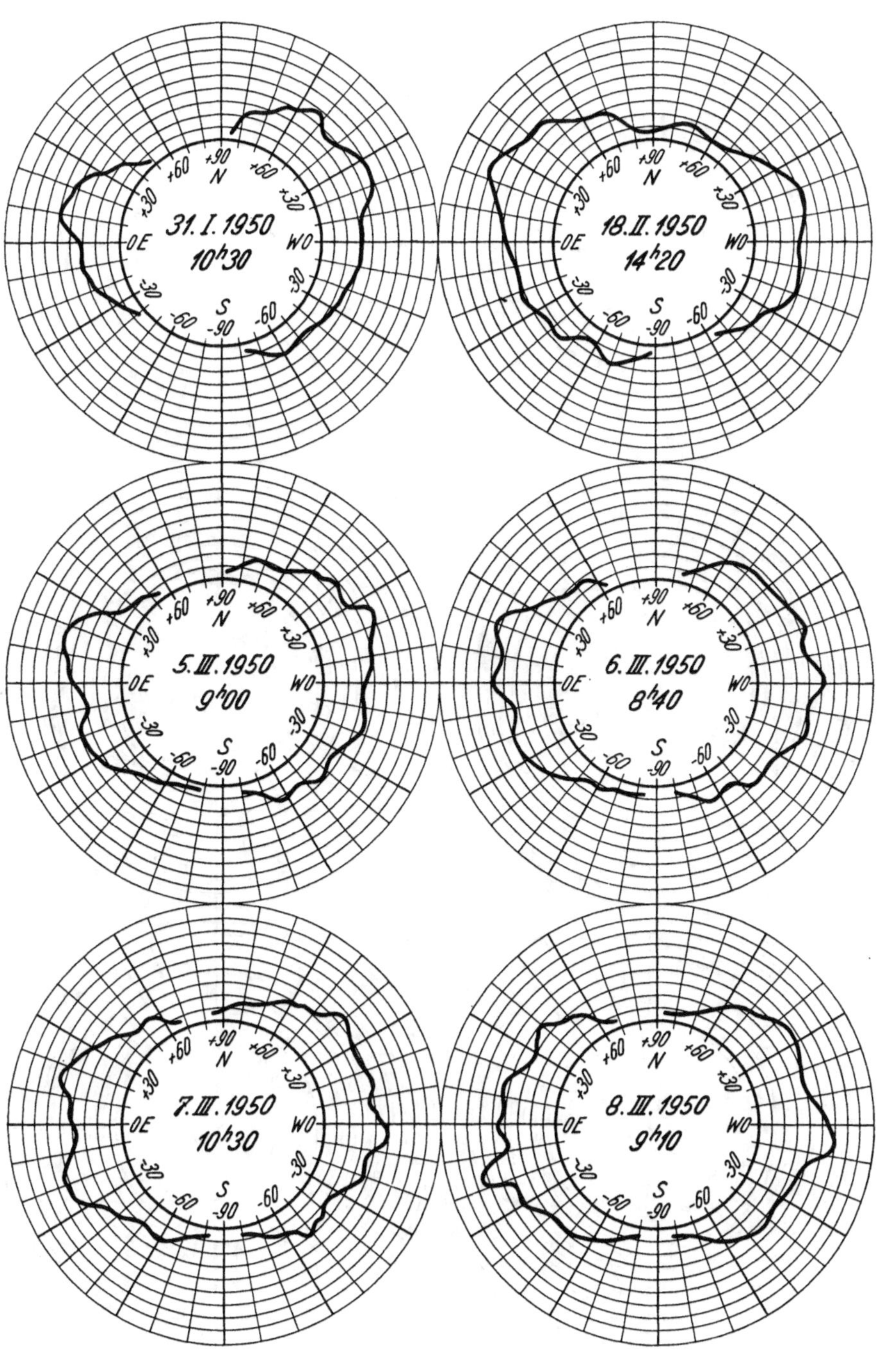

Abbildung 72

Grenzisophoten der grünen Koronalinie

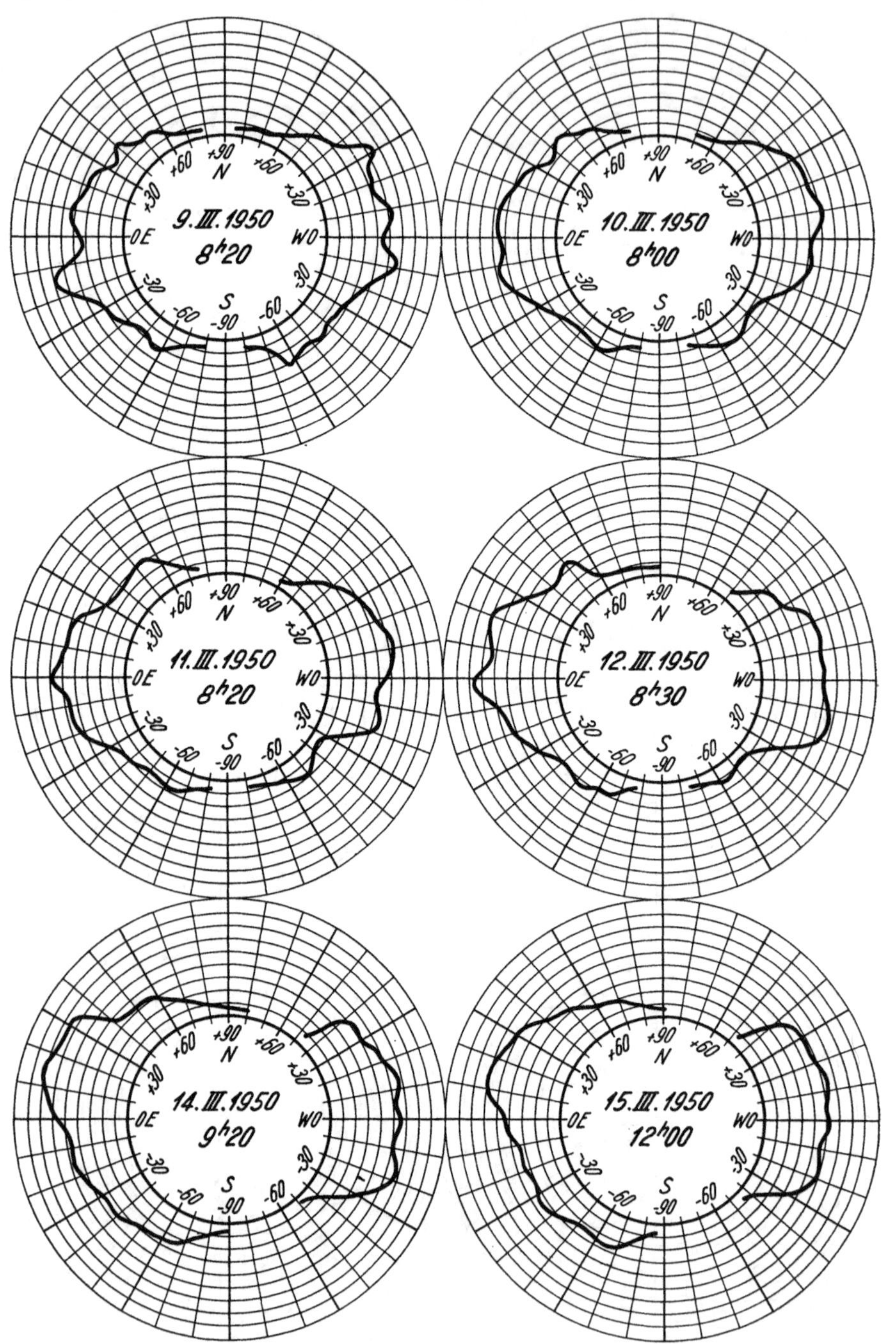

Abbildung 73

Grenzisophoten der grünen Koronalinie

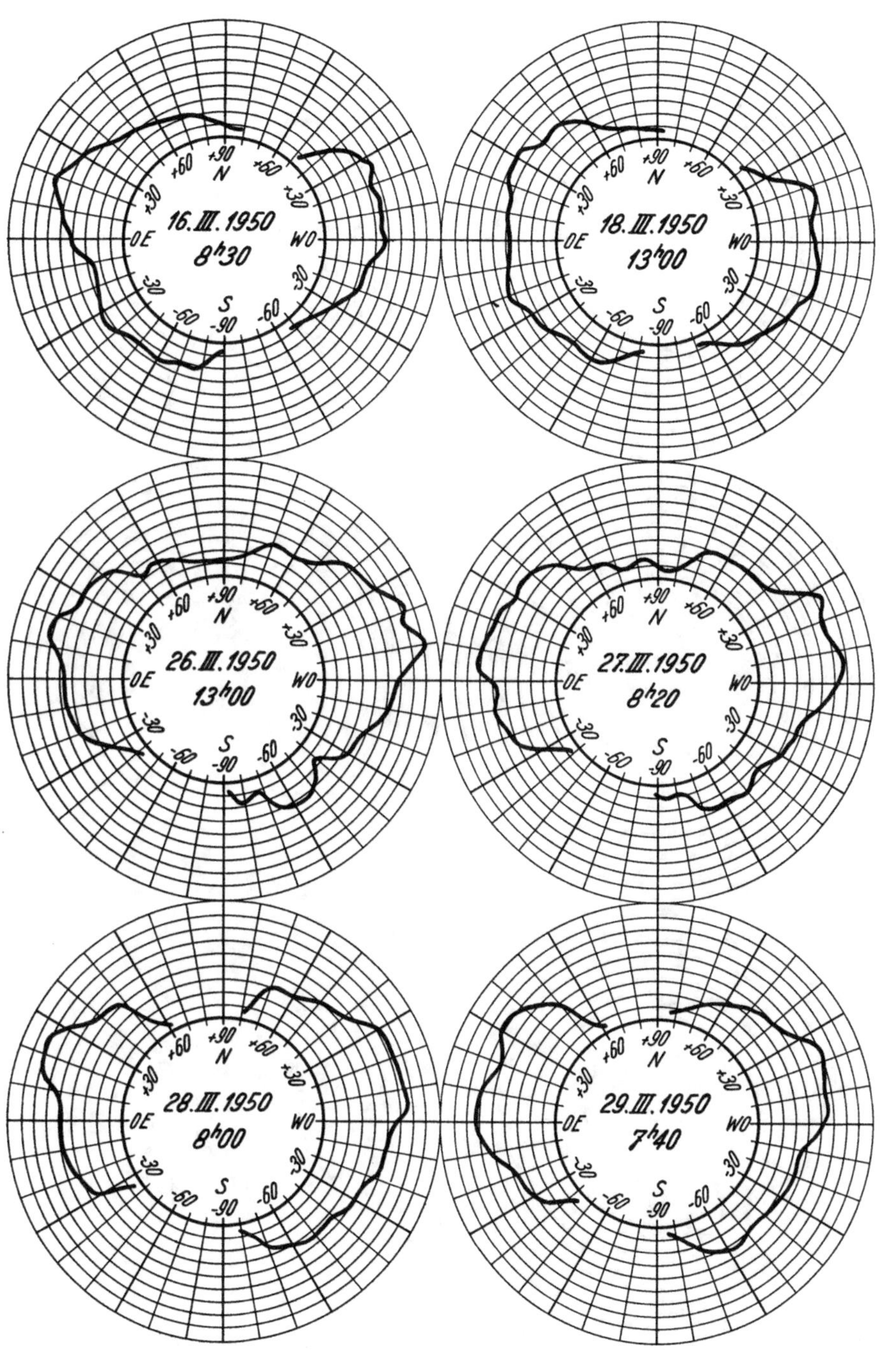

Abbildung 74

Grenzisophoten der grünen Koronalinie

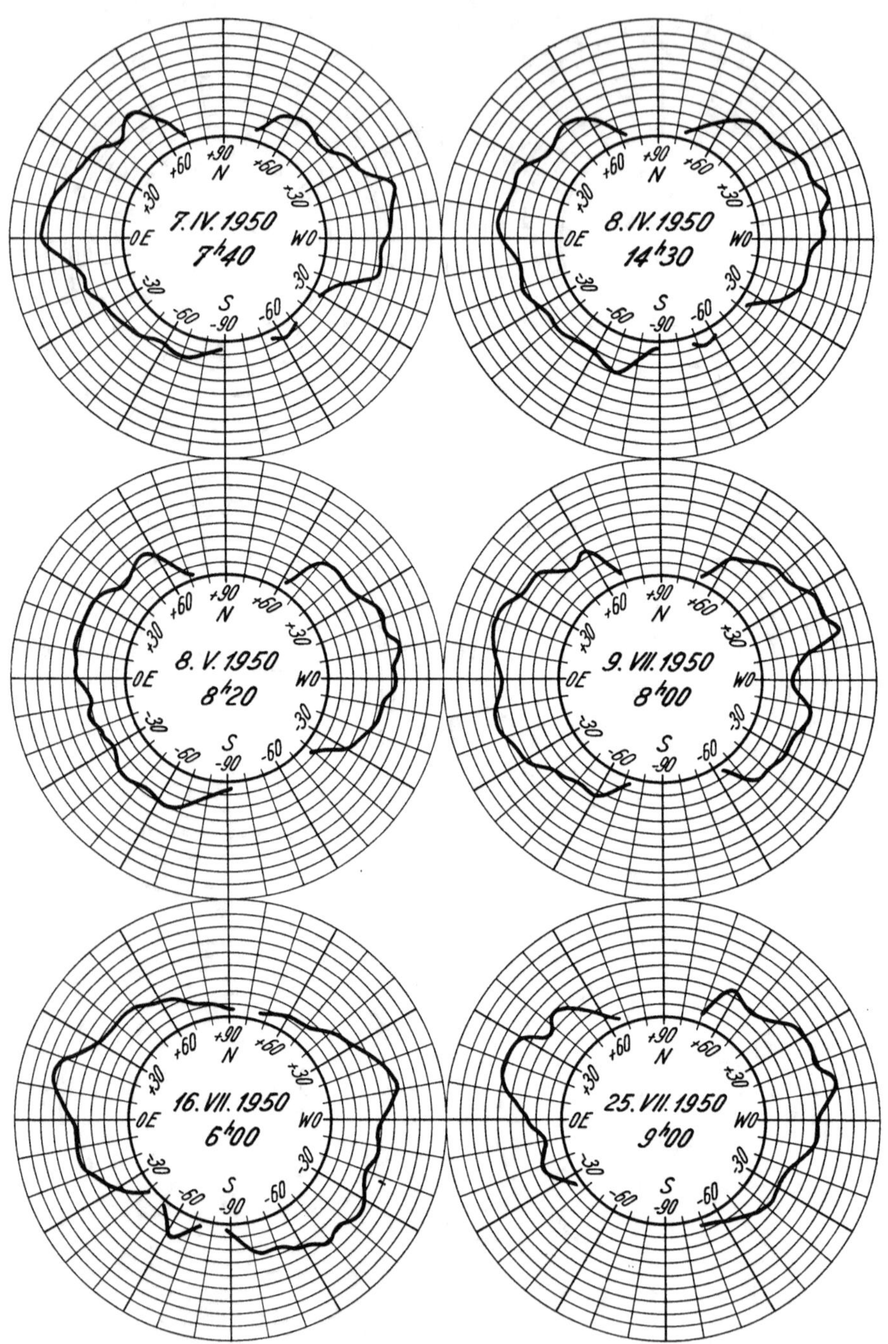

Abbildung 75

Grenzisophoten der grünen Koronalinie

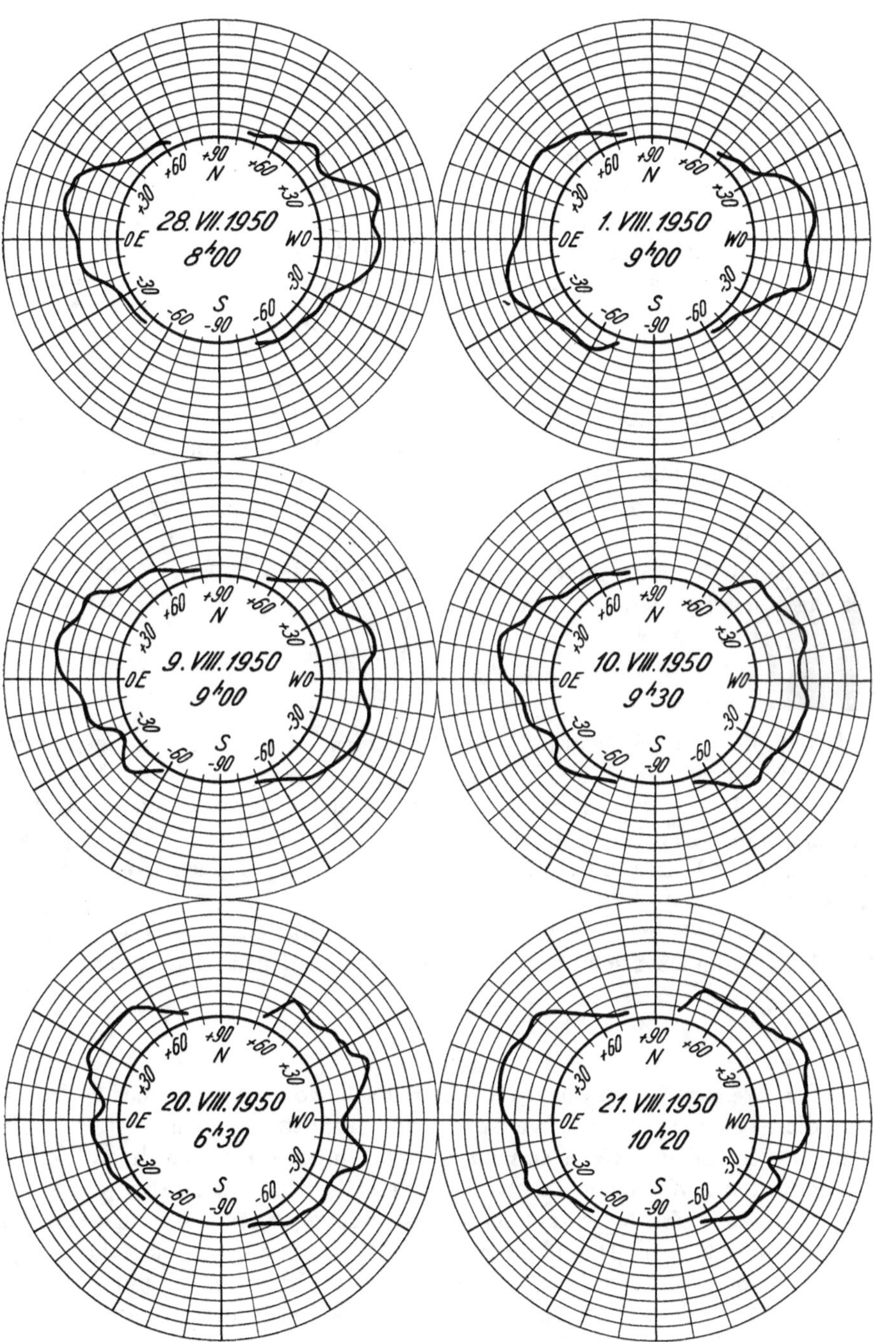

Abbildung 76

Grenzisophoten der grünen Koronalinie

Die Grenzisophoten geben den Abstand $d(p)$, bis zu welchem die Linie 5303 sichtbar ist, in Abhängigkeit vom Positionswinkel p. Bei der Beobachtung liegt der Spektrographenspalt tangential zum Sonnenrand. Mit Hilfe der Mikrometerschraube, welche den ganzen Spektralapparat in radialer Richtung zu verschieben gestattet (siehe Band I, Abbildungen 9 bis 11), wird der Spalt zunächst auf den Rand des Bildes der die Sonne verdeckenden Scheibe gestellt (Ablesung a_1); hernach wird der Spalt vom Sonnenrand entfernt, bis die Linie verschwindet (Ablesung a_2). Der Durchmesser des Fokalbildes der Sonne auf der Spaltwand betrage $D_\odot$ und derjenige der Scheibe D_s; dann bildet man

$$d = \frac{32}{D_\odot} \left[a_2 - a_1 + \frac{D_s - D_\odot}{2} \right].$$

Es ist somit d der in Bogenminuten ausgedrückte Abstand der Grenzisophote, und zwar reduziert auf den mittleren Sonnendurchmesser von $32'$. Die Anzahl der in den einzelnen Jahren bestimmten Grenzisophoten beträgt: 1939 2, 1940 3, 1941 11, 1942 4, 1943 3, 1944 3, 1945 19, 1946 19, 1947 31, 1948 31, 1949 29, 1950 37.

Bei den die Grenzisophoten darstellenden Diagrammen ist in Abhängigkeit des Positionswinkels der Abstand

$$a_2 - a_1 + \frac{D_s - D_\odot}{2}$$

der Isophote vom Sonnenrand in willkürlichem Maßstab aufgetragen, also nicht reduziert auf einen einheitlichen Winkeldurchmesser der Sonne. Hingegen ist der Reduktionsfaktor $32/D_\odot$ bei den im folgenden zu besprechenden Untersuchungen der Grenzisophoten berücksichtigt. Der gegenseitige Abstand zweier konzentrischer Kreise in den Diagrammen beträgt $1'$ bei einem Sonnendurchmesser von $32'$.

Eine gewisse Schwierigkeit tritt auf, wenn an einer Stelle die Linie unsichtbar bleibt; dann lässt sich für d nur die folgende Ungleichheit angeben:

$$0 \leq d \leq \frac{16}{D_\odot} (D_s - D_\odot).$$

Bei allen Grenzisophoten wurden in dem Bereich, wo die grüne Linie unsichtbar war, diese beiden Grenzwerte verwendet und die Mittelwerte ein erstes Mal mit dem unteren und ein zweites Mal mit dem oberen Grenzwert gerechnet. So sind die doppelten d-Werte der Tabelle 23 zu verstehen. Die hinter der Jahreszahl folgende Zahl n gibt die Anzahl der Koronagrenzisophoten, auf welche sich die Mittelbildung bezieht. Die Jahre 1939 und 1940, aus welchen nur sehr wenige Grenzisophoten vorliegen, sind zu einem einzigen Mittelwert zusammengefasst worden. Ab 1945 sind die Beobachtungen so zahlreich, dass wir dieselben in zwei bis drei Gruppen pro Jahr unterteilt haben.

Die hier verwendete Höhe der Korona ist nicht objektiv, photometrisch definiert, sondern nur subjektiv durch das Verschwinden der Linie. Dieses Ver-

Additional material from *Die Sonnenkorona,*
ISBN 978-3-0348-6831-0 (978-3-0348-6831-0_OSFO4),
is available at http://extras.springer.com

Tabelle 23

schwinden hängt aber weitgehend vom Urteil des Beobachters ab, vom Instrument und von der Himmelsklarheit. Solche Höhenmessungen können deshalb nur dann miteinander verglichen werden, wenn sie alle unter denselben Nebenbedingungen erhalten worden sind. Dies dürfte für die vorliegenden Beobachtungen zutreffen, indem sämtliche Beobachtungen vom Verfasser ausgeführt sind, und zwar auf demselben Observatorium, mit unverändertem Instrumentarium und betreffend die Luftklarheit alle unter guten «koronalen» Bedingungen. Alle wesentlichen Einstellungen am Instrument, wie Objektivblende, Fokussierung, Irisblende, Filter, Spaltbreite, Okular usw., sind mit grösster Sorgfalt konstant gehalten worden. Da der Verfasser stets bemüht war, seine Beurteilung des Verschwindens der Linie unverändert beizubehalten, dürften die äusseren Bedingungen für ein homogenes Beobachtungsmaterial erfüllt sein.

Ein jahreszeitlicher Gang in den Koronahöhen ist nicht ganz ausgeschlossen, da im Sommer die Luftklarheit durchschnittlich geringer ist als im Winter. Die vorliegende Bearbeitung wird zeigen, dass das Material tatsächlich homogen ist, indem im Jahre 1950 in allen heliographischen Breiten die gleichen Koronahöhen gemessen wurden wie zu Beginn der Beobachtungen im Jahre 1939, in der gleichen Phase des elfjährigen Zyklus wie 1950.

16. *Die Höhe der Korona in Abhängigkeit von der heliographischen Breite und von der Phase des elfjährigen Zyklus*

Die Werte der Tabelle 23 sind benutzt worden, um den Verlauf der Kurven gleicher Höhe in Abhängigkeit von der Zeit und der heliographischen Breite zu konstruieren (Abb. 77). Die Äquidistanz aufeinanderfolgender Isohypsen beträgt 0,5′. Diese Konstruktion ist eindeutig, sofern es sich um die Isohypsen 1,5′, 2,0′ ... handelt. Hingegen ergibt sich bei der Konstruktion der Isohypsen, die den Höhen 1,0′ und 0,5′ entsprechen, ein verschiedener Verlauf, je nachdem man die oberen oder unteren Grenzwerte der Tabelle 23 oder einen mittleren Wert verwendet. In Gebieten, wo die Linie 5303 nur gelegentlich unter der Sichtbarkeitsschwelle liegt, haben wir den oberen Grenzwert verwendet, in Gebieten, wo die Linie meistens unsichtbar bleibt, den unteren und in den Übergangsgebieten das Mittel der beiden Grenzwerte. Die Unsicherheit im Verlauf der Isohypsen 0,5′ und 1,0′ ist übrigens nur gering und berührt das in Abbildung 77 gegebene Bild in keinem wesentlichen Punkt.

Ein Blick auf Abbildung 77 lässt erkennen, dass der Verlauf der Isohypsen nach 1944 unruhiger ist als vor diesem Jahr, was damit zusammenhängt, dass seit 1945 pro Jahr zwei bis drei Mittelwerte gebildet worden sind, vor 1945 dagegen nur je einer. Die Welligkeit der Isohypsen, welche ab 1947 auf der Nordhalbkugel in Erscheinung tritt und welche in der winterlichen Beobachtungsperiode Januar bis April stets eine grössere Ausdehnung der Korona ergibt als während der sommerlichen Beobachtungsperiode Juli bis Oktober, dürfte wenigstens zum Teil mit dem bereits erwähnten Umstand zusammenhängen,

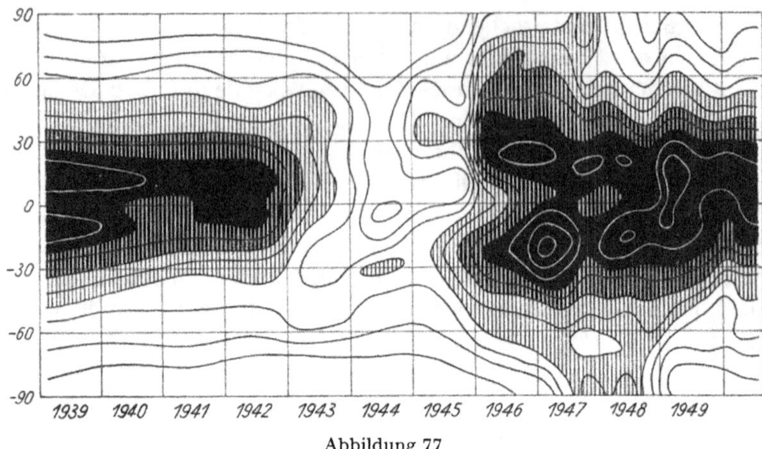

Abbildung 77

Isohypsen der Korona im monochromatischen Licht der Linie 5303 Å. Äquidistanz 0,5'. Höhen
über 2,0' dünn schraffiert, über 3,0' dick schraffiert, über 4,0' schwarz.

dass im Winter der Himmel klarer ist als im Sommer. Die maximalen Höhen
treten in der Fleckenzone auf. Nach höheren Breiten nimmt die Koronahöhe
regelmässig ab. Zwischen den beiden Fleckenzonen, im Gebiet des Äquators,
wird im allgemeinen ein Minimum der Koronahöhe festgestellt, welches jedoch
häufig wenig ausgeprägt ist, oft sogar fehlt. Das Isohypsenbild ist zur Hauptsache ein Abbild der Koronahauptzone. Die Polarzone der Koronaaktivität
macht sich in der Höhenkarte nur in der Zeit ihrer kräftigsten Entwicklung
bemerkbar, das ist auf dem aufsteigenden Ast der Sonnenaktivität 1945 bis
1947. Unmittelbar nach dem Sonnenfleckenmaximum 1947/48 erreicht die
Polarzone den Pol, worauf sie fast plötzlich erlöscht. Aus diesem Grund erreicht
die Ausdehnung der polaren Korona um diese Zeit ihr Maximum. Was die zeitliche Variation der Koronahöhe in der Fleckenzone anbetrifft, so folgt diese
ohne Phasenverschiebung der Fleckentätigkeit. Das tiefe Minimum 1944 fällt
mit dem Sonnenfleckenminimum zusammen, das Höhenmaximum 1947 auf der
Südhalbkugel mit dem gleichzeitig eingetretenen Fleckenmaximum.

In Tabelle 24 sind die Jahresmittelwerte der Koronahöhen in Abhängigkeit
von der heliographischen Breite mitgeteilt, wobei für die Koronahöhe, soweit
diese nicht eindeutig feststellbar ist, der untere Grenzwert verwendet worden
ist. Diese Jahresmittelwerte sind in Abbildung 78 einzeln und eine kleine Auswahl derselben überdies in Abbildung 79 zusammenfassend dargestellt. Die in
Abbildung 79 enthaltenen charakteristischen Jahresmittelwerts-Grenzisopho-
ten beziehen sich auf die Zeit abnehmender Sonnenaktivität 1939 bis 1944
(linke Seite) und auf die Zeit zunehmender Aktivität 1945 bis 1949 (rechte
Seite). Das Äquatorminimum ist 1945, unmittelbar nach dem Fleckenminimum,
am stärksten ausgeprägt, weil die Fleckenzonen bereits stark entwickelt, aber
noch stark voneinander separiert sind. Mit fortschreitender Phase des Zyklus
tritt dasselbe mehr und mehr zurück und ist 1943 (ein Jahr vor dem Fleckenminimum) verschwunden. In der Polarzone, wo die Koronahöhe normalerweise

Jahresmittelwerte der Koronahöhen in Abhängigkeit von der heliographischen Breite

Nord

Jahr	n	90	85	80	75	70	65	60	55	50	45	40	35	30	25	20	15	10	5
1939/40	5	0,16	0,10	0,16	0,34	0,57	0,98	0,35	1,59	1,85	2,06	2,51	2,85	3,19	3,81	4,34	**4,81**	4,77	4,47
1941	11	0	0,03	0,27	0,53	1,06	1,51	1,69	1,93	2,23	2,44	2,68	2,95	3,32	3,72	4,00	**4,20**	**4,20**	4,11
1942	4	0,09	0,14	0,20	0,51	0,97	1,21	1,37	1,46	1,62	1,93	2,35	2,79	3,30	3,85	4,19	4,38	**4,45**	4,39
1943	3	0	0	0	0,09	0,49	1,07	1,55	1,86	2,17	2,39	**2,45**	2,43	2,35	2,36	2,40	2,42	2,43	**2,44**
1944	3	0	0	0	0	0	0,13	0,21	0,28	0,37	0,50	0,50	**0,51**	0,38	0,37	0,50	**0,52**	**0,52**	0,38
1945	19	0,02	0,05	0,09	0,20	0,49	0,95	1,38	1,57	1,60	1,79	1,97	**2,08**	**2,07**	1,70	1,28	0,72	0,51	0,53
1946	19	1,48	1,66	2,09	2,55	2,87	2,94	3,00	3,16	3,45	3,91	4,13	4,24	4,41	**4,65**	4,35	3,90	3,38	3,08
1947	31	2,11	2,17	2,35	2,58	2,57	2,58	2,60	2,85	3,16	3,43	3,66	3,92	4,14	4,39	**4,53**	4,47	4,25	4,03
1948	31	0,66	0,66	0,77	0,92	1,09	1,26	1,52	1,94	2,36	2,75	3,14	3,55	3,91	4,23	**4,36**	**4,36**	4,19	4,01
1949	25	0,37	0,38	0,53	0,78	1,05	1,39	1,74	2,02	2,41	2,85	3,32	3,86	4,35	4,65	4,92	**5,08**	4,97	4,79
1950	25	0,17	0,22	0,38	0,55	0,74	0,92	1,13	1,50	1,90	2,25	2,94	3,56	4,04	4,51	4,74	**4,80**	4,71	4,50

Süd

0	5	10	15	20	25	30	35	40	45	50	55	60	65	70	75	80	85	90
4,17	4,40	**4,53**	4,34	3,82	3,26	2,97	2,63	2,23	1,88	1,53	1,23	1,10	0,91	0,67	0,35	0,14	0,06	0,00
3,98	3,95	3,88	3,67	3,16	2,65	2,21	1,93	1,71	1,60	1,45	1,34	1,33	1,08	0,71	0,45	0,23	0,03	0,00
4,32	**4,36**	4,19	3,72	3,16	2,69	2,25	2,08	1,87	1,63	1,37	1,27	1,07	0,63	0,33	0,08	0,08	0	0
2,34	2,18	1,79	1,45	1,24	1,23	**1,39**	1,38	1,43	1,51	**1,62**	1,59	1,37	0,90	0,28	0	0	0	0
0,27	0,24	0,40	0,60	1,14	1,79	**2,15**	1,92	1,54	1,18	1,08	1,03	0,83	0,66	0,31	0,10	0	0	0
0,79	1,42	2,05	2,37	2,53	**2,55**	2,32	2,14	1,98	1,81	1,59	1,32	1,12	0,94	0,49	0,12	0,04	0	0
3,05	3,21	3,61	4,16	**4,48**	4,39	4,12	3,78	3,33	2,88	2,49	2,25	2,12	1,93	1,61	1,12	0,68	0,45	0,30
4,02	4,27	4,68	4,94	**4,97**	4,78	4,46	4,11	3,64	3,20	2,77	2,50	2,28	2,21	2,20	2,05	1,93	1,84	1,77
4,02	4,43	4,75	**4,86**	4,72	4,51	4,02	3,53	3,25	3,03	2,74	2,63	2,47	2,19	2,05	2,09	2,14	**2,21**	**2,21**
4,70	4,68	**4,70**	4,59	4,39	4,10	3,71	3,30	2,82	2,40	1,96	1,65	1,41	1,12	0,79	0,46	0,20	0,08	0,04
4,39	4,16	4,01	3,99	3,78	3,23	2,63	2,19	1,89	1,69	1,50	1,40	1,37	1,19	0,87	0,57	0,35	0,21	0,17

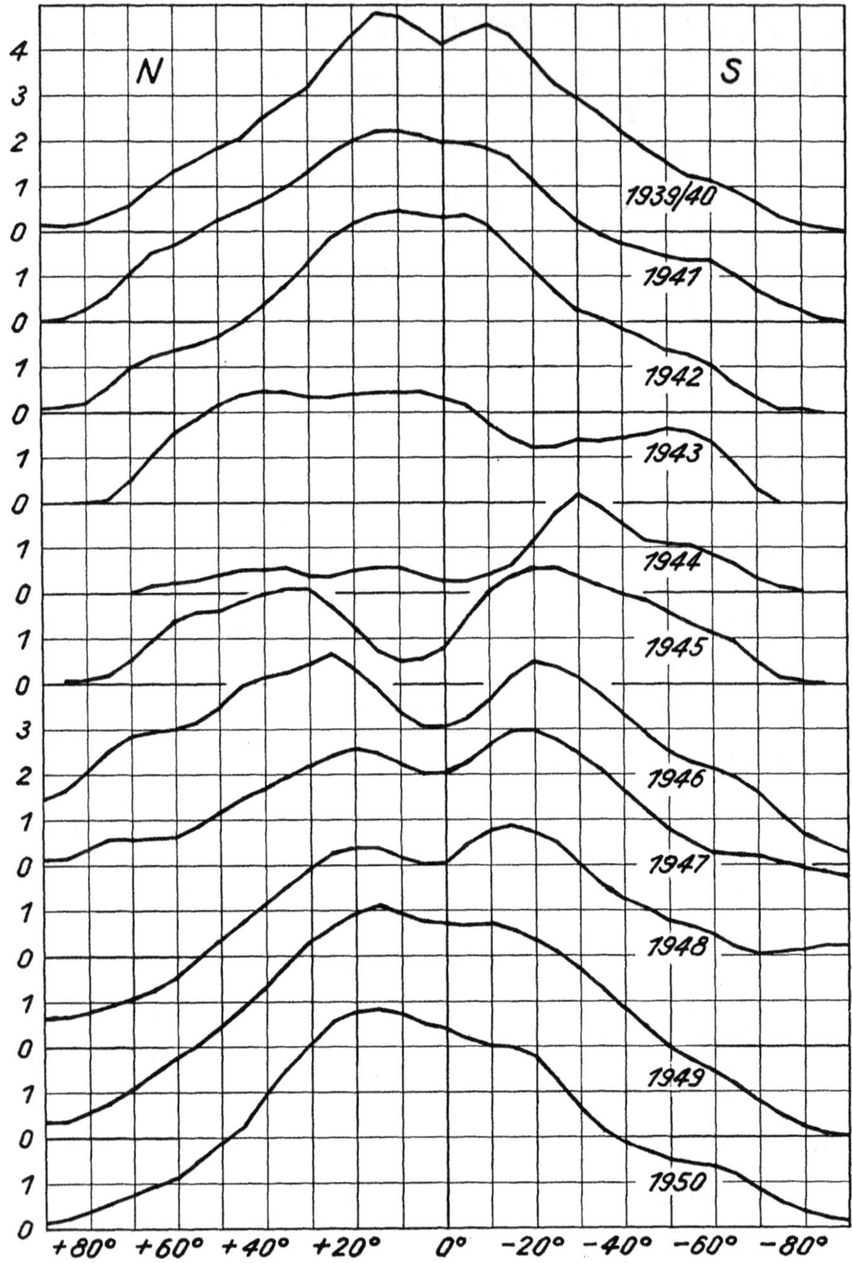

Abbildung 78

Jahresmittelwerte der Breitenvariation der Koronahöhe.

gering ist, beginnt dieselbe 1 bis 2 Jahre vor dem Fleckenmaximum rasch und stark zuzunehmen. Zur Zeit des Sonnenfleckenmaximums besitzt die polare Korona ihre grösste Höhe und ist zwei Jahre später praktisch wieder verschwunden. Es handelt sich dabei um die koronale Polarzone, welche um die Zeit des Fleckenmaximums den Pol erreicht. Dieselbe macht sich auch sonst in der Form der Grenzisophoten bemerkbar, so als «Schulter» bei 60° in der Grenzisophote für 1941 und noch ausgeprägter in den Jahren 1945 bis 1947, wo sich diese «Schulter» polwärts verschiebt. Abbildung 78 zeigt, wie die Polarzone sich von 1946 an nach höheren Breiten verschiebt und auf der nördlichen Halbkugel bereits Ende 1947, auf der südlichen anfangs 1948 den Pol erreicht. Noch deutlicher tritt das sekundäre Höhenmaximum der Polarzone in den individuellen Grenzisophoten hervor.

17. Die Charakterisierung der Koronaform

ist für das kontinuierliche Licht von LUDENDORFF durch die Abplattung ε der Isophoten eingeführt worden:

$$\varepsilon = \frac{A_0 + A_{25} + A_{-25}}{P_0 + P_{25} + P_{-25}} - 1 \, .$$

Dabei bedeutet A_0 den äquatorialen und P_0 den polaren Durchmesser der Isophote. $A_{\pm 25}$ und $P_{\pm 25}$ sind die 4 gegen die beiden ersteren um je 25° geneigten Isophotendurchmesser (LUDENDORFF verwendet einen Neigungswinkel von 22,5°). Alle Durchmesser werden in Einheiten des Sonnendurchmessers ausgedrückt. Auf Grund der Tabelle 23 sind für die Mitte eines jeden Jahres die ε-Werte gerechnet worden, wobei die Rechnung das eine Mal mit den oberen, das zweite Mal mit den unteren Grenzwerten durchgeführt worden ist. Die Tabelle 25, welche beide ε-Werte enthält, zeigt, dass die Unterschiede unbedeutender Natur sind. Die Phasen φ sind in dem von LUDENDORFF definierten Sinne verwendet worden: $\varphi = 0$ bedeutet Minimum, $\varphi = -1$ vorangegangenes, $\varphi = +1$ nachfolgendes Maximum der Fleckentätigkeit. Für diese Epochen sind folgende, abgerundete Werte verwendet worden: 1937.5, 1944.5, 1947.5 und 1954.5.

Nach LUDENDORFF variiert die Abplattung der Isophoten im integrierten Licht linear mit dem Abstand:

$$\varepsilon = a + b \left(\frac{A_0 + A_{25} + A_{-25}}{3} - 1 \right) .$$

Der von LUDENDORFF zur Charakterisierung der Koronaform verwendete Ausdruck $a + b$ bedeutet somit die Abplattung einer Isophote im Abstand von 1 Sonnenradius vom Sonnenrand. Unsere Beobachtungen im monochromatischen Licht beziehen sich aber auf kleinere Abstände, weshalb die Ludendorffschen $(a + b)$-Werte nicht unmittelbar mit den ε-Werten der Tabelle 25 ver-

Tabelle 25

Die Elliptizität der monochromatischen Korona

Jahr	φ	ε_{min}	ε_{max}
1939/40	$-0{,}643$	0,166	0,186
1941	$-0{,}429$	0,135	0,153
1942	$-0{,}286$	0,159	0,180
1943	$-0{,}141$	0,067	0,079
1944	0	0,026	0,034
1945	0,333	0,048	0,058
1946	0,667	0,114	0,118
1947	1,000	0,112	0,112
1948	$-0{,}857$	0,149	0,151
1949	$-0{,}714$	0,197	0,212
1950	$-0{,}571$	0,180	0,196

glichen werden können. Der Faktor von b beträgt bei unseren Beobachtungen etwa 0,2, weshalb wir den Ausdruck $a + b/5$ gebildet haben, welcher für die verschiedenen Finsternisse in Tabelle 26 mitgeteilt ist. Die Vergleichung der Tabellen 25 und 26 zeigt, dass die ε-Werte für die monochromatische Strahlung

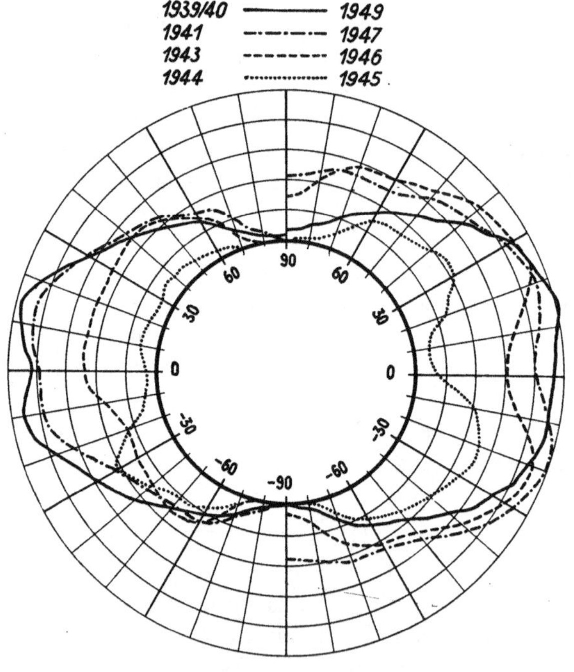

Abbildung 79

Jahresmittelwerte der Koronaform während eines vollständigen Sonnenzyklus
Gegenseitiger Abstand zweier Kreise = 1′.

wesentlich grösser sind als für die integrierte und ferner, dass das Phasengesetz
für die beiden Strahlungen verschieden ist. Beide Wertereihen sind in Abbildung 80 in Abhängigkeit von der Phase dargestellt. Dabei wurde die Phasen-
differenz — 1 bis 0 doppelt so gross eingetragen als die Differenz 0 bis + 1, entsprechend dem Umstand, dass der Abstieg vom Fleckenmaximum zum -mini-
mum etwa doppelt so lange dauert als der Anstieg. Ferner wurde der besondere

Tabelle 26

Die Elliptizität der Isophoten des kontinuierlichen Koronalichtes

Finsternis	φ	$a + b/5$
1918 Juni 8..	− 0,87	0,150
1929 Mai 9.	− 0,83	0,096
1908 Januar 3..	− 0,78	0,064
1896 August 8..	− 0,67	0,065
1930 Oktober 21.	− 0,57	0,086
1898 Januar 21.	− 0,47	0,084
1932 August 31.	− 0,24	0,088
1900 Mai 28..	− 0,17	0,076
1922 September 20. . . .	− 0,15	0,076
1901 Mai 17..	− 0,04	0,066
1923 September 10. . . .	+ 0,02	0,084
1914 August 21.	+ 0,25	0,070
1925 Januar 24.	+ 0,31	0,058
1926 Januar 14.	+ 0,50	0,054
1927 Juni 29.	+ 0,81	0,048
1893 April 16.	+ 0,82	0,024
1905 August 30.	+ 0,85	0,010

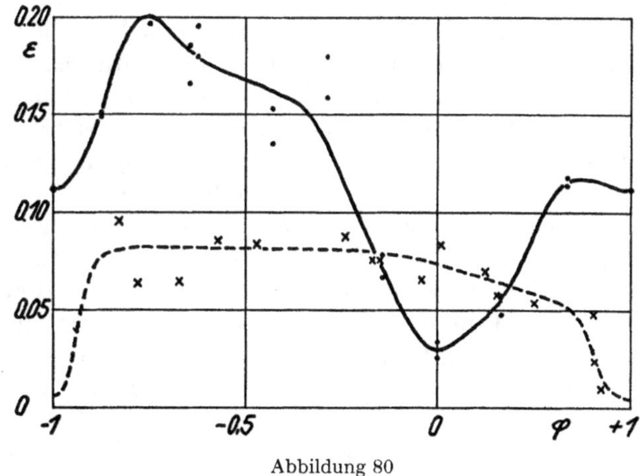

Abbildung 80

Die Elliptizität der Koronaisophoten in Abhängigkeit von der Phase des 11jährigen Zyklus für
monochromatisches Licht (ausgezogene Kurve) und für kontinuierliches Licht (gestrichelte Kurve).

Fall der Finsternis vom 8. Juni 1918 weggelassen. Im weissen Licht zeigt die Abplattung der Korona zwischen Maximum und Minimum der Fleckentätigkeit gleichmässig hohe Werte; vom Minimum bis zum Maximum nimmt sie erst langsam, dann schneller ab, erreicht zur Zeit des Fleckenmaximums die niedrigsten Werte und steigt hernach sehr schnell auf den grössten Wert an. Dies kann so interpretiert werden, dass einer permanenten inneren, äquatorialen Korona, welche nur einer schwachen elfjährigen Periode unterliegt, sich zeitweise, nämlich um die Zeit des Fleckenmaximums, eine polare Korona überlagert. Nach dem Verlauf der Abplattungswerte muss die polare Korona sich kurz nach dem Fleckenminimum zu entwickeln beginnen, zur Zeit des Maximums ihre grösste Entfaltung aufweisen und darauf ziemlich abrupt wieder verschwinden. Dadurch ist indirekt eine polare Zone der weissen Korona nachgewiesen, welche dieselbe Entwicklung und zeitliche Verlagerung zeigt wie die ausführlich untersuchte Polarzone der monochromatischen Korona (Ziffer 8). Dass diese Polarzone bisher direkt, zum Beispiel durch Photometrie von Koronaaufnahmen, nicht nachgewiesen worden ist, liegt daran, dass diese Zone im weissen Licht viel weniger auffällig ist als im monochromatischen, konnte doch sogar die stärker ausgeprägte Hauptzone erst neuerdings nachgewiesen werden[1], und zwar erst, als auf Grund unserer monochromatischen Koronabeobachtungen die Existenz jener Zone im kontinuierlichen Licht vermutet werden musste.

Wesentlich anders verläuft das Phasengesetz für ε bei der monochromatischen Korona. Während für die ε-Werte der weissen Korona nur der Umstand von Bedeutung ist, ob die polare Korona vorhanden ist oder nicht, spielt für die ε-Werte der monochromatischen Korona auch die Hauptzone eine wesentliche Rolle. Sehen wir vorerst von den Minimumsjahren 1943 bis 1945 ab, so zeigt ε ein Maximum unmittelbar nach dem Fleckenmaximum, worauf ein monotoner Abfall einsetzt bis zur Erreichung eines minimalen Wertes zur Zeit des nächsten Fleckenmaximums, worauf ε sprunghaft wieder auf seinen maximalen Wert ansteigt. Soweit sind die Variationen von ε in qualitativer Übereinstimmung mit denjenigen der weissen Korona und im wesentlichen nur durch die Polarzone bedingt. Die maximalen ε-Werte treten etwa 2 Jahre nach dem Fleckenmaximum auf, wenn die koronale Polarzone verschwunden, die Hauptzone aber noch sehr stark entwickelt ist. Die bald kräftig in Erscheinung tretende neue Polarzone bei 60° heliographischer Breite bedingt eine erste Abnahme von ε, welcher eine weitere folgt, wenn diese Zone nach dem Fleckenminimum sich polwärts verschiebt. Diesem einfachen Verlauf von ε überlagert sich bei der monochromatischen Korona eine sehr starke Abnahme von ε um die Zeit des Sonnenfleckenminimums. Diese kommt dadurch zustande, dass zu dieser Zeit auch die Hauptzone der monochromatischen Korona eine nur sehr geringe Ausdehnung aufweist. Die Grenzisophote liegt dann auch über der Fleckenzone nahe am Sonnenrand, und mit Annäherung an diesen geht ε gegen Null. In diesem Punkt lassen sich die ε-Werte für monochromatische und weisse

---

[1] M. WALDMEIER, *Photometrie der inneren Korona*, Z. Astrophys. *22*, 18 (1942).

Tabelle 27

Jahresmittelwerte der Koronahöhen in Abhängigkeit vom Abstand vom Sonnenäquator

Jahr	90	85	80	75	70	65	60	55	50	45	40	35	30	25	20	15	10	5	0
1939/40	0,08	0,08	0,15	0,35	0,62	0,95	1,23	1,41	1,69	1,97	2,37	2,74	3,08	3,54	4,08	4,54	**4,66**	4,44	4,17
1941	0	0,03	0,25	0,49	0,88	1,30	1,51	1,64	1,84	2,02	2,20	2,44	2,76	3,18	3,58	3,94	**4,04**	4,03	3,98
1942	0,04	0,07	0,14	0,30	0,65	0,92	1,22	1,37	1,50	1,78	2,11	2,43	2,77	3,27	3,68	4,05	4,32	**4,37**	4,32
1943	0	0	0	0,04	0,38	0,99	1,46	1,72	1,89	**1,95**	1,94	1,90	1,87	1,79	1,82	1,93	2,11	2,31	**2,34**
1944	0	0	0	0,05	0,15	0,40	0,52	0,65	0,72	0,84	1,02	1,21	**1,26**	1,08	0,82	0,56	0,46	0,37	0,27
1945	0,01	0,02	0,06	0,17	0,49	0,95	1,26	1,45	1,60	1,80	1,98	2,12	**2,20**	2,12	1,91	1,55	1,28	0,98	0,80
1946	0,88	1,05	1,39	1,84	2,24	2,44	2,56	2,71	2,98	3,40	3,74	4,01	4,27	**4,52**	4,42	4,03	3,49	3,15	3,06
1947	1,93	2,01	2,14	2,32	2,39	2,39	2,44	2,67	2,96	3,32	3,65	4,01	4,30	4,58	**4,75**	4,71	4,47	4,15	4,02
1948	1,43	1,43	1,45	1,50	1,58	1,72	2,00	2,29	2,55	2,89	3,20	3,54	3,97	4,37	4,54	**4,61**	4,47	4,22	4,02
1949	0,21	0,24	0,37	0,62	0,93	1,26	1,58	1,84	2,19	2,63	3,08	3,58	4,03	4,38	4,66	**4,84**	**4,84**	4,74	4,71
1950	0,17	0,22	0,37	0,56	0,81	1,06	1,26	1,45	1,71	2,03	2,42	2,88	3,34	3,88	4,26	**4,40**	4,36	4,33	4,39

Korona nicht miteinander vergleichen, weil der mittlere Abstand der Grenz-isophote vom Sonnenrand variiert, die ε-Werte der weissen Korona sich aber auf einen festen Abstand der Isophoten vom Sonnenrand beziehen. Bei abneh-mendem Isophotenabstand würde auch für die weisse Korona ε nach Null gehen.

18. *Koronaform und Sonnenflecken*

Für die Untersuchung dieses Zusammenhanges benutzen wir Tabelle 24. Die Spärlichkeit des Beobachtungsmaterials in den ersten Jahren lässt es ange-zeigt erscheinen, dasselbe weiter zusammenzufassen durch Mittelung von Nord- und Südseite (Tabelle 27). Dadurch werden Unregelmässigkeiten, die durch die Zufälligkeit der Beobachtungstage bedingt sind, weiter eliminiert, zugleich aber die häufig vorhandenen reellen Unterschiede zwischen Nord- und Südhemi-sphäre verdeckt.

In den Tabellen 24 und 27 sind in jeder Horizontalreihe die maximalen Höhen durch Fettdruck hervorgehoben; in Tabelle 27 liegen dieselben aus-schliesslich in der Hauptzone und zeigen die bekannte Verschiebung derselben. Im Jahre 1939 lag das Höhenmaximum bei etwa 15° heliographischer Breite und hat sich bis zum Jahre 1943, wo es zum letztenmal auftrat, bis zum Äquator verschoben. Im gleichen Jahr erscheint erstmals ein neues Höhenmaximum in 40 bis 45°, gleichzeitig mit der Fleckenzone des neuen Zyklus; dieses in den folgenden Jahren allein vorhandene Höhenmaximum verschiebt sich mit der Fleckenzone äquatorwärts und hat 1950 wieder dieselbe heliographische Breite erreicht wie 1939.

Betrachten wir dagegen die Höhen in jeder einzelnen Spalte, das heisst bei festem Äquatorabstand, so zeigt Tabelle 27, dass, abgesehen von kleineren Schwankungen in den ersten Jahren, aus welchen nur wenige Beobachtungen vorliegen, in allen Breiten das Höhenmaximum in der Nähe des Fleckenmaxi-mums auftritt. Deutlich kommt darin wieder der Einfluss der beiden koronalen Aktivitätszonen zum Ausdruck, welche beide in mittleren Breiten ihren Ur-sprung nehmen. Deshalb tritt in diesen Breiten (35° bis 65°) das Höhenmaxi-mum schon etwa 1 Jahr vor dem Fleckenmaximum auf, in der Polargegend (70° bis 90°) sowie in 20° bis 30° hingegen zur Zeit des Maximums und in helio-graphischen Breiten $< 15°$, wohin die Koronahauptzone erst später gelangt, erst etwa 2 Jahre nach dem Fleckenmaximum.

Eine genauere Untersuchung des Zusammenhanges zwischen Koronahaupt-zone und Fleckenzone ist an Hand der in Tabelle 28 mitgeteilten Angaben möglich. Unter «Höhenmaximum» ist die heliographische Breite der maxi-malen Höhen der Mittelwerte nach Tabelle 24 verstanden; dagegen soll «mitt-leres Höhenmaximum» den Mittelwert der heliographischen Breite der indi-viduellen Höhenmaxima bedeuten. Unter «Fleckenmaximum» ist die helio-graphische Breite der maximalen Fleckenhäufigkeit eingetragen, und schliess-lich ist noch die mittlere Breite der Flecken mitgeteilt. Sinngemäss sind die erste und dritte Kolonne miteinander zu vergleichen (Differenz Δ_1) bzw. die zweite und vierte Kolonne (Differenz Δ_2). Es zeigt sich, dass allgemein die

Tabelle 28

Lage des koronalen Höhenmaximums und der Fleckenzone

Jahr	N-Halbkugel						S-Halbkugel					
	Höhenmaximum	mittleres Höhenmaximum	Fleckenmaximum	mittlere Breite der Flecken	Δ_1	Δ_2	Höhenmaximum	mittleres Höhenmaximum	Fleckenmaximum	mittlere Breite der Flecken	Δ_1	Δ_2
1939/40	13,0	12,3	12,0	13,3	1,0	−1,0	10,0	14,4	9,5	11,3	0,5	3,1
1941	12,0	15,0	10,5	10,8	1,5	4,2	—	12,5	7,0	7,9	—	4,6
1942	10,0	15,0	9,0	10,0	1,0	5,0	7,0	10,5	6,5	7,5	0,5	3,0
1943	8,0/39,0	13,0/47,2	7,0	8,7	1,0	4,3	51,0	53,7	30,0	31,4	21,0	22,3
1944	39,0	47,0	25,0	22,8	14,0	24,2	30,0	30,0	24,0	27,0	6,0	3,0
1945	33,0	35,6	22,0	24,0	11,0	11,6	23,0	23,9	19,0	21,2	4,0	2,7
1946	25,0	30,9	19,0	20,2	6,0	10,7	20,0	22,9	18,0	20,4	2,0	2,5
1947	19,0	22,5	16,0	17,1	3,0	5,4	18,0	20,5	16,0	16,8	2,0	3,7
1948	17,5	22,0	14,0	14,8	3,5	7,2	15,0	17,8	12,0	14,2	3,0	3,6
1949	15,0	18,7	12,0	14,3	3,0	4,4	10,0	13,5	11,0	13,2	−1,0	0,3
1950[1]	15,0	16,0	10,0	14,1	5,0	1,9	—	11,6	11,0	11,8	—	−0,2

[1] Januar bis April

Koronazone einen grösseren Abstand vom Sonnenäquator aufweist als die Fleckenzone. Die Differenz ist zu Beginn des Zyklus, wo sie 10 bis 20° beträgt, am grössten und nimmt schnell ab, beträgt zur Zeit des Fleckenmaximums noch ungefähr 5° und am Ende des Zyklus noch etwa 2°.

Schliesslich zeigt Abbildung 81 den Verlauf der Koronahöhen für die heliographischen Breiten 20°, 50° und 80° auf beiden Halbkugeln während eines ganzen Sonnenzyklus. Im Polargebiet wird nur während etwa drei Jahren um die Zeit des Fleckenmaximums eine beträchtliche Höhe beobachtet. In der mittleren Breite von 50° herrscht eine auffällig konstante Koronahöhe von rund 2′, die nur um die Zeit des Fleckenmaximums während 2 bis 3 Jahren auf etwa 3′ ansteigt und im Minimumsjahr auf etwa 1′ absinkt. Bei dem Äquatorabstand von 20° (Fleckenzone) ist naturgemäss der Zusammenhang mit dem Fleckenzyklus besonders eng. Das Höhenminimum von etwa 1′ wird zur Zeit des Fleckenminimums erreicht. Auf der Südhemisphäre tritt dasselbe schon ein halbes Jahr früher auf als auf der Nordhemisphäre, was damit zusammenhängt, dass der neue Fleckenzyklus auf der südlichen Halbkugel früher und stärker eingesetzt hat als auf der nördlichen. Das südseitige Fleckenmaximum ist in der ersten Hälfte 1947 aufgetreten, das nordseitige dagegen erst in der ersten Hälfte 1949. Dasselbe trifft zu für das Höhenmaximum der Korona. Dies zeigt erneut, dass die monochromatische Korona, wenn nicht gar durch die Flecken erzeugt, so doch weitgehend durch diese gesteuert wird.

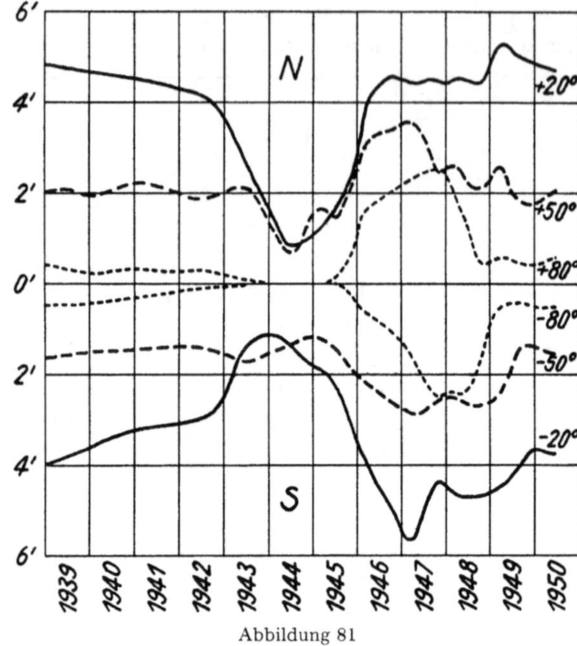

Abbildung 81

Die Koronahöhen in verschiedenen heliographischen Breiten im Verlaufe des 11jährigen Zyklus.

19. *Isohypsenkarten der Korona*

Falls die Höhe der Korona an einer grösseren Zahl von aufeinanderfolgenden Tagen bestimmt werden konnte, lässt sich für diese Zeit eine Höhenkarte der Korona auf folgende Art entwerfen: die längs des Sonnenrandes gemessenen Höhen werden auf einer heliographischen Karte längs desjenigen Meridianes aufgetragen, der dieselbe Länge hat wie der betreffende Sonnenrand zur Zeit der Beobachtung. Bei lückenloser täglicher Beobachtung liegen die Messreihen in Länge je 13° auseinander, und die Punkte gleicher Höhe lassen sich ohne Willkür durch eine Isohypse miteinander verbinden.

Nachdem vom Verfasser[1] schon früher, allerdings nur für ein beschränktes Gebiet, solche Höhenkarten gegeben worden sind, enthalten die Abbildungen 82 und 84 erstmals Höhenkarten für eine vollständige Abwicklung der Sonne, ermöglicht durch fast lückenlose Beobachtungen im März und im September 1948. In diesen Karten beträgt die Äquidistanz der Isohypsen 0,5'. Höhen unter 3,0' sind nicht besonders bezeichnet, solche zwischen 3,0 und 4,0' weit, solche zwischen 4,0 und 5,0' eng schraffiert und Höhen > 5,0' schwarz dargestellt. In den Abbildungen 83 und 85 sind den Höhenkarten die entsprechenden Karten der Photosphäre gegenübergestellt. In diesen sind die Fackelgebiete schraffiert dargestellt, die Flecken (Umbra inklusive Penumbra) schwarz eingezeichnet. Da sich die in den heliographischen Karten der Photosphäre dar-

---

[1] M. WALDMEIER, Z. Astrophys. *27*, 73 (1950).

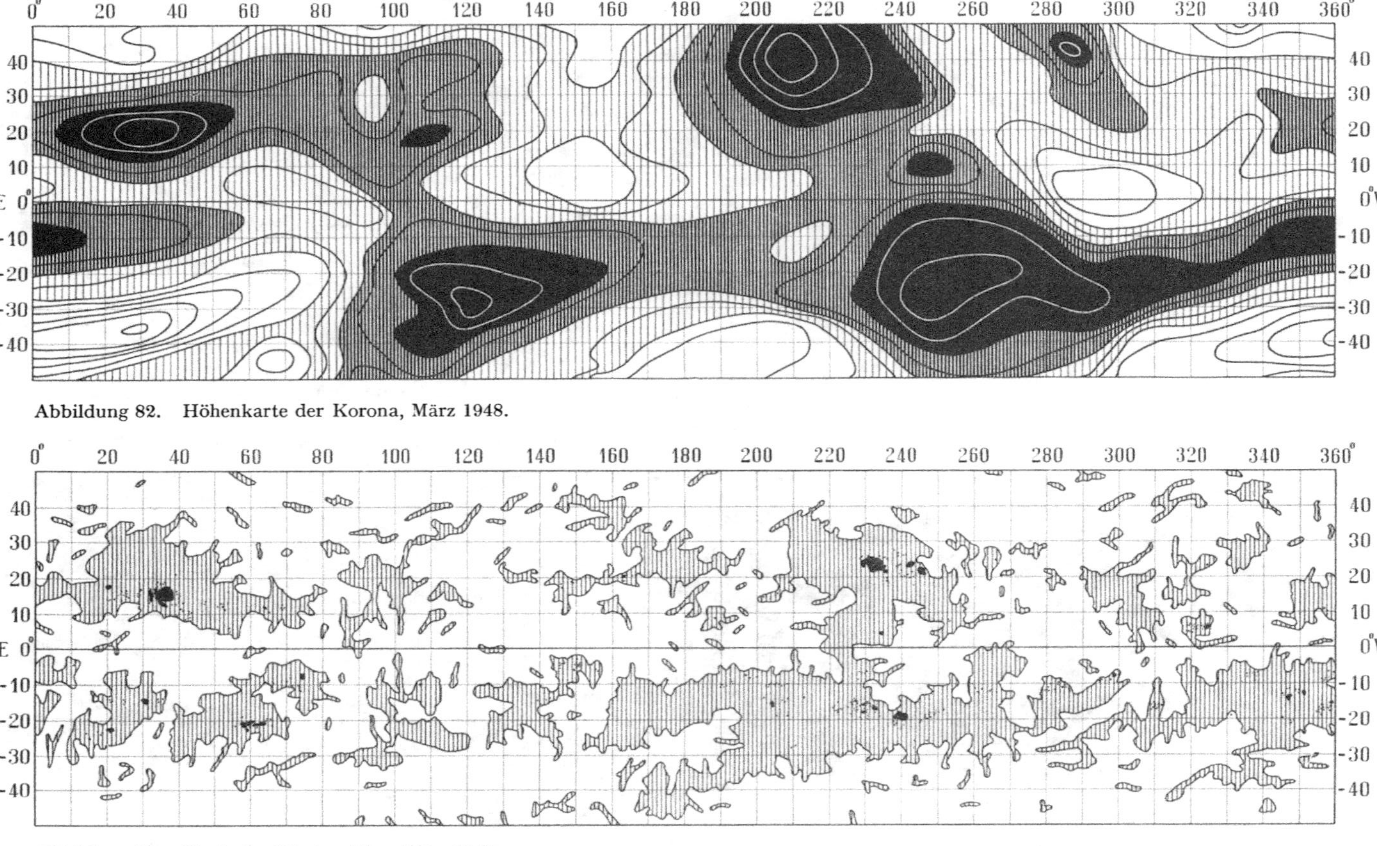

Abbildung 82. Höhenkarte der Korona, März 1948.

Abbildung 83. Karte der Photosphäre, März 1948.

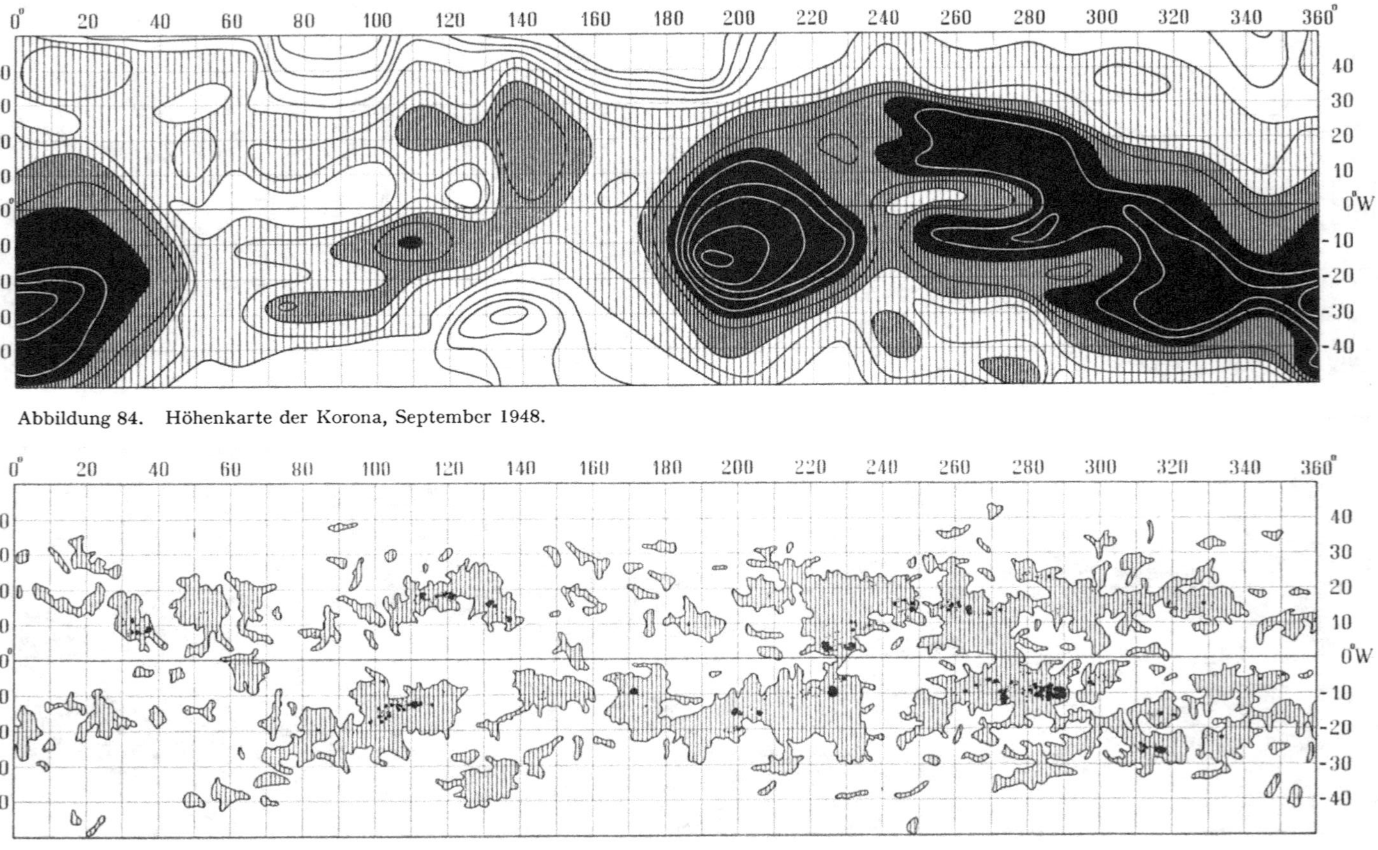

Abbildung 84.   Höhenkarte der Korona, September 1948.

Abbildung 85.   Karte der Photosphäre, September 1948.

gestellten Erscheinungen im wesentlichen auf Beobachtungen in der Nähe des Zentrums der Sonnenscheibe beziehen, diejenigen der Koronakarte dagegen auf Randbeobachtungen, entsprechen die gegenübergestellten Karten nicht genau demselben Zeitmoment, was bei der Diskussion solcher Karten zu beachten ist. Sofern es sich um Koronabeobachtungen am Ostrand handelt, ist die photosphärische Karte verwendet worden, welche sich auf einen rund 7 Tage späteren, bei Beobachtungen am Westrand diejenige, welche sich auf einen rund 7 Tage früheren Zeitpunkt bezieht als die Koronabeobachtungen.

Die Vergleichung zwischen den Abbildungen 82 und 83 zeigt, dass die Korona über den Hauptaktivitätszentren bei $(b = 15, l = 30)$, $(23, 240)$, $(- 18, 235)$ überhöht ist, dass aber die Höhenmaxima gegenüber den Fleckenzentren nach grösseren heliographischen Breiten verschoben sind. Auch die Abbildungen 84 und 85 lassen erkennen, dass die aktivsten Fleckenherde in Gebieten grosser Koronahöhen oder doch am Rande von solchen liegen. Bei mittleren und kleineren Fleckenherden ist jedoch kein solcher Zusammenhang erkennbar. Geht man von den Gebieten grosser Koronahöhen aus, so erscheint der Zusammenhang mit den photosphärischen Störungen noch schwächer. So entspricht dem hohen Koronagebiet bei $b = - 30, l = 120$ auf Abbildung 82 nur eine sehr schwache photosphärische Aktivität, ebenso dem Gebiet bei $b = - 30, l = 0$ auf Abbildung 84. Etwas besser erweist sich der Zusammenhang der Koronahöhen mit den Fackelgebieten, besonders wenn man nur die helleren berücksichtigt. Fackelarme Gebiete in Verbindung mit geringer Koronahöhe finden sich bei $(10, 140)$ und $(5, 290)$ auf Abbildung 83 sowie bei $(10, 90)$ und $(20, 350)$ auf Abbildung 85. Aber auch dieser Zusammenhang zwischen Koronahöhe und hellen Fackelgebieten vermag keine Erklärung zu geben für die Höhenmaxima bei $(- 30, 120)$ und $(42, 286)$ auf Abbildung 82 sowie bei $(- 30, 0)$ auf Abbildung 84.

Der früher erwähnte Fall[1], wo in der Umgebung eines grossen Fleckes die Koronahöhe gross war, über dem Fleck selber aber ein Minimum aufwies, bestätigt das hier gefundene Resultat, dass die Koronahöhe statistisch eng mit der Fleckentätigkeit zusammenhängt, während im Einzelfall nur eine lockere Beziehung besteht, auch dann, wenn eine zeitliche Verspätung der Koronahöhe auf die Fleckentätigkeit in Betracht gezogen wird.

---

[1] M. WALDMEIER, Z. Astrophys. 27, 73 (1950).

V. KAPITEL

KORONALE KONDENSATIONEN

Isophotendarstellungen von Finsternisaufnahmen der Korona zeigen einen monotonen Helligkeitsabfall vom Sonnenrand nach aussen, und die auf kontrastreichen Aufnahmen erkennbaren Strukturdetails, wie Strahlen, Bögen usw., treten kaum in Erscheinung. Bereits die ersten Beobachtungen des Verfassers[1] im Winter 1938/39 zeigten, dass die monochromatische Korona sich in dieser Hinsicht anders verhält, indem häufig, hauptsächlich über Fleckengebieten, protuberanzenähnliche, meist übernormal helle Strukturen auftreten, die man verschiedentlich auch auf Objektivprismen- oder Objektivgitteraufnahmen früherer Finsternisse erkennen kann und denen der Verfasser die heute allgemein verwendete Bezeichnung «koronale Kondensation» gegeben hat.

20. *Technik der Beobachtung monochromatischer koronaler Kondensationen*

Drei verschiedene Methoden wurden vom Verfasser verwendet, zwei für visuelle und eine für photographische Beobachtung.

a) *Methode mit verbreitertem Spalt.* Es ist die klassische Methode der Protuberanzenbeobachtung, welche auch heute noch vielfach angewendet wird. Der Spalt des Spektroskops wird tangential an den Sonnenrand gestellt und so weit geöffnet, dass er einen Teil der Koronastruktur zu beobachten gestattet. Für diese Beobachtungen wurde meistens die Linie 5303 Å verwendet, gelegentlich auch die Linien 6374 und 5694 Å. Beim Öffnen des Spaltes nimmt der Kontrast zwischen Korona und Himmel ab. Bei dem verwendeten Spektroskop (siehe Band I, Seite 20) sind die Brennweiten von Kollimator und Kamera gleich. Wir machen die vereinfachende Annahme, dass bei engem Spalt, Breite $= s$ mm, keine Verzerrung der Linienkontur auftrete und diese selbst kastenförmig sei von der Intensität i_L und der Breite Δ mm (in der Fokalebene gemessen). Bei der Spaltbreite s sei die Intensität des kontinuierlichen Streulichtes in der Umgebung der Koronalinie i_K (wobei das koronale Kontinuum vernachlässigt wird). Beim Öffnen des Spaltes bis zur Breite S nimmt die Intensität des Kontinuums I_K linear zu: $I_K = S/s\, i_K$. Wenn wir die Wirkung des verbreiterten Spaltes auf die Intensität I_L des monochromatischen Koronabildes auffassen als die Summe von S/s nebeneinandergestellten engen Spalten, von denen jeder das unverzerrte Kastenprofil liefert, so sehen wir, dass die

---

[1] M. WALDMEIER, Z. Astrophys. *20*, 192, 212 (1940); VJS. *74*, 229 (1939).

Intensität zuerst linear zunimmt: $I_L = S/s\, i_L$, aber nur solange $S \leqq \varDelta$. Bei weiter zunehmender Spaltbreite bleibt I_L konstant. Man hat somit grössten Kontrast bei möglichst breitem Gesichtsfeld, wenn $S = \varDelta$. Man wird aber diese Grenze weit überschreiten und den Spalt etwa so weit öffnen, bis $I_L = I_K$. Unter diesen Bedingungen ist $S = \varDelta\, i_L/i_K$. Da in den Kondensationen die Koronalinie 5303 Å meistens sehr hell ist, erreicht der Quotient i_L/i_K selbst bei nicht erstklassigen Beobachtungsbedingungen Werte von etwa 10, das heisst $S = 1$ mm, was bei der benutzten Objektivbrennweite eine Gesichtsfeldbreite von 2.3′ liefert. Diese sehr einfache Methode hat den Nachteil, dass zufolge der ziemlich grossen Breite der Koronalinien die Formen der Kondensationen unscharf erscheinen müssen. Da aber diese Formen, im Gegensatz zu denjenigen der Protuberanzen, an sich schon ein nebliges Aussehen haben, fällt jener Nachteil kaum ins Gewicht.

b) *Methode der rotierenden Prismen.* Da es sich bei der Beobachtung der monochromatischen Kondensationen methodisch um dasselbe Problem handelt wie bei der Beobachtung der Protuberanzen ausserhalb des Sonnenrandes, können bei beiden Problemen dieselben Methoden angewendet werden. Eine

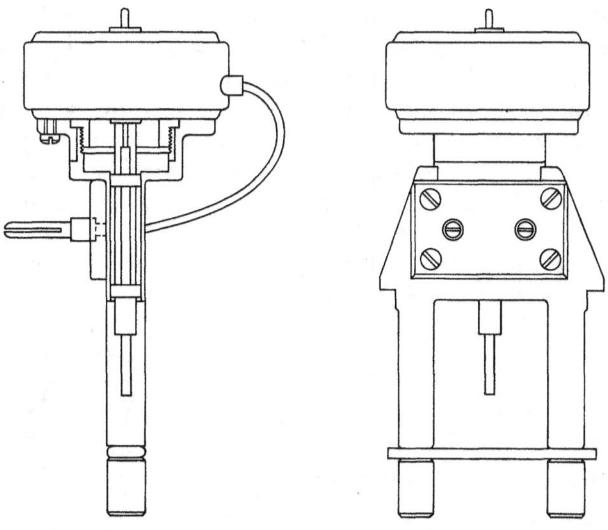

Abbildung 86

Das rotierende Prisma vor dem Eintrittsspalt.

vom Verfasser 1941 in Betrieb genommene Apparatur ist dem Spektrohelioskop nachgebildet und könnte deshalb sinngemäss als Spektrokoronaskop bezeichnet werden. Vor dem Eintrittsspalt befindet sich ein rotierendes, stäbchenförmiges, quadratisches Prisma und ein ebensolches zwischen Monochromatorspalt und Okular. Weil das Sonnenbild nur 14 mm Durchmesser besitzt und die Vorrichtung aus Gründen der Helligkeit ein Gesichtsfeld von nur 2′ erhalten sollte,

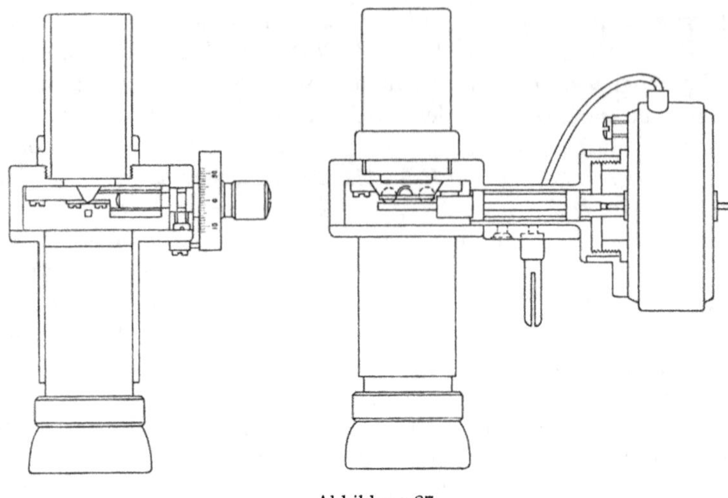

Abbildung 87

Das rotierende Prisma mit dem Monochromatorspalt.

ergab sich für die Prismen ein Querschnitt von nur 2 · 2 mm. Der Vorsatz und
der Okularteil (Abb. 86 und 87) können mit wenigen Handgriffen eingesetzt
und damit das Spektroskop in ein Spektrokoronaskop verwandelt werden. Da
die beiden Prismen, die synchron und in Phase laufen müssen, nicht auf derselben Achse sitzen, musste jedes Prisma durch einen eigenen Synchronmotor
angetrieben werden. Um die Phase einstellen zu können, ist der Motor vor dem
Eintrittsspalt um seine Achse drehbar. Abbildung 88 zeigt die beiden Spektrokoronaskopischen Zusätze und Abbildung 89 das zusammengesetzte Instrument. Dasselbe erfordert wegen der kleinen Dimensionen, in welchen es ausgeführt ist, eine sorgfältige Justierung und wegen der geringen Helligkeit der

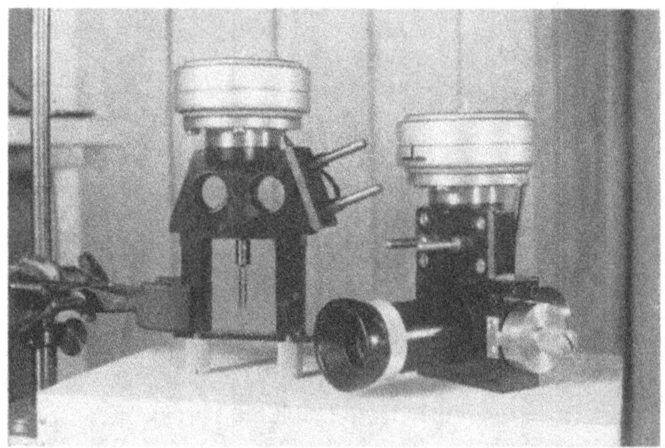

Abbildung 88

Die beiden spektrokoronaskopischen Zusätze.

Bilder viel Übung. Die Zentrierung der Koronalinie auf den schmalen Monochromatorspalt bereitet viel Mühe, indem die Koronalinie, die bei breitem Monochromatorspalt ohne Schwierigkeit zu sehen ist, beim Verengern des Spaltes mehr
und mehr verschwindet. Es hat sich deshalb als zweckmässig erwiesen, die Linie

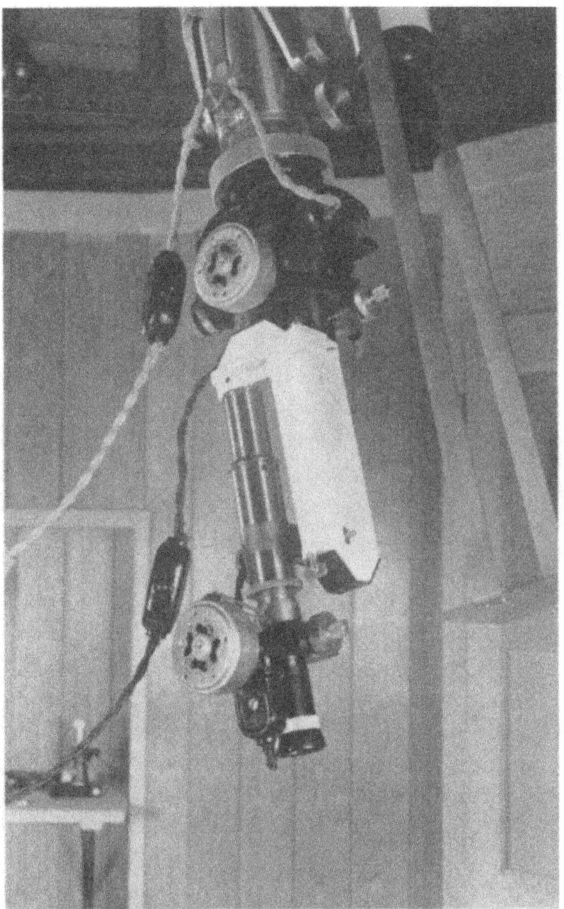

Abbildung 89

Das Spektrokoronaskop.

lediglich in die Nähe des Spaltes zu bringen, dann die Prismen in Bewegung zu
setzen und durch Verschieben des Spektrums die Linie auf den Spalt zu bringen,
welche Stellung im Okular durch das Aufleuchten der Korona erkannt wird.

c) *Methode der Schiebkassette*. Während die Methode mit verbreitertem Spalt
und das Spektrokoronaskop für die visuelle Beobachtung bestimmt sind, wurde
für die photographische Beobachtung das Prinzip des Spektroheliographen
benutzt, allerdings abgeändert, so dass die erhaltenen Aufnahmen eine ein-

wandfreie Photometrierung gestatten. Der Monochromatorspalt wird auf 0,5 mm
Breite geöffnet, so dass er nicht nur die Koronalinie von etwa 0,1 mm Breite
enthält, sondern auch das anschliessende Kontinuum, welches aus dem Kontinuum der Korona und demjenigen des Streulichtes besteht. Die photographische
Platte wird nicht kontinuierlich verschoben, sondern diskontinuierlich jeweils
um die Breite des Monochromatorspaltes zwischen zwei Aufnahmen. Die entsprechende Verschiebung des ganzen Spektralapparates über die Korona erfolgt
wegen der Kleinheit des Sonnenbildes (Durchmesser 14 mm) in kleineren
Schritten von 0,02 bis 0,20 mm, je nach der Grösse des aufzunehmenden Ob-

Abbildung 90

Die Schiebkassette.

jektes. Abbildung 90 zeigt die am Okularstutzen anzusetzende Schiebkassette,
wobei zwecks Zentrierung der Koronalinie auf die Mitte des Monochromatorspaltes an Stelle der Kassette eine mit Lupe versehene Platte eingesetzt ist.
Abbildung 91 zeigt den betriebsbereiten Spektrokoronagraphen mit den beiden
zueinander parallelen, von Hand zu betätigenden Mikrometerschrauben, von
denen die obere den Apparat als Ganzes über das Bild der Korona, die untere
die photographische Platte hinter dem Monochromatorspalt verschiebt. Die Expositionen (für die Linie 5303 Å etwa 5 Sekunden) erfolgen durch eine Klappe
vor dem Eintrittsspalt. Die photometrische Eichung der Aufnahmen geschieht
in zwei Schritten: 1. Im Anschluss an die Aufnahme wird eine Stelle zunächst
des Sonnenrandes nochmals, und zwar auf dieselbe Platte und mit derselben
Expositionszeit, unter Beibehaltung aller Nebenumstände aufgenommen und
anschliessend diese gleiche Stelle noch etwa sechsmal unter Abschwächung des
Lichtes durch Einsetzen von Graufiltern vor dem Eintrittsspalt. 2. Anschluss
des Kontinuums ausserhalb der Koronalinie an das Kontinuum des Zentrums
der Sonnenscheibe entweder photographisch auf derselben Platte oder visuell
mit einem früher beschriebenen Photometer[1].

---

[1] M. Waldmeier. *Die Sonnenkorona*, Bd. I (Birkhäuser, Basel 1951) S. 23, Abb. 10.

21. *Statistik der koronalen Kondensationen*

In den Beobachtungsbüchern des Verfassers finden sich aus den Jahren 1939 bis 1952 Angaben über 238 Kondensationen, meistens versehen mit Zeichnungen und alle beobachtet im Licht der Koronalinie 5303 Å. Von den viel weniger zahlreichen Beobachtungen in den Linien 5694 und 6374 Å soll hier nicht die Rede sein. Die nach Tabelle 29 in den einzelnen Jahren beobachtete Anzahl von Kondensationen kann aus vielfachen Gründen nicht als eine objektive Statistik gelten. Zunächst ist die Zahl der Beobachtungstage in den einzelnen Jahren recht verschieden, dann wurde nicht regelmässig nach Kondensationen gesucht und schliesslich wurde zur Zeit grosser Aktivität den kleineren Kondensationen keine Beachtung geschenkt, während zur Zeit geringer Aktivität auch kleinere

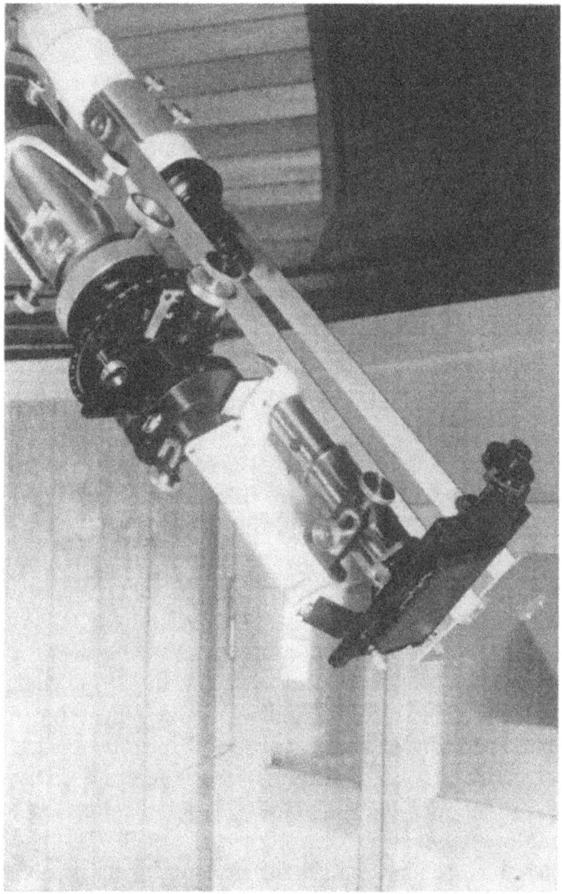

Abbildung 91

Der Spektrokoronagraph.

Kondensationen als etwas Aussergewöhnliches notifiziert worden sind. Trotz diesen mannigfachen Inhomogenitäten ist der Gang der Häufigkeit der Kondensationen mit der Fleckentätigkeit unschwer zu erkennen: die kleinste Häufigkeit fällt mit dem Sonnenfleckenminimum 1944 zusammen, die grösste mit dem Fleckenmaximum 1947.

Tabelle 29

Die mittlere heliographische Breite der Kondensationen

Jahr	Anzahl	b_n	b_s	$\dfrac{\lvert b_n\rvert + \lvert b_s\rvert}{2}$	Mittlerer Äquatorabstand der Flecken	$\varDelta$
1939	13	$+13{,}0$	$-15{,}9$	14,4	13,3	1,1
1940	19	11,2	10,5	10,9	11,3	$-0{,}4$
1941	32	13,2	8,8	11,0	9,2	1,8
1942	15	8,6	9,2	8,9	8,8	0,1
1943	22	9,6	5,7	7,7	7,7	0,0
1944	2	—	26,5	26,5	24,9	1,6
1945	7	26,5	28,3	27,4	22,6	4,8
1946	35	24,8	20,8	22,8	20,3	2,5
1947	38	21,2	24,3	22,8	17,0	5,8
1948	19	16,7	16,2	16,5	14,5	2,0
1949	11	20,2	18,2	19,2	13,8	5,4
1950	4	11,5	—	11,5	12,8	$-1{,}3$
1951	17	11,5	12,7	12,1	11,1	1,0
1952	4	6,0	10,7	8,4	10,2	$-1{,}8$

Die Statistik der heliographischen Breiten zeigt, dass die Kondensationen praktisch nur in der Fleckenzone vorkommen. Die Mittelwerte der heliographischen Breiten nehmen von 1939 bis 1943 regelmässig ab, springen 1944 auf einen hohen Wert, von welchem sie bis 1952 allmählich wieder zu kleineren übergehen. Die geringen Unregelmässigkeiten in dieser Zonenwanderung sind durch die in einzelnen Jahren sehr kleine Zahl von Kondensationen bedingt. Demgegenüber erfolgt die Zonenwanderung der Flecken, bei denen sich die Mittelbildung auf sehr viel mehr Objekte bezieht, völlig regelmässig. Es muss noch erwähnt werden, dass bei der Bestimmung des Mittelwertes für die Kondensationen für das Jahr 1943 eine am 20.Mai am Westrand in $-41°$ Breite aufgetretene Kondensation, die zum neuen Zyklus gehört, ausgeschlossen wurde, ebenso eine am 22. Dezember 1946 am Westrand bei $+3°$ Breite beobachtete, welche dem alten Zyklus angehört. Auch eine in der Polarzone am 29. Dezember 1951 auf der Ostseite bei $-58°$ Breite beobachtete Kondensation ist von der Mittelbildung ausgeschlossen worden.

Die Differenz $\varDelta$ zwischen dem mittleren Äquatorabstand der Kondensationen und demjenigen der Flecken ist vorwiegend positiv, und zwar besonders gross zu Beginn des Zyklus, und verschwindet nahezu gegen Ende desselben. Wo vereinzelt negative Differenzen auftreten, sind diese stets klein, fallen auf den absteigenden Teil der Aktivitätskurve, wo die Differenz an sich schon klein ist, und überdies beziehen sie sich häufig, wie in den Jahren 1950 und 1952 auf eine so kleine Zahl von Beobachtungen, dass diesen Ausnahmen keine Bedeutung zukommt. Es handelt sich hier um dieselbe Erscheinung, welche schon in Abbildung 20 und Tabelle 11 zum Ausdruck gekommen ist, wo wir gefunden hatten, dass die Breitendifferenz zwischen Koronahauptzone und Fleckenzone von 7° im Jahre 1945 auf 2° im Jahre 1951 abgenommen hat.

22. *Form und Variationen der Kondensationen*

Während die photographische Methode für die Erfassung der Koronaformen als Ganzes und für ihre Photometrie geeignet erscheint, gestattet die visuelle Beobachtung die Erfassung feinerer Details der Koronastrukturen, deren Wie-

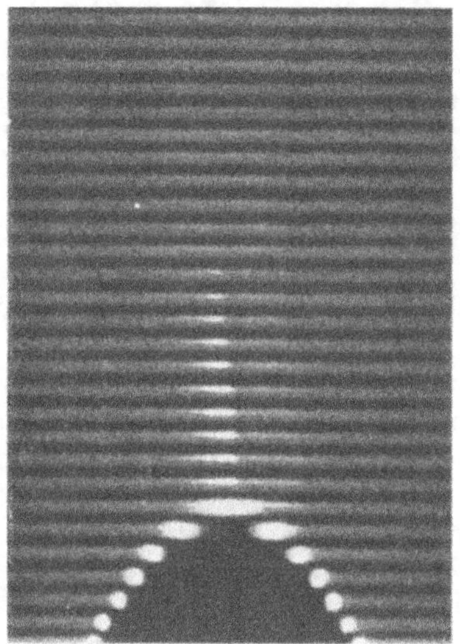

Abbildung 92

Koronastrahl, aufgenommen mit der Schiebkassette am 20. Februar 1942.

dergabe vom Beobachter grosse zeichnerische Fähigkeiten verlangt. Als Beispiele zeigt Abbildung 92 einen mit der Schiebkassette aufgenommenen Koronastrahl, Abbildung 93 eine Zeichnung der Koronastruktur über einer grossen Fleckengruppe. Die in den Abbildungen 94–106 dargestellte Auswahl von 195 Kondensationen soll die in denselben auftretenden charakteristischen Formen und ihre Veränderungen zum Ausdruck bringen. Bei der Betrachtung dieser Zeichnungen ist zu beachten, dass die koronalen Kondensationen, beobachtet im monochromatischen Licht einer Emissionslinie, nicht wie die Protuberanzen auf dunklem Hintergrund erscheinen, sondern auf der permanenten monochro·

matischen Korona, welche wir im wesentlichen als strukturlos, an Helligkeit von innen nach aussen abnehmend betrachten. Dadurch erscheinen notwendigerweise die Kontraste schwächer, die Formen weniger scharf als bei den Protuberanzen. Jener strukturlose Hintergrund, auf welchen die Kondensationen sich projizieren, ist in den Abbildungen 94 bis 106 weggelassen worden. Die in den Abbildungen eingezeichneten konzentrischen Kreise haben einen gegenseitigen Abstand von 1′, die eingezeichneten Radien einen solchen von 5°. Die Beobachtungszeiten sind in Weltzeit ausgedrückt und die beigeschriebenen Positionswinkel, welche vom Nordpunkt der Sonnenscheibe über Osten gezählt werden und im Bild von rechts nach links zunehmen, beziehen sich auf die Bildmitte. Da die die Sonne verdeckende Scheibe einen etwas grösseren Durch-

Abbildung 93

Koronale Kondensationen über grosser Fleckengruppe, 23. September 1941.

messer als das Sonnenbild haben muss, kann die Beobachtung der Korona erst bei einem Abstand von etwa $20''$ vom Sonnenrand einsetzen.

Obwohl nie zwei koronale Kondensationen gleich aussehen, lassen sich in ihnen einige wenige, immer wiederkehrende Strukturen erkennen:

1. *Erhebungen.* Gebiete von einigen Grad Ausdehnung in Richtung des Positionswinkels und von etwa 1′ in radialer Richtung, mit wenig Struktur und undeutlicher Begrenzung. Zum Beispiel Abbildung 94, Bild 12; Abbildung 96, Bilder 10 und 12.

2. *Strahlen.* Seitlich scharf begrenzte, geradlinig verlaufende Strukturen, die im innersten Teil der Korona ihren Ursprung nehmen und nach aussen schwächer werden. Solche Strahlen stehen vorwiegend in radialer Richtung, können aber auch unter grossen Winkeln gegen den Radius verlaufen. Normalerweise verjüngen sich die Strahlen nach aussen, zum Beispiel Abbildung 97, Bild 13; Abbildung 98, Bild 10; Abbildung 105, Bild 4, während in anderen Fällen die Strahlen parallel begrenzt erscheinen, zum Beispiel Abbildung 94, Bild 10; Abbildung 103, Bild 5; Abbildung 104, Bild 5.

3. *Säulen.* Schmale, meist radial stehende, parallel begrenzte Kondensationen, die im Gegensatz zu den Strahlen nach aussen nicht schwächer werden, sondern in einer gewissen Höhe fast unvermittelt abschliessen. Abbildung 103, Bild 13; Abbildung 104, Bild 6; Abbildung 105, Bild 1. Solche Säulen treten häufig in grösserer Zahl nebeneinander auf, zum Beispiel Abbildung 98, Bild 12; Abbildung 99, Bild 7; Abbildung 103, Bild 11.

4. *Schirme und Brücken.* Häufiger als isolierte Säulen werden solche beobachtet, bei denen das obere Ende derselben in eine horizontale, schirm- oder wolkenförmige Kondensation übergeht. Ein solcher Schirm kann entweder sich nur nach einer Seite entwickeln (Abb. 94, Bild 13) oder nach beiden Seiten (Abb. 106, Bilder 2 und 9). Sehr oft treten mehrere Säulen nebeneinander auf, welche durch einen gemeinsamen Schirm miteinander zu einer Brücke verbunden sind (Abb. 99, Bild 9; Abb. 105, Bild 3).

5. *Bögen* gehören zu den charakteristischsten Koronaformen. Sie treten in sehr verschiedenen Gestalten auf: als hohe schmale Bögen mit nach oben zusammenlaufenden Schenkeln (Abb. 94, Bild 9), als breite Bögen (Abb. 97, Bild 9), als Bögen mit nach unten zusammenlaufenden Schenkeln (Abb. 102, Bild 7), als aneinandergereihte Bögen (Abb. 95, Bild 5) oder als Bögen mit einem Zentralstrahl (Abb. 96, Bild 11; Abb. 99, Bild 8; Abb. 106, Bild 13). Oftmals erscheint ein Bogen in mehrere parallele Bögen aufgespalten (Abb. 98, Bild 14; Abb. 102, Bild 5; Abb. 106, Bild 15), oder er ist noch nicht oder nicht mehr voll entwickelt (Abb. 103, Bilder 8 und 15).

6. *Isolierte Knoten* von rundlicher Form treten oft in grosser Zahl in 1 bis 2' Abstand vom Sonnenrand auf (Abb. 98, Bild 11; Abb. 99, Bild 12; Abb. 104, Bild 3), häufig auch zu einer schirmförmigen Kondensation verschmelzend (Abb. 105, Bild 15; Abb. 106, Bild 7). Von solchen Knoten gehen häufig mehr oder weniger geradlinige, strahlenförmige dünne Ausläufer nach unten (Abb. 98, Bild 11; Abb. 99, Bilder 10, 12, 13; Abb. 102, Bild 12; Abb. 103, Bilder 3 und 6; Abb. 106, Bild 3). Nicht selten führen von einem Knoten mehrere, oftmals stark gekrümmte Ausläufer abwärts, die dann einen Koronabogen bilden (Abb. 100, Bild 6; Abb. 102, Bilder 7, 8, 9; Abb. 103, Bild 6; Abb. 104, Bilder 3 und 7).

Über einer grossen und aktiven Fleckengruppe findet man alle die aufgezählten Strukturelemente voll entwickelt oder auch nur in Fragmenten und in mannigfachen Kombinationen (Abb. 98, Bilder 13 bis 15; Abb. 99, Bilder 1 bis 7).

Die Kondensationen verändern sich schon in wenigen Minuten erheblich und haben kleine Lebensdauer, was sehr bemerkenswert ist, da im übrigen die Korona und ihre Strukturen sich eher durch grosse Beständigkeit auszeichnen.

Abbildung 94 zeigt in den Bildern 1 bis 9 die Entwicklung eines Koronabogens. Der von etwa 8$^\text{h}$ 50 bis 10$^\text{h}$ 40 beobachtete Bogen ist 11$^\text{h}$ 05 verschwunden, aber an derselben Stelle entwickelt sich 11$^\text{h}$ 30 bis 13$^\text{h}$ 20 ein neuer Bogen, der die Besonderheit zeigt, dass sein Scheitel um etwa 40' pro Stunde steigt. Da eine solche Bewegung später nie mehr beobachtet worden ist, an derselben Stelle aber schon vorher mindestens *ein* derartiger Bogen aufgetreten war, wäre es nicht ausgeschlossen, dass die um 12$^\text{h}$ 25 und 13$^\text{h}$ 20 beobachteten Bögen weder unter sich noch mit demjenigen von 11$^\text{h}$ 30 dentisch sind. Es wäre dann ein auffallendes Beispiel für die auch in der Korona vorhandene Wiederholungstendenz.

Eine andere Entwicklung eines Koronabogens ist in Abbildung 95, Bilder 1 bis 6, dargestellt. Während derselbe bei der ersten Beobachtung bereits in voller

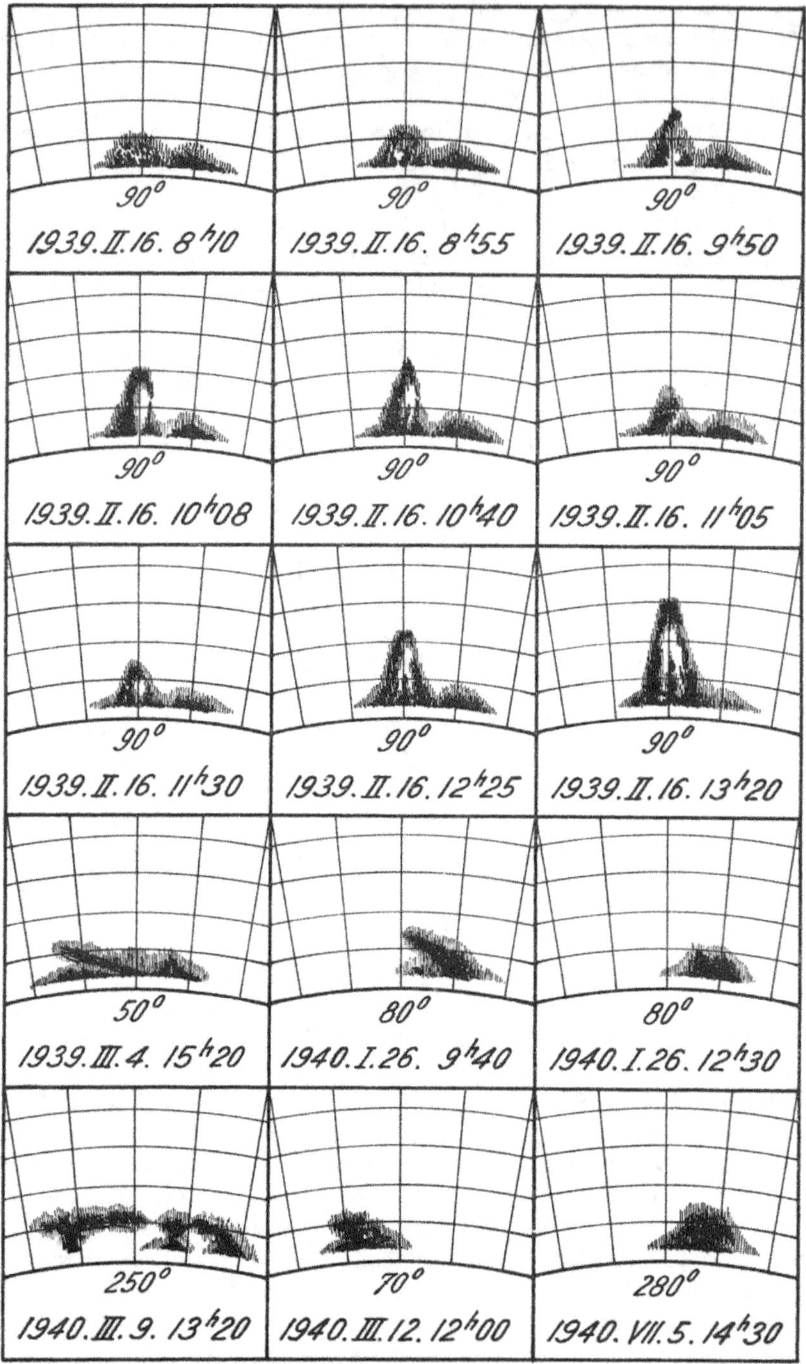

Abbildung 94

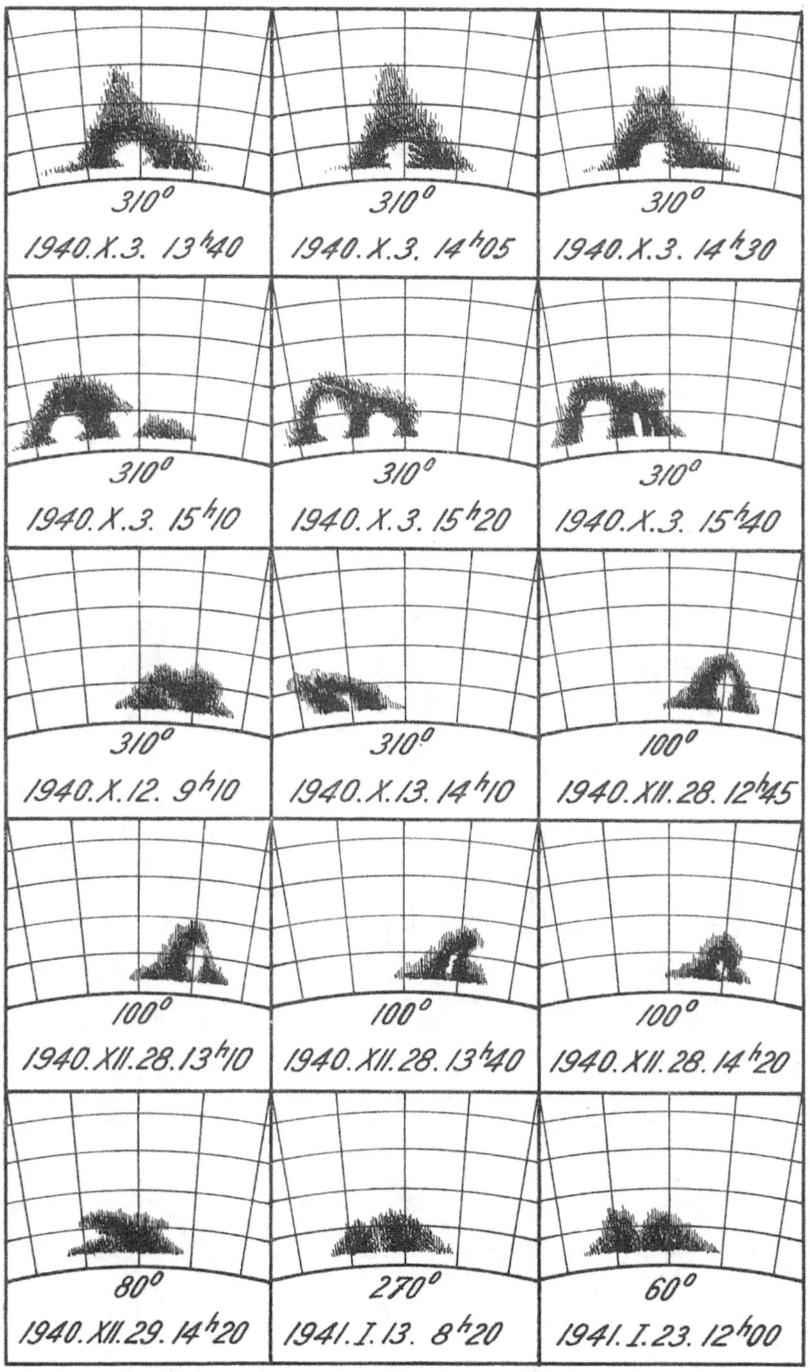

Abbildung 95

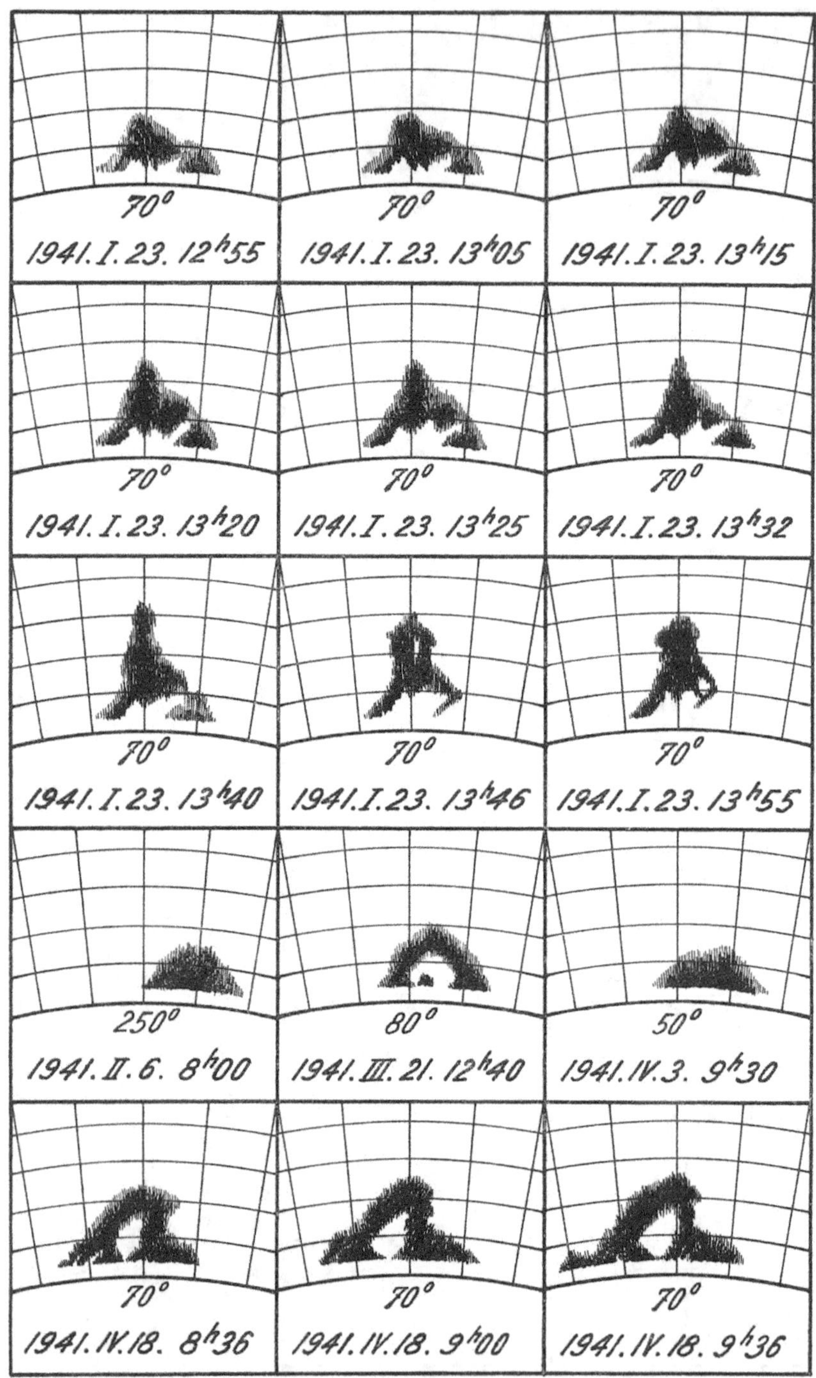

Abbildung 96

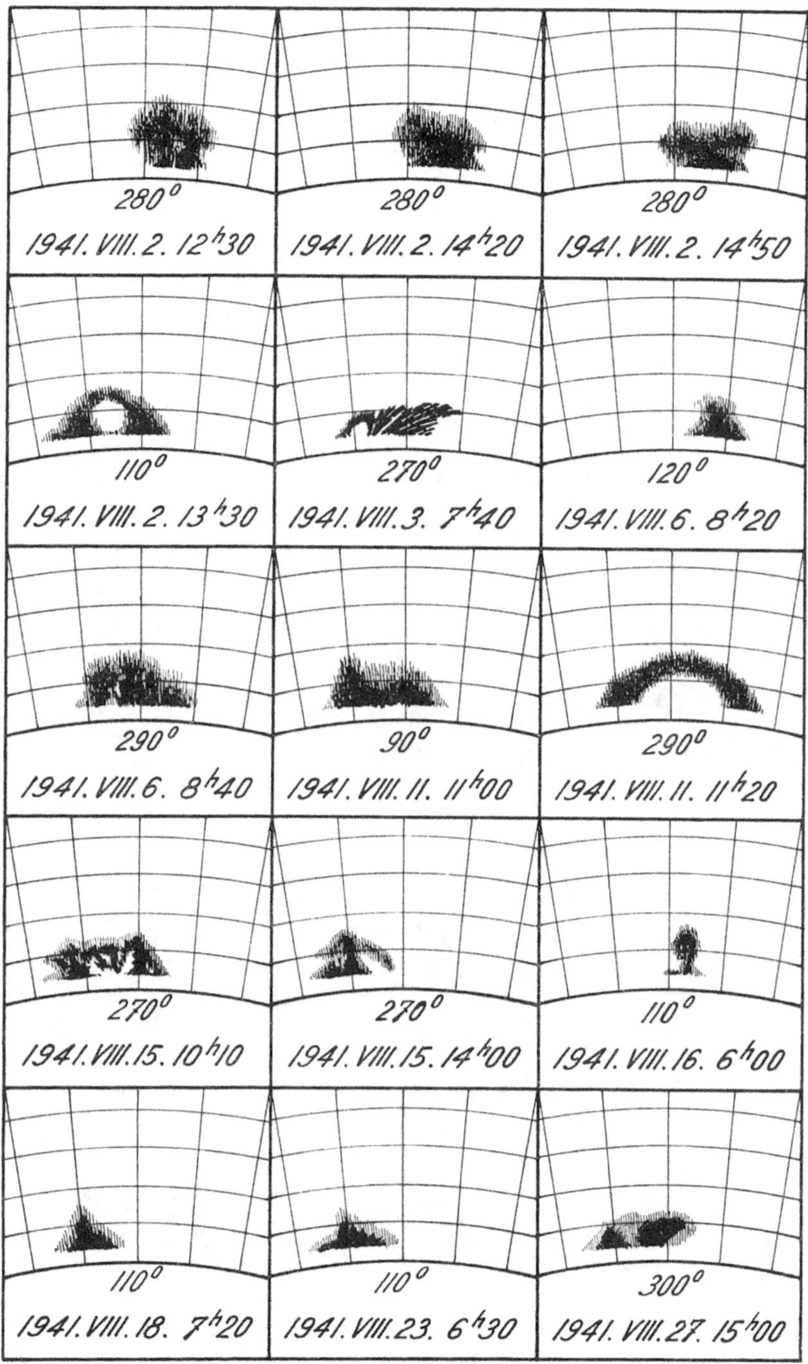

Abbildung 97

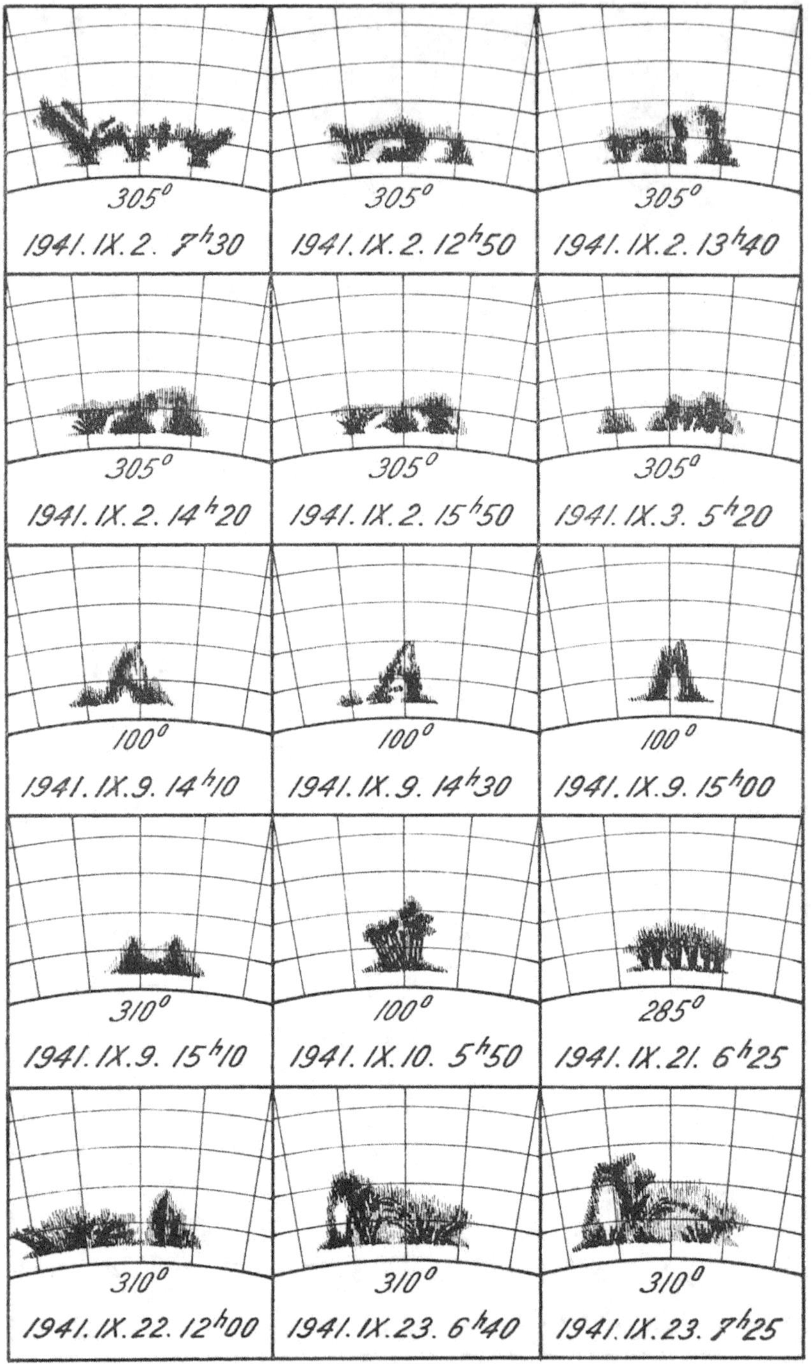

Abbildung 98

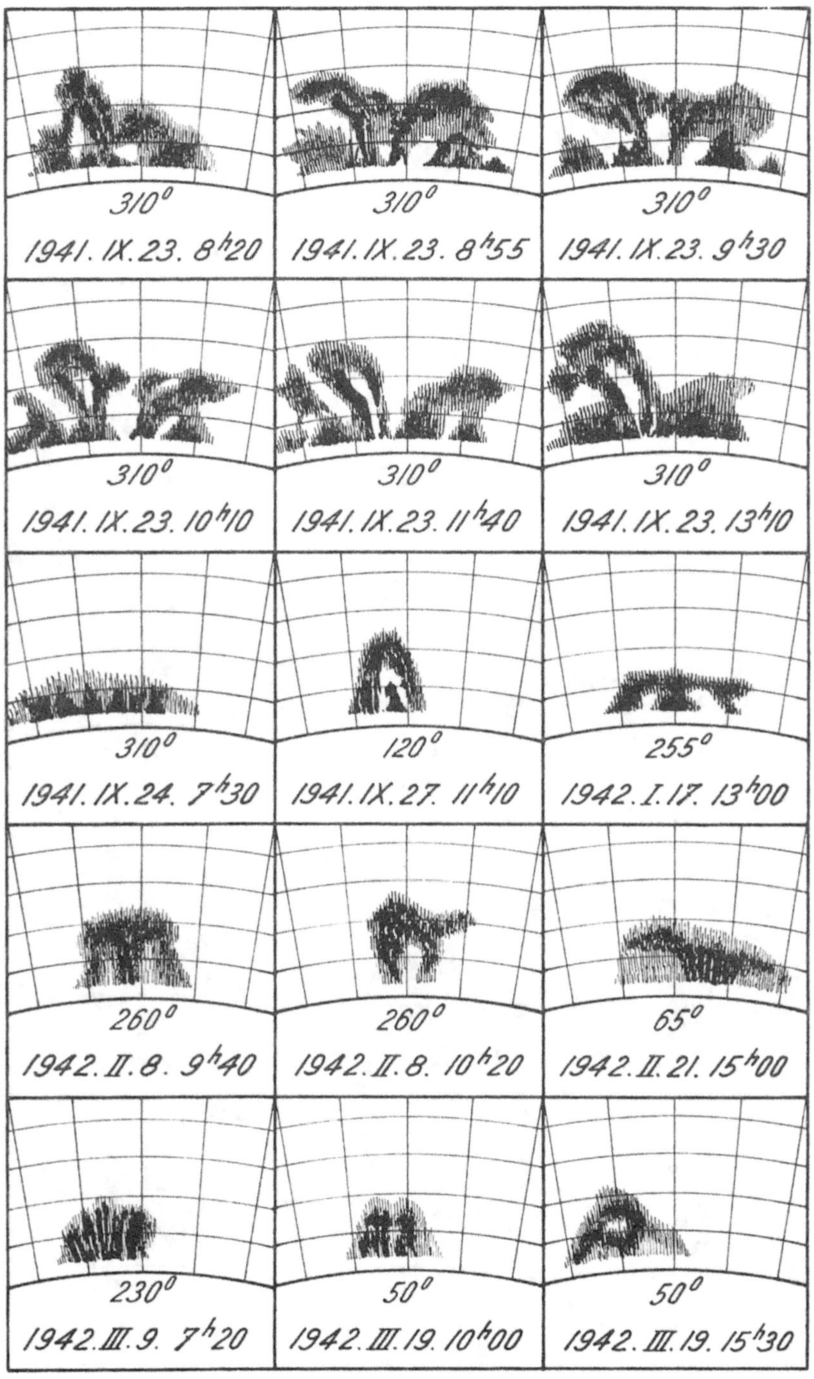

Abbildung 99

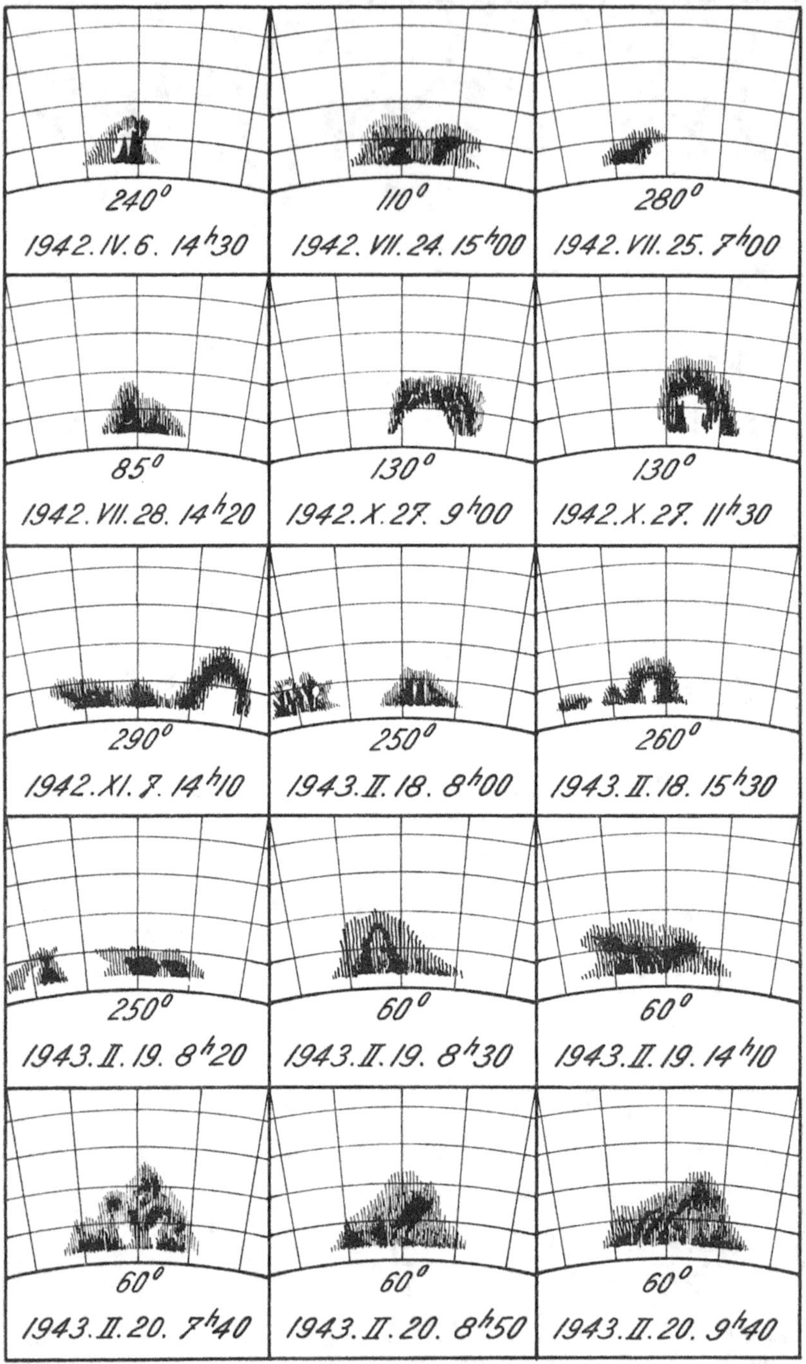

Abbildung 100

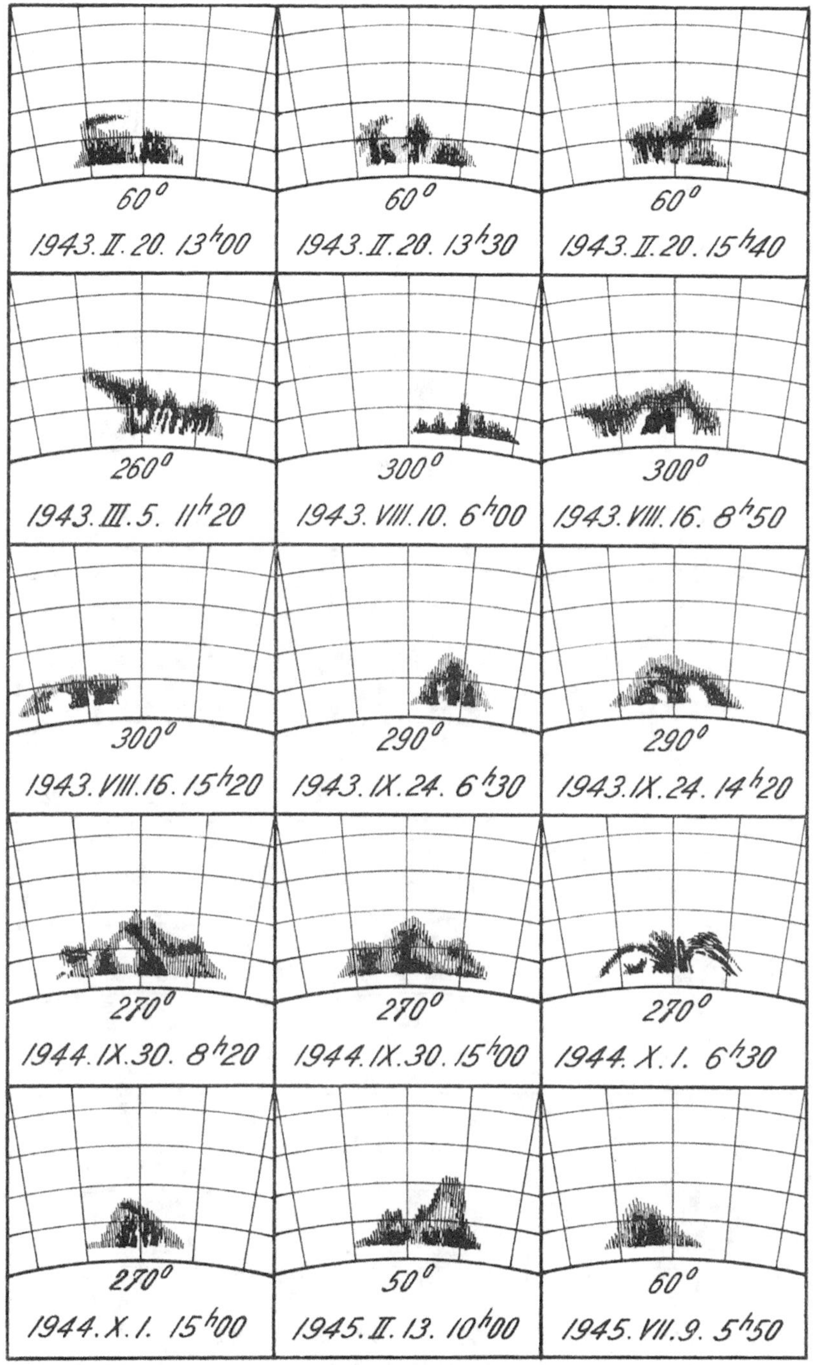

Abbildung 101

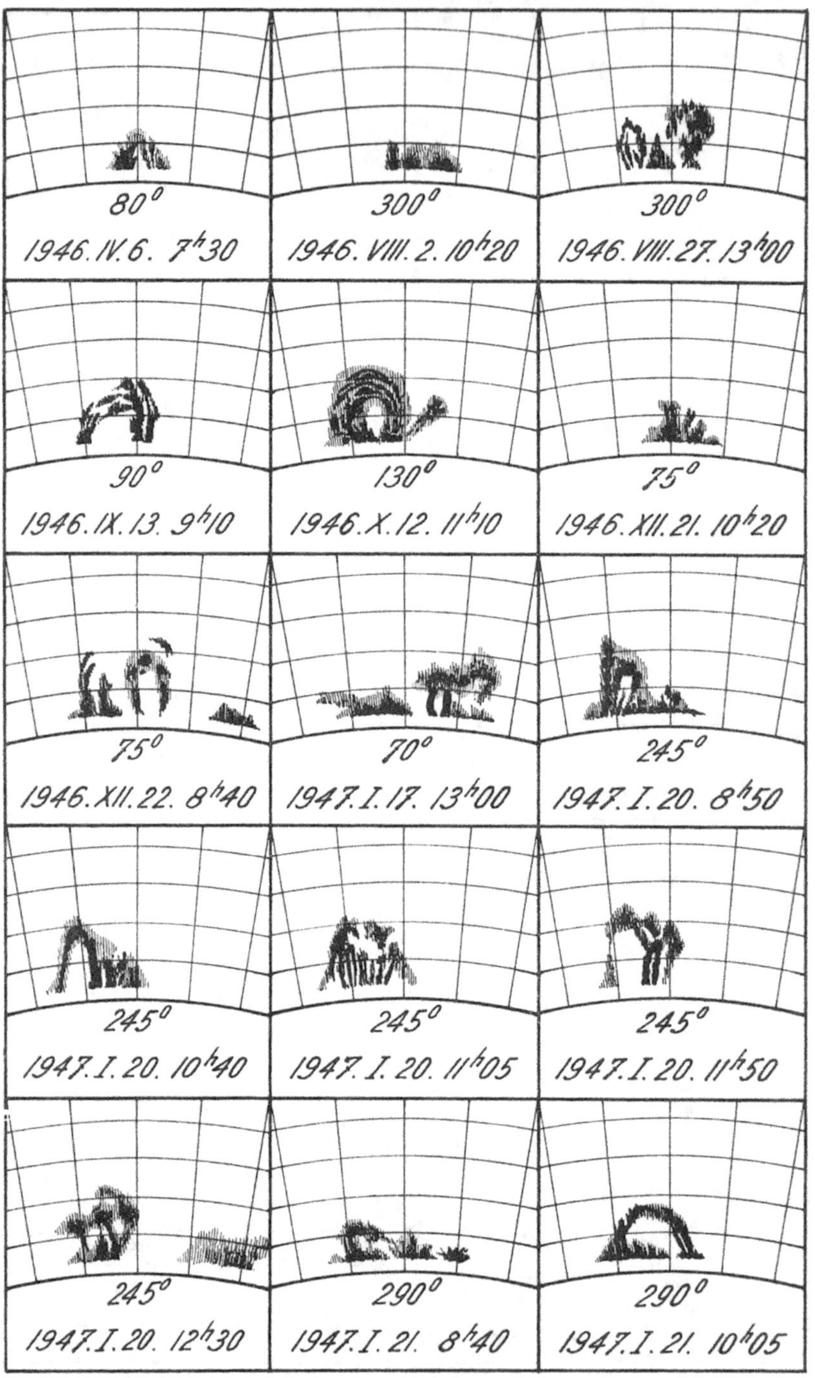

Abbildung 102

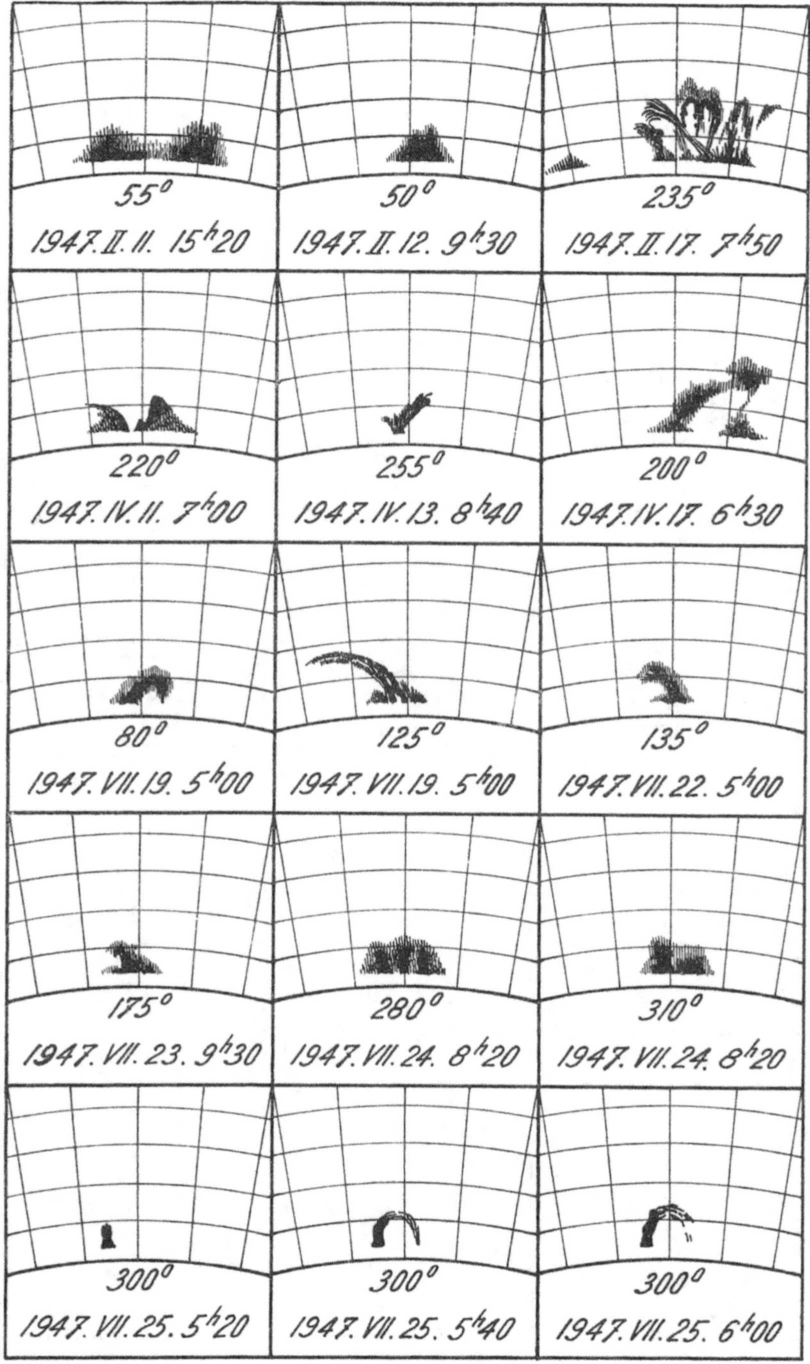

Abbildung 103

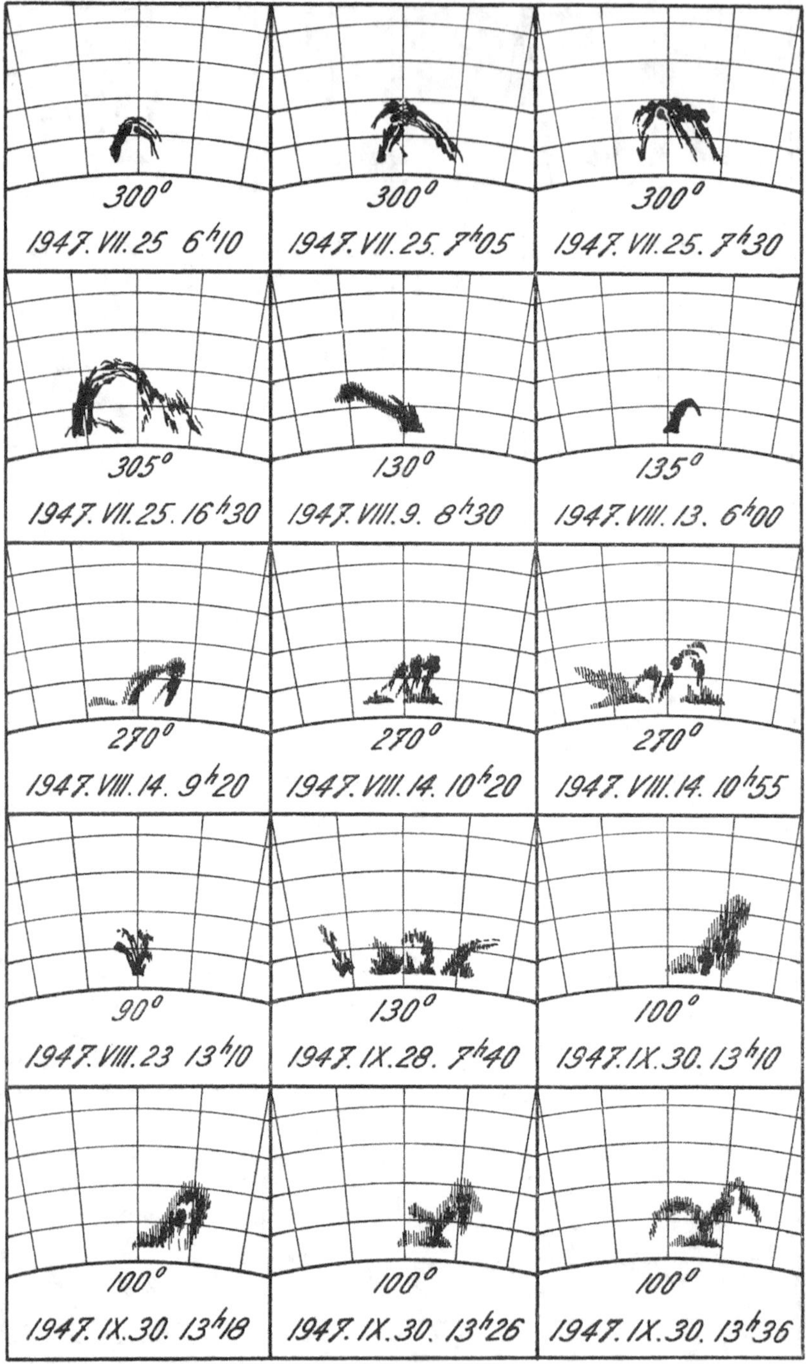

Abbildung 104

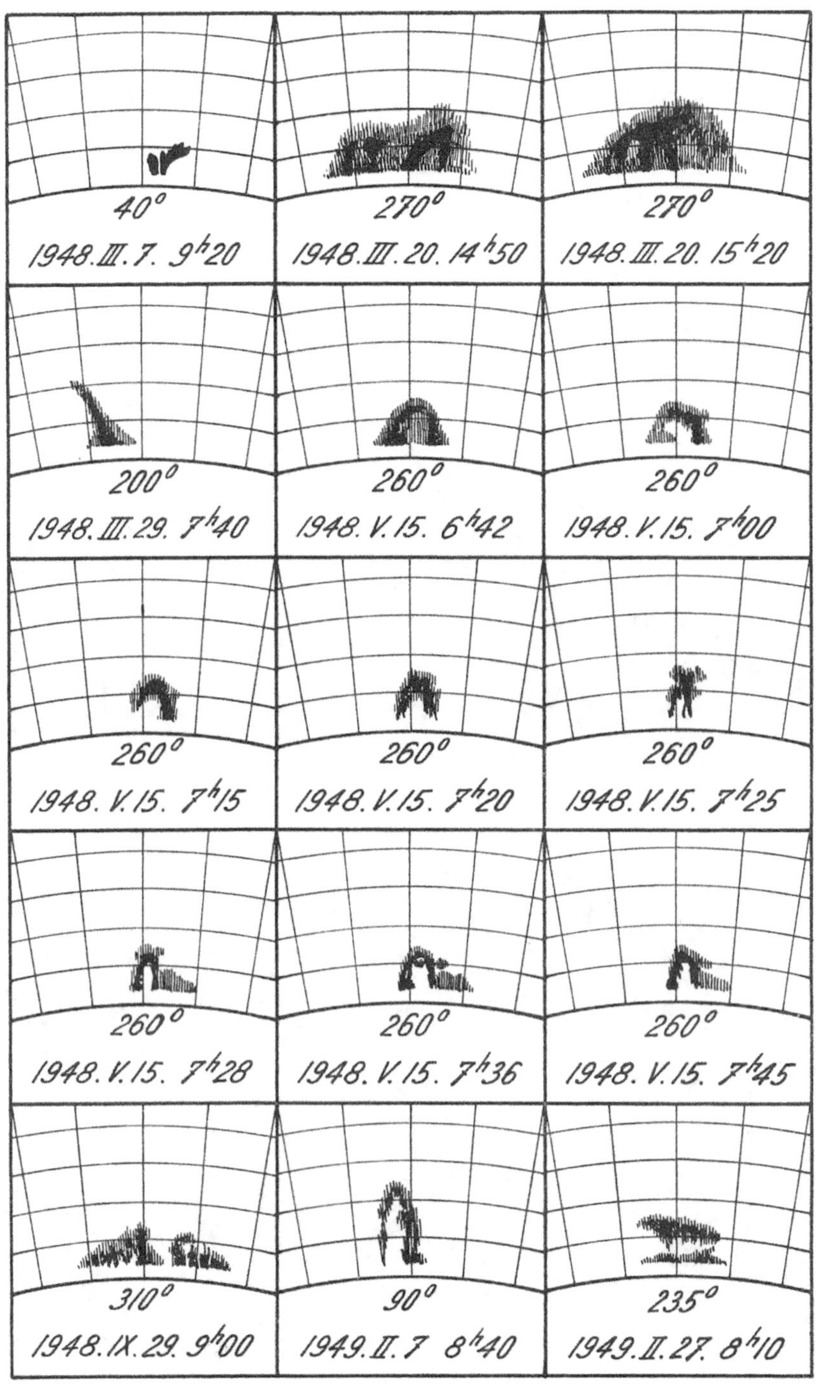

Abbildung 105

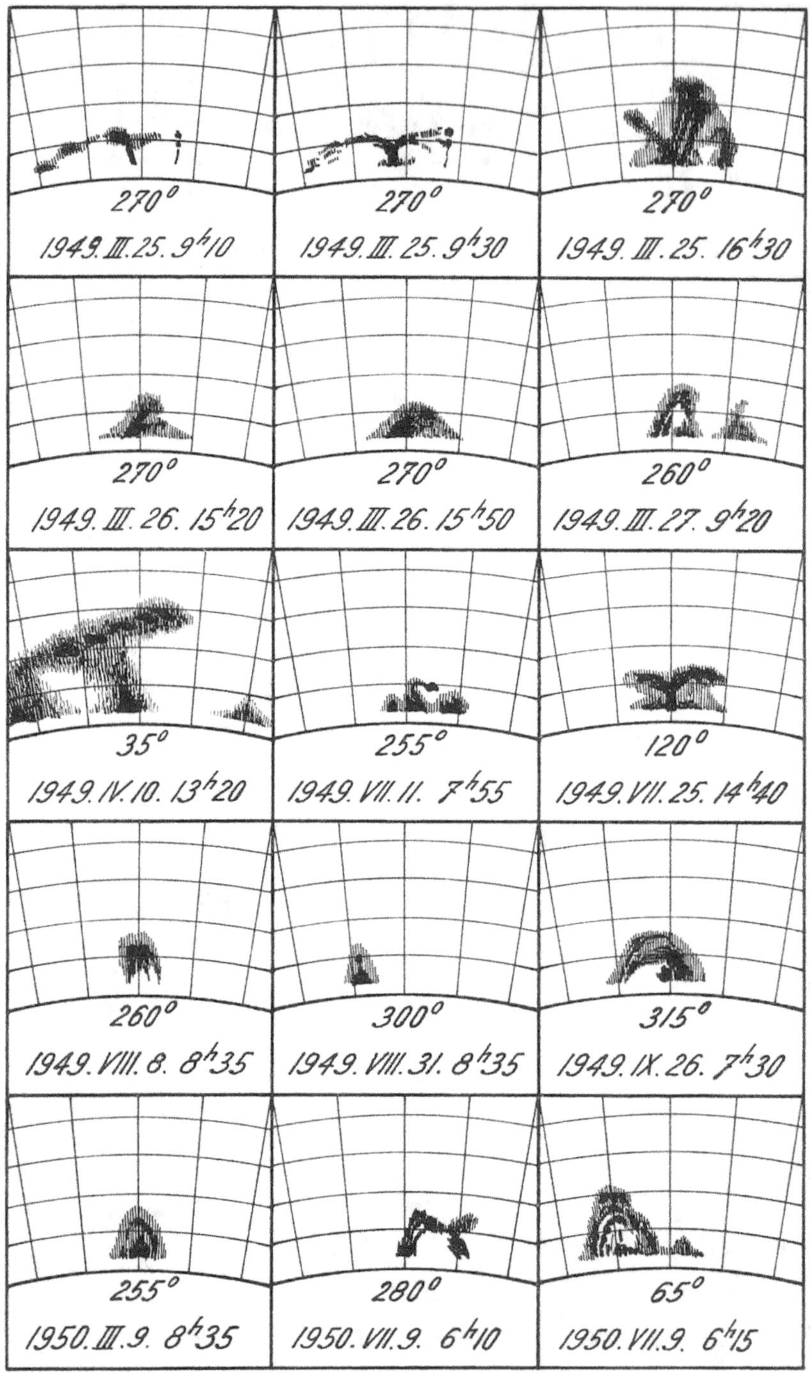

Abbildung 106

Entwicklung ist und sich bis 14ʰ 30 kaum verändert, vollzieht sich zwischen 14ʰ 30 und 15ʰ 40 eine völlige Umgestaltung. Nach 14ʰ 30 beginnt der rechte Schenkel des Bogens zu verblassen, während der linke, von dem sich ein Bogen nach noch weiter links entwickelt, unverändert bleibt. Bereits um 15ʰ 20 ist auch rechts anschliessend ein neuer, etwas weniger hoher Bogen entstanden, zu dem bereits um 15ʰ 10 Ansätze vorhanden waren. Bereits 20 Minuten später ist innerhalb dieses Bogens ein zweiter erschienen.

Abbildung 95, Bilder 9 bis 12, zeigt einen Bogen in langsamer Metamorphose.

Abbildung 96, Bilder 1 bis 9, zeigt in kurzen Intervallen die Veränderungen einer Kondensation, deren wesentliches Merkmal isolierte Knoten sind, die anfänglich etwa 1′, später bis 3′ über dem Sonnenrand liegen. Trotz den kurzen Intervallen von nur wenigen Minuten kann ein Aufsteigen einzelner Knoten nicht festgestellt werden, so dass das Wachsen weniger auf Bewegungen zurückzuführen ist als auf neue Kondensationen, die sukzessive in grösseren Höhen auftreten. Die anfänglich vorhandenen, von den Knoten nach unten führenden Ausläufer lösen sich im Laufe der Beobachtung auf, ebenso die kleine Erhebung bei 65°.

Abbildung 96, Bilder 13 bis 15, zeigt einen kräftig entwickelten Koronabogen, der innerhalb einer Stunde keine nennenswerte Veränderung aufweist.

Abbildung 97, Bilder 10 und 11, zeigt, dass die Kondensation im Laufe von 4 Stunden sich völlig umgestaltet hat. Demgegenüber lassen sich in

Abbildung 98, Bilder 1 bis 5, noch nach über 5 Stunden die Hauptzüge der Kondensation erkennen. In den folgenden 3 Stunden treten vorübergehend starke Variationen auf, jedoch ohne das Gesamtbild wesentlich zu verändern. Selbst um 5ʰ 20 des folgenden Tages glaubt man die Strukturen von 15ʰ 50 des Vortages wieder zu erkennen.

Der in Abbildung 98, Bilder 7 bis 9, dargestellte Bogen zeigt innerhalb einer Stunde fortschreitende Änderungen in den Details, während die Gesamtstruktur erhalten bleibt.

Die in Abbildung 98, Bild 13 bis 15, und in Abbildung 99, Bilder 1 bis 7, dargestellte komplexe Kondensation gehört zu den grossartigsten vom Verfasser beobachteten Erscheinungen dieser Art. Das Charakteristische an dieser komplexen Kondensation sind helle Knoten, die anfänglich bei 315° in 2′ vom Sonnenrand liegen, später im Gebiet von 315 bis 320° und in 2–3′ Abstand. Von diesen Knoten führen die Schenkel eines schmalen Bogens zur Chromosphäre. Der linke Schenkel des Bogens verblasst und ist 8ʰ 55 verschwunden. Aus den stets sich erneuernden Knoten bildet sich 9ʰ 30 ein neuer Bogen mit nach unten zusammenlaufenden Schenkeln, die bei 312 bzw. 314° in die Chromosphäre einmünden. Weitere Knoten in der Umgebung von 310° und in etwa 1,4′ Abstand bilden bis 7ʰ 25 die Fragmente eines Bogens, während die Erneuerungen der verblassenden Knoten in zunehmender Höhe erfolgen, so dass diese um 9ʰ 30 bei 2′ Abstand liegen. Die Basis der sich abwärts verlängernden Knoten liegt bei 310°, während eine kleine Erhebung bei 306° zeitweise ebenfalls die Basis eines Schenkels eines Koronabogens bildet.

In Abbildung 99, Bilder 10 und 11, sind zwei Phasen einer rasch veränderlichen Kondensation dargestellt. Das Wesentliche sind wieder einzelne isolierte

Knoten im Niveau von etwa 2', von denen dünne Ausläufer zum Teil in der Form von Schenkeln eines Koronabogens zur Chromosphäre führen.

Abbildung 99, Bilder 14 und 15, zeigt die völlige Umgestaltung einer Kondensation innerhalb von 5 Stunden, während der in Abbildung 100, Bilder 5 und 6, dargestellte Bogen innerhalb von $2^1/_2$ Stunden sich nur in den Details verändert hat.

Eine sehr aktive Kondensation mit rasch veränderlichen und zeitweise aussergewöhnlich hellen Strukturen ist in Abbildung 100, Bilder 13 bis 15, Abbildung 101, Bilder 1 bis 3, dargestellt, die bereits am 19. Februar 1943 (Abb. 100, Bilder 11 und 12) bemerkenswert war. Zwischen $7^h 40$ und $9^h 40$ treten in 1 bis 2' Höhe zahlreiche helle Knoten auf, von denen der um $8^h 50$ beobachtete an Helligkeit alle andern weit übertraf. In der schon mehrfach beschriebenen Weise sind diese Knoten mit der Chromosphäre verbunden. Nach einigen Stunden geringerer Aktivität treten $15^h 40$ erneut helle Knoten auf, wodurch die Gesamtstruktur wieder ähnlich wird derjenigen von $9^h 40$.

Abbildung 101 zeigt in je zwei Bildern Koronastrukturen vom 16. August und 24. September 1943, die sich in rund 7 Stunden völlig umgestaltet haben, während diejenige vom 30. September nach demselben Intervall noch im wesentlichen dieselbe Struktur aufweist.

Abbildung 102, Bilder 9 bis 13, zeigt bei 250° einen 2' hohen Bogen, der allmählich verblasst, während dauernd neue Knoten und Bogen entstehen.

Abbildung 102, Bilder 14 und 15, zeigt einen wohl in weniger als einer Stunde entstandenen Koronabogen.

Ein besonders eingehend studiertes Beispiel der Entwicklung eines Koronabogens, das schon früher beschrieben worden ist[1], wird durch Abbildung 103, Bilder 13 bis 15, und Abbildung 104, Bilder 1 bis 4, dargestellt. Von einem nur etwa 1' hohen Bogen ist vorerst nur der sehr helle linke Schenkel sichtbar, später der ganze Bogen. Durch Bildung neuer und höher liegender Knoten mit Ablegern gegen die Chromosphäre entstehen 7^h bis $7^h 30$ neue und grössere Bogen, die sich im Laufe des Tages in stets wechselnder Form erneuern.

In Abbildung 104, Bilder 7 bis 9, sind Strukturen dargestellt, die sich in $1^1/_2$ Stunden völlig umgestalten.

Eine noch schnellere Metamorphose zeigt Abbildung 104, Bilder 12 bis 15, wo eine Kondensation ihre Gestalt bereits in 26 Minuten völlig verändert hat.

Die Veränderungen der in Abbildung 105, Bilder 2 bis 3, dargestellten Kondensation bestehen im Verblassen der Schenkel von Koronabogen und im Entstehen neuer Knoten in 1 bis 2' Höhe.

Der in Abbildung 105, Bild 5 bis 12, dargestellte Bogen von etwa 1,2' Scheitelhöhe verblasst $7^h 00$ am linken Schenkel, der aber bereits $7^h 15$ in Neubildung begriffen ist und $7^h 20$ wieder als vollständiger Bogen, mit einer etwas schmäleren Basis als $6^h 42$ vorhanden ist, der sich bis $7^h 45$ lediglich noch durch eine kleine Erhebung am rechten Schenkel ergänzt.

Abbildung 106, Bilder 1 und 2, zeigt bei 267° in etwa 1' Höhe um $9^h 10$ zwei in Entstehung begriffene Knoten, die $9^h 30$ ihre maximale Helligkeit erreicht

---

[1] M. WALDMEIER. Astron. Mitt. Zürich Nr. 151 (1947).

haben. Während die Kondensation als Ganzes in diesen 20 Minuten sich kaum verändert hat, bietet sich nach 7 Stunden ein völlig verändertes Bild.

Zusammenfassend lässt sich sagen, dass die wichtigsten Strukturelemente der monochromatischen koronalen Kondensationen, die Knoten und Bogen sich meistens innerhalb von 10 bis 30 Minuten entwickeln und eine Lebensdauer aufweisen, die im allgemeinen 1 Stunde nicht wesentlich überschreitet. Wo Kondensationen noch nach vielen Stunden in wenig veränderter Form wieder beobachtet werden, dürfte es sich um Neubildungen an der alten Stelle handeln, indem die Kondensationen, ähnlich allen chromosphärischen Erscheinungen, eine ausgeprägte Wiederholungstendenz aufweisen. Wenn auch hier nicht auf die physikalische Natur der Kondensationen eingegangen werden soll, so mögen doch drei wichtige Tatsachen hier Erwähnung finden:

1. Die Veränderungen der Kondensationen erfolgen nur zu einem unbedeutenden Teil durch materielle Strömung, sondern vornehmlich durch das Aufleuchten und Verblassen einzelner Teile.

2. Die Kondensationen treten praktisch nur über Fleckengruppen, meistens über grossen und aktiven auf.

3. Die Kondensationen zeigen eine enge Verwandschaft mit gewissen, an Fleckengruppen gebundenen Protuberanzen. Häufig sind die hellen Knoten zugleich der Ort der «Köpfe» typischer «Fleckenprotuberanzen»[1].

---

[1] M. WALDMEIER, Astron. Mitt. Zürich, Nr. 146 (1945).

VI. KAPITEL

ISOPHOTENDARSTELLUNGEN DER KORONA

Isophotendarstellungen der Korona im monochromatischen Licht einer Emissionslinie sind erstmals vom Verfasser[1] gegeben worden auf Grund photographischer Aufnahmen, wobei zwischen den einzelnen Aufnahmen der Spektrograph um einen kleinen Betrag verschoben wurde, so dass die Aufnahmen in ihrer Gesamtheit die innere Korona dicht überdeckten. Da die Bearbeitung eines Satzes solcher Aufnahmen Wochen in Anspruch nimmt, kommt diese Methode nur für gelegentliche Isophotendarstellungen oder die Untersuchung kleiner Gebiete in Betracht, nicht aber, wenn möglichst tägliche Isophotendarstellungen aufgenommen werden sollen. Eine bedeutende Zeiteinsparung erbrachten die Aufnahmen mit der Schiebkassette (Abb. 90 bis 92) sowohl bei der Aufnahme als insbesondere bei der Bearbeitung[2]. Dieser Vorteil wurde erkauft durch ein kleineres Sonnenbild von nur 14 mm Durchmesser gegenüber 42 mm bei den Einzelaufnahmen. Demzufolge zeigen die aus den kleineren Sonnenbildern abgeleiteten Isophoten weniger Details als die aus den Einzelaufnahmen erhaltenen. Auch die Bearbeitung eines Spektrokoronagramms am Mikrophotometer erfordert mindestens einige Tage, so dass auch diese Methode für eine routinemässige Bestimmung der Isophoten nicht geeignet erscheint, jedenfalls nicht bei geringem Personalbestand. Die notwendige Speditivität lässt sich nur mit direkt arbeitenden Methoden erreichen, sei es durch die visuelle Photometrie, sei es durch objektive Messung mit Hilfe eines Elektronenvervielfachers. Beide Methoden werden laufend vom Verfasser auf dem Aroser Observatorium verwendet.

23. *Das Thallium-Spektrallinien-Photometer*

Hier soll ausschliesslich über eine zur Hauptsache aus dem Jahre 1951 stammende Serie von Isophotendarstellungen berichtet werden, welche sich alle auf die Linie 5303 Å beziehen und mit demselben Photometer erhalten worden sind. Das Problem der visuellen Linienphotometrie tritt hier bei der Koronaphotometrie erstmalig in der Astrophysik auf. Wo früher das Problem von Emissionslinien auf einem Kontinuum aufgetreten ist, wie zum Beispiel bei den Emissionsnebeln oder Sternen mit Emissionslinien, wurde dieses stets auf photographischem Wege gelöst. Da eine visuelle Vergleichung der Intensität einer Koronalinie nur mit einer anderen Linie, nicht aber mit einem Kon-

---

[1] M. WALDMEIER, Z. Astrophys. *22*, 1 (1942).
[2] M. WALDMEIER, Z. Astrophys. *26*, 1 (1949).

Abbildung 107
Spektroskop mit Thalliumphotometer.

tinuum möglich ist, wird als Vergleichslichtquelle eine terrestrisch erzeugte Emissionslinie benötigt, welche im Spektrum der Koronalinie möglichst benachbart liegt, möglichst dasselbe Profil besitzt und deren Intensität in messbarer Weise verändert werden kann.

Während sich als Vergleichslinie für die rote Koronalinie 6374 Å eine rote Neonlinie bestens bewährt hat, wird für die grüne Koronalinie 5303 Å als Vergleichslinie die Thalliumlinie 5350 Å benutzt[1]. Das mit dem Thalliumphoto-

---

[1] M. WALDMEIER, *Die Sonnenkorona*, Bd. I (Birkhäuser, Basel 1951), S. 28 und Abb. 11.

meter ausgerüstete Spektroskop ist in Abbildung 107 dargestellt. Das aus dem
Fenster der Lampe austretende Licht wird nach dem Passieren eines Graukeils
ohne optische Abbildung mit Hilfe eines dünnen, unter 45° gegen die Achse des
Kollimators geneigten und vor dem Spalt befindlichen Glasplättchens in das
Spektroskop reflektiert. Die intensive Thalliumlinie überlagert sich somit dem
Spektrum der Korona und des atmosphä-
rischen Streulichtes. Da die beiden zu vergleichenden Linien nur 47 Å voneinander
abstehen, besitzen sie praktisch dieselbe
Farbe, und da sie durch denselben Spektralapparat erzeugt werden, auch dieselbe
Linienform, soweit diese instrumentell
bedingt ist. Das wahre Profil der beiden
Linien ist aber sehr verschieden, indem
für die Thalliumlinie das Atomgewicht viel
höher und die Temperatur viel niedriger
ist als für die Koronalinie. Jene ist somit
viel schmäler als diese, so dass bei nicht
zu schmalem Spalt die Thalliumlinie
scharfe Ränder (Kastenprofil) aufweist,
während die Koronalinie verwaschen erscheint (Abb. 108). Die Beobachtung geschieht nun in der Weise, dass der Keil
verschoben wird, bis die Helligkeit der
Thalliumlinie gleich ist derjenigen der
Koronalinie. Die beiden zu vergleichenden
Linien liegen im Gesichtsfeld unseres
Spektroskops bereits so weit auseinander,
dass sie nicht gleichzeitig scharf gesehen
werden können. Das Auge visiert deshalb
nach der Mitte zwischen den beiden Linien, wo sich die intensiven Fraunhofer-
schen Linien 5324 und 5328 Å befinden.
Durch das unscharfe Sehen wird die Ein-
stellung auf gleiche Helligkeit nicht beein-
trächtigt, während die Ungleichheit der
beiden Linienprofile nicht mehr wahrgenommen wird.

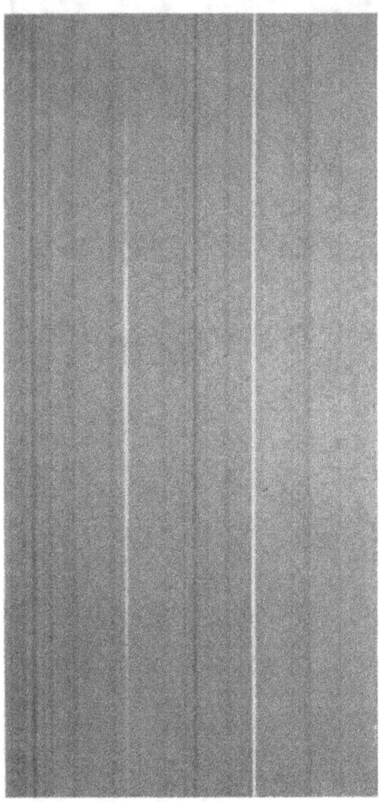

Abbildung 108

Koronaspektrum mit Thalliumlinie (rechts)
und Koronalinie 5303 (links).

Die Thalliumlampe, Fabrikat Osram, nimmt über eine Drosselspule aus
dem Netz von 220 V 1,1 A auf. Nach einer Betriebsdauer von etwa 20 Minuten
erreicht die Lampe konstante Helligkeit. Da die Netzspannung zum Betrieb
einer Photometerröhre zu wenig konstant ist, wird ein Stabilisator zwischen-
geschaltet, der mit einer im Sättigungsgebiet betriebenen Diode arbeitet, wobei
der Effektivwert der Ausgangsspannung in einer Brückenschaltung gemessen
und die entstehende Regelspannung über eine Röhre auf eine Drossel gegeben
wird. Die Wechselstromseite derselben liegt in Serie mit einem Transformator,

so dass das Impedanzverhältnis beider Wicklungen frequenzunabhängig geregelt wird. Die Ausgangsspannung ist mit Feinregler einstellbar.

An dem 45°-Glasplättchen wird nur sehr wenig Licht reflektiert; das spielt bezüglich der Thalliumlampe, die mit grosser Helligkeit brennt, keine Rolle. Andererseits wird an dem Plättchen auch sehr wenig Koronalicht, welches ebenfalls unter 45° auf dasselbe einfällt, reflektiert, wodurch die Helligkeit der Koronalinie keine wesentliche Einbusse erfährt. Die Methode arbeitet rasch und zuverlässig und ist völlig unabhängig von der Intensität des atmosphärischen und instrumentellen Streulichtes. Es ist deshalb leicht, mit diesem Instrument die relativen Intensitäten der Linie 5303 Å an den verschiedenen Stellen der Korona zu bestimmen und diese zur Konstruktion von Isophotenbildern zu benutzen. Nur über diese Isophotenbilder wird hier berichtet. Die Konstruktion einer vollständigen Isophotendarstellung der Korona lässt sich nach dieser Methode, inklusive die Beobachtungen, in einigen Stunden durchführen.

Wenn es sich darum handelt, absolute Werte der Intensität der Koronalinie zu gewinnen, so muss vor und nach jeder Messreihe die Lampe an die Sonne angeschlossen werden, da die Intensität der Koronalinie der Extinktion unterliegt, diejenige der Thalliumlampe aber nicht und diese überdies fortschreitende Änderungen aufweist, indem die Helligkeit unter gleichen Betriebsbedingungen mit fortschreitendem Alter abnimmt. Da hier von dem Absolutanschluss der Thalliumlampe kein Gebrauch gemacht wird, kann ein kurzer Hinweis auf die Methode genügen. Da es visuell nicht möglich ist, Intensitätsgleichheit zwischen einer Linie und einem Kontinuum festzustellen, wird der Spalt des Spektroskops weit geöffnet, wodurch an die Stelle der Thalliumlinie ein breites monochromatisches Band tritt, dessen Helligkeit mit dem Keil ohne Schwierigkeiten auf gleiche Flächenhelligkeit mit dem hinreichend abgeschwächten Sonnenkontinuum gebracht werden kann.

24. *Monochromatische Koronaisophoten*

Die Bestimmung der Isophoten geschieht durch Messung des radialen Helligkeitsabfalles in verschiedenen Positionswinkeln. In Gebieten mit reicher Koronastruktur betragen die Intervalle im Positionswinkel bloss 5° oder noch weniger, während ausserhalb der Fleckenzonen Intervalle von 10° genügen. Bei der Anlegung der Messreihen wurde weniger auf äquidistante Intervalle als auf die Struktur der Korona geachtet. Für die Messreihen werden die Stellen maximaler und minimaler Intensität bevorzugt. Einem vollständigen Isophotenbild liegen etwa 200 Messpunkte zugrunde, welche in etwa einer Stunde durchbeobachtet werden können. Da die meisten Beobachtungen innerhalb von 2 Stunden vor bis nach dem Meridiandurchgang der Sonne ausgeführt worden sind, konnte auf eine Berücksichtigung der Extinktionsänderung verzichtet werden. Bei festgehaltenem Positionswinkel wird der 15 cm lange Photometerkeil nacheinander auf die Marken 0, 1, 2 … 15 eingestellt und darauf das Spektroskop, dessen Spalt tangential zum Sonnenrand steht, mit der Mikrometerschraube so weit in radialer Richtung vom Sonnenrand entfernt, bis Intensitätsgleichheit zwischen Korona- und Thalliumlinie festgestellt wird. Man misst somit nicht die Helligkeit in bestimmten Abständen, sondern die Abstände, in welchen eine vorgegebene Intensität erreicht wird. Die so festgelegten Punkte können unmittelbar durch Isophoten miteinander verbunden werden. In den Isophotendarstellungen entspricht der Intensitätsunterschied zweier benachbarter Isophoten einer Keilverschiebung von 1 cm und einer Intensitätsänderung um einen Faktor 1,231. Die Messungen reichen etwa bis 0,5′ an den Sonnenrand heran. Die äusserste eingezeichnete Isophote ist die kurz vor oder nach der Photometrie bestimmte Grenzisophote (Kapitel IV). Die Abbildungen 109 bis 156 zeigen die Isophotenstruktur der Korona jeweils für den östlichen oder westlichen Halbrand. Da die meisten Beobachtungen aus dem Jahr 1951 stammen, als die Linie in der Polgegend meistens unsichtbar war, erstrecken sich die Darstellungen nur bis ± 70° Breite.

Abbildung 109 zeigt das charakteristische Aussehen eines monochromatischen Isophotenbildes der Korona: Aufwölbungen über den Fleckenzonen, Einsenkung über dem Äquator. Während in den Fleckenzonen je zwei Strahlen auftreten, sind am folgenden Tag (Abb. 110) nur noch einfache Maxima bei +18° und bei −11° vorhanden. Die schwachen Nebenmaxima bei −24° und −33° treten an beiden Tagen in gleicher Weise auf, während dasjenige bei +53° erst in Abbildung 110 in Erscheinung tritt.

Die Abbildungen 111 bis 114 zeigen die westliche Hälfte der Korona an vier aufeinanderfolgenden Tagen. Das Hauptmaximum liegt am 2. März bei +18°, am 3. März bei +17° und ist von einem Nebenmaximum bei + 10° begleitet, welches am 4. März zum Hauptmaximum wird, während dasjenige bei + 15° nur noch schwach erscheint. Da auf der südlichen Hemisphäre kein oder kein ausgeprägtes Maximum liegt, fehlt auch das Äquatorminimum. Bemerkenswert ist hingegen das polare Maximum bei + 53° am 2. März, bei + 59° am 3. März und, nur schwach angedeutet, bei + 58° am 4. März.

Auch die Ostseite der Korona besitzt am 5. März nur ein nördliches Hauptmaximum (Abb. 115), dazu kräftige Nebenmaxima bei + 48° und − 30°. Alle diese Abbildungen zeigen, dass über den Fleckenzonen, also in Gebieten grosser Koronaintensität die Isophoten dicht liegen, der Helligkeitsgradient somit gross ist, während an Stellen kleiner Intensität, wie bei + 33° und bei − 19° der Gradient klein ist. Aus diesem Grund verschwindet die Struktur der innersten Korona mehr und mehr, wenn man zu höheren Isophoten übergeht. In der Grenzisophote schliesslich ist sie nur noch undeutlich erkennbar, indem im allgemeinen die Koronahöhe um so grösser ist, je grösser die Intensität in der innersten Korona.

Auch bei den um zwei Tage auseinanderliegenden Abbildungen 116 und 117 dominiert das Maximum der nördlichen Hauptzone. Trotz des 53stündigen Intervalles ist die Struktur der Hauptzone nur wenig verändert. In hohen Breiten dagegen ist die Struktur völlig umgewandelt: an die Stelle des Strahles bei − 43° am 4. April ist am 6. April eine Lücke getreten, während bei − 54° ein neuer Strahl der Polarzone erschienen ist. Auf der nördlichen Hemisphäre ist der schwache Strahl bei + 38° durch einen kräftigen bei + 47° abgelöst worden.

Das Isophotenbild vom 13. April 1951 ist beherrscht von dem sehr intensiven Doppelmaximum bei + 8° und + 19° und dem isolierten Maximum bei + 1°. Dieses Gebiet höchster koronaler Erregung, das auch in der grossen Höhe der Korona an dieser Stelle zum Ausdruck kommt, befindet sich über einem Gebiet der Photosphäre, welches vom Februar bis Juni durch besonders grosse Fleckengruppen ausgezeichnet war und in den Monaten April und Mai der Sitz einer der allergrössten bisher beobachteten Fleckengruppen gewesen ist. Der sehr helle isolierte Knoten bei + 1° in 2,0' über dem Sonnenrand ist eine koronale Kondensation, wie in Kapitel V zahlreiche beschrieben worden sind. In dieser starken Ausprägung, bei welcher in der innersten Korona ein negativer Helligkeitsgradient entsteht, treten sie fast nur über photosphärisch stark gestörten Gebieten auf. Die südliche Hauptzone zeigt entsprechend der geringen photosphärischen Aktivität nur ein schwaches Maximum bei − 8° und ein noch schwächeres bei − 23°. Strahlen der polaren Aktivitätszone finden sich bei + 58° und − 47°.

Bei dem Isophotenbild vom 5. Mai 1951 lag die Fleckentätigkeit auf der Nordhalbkugel zwischen 15 und 20°, auf der Südhalbkugel bei 4°. Dementsprechend finden sich die Hauptstrahlen der Korona bei + 23° bzw. bei − 7°, während das Äquatorminimum nach + 8° verschoben ist. Ein kräftiger Strahl der Polarzone liegt bei + 47°.

Ein in mancher Hinsicht unerwartetes Verhalten zeigt die Korona vom 22. Juli 1951 (Abb. 120 und 121). Der Nordostquadrant ist, abgesehen von einem über den Äquator hinweggreifenden Ausläufer der Südhalbkugel, frei von Linienemission, in Übereinstimmung mit der sehr schwachen photosphärischen Aktivität in diesem Quadranten. Die südliche Hemisphäre zeigt schwache Fleckentätigkeit bei − 6°, der das Intensitätsmaximum bei − 8° entspricht. Das Hauptmaximum der Koronaintensität liegt aber bei − 19° und besteht aus einer kräftig entwickelten Kondensation mit einem hellen Knoten bei − 24° in 1,2' über dem Sonnenrand. Dieser Fall ist deshalb bemerkenswert, weil an der betreffenden Stelle der Photosphäre keinerlei Störungen erkennbar waren, während sonst solche Kondensationen mit negativen Gradienten stets an aktive Fleckengruppen gebunden sind. Die Westseite zeigt ein breites Hauptmaximum, das sich von + 10° bis − 9° erstreckt. Das Äquatorminimum ist ausgefüllt, indem sich in der innersten Korona 3 Strahlen erkennen lassen bei + 9°, − 1° und − 8°. Der Äquatorstrahl, obgleich der intensivste von diesen dreien, reicht am wenigsten weit nach aussen, so dass die äussersten Isophoten zwischen den Strahlen bei + 9° und − 10° ein deutliches Äquatorminimum erkennen lassen. Bemerkenswert sind die Strahlen bei + 31°, bei + 48° und besonders der polare Strahl bei + 81°, der sich noch auf vielen der folgenden Isophotendarstellungen zeigen wird, weil er in genügend hoher Breite liegt und genügend lang ist, um bei der Rotation der Sonne dauernd sichtbar zu bleiben.

Der Ostrand der Korona vom 28. Juli 1951 (Abb. 122) zeigt trotz geringer photosphärischer Tätigkeit zu beiden Seiten des Äquators je drei meist schmale und markante Strahlen bei $-27°$, $-16°$, $-7°$, $+8°$, $+20°$ und $+28°$. Der bei 71° liegende intensive Polarstrahl ist identisch mit dem am 22. Juli im Nordwestquadranten aufgetretenen, der inzwischen, ohne zu verschwinden, den Zentralmeridian auf der Rückseite passiert hat. Ein sehr charakteristisches Isophotenbild zeigt die Korona vom 28. Juli am Westrand (Abb. 123). Die tiefe Einsenkung über dem Äquator ist flankiert von den ausserhalb der Fleckenzone auftretenden Hauptstrahlen bei $+22°$ und $-23°$. Neben dem schwächeren Strahl der Hauptzone bei $-13°$ sind solche bei $+35°$ und $-49°$ angedeutet. Das Gebiet um den Westrand war fleckenfrei, hingegen dürfte der starke Strahl bei $-23°$ ein Überbleibsel einer grossen Fleckengruppe sein, welche an dieser Stelle in den beiden vorangegangenen Rotationen bei $-20°$ bis $-22°$ aufgetreten war.

Die Korona vom 29. Juli zeigt naturgemäss grosse Ähnlichkeit mit derjenigen vom 28. Juli. Auf der Ostseite ist der Strahl bei $-16°$ völlig verschwunden, dagegen bei $+3°$ ein neuer erschienen. Das koronal sehr aktive Gebiet zwischen $0°$ und $+30°$ liegt über fleckenfreiem Untergrund, hingegen über einem kompakten Fackelgebiet, welches von den sehr grossen Fleckengruppen übriggeblieben ist, welche in den Monaten März bis Juni an dieser Stelle aufgetreten waren. Der intensive Strahl der Polarzone bei $+71°$ ist fast unverändert geblieben bis auf das Nebenmaximum bei 62°, das stärker hervortritt. Dieser polare Strahl ist von so ungewöhnlicher Intensität, dass man für ihn auch eine ungewöhnliche Ursache vermuten möchte. Es liegt nahe, einen Zusammenhang anzunehmen zwischen diesem Polarstrahl und der in derselben Länge in den Monaten März bis Juni aufgetretenen und bereits erwähnten sehr grossen Fleckentätigkeit. Die Fackeln sind zu diesem Zeitpunkt allerdings erst bis 35°, in der folgenden Rotation erst bis 40° abgeschwemmt worden, was aber nicht ausschliesst, dass in der Korona die polwärts gerichtete Bewegung schneller vor sich geht. Auf der Westseite zeigt die Korona vom 28. auf den 29. Juli nur unwesentliche Veränderungen ihrer Struktur.

Das Koronabild vom Ostrand am 5. August (Abb. 126) zeigt in der südlichen Hauptzone zwei intensive Strahlen bei $-9°$ und $-18°$, in der nördlichen dagegen nur einen schwachen Strahl bei $+21°$, begleitet von einem ebensolchen bei 37°. Eine Vergleichung mit der eine halbe Rotation früher am Westrand beobachteten Struktur (Abb. 121) zeigt eine völlige Umgestaltung derselben. Hingegen wird der schon mehrfach erwähnte Polarstrahl bei 78° in kaum veränderter Form und Intensität wieder angetroffen, während der kräftige Strahl der südlichen Polarzone bei $-58°$ eine halbe Rotation früher eben erst bei $-52°$ im Entstehen begriffen ist. Die westliche Korona vom 5. August zeigt in den äusseren Teilen eine mächtige Aufwölbung der Isophoten gerade über dem Äquator, in den innersten dagegen zwei Strahlen bei $+2°$ und $-7°$. Auch hier zeigt die Vergleichung mit der östlichen Korona vom 22. Juli (Abb. 120), dass sich die Struktur innerhalb einer halben Periode fast völlig verändert hat. Der kleine Strahl bei $-8°$ ist noch vorhanden, während das sehr aktive Gebiet von $-19°$ bis $-25°$ völlig verschwunden ist. Der schwache Strahl bei $-51°$ ist in ähnlicher Intensität bereits am 22. Juli bei $-48°$ vorhanden. Neu ist ein kräf-

'tiger Strahl der Polarzone bei 51°, von welchem die Isophoten über den Nordpol hinweg verlaufen, weil zu dieser Zeit der grosse und breite Polarstrahl (Abb. 126) nahe dem Zentralmeridian steht, durch seine Höhe aber bewirkt, dass die Linienemission im Polargebiet nirgends verschwindet.

Am 12. August war die Sonne längs des Ostrandes fleckenfrei, was in der ruhigen Koronastruktur (Abb. 128) zum Ausdruck kommt. Die im Gebiet $-5°$ bis $-20°$ fackelreiche Südhalbkugel zeigt die beiden kräftigen Strahlen bei $-6°$ und $-18°$, während die Korona über der nahezu fackelfreien Nordhalbkugel keine nennenswerten Strahlen aufweist. Eine Vergleichung mit der Struktur der westlichen Korona vom 29. Juli zeigt, wenigstens im grossen, unverkennbare Ähnlichkeit. Der bei $-40°$ am 29. Juli eben erst angedeutete Strahl tritt am 12. August bei $-41°$ bereits kräftiger hervor. Der grosse Polarstrahl befindet sich am 12. August in Nähe des Westrandes bei 71° (Abb. 129), weshalb das Nordpolgebiet wieder frei ist von Linienemission. Er hat sich gegenüber der 14 Tage vorher beobachteten Struktur (Abb. 124) nur wenig verändert durch das Verschwinden des Nebenmaximums bei $+62°$. Das flache Minimum bei etwa 45° hat sich unverändert erhalten, während sich die über einem kompakten Fackelgebiet liegenden Koronastrukturen bereits teilweise aufgelöst haben. Gegenüber dem Bild vom 29. Juli sind die Strahlen bei 28° und 18° schwächer geworden, diejenigen bei 3° und $-7°$ verschwunden, während derjenige bei 9° fast unverändert geblieben ist. Stärkere Veränderungen weist die südliche Hemisphäre auf. Der am 29. Juli beobachtete breite Strahl bei $-23°$ ist am 12. August noch vorhanden, in der Höhe sogar fast unverändert, an der Basis bei $-27°$ jedoch mit reduzierter Intensität. Dafür zeigt sich am 12. August bei $-69°$ ein breites Maximum der Polarzone, von welchem am 29. Juli noch nichts erkennbar war.

Die Korona vom 14. August zeigt ruhige Strukturen. Die Ostseite ist gekennzeichnet durch zwei Strahlen bei $-13°$ und $-20°$, welche mit der schwachen photosphärischen Aktivität in diesem Gebiet in Zusammenhang stehen, während der kräftigere Strahl bei $+12°$ sich über einem photosphärisch ruhigen Gebiet erhebt. Die Westseite weist grosse Ähnlichkeit mit derjenigen vom 12. August auf: die Strahlen bei $+71°$, $+30°$, $+19°$ und $+10°$ sind wenig verändert, während durch einen neuen Strahl bei $-10°$, welcher denjenigen von $-27°$ abgelöst hat, wieder ein kräftiges Äquatorminimum entstanden ist. Der polare Strahl bei $-62°$ ist flacher, aber nicht schwächer geworden durch die Ausfüllung des Minimums bei $-40°$.

Abbildung 132 zeigt zwei schwache Maxima bei $+8°$ und $-5°$ über schwacher photosphärischer Aktivität. Das Äquatorminimum ist nur in der innersten Korona angedeutet, während in der äusseren die Isophoten über dem Äquator nach aussen konvex verlaufen. In diesem Punkt besteht grosse Ähnlichkeit mit dem 14 Tage vorher beobachteten Koronabild (Abb. 127), wobei allerdings der schwache Ausläufer bis $-54°$ verschwunden und das flache Minimum bei 30° teilweise aufgefüllt ist. Auch auf der Westseite (Abb. 133) ist die Struktur gegenüber der entsprechenden Beobachtung vom 5. August gesamthaft gesehen wenig verändert, mit Ausnahme der südlichen Hauptzone, wo der intensive

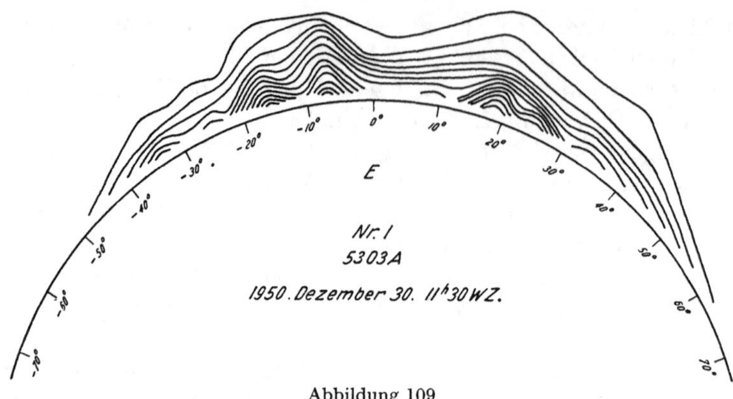

Abbildung 109

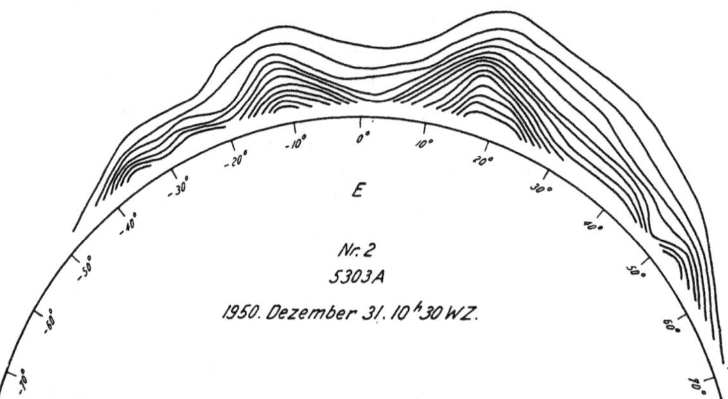

Abbildung 110

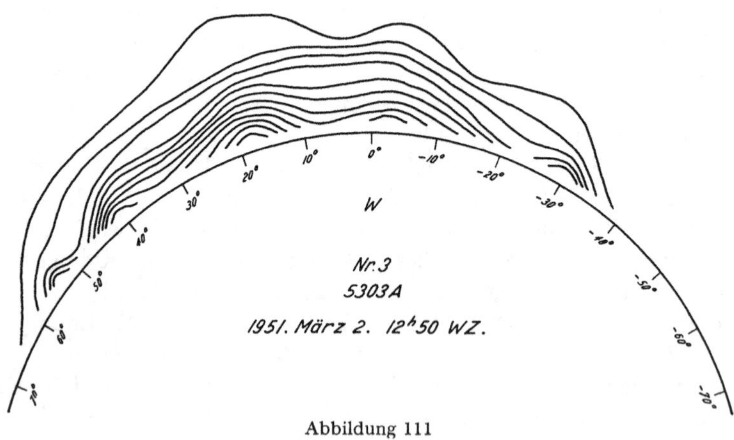

Abbildung 111

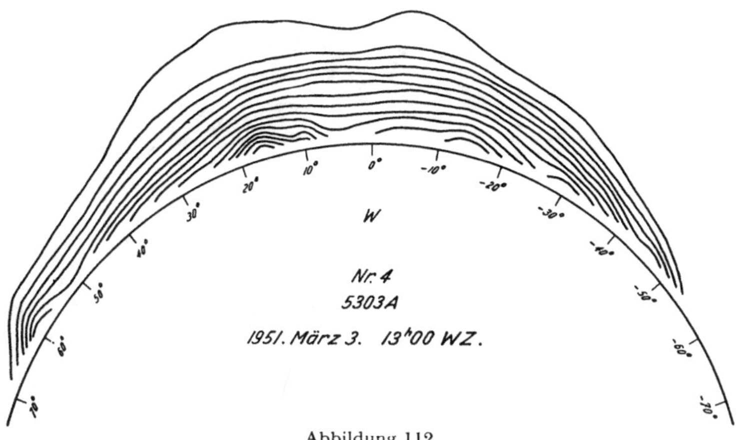

Abbildung 112

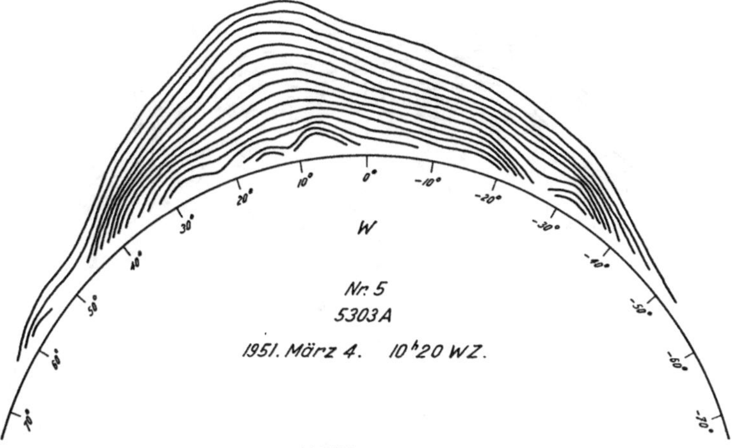

Abbildung 113

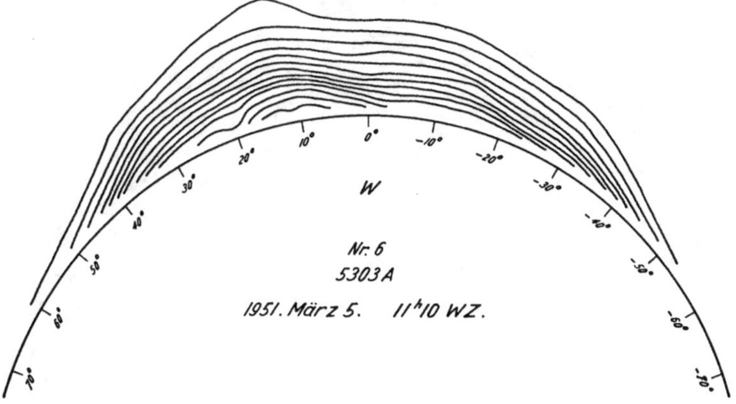

Abbildung 114

Die Sonnenkorona

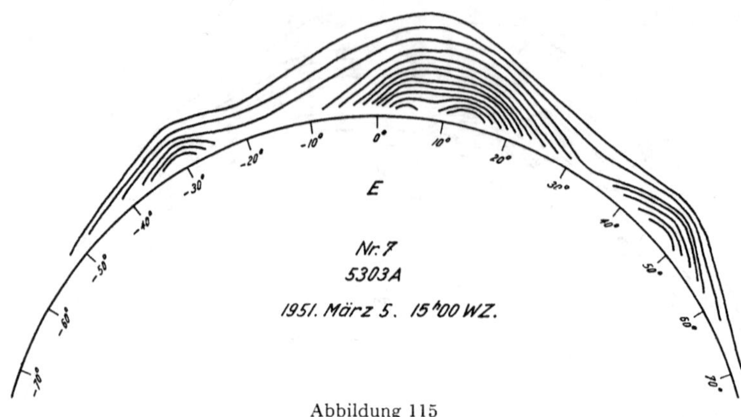

Abbildung 115

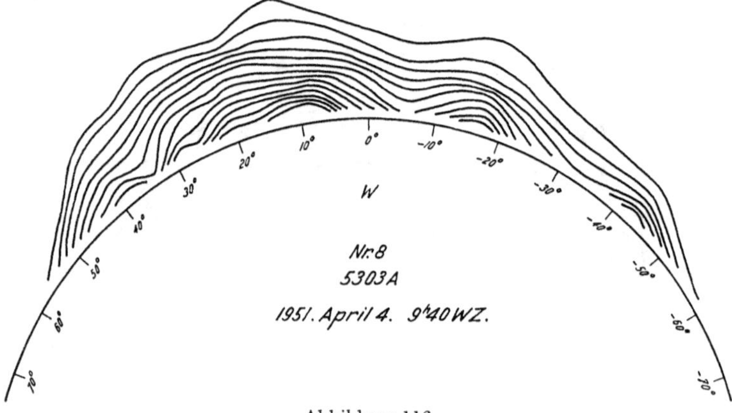

Abbildung 116

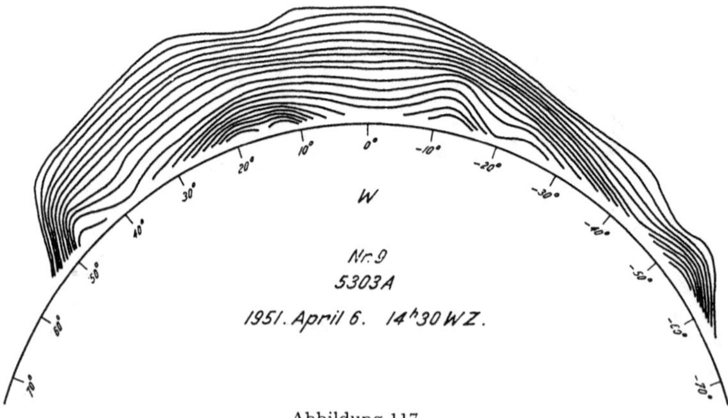

Abbildung 117

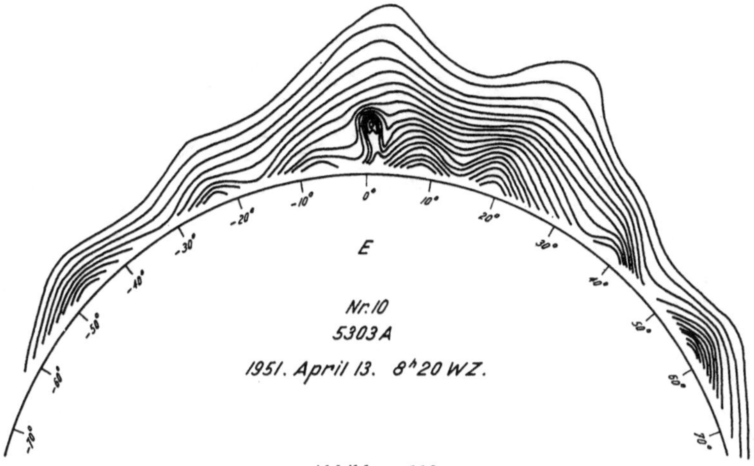

Abbildung 118

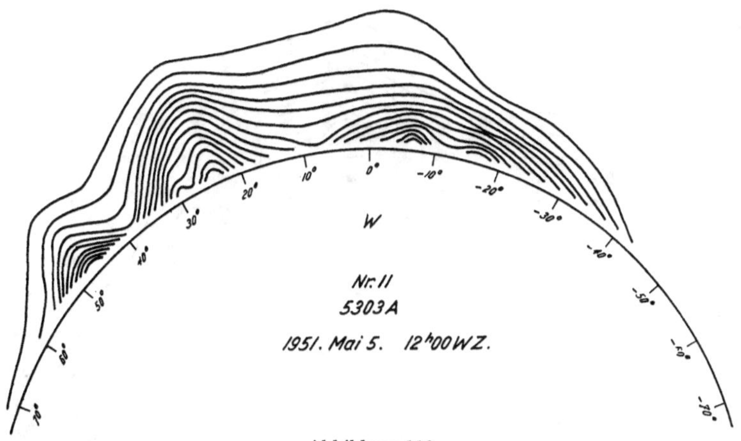

Abbildung 119

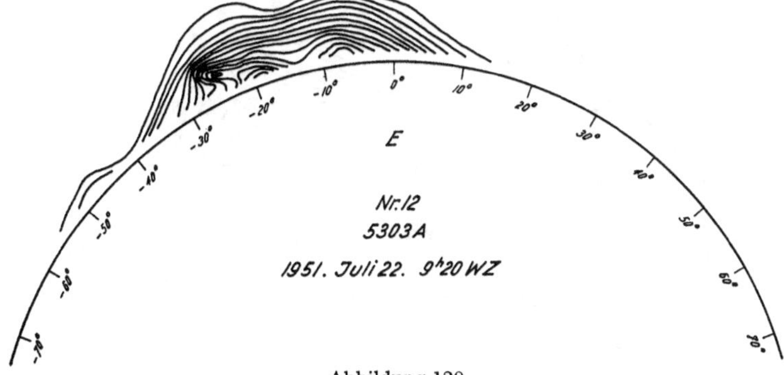

Abbildung 120

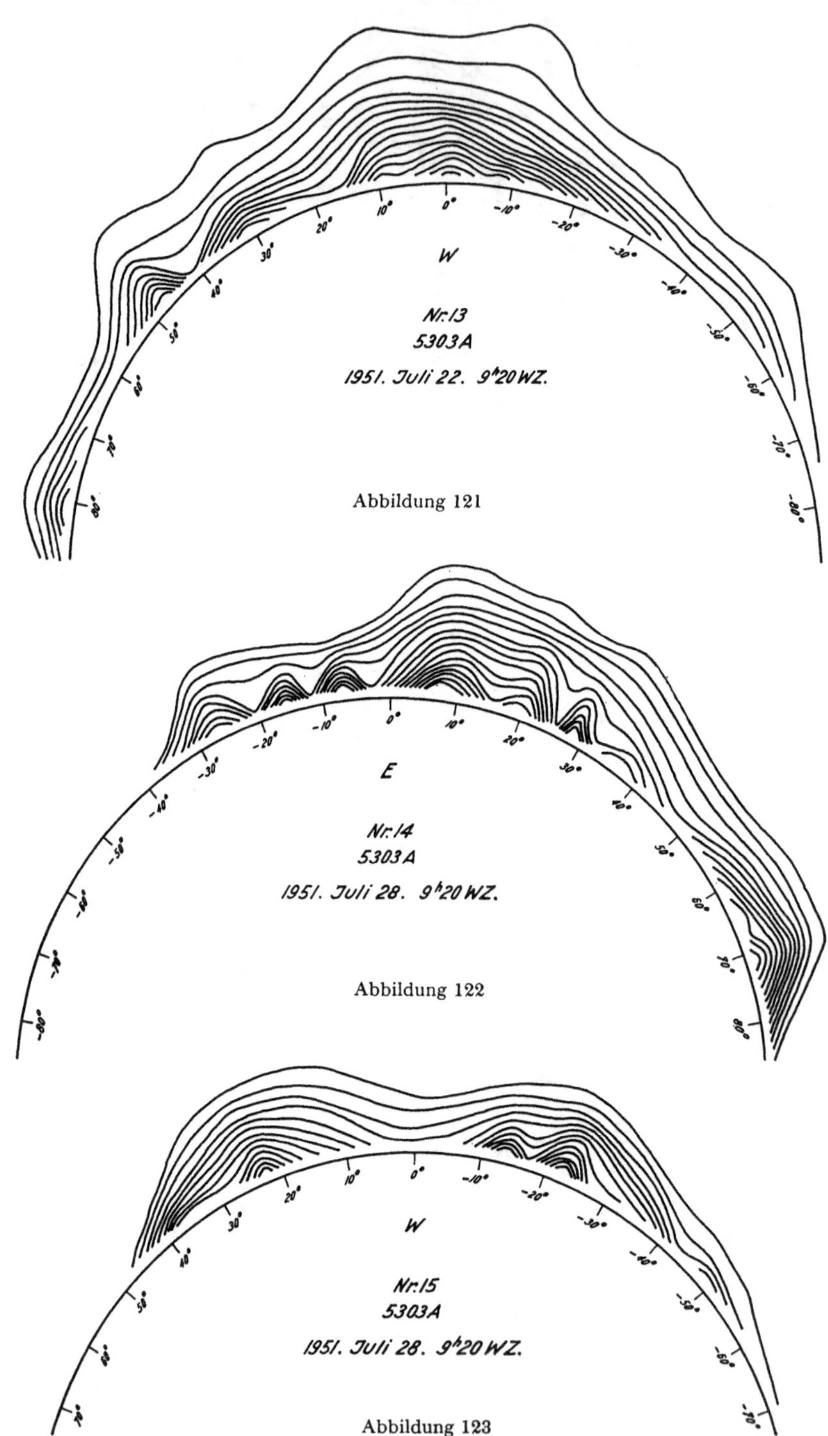

Abbildung 121

Abbildung 122

Abbildung 123

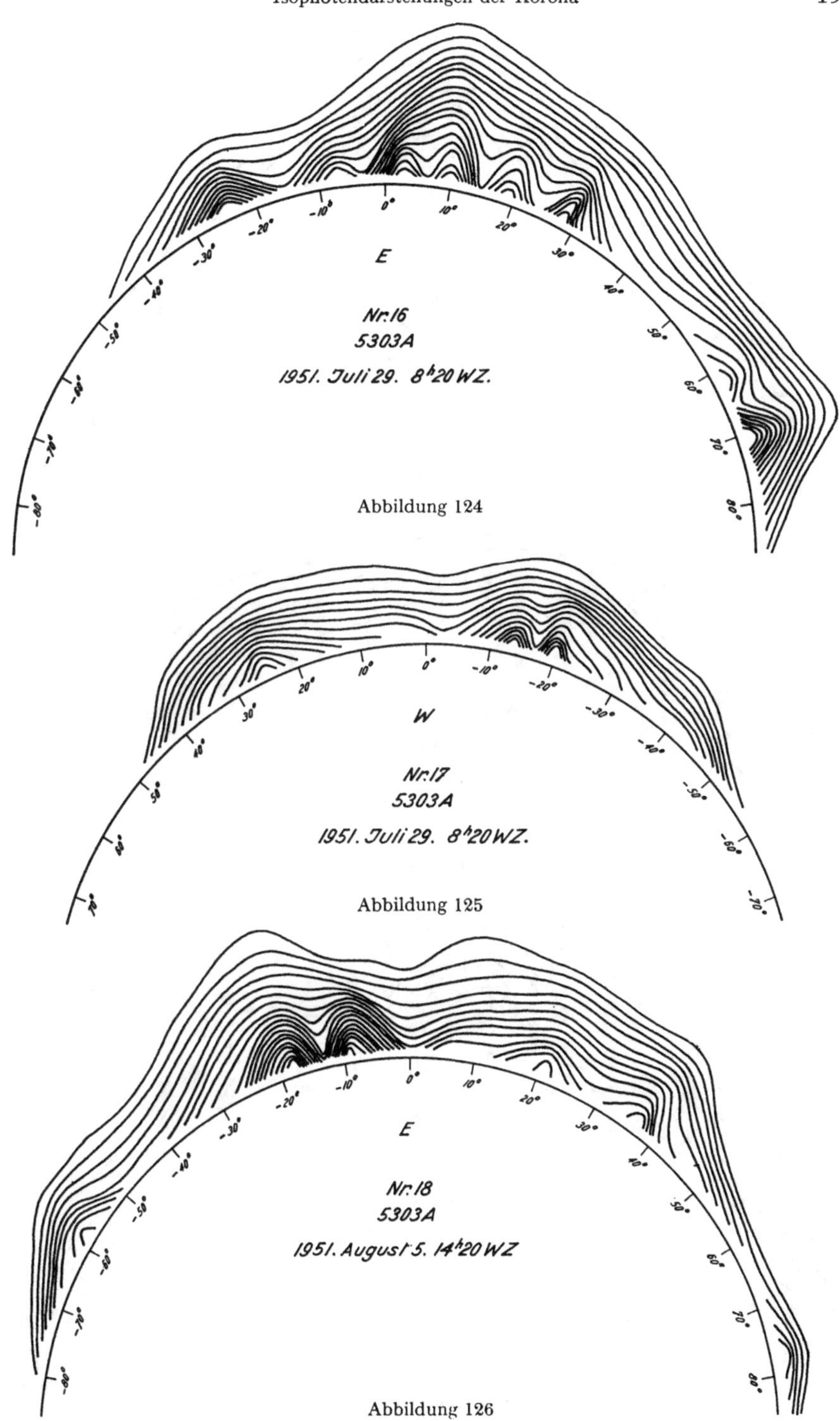

Abbildung 124

Abbildung 125

Abbildung 126

Die Sonnenkorona

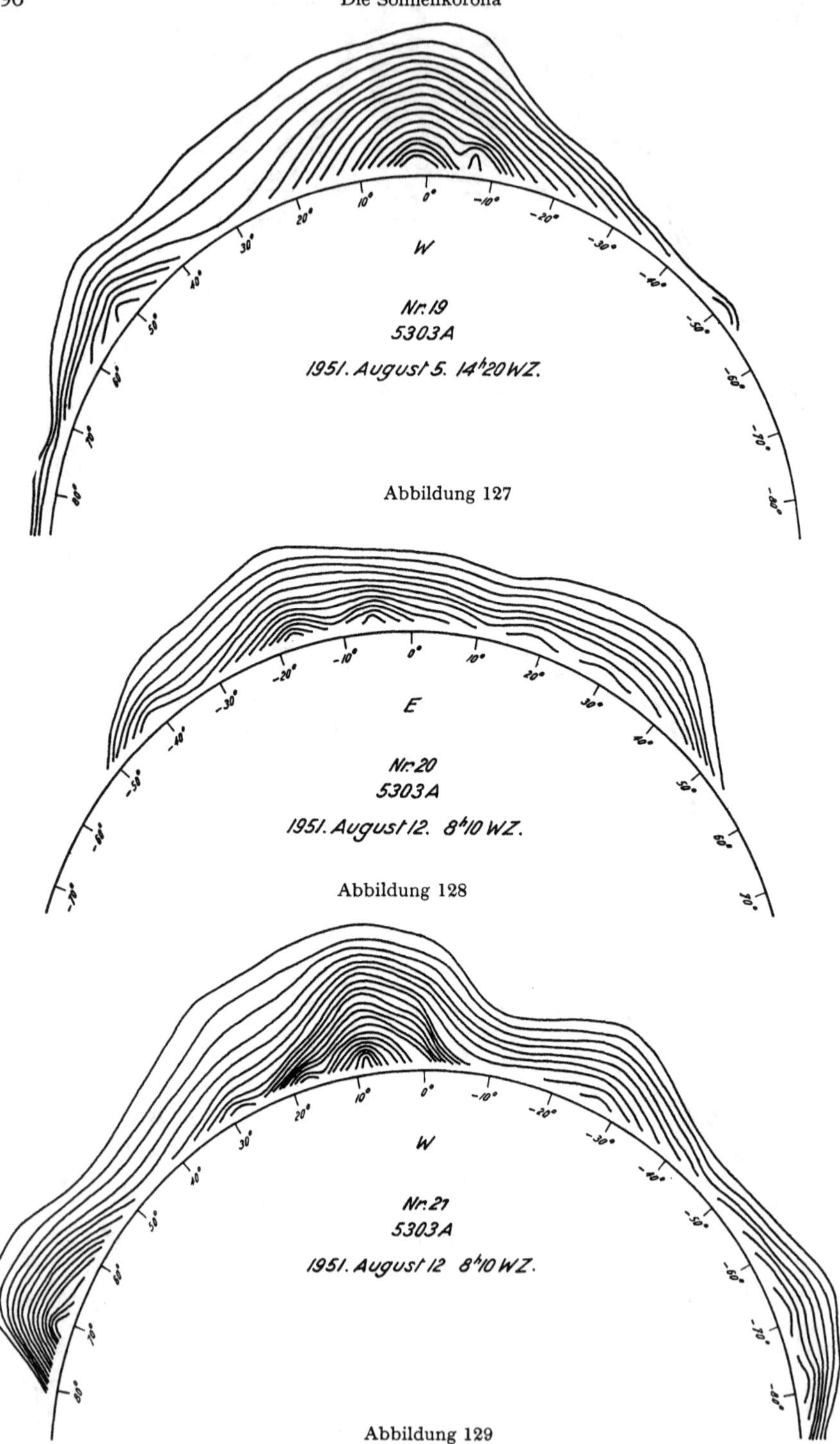

Abbildung 127

Abbildung 128

Abbildung 129

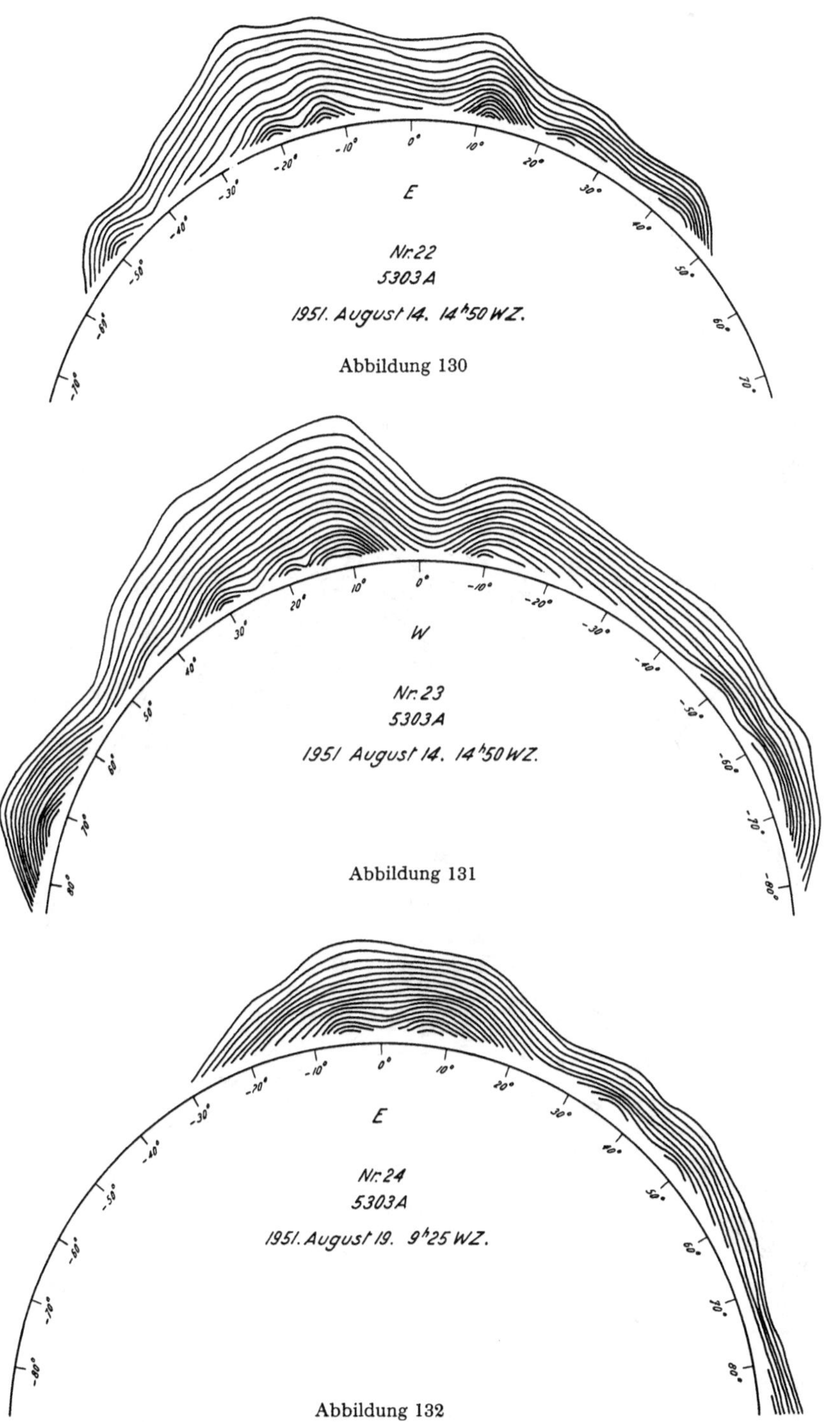

Abbildung 130

Abbildung 131

Abbildung 132

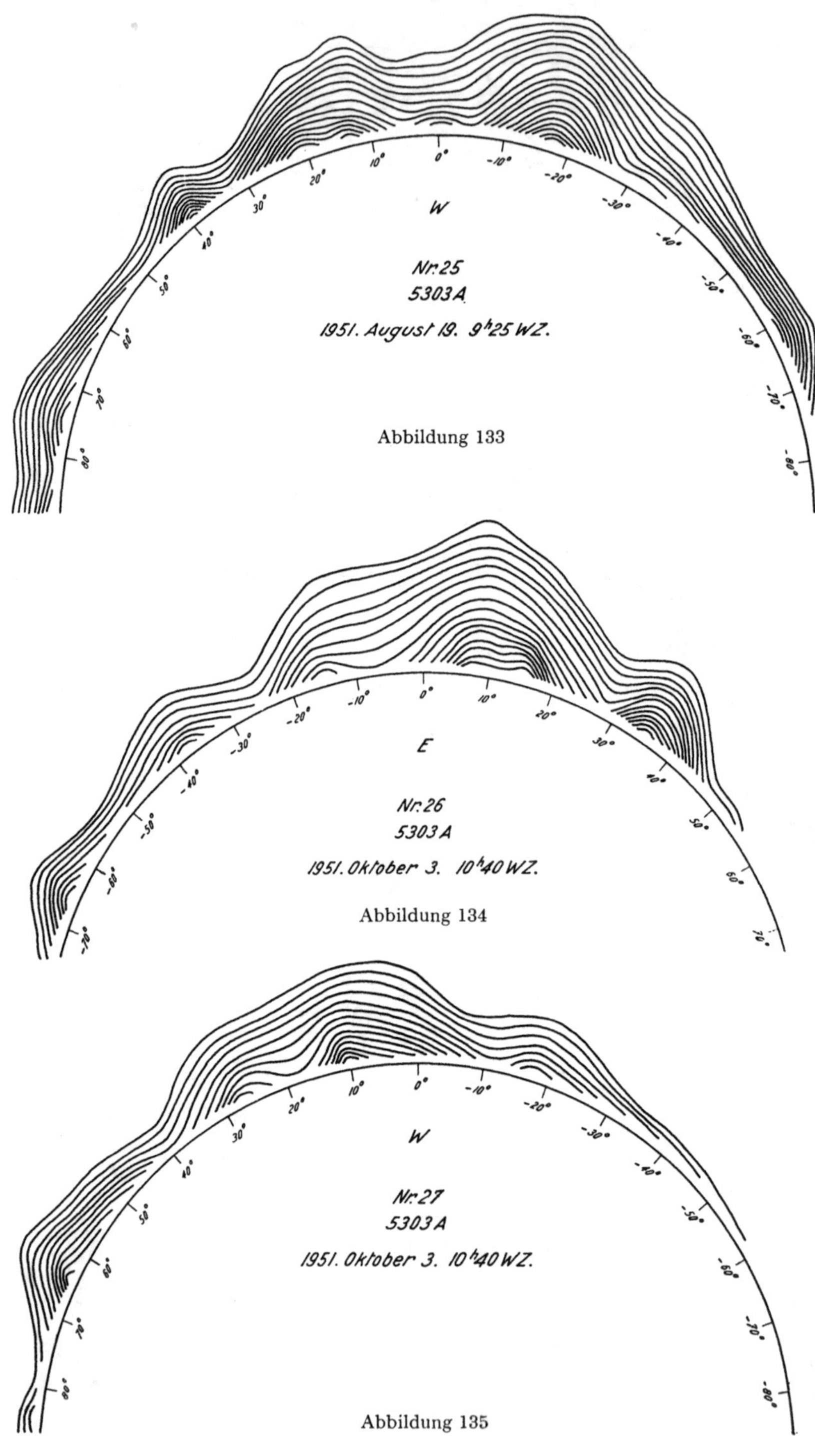

Abbildung 133

Abbildung 134

Abbildung 135

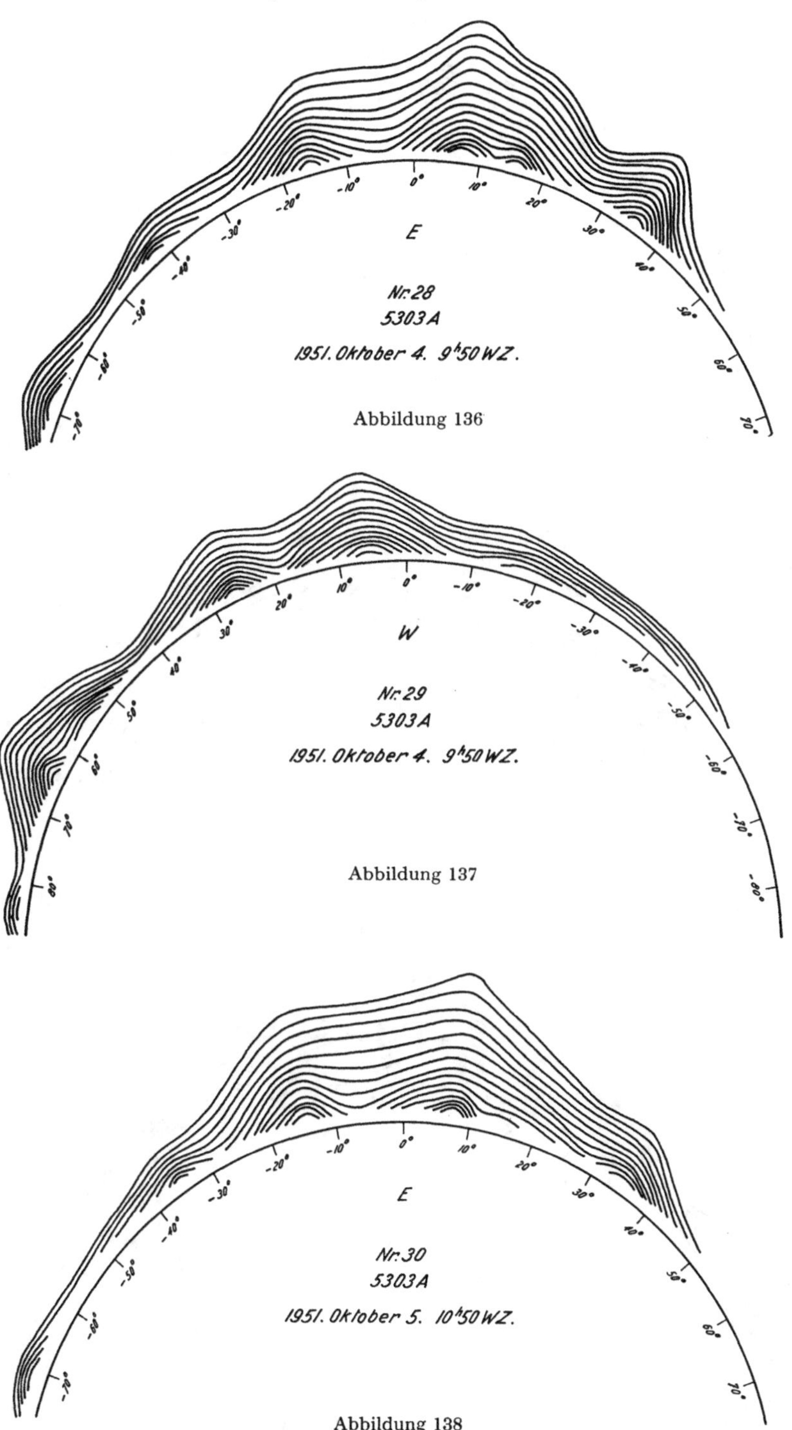

Abbildung 136

Abbildung 137

Abbildung 138

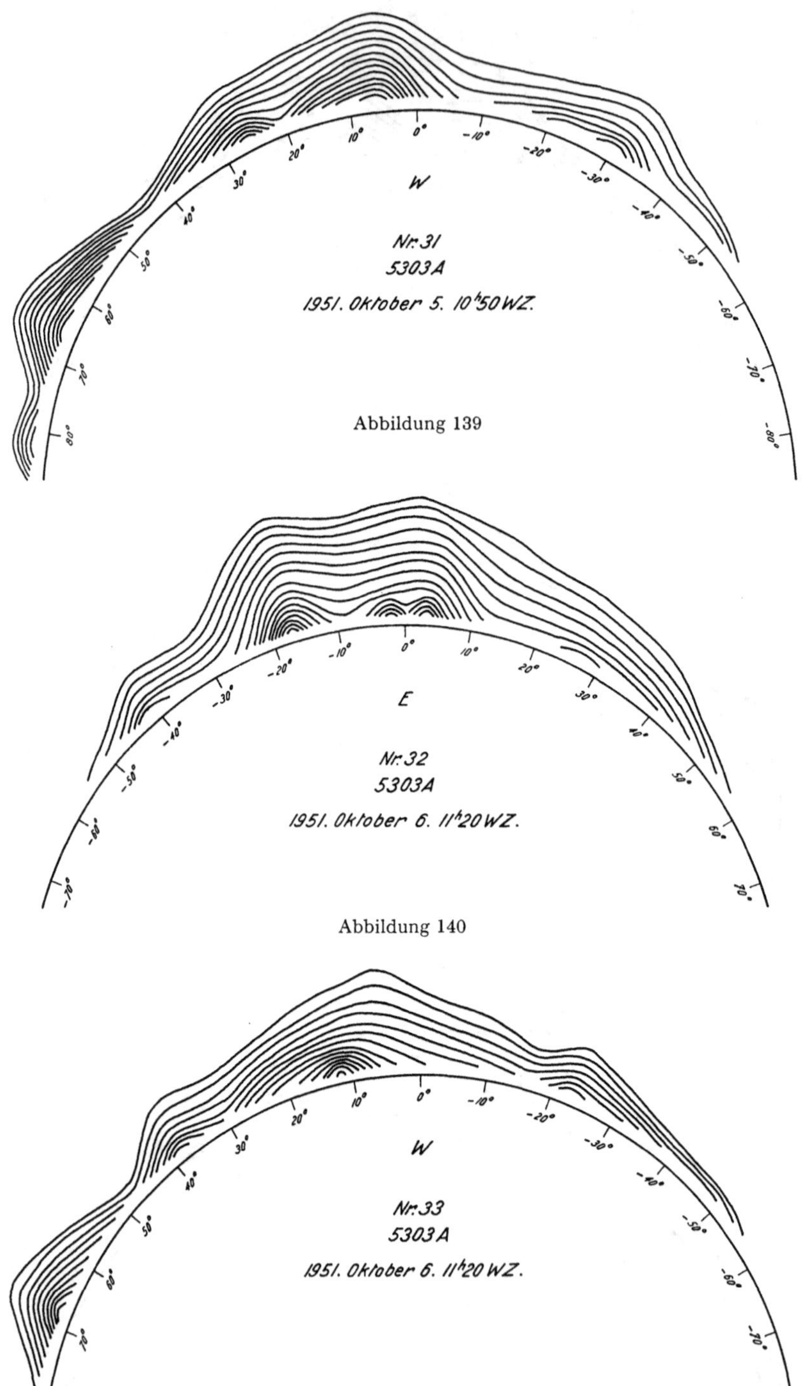

Abbildung 139

Abbildung 140

Abbildung 141

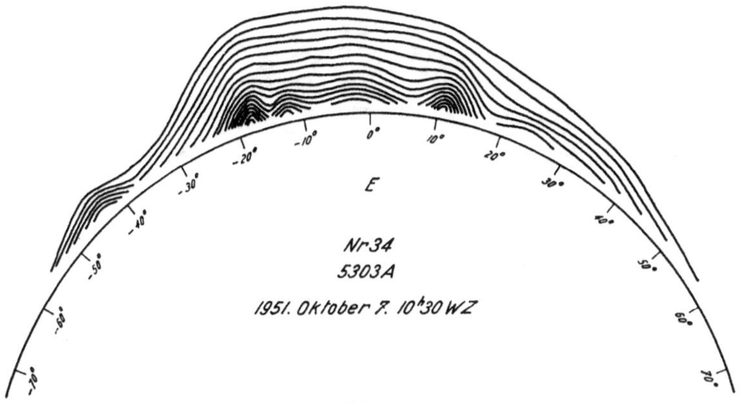

Abbildung 142

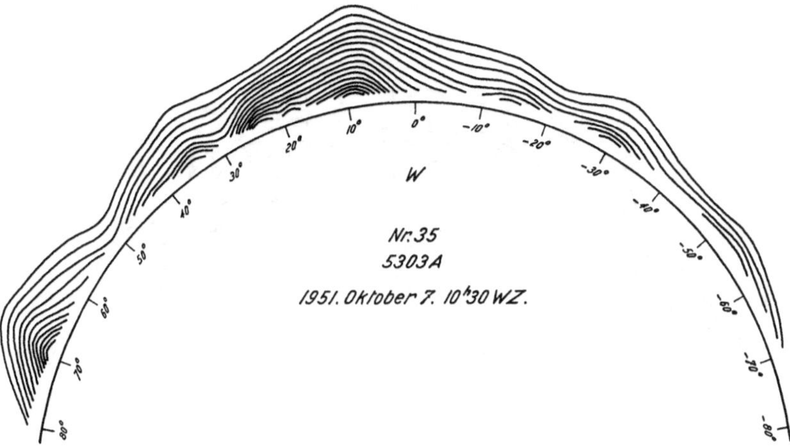

Abbildung 143

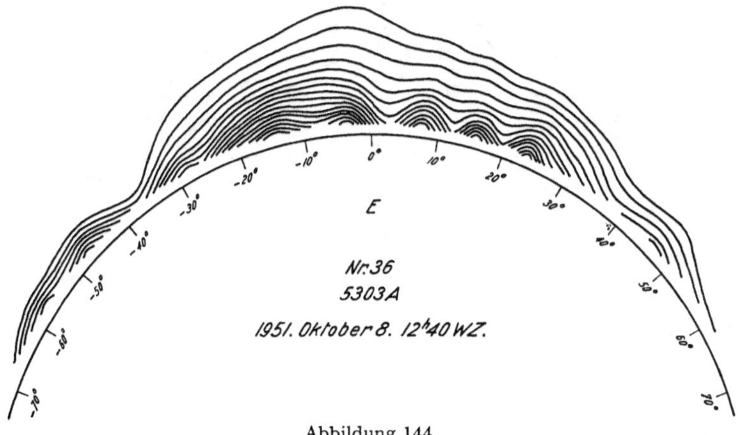

Abbildung 144

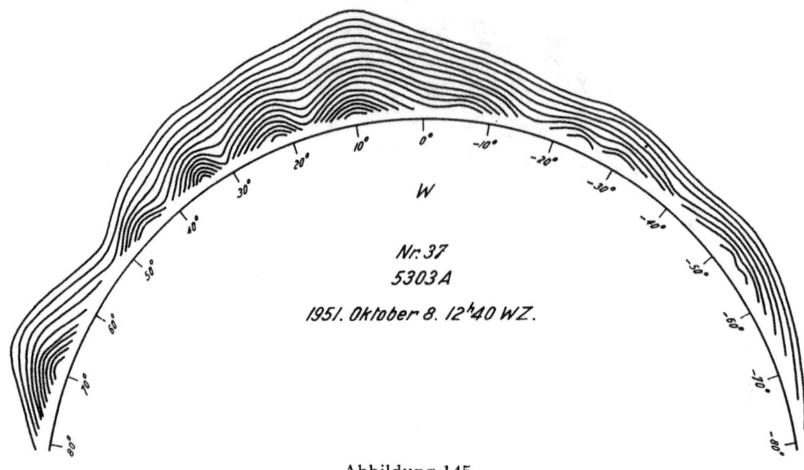

Abbildung 145

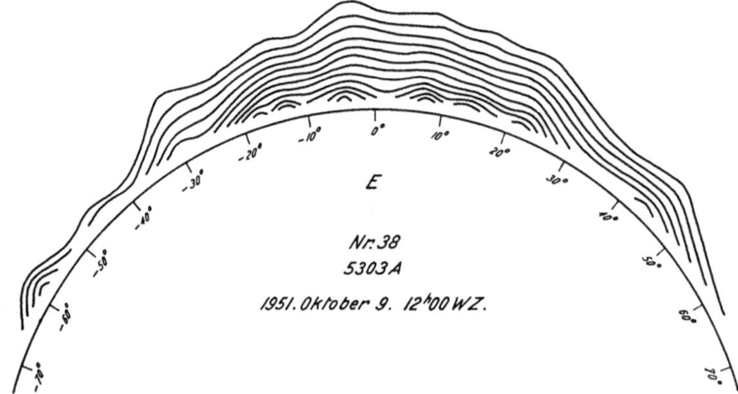

Abbildung 146

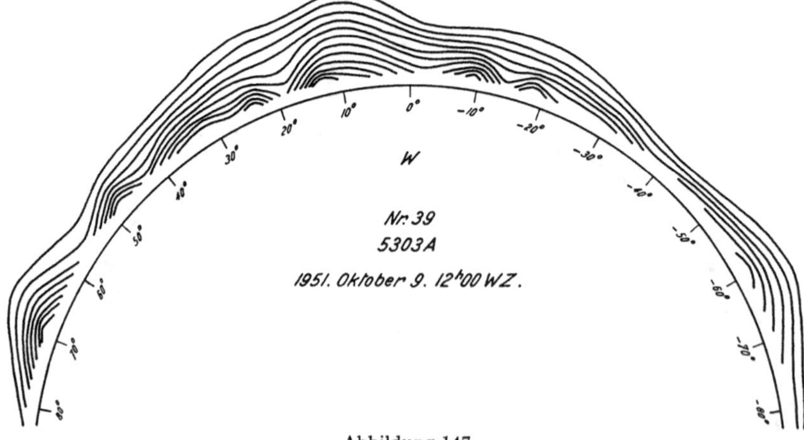

Abbildung 147

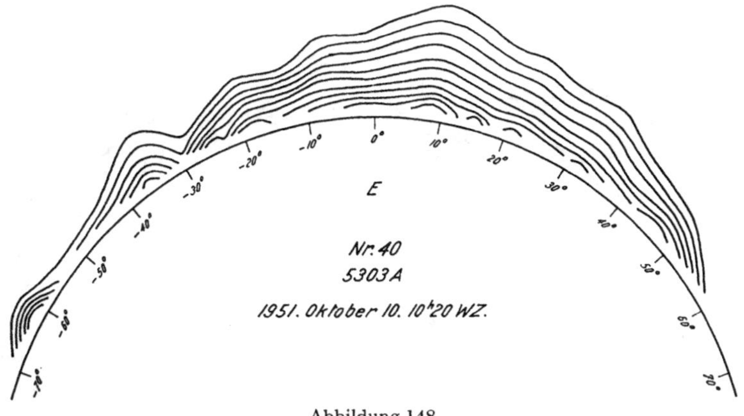

Abbildung 148

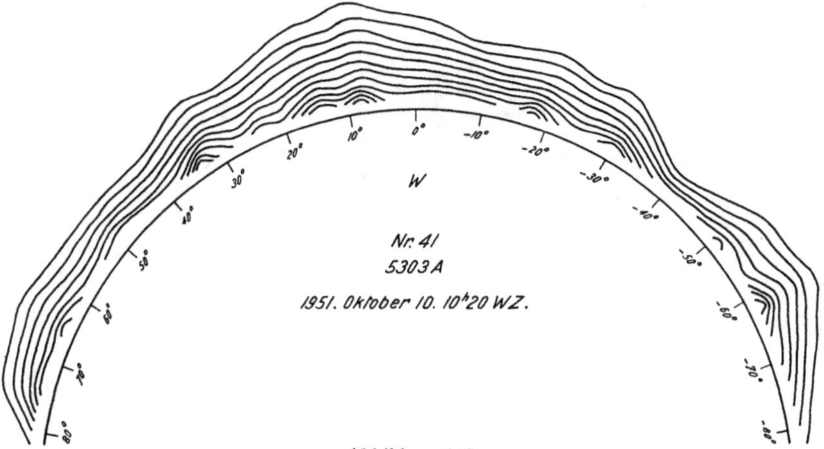

Abbildung 149

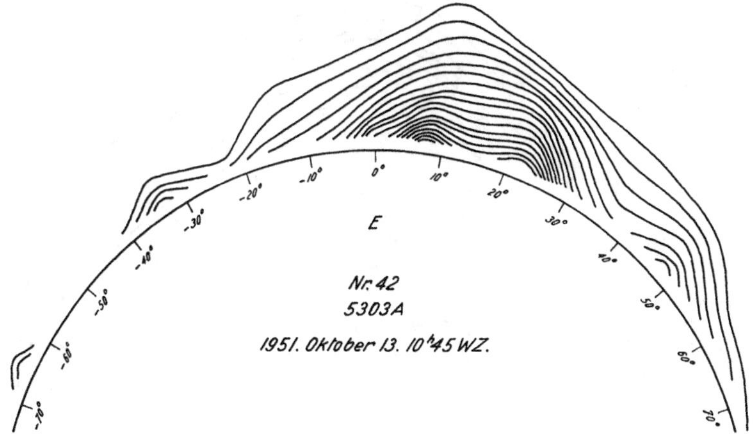

Abbildung 150

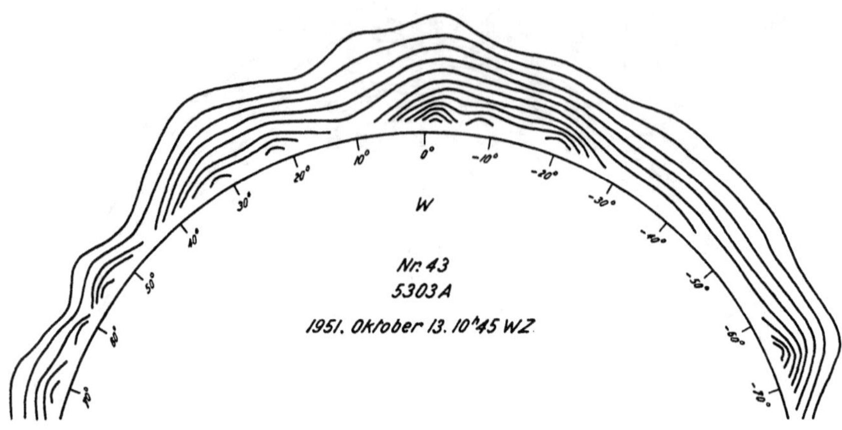

Abbildung 151

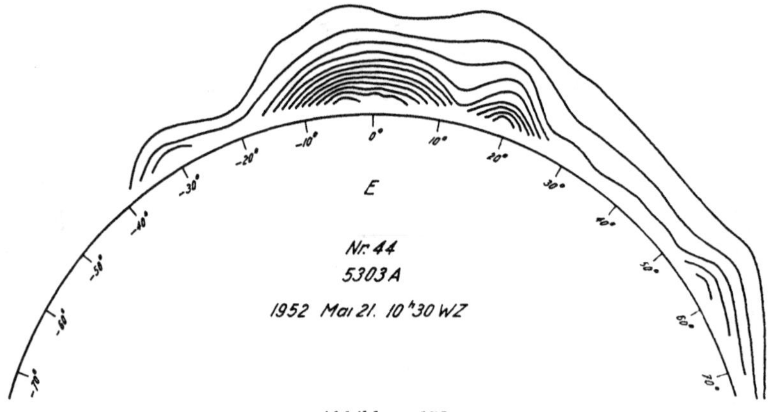

Abbildung 152

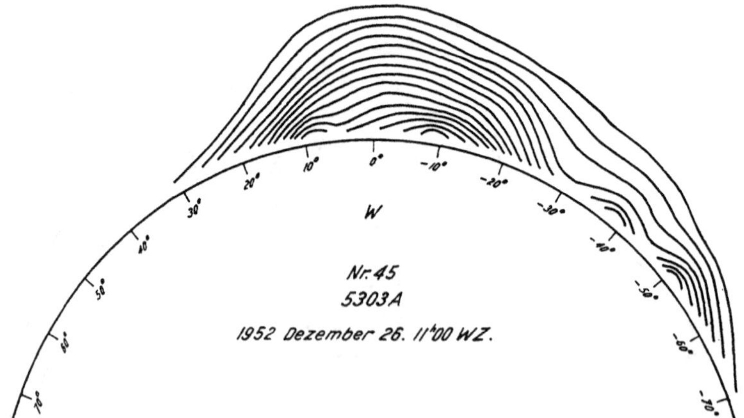

Abbildung 153

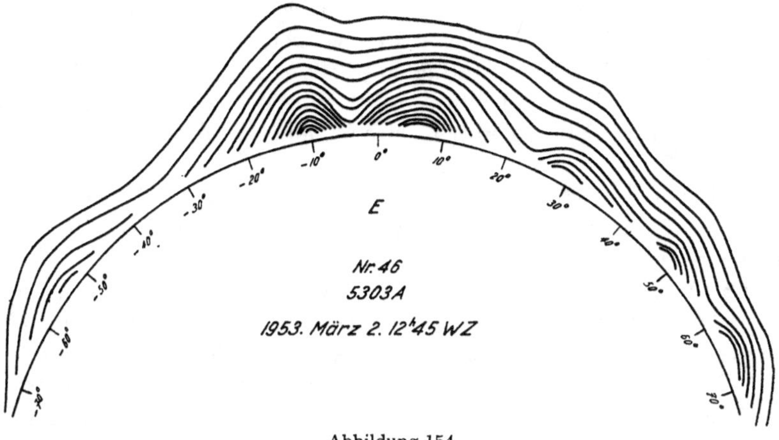

Abbildung 154

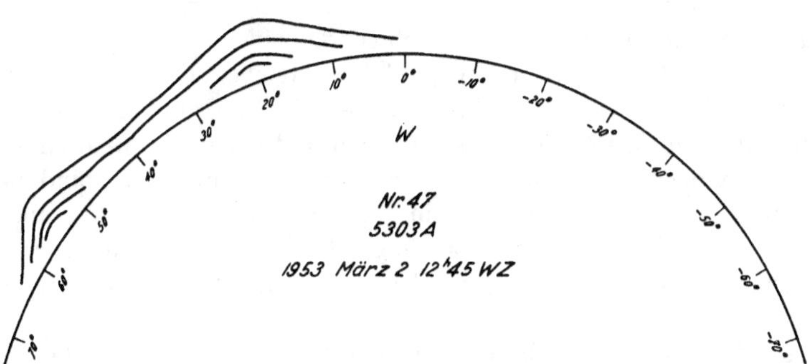

Abbildung 155

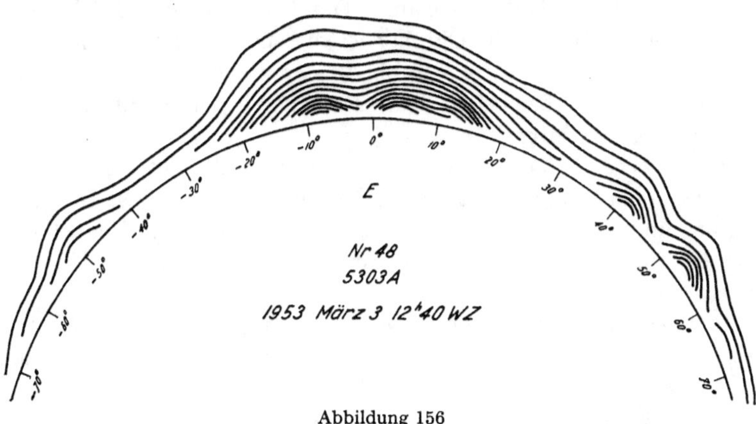

Abbildung 156

Strahl bei − 9° seit dem 5. August sich aufgelöst hat. Die am 5. August bei − 59°, − 18°, + 21°, + 37° und + 78° beobachteten Strahlen besitzen am 19. August die heliographischen Breiten − 61°, − 18°, + 20°, + 39° und + 75°. Der intensive nördliche Polarstrahl steht nahe dem (rückwärtigen) Zentralmeridian, reicht aber über den Sonnenrand empor, so dass die Linienemission wieder über die ganze Polarkappe sichtbar bleibt.

Die Abbildungen 134 bis 149 bilden eine Serie von Koronaisophoten an acht aufeinanderfolgenden Tagen. Wir besprechen zunächst das Verhalten am Ostrand, dann dasjenige am Westrand.

Am 3. Oktober zeigt der Ostrand ein schwaches Maximum in der südlichen, ein starkes in der nördlichen Hauptzone. Der nördliche Hauptstrahl bei 7° bis 15° begleitet ein intensives Fackelgebiet, das sich von 0° bis 10° erstreckt, der südliche bei − 15° ein kleines Fackelgebiet bei − 10°. Die bereits angedeutete Aufspaltung des nördlichen Hauptstrahles ist am 4. Oktober weiter fortgeschritten. Am 5. Oktober ist der Teilstrahl in höherer, am 6. Oktober auch derjenige in niedriger Breite aufgelöst bzw. durch die Rotation verschwunden und die Photosphäre fackelfrei. Dafür treten an diesem Tage bei − 2° und + 3° zwei intensive aber kurze Strahlen auf über photosphärisch ungestörtem Gebiet, die aber am 7. Oktober bereits wieder verschwunden sind. An diesem Tag stand bei + 9° eine kleine Fleckengruppe am Rand, über welcher sich bei + 11° ein intensiver Strahl erhebt. Die drei Strahlen, welche bei 8°, 16° und 23° am 8. Oktober auftreten und am 9. und 10. stark abgeschwächt noch erkennbar sind, stehen mit keiner nennenswerten photosphärischen Erscheinung in Verbindung. Umgekehrt führt der alte Hoffleck, der am 9. Oktober bei + 11° am Ostrand stand, trotzdem er von einem kräftigen nachfolgenden Fackelgebiet umgeben war, zu keiner nennenswerten Steigerung der Koronaintensität, wohl aber zu einer Erhöhung der Korona am 10. Oktober.

Die südliche Hauptzone des Ostrandes zeigt am 4. und 5. Oktober nur sehr schwache photosphärische Aktivität, vom 6. bis 8. Oktober dagegen ein grosses Fackelgebiet, in welches 3 Fleckengruppen von − 9° bis − 16° eingebettet sind, die am 7. Oktober am Sonnenrand stehen. Dementsprechend steigt die Koronaintensität der südlichen Hauptzone am 6. Oktober stark an und fällt nach dem 7. Oktober wieder ab. Am 10. Oktober ist die südliche Hauptzone fackelfrei und auch frei von einem Koronastrahl. An der Stelle des grossen alten Hoffleckes, der am 7. Oktober bei − 9° am Rande steht, erscheint ein auffälliges Minimum der Koronaintensität.

Bemerkenswert ist der vom 3. bis 5. Oktober bei 35° auftretende intensive Strahl, der sich über einigen verstreuten Fackelfeldern erhebt, welche aber nach Ausdehnung und Helligkeit nur unbedeutend sind. Dem vom 8. bis 10. Oktober bei etwa 45° auftretenden Strahl kann keinerlei photosphärische Aktivität zugeordnet werden.

In mittleren Breiten ist durchgängig eine Aktivitätszone vorhanden, deren Breite zwischen − 35° und − 47° variiert. Charakteristische Strahlen der Polarzone, welche zu dieser Zeit bei etwa − 65° liegt, finden sich vom 3. bis 5. und vom 8. bis 10. Oktober.

Die Gebiete, welche in der Zeit vom 3. bis 10. Oktober den Westrand passiert haben, waren fleckenfrei. Die südliche Hauptzone zeigte keine bis schwache Fackeltätigkeit, die nördliche dagegen sehr starke und überdies zwei Fleckengruppen, welche sich nur kurze Zeit vor Erreichung des Westrandes aufgelöst haben. Dementsprechend dominiert in diesem Gebiet die nördliche über die südliche Korona, sowohl nach Helligkeit als auch nach Höhe und Aktivität.

Der am 3. Oktober bei − 18° vorhandene, bis zum 5. Oktober aber verschwindende Strahl ist über einem photosphärisch ungestörten Gebiet aufgetreten. Ein weiteres Gebiet erhöhter Koronaintensität, welches vom 5. bis 10. Oktober zwischen − 20° und − 30° liegt, ist nur spärlich durch Fackeln vorgezeichnet. Dagegen fällt der helle Strahl bei − 9° am 9. Oktober mit einem hellen Fackelgebiet zusammen, während ein ähnliches Fackelgebiet, welches am 10. Oktober bei − 10° am Sonnenrand lag, sich nicht in entsprechender Weise bemerkbar macht. Schliesslich ist noch der Strahl der Polarzone, welcher vom 6. bis 10. Oktober zwischen − 50° und − 60° auftrat, beachtenswert.

Auf der aktiven Nordhalbkugel finden wir zunächst durchgehend die etwa bei 63° bis 70° liegende Polarzone. Die Hauptzone zeigt vom 3. bis 5. Oktober ein Intensitätsmaximum bei 6° bis 10°, ein zweites bei 27° und ein ausgeprägtes Minimum bei 19°. Die beiden Hauptmaxima fallen hier auf die Begrenzung der Fackelgebiete, welche von etwa 6° bis 26° reichen. Am 6. Oktober erscheint das Fackelgebiet in den Bereich 9° bis 32° verschoben; gleichzeitig finden wir die Hauptmaxima der Korona nach 12° bzw. 38°, das Minimum nach 29° verlagert. Am 7. Oktober finden wir die Fackeln in 3 Etagen: junge Fackeln in Zusammenhang mit einer Fleckengruppe bei 9°, alte, von grossen abgestorbenen Flecken stammende Fackeln bei 20° und ebensolche in Auflösung begriffene bei 35°. Jedem dieser Fackelgebiete entspricht ein Intensitätsmaximum der Korona. Am 8. und 9. Oktober hat sich dieses Bild nur wenig verändert: die Fackeln sind schwächer geworden und reichen nun bis über 40° hinaus. Dementsprechend nimmt die Koronaintensität in der Hauptzone ab und tritt ein neues Maximum bei 47° auf. Am 10. Oktober besteht lediglich noch ein Fackelgebiet von 8° bis 18° und ein solches bei 32°, welchen die Koronastrahlen bei 8° und 13° bzw. bei 33° entsprechen.

Die Korona des Ostrandes am 13. Oktober (Abb. 150) zeigt wiederum in eindrucksvoller Weise den Zusammenhang mit den photosphärischen Störungen. Die südliche Hauptzone ist schon seit mehreren Rotationen ungestört, während die nördliche von 6° bis 25° ein ausgedehntes Fackelfeld aufweist, in welchem in der vorangegangenen Rotation mehrere, zum Teil grössere Fleckengruppen aufgetreten sind. Dementsprechend fehlt das südliche Hauptmaximum vollständig, das nördliche reicht von 5° bis 25° und weist zwei Strahlen bei 8° und 22°, nahe der Grenze des Fackelgebietes auf.

Das Bild der Westseite der Korona vom 13. Oktober (Abb. 151) ist durch seine Ausgeglichenheit, besonders hinsichtlich der Höhe der Korona, bemerkenswert. Relativ kräftigen polaren Maxima bei − 66°, 55°, 62° und 71° stehen relativ kleine Intensitäten der Hauptzone gegenüber. Die nördliche, wenig gestörte Hemisphäre weist bei 22° und bei 32° schwache Strahlen auf. Fackel-

gebiete liegen exakt am Sonnenrand keine, aber im Abstand von nur etwa 8°
von demselben und reichen von 20° bis über 50° hinaus. Bei — 4° liegt ein alter
Hoffleck, umgeben von einem vom Äquator bis —10° reichenden Fackelherd. Die
maximale Koronaintensität tritt auch in diesem Fall an den Rändern des Fak-
kelgebietes auf, während direkt über dem Fleck die Isophoten eine Einsenkung
zeigen. Ein weiteres kleines Fackelgebiet bei — 13° bis — 18° dürfte mit dem
schwachen Strahl bei — 20° in Zusammenhang stehen.

Abbildung 152 zeigt ein Koronabild aus einer weit fortgeschrittenen Phase
des elfjährigen Zyklus, wo die beiden Hauptzonen verschmolzen sind. Die Isophoten verlaufen von der einen Hauptzone zu der andern, ohne eine Andeutung
des Äquatorminimums. Der schwache Strahl bei — 32° steht mit keiner photosphärischen Störung in Zusammenhang, während im Gebiet des Polarstrahles
bei 57° polare Fackeln auftraten, deren Beziehung zu der Polarzone der Korona
aber noch nicht klargestellt ist. Ein intensives Fackelgebiet mit einem grossen
Sonnenfleck bei — 3° reicht von — 9° bis + 6°. Dieser Ausdehnung schliesst sich
das helle Koronagebiet exakt an, wobei diesmal das Intensitätsmaximum bei
— 3° exakt mit dem Sonnenfleck zusammenfällt. Ein kleines Fackelgebiet
erstreckt sich von 13° bis 18°; über dem nördlichen Rand desselben erhebt sich
der Koronastrahl bei 19°.

Ein Tag vor der Beobachtung des Westrandes am 26. Dezember 1952 (Abb.
153) hatte bei + 6° ein grosser Hoffleck den Rand passiert, und ein ebensolcher
folgte am 27. Dezember bei — 10°. Mit diesen hängen die Strahlen bei + 9° und
— 9° zusammen. Hier sind die beiden Hauptzonen, wenigstens in der allerin-
nersten Korona, noch getrennt, doch zeigen die weiter aussen liegenden Isophoten ihre grösste Höhe am Äquator.

Die Koronabilder vom 2. und 3. März 1953 (Abb. 154 und 156) zeigen trotz
nahezu erloschener photosphärischer Aktivität bei — 8° bis — 10° und bei
4° bis 7° die Hauptstrahlen der Fleckenzone mit dem bei — 2° bis — 3° liegenden
Äquatorminimum. Daneben erscheinen bei 29°, 41°, 48° bis 53° und bei 65°
Strahlen in mittleren und höheren Breiten und bei — 51°, von der Hauptzone
durch ein breites Intensitätsminimum getrennt, ein typischer Strahl der neuen
polaren Aktivitätszone.

25. *Der monochromatische Helligkeitsgradient*

Für den radialen Intensitätsabfall machen wir den Ansatz:

$$I = c\,e^{-a\,d}, \quad \lg I = \lg c - a\,d\,,$$

$$\Delta \lg I = -\,0{,}4157 = -\,a\,\Delta d\,, \quad a = -\,\frac{\Delta \lg I}{\Delta d} = \frac{0{,}4157}{\Delta d}\,.$$

Dabei bedeutet I die Intensität, c einen Proportionalitätsfaktor, a den Gradienten und d den Abstand vom Sonnenrand, ausgedrückt in Sonnenradien.
Der Gradient wurde jeweils bestimmt für das Intervall der Isophoten n und

$n + 2$ und dem Abstand der Isophote $n + 1$ zugeordnet. Da der Intensitäts-
quotient aufeinanderfolgender Isophoten konstant $= 1{,}231$ ist, ergibt sich der
oben angeführte Quotient $\Delta \lg I = - \lg (1{,}231)^2 = - 0{,}4157$. Auf allen hier publizierten Isophotendarstellungen sind für alle Breiten $0°$, $\pm 5°$, $\pm 10°$, ... und
für den Abstand der Isophoten $n + 1$, $n + 2$, ..., $m - 2$ die Gradienten a bestimmt worden, wobei m die äusserste ($=$ Grenzisophote) und n die innerste
Isophote bedeutet.

Wie schon die individuell stark verschiedenen Koronastrukturen vermuten
lassen, streuen die a-Werte sehr stark. Erst durch die Mittelung über eine
grössere Zahl von Fällen treten die charakteristischen Züge in der Variation
von a hervor. Da es aber nur sinnvoll ist, solche Fälle zusammenzufassen, die
sich in dieser oder jener Hinsicht ähnlich sind, haben wir für folgende 9 Gruppen
den mittleren Verlauf von a bestimmt:

1. Gruppe: Hauptstrahlen (Intensitätsmaxima), $|\, b\, | \leq 25°$.
2. Gruppe: Intensitätsmaxima in mittleren und hohen Breiten, $|\, b\, | \geq 30°$.
3. Gruppe: Intensitätsminima, ausser Äquatorm inima, $|\, b\, | \geq 20°$.
4. Gruppe: Äquatorminima, $|\, b\, | \leq 15°$.
5. Gruppe: $b = 0°$, $\pm 5°$.
6. Gruppe: $b = \pm 10°$, $\pm 15°$, $\pm 20°$.
7. Gruppe: $b = \pm 25°$, $\pm 30°$, $\pm 35°$.
8. Gruppe: $b = \pm 40°$, $\pm 45°$, $\pm 50°$.
9. Gruppe: $|\, b\, | \geq 55°$.

In den Gruppen 1 bis 4 sind naturgemäss nicht alle Maxima und Minima verwendet worden, sondern nur jene, welche gerade auf die benutzten Breiten,
also auf $b = 0°$, $\pm 5°$, $\pm 10°$, ... fielen. Andererseits figurieren alle Fälle der
Gruppen 1 bis 4 je nach ihrer Breite noch ein zweites Mal in einer der Gruppen
5 bis 9. Die Mittelwerte des Gradienten sind für diese 9 Gruppen in Abhängigkeit von der Distanz d in Tabelle 30 zusammengestellt. Diese Mittelwerte umfassen in der Gruppe 5 und in der innersten Korona je 3×48 Einzelwerte, in
Gruppe 6 je 6×48 Werte usw. Diejenigen Mittelwerte, welche sich auf weniger
als 10 Einzelwerte beziehen, sind in Tabelle 30 eingeklammert. Die Werte sind
überdies für die einzelnen Gruppen in Abbildung 157 dargestellt. Dabei sind
die Gruppen 1 und 2, welche sich auf Intensitätsmaxima (Strahlen) beziehen,
zusammen dargestellt, ebenso die Gruppe 3 und 4 (Intensitätsminima). Weder
zwischen 1 und 2 noch zwischen 3 und 4 sind systematische Unterschiede erkennbar, ebensowenig bei den sich auf die verschiedenen heliographischen
Breiten beziehenden Gruppen 5 bis 9. Deshalb sind im untersten Teil der Abbildung 157 die Gruppen 1 und 2 zu einem neuen Mittelwert zusammengefasst,
ebenso die Gruppen 3 und 4 und die Gruppen 5 bis 9.

Alle Gradienten zeigen eine charakteristische Abnahme mit zunehmendem
Abstand. Den Verlauf für Intensitätsminima (Gruppen 3 und 4) wollen wir kurz
den ungestörten Gradienten nennen. Dieser beträgt bei $d = 0{,}04$ etwa 12 und
konvergiert gegen den Wert 8, welcher praktisch bei $d = 0{,}28$ erreicht ist. Auf
den Strahlen (Gruppen 1 und 2) sind die Gradienten grösser, besonders in

kleinen Abständen, wobei bei $d = 0,04$ ein 1,8mal grösserer Gradient beobachtet wird als bei Intensitätsminima. Mit zunehmendem Abstand wird der Unterschied schwächer, indem auch auf Strahlen die Gradienten gegen den Wert 8 zu streben scheinen. Bei $d = 0,28$ ist der Gradient auf Strahlen nur noch um 10% grösser als der ungestörte Gradient. Das Gesamtmittel (Gruppen 5 bis 9) umfasst alle Breiten und sowohl Maxima wie Minima und muss deshalb Gradienten liefern, welche zwischen dem ungestörten Wert und dem für Strahlen gültigen liegen.

Was wäre für den ungestörten Gradienten zum Beispiel bei $d = 0,08$ zu erwarten? Der beobachtete Wert beträgt 10 oder, wenn d in Zentimeter ausgedrückt wird, $1,428 \cdot 10^{-10}$. Für die Elektronendichte, und damit für die Dichte überhaupt, machen wir den folgenden Ansatz, in welchem h den Abstand eines Punktes, d den Abstand des Sehstrahles vom Sonnenrand bedeutet:

$$N_e = N_0\, e^{-\alpha h} \sim N_0\, e^{-(\alpha x^2/2R)\,-\,\alpha d} \,,$$

wobei N_0 die Elektronendichte am Sonnenrand bedeutet, R den Sonnenradius und x die Entfernung des betrachteten Punktes auf dem Sehstrahl von demjenigen Punkt, in welchem der Sehstrahl von der Sonne den kleinsten Abstand hat. Die Ergiebigkeit in der Linie 5303 Å ist proportional N_e^2, falls wir ausschliesslich Anregung durch Elektronenstoss in Betracht ziehen. Somit ist die im Abstand d gemessene Linienintensität proportional dem Ausdruck

$$\int_{-\infty}^{+\infty} N_0^2\, e^{-(\alpha x^2/R)\,-\,2\alpha d}\, dx = N_0^2\, e^{-2\alpha d} \sqrt{\frac{\pi R}{\alpha}} \,.$$

Sehen wir von der schwachen Abhängigkeit von $\alpha^{-1/2}$ ab, so ist der von uns beobachtungsmässig eingeführte Gradient $a = 2\alpha$ zu setzen, womit wir für den ungestörten Gradienten im Abstand 0,08 erhalten: $\alpha = 0,714 \cdot 10^{-10}$. Andererseits beträgt der hydrostatische Gradient

$$\alpha = \frac{g\,\mu}{\Re\,T} \,.$$

In dem Intervall 0,04 bis 0,28 nimmt α auf 2/3 ab und g auf $(1,04/1,28)^2 = 0,66$. Die in Abbildung 157 auftretende Abnahme des Gradienten kann also vollständig durch die Abnahme der Gravitationsbeschleunigung g erklärt werden. Setzt man für T den aus der Breite der Emissionslinien abgeleiteten Wert von $2 \cdot 10^6$ ein, so erhält man mit $\mu = 0,69$ (Molekulargewicht) und $\Re = 8,31 \cdot 10^7$ (Gaskonstante) für den Abstand 0,08:

$$\alpha = 0,972 \cdot 10^{-10} \,.$$

Der Unterschied zwischen dem beobachteten und dem berechneten Wert ist unbedeutend und würde völlig verschwinden, wenn man mit dem Mittelwert von a (Gruppen 5 bis 9) für $d = 0,08$ rechnen würde. Falls man aber jenem

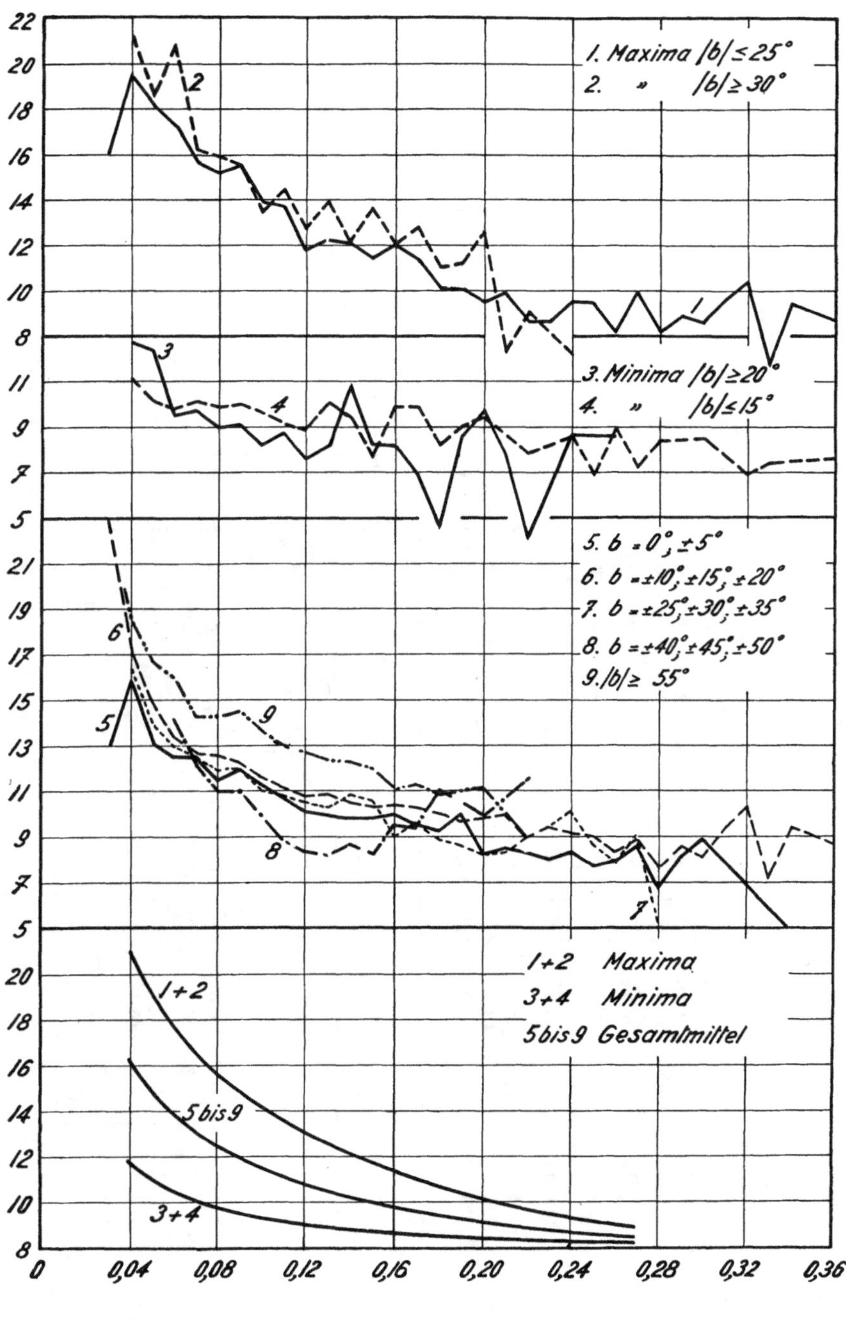

Abbildung 157

Die Abhängigkeit des Helligkeitsgradienten vom Abstand vom Sonnenrand für verschiedene heliographische Breiten sowie für Intensitätsmaxima und -minima.

Tabelle 30

Der Verlauf des Intensitätsgradienten a mit der Entfernung d

d	0,03	0,04	0,05	0,06	0,07	0,08	0,09	0,10	0,11	0,12	0,13	0,14	0,15	0,16	0,17	0,18	0,19
Gruppe 1	(16,0)	19,5	18,2	17,3	15,7	15,2	15,5	13,9	13,7	11,8	12,2	12,1	11,4	12,0	11,4	10,1	10,0
Gruppe 2		(21,4)	18,6	20,8	16,2	15,9	15,5	13,5	(14,4)	12,7	(13,9)	12,2	(13,6)	(12,1)	(12,8)	(11,1)	(11,2)
Gruppe 3		(12,7)	12,3	9,5	9,7	9,0	(9,1)	8,2	(8,7)	(7,6)	(8,2)	(10,9)	(8,2)	(8,1)	(6,8)	(4,6)	(8,6)
Gruppe 4		(11,2)	10,1	9,8	10,1	9,8	10,0	9,6	9,1	8,9	10,0	9,4	7,7	9,9	9,9	8,2	(9,0)
Gruppe 5	(13,0)	15,9	13,1	12,5	12,5	11,5	11,9	11,2	10,7	10,1	9,9	9,8	9,8	10,0	9,5	9,2	10,0
Gruppe 6	(22,9)	17,3	14,9	13,3	12,7	12,6	12,3	11,6	11,1	10,8	10,9	10,5	10,3	10,4	10,3	10,0	9,7
Gruppe 7		16,4	13,9	12,9	12,4	11,9	11,9	11,1	10,7	10,5	10,3	10,8	10,6	9,0	9,6	8,9	8,6
Gruppe 8	(22,1)	16,7	14,1	14,2	12,1	11,1	11,0	9,9	8,8	8,4	8,2	(8,7)	(8,2)	(9,5)	(9,3)	(11,1)	
Gruppe 9	(22,3)	18,6	16,7	16,0	14,3	14,3	14,6	13,7	12,8	12,7	12,4	12,3	(12,0)	(11,1)	(11,3)	(10,9)	

d	0,20	0,21	0,22	0,23	0,24	0,25	0,26	0,27	0,28	0,29	0,30	0,31	0,32	0,33	0,34	0,35	0,36
Gruppe 1	9,5	9,9	8,6	8,6	(9,5)	(9,5)	(8,1)	(10,0)	(8,2)	(8,9)	(8,6)	(9,6)	(10,4)	(6,7)	(9,4)		(8,7)
Gruppe 2	(12,6)	(7,3)	(9,0)		(7,2)												
Gruppe 3	(9,7)	(7,7)	(4,1)		(8,7)		(8,6)										
Gruppe 4	(9,5)	(8,6)	(7,8)	(9,6)	(8,7)	(6,9)	(9,0)	(7,2)	(8,4)		(8,5)		(6,9)	(7,4)			(7,6)
Gruppe 5	8,2	8,5	8,3	8,0	(8,3)	(7,7)	7,9	(8,6)	(6,7)	(8,1)	(8,9)	(7,9)	(6,9)		(4,9)		
Gruppe 6	9,8	10,0	8,9	9,4	9,2	9,1	8,3	8,9	7,5	(8,6)	(8,1)	(9,4)	(10,3)	(7,2)	(9,4)		(8,7)
Gruppe 7	8,1	8,2	9,0	(9,4)	(10,2)	(8,6)	(7,8)	(9,1)	(5,2)								
Gruppe 8	(9,8)		(11,5)														
Gruppe 9	(11,1)		(9,0)														

Unterschied eine Realität zuschreiben will, liesse sich dafür leicht eine Erklärung geben: die Minimastellen sind nicht nur in Richtung der heliographischen Breite von Stellen grösserer Intensität flankiert, sondern meistens auch in Richtung der heliographischen Länge. Von diesen vor oder hinter dem Sonnenrand liegenden helleren Stellen reichen die Ausläufer relativ hoch und über den scheinbaren Sonnenrand hinaus, wo sie eine Verkleinerung des Gradienten bewirken.

Es bleibt noch die erhebliche Zunahme des Gradienten auf den Strahlen (Gruppe 1 und 2) zu erklären, wozu wir einen Strahl vom (halben) Öffnungswinkel 5° betrachten, der radial und exakt am Sonnenrand steht. Dieser vom Strahl erfüllte Raum liefert im Falle der ungestörten, das heisst sphärischen Korona, im Abstand $d = 1{,}05$ 30%, im Abstand 1,30 jedoch nur 24% der Linienemission längs des Sehstrahles[1]. Wenn nun in dem genannten Raum die Dichte auf den fünffachen Betrag steigt und damit ein Strahl entsteht, steigt die Intensität der Linienemission im Abstand $d = 1{,}05$ von I_1 auf $(25 \cdot 0{,}3 + 0{,}7)I_1$, im Abstand $d = 1{,}30$ jedoch nur von I_2 auf $(25 \cdot 0{,}24 + 0{,}76)\,I_2$. Das Intensitätsverhältnis nimmt somit zu von I_1/I_2 auf $1{,}21\,I_1/I_2$, das heisst der Gradient wird vergrössert. Es kommt noch hinzu, dass es sich bei vielen Intensitätsmaxima viel weniger um «Strahlen» handelt, sondern vielmehr um «Kondensationen», in welchen sich die Dichtezunahme auf die untersten Schichten beschränkt, wodurch der Gradient eine weitere Vergrösserung erfährt.

Abschliessend sei noch darauf hingewiesen, dass die Gruppen 1 und 5 bei $d < 0{,}04$ wieder kleinere Gradienten aufweisen als bei $d = 0{,}04$. Auch Gruppe 2 zeigt, wenn wir von dem innersten, nur durch wenig Fälle belegten Punkt absehen, ein Maximum bei $d = 0{,}06$. Auf dieses Verhalten des Gradienten der Linienemission ist bereits früher vom Verfasser hingewiesen worden[2].

---

[1] M. WALDMEIER, *Neue Ergebnisse der Koronaforschung*, Atti XI° Convegno Volta, Accad. naz. Lincei, Rom 1953, S. 171, Abb. 2.

[2] M. WALDMEIER, *Der radiale Helligkeitsabfall der Sonnenkorona im monochromatischen Licht der Linie* 5303 Å, Z. Astrophys. *21*, 120 (1942), Abb. 3.

VII. KAPITEL

POLARKARTEN DER KORONA

Während eine Aufnahme der Sonnenphotosphäre oder -chromosphäre unmittelbar die flächenhafte Struktur dieser Atmosphärenschichten zeigt, liefert die Beobachtung der Korona bloss die Intensitätsverteilung längs desjenigen Meridians, welcher sich gerade am Sonnenrand befindet. Das uns zur Zeit noch unzugängliche räumliche Nebeneinander kann aber weitgehend durch das zeitliche Nacheinander ersetzt werden. Infolge der Rotation der Sonne wird nämlich jeden Tag die Korona längs eines andern Meridians beobachtet, so dass durch kontinuierliche Beobachtungen der Korona deren flächenhafte Struktur erfasst und in heliographischen Karten dargestellt werden kann. Solche heliographische Karten der Korona sind zum erstenmal vom Verfasser im Jahre 1942 publiziert worden[1]. Sie bezogen sich auf Beobachtungen der Linien 5303 und 6374 Å aus den Jahren 1939 bis 1941. Dabei wurde ein rechtwinkliges Koordinatennetz benutzt, wie es seit langer Zeit für die heliographischen Karten der Photosphäre (Publikationen der Eidgenössischen Sternwarte Zürich) und der Chromosphäre (Publications de l'Observatoire de Paris, Section d'Astrophysique à Meudon) verwendet wird. Dieses Koordinatennetz hat sich für die kartographische Darstellung der photosphärischen und chromosphärischen Störungen, welche fast ausnahmslos nur in tiefen und mittleren Breiten auftreten, gut bewährt. Für die Darstellung der polaren Aktivität, die in der Korona stärker ausgeprägt ist als in den tieferen Schichten, ist jenes Netz weniger geeignet, weshalb wir für die Darstellung der polaren Struktur der Korona besondere Karten der Polarkalotten konstruiert haben[2]. Wir werden deshalb auch hier für die kartographische Darstellung der Koronastruktur für Gebiete $|b| \geqq 50°$ sogenannte Polarkarten, für die Gebiete $|b| \leqq 50°$ das herkömmliche rechtwinklige Koordinatennetz verwenden.

26. Die Konstruktion der Polarkarten

Da jeder Sonnenmeridian je Rotation einmal am Ost- und einmal am Westrand erscheint, genügen bereits an 14 aufeinanderfolgenden Tagen ausgeführte Koronabeobachtungen zur Konstruktion einer vollständigen Karte. Es seien L_0 die heliographische Länge des Zentralmeridians und P_0 der Positionswinkel

---

[1] M. WALDMEIER, *Heliographische Karten der Sonnenkorona*, Z. Astrophys. *21*, 109 (1942).
[2] M. WALDMEIER, *Polarkarten der Sonnenkorona*, Z. Astrophys. *27*, 24 (1950).

des Sonnennordpoles, so wird die beim Positionswinkel P im festen Abstand von etwa 1/2′ vom Sonnenrand beobachtete Intensität auf der heliographischen Karte der Stelle mit den Koordinaten

$$l = L_0 \pm 90°, \qquad b = 90° \pm (P - P_0)$$

zugeordnet. Das obere Vorzeichen gilt für die westliche, das untere für die östliche Hälfte des Randmeridians. Die Neigung der Sonnenachse (B_0) ist im allgemeinen unberücksichtigt geblieben.

Gegenüber der Darstellung in rechtwinkligen Koordinaten entsteht bei derjenigen in Polarkoordinaten die Schwierigkeit, dass dem Pol die 14 verschiedenen bei P_0 (Nordpol) bzw. $P_0 + 180°$ (Südpol) beobachteten Intensitäten zuzuordnen sind. Der Unterschied dieser 14 Intensitäten rührt bei hinreichend kleinen Werten von B_0 einesteils von der unvermeidlichen Streuung der Intensitätsschätzungen oder -messungen her, andernteils von reellen Variationen der Polintensität im Laufe von 14 Tagen. Da letztere erfahrungsgemäss gering ist, ist es angezeigt, für die Polintensität den Mittelwert der 14 Intensitäten anzusetzen. Schwieriger gestaltet sich die Darstellung der Korona in der Nähe des Poles, falls B_0 nicht sehr klein ist. Dieser Fall liegt bei den meisten nachfolgend veröffentlichten Karten vor, indem der Verfasser seine Koronabeobachtungen vorwiegend in den Monaten Februar bis April und Juli bis Oktober ausführt, wo B_0 seinen minimalen bzw. maximalen Wert annimmt. In den vielen Fällen, wo die Linien in der Umgebung des Pols überhaupt nicht nachweisbar sind, bedingt B_0 keine Komplikation, wohl aber, wenn, wie besonders in den Jahren 1946 bis 1948, die Polintensität gross wird. In diesen Fällen wurden die längs des Sonnenrandes beobachteten Intensitäten nicht auf dem Meridian aufgetragen, sondern auf dem Terminator, das heisst dem Grosskreis des scheinbaren Sonnenrandes. Die bei Vernachlässigung von B_0 am Pol auftretende Vieldeutigkeit wird nun in die Schnittpunkte der Terminatoren verlegt, während dem Gebiet unmittelbar um den Pol herum keine Beobachtung zugeordnet werden kann, sondern das Gebiet $|b| > 90° - |B_0|$ offen bleibt, weil der Pol und seine engste Umgebung bei der Rotation nicht auf den Terminator gelangen. Es muss deshalb ein Kompromiss zwischen dieser Art der Darstellung und derjenigen mit Vernachlässigung von B_0 gewählt werden.

Bei den nördlichen Polarkarten nimmt die heliographische Länge in Gegenzeigerrichtung zu, bei den südlichen in der Zeigerrichtung, womit die Karten in ihrer Orientierung mit den erwähnten der Photosphäre und Chromosphäre übereinstimmen. Es wurden die Carringtonschen Rotationselemente benutzt.

Die Karten enthalten die Isophoten von 5 zu 5 Intensitätseinheiten. Um das Bild deutlicher zu machen, sind verschiedene Tönungen verwendet worden. Intensitäten < 5 sind nicht besonders bezeichnet, solche zwischen 5 und 15 sind leicht, solche zwischen 15 und 25 stark schraffiert, und Gebiete mit Intensitäten grösser als 25 sind schwarz dargestellt. Die Einheit dieser geschätzten Intensitäten beträgt bei der Linie 5303 Å rund $1 \cdot 10^{-6}$ Å Äquivalentbreite im

Spektrum der Mitte der Sonnenscheibe, bei der Linie 6374 Å etwa $1/3 \cdot 10^{-6}$ Å. Die Kalibrierung der Schätzungsskala für beide Linien ist in Band I, Abbildung 12, Seite 27, gegeben.

Bei den für die Konstruktion der Karten verwendeten Folgen von Beobachtungstagen handelt es sich, wie aus den in Band I publizierten Koronadiagrammen hervorgeht, nicht durchweg um lückenlose, 14 Tage umfassende Reihen, sondern diese enthalten gelegentlich einzelne Lückentage, ausnahmsweise auch etwa zwei aufeinanderfolgende. Einzelne Lückentage können im allgemeinen ohne Willkür interpoliert werden, besonders bezüglich der Gebiete in hohen Breiten, wo sich das Aussehen der Korona von Tag zu Tag nur wenig ändert. Hingegen ist die Interpolation einer zweitägigen Lücke meistens nur sehr unsicher möglich. Für die Konstruktion der Polarkarten stand ein grösseres Beobachtungsmaterial zur Verfügung, als in Band I publiziert worden ist. Erstens sind an vielen Tagen mehrere Beobachtungen gemacht worden, und zweitens können für die heliographischen Karten auch die unvollständigen Beobachtungen von Tagen, an welchen der Himmel nur kurze Zeit klar war, verwendet werden.

Die Polarkarten besitzen die Besonderheit, dass ihre verschiedenen Teile sich nicht auf dieselbe Zeit beziehen, indem die einzelnen Meridiane nacheinander zur Beobachtung gelangen. Dieser zeitliche Unterschied, der pro 13° Längendifferenz 1 Tag beträgt, ist bei der langsamen Veränderlichkeit der polaren Korona unwesentlich. Neben dieser stetigen Veränderung der Beobachtungszeit mit dem Beobachtungsort besteht eine unstetige längs des Meridians, in welchem die Beobachtungen von Ost- und Westseite, welche um 14 Tage auseinanderliegen, zusammenstossen. In dieser Zeit könnte sich die Koronastruktur nicht unerheblich verändern, so dass längs jenes Meridians die Isophoten unstetig aneinanderstossen könnten. Immerhin zeigen die Beobachtungen[1], dass die Strukturänderungen in der Polarzone und bei schwacher Sonnenaktivität auch in der Hauptzone innerhalb von 14 Tagen nur gering sind.

27. Die Daten der einzelnen Polarkarten

Das in Band I veröffentlichte Beobachtungsmaterial der Jahre 1939 bis 1949 umfasst 28 Fälle von 14 aufeinanderfolgenden lückenlosen oder nahezu solchen Beobachtungstagen für die Linie 5303 und 19 für die Linie 6374 Å. Die seit 1949 hinzugekommenen Beobachtungen sind hier nicht verwertet, einerseits um den Umfang des vorliegenden Bandes nicht weiter zu belasten, besonders aber, weil nach dem Sonnenaktivitätsmaximum von 1948 die polare Aktivitätszone der Korona erloschen und hernach die Linienemission der Korona in der Polarzone sehr schwach gewesen ist. Eine kleine Auswahl von Polarkarten der Linie 5303 Å ist bereits früher publiziert worden[2].

---

[1] M. WALDMEIER, *Die Rotation der Sonnenkorona*, Astron. Mitt. Zürich, Nr. 147 (1946).
[2] M. WALDMEIER, *Polarkarten der Sonnenkorona*, Z. Astrophys. 27, 24 (1950).

Die 28 Beobachtungsperioden für die grüne Linie beziehen sich auf die folgenden Zeiten:

Abbildungen

158, 186	6. bis 18. August 1941.
159, 187	21. August bis 3. September 1941.
160, 188	16. bis 29. September 1941.
161, 189	11. bis 24. Februar 1943.
162, 190	25. Februar bis 10. März 1943.
163, 191	11. bis 23. März 1943.
164, 192	10. bis 23. August 1943.
165, 193	30. August bis 10. September 1943.
166, 194	30. September bis 12. Oktober 1943.
167, 195	13. bis 25. Februar 1945.
168, 196	5. bis 17. Juli 1945.
169, 197	18. bis 31. Juli 1945.
170, 198	10. bis 23. August 1945.
171, 199	24. August bis 5. September 1945.
172, 200	3. bis 16. April 1946.
173, 201	18. bis 31. Juli 1946.
174, 202	1. bis 14. August 1946.
175, 203	16. bis 28. August 1946.
176, 204	30. August bis 12. September 1946.
177, 205	9. bis 20. April 1947.
178, 206	19. Juli bis 1. August 1947.
179, 207	2. bis 15. August 1947.
180, 208	16. bis 29. August 1947.
181, 209	10. bis 23. September 1947.
182, 210	2. bis 15. März 1948.
183, 211	18. bis 30. März 1948.
184, 212	14. bis 27. September 1948.
185, 213	21. März bis 2. April 1949.

Für jede dieser Beobachtungsperioden ist je eine Karte der nördlichen und der südlichen Polarzone gezeichnet worden. Die nachfolgenden Abbildungen geben in chronologischer Reihenfolge zunächst die Bilder der nördlichen und anschliessend diejenigen der südlichen Polarzone.

Die 19 Beobachtungsperioden für die rote Linie beziehen sich auf die folgenden Zeiten:

Abbildungen

214, 233	14. bis 27. August 1941.
215, 234	16. bis 28. September 1941.
216, 235	16. bis 28. August 1942.
217, 236	18. Februar bis 3. März 1943.
218, 237	4. bis 17. März 1943.
219, 238	10. bis 23. August 1943.
220, 239	30. September bis 12. Oktober 1943.
221, 240	12. bis 26. September 1944.
222, 241	5. bis 15. Juli 1945.
223, 242	24. August bis 7. September 1945.
224, 243	3. bis 15. April 1946.
225, 244	22. Juli bis 4. August 1946.

Abbildungen

226, 245	21. Juli bis 3. August 1947.
227, 246	11. bis 24. August 1947.
228, 247	10. bis 20. September 1947.
229, 248	2. bis 14. März 1948.
230, 249	18. bis 30. März 1948.
231, 250	17. bis 29. September 1948.
232, 251	29. Juli bis 11. August 1949.

Auch für diese Beobachtungsperioden wurde je eine Karte der nördlichen und der südlichen Polarzone gezeichnet. Auch hier bezieht sich die erste Abbildungsnummer jeder Beobachtungsperiode auf die nördliche, die zweite auf die südliche Halbkugel.

28. *Die Polarkarten der Linie 5303* Å

Abbildung 158 zeigt in 60° Breite bei 300° Länge ejn Gebiet intensiver Emission. Es ist ein typischer Vertreter der im Jahre 1941 sehr kräftig in Erscheinung getretenen polaren Aktivitätszone. Ein weiterer schwächerer Strahl dieser Zone findet sich bei $l = 190°$. Abbildung 159 zeigt dasselbe Gebiet etwa einen halben Monat später; vom Hauptstrahl ist bei $b = 66°$, $l = 289°$ noch ein kleiner Rest verblieben, während die Struktur im übrigen fast völlig umgewandelt erscheint. Auch zwischen den Abbildungen 159 und 160, welche zeitlich um eine Rotationsperiode getrennt sind, besteht keine Ähnlichkeit. Es herrschte somit im Herbst 1941 in der nördlichen Polarzone wie überhaupt auf der ganzen Sonne eine lebhafte Aktivität. Auf Abbildung 160 tritt die polare Aktivitätszone, die in Breite von 57° bis 66° variiert, besonders schön in Erscheinung als Band, das sich um mehr als die halbe Sonne herumzieht. Solche Bänder erhöhter Linienemission sind vom Verfasser als «koronale Filamente» bezeichnet worden. Das Gebiet um den Pol mit einem Radius von 10° bis 20° ist frei von Linienemission.

Die Abbildungen 161, 162 und 163 zeigen das nördliche Polargebiet Mitte Februar, anfangs und Mitte März 1943, also etwa ein Jahr vor dem Sonnenfleckenminimum. Die zeitlichen Veränderungen erfolgen hier weniger rasch, und die hauptsächlichsten Strukturen lassen sich auf aufeinanderfolgenden Bildern identifizieren. Die polare Aktivitätszone lag zu dieser Zeit bei etwa 54° Breite, und das linienfreie Polargebiet war ausgedehnter als 1941. Auch hier erstreckt sich die Aktivitätszone um den halben Sonnenumfang mit wechselnder, maximaler Intensität zwischen etwa $l = 160°$ und 270°, während der gegenüberliegende Sektor 0° bis 90° keine nennenswerte Aktivität aufweist.

Die Abbildungen 164, 165 und 166 stellen wiederum drei aufeinanderfolgende Karten dar, nämlich von Mitte August, anfangs September und anfangs Oktober 1943. In allen drei Bildern liegt ein mächtiges Filament der polaren Zone im Sektor 90° bis 180° und bei einer mittleren Breite von etwa 60°.

Nachdem die Koronahelligkeit im Minimumsjahr 1944 auch in der Polarzone sehr schwach gewesen war, nahm sie mit dem 1945 einsetzenden neuen Zyklus sowohl in der Haupt- wie in der Polarzone kräftig zu. Die Korona vom

Februar 1945 (Abb. 167) zeigt ein gut entwickeltes Filament bei $b = 58°$ von 320° bis 45° und vereinzelte Strahlen der Polarzone teils unterhalb, teils oberhalb von $b = 60°$.

Die 4 Karten von anfangs Juli bis anfangs September 1945 (Abb. 168 bis 171) zeigen bereits stärkere Aktivität als die Karte vom Februar desselben Jahres. Das Gebiet von $l = 180°$ bis 330° ist praktisch frei von Linienemission, während im Gebiet von $l = 0°$ bis 110° die polare Zone kräftig entwickelt ist. Das Intensitätsmaximum des schmalen Filamentes liegt anfangs Juli bei $b = 61°$, $l = 78°$, Ende Juli bei $b = 62°$, $l = 91°$, Mitte August bei $b = 65°$, $l = 70°$ und anfangs September bei $b = 63°$, $l = 68°$. Als Ganzes scheint das Filament sich polwärts zu verschieben bzw. von neuen Gebieten erhöhter Linienemission bei $l = 320°$ bis 30° und bei $l = 100°$ bis 130° polwärts abgedrängt zu werden.

Die Koronakarte vom April 1946 (Abb. 172) zeigt eine weitere Steigerung der Aktivität. Die Linienemission wird nun in allen heliographischen Längen mehr oder weniger kräftig beobachtet, und auch die Umgebung des Pols ist nicht mehr frei von Linienemission. Die fortgeschrittene Phase der Sonnenaktivität macht sich nicht nur durch die gesteigerte Linienemission bemerkbar, sondern auch durch die höhere Breite der Polarzone. Die beiden Filamente bei $l = 190°$ bis 280° und bei 0° bis 70° haben eine Breite von 65° bis 70° mit Intensitätsmaxima bei 69°. Da sich die Hauptzone äquatorwärts, die Polarzone aber polwärts verschiebt, wird der Gürtel zwischen beiden breiter und bezüglich seiner Helligkeit schwächer. So findet man eine «Rinne» minimaler Intensität, welche sich etwa in der heliographischen Breite $b = 55°$ um 3/4 des Sonnenumfangs erstreckt, nämlich von $l = 90°$ bis 0°.

Die 4 aufeinanderfolgenden Polkarten Abbildungen 173 bis 176 zeigen die Korona von der zweiten Hälfte Juli bis zur ersten Hälfte September 1946. Die erwähnte «Rinne» bei etwa $b = 60°$ ist auf allen 4 Bildern auf einem mehr oder weniger grossen Stück des Umfangs erkennbar. Ein intensives Filament erstreckt sich von $l = 0°$ über 90° bis 180° und hat auf dem ersten Bild eine Breite von etwa 68°, auf dem zweiten und dritten eine solche von etwa 74° und auf dem vierten wieder eine von etwa 69°. Auf den meisten Bildern erkennt man am äusseren Rand, also zwischen $b = 50°$ und 60°, äquatorwärts von der Rinne, den nördlichen Ausläufer der Hauptzone. In dieser Phase haben die koronalen Filamente der Polarzone die stärkste Entwicklung erreicht.

Die nächste Koronakarte von Mitte April 1947 (Abb. 177), also nahezu im Maximum der Sonnenaktivität, zeigt gegenüber den vorangegangenen Karten ein völlig verändertes Aussehen: die Linienintensität ist in der ganzen Polarzone schwächer geworden, und die langen polaren Filamente fehlen ganz. Dass es sich dabei nicht bloss um ein momentanes Abflauen der polaren Aktivität handelt, geht schon daraus hervor, dass in allen folgenden Karten nirgends mehr grosse Intensitäten oder ausgedehnte Filamente auftreten.

Die Abbildungen 178 bis 181 aus dem Maximum der Fleckentätigkeit zeigen die polare Korona von der zweiten Hälfte Juli bis Mitte September 1947. Die polare Aktivitätszone hat sich weiter polwärts verlagert und bildet nun ein

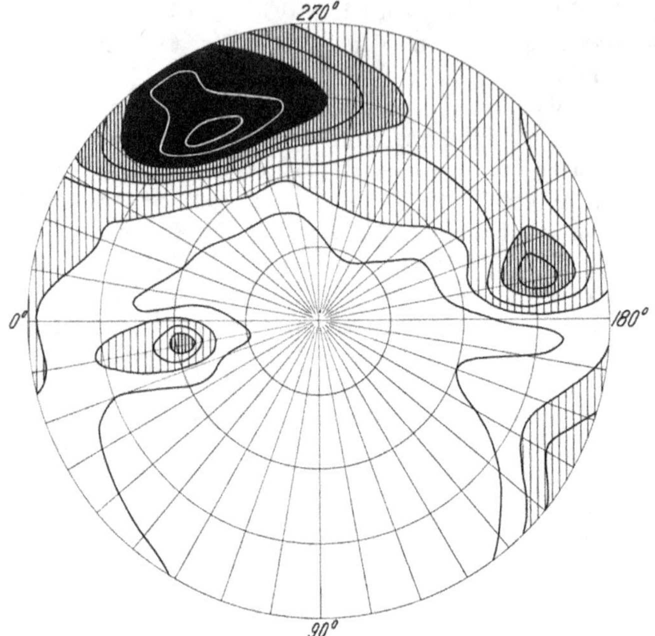

Abbildung 158

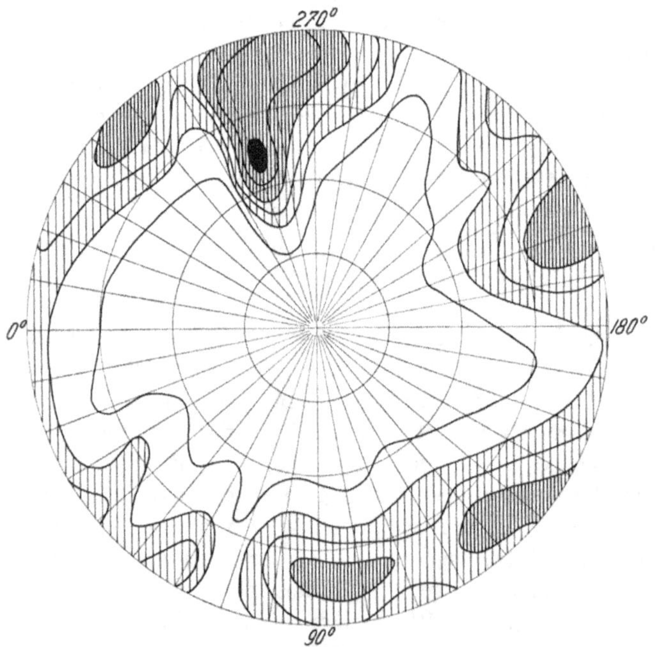

Abbildung 159

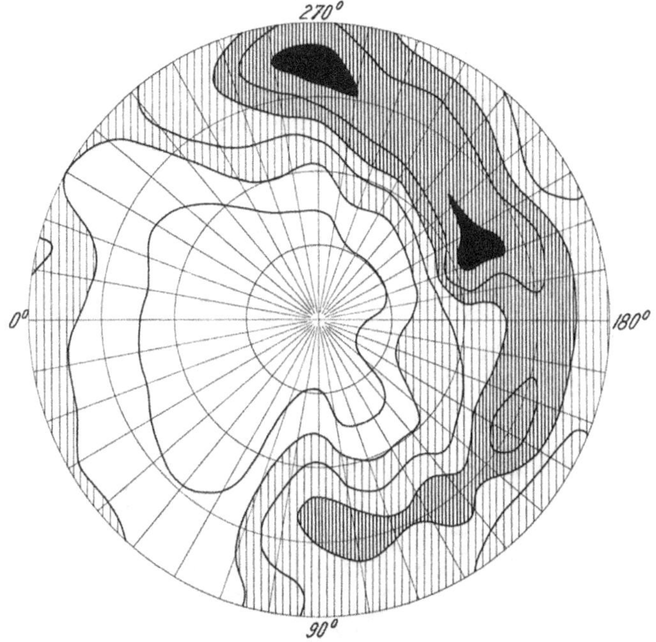

Abbildung 160

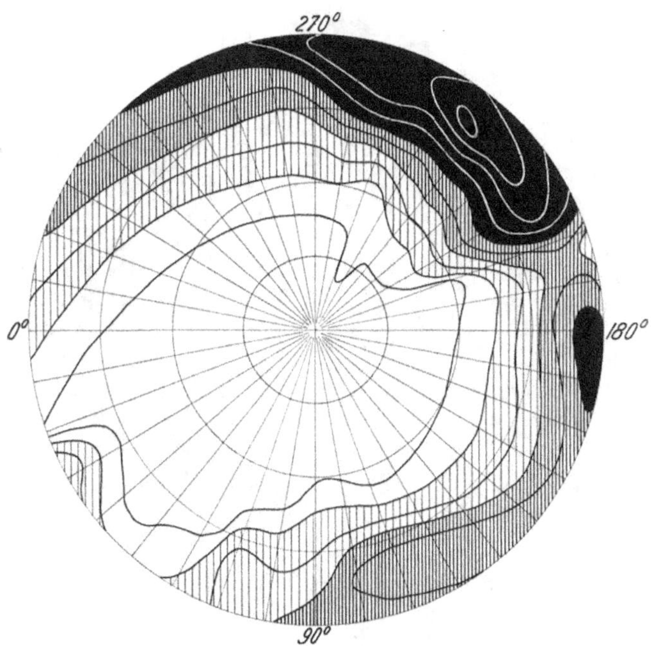

Abbildung 161

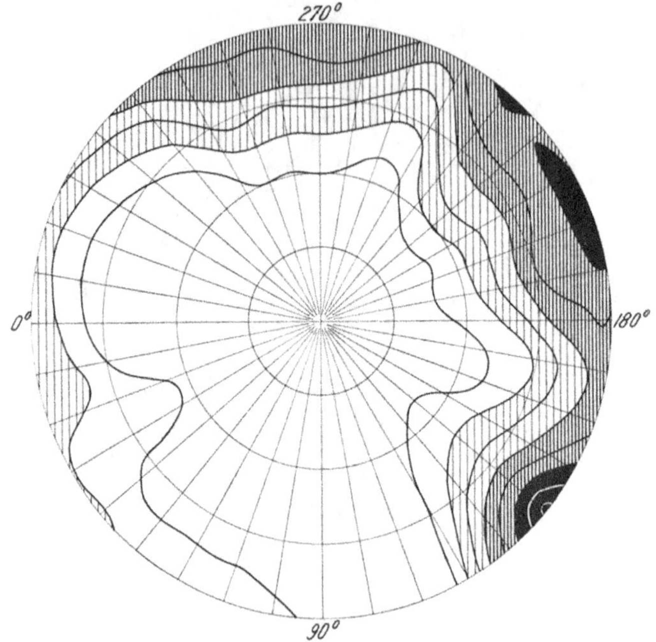

Abbildung 162

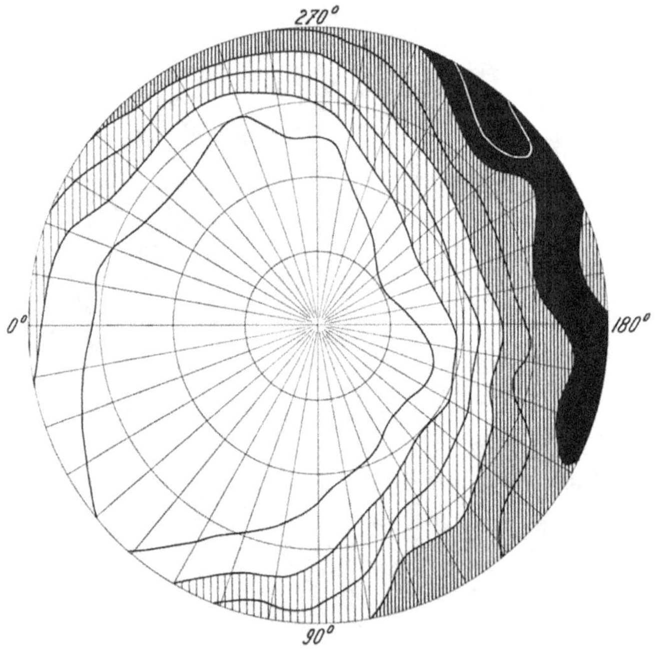

Abbildung 163

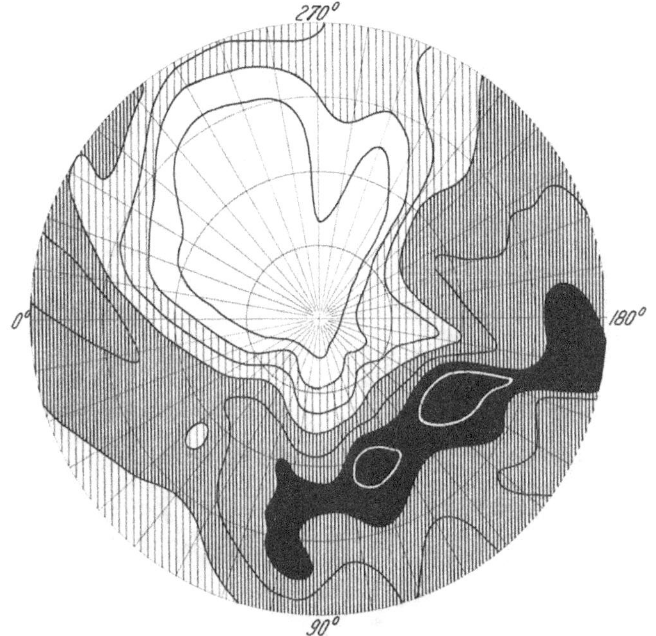

Abbildung 164

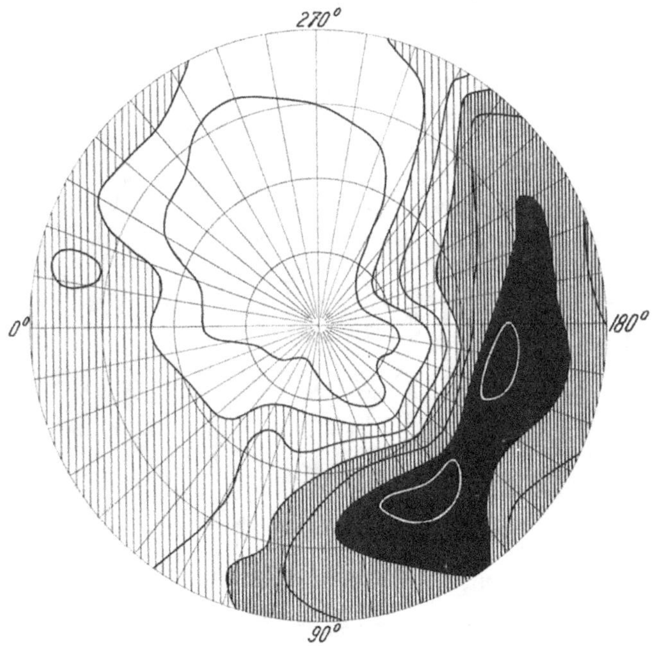

Abbildung 165

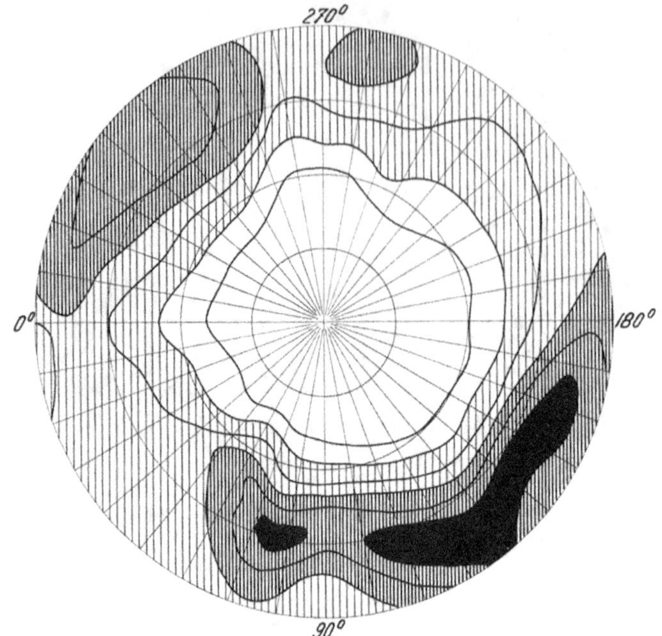

Abbildung 166

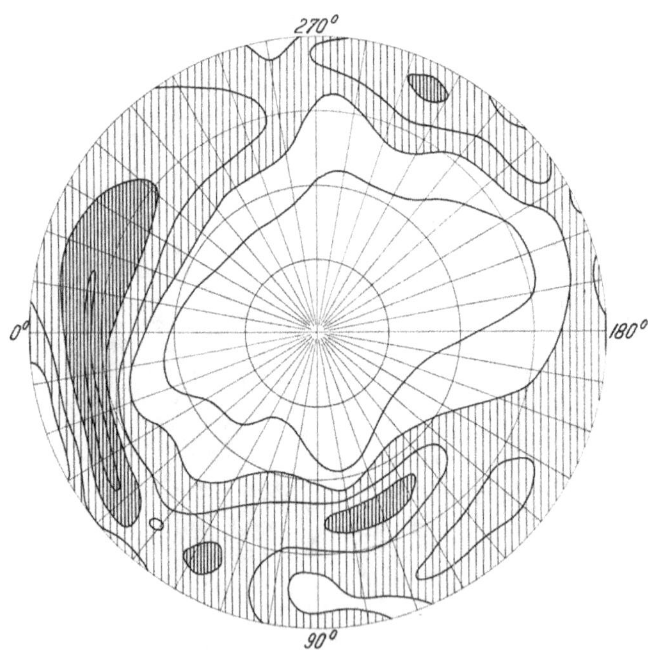

Abbildung 167

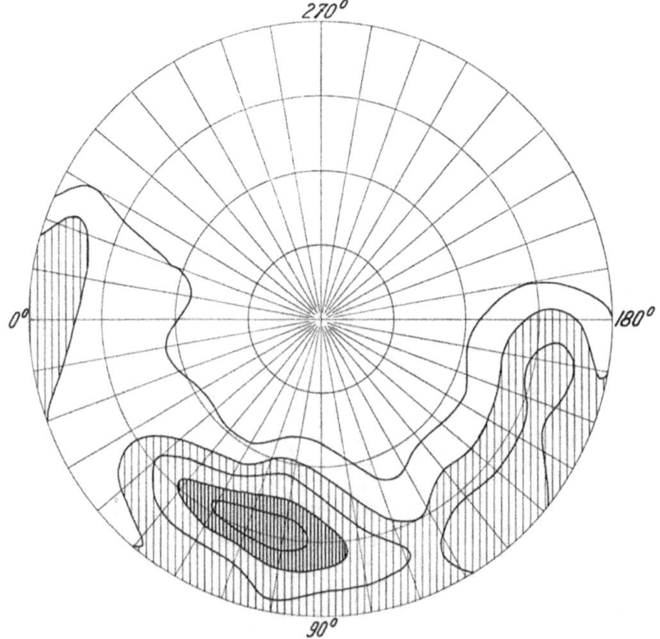

Abbildung 168

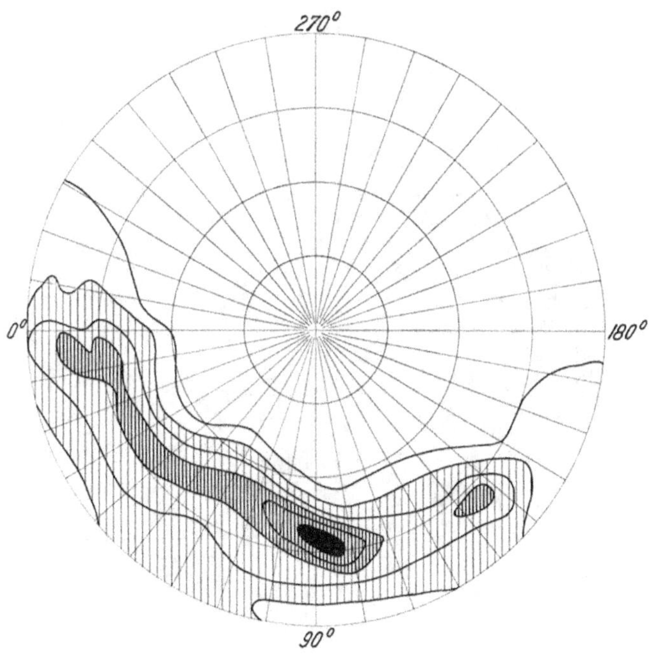

Abbildung 169

Waldmeier 2/15

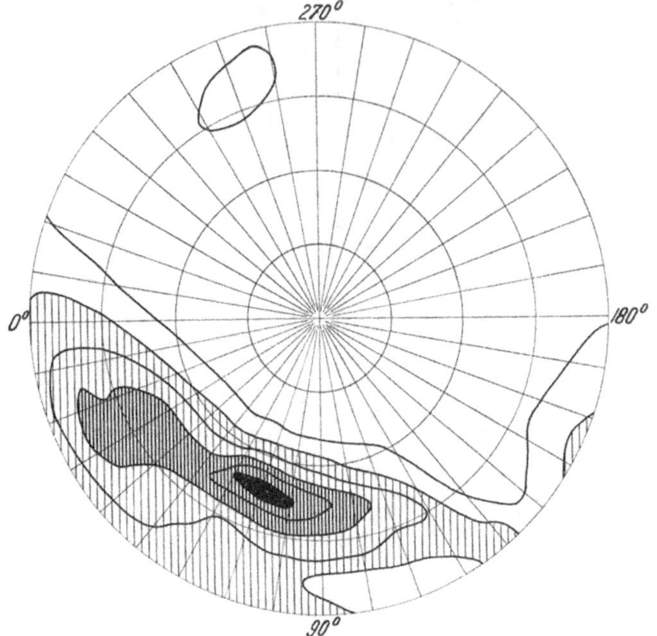

Abbildung 170

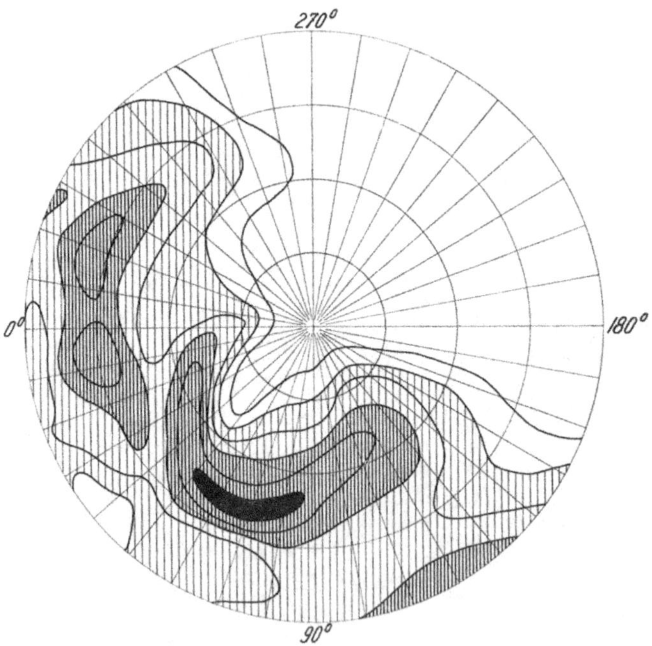

Abbildung 171

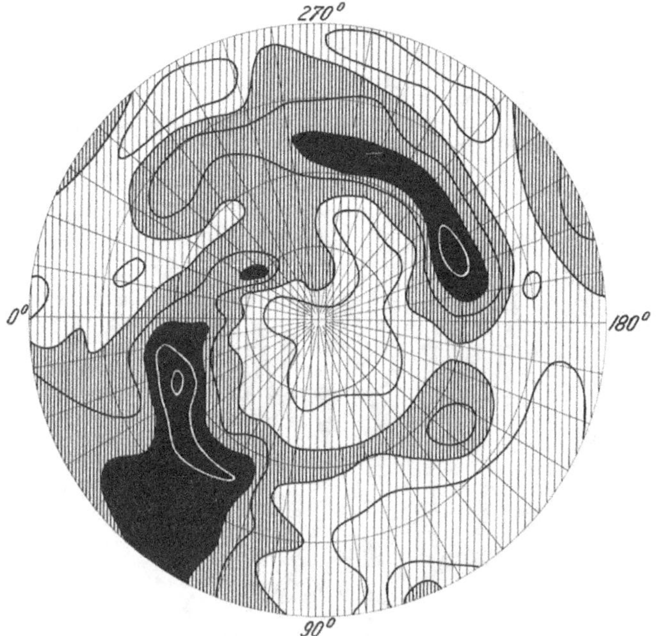

Abbildung 172

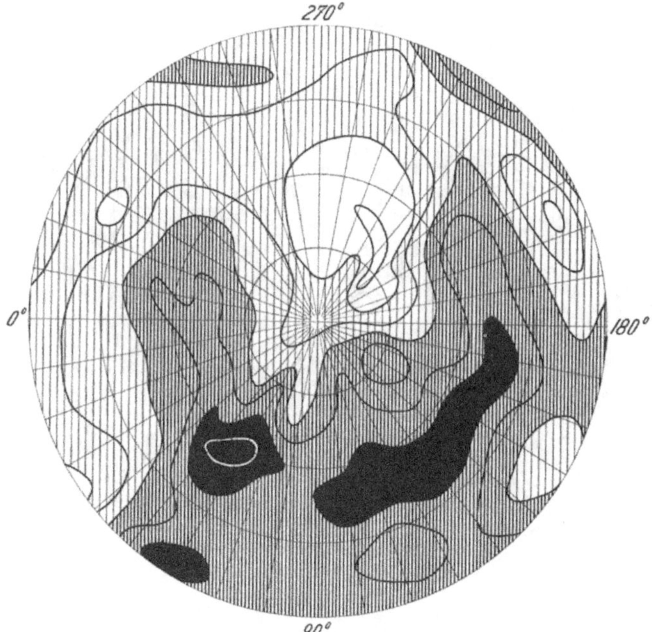

Abbildung 173

Die Sonnenkorona

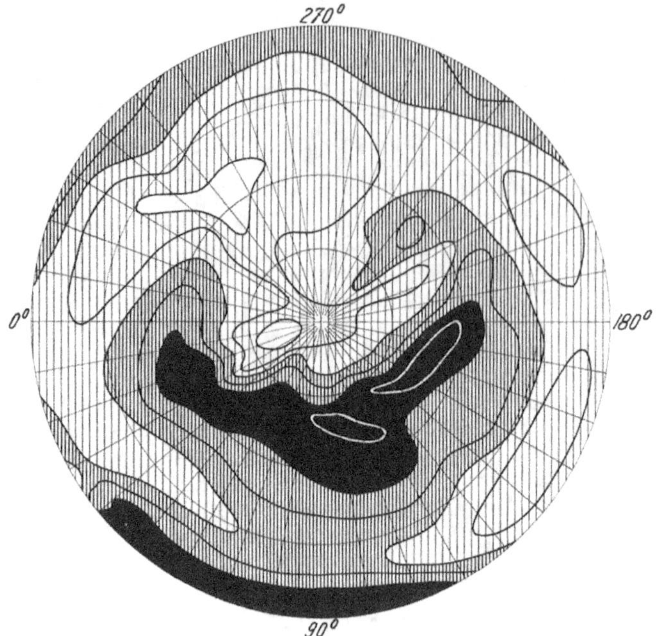

Abbildung 174

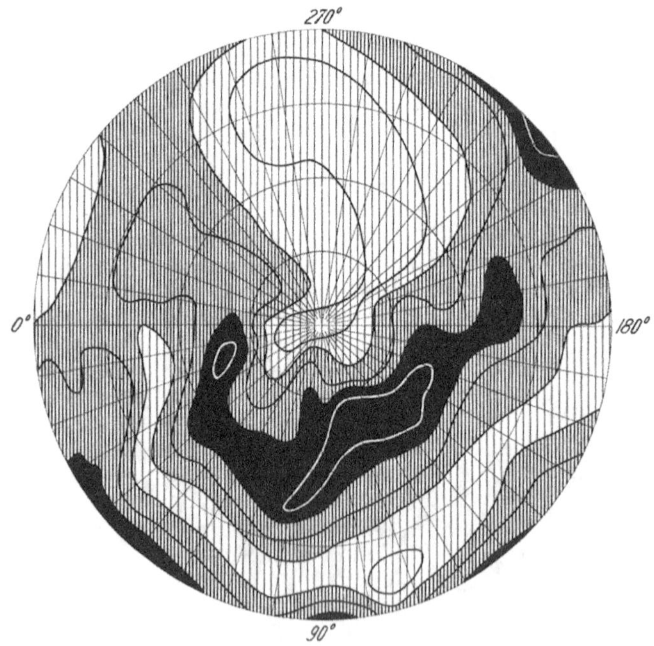

Abbildung 175

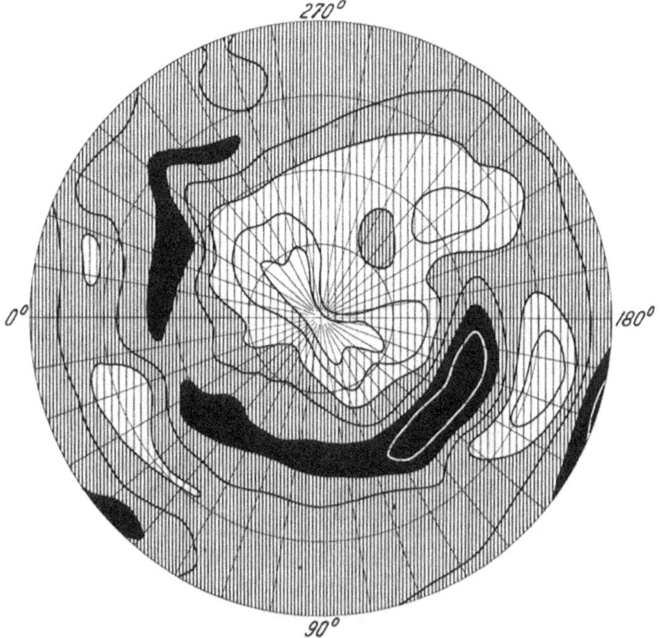

Abbildung 176

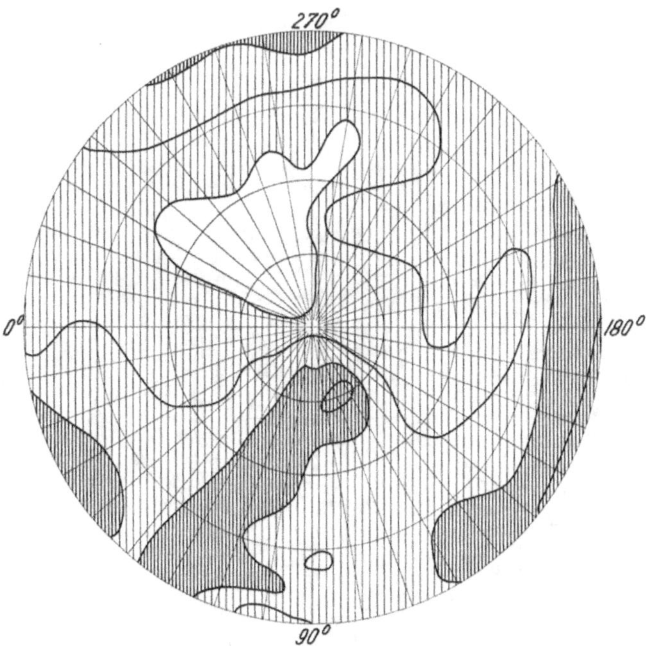

Abbildung 177

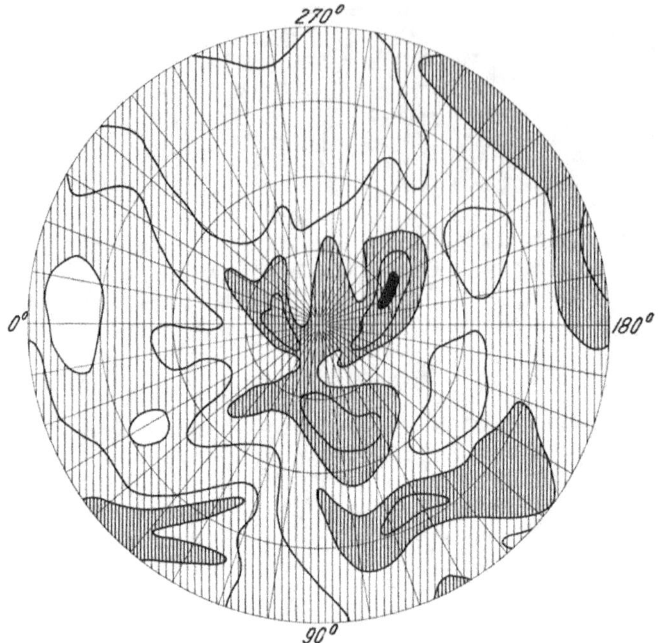

Abbildung 178

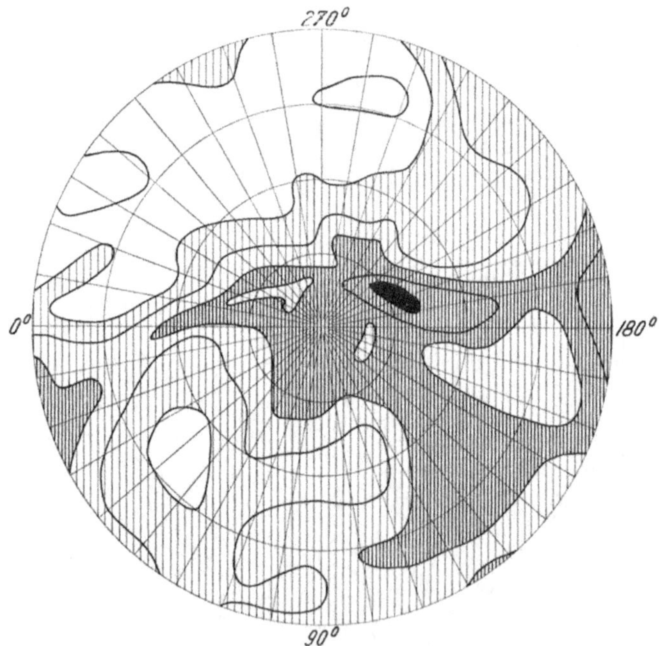

Abbildung 179

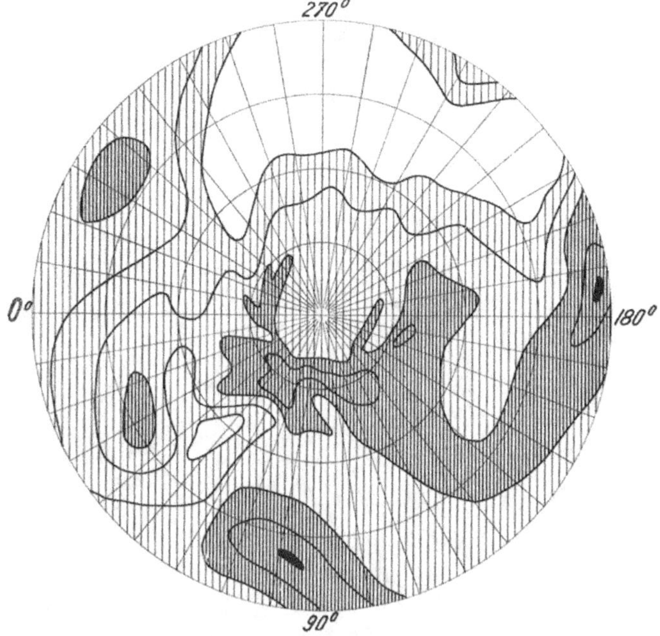

Abbildung 180

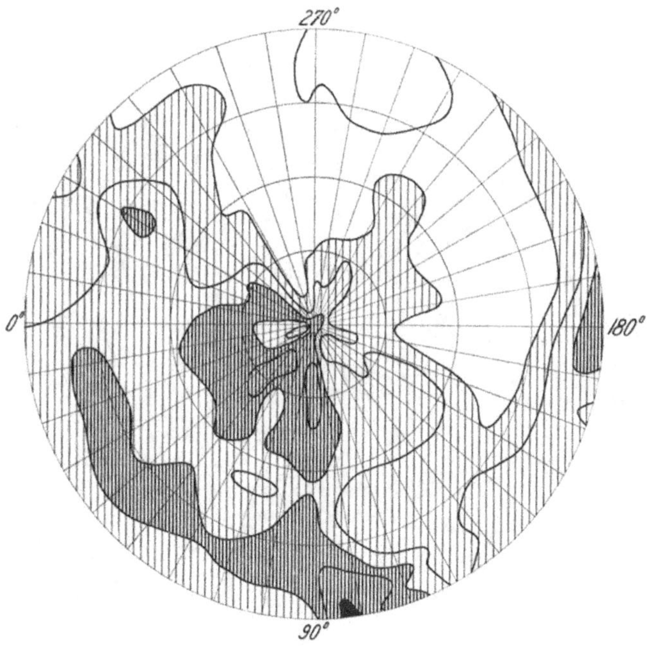

Abbildung 181

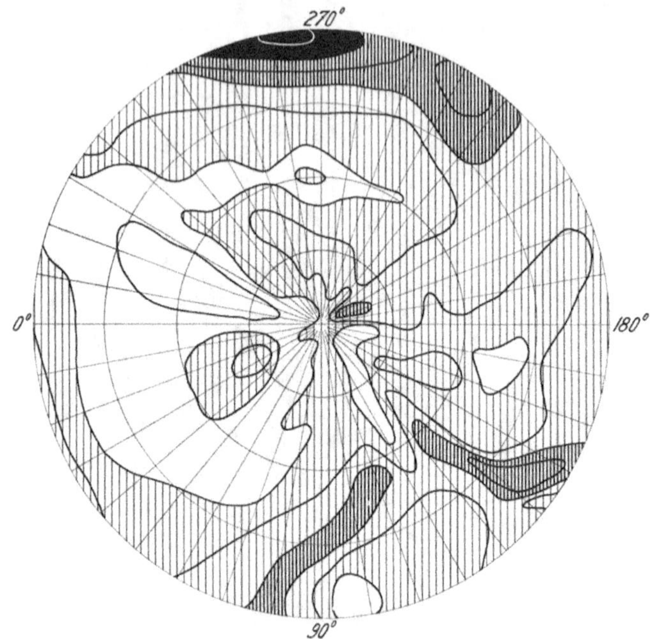

Abbildung 182

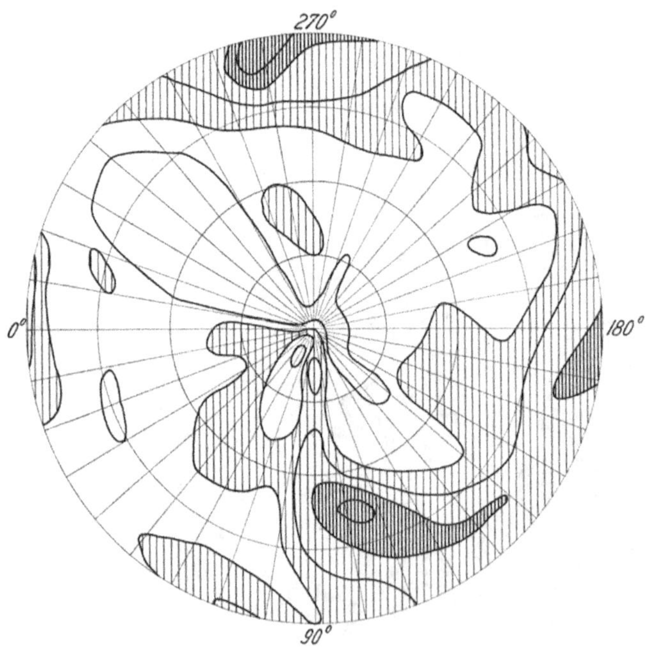

Abbildung 183

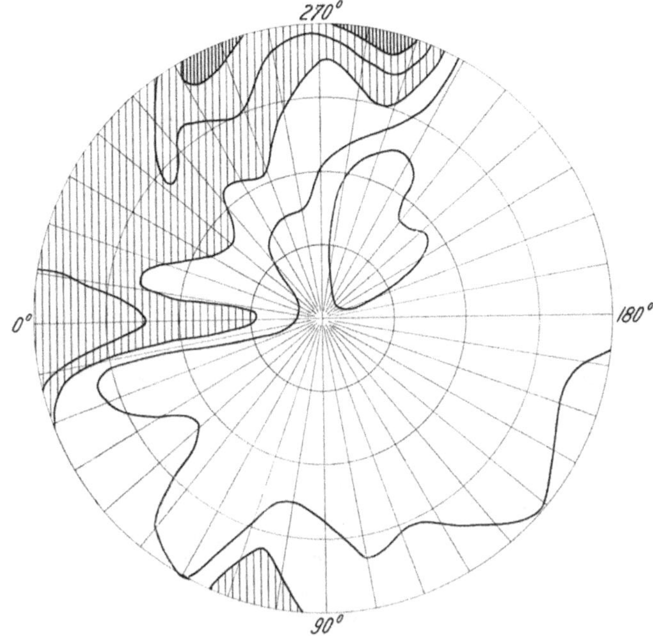

Abbildung 184

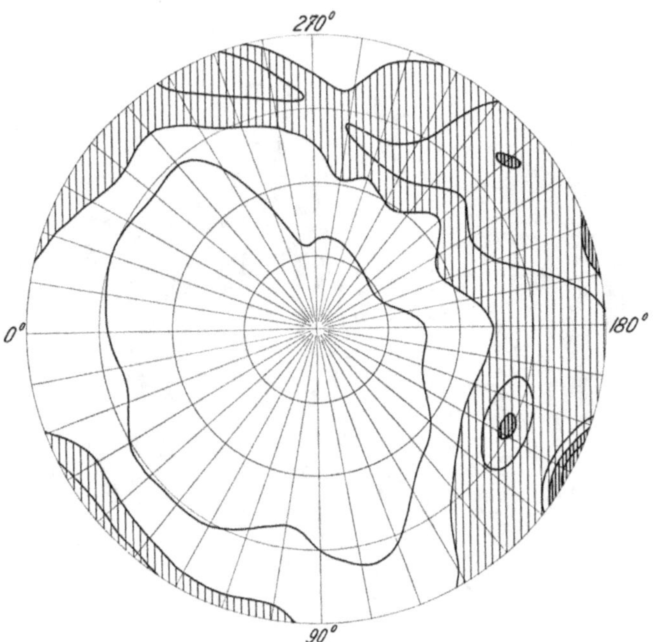

Abbildung 185

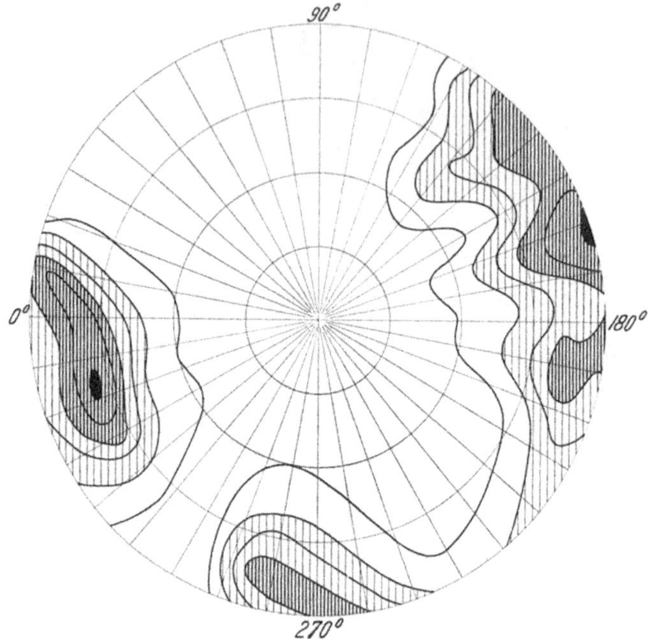

Abbildung 186

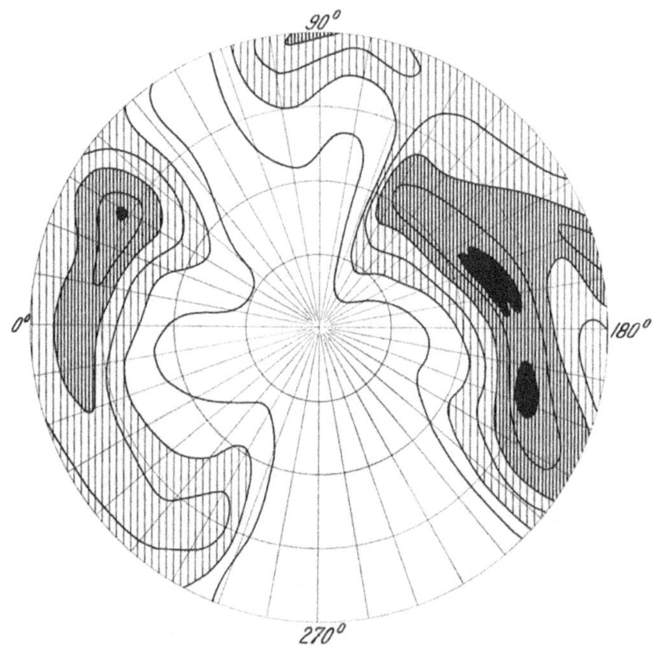

Abbildung 187

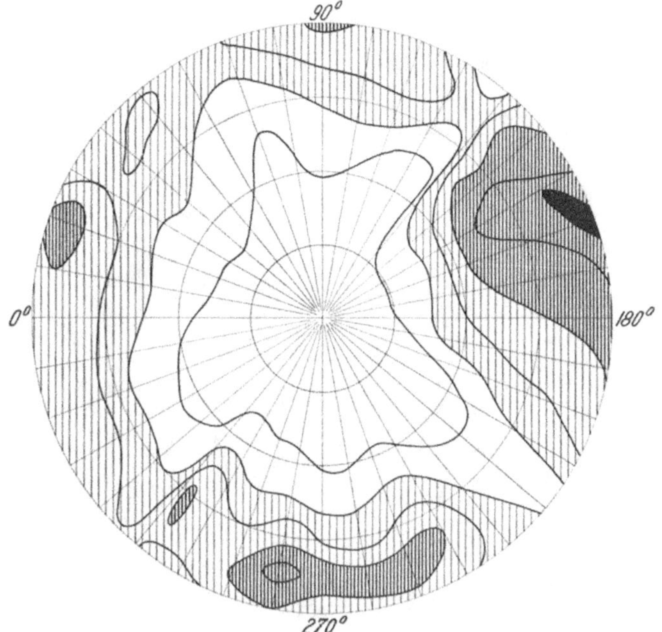

Abbildung 188

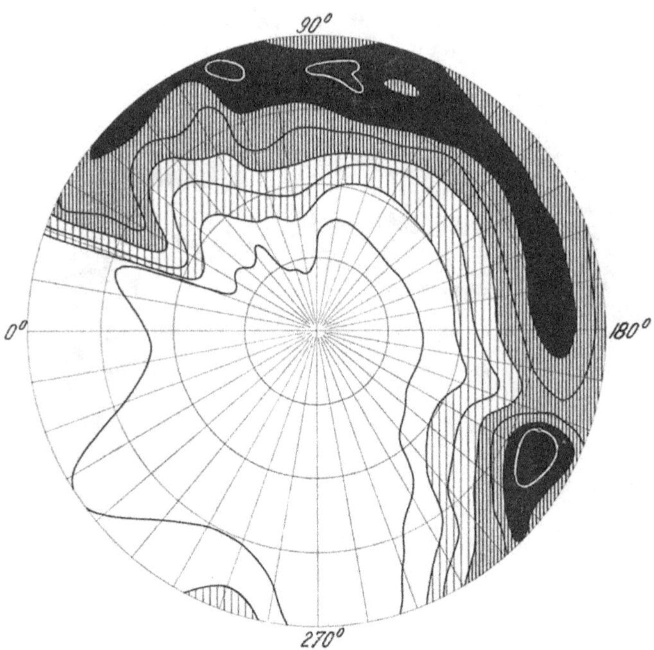

Abbildung 189

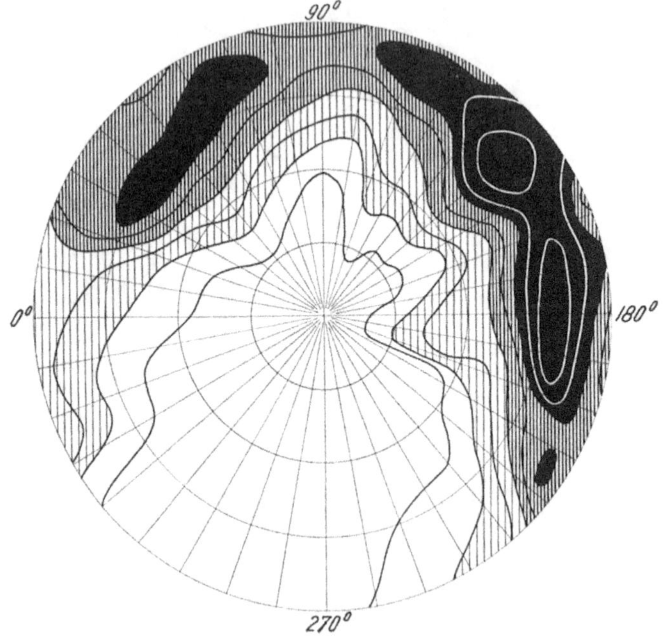

Abbildung 190

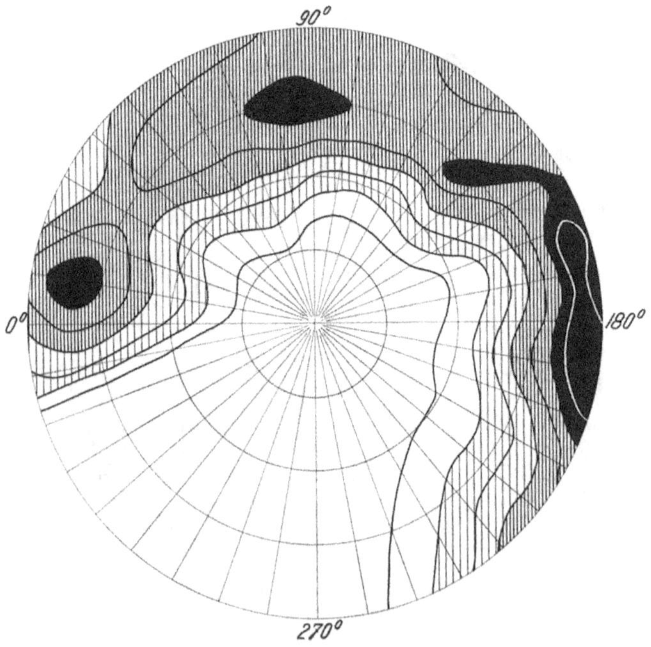

Abbildung 191

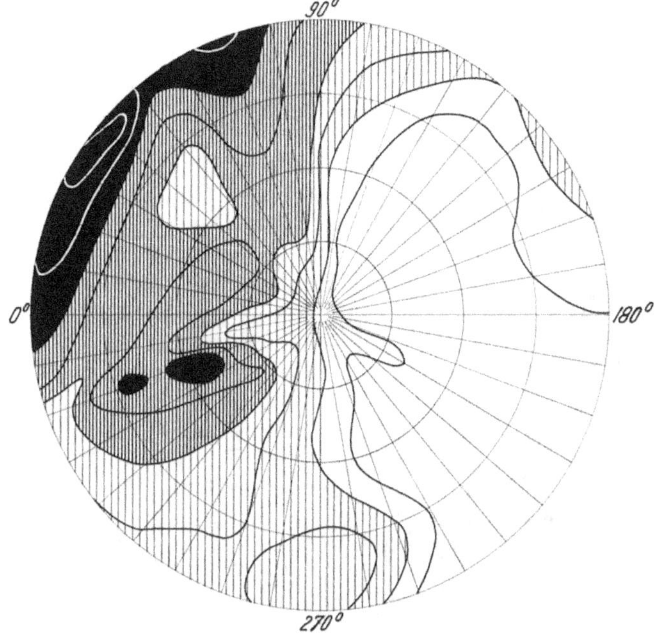

Abbildung 192

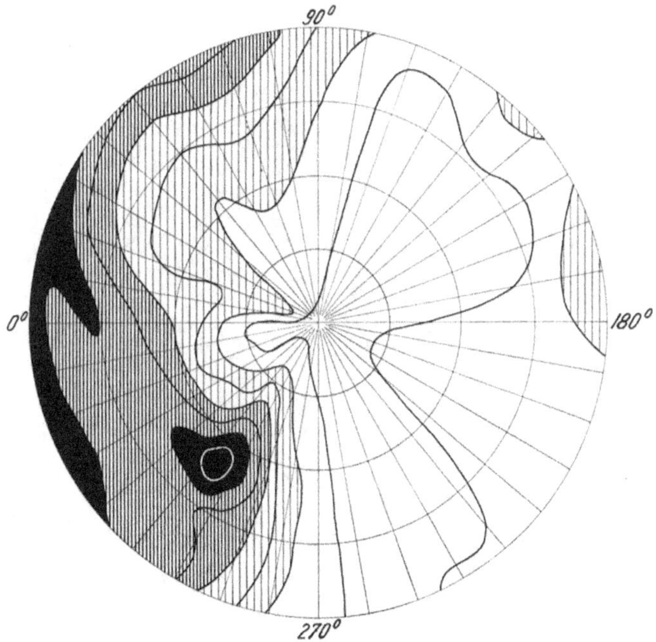

Abbildung 193

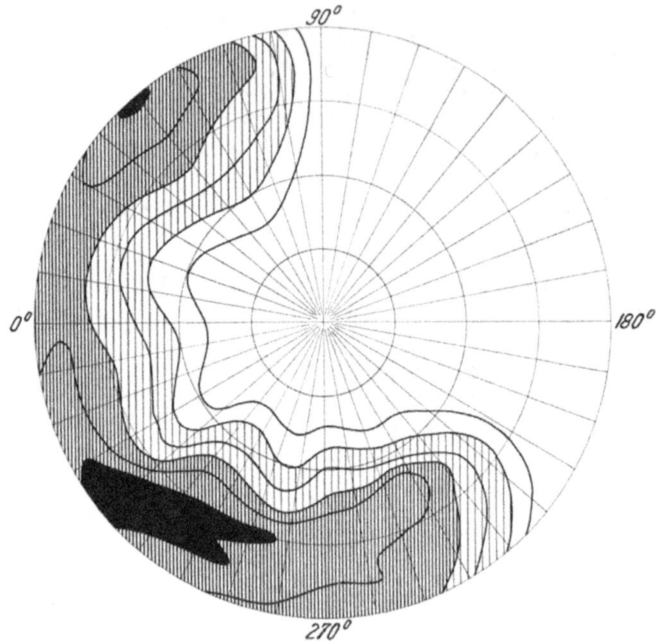

Abbildung 194

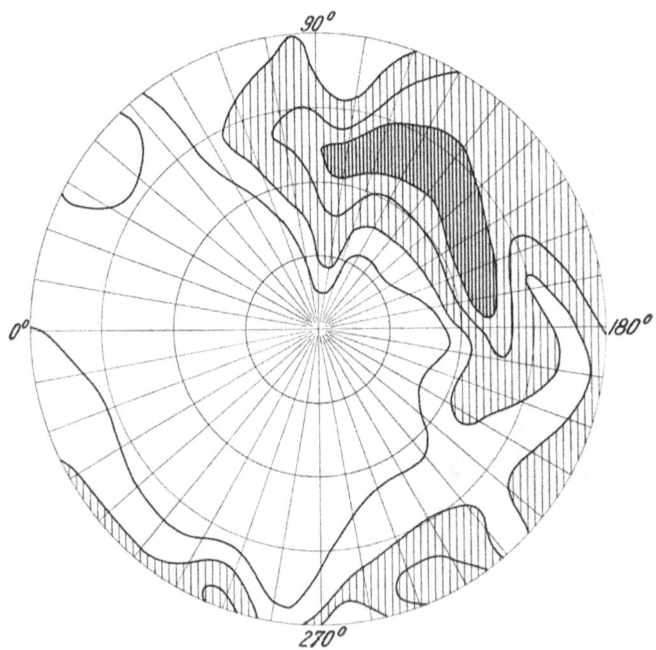

Abbildung 195

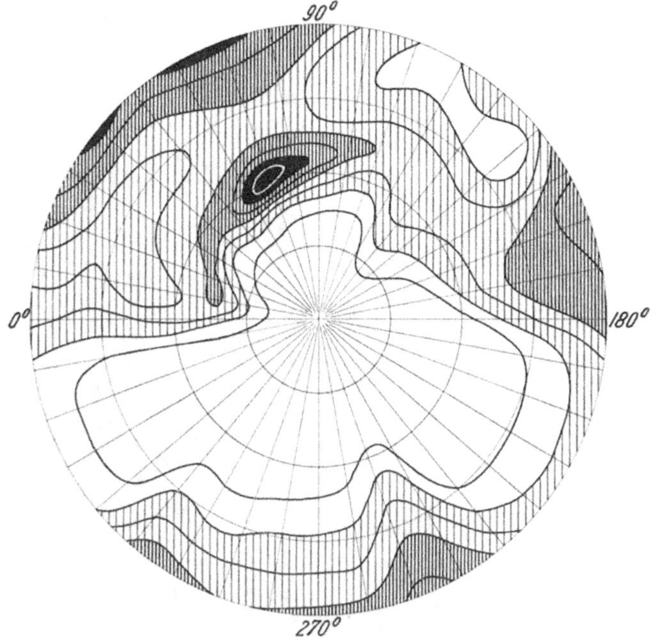

Abbildung 196

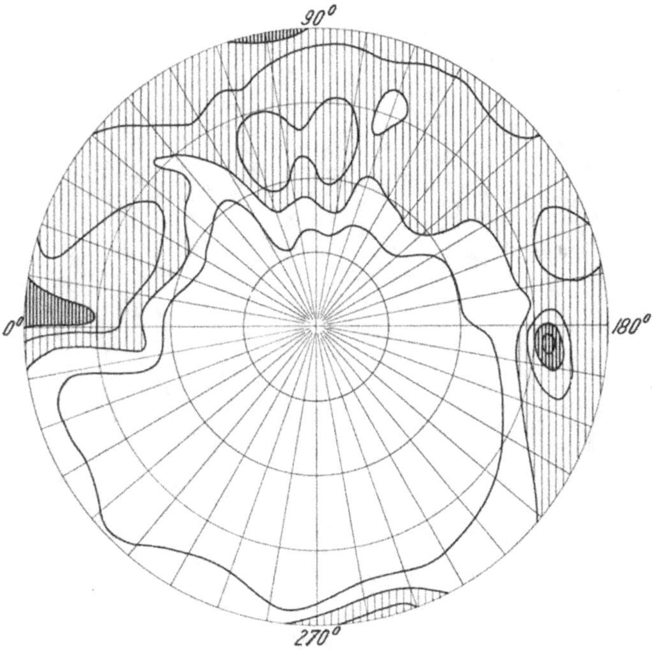

Abbildung 197

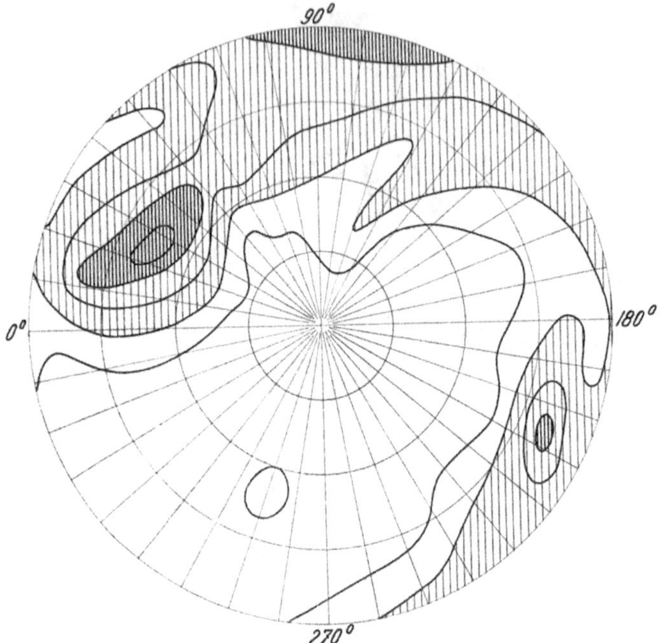

Abbildung 198

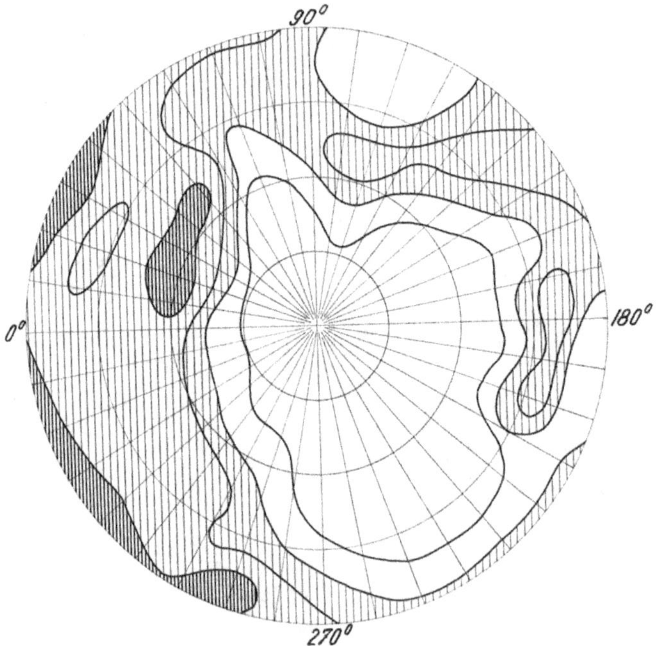

Abbildung 199

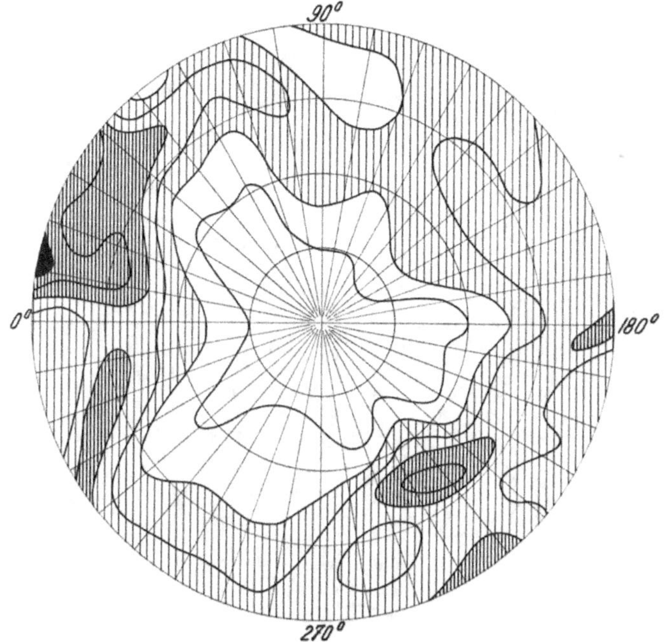

Abbildung 200

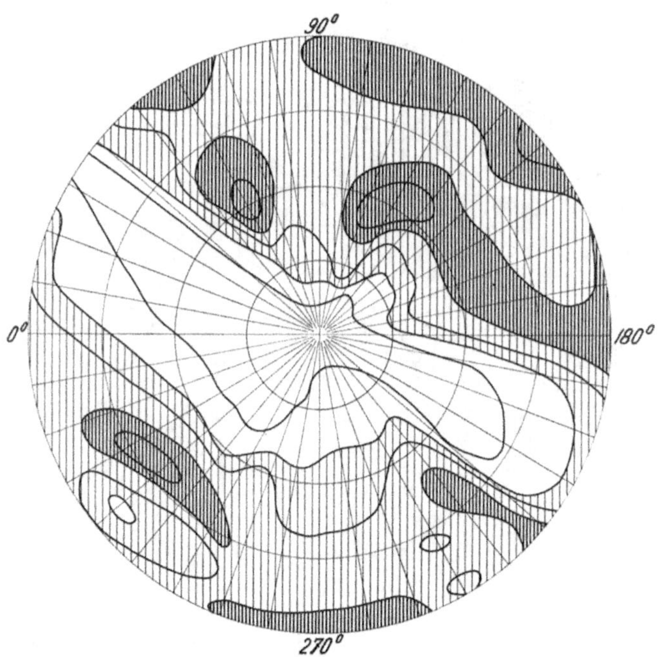

Abbildung 201

Waldmeier II/16

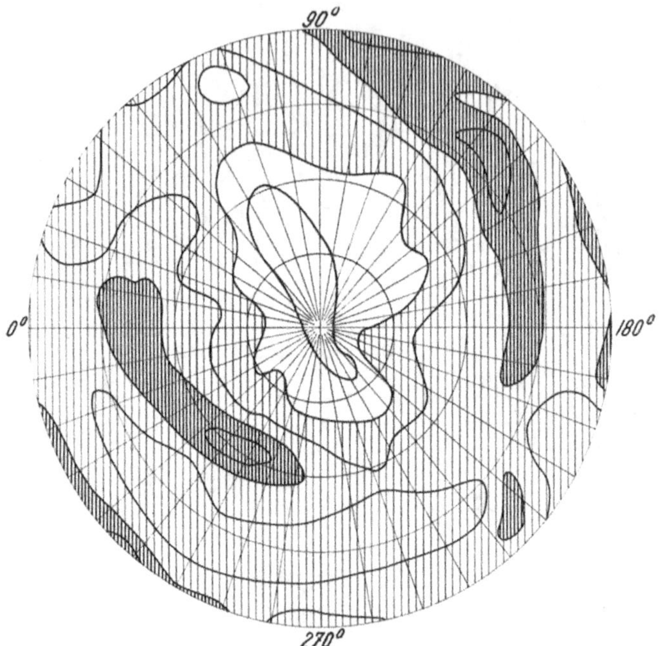

Abbildung 202

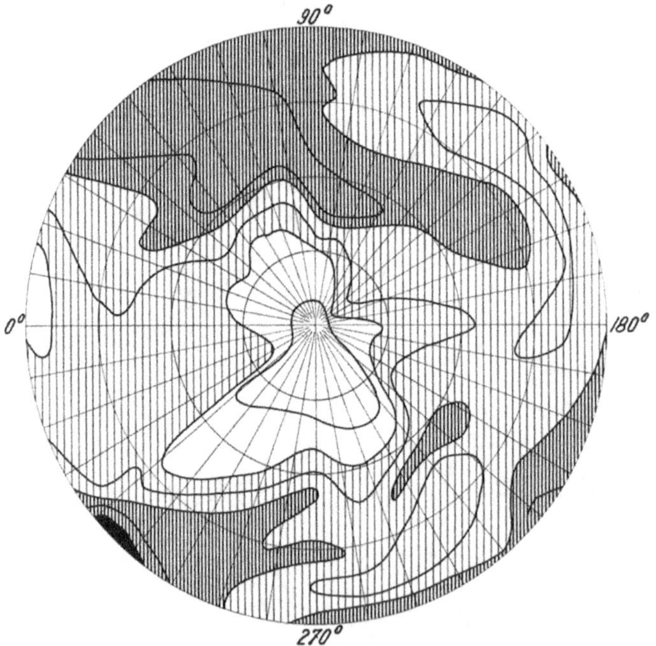

Abbildung 203

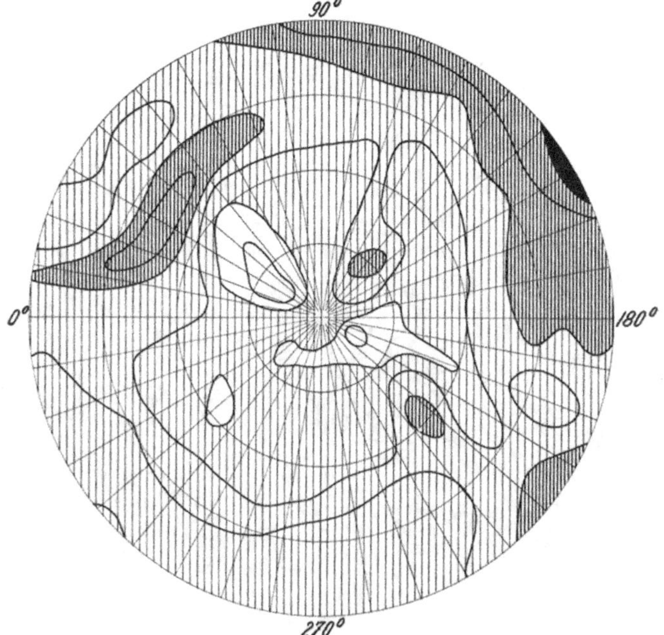

Abbildung 204

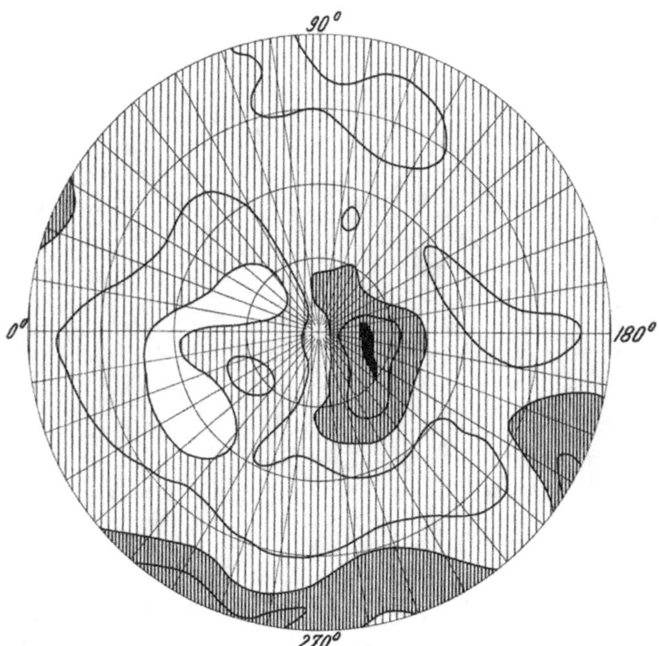

Abbildung 205

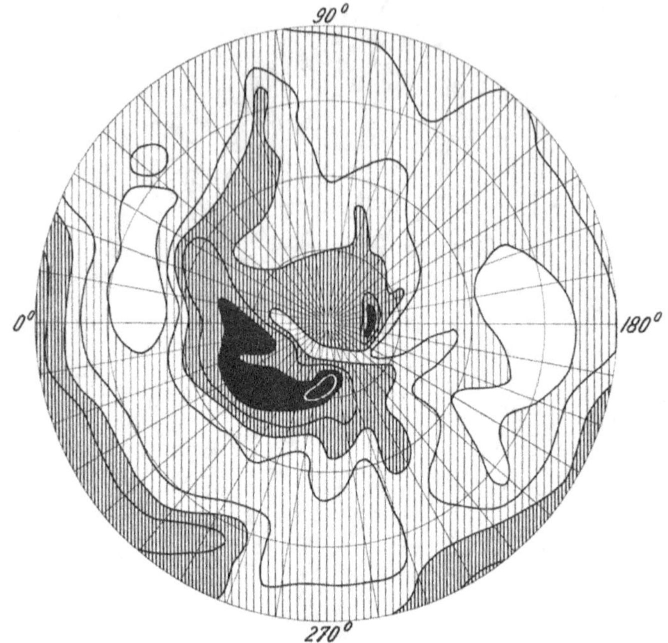

Abbildung 206

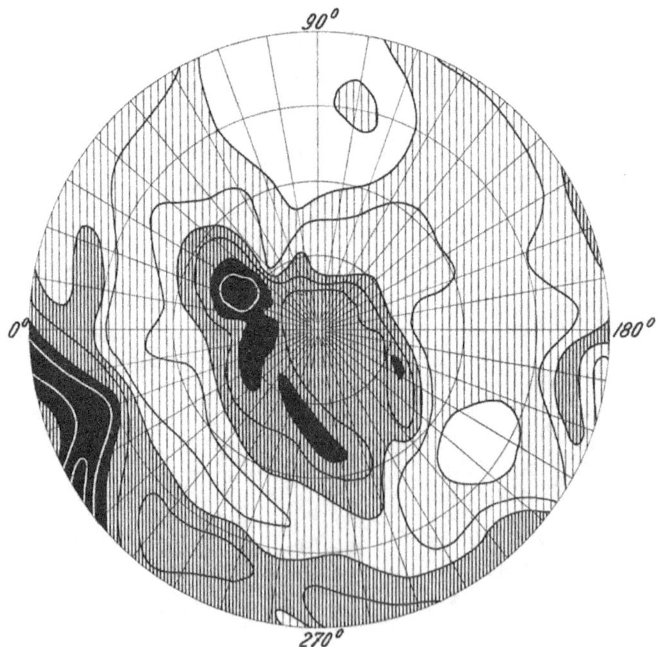

Abbildung 207

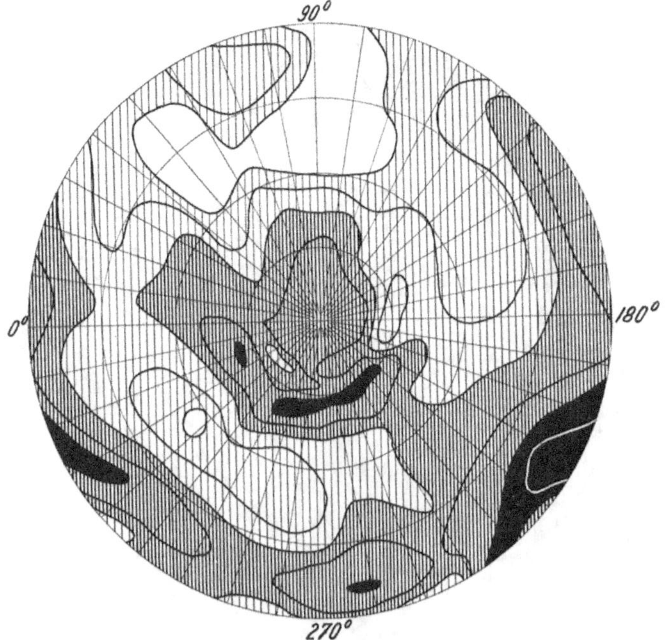

Abbildung 208

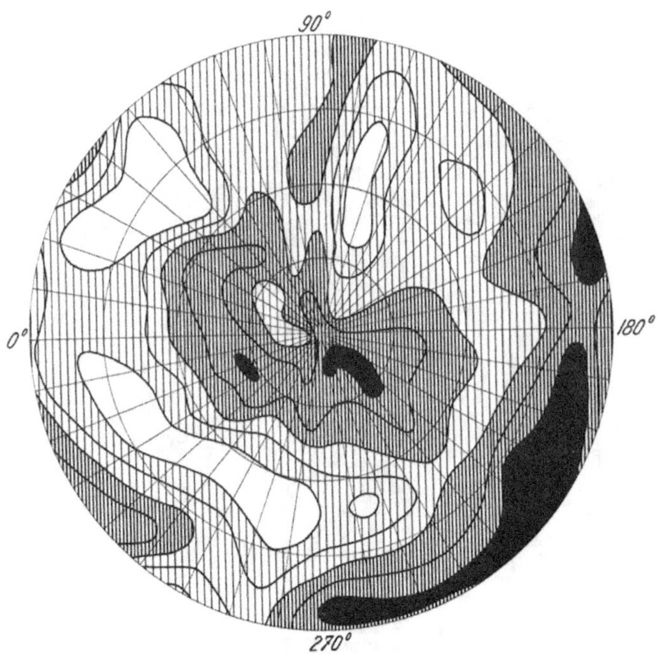

Abbildung 209

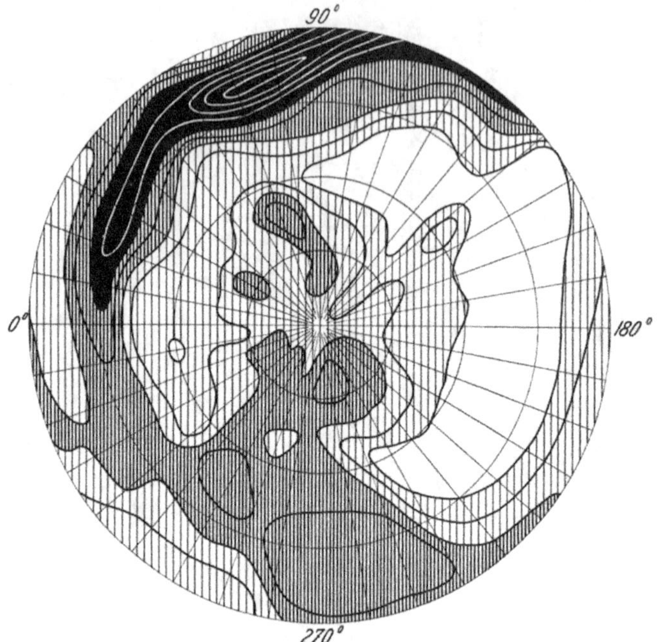

Abbildung 210

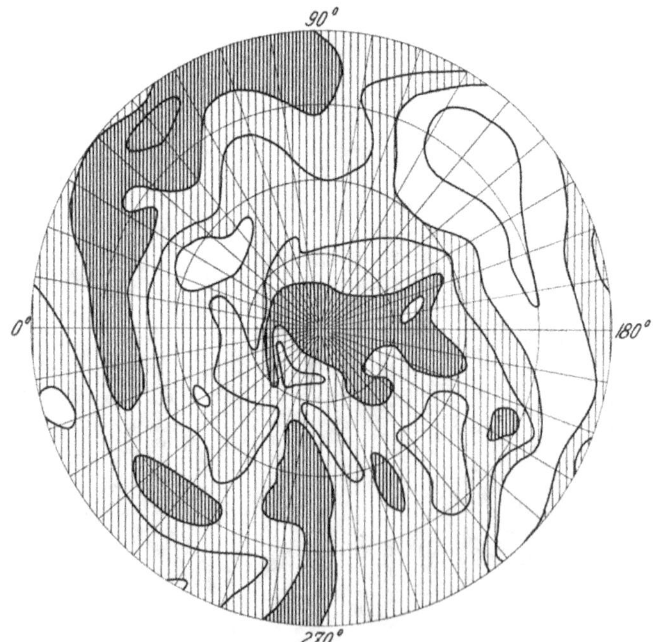

Abbildung 211

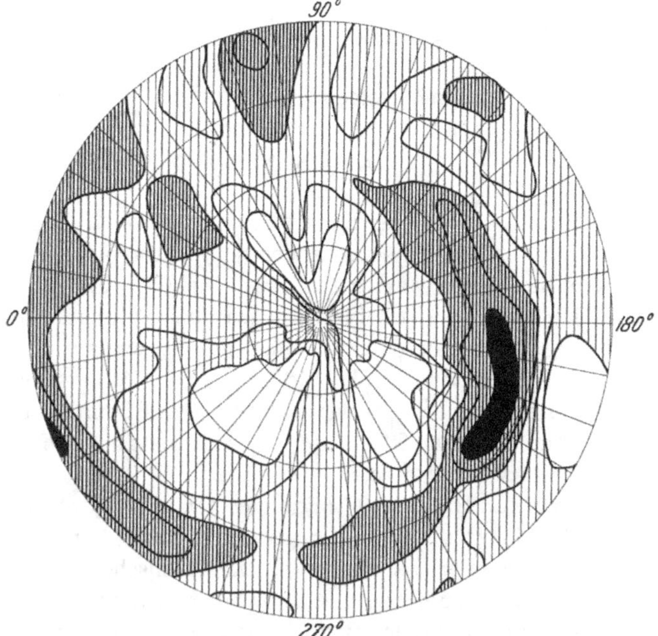

Abbildung 212

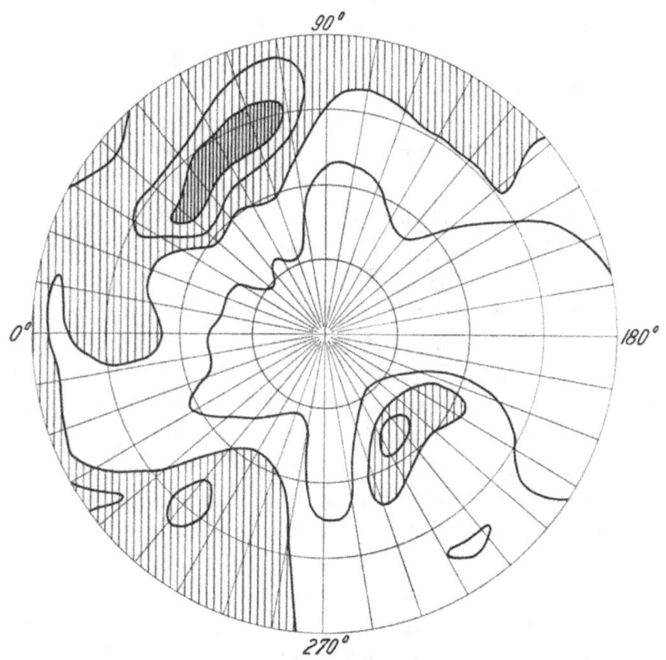

Abbildung 213

unregelmässiges Gebiet erhöhter Intensität am Pol und in seiner unmittelbaren Umgebung. Die kartographische Darstellung der Intensitätsverteilung wird aus schon mitgeteilten Gründen am Pol sehr schwierig, was mit ein Grund dafür ist, dass in den aufeinanderfolgenden Karten einzelne Strukturen kaum identifiziert werden können, abgesehen vielleicht vom Strahl bei $b = 79°$, $l = 205°$ auf Abbildung 178 und demjenigen bei $b = 78°$, $l = 202°$ auf Abbildung 179.

Die beiden Karten von anfangs und Ende März 1948 (Abb. 182 und 183) sind sich ähnlich und lassen die bedeutenderen Strukturen identifizieren. Besonders die zweite der beiden Karten zeigt das schnelle Erlöschen der polaren Aktivität nach Überschreiten des Fleckenmaximums. Bereits treten in der weiteren Umgebung des Pols ausgedehnte linienfreie Gebiete auf. Im September desselben Jahres (Abb. 184) und Ende März 1949 (Abb. 185) erstreckt sich das von Linienemission freie Gebiet zeitweise über 3/4 des Sonnenumfanges und bis zu 40° Polabstand. Bei etwa 60° Breite beginnt bereits gelegentlich die neue Polarzone in Erscheinung zu treten.

Nun betrachten wir an Hand der Abbildungen 186 bis 213 das entsprechende Verhalten der südlichen Hemisphäre. Im August und September 1941 reicht die Linienemission meist nur bis etwa 70° heliographischer Breite (Abb. 186 bis 188). Die vereinzelten, zum Teil aber intensiven koronalen Filamente der Polarzone liegen in heliographischen Breiten von zum Teil etwas unter, zum Teil etwas über 60°. Während das sich von $l = 340°$ bis 40° erstreckende Filament in allen drei Karten zu identifizieren ist, hat das intensive, Ende August auftretende Filament bei $l = 150°$ bis 200° und $b = 68°$ bis 60° nur eine kurze Lebensdauer; anfangs August war von ihm noch nichts zu sehen, und Ende September ist es bereits wieder verschwunden.

Die drei Karten vom Februar/März 1943 (Abb. 189 bis 191) zeigen übereinstimmend grosse Intensitäten von etwa $l = 10°$ über 90°, 180° bis etwa 220°, während der Sektor von $l = 240°$ bis 340° frei ist von Linienemission. Das mächtige, die halbe Sonne umspannende koronale Filament zeichnet sich auch durch eine für die Polarzone seltene Intensität aus. Wie auf der nördlichen Hemisphäre ist die heliographische Breite der Polarzone im Jahre 1943 etwas zurückgegangen. Wir finden die Hauptmaxima des Filamentes bei etwa $b = 57°$. Das Filament ist auf der ersten Karte schon voll entwickelt, erreicht anfangs März seine grösste Intensität und zeigt sich Ende März bereits im Stadium des Zerfalls. Der scharfe Intensitätsabfall bei der Länge 20° auf Abbildung 189 ist nicht reell, sondern zeigt, dass an dieser Stelle, wo die Beobachtungen vom Ost- und vom Westrand bei einem Zeitunterschied von 1/2 Rotation zusammenstossen, eine Unstetigkeit besteht, die durch eine starke Zunahme der Intensität zwischen den beiden zeitlich getrennten Beobachtungen bedingt ist.

Im Herbst 1943 (Abb. 192 bis 194) zeigt die Halbkugel von 270° über 0° bis 90° Länge hohe Linienintensitäten, während die Gegenseite praktisch linienfrei ist. Nur vereinzelt treten die Intensitätsmaxima in über 60° heliographischer Breite auf. Die Breite der Maxima der Filamente liegt wenig über 50°. Auch diese drei Karten, die sich über zwei Rotationen verteilen, zeigen die Erhaltungstendenz der Koronastruktur im grossen, wie sie für Zeiten schwacher Sonnenaktivität bezeichnend ist.

Die Karte vom Februar 1945 (Abb. 195) zeigt, nachdem im Minimumsjahr 1944 die Polarzone nur gelegentlich und stets nur schwach in Erscheinung getreten war, wieder ein gut entwickeltes Filament zwischen $l = 90°$ und $180°$ bei $b = 64°$.

Die vier Karten vom Sommer 1945 (Abb. 196 bis 199) zeigen aber, dass zu dieser Phase des Sonnenzyklus die Polarzone noch nicht dauernd in Erscheinung tritt, die Filamente nur kurz sind, häufig sogar nur einzelne Strahlen darstellen. Das einzige, anfangs Juli bei $l = 70°$, $b = 70°$ aufgetretene intensive Filament ist bereits in der zweiten Julihälfte wieder verschwunden. Auf Abbildung 197 tritt noch ein schwächeres Filament auf bei $l = 185°$, $b = 58°$, welches sich in der folgenden Karte bei $l = 207°$, $b = 57°$ befindet und anfangs September abgeschwächt sich von $l = 170°$ bis $200°$ erstreckt. Überdies zeigen die Abbildungen 198 und 199 ein Filament bei $l = 25°$ in der Breite von etwa 65°. Die Vergleichung dieser Karten mit den gleichzeitigen der nördlichen Hemisphäre (Abb. 168 bis 171) zeigt, dass die Entwicklung der nördlichen Polarzone derjenigen der südlichen zu dieser Phase des Zyklus vorauseilt.

Dieser Unterschied tritt noch deutlicher im April 1946 (Abb. 200) hervor, wo die südliche Polarzone nur ein bescheidenes Filament bei $l = 235°$, $b = 63°$ zeigt, während gleichzeitig die nördliche (Abb. 172) zwei lange und intensive Filamente in der fortgeschrittenen Breite von fast 70° aufweist.

Auch im Sommer 1946 (Abb. 201 bis 204) treten zwar zahlreiche, aber keine so intensiven Filamente auf wie in der nördlichen Polarzone (Abb. 173 bis 176). Die zweite Hälfte Juli zeigt drei Filamente mit den Maxima bei $l = 60°$, $b = 69°$, bei $l = 120°$, $b = 70°$ und bei $l = 325°$, $b = 62°$. Diese wenig ausgeprägten Polarmaxima sind auch nicht sehr beständig und können auf den aufeinanderfolgenden Karten nicht identifiziert werden.

Rasch holt nun die südliche Polarzone ihren Rückstand auf. Im April 1947, kurz vor dem Fleckenmaximum (Abb. 205) findet sie sich in Form eines kräftigen Filamentes bei $l = 170°$ bis $220°$ und $b = 83°$, welches durch die bekannte, wenn hier auch nicht sehr ausgeprägte «Rinne» bei etwa 65° Breite von der Hauptaktivitätszone abgetrennt ist.

Dasselbe Bild zeigen die Karten vom Sommer 1947 (Abb. 206 bis 209): ein Gebiet erhöhter Linienintensität von 20° bis 40° Durchmesser um den Pol herum, welches durch die «Rinne» bei 65° von den Filamenten mittlerer Breite, welche oftmals in den Bereich unserer Karten hineinreichen, getrennt ist. Die einzelnen Intensitätsmaxima liegen bei 78° bis 84° heliographischer Breite. Wenn auch eine Identifikation des Details aufeinanderfolgender Karten kaum möglich ist, schon wegen der Unsicherheit bei der Konstruktion polnaher Strukturen, so erkennt man doch auf allen vier Karten ein und dasselbe Filament, welches sich von etwa $l = 220°$ bis $l = 40°$ erstreckt, bei einer mittleren Breite von rund 80°.

Im März 1948 ist die Polarzone zu einem kleinen Gebiet um den Pol herum zusammengeschrumpft, von geringerer Intensität und ohne Filamente (Abb. 210

und 211). Hingegen tritt von $l = 0°$ bis 100° mit einem Maximum bei $l = 75°$, $b = 57°$ anfangs März ein sehr intensives Filament der neuen Polarzone auf, welches auf der Karte von der zweiten Hälfte März zwar noch vorhanden ist, aber an Intensität stark abgenommen hat.

Im September 1948 (Abb. 212) ist die Aktivität am Pol praktisch erloschen. Die neue Polarzone ist bereits durch ein die halbe Sonne umspannendes Filament vertreten, das sich von $l = 110°$, $b = 72°$ bis $l = 270°$, $b = 68°$ erstreckt und seine grösste Intensität von $l = 180°$ bis 220° und bei $b = 63°$ erreicht. Wir sind damit, kurz nach dem Fleckenmaximum, wieder bei derselben Phase angelangt wie im Jahre 1940, als die polare Aktivitätszone bei 63° entdeckt worden ist.

Die letzte Karte (Abb. 213) zeigt, dass Ende März 1949 am Pol die letzten Spuren der Aktivität verschwunden sind. Die neue Polarzone ist auch hier durch ein, wenn auch nur kleines Filament vertreten, welches sich von $l = 30°$ bis 80° erstreckt bei einer heliographischen Breite, welche zwischen 60° und 65° liegt.

29. *Die Polarkarten der Linie* 6374 Å

Die beiden ersten Karten des Nordpolgebietes vom August und September 1941 (Abb. 214 und 215) zeigen keine Polarzone, sondern ein allgemeines Schwächerwerden der Linienintensität, welche im August allgemein schwach war und sich vielfach nicht einmal bis 50° Breite erstreckte, während im September allgemein grössere Intensitäten beobachtet wurden und die Emission sich bis nahe an den Pol nachweisen liess.

Die Karte vom August 1942 (Abb. 216) zeigt die Emission über die ganze Polarkalotte, wenn auch am Pol selbst mit geringer Intensität. Das zwischen $b = 50°$ und 60° liegende Filament, welches sich von $l = 160°$ bis 270° erstreckt, zeichnet sich durch seine regelmässige Form und grosse Intensität aus. Strahlen, wie diejenigen bei $l = 290°$, $b = 83°$ und $l = 45°$, $b = 72°$ in der Nähe des Poles, sind charakteristisch für die rote Koronalinie. Ihre Lebensdauer scheint nur wenige Tage zu betragen.

Solche polare Strahlen treten auch auf den beiden Karten vom Februar und März 1943 auf (Abb. 217 und 218). Daneben ist auch die polare Aktivitätszone vorhanden, für welche die Intensitätsmaxima bei $l = 283°$, $b = 57°$ und $l = 193°$, $b = 55°$ auf Abbildung 217 und bei $l = 225°$, $b = 55°$ auf Abbildung 218 Beispiele sind.

Die beiden Karten vom August und Oktober 1943 (Abb. 219 und 220) zeigen durch die Abnahme der Intensität, stellenweise bis zur Unsichtbarkeit der Linie, das Herannahen des Fleckenminimums an. Mehrere der erwähnten polnahen Strahlen sind auf diesen Karten enthalten, Filamente aber fehlen völlig.

Die Abbildung 221 aus dem Minimumsjahr 1944 zeigt das Polargebiet in Breiten $> 65°$ nahezu linienfrei. Bezeichnenderweise tritt auch hier ein polnaher Strahl auf bei $l = 140°$, $b = 83°$.

Die Karte von anfangs Juli 1945 (Abb. 222) lässt gegenüber der vorangehenden erkennen, dass die Sonnenaktivität wieder zugenommen hat. Das

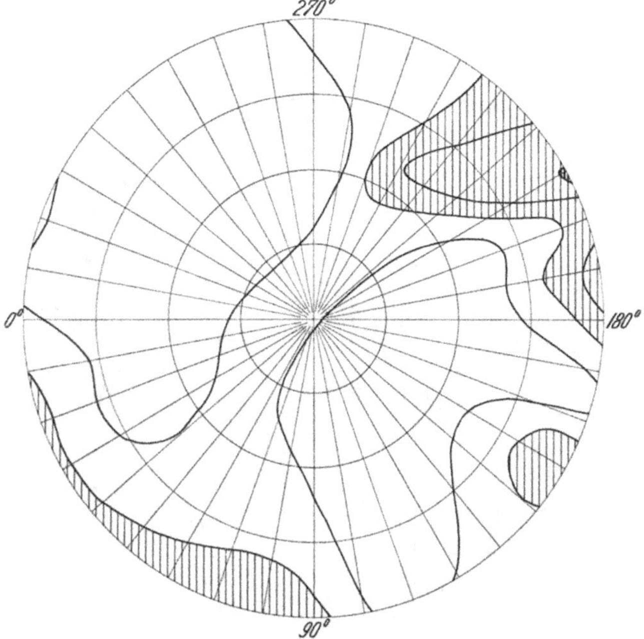

Abbildung 214

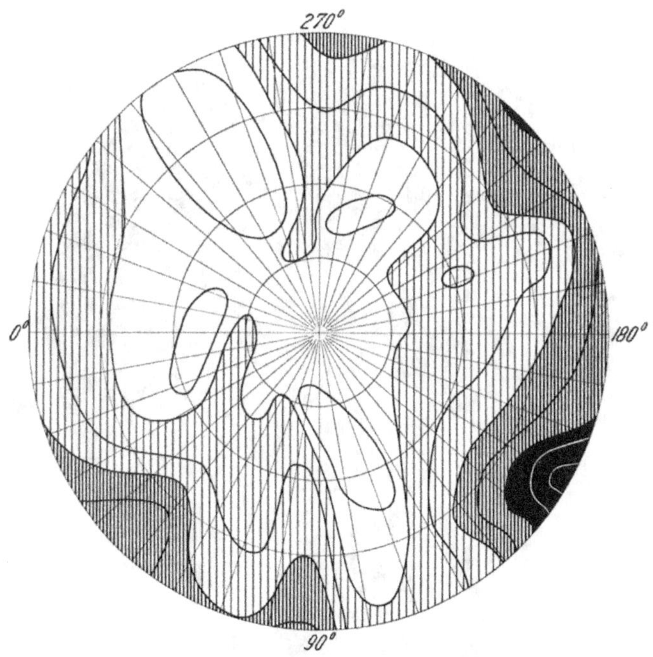

Abbildung 215

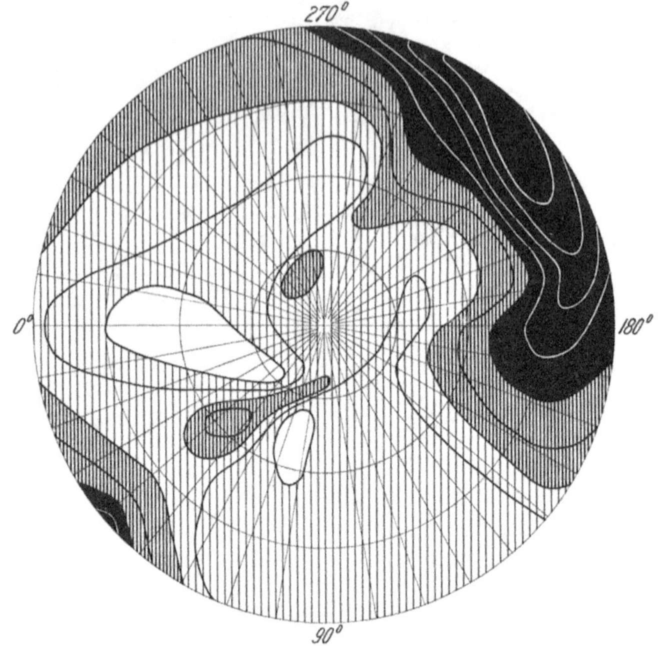

Abbildung 216

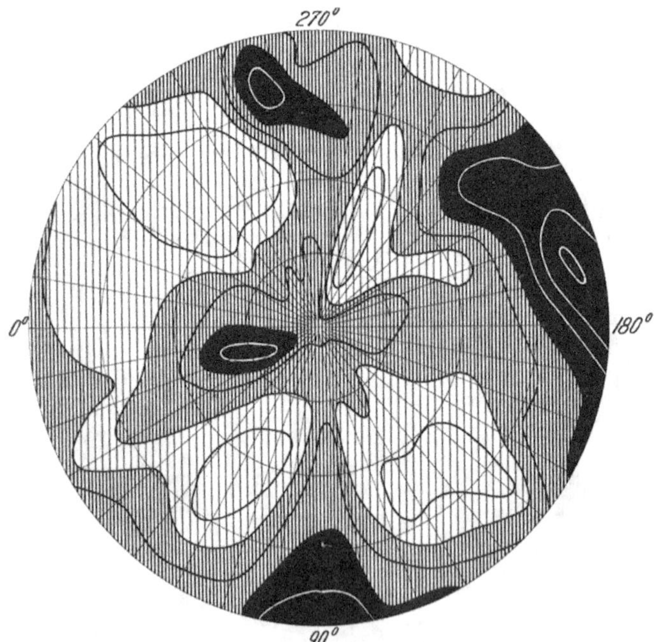

Abbildung 217

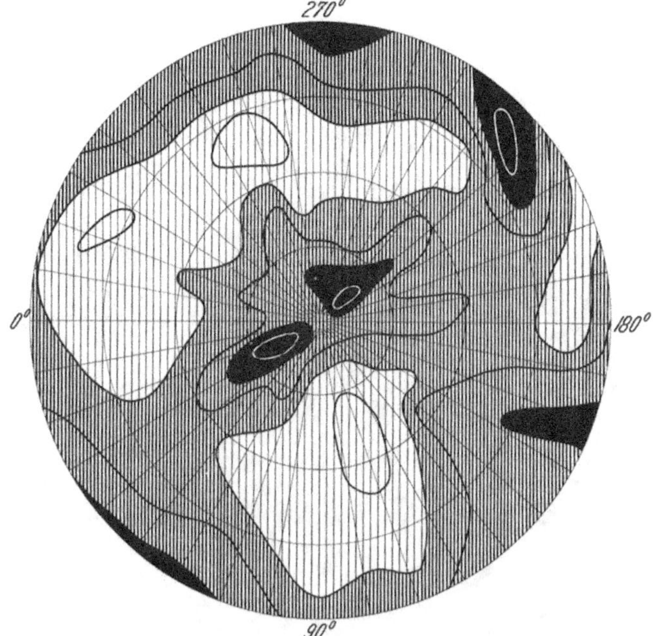

Abbildung 218

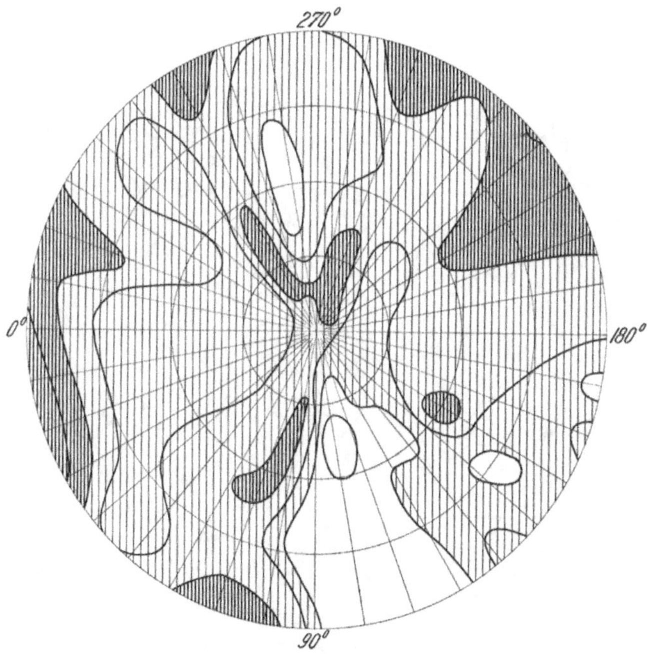

Abbildung 219

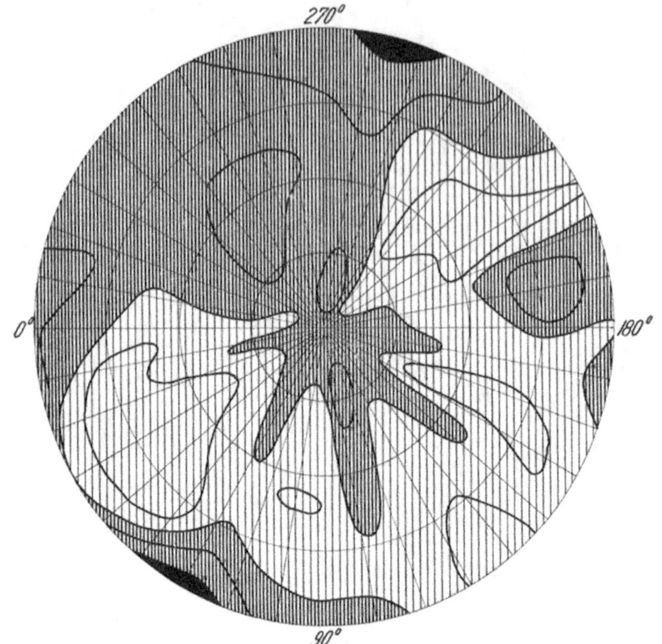

Abbildung 220

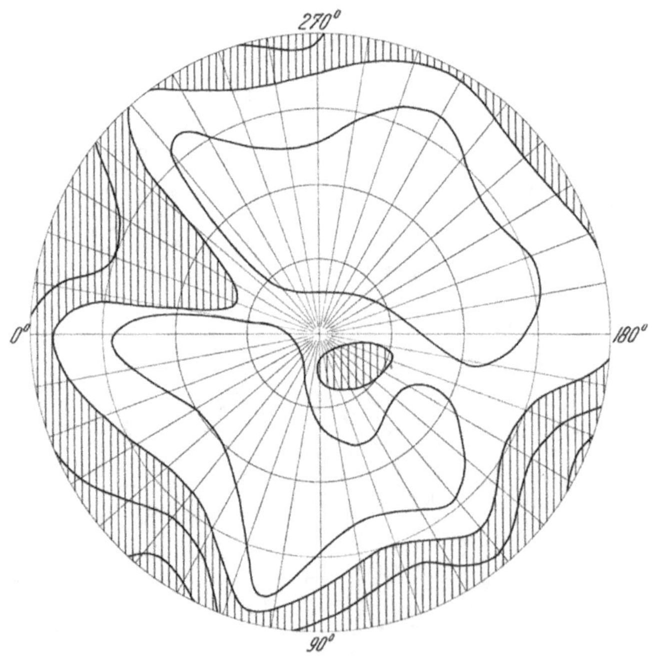

Abbildung 221

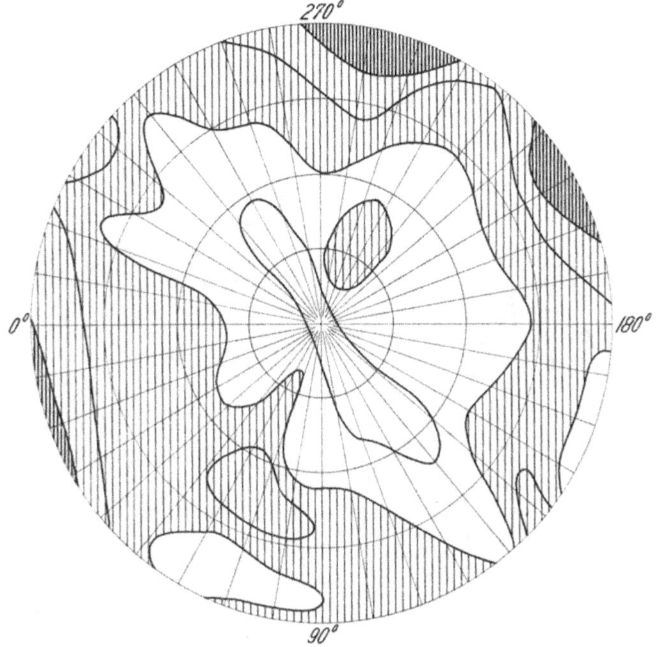

Abbildung 222

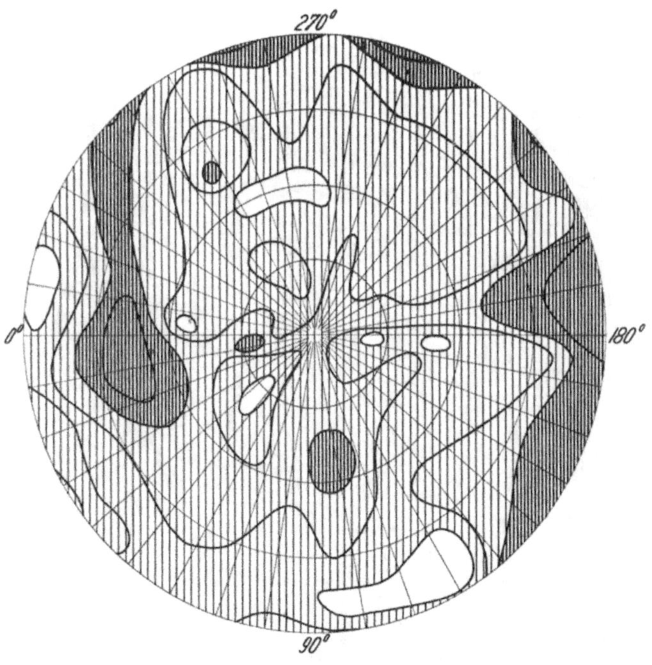

Abbildung 223

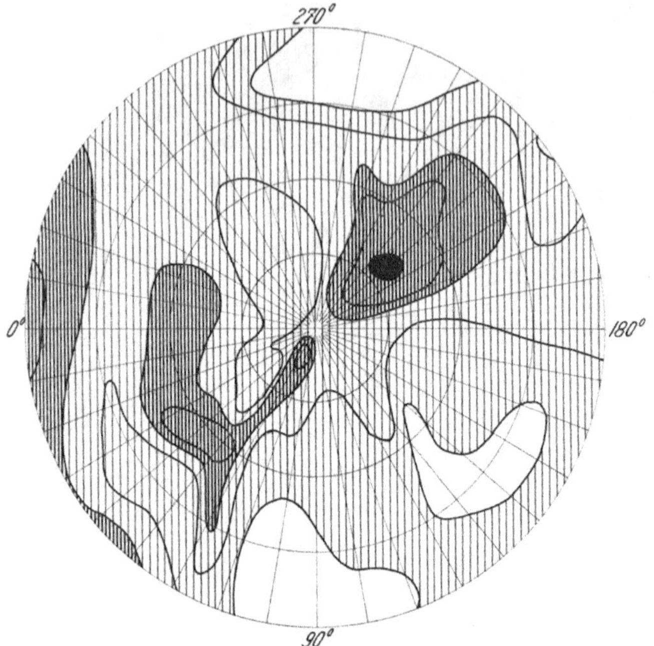

Abbildung 224

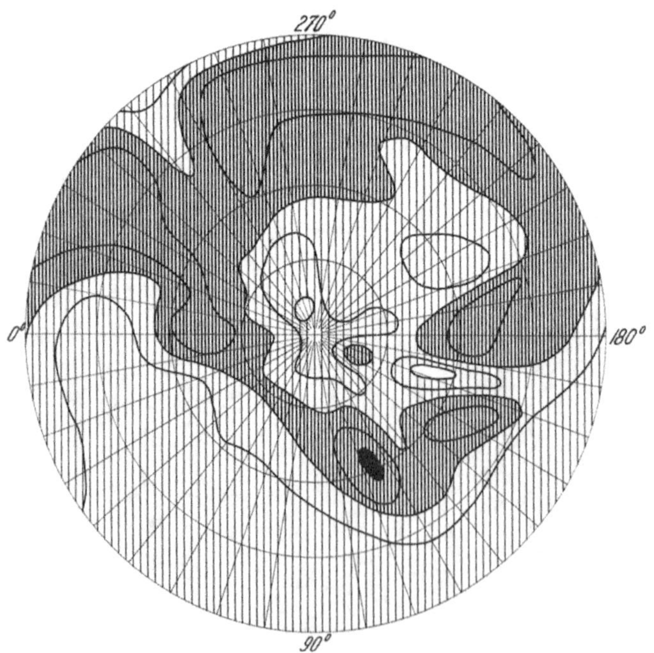

Abbildung 225

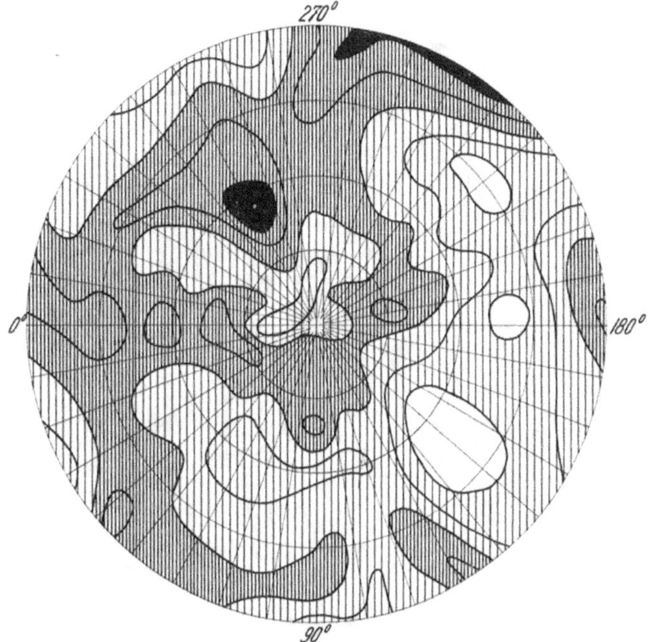

Abbildung 226

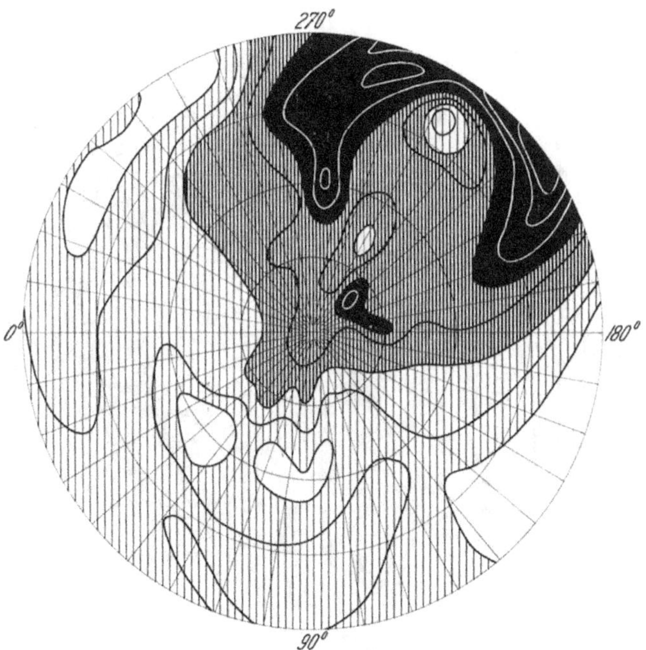

Abbildung 227

Waldmeier II/17

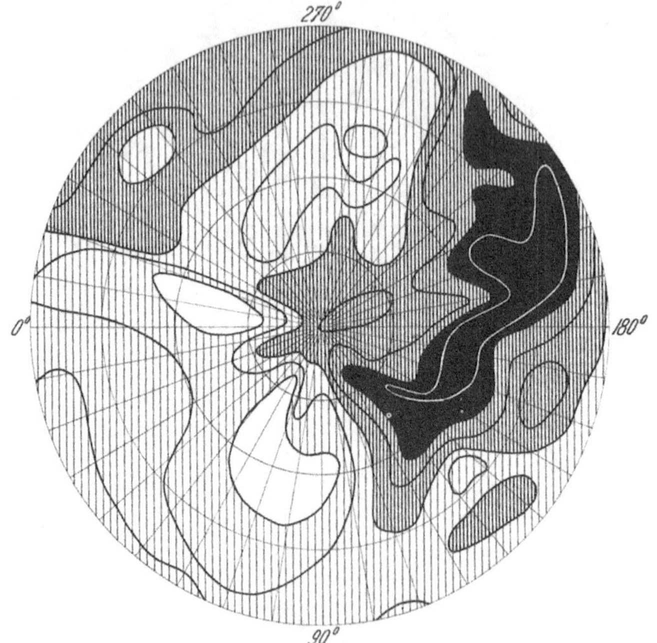

Abbildung 228

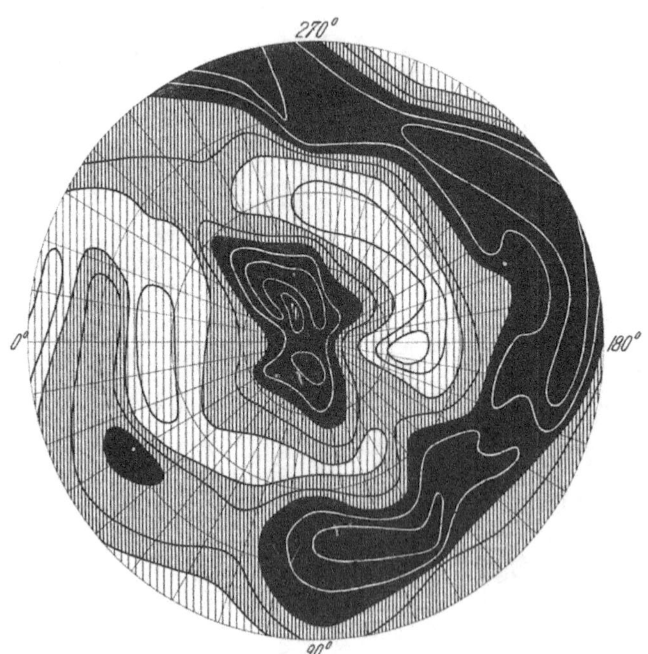

Abbildung 229

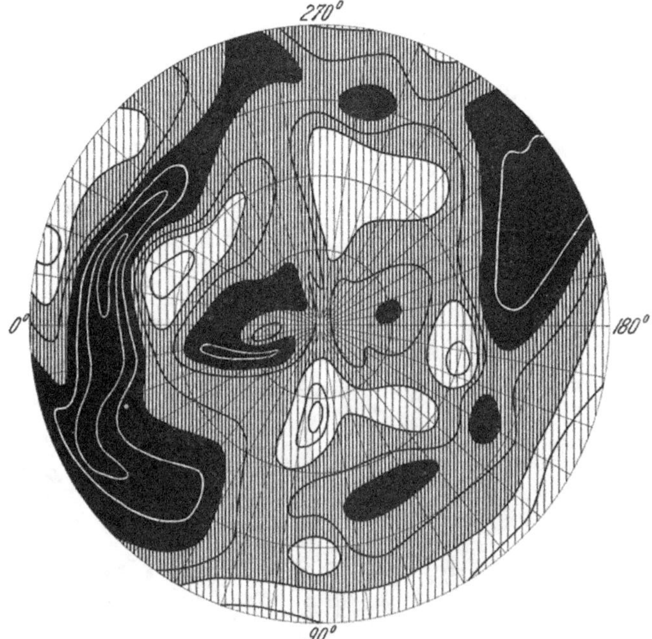

Abbildung 230

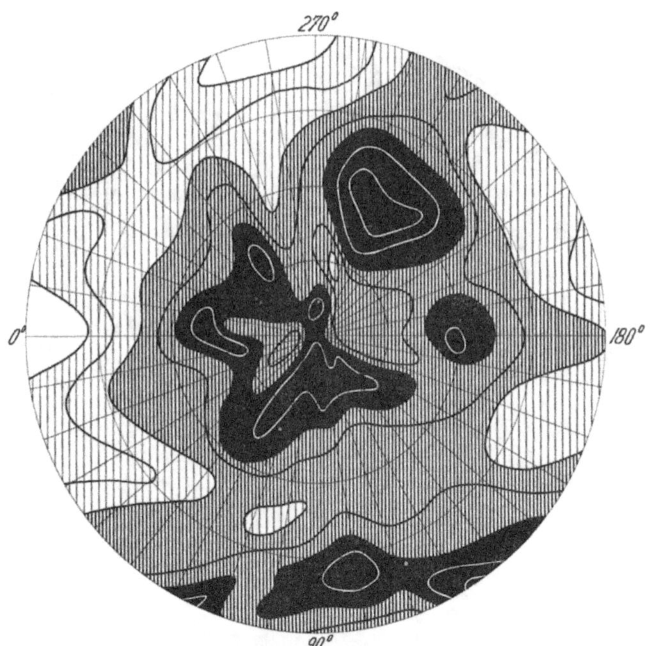

Abbildung 231

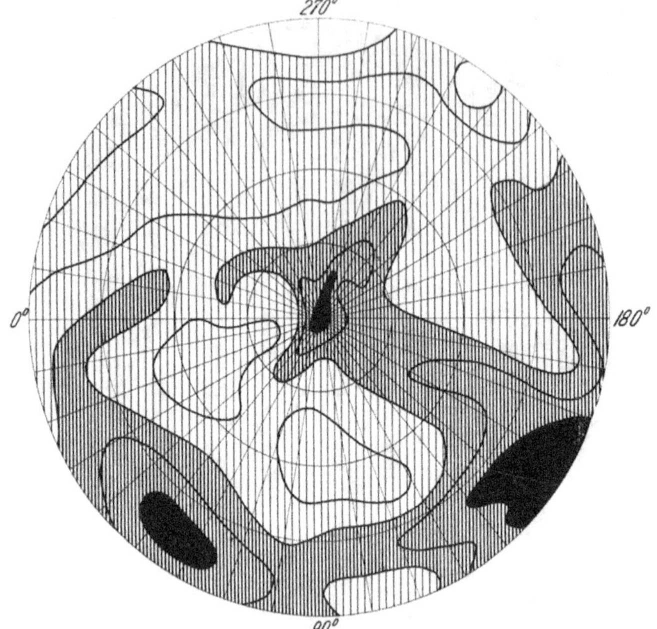

Abbildung 232

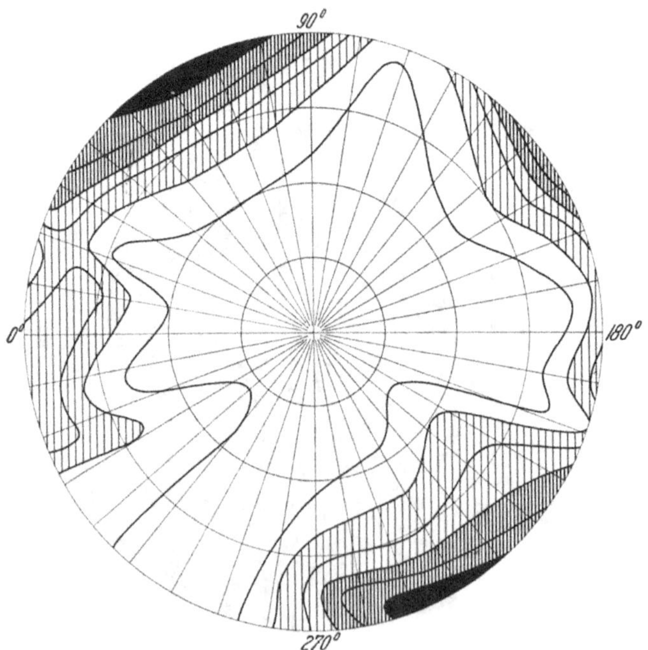

Abbildung 233

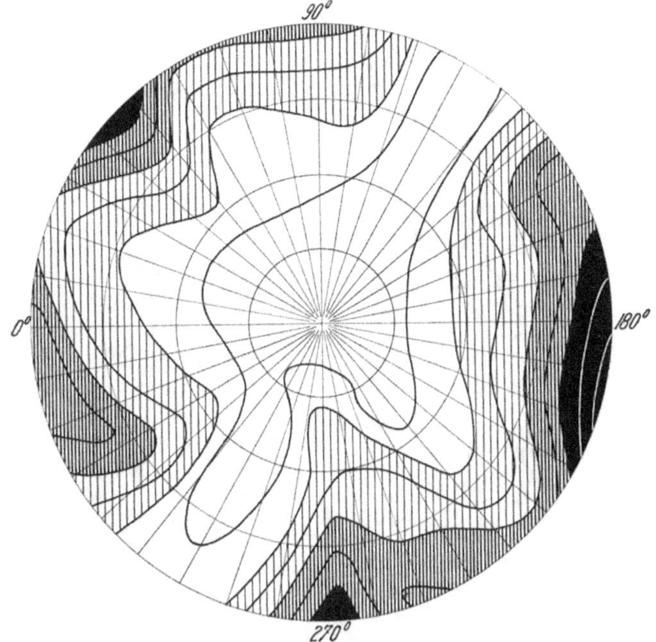

Abbildung 234

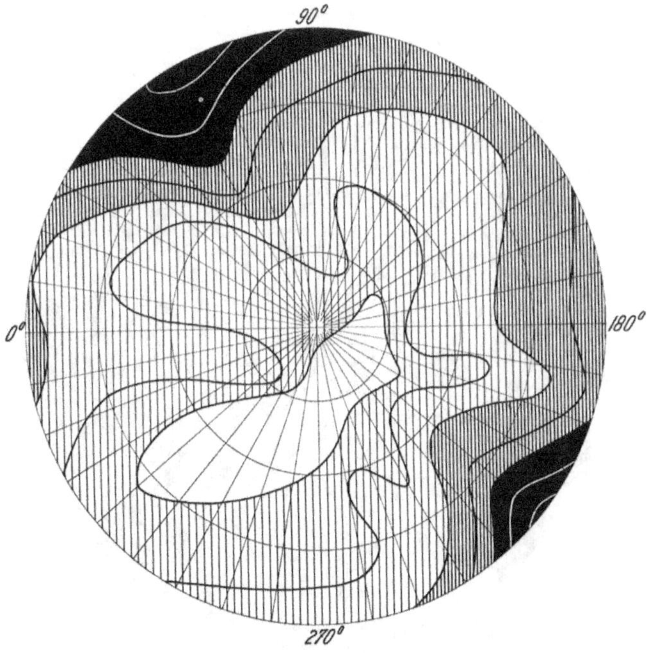

Abbildung 235

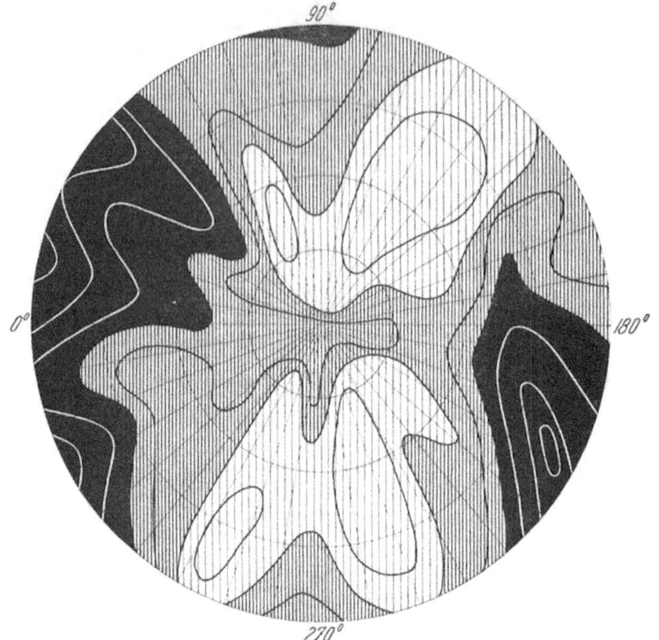

Abbildung 236

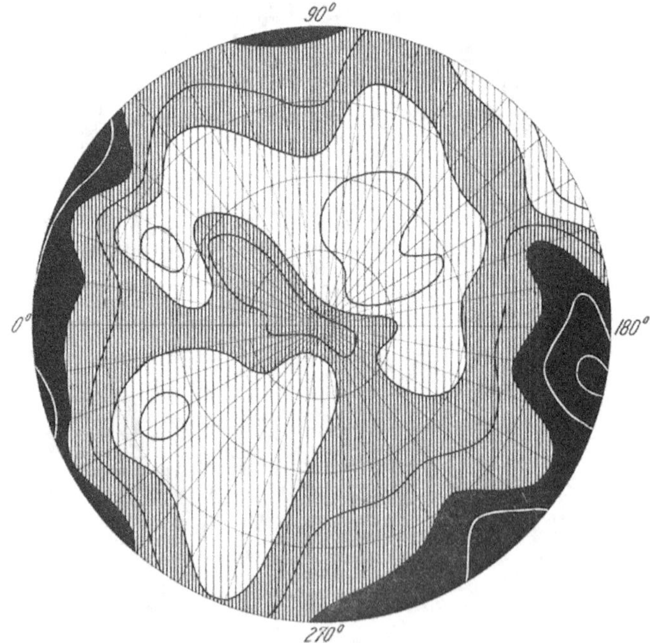

Abbildung 237

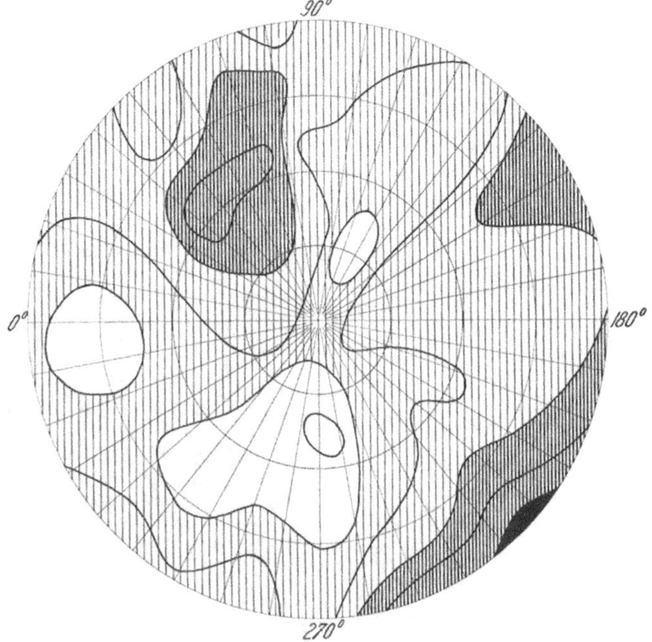

Abbildung 238

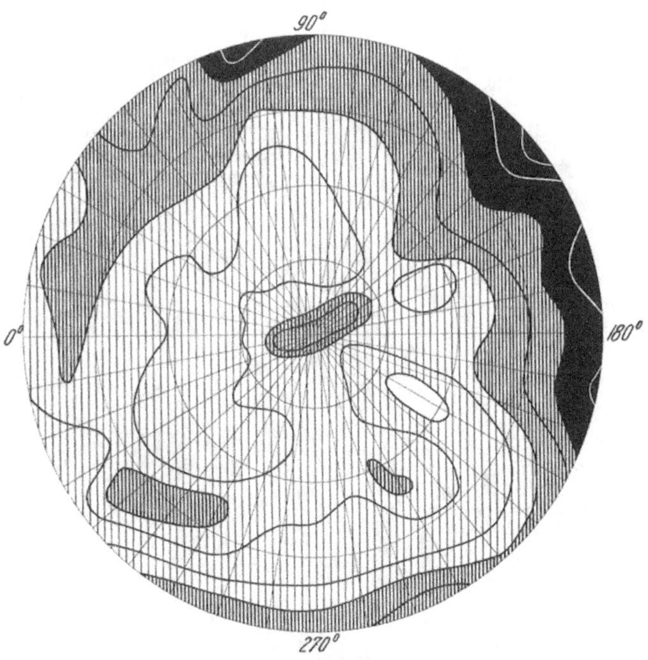

Abbildung 239

Die Sonnenkorona

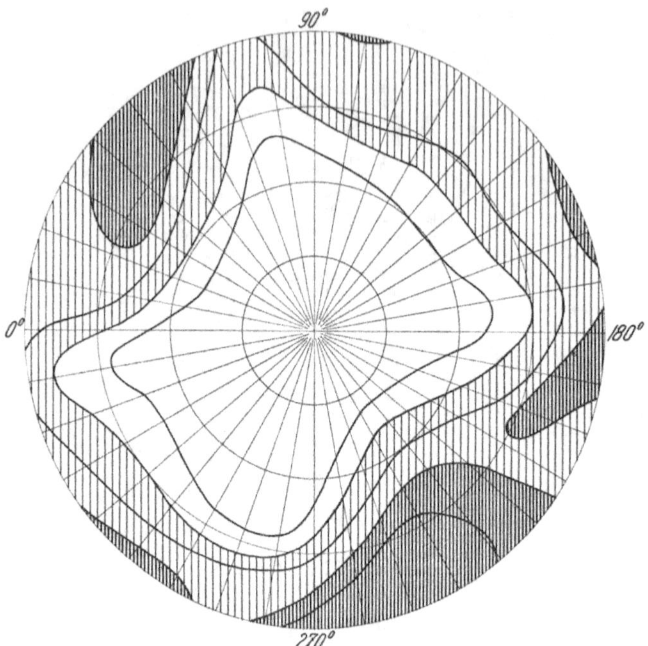

Abbildung 240

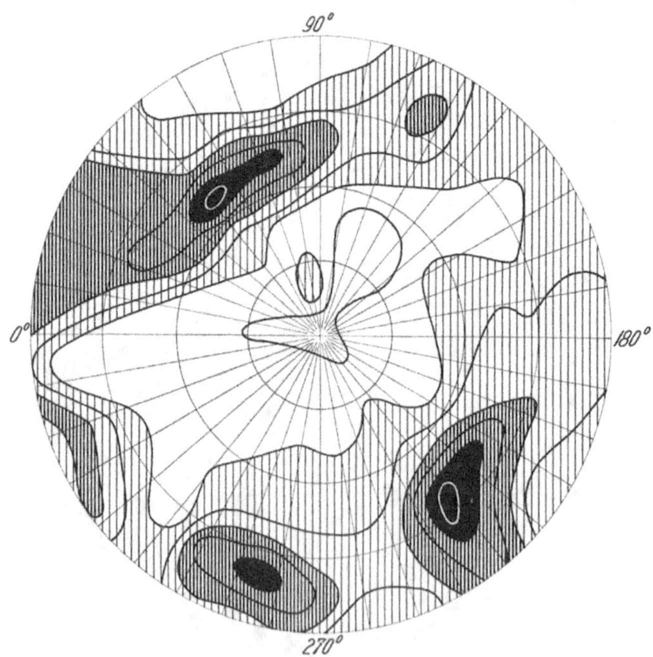

Abbildung 241

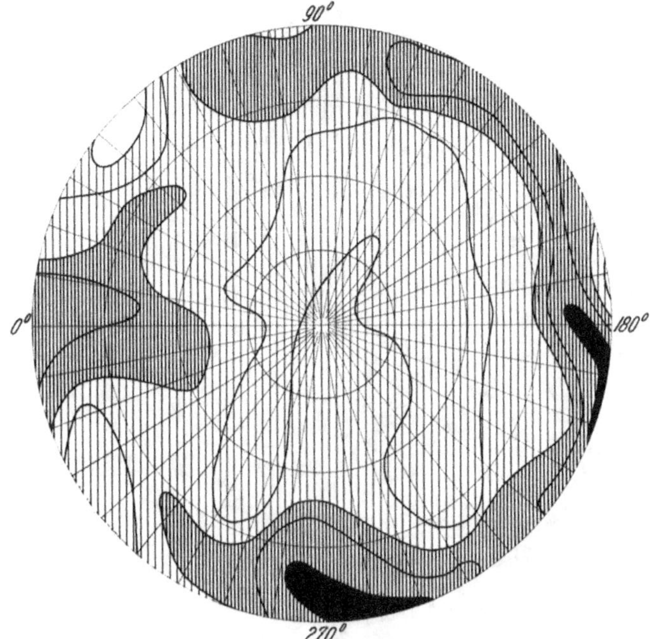

Abbildung 242

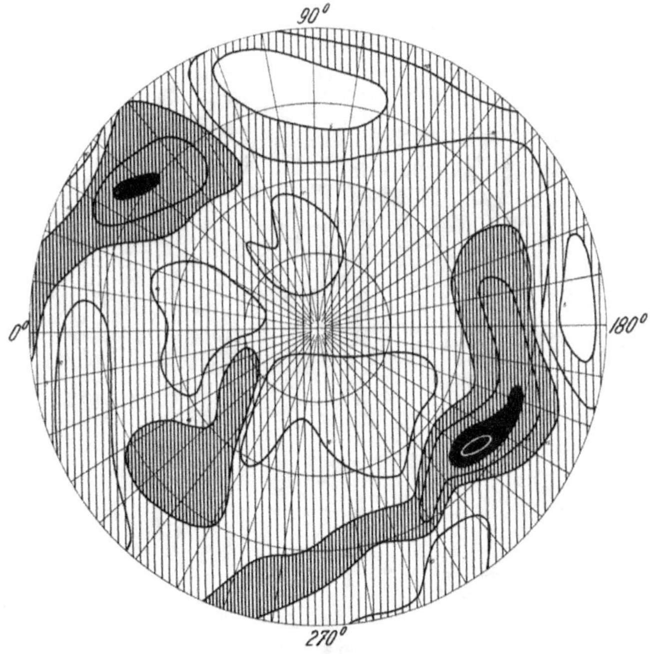

Abbildung 243

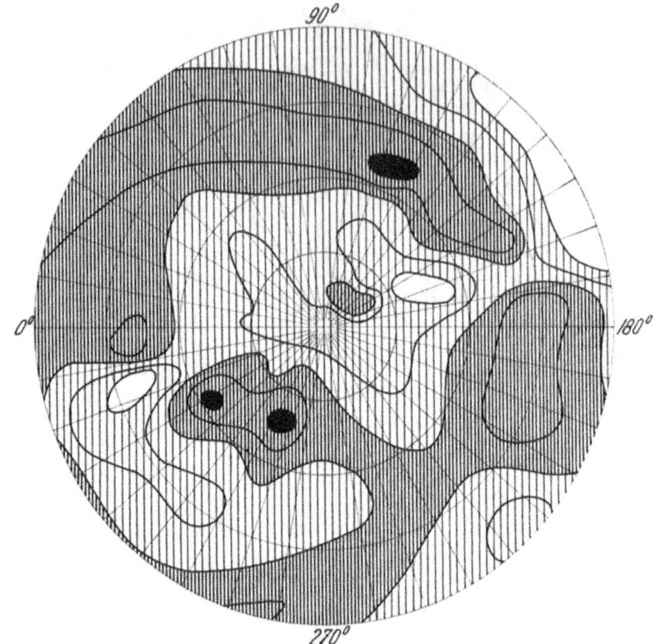

Abbildung 244

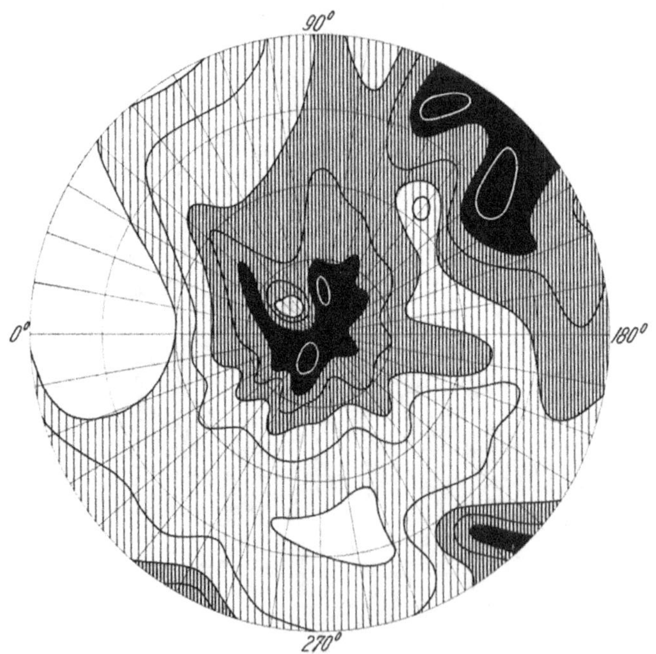

Abbildung 245

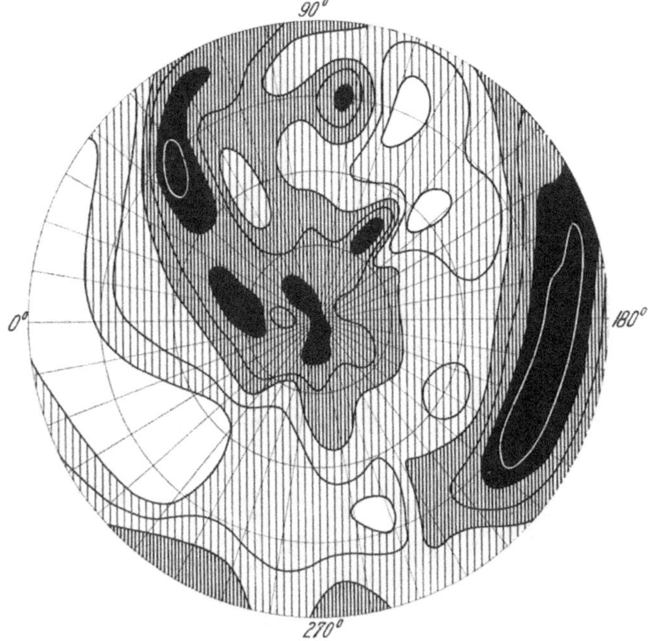

Abbildung 246

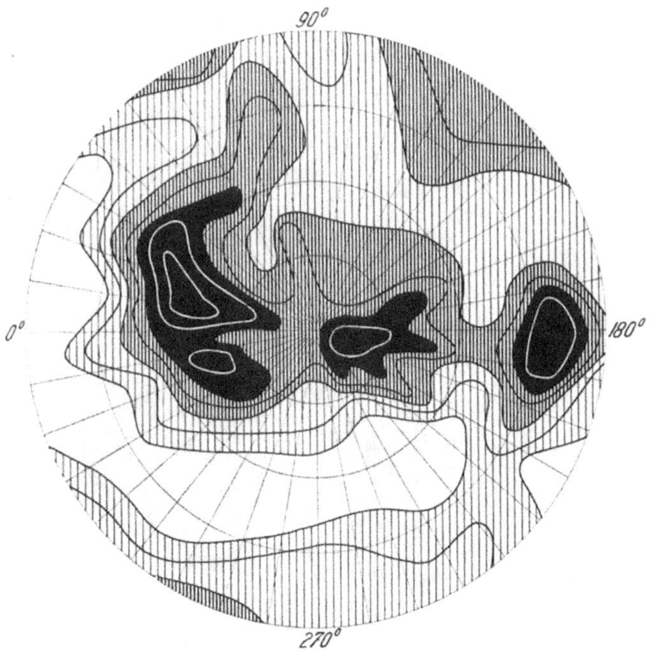

Abbildung 247

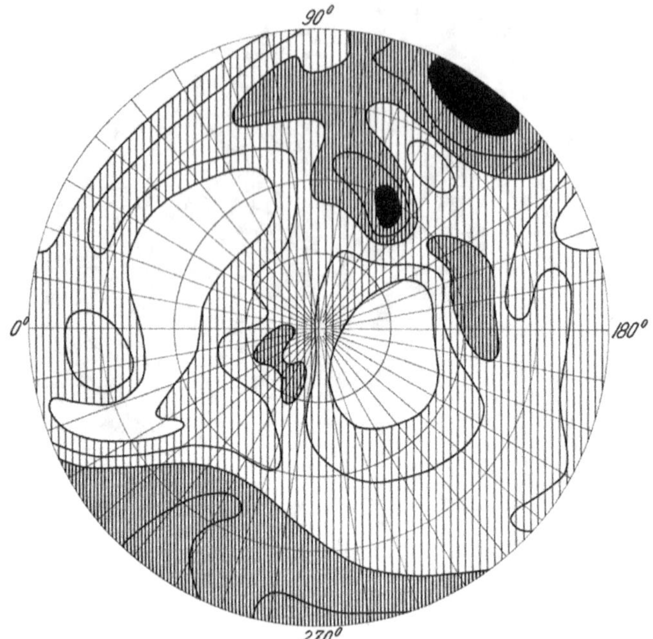

Abbildung 248

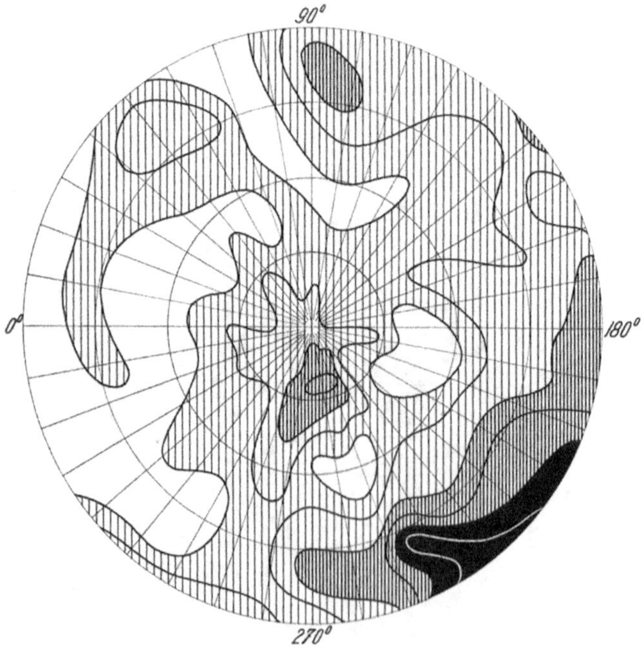

Abbildung 249

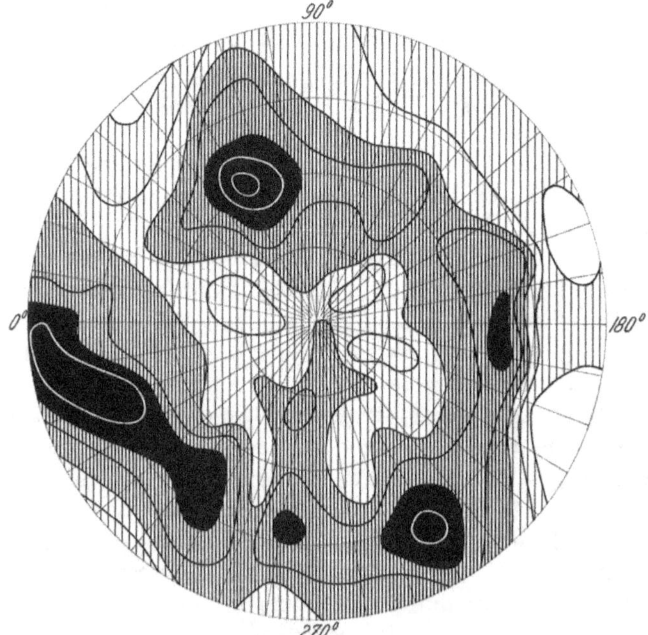

Abbildung 250

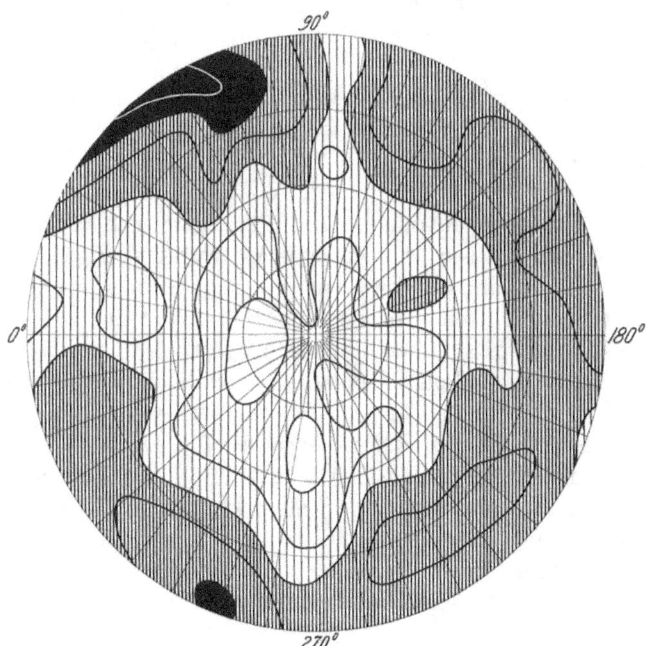

Abbildung 251

linienfreie Gebiet ist auf ein schmales Band zusammengeschrumpft und bei der Karte von Ende August (Abb. 223) überhaupt verschwunden. Auf beiden Karten treten wieder verstreute Polarstrahlen auf, auf der zweiten nun aber auch ein Filament, dessen Intensitätsmaximum bei $l = 5°$, $b = 63°$ liegt.

Abbildung 224 vom April 1946 zeigt zwei etwa diametral liegende Gebiete der polaren Aktivitätszone, das eine in etwa 70°, das andere in 76° Breite. Die Abbildung 225 vom August desselben Jahres zeigt die polare Aktivitätszone als geschlossenen, allerdings exzentrischen Ring um den Pol. In beiden Karten treten wiederum isolierte Strahlen in über 80° Breite auf.

Der erwähnte Ring zieht sich nun schnell auf den Pol zusammen. Abbildung 226 von Ende Juli 1947 lässt diesen Ring und das Intensitätsminimum am Pol noch erkennen, während letzteres in den Karten vom August und September 1947 (Abb. 227 und 228) verschwunden ist. Um diese Zeit tritt auch die neue Polarzone in Erscheinung, vertreten durch die grossen Filamente in den Abbildungen 227 und 228. Allerdings ist bei der Linie 6374 die Abtrennung der beiden Polarzonen nicht immer so klar wie bei der Linie 5303.

Sehr deutlich kommt diese Trennung in Abbildung 229 von anfangs März 1948 zum Ausdruck. Die alte Polarzone hat sich im wesentlichen auf $b > 80°$ zusammengezogen und ist durch eine «Rinne» bei etwa $b = 70°$ von der sehr kräftigen neuen Polarzone, die sich bei etwa $b = 60°$ um fast die ganze Sonne erstreckt, klar abgetrennt. Auch die Karte von der zweiten Hälfte März 1948 (Abb. 230) zeigt den Ring hoher Intensität bei etwa 62° und den Rest der alten Polarzone, beide getrennt durch Gebiete schwacher Linienemission bei etwa $b = 70°$.

Abbildung 231 vom September 1948 zeigt noch immer grosse Intensitäten in der Umgebung des Poles, andererseits ein Filament bei etwa $b = 57°$. Die Intensitätsmaxima bei $l = 180°$, $b = 70°$ und $l = 250°$, $b = 71°$ dürften trotz ihrer hohen Breite vermutlich zur neuen Polarzone gehören.

In Abbildung 232 von anfangs August 1949 kommt der Rückgang der Sonnenaktivität klar zum Ausdruck. Die Linienintensität ist allgemein, besonders aber zwischen $b = 60°$ und 80° schwächer geworden. Ein Rest der alten Polarzone ist am Pol selbst noch zurückgeblieben, während sich zwischen $b = 50°$ und 60° eine Zone erhöhter Linienintensität zeigt.

Wie in der nördlichen Polarzone, so zeigt sich auch in den beiden Bildern der südlichen vom Jahre 1941 (Abb. 233 und 234) keine Aktivitätszone, sondern ein allgemeiner Helligkeitsabfall gegen den Pol. Dasselbe Verhalten zeigt auch die Koronakarte vom August 1942 (Abb. 235). Allerdings wird mit fortschreitender Phase das emissionsfreie Gebiet kleiner. Erst die beiden Karten von Februar und März 1943 (Abb. 236 und 237) zeigen Filamente und Intensitätsmaxima zwischen $b = 50°$ und 60°. Im übrigen sind sich diese beiden Karten sehr ähnlich und zeigen eine «Brücke» erhöhter Intensität über den Pol hinweg.

Ein kleines Filament in etwa 69° Breite ist auf Abbildung 238 zu sehen (August 1943), während die Karte vom Oktober 1943 im Polargebiet lediglich einige verstreute Strahlen zeigt (Abb. 239). Im Minimumsjahr 1944 (Abb. 240) ist auch in der Polarzone die Linienintensität schwach und die Polarkappe bis zu 20° Polabstand überhaupt linienfrei.

Im Jahre 1945 hat auch in hohen Breiten die Aktivität wieder merklich zugenommen. Die Karte vom Juli (Abb. 241) zeigt kräftige Strahlen und Filamente der Polarzone mit Intensitätsmaxima bei $l = 52°$, $b = 67°$, bei $l = 116°$, $b = 57°$, bei $l = 231°$, $b = 62°$ und bei $l = 285°$, $b = 57°$. Bei $l = 80°$, $b = 82°$ findet sich einer der typischen roten Polarstrahlen. Das emissionsfreie Gebiet ist auf einen kleinen Fleck um den Pol herum zusammengeschrumpft. Die Karte von Ende August (Abb. 242) zeigt ein völlig verändertes Aussehen. Das linienfreie Gebiet am Pol ist verschwunden, und ein mehr als den halben Sonnenumfang umspannendes Filament erstreckt sich von $l = 60°$ bis 310° in einer heliographischen Breite von etwa 53°.

Die Karte vom April 1946 (Abb. 243) zeigt ein vollentwickeltes Filament von $l = 150°$ bis 290° in einer heliographischen Breite von etwa 63°, daneben noch kleinere Filamentansätze bei $l = 38°$, $b = 58°$ und bei $l = 320°$, $b = 63°$. Die Karte von Ende Juli desselben Jahres (Abb. 244) zeigt die polare Aktivitätszone weiter entwickelt; ihre Filamente bilden schon fast einen geschlossenen Ring und haben sich bereits merklich polwärts verlagert. Das längste Filament hat sein Intensitätsmaximum bei $l = 114°$, $b = 67°$, ein schwächeres bei $b = 61°$ und zwei kräftigere Maxima liegen bei $b = 72°$ und 76°. Ein roter Polarstrahl findet sich bei $l = 130°$, $b = 85°$.

Die schnelle Entwicklung der Polarzone zu dieser Phase des elfjährigen Zyklus zeigt sich beim Vergleich der eben besprochenen Karte des Jahres 1946 mit den drei Karten von Ende Juli bis Mitte September 1947 (Abb. 245 bis 247). Der Ring der Filamente, der 1946 meist noch in Breiten zwischen 60° und 70° lag, hat sich auf ein Gebiet erhöhter Intensität um den Pol herum zusammengezogen. Daneben finden sich auch intensive Strahlen und Filamente in 50° bis 60° heliographischer Breite. Diese sind von dem intensiven Maximum am Pol durch eine «Rinne» geringer Intensität getrennt, welche meistens etwa bei $b = 65°$ liegt.

Die beiden Karten vom März 1948 (Abb. 248 und 249) zeigen gegenüber denjenigen vom Jahre 1947 wiederum ein völlig verändertes Aussehen. Wohl sind noch Vertreter vorhanden der Filamente zwischen $b = 50°$ und 60°, aber die intensiven Strukturen zwischen $b = 75°$ und 90°, welche die Karten von 1947 beherrschen, sind völlig verschwunden. Nur bei $l = 320°$, $b = 83°$ auf Abbildung 248 und bei $l = 260°$, $b = 82°$ auf Abbildung 249 sind rote Polarstrahlen noch vorhanden.

Im Herbst 1948 (Abb. 250) zeigt sich wieder ein nahezu geschlossener Ring von Filamenten in der am häufigsten beobachteten Breite von 60° bis 65°. Ihre Intensitätsmaxima liegen bei $l = 62°$, $b = 69°$, bei $l = 181°$, $b = 64°$, bei $l = 240°$, $b = 58°$, bei $l = 279°$, $b = 62°$ und bei $l = 345°$, $b = 58°$. Die Umgebung des Poles erscheint durch diesen Filamentring als ein Gebiet reduzierter Helligkeit, obgleich gegenüber den Karten vom März 1948 die Intensität nicht weiter abgenommen hat.

Die letzte Karte von anfangs August 1949 (Abb. 251) zeigt den Filament-ring wieder bei sehr niedrigen Breiten, bei $b < 60°$, oft sogar bei $b < 50°$. Gleichzeitig ist das Gebiet schwacher Linienemission um den Pol herum grösser geworden und erreicht einen Durchmesser von etwa 50°.

Die Natur der hier mehrfach erwähnten «roten Polarstrahlen» konnte vom Verfasser[1] während des Sonnenfleckenminimums 1954 aufgeklärt werden. Die Untersuchung der Feinstruktur der Emission der Linie 6374 in der Umgebung des Poles zeigte, dass die Intensitätsmaxima mit den aus Finsternisaufnahmen bekannten Polarstrahlen identisch sind. Die früher bei geringerer Auflösung festgestellten «roten Polarstrahlen» sind Häufungsstellen von 2 bis 3 besonders hellen Strahlen jener Feinstruktur.

---

[1] M. WALDMEIER, *Die Minimumsstruktur der Sonnenkorona*, Z. Astrophys. *37*, 233 (1955).

VIII. KAPITEL

HELIOGRAPHISCHE KARTEN DER KORONA

Die nachfolgend publizierten und kommentierten heliographischen Karten der Sonnenkorona sind nach den in Kapitel VII mitgeteilten Richtlinien konstruiert worden. Jede vierzehntägige Periode von lückenlosen oder nahezu solchen Beobachtungstagen ist zur Konstruktion einer heliographischen Karte verwendet worden. Für die Darstellung sind wie bei den Polarkarten Isophoten von 5 zu 5 Einheiten verwendet worden. Intensitäten < 10 sind nicht besonders hervorgehoben, Gebiete mit Intensitäten zwischen 10 und 20 sind einfach, solche zwischen 20 und 30 doppelt schraffiert, und Gebiete mit Intensitäten über 30 sind schwarz gezeichnet.

Vielen Koronakarten sind die entsprechenden, Flecken und Fackeln enthaltenden Karten der Photosphäre gegenübergestellt. Diese sind aus den Publikationen der Eidgenössischen Sternwarte Zürich übernommen worden. Die Darstellungen von Flecken und Fackeln beziehen sich im Mittel auf die Zeit des Durchganges durch den Zentralmeridian, die Koronabeobachtungen aber auf die Stellung am Ost- oder Westrand. Diesem Umstand ist bei der Betrachtung der Karten Rechnung zu tragen. Ein in den Karten eingetragener Fleck hat möglicherweise zur Zeit, als die entsprechende Koronabeobachtung ausgeführt worden ist, noch gar nicht existiert, wenn es sich nämlich um eine Koronabeobachtung am Ostrand handelt und der Fleck erst auf der sichtbaren Halbkugel entstanden ist. Ein anderer Fleck hat vielleicht zur Zeit der entsprechenden Koronabeobachtung nicht mehr existiert, wenn es sich nämlich um eine Beobachtung am Westrand handelt und der Fleck sich vor Erreichung desselben aufgelöst hat. Bei den Fackeln, die sich viel langsamer entwickeln, fällt der zeitliche Unterschied von etwa 7 Tagen zwischen photosphärischen und koronalen Beobachtungen nicht ins Gewicht. In den photosphärischen Karten sind die Fackelgebiete schraffiert, die Flecken (Umbra und Penumbra) schwarz dargestellt.

Wir führen die Diskussion der Koronakarten im monochromatischen Licht der Linie 5303 zusammen mit den photosphärischen und, wo vorhanden, mit den koronalen Karten der Linie 6374 durch. Um die Übersicht zu erleichtern, teilen wir das Material zeitlich in 4 Gruppen ein: in eine erste, die Jahre 1941 bis 1943 umfassende Periode auf dem absteigenden Ast der Sonnenaktivitätskurve; in die die Minimumsjahre 1944 und 1945 umfassende Periode; in die Übergangsperiode 1946 und schliesslich in eine vierte Periode, welche die Jahre 1947 bis 1949 maximaler Aktivität umfasst.

30. *Die Daten der einzelnen koronalen und photosphärischen Karten*

Aus den Jahren 1941 bis 1948 liegen 36 Koronakarten im monochromatischen Licht der Linie 5303 vor und 22 in demjenigen der Linie 6374. Zum Studium des Zusammenhanges zwischen photosphärischen und koronalen Strukturen sind den 58 Koronakarten 38 Karten der Photosphäre gegenübergestellt. Diese 96 Karten sind im folgenden, chronologisch geordnet, publiziert. Zwei auf derselben Seite befindliche Karten gehören im allgemeinen zusammen und sind mit *a* und *b* bezeichnet. Meistens ist *a* die Koronakarte im monochromatischen Licht der Linie 5303 und *b* die gleichzeitige photosphärische Karte. Die nachfolgende Zusammenstellung gibt die Beobachtungsperioden für die einzelnen Karten. Die Koronakarten sind durch die Wellenlängen, in denen sie beobachtet sind (5303 bzw. 6374), gekennzeichnet, während die photosphärischen Karten durch Ph bezeichnet sind. Jede Ph-Karte gehört zu der unmittelbar vorangehenden Koronakarte. Gelegentlich sind zu einer Koronakarte mehrere Ph-Karten gegeben; in diesen Fällen bedeutet Ph_0 die zur Koronakarte gleichzeitige photosphärische Karte, Ph_{-1} diejenige, die der Koronakarte um 1, Ph_{-2} diejenige, welche der Koronakarte um 2 Rotationen vorausgeht.

Abbildung

252 *a*	5303, 1941 Juli 31. bis August 11.	*b*	Ph
253 *a*	5303, 1941 August 14. bis 28.	*b*	Ph
254 *a*	5303, 1941 September 16. bis 29.	*b*	Ph
255 *a*	6374, 1941 August 14. bis 28.	*b*	6374, 1941 September 16. bis 28.
256 *a*	5303, 1942 August 4. bis 16.	*b*	5303, 1942 August 18. bis 31.
257 *a*	Ph	*b*	6374, 1942 August 18. bis 31.
258 *a*	5303, 1943 Februar 11. bis 24.	*b*	Ph
259 *a*	5303, 1943 Februar 25. bis März 11.	*b*	Ph
260 *a*	5303, 1943 März 11. bis 23.	*b*	Ph
261 *a*	6374, 1943 Februar 23. bis März 11.	*b*	6374, 1943 März 11. bis 23.
262 *a*	5303, 1943 August 10. bis 23.	*b*	Ph
263 *a*	5303, 1943 August 30. bis September 13.	*b*	Ph
264 *a*	5303, 1943 September 30. bis Oktober 15.	*b*	Ph
265 *a*	6374, 1943 August 10. bis 23.	*b*	6374, 1943 September 30. bis Okt.12.
266 *a*	5303, 1944 Januar 13. bis 24.	*b*	Ph_{-2}
267 *a*	Ph_{-1}	*b*	Ph_0
268 *a*	5303, 1944 September 12. bis 27.	*b*	Ph_{-1}
269 *a*	Ph_0	*b*	6374, 1944 September 12. bis 27.
270 *a*	5303, 1945 Januar 10. bis 20.	*b*	Ph_{-1}
271 *a*	Ph_0	*b*	6374, 1945 Februar 13. bis 27.
272 *a*	Ph_0	*b*	5303, 1945 Februar 13. bis 27.
273 *a*	5303, 1945 Juli 5. bis 17.	*b*	Ph
274 *a*	5303, 1945 Juli 18. bis 31.	*b*	Ph
275 *a*	5303, 1945 August 1. bis 13.	*b*	Ph
276 *a*	5303, 1945 August 16. bis 29.	*b*	Ph
277 *a*	5303, 1945 September 1. bis 13.	*b*	Ph
278 *a*	6374, 1945 Juli 5. bis 17.	*b*	6374, 1945 August 24. bis Sept. 5.
279 *a*	5303, 1946 April 3. bis 18.	*b*	Ph
280 *a*	6374, 1946 April 3. bis 15.	*b*	6374, 1946 Juli 22. bis August 4.
281 *a*	5303, 1946 Juli 18. bis 31.	*b*	Ph
282 *a*	5303, 1946 August 1. bis 14.	*b*	Ph
283 *a*	5303, 1946 August 16. bis 30.	*b*	Ph
284 *a*	5303, 1946 September 1. bis 13.	*b*	Ph
285 *a*	5303, 1947 April 9. bis 20.	*b*	6374, 1947 April 9. bis 20.
286 *a*	5303, 1947 Juli 21. bis August 2.	*b*	Ph

287*a* 6374, 1947 Juli 19. bis August 1.
288*a* Ph
289*a* 5303, 1947 August 17. bis 30.
290*a* 6374, 1947 August 17. bis 30.
291*a* Ph
292*a* 5303, 1948 März 2. bis 15.
293*a* 5303, 1948 März 16. bis 30.
294*a* 6374, 1948 März 18. bis 30.
295*a* Ph
296*a* 5303, 1948 September 18. bis 29.
297*a* 6374, 1948 September 18. bis 29.
298*a* Ph
299*a* Ph

b 5303, 1947 August 3. bis 16.
b 6374, 1947 August 3. bis 16.
b Ph
b 5303, 1947 September 9. bis 23.
b 6374, 1947 September 10. bis 20.
b Ph
b Ph
b 5303, 1948 September 5. bis 17.
b 6374, 1948 September 5. bis 17.
b Ph
b 5303, 1949 März 21. bis April 2.
b 5303, 1949 Juli 28. bis August 11.
b 6374, 1949 Juli 28. bis August 11.

31. *Die Periode 1941 bis 1943*

Bereits die erste Koronakarte, Abbildung 252*a*, zeigt das charakteristische Verhalten der Linie 5303. Die Stellen maximaler Linienintensität sind langgestreckte, zum Äquator parallel verlaufende Filamente in der Fleckenzone. Ausserhalb der Fleckenzone, zwischen $b = 30°$ und $40°$, fällt die Linienintensität mit zunehmendem Äquatorabstand schnell ab. Das Äquatorminimum tritt stellenweise nicht, meistens aber sehr ausgeprägt in Erscheinung. In den Umrissen passen sich die Gebiete erhöhter Linienemission der Verteilung der Fackelgebiete an (Abb. 252*b*). Beispielsweise liegt das Schwergewicht der photosphärischen Aktivität bei den Längen 40°, 120° und 230° auf der nördlichen, bei den Längen 0°, 80°, 170° und 330° auf der südlichen Halbkugel. Dieselbe Verteilung zeigt sich in der Linienemission. Bemerkenswert ist das fackelarme Gebiet bei $l = 280°$ bis 320° auf der nördlichen und bei $l = 250°$ bis 290° auf der südlichen Hemisphäre. An diesen Stellen ist die Linienemission sehr schwach.

In den drei Koronakarten von August/September 1941 (Abb. 252*a*, 253*a*, 254*a*) verändert sich die Gesamtstruktur ebenso wie die Verteilung der Fackelgebiete wenig. Das schon erwähnte Gebiet schwacher Aktivität bei $l = 280°$ bis 300° ist in allen Koronakarten auffällig. Im einzelnen sei auf folgende Variationen hingewiesen: Bei $l = 0°$ bis 10° entwickelt sich eine grosse Fleckengruppe in geringem Abstand vom Äquator. Gleichzeitig tritt in den Koronakarten an Stelle des Äquatorminimums ein intensives Maximum. Das grosse Aktivitätszentrum bei $l = 20°$ bis 50°, $b = 10°$ bis 20° zeigt typische Auflösungserscheinungen. In der ersten Karte sind die Flecken gross und die Fackeln kompakt, in der zweiten die Flecken klein und der Fackelherd ausgedehnter und in der dritten die Flecken verschwunden und das Fackelfeld in einzelne Teilgebiete zerfallen. Während dieser Entwicklung wird das entsprechende Koronagebiet breiter, ohne jedoch an Intensität abzunehmen. Die erhöhte Linienintensität hält noch längere Zeit an nach dem Verschwinden der photosphärischen Aktivität. Auf der südlichen Halbkugel findet sich in der Umgebung von $l = 50°$ eine auffällig schwache Aktivität, welcher die «Löcher» in den Koronakarten 252*a* und 254*a* bei $l = 30°$ bzw. 50° entsprechen. In der Umgebung von $l = 80°$ befinden sich nördlich und südlich des Äquators Aktivitätszentren in Auflösung. Auch in diesem Falle folgt die Abnahme der Linienintensität in Abbildung 254a nur zögernd. Die Gegend von $l = 120°$ zeigt auf der Nordhalbkugel ein grösseres, in Auflösung begriffenes Aktivitätszentrum, auf der Südhalbkugel aber nur schwache Aktivität. Entsprechend nimmt die in den Abbildungen 252a und 253a in der nördlichen Hauptzone grosse Intensität in Abbildung 254a stark ab, während die südliche Hauptzone ein «Loch» geringer Intensität aufweist. In dem Gebiet $l = 100°$ bis $300°$ tritt in Abbildung 252b auf der Südhalbkugel nur eine, aber sehr grosse Fleckengruppe auf bei $l = 175°$, $b = -3°$. Dementsprechend zeigt die Koronakarte auch nur zwischen $l = 170°$ und $180°$ sehr grosse Intensität. In Abbildung 253b aber reicht das Fackelgebiet von $l = 130°$ bis $210°$ und in 254b sogar, mit einer kleinen Unterbrechung bei $220°$, von $l = 130°$ bis $270°$. Entsprechend dehnt sich auch das Koronagebiet aus, welches auf Abbildung 254a von $l = 130°$ bis $280°$ reicht mit einem sekundären Maximum bei $l = 145°$, $b = -12°$, wo sich eine neue Fleckengruppe entwickelt hat. Auf der Nordhalbkugel zeigt das Gebiet $l = 150°$ bis zur Lücke bei $280°$ starke und rasch wechselnde Aktivität. Auf den Karten 252a und b fallen die beiden Fleckengruppen bei $l = 170°$ und $230°$ mit den Maxima der Koronaintensität zusammen. Auf Abbildung 253a liegen die Koronamaxima immer noch bei $l = 180°$ und $240°$, während die photosphärische Aktivität sich nach $l = 210°$ verlagert, wo in Abbildung 254b eine Fleckengruppe von aussergewöhnlicher Grösse und Aktivität auftritt. In diesem Gebiet traten auch höchste Intensitäten der Koronalinien auf. Das auf Abbildung 253a bei $l = 245°$, $b = 14°$ enthaltene Intensitätsmaximum ist auf Abbildung 254a verschwunden, gleichzeitig mit der Auflösung des entsprechenden Fackelgebietes. Hingegen tritt auf Abbildung 254a bei $l = 260°$, $b = 9°$ ein neues Maximum auf, gleichzeitig mit der Entstehung von zwei kleinen Fleckengruppen (Abb. 254b).

Vergleichen wir nun die Koronakarten Abbildung 255a und b im Lichte der Linie 6374 mit den entsprechenden photosphärischen Karten Abbildungen 253b und 254b, so zeigt sich in der Hauptzone $|b| < 25°$ eine eher noch engere Beziehung zwischen Linienemission einerseits und den Flecken- und Fackelgebieten andererseits als bei den 5303-Karten. Die um fast die ganze Sonne geschlungenen Filamente der nördlichen Fleckenzone sind auf Abbildung 255a von $l = 280°$ bis $320°$ unterbrochen, wo die Fackeltätigkeit sehr schwach ist. Die südliche Hauptzone besteht aus mehreren, deutlich voneinander abgetrennten Emissionsgebieten, welche die Länge $0°$ bis $15°$, $60°$ bis $90°$, $140°$ bis $200°$, $230°$ bis $250°$ und $290°$ bis $360°$ bedecken und exakt mit den entsprechenden Fackelgebieten der Abbildung 253b übereinstimmen. Auch zwischen der Koronakarte Abbildung 255b und der entsprechenden photosphärischen Karte Abbildung 254b bestehen dieselben Beziehungen, wobei die Veränderungen in Abbildung 255b gegenüber Abbildung 255a aus den entsprechenden Veränderungen der Photosphäre verständlich werden. Eine beachtenswerte Ausnahme macht das Emissionsgebiet bei $l = 70°$ bis $100°$, $b = 0°$ bis $-10°$, welches in Abbildung 255a sehr ausgeprägt, in Abbildung 255b aber bereits verschwunden und durch ein «Loch» ersetzt ist. Gewiss erscheint das zugehörige Fackelgebiet in Abbildung 254b gegenüber 253b stärker aufgelöst, doch ist die Auflösung nicht so weit fortgeschritten, dass ein völliges Erlöschen der 6374-Emission hätte erwartet werden können. Tatsächlich zeigt auch die entsprechende 5303-Karte, Abbildung 254a, im Gebiet des in Auflösung begriffenen Fackelgebietes bei $l = 70°$ bis $100°$, $b = -10°$ eine sehr kräftige Emission. Dieses Emissionsgebiet, in welchem die 6374-Emission fehlt, wäre somit als «grüner Strahl» zu bezeichnen.

Während sowohl die 5303-Emission wie auch die Fackelgebiete von $|b| = 25°$ an mit zunehmendem Äquatorabstand rasch verschwinden, zeigt die 6374-Emission auch ausserhalb der Fleckenzone gelegentlich kräftige Emissionsgebiete, welche nicht mit Fackeln zusammenfallen und auch in den 5303-Karten nicht auftreten. Solche «rote Strahlen» finden sich auf Abbildung 255a bei $l = 60°$, $b = 30°$, bei $l = 340°$, $b = 32°$, bei $l = 150°$, $b = -47°$, bei $l = 190°$, $b = -39°$ und ein sehr ausgeprägter bei $l = 250°$, $b = -40°$. Auch die Abbildung 255b zeigt zahlreiche «rote Strahlen», zum Beispiel bei $l = 150°$, $b = 50°$, bei $l = 240°$, $b = 40°$, bei $l = 265°$, $b = 26°$, bei $l = 330°$, $b = 39°$, bei $l = 50°$, $b = -43°$, bei $l = 87°$, $b = -46°$ und bei $l = 210°$, $b = -41°$, welche zum Teil mit roten Strahlen auf Abbildung 255a identifiziert werden können.

Im Jahre 1942 (Abb. 256 und 257) sind gegenüber 1941 die Aktivitätszentren weniger zahlreich und nach Ausdehnung und Bedeutung geringer. Die beiden 5303-Karten stammen von Anfang und Ende August (Abb. 256a und b). Auf Abbildung 256b sind gegenüber 256a die Emissionsgebiete bei $l = 20°$, $b = 3°$, bei $l = 220°$, $b = -5°$ und bei $l = 296°$, $b = -7°$ verschwunden und diejenigen bei $l = 0°$, $b = 10°$ sowie bei $l = 45°$, $b = -10°$ neu entstanden. Selbst kleinere Details wie die Strahlen bei $l = 140°$, $b = 33°$ und bei $l = 240°$, $b = 36°$ lassen sich identifizieren. Sämtliche intensiven Emissionsgebiete auf Abbildung 256b fallen mit den Flecken- und Fackelherden der entsprechenden Photosphärenkarte, Abbildung 257a, zusammen. Es ist deshalb möglich, allein schon auf Grund der Verteilung der Fackelgebiete ein qualitatives Bild über die Verteilung der 5303-Emissionsgebiete zu entwerfen. In quantitativer Hinsicht können sich die verschiedenen, gleich intensiven Fackelgebiete aber stark unterscheiden. Beispielsweise liefert das fleckenfreie, das heisst alte Fackelgebiet bei $l = 240°$, $b = 10°$ eine viel grössere Koronaintensität als das mit Flecken besetzte bei $l = 243°$, $b = -5°$. Bemerkenswert ist, dass in dem ausgedehnten Emissionsgebiet von $l = 230°$ bis $280°$, $b = 37°$ auch einige, allerdings nur kleine und schwache Fackelgebiete auftreten ($l = 250°$, $b = 40°$).

Das Verhalten der Linie 6374 (Abb. 257b) ist gegenüber 1941 stark verändert, indem ihre Intensität, besonders in mittleren Breiten, zugenommen hat, was mit der (damals noch nicht in Erscheinung getretenen) Fleckenzone des neuen Zyklus in Zusammenhang stehen dürfte. Zwar zeichnen sich die Hauptemissionsgebiete der Linie 5303 in der Fleckenzone meistens auch durch maximale Intensität der Linie 6374 aus – wobei einige bemerkenswerte Ausnahmen bestehen, zum Beispiel das 5303-Gebiet bei $l = 60°$ bis $80°$, $b = 15°$ und das 5303-Gebiet bei $l = 40°$, $b = -8°$, welchen beiden in der 6374-Karte Intensitätsminima entsprechen – doch reichen die Gebiete hoher 6374-Intensität weit

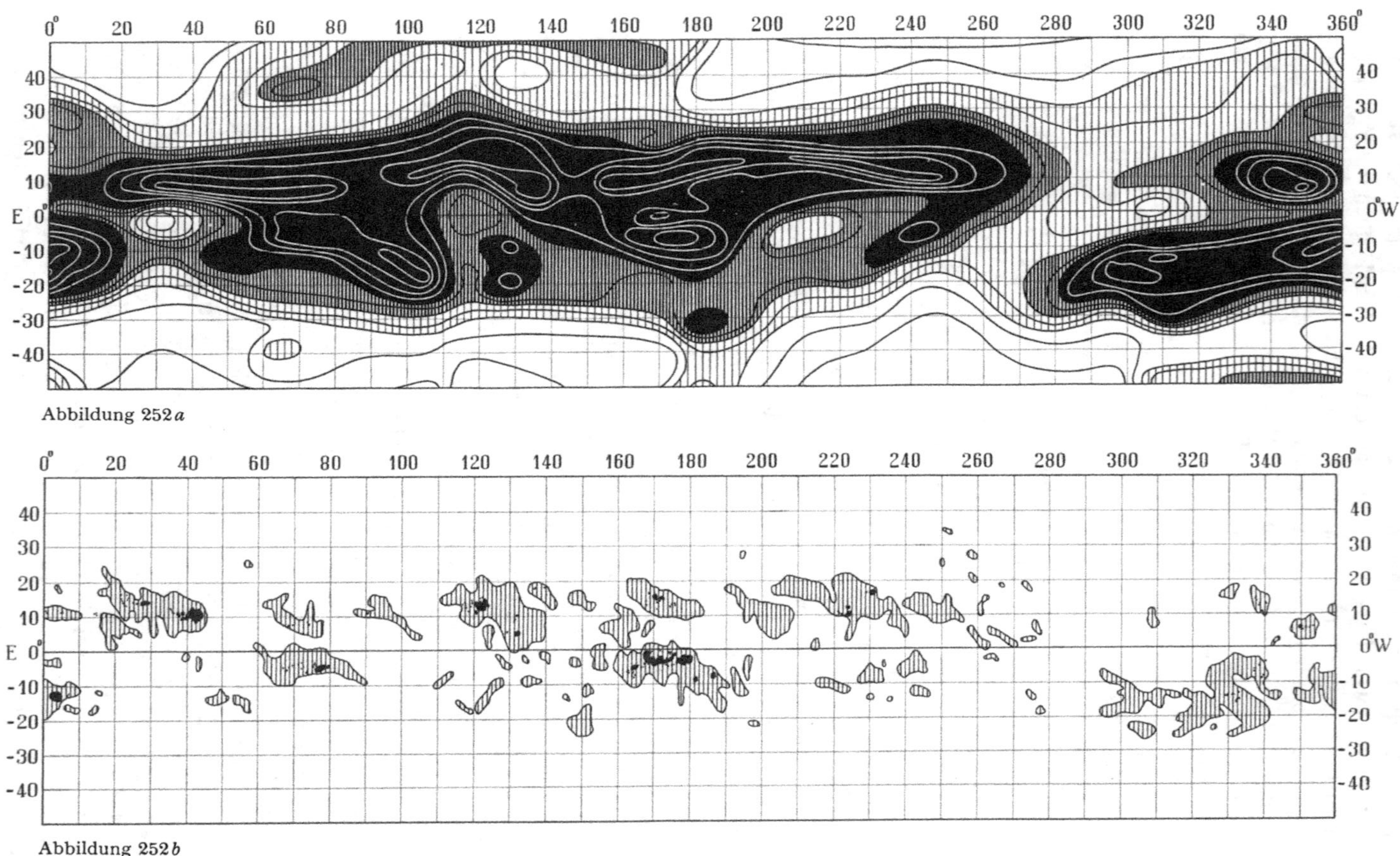

Abbildung 252a

Abbildung 252b

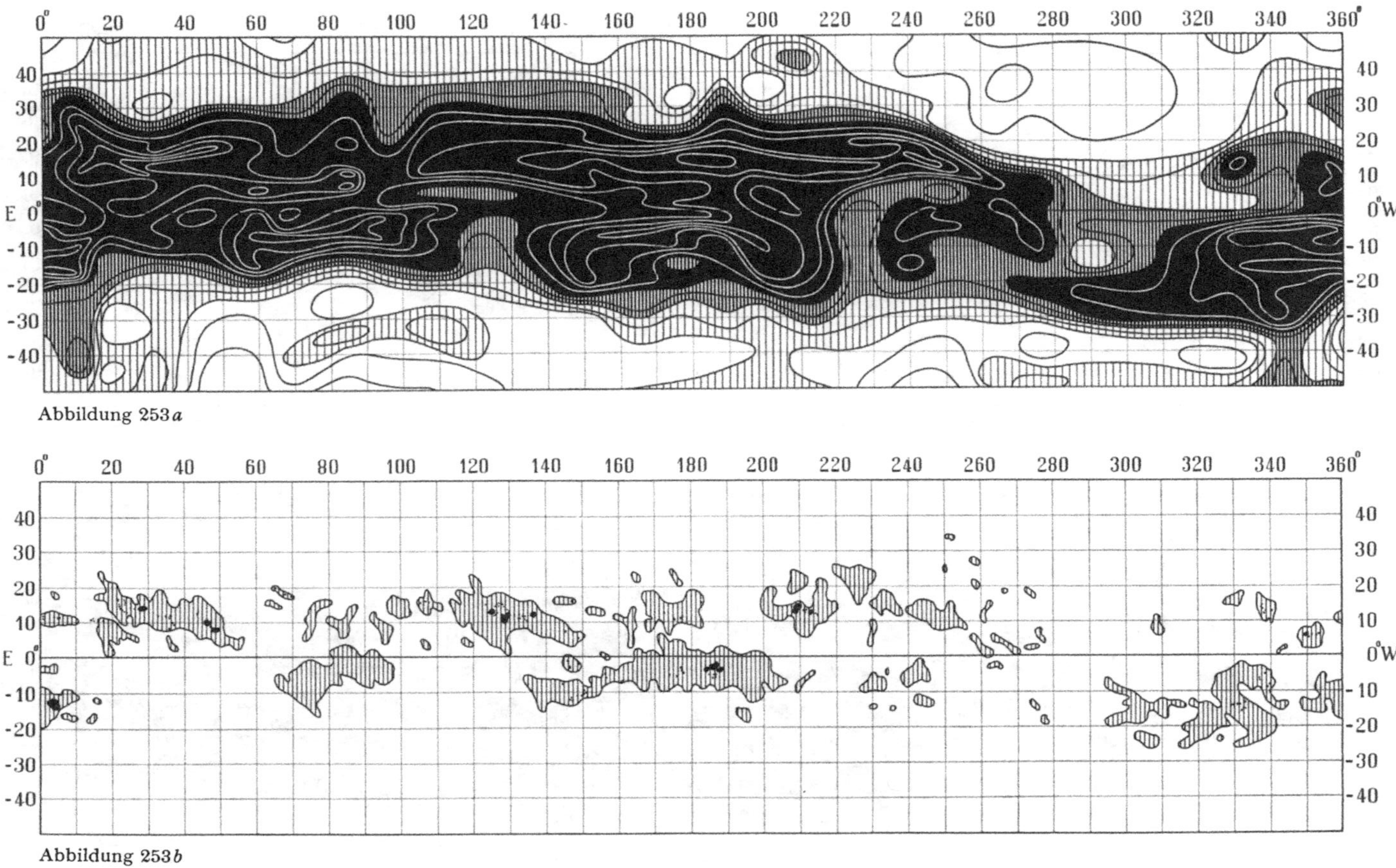

Abbildung 253a

Abbildung 253b

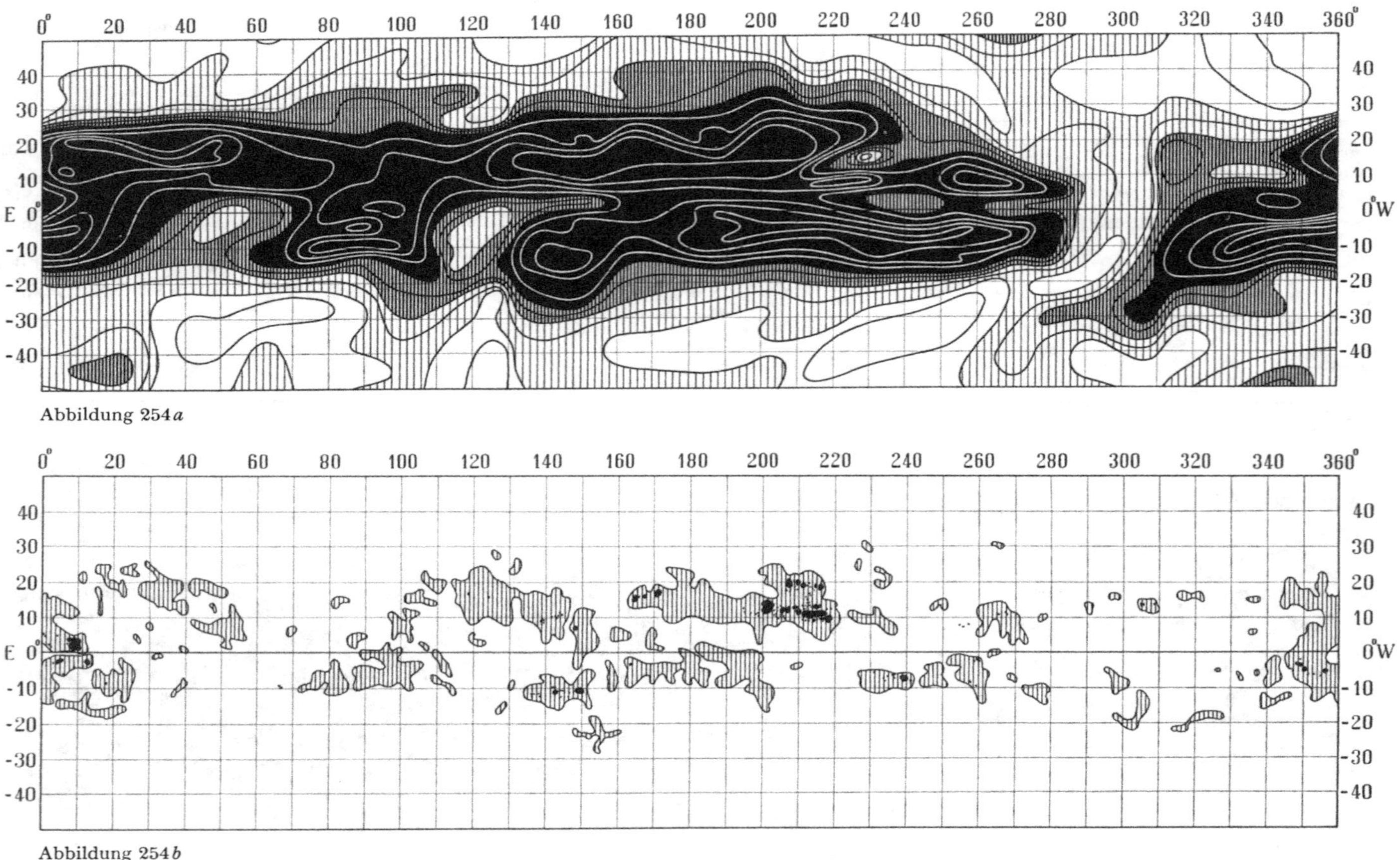

Abbildung 254a

Abbildung 254b

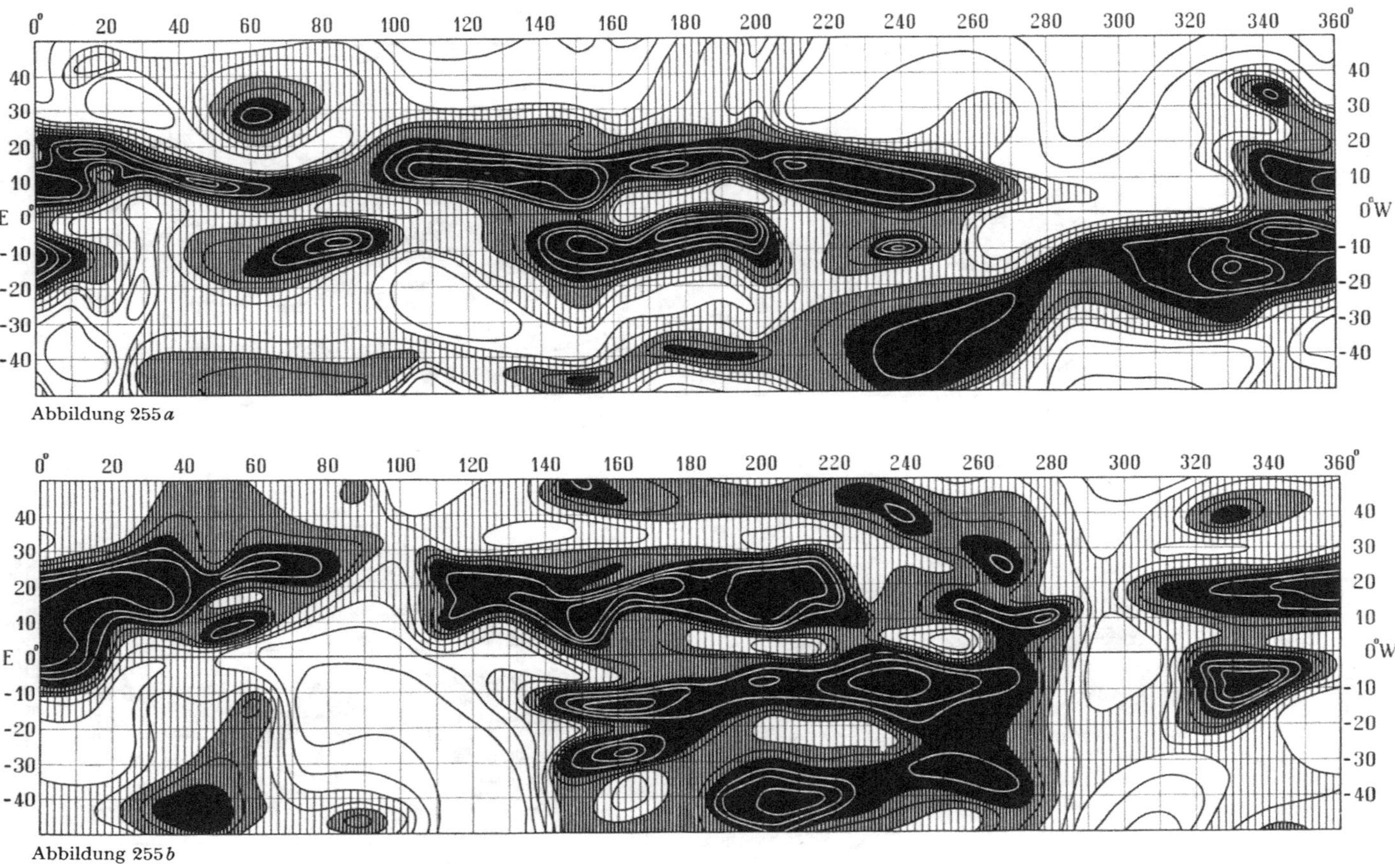

Abbildung 255 a

Abbildung 255 b

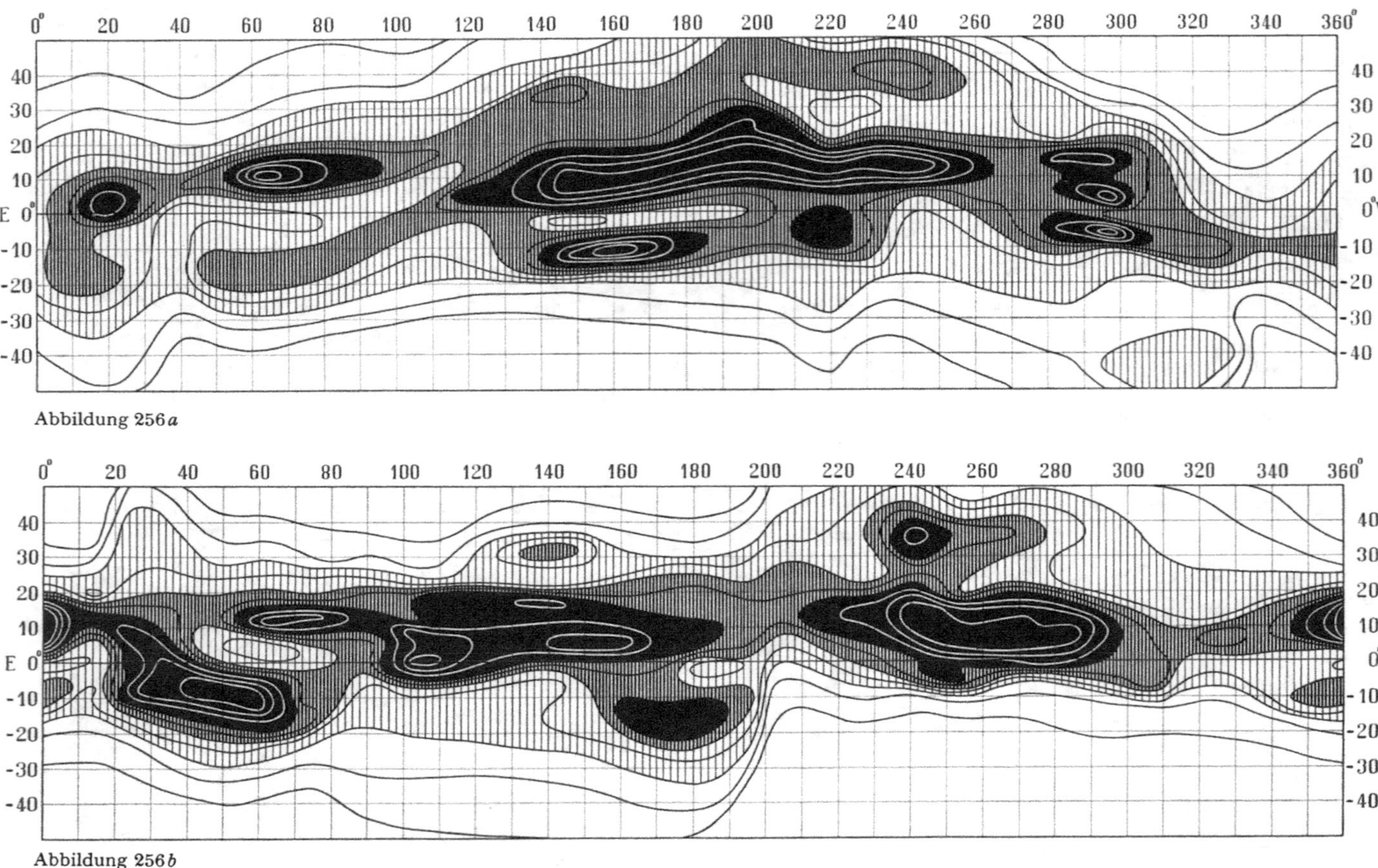

Abbildung 256a

Abbildung 256b

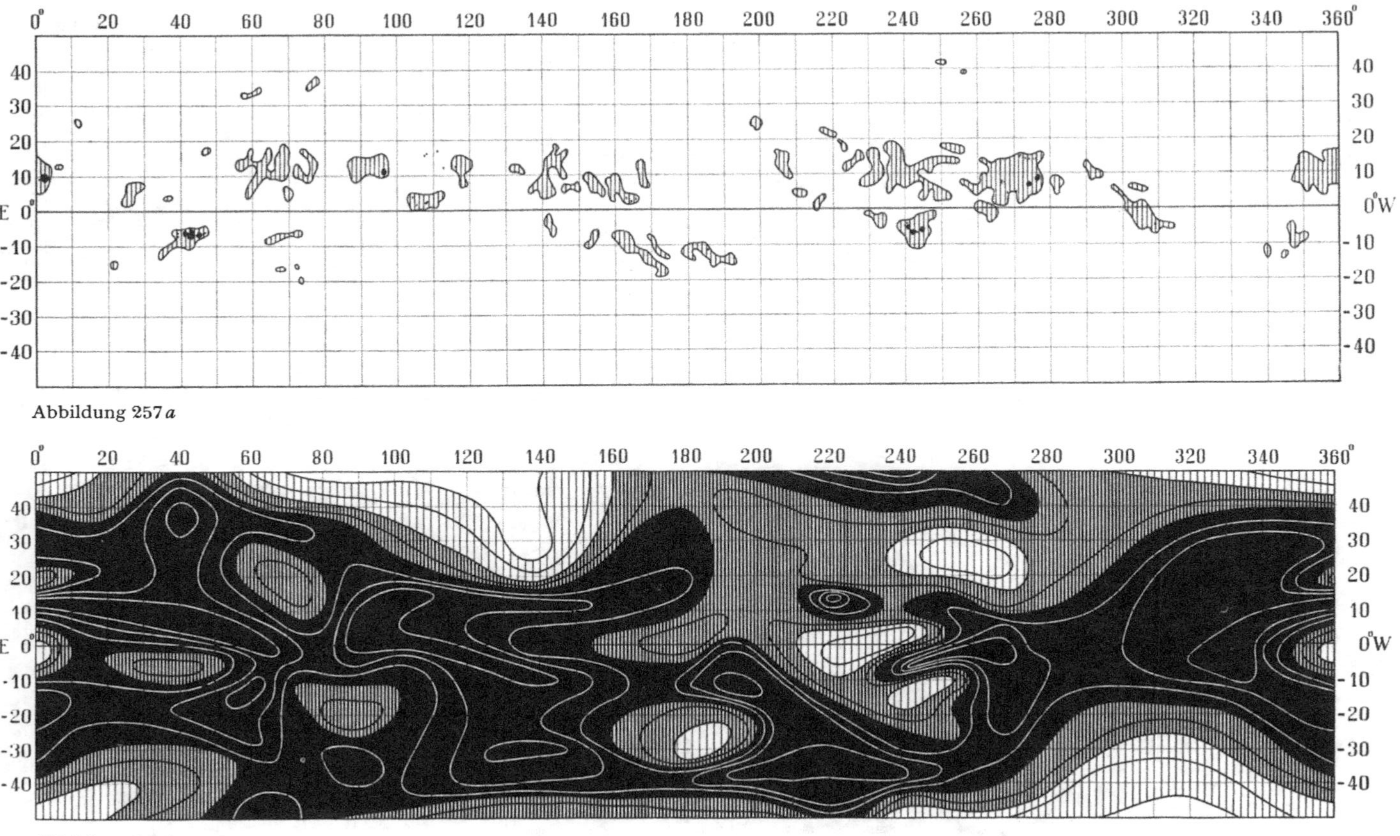

Abbildung 257 a

Abbildung 257 b

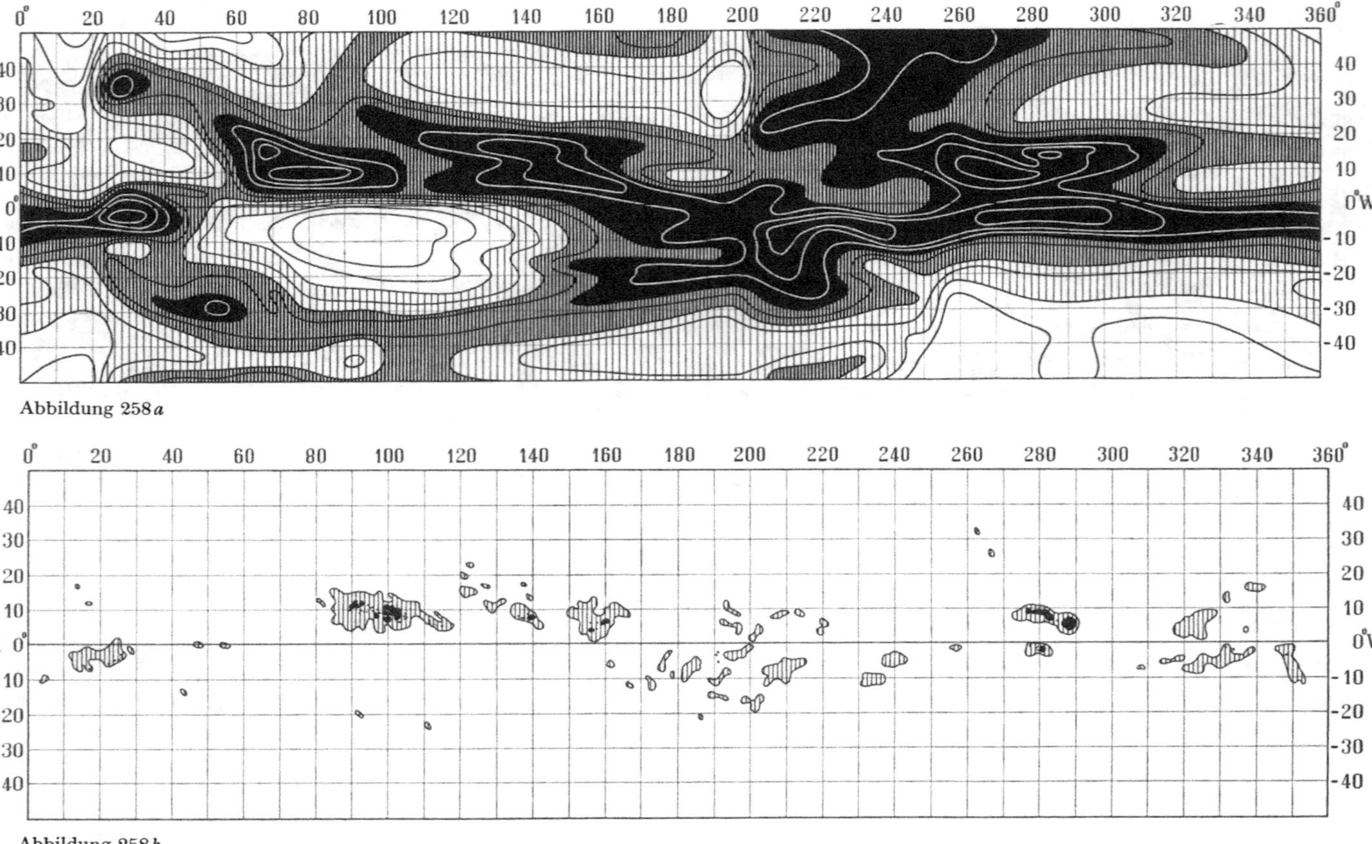

Abbildung 258a

Abbildung 258b

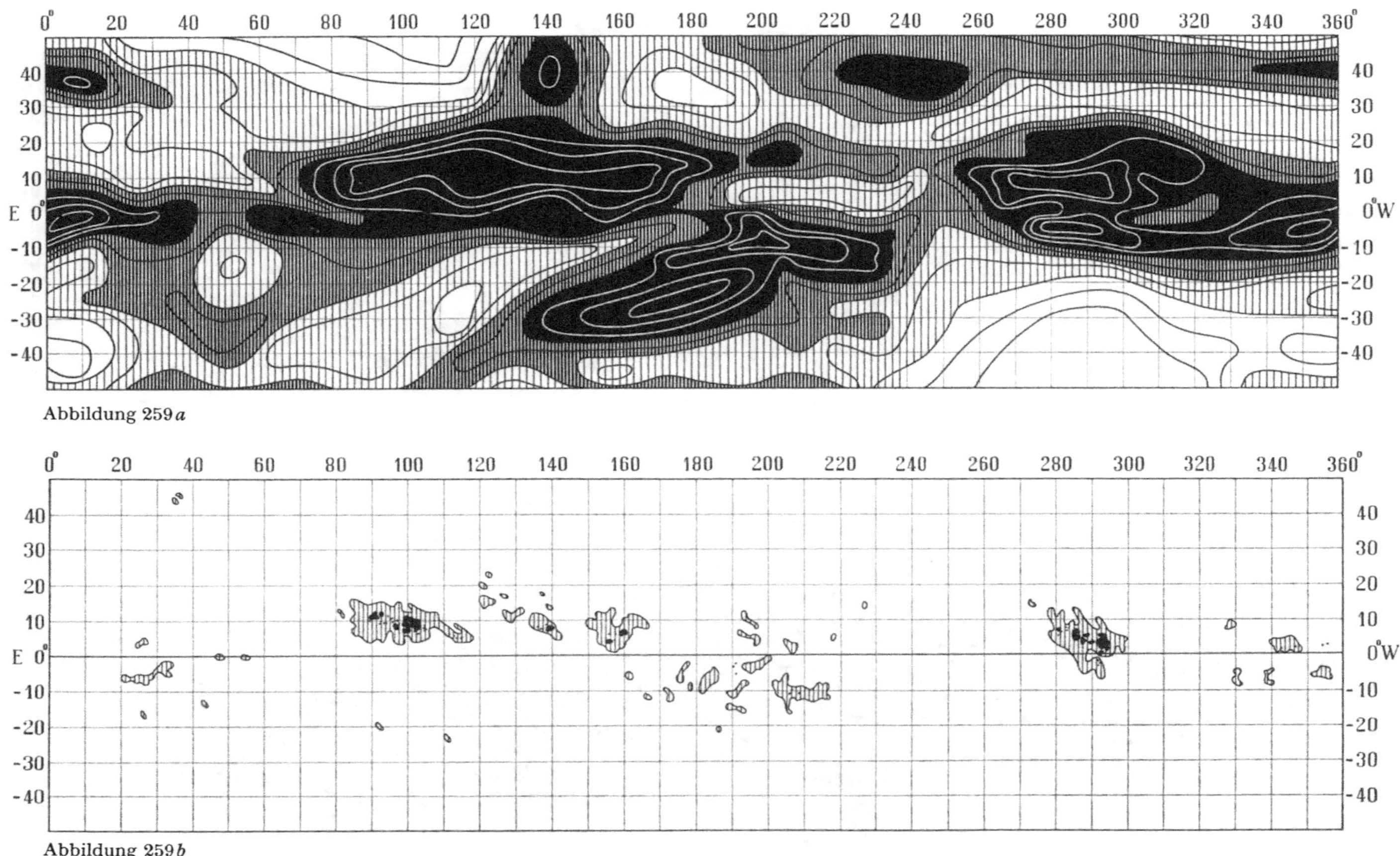

Abbildung 259a

Abbildung 259b

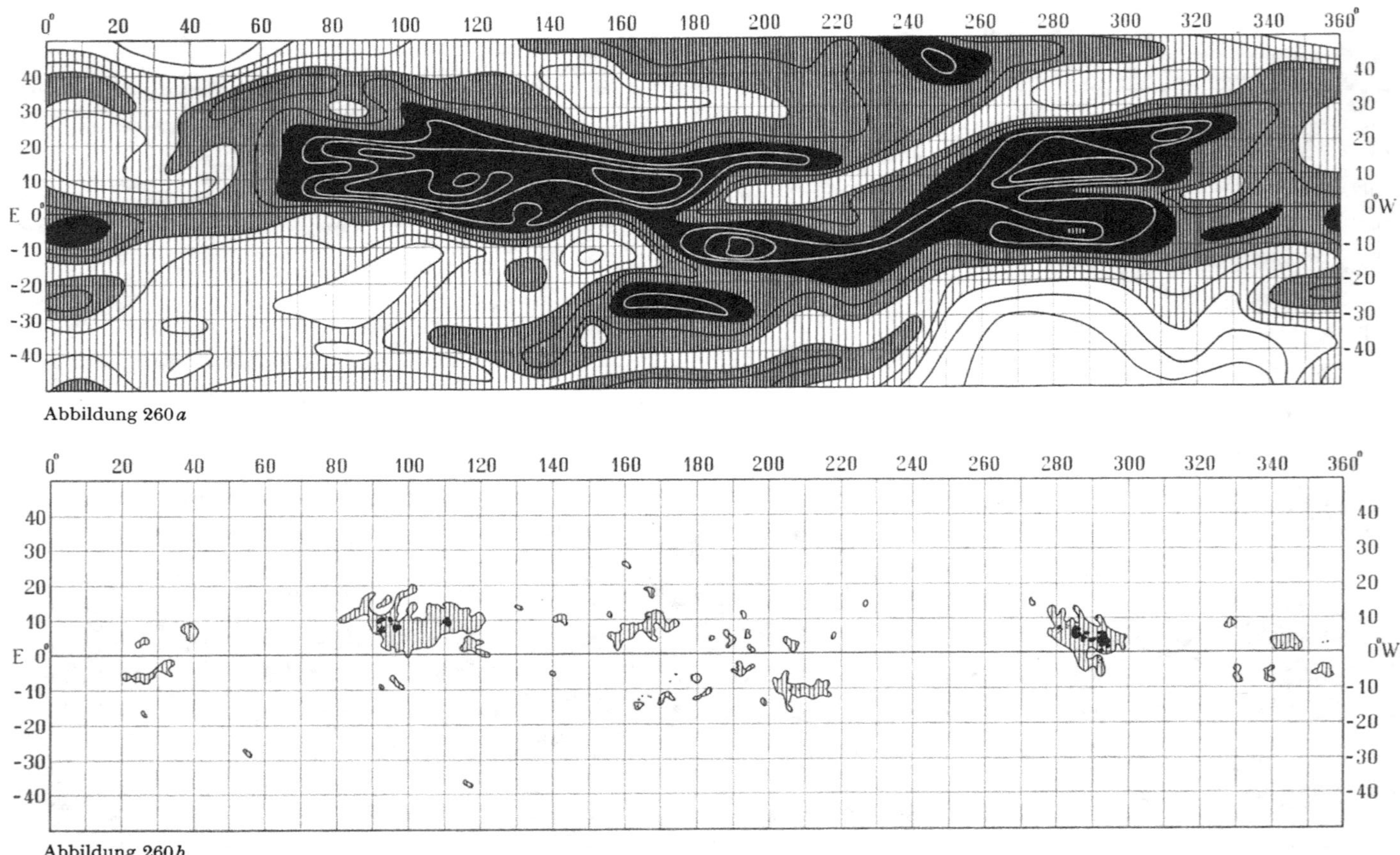

Abbildung 260a

Abbildung 260b

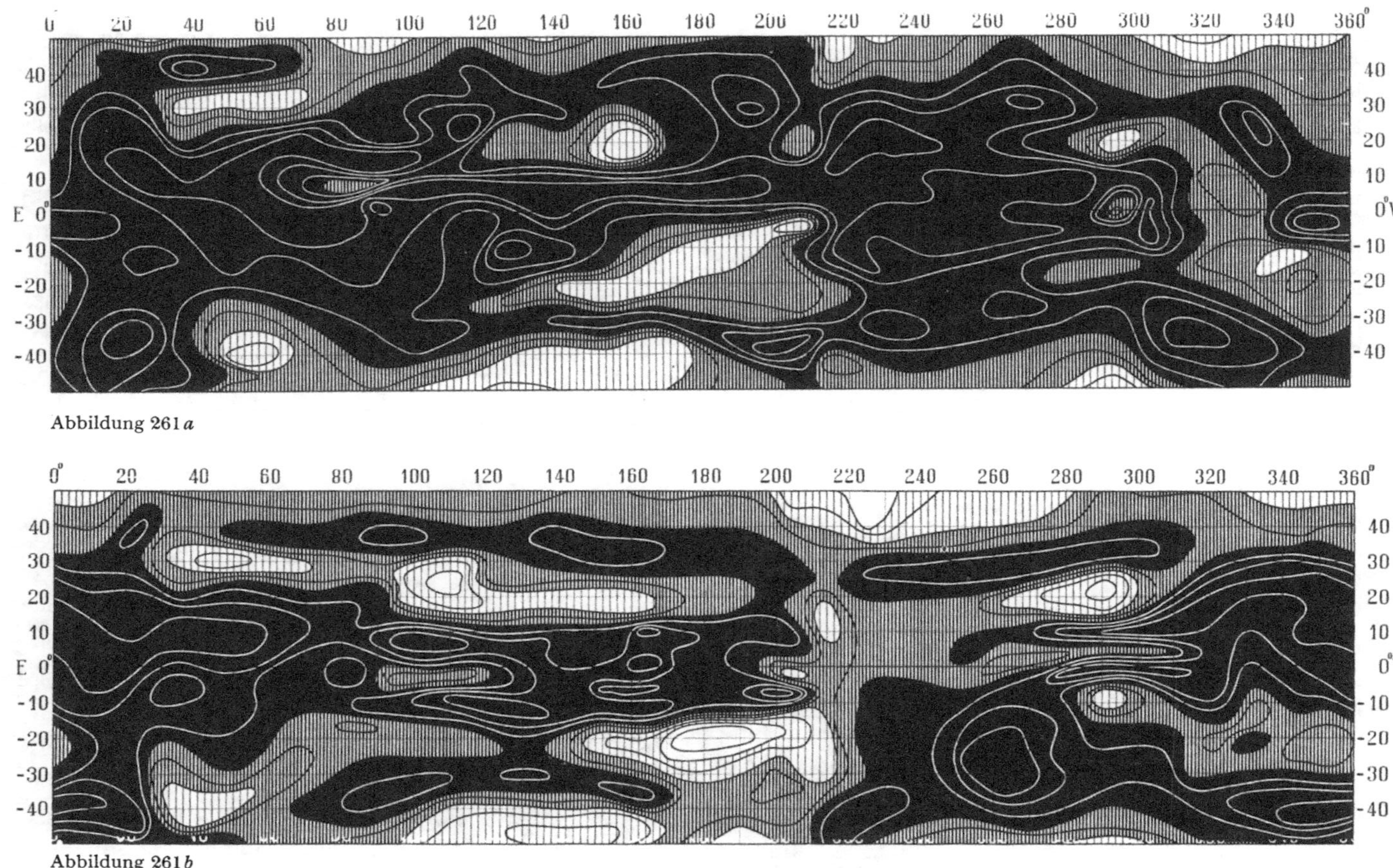

Abbildung 261*a*

Abbildung 261*b*

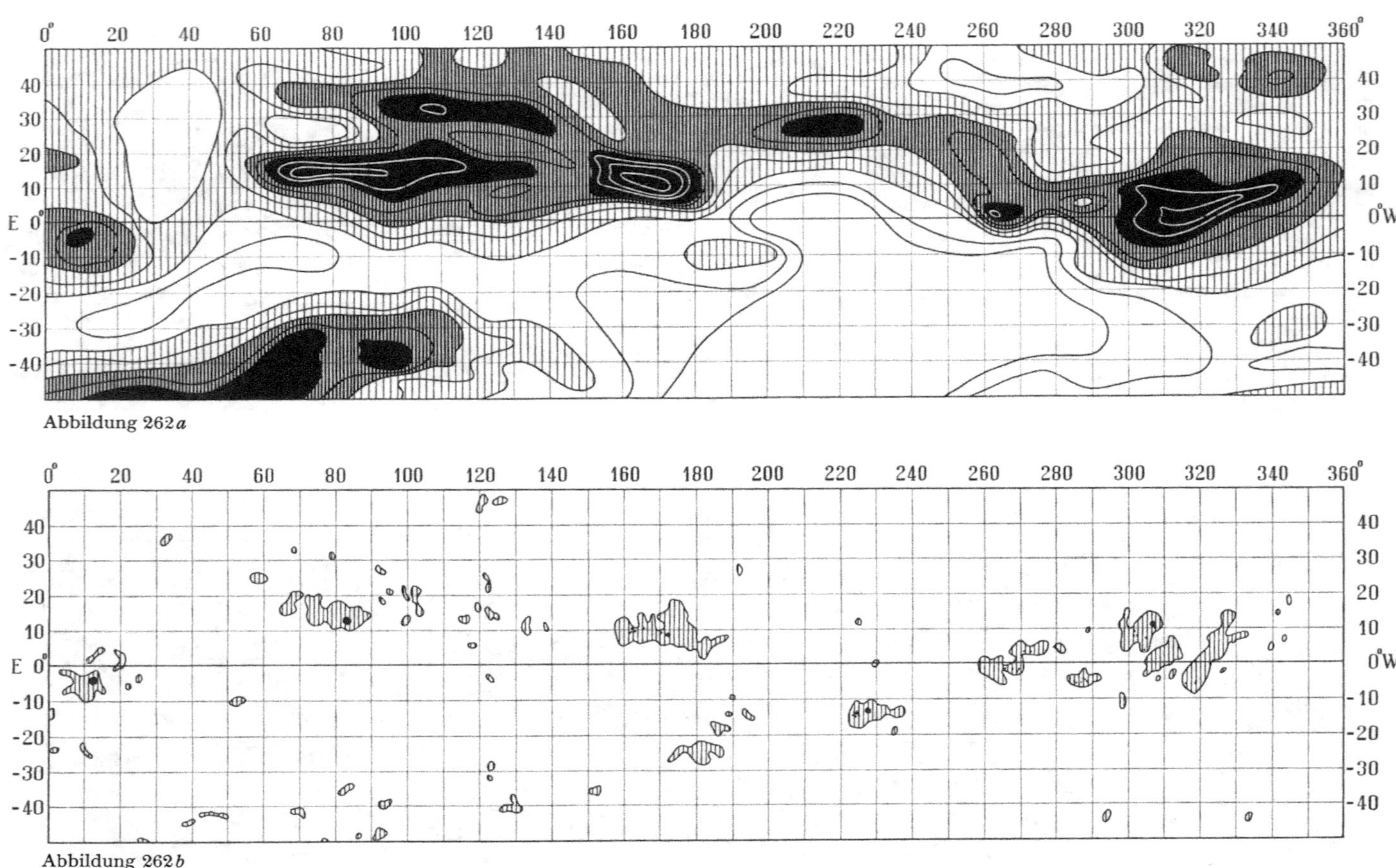

Abbildung 262a

Abbildung 262b

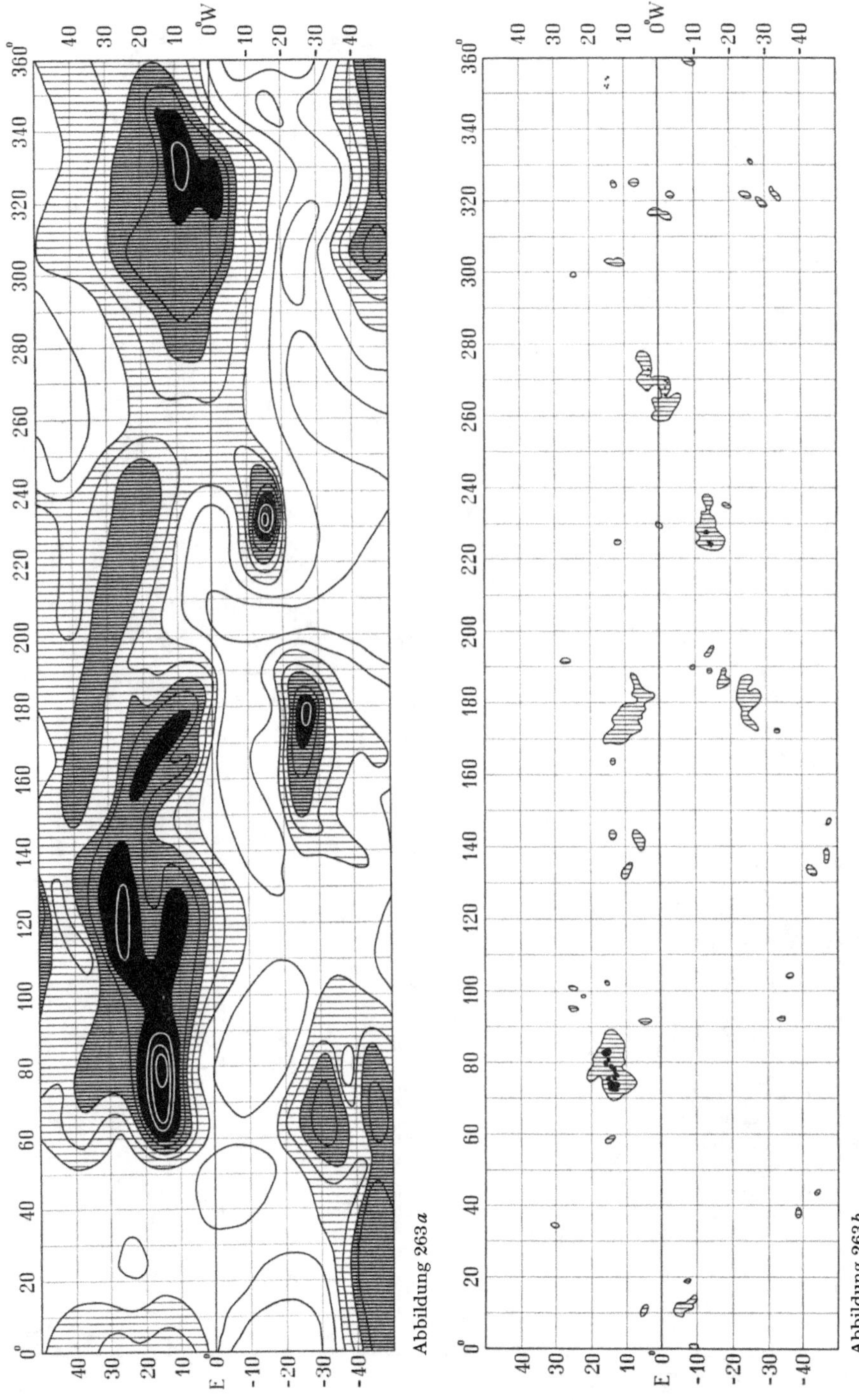

Abbildung 263a

Abbildung 263b

Waldmeier II/19

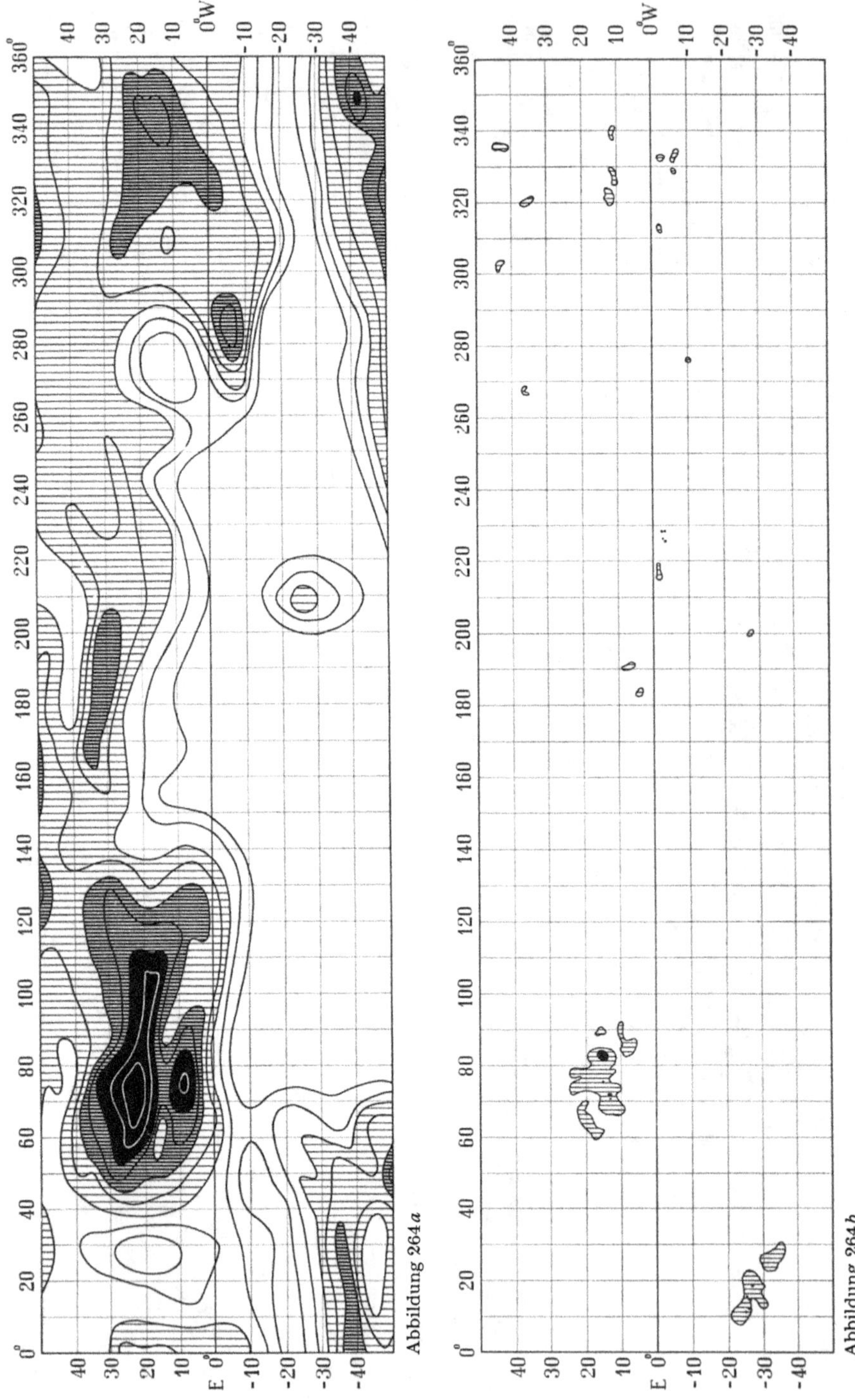

Abbildung 264a

Abbildung 264b

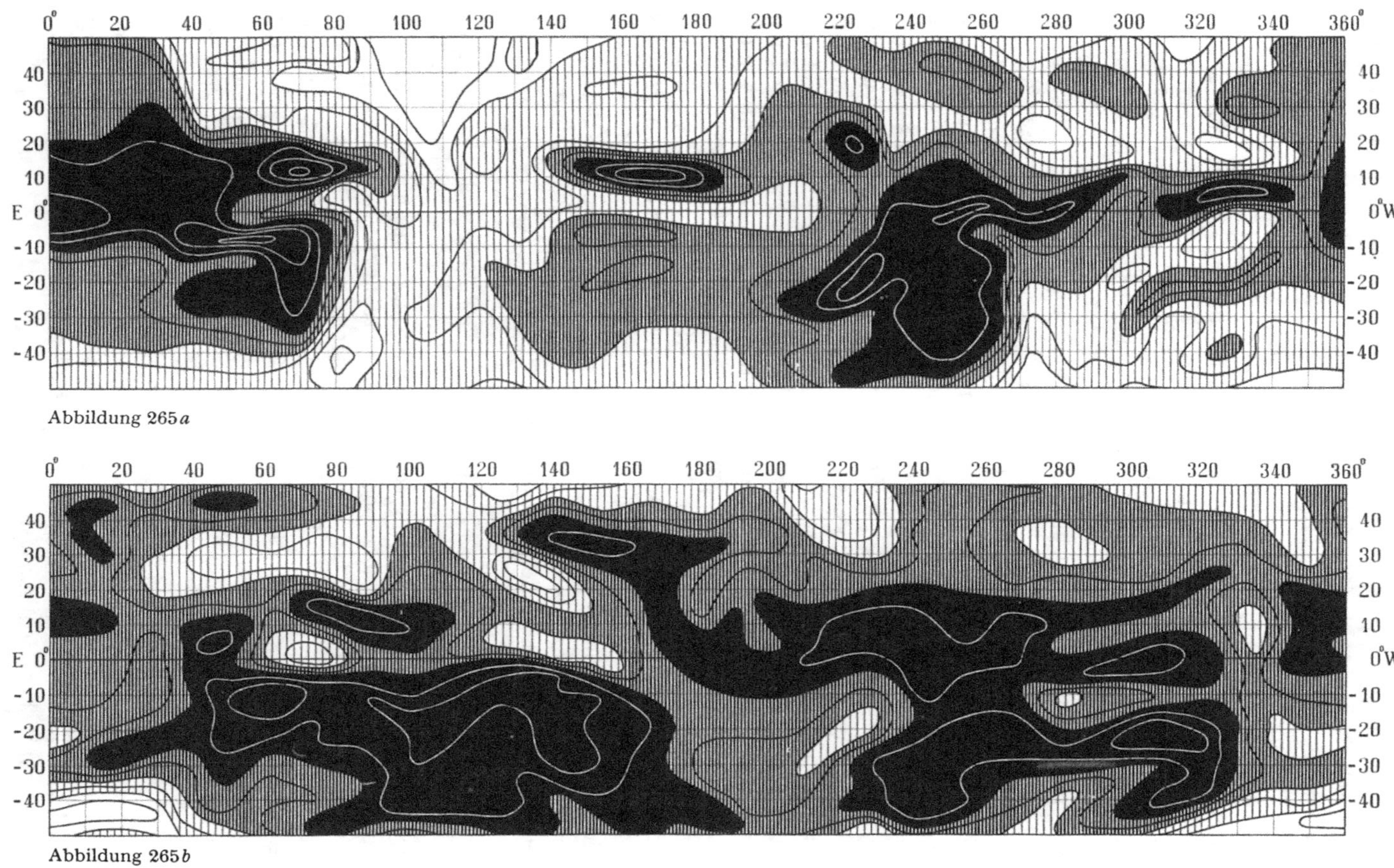

Abbildung 265a

Abbildung 265b

über die Fleckenzone hinaus und finden sich auch an Stellen, wo weder die Linie 5303 noch Fackeln auftreten. So finden sich häufig in 30° bis 50° Breite ebenso grosse oder sogar höhere 6374-Intensitäten als in der Fleckenzone. Bemerkenswert ist das «rote Filament», welches sich von $l = 70°$, $b = -50°$ über $l = 135°$, $b = -31°$ und $l = 220°$, $b = -35°$ nach $l = 260°$, $b = -30°$ erstreckt und welchem keinerlei Aktivität in der 5303- oder in der photosphärischen Karte entspricht. Auch das ausgedehnte helle 6374-Gebiet bei $l = 300°$ bis 340° und bei $b = -10°$ bis $+30°$ an einer photosphärisch ungestörten Stelle ist für die Zeit vor dem Fleckenminimum charakteristisch.

Im Frühjahr 1943 ist die Sonnenaktivität nochmals vorübergehend angestiegen, wobei zwei grosse und sehr aktive, auf der Sonne in Länge diametral gelegene Fleckengruppen aufgetreten sind. Innerhalb der Flecken- und Fackelzone, welche sich zu dieser Zeit auf $|b| < 20°$ beschränkt, schliessen sich die 5303-Emissionsgebiete (Abb. 258a) den Fackelgebieten (Abb. 258b) an. Ausserhalb derselben fällt aber die Intensität mit zunehmendem Äquatorabstand nicht schnell ab, sondern zeigt Ausläufer, sogar sekundäre Maxima bis über 50° Breite hinaus. Solche Gebiete in Form eines Strahles finden sich bei $l = 30°$, $b = 35°$, bei $l = 55°$, $b = -30°$, in Form eines Filamentes bei $l = 60°$ bis 160°, $b = -33°$ und besonders der intensive Ausläufer bei $l = 200°$ bis 340°, welcher sich von der alten Fleckenzone bis über 50° hinaus erstreckt. Auch hier hat man es zum Teil mit Vorläufern der neuen Fleckenzone zu tun, zum Teil mit Filamenten der polaren Akt vitätszone. Auffällig schwache Intensitäten in der Fleckenzone finden sich bei $l = 40°$ in der nördlichen sowie bei $l = 80°$ bis 110° in der südlichen Halbkugel, welche beide mit fackelfreien Gebieten zusammenfallen. Sowohl in den drei aufeinanderfolgenden Koronakarten (Abb. 258a bis 260a) wie in den zugehörigen photosphärischen Karten (Abb. 258b bis 260b) sind die Strukturänderungen im Grossen gering, während in den Details der Koronakarten sich starke Veränderungen zeigen durch Ausdehnung oder Schrumpfung der Emissionsgebiete sowie durch Zu- oder Abnahme der Intensität.

Die entsprechenden Karten der Linie 6374 (Abb. 261a und b) fallen durch die grosse Linienintensität auf, die noch in mittleren Breiten beobachtet wird. Zwar werden auch hier über den Flecken und Fackelgebieten hohe Intensitäten beobachtet; aber ebenso hohe oder noch grössere finden sich auch an von Flecken und Fackeln freien Gebieten der Hauptzone, ja sogar in Gebieten mittlerer Breite ausserhalb der Fleckenzone. Auch im Lichte der Linie 6374 ist auf den beiden aufeinanderfolgenden Karten die Großstruktur der Korona leicht wiedererkennbar, während im einzelnen die Veränderungen sehr stark sind. Es sei auf die Intensitätsminima bei $l = 50°$, $b = 30°$, bei $l = 160°$, $b = 20°$, bei $l = 290°$, $b = 20°$, bei $l = 50°$, $b = -40°$ und bei $l = 180°$, $b = -20°$ hingewiesen. Nur stellenweise sind die Emissionsgebiete der Fleckenzone mit denjenigen in mittlerer Breite verwachsen; meistens ist neben der Hauptzone eine deutlich von dieser getrennte Zone bei 30° bis 40° Breite zu beobachten, so auf Abbildung 261a fast durchgängig auf der südlichen und auf Abbildung 261b auf der nördlichen Hemisphäre.

Die Vergleichung zwischen den Karten 259a und 261a zeigt ausserhalb der Flecken- und Fackelherde, wo beide Linien intensiv sind, eine unverkennbare Komplementarität der beiden Karten, indem den Maxima der 6374-Intensität bei $l = 20°$, $b = 15°$, bei $l = 190°$, $b = 30°$, bei $l = 270°$, $b = 30°$, bei $l = 20°$, $b = -40°$, bei $l = 200°$, $b = -40°$ und bei $l = 310°$, $b = -35°$ Gebiete auffallend geringer 5303-Intensität entsprechen. Die Komplementarität, auch in dem Sinne, dass grossen 5303-Intensitäten (immer ausserhalb der Flecken- und Fackelherde) geringe 6374-Intensitäten entsprechen, kommt besonders schön in dem Gebiet $l = 120°$ bis $240°$ zum Ausdruck. Ähnliche Verhältnisse zeigen sich beim Vergleich zwischen den Abbildungen 260a und 261b. Den 6374-Maxima bei $l = 150°$, $b = 35°$, bei $l = 280°$, $b = 35°$, bei $l = 0°$, $b = -40°$, bei $l = 260°$, $b = -30°$ und bei $l = 350°$, $b = -40°$ entsprechen Minima der 5303-Intensität, während dem 5303-Maximum bei $l = 180°$, $b = -25°$ ein 6374-Minimum entspricht. Viel häufiger korrespondieren 6374-Maxima mit 5303-Minima als 6374-Minima mit 5303-Maxima. Diese Komplementarität trat schon zwischen Abbildung 255a und b in Erscheinung, sowie zwischen Abbildung 256b und 257b.

Die Karten 262 bis 265 vom Sommer/Herbst 1943 deuten durch ihre einfachen Strukturen auf das bevorstehende Minimum hin. Die Abbildungen 262a bis 264a zeigen die fortschreitende Entwicklung der grünen Korona von August bis Oktober 1943. Das intensive Gebiet bei $l = 80°$, $b = 15°$ bleibt durch alle drei Karten erhalten, während das ebenso intensive bei $l = 170°$, $b = 10°$ in der zweiten Karte schon stark reduziert und in der dritten überhaupt verschwunden ist. In gleicher Weise ist das Emissionsgebiet bei $l = 320°$, $b = 10°$ in langsamer Auflösung begriffen. Auch das Band, welches die Hauptaktivitätsgebiete bei $l = 80°$ und $l = 320°$ miteinander verbindet und bei $l = 220°$, $b = 27°$ seine grösste Intensität aufweist, verblasst allmählich. Auf der südlichen Halbkugel ist die Aktivität in der alten Hauptzone schon fast völlig erloschen; nur einige kurzlebige Emissionsgebiete treten auf in Zusammenhang mit Fleckengruppen, so auf Abbildung 262a bei $l = 10°$, $b = -5°$, auf Abbildung 263a bei $l = 170°$, $b = -25°$ sowie bei $l = 230°$, $b = -15°$ und auf Abbildung 264a bei $l = 280°$, $b = -5°$. Hingegen ist auf der südlichen Hemisphäre die neue Hauptzone bei $b = -40°$ bis $-50°$ schon kräftig entwickelt. Auf der ersten Karte reicht sie von $l = 340°$ bis $l = 130°$, auf der zweiten von $l = 290°$ bis $100°$ und auf der dritten von $l = 240°$ bis $l = 70°$. Diese Verschiebung ist zur Hauptsache eine Wirkung der differentiellen Rotation.

Mit der Abnahme der Zahl der Aktivitätszentren treten diese besser hervor und werden die Zusammenhänge mit der photosphärischen Aktivität klarer. Jedes der Fackelgebiete in Abbildung 262b macht sich in 262a durch ein koronales Emissionsgebiet bemerkbar, mit Ausnahme derjenigen bei $l = 180°$, $b = -25°$ und bei $l = 230°$, $b = -15°$. Diese beiden Gebiete sind aber erst auf der sichtbaren Hemisphäre entstanden, während sich die entsprechenden Koronabeobachtungen auf den Ostrand der Sonne beziehen. Die vermissten Emissionsgebiete erscheinen aber prompt in der folgenden Koronakarte, Abbildung 263a. Dies zeigt erneut, dass die grünen Emissionsgebiete der Korona erst mit den Flecken und Fackeln entstehen. Weitere Beispiele für die konforme Entwicklung von photosphärischen Störungen und koronalen Emissionsgebieten sind: die in Abbildung 262a kräftigen Emissionsgebiete bei $l = 170°$, $b = 10°$ und bei $l = 310°$, $b = 5°$ verblassen, weil auch die photosphärischen Störungen an diesen Stellen sich auflösen. Das ebenso kräftige Emissionsgebiet bei $l = 80°$, $b = 15°$ dagegen bleibt erhalten, weil auch die starke Fleckentätigkeit an diesem Ort weiterbesteht (Abb. 264b). Es ist eine häufige Erscheinung, dass die Koronaintensität zu beiden Seiten einer Fleckengruppe, besonders nach höherer Breite Maxima aufweist, dass sich aber über dem Fleck selber ein Minimum zeigt[1]. Ein schönes Beispiel dafür ist Abbildung 264a, in welcher über dem Fleck bei $l = 75°$, $b = 15°$ das Koronabild eine Einsattelung zeigt.

Die rote Koronakarte, Abbildung 265a, zeigt wiederum nur schwache Anlehnung an die entsprechenden Karten der grünen Korona 262a und der Photosphäre 262b. Zwar findet sich auch hier an den Stellen der beiden ausgedehntesten Fleckenherde, bei $l = 70°$, $b = 11°$ und bei $l = 170°$, $b = 10°$, je ein Maximum der Emission, bezeichnenderweise aber treten auch ausgedehnte Emissionsgebiete bei $l = 60°$, $b = -10°$ und bei $l = 250°$, $b = -20°$ auf, wo die grüne Koronalinie fast oder ganz fehlt. Dieser, man könnte sagen (sofern man die Verhältnisse über den Fleckengruppen ausser Betracht lässt) negative Zusammenhang zwischen den grünen und roten Emissionsgebieten kommt in den zusammengehörigen Karten 264a und 265b noch klarer zum Ausdruck. Die beiden Karten sind weitgehend komplementär. Die südliche Hemisphäre leuchtet in der grünen Linie allgemein sehr schwach, die rote stark. Wo aber noch grüne Emissionsgebiete vorhanden sind, wie bei $l = 20°$, $b = -40°$, bei $l = 210°$, $b = -25°$ und bei $l = 350°$, $b = -40°$, erscheint die rote Emission geschwächt. Auch die nördliche Hemisphäre zeigt diese Komplementarität, abgesehen von dem Fleckenherd bei $l = 80°$, $b = 12°$, wo beide Linien verstärkt erscheinen. Über den Fleckengruppen ist die Elektronendichte erhöht, wodurch alle Koronalinien verstärkt werden, in den übrigen Gebieten aber wird die Koronastruktur durch die Temperaturvariationen bedingt. Mit zunehmender Temperatur steigt die grüne Emission und die rote sinkt und umgekehrt für fallende Temperatur. Dies erklärt die Komplementarität der roten und der grünen Korona und lässt zugleich die grünen Emissionsgebiete als die heissen, die roten als die kühleren erscheinen.

2. Die Minimumsperiode 1944 bis 1945

Instruktiv ist Abbildung 266a, welche eine grüne Koronakarte zur Zeit des Fleckenminimums zeigt. Wie die drei beigegebenen photosphärischen Karten, von denen Abbildung 267b, Ph_0, gleichzeitig mit der koronalen Karte beobachtet worden ist, Abbildung 267a, Ph_{-1}, eine und Abbildung 266b, Ph_{-2}, zwei Rotationen vorher, zeigen, war die Fleckentätigkeit keineswegs sehr klein, indem der neue Aktivitätszyklus schon kräftig eingesetzt hat, ehe der alte er-

---

[1] M. WALDMEIER, Z. Astrophys. 27, 73 (1950).

loschen war, wodurch ein relativ hohes Minimum zustande kam. Die grösste koronale Intensität erscheint in der südlichen Hemisphäre in Form eines geradezu klassischen koronalen Filamentes von $l = 100°$ bis $160°$ und von $b = -20°$ bis $-50°$. Die Ph_0-Karte zeigt an derselben Stelle ein stark entwickeltes Fackelfeld, welches auf eine grosse, in der Ph_{-1}-Karte aufgetretene Fleckengruppe bei $l = 130°$, $b = -22°$ zurückzuführen ist. Das koronale Filament zeigt eine starke Achsenneigung, indem das vorangehende Ende in tieferer Breite liegt als das nachfolgende. Auch die hier zutage tretende Erscheinung, dass das Filament in $5°$ bis $10°$ höherer Breite liegt als das Fackelfeld, ist charakteristisch. Während die erwähnte Fleckengruppe dem neuen Zyklus angehört, sind alle übrigen in den Karten Ph_{-2}, Ph_{-1}, Ph_0 enthaltenen Fleckengruppen solche des alten Zyklus. Die zweitgrösste Koronaintensität findet sich bei $l = 340°$, $b = 8°$ und hängt mit Fleckengruppen zusammen, welche in Ph_0 bei $l = 335°$, $b = 8°$ und in Ph_{-2} bei $l = 350°$, $b = 6°$ aufgetreten sind, während von der Gruppe bei $l = 332°$, $b = -5°$ in Ph_{-1} zur Zeit der Koronabeobachtung nicht einmal mehr Fackeln übriggeblieben sind. Ein weiteres koronales Emissionsgebiet liegt bei $l = 80°$, $b = 15°$, welches auf eine grosse Fleckengruppe an eben dieser Stelle in Ph_{-2} zurückzuführen ist. In Ph_{-1} sind nur noch kleinste Flecken und ein bereits zerfallendes Fackelfeld vorhanden, dessen Auflösung in Ph_0 weiter fortgeschritten ist. Ein drittes äquatornahes Emissionsgebiet liegt bei $l = 20°$, $b = 0°$, das mit einem kleinen Fackelfeld in Ph_0 zusammenfällt. Die in Ph_{-2} und Ph_{-1} aufgetretenen, aber in Ph_0 bereits samt Fackeln wieder verschwundenen Fleckengruppen bei $l = 220°$, $b = -8°$, bei $l = 250°$, $b = -9°$, bei $l = 280°$, $b = -6°$ und bei $l = 235°$, $b = 7°$ haben auch in der Korona keine Spuren zurückgelassen, so dass diese Beispiele erneut zeigen, dass die grünen Emissionsgebiete mit den Fackeln wieder verschwinden.

Auf der nördlichen Halbkugel sind bereits ausgedehnte Vorläufer der neuen Hauptzone zwischen $b = 30°$ und $50°$ aufgetreten, nämlich von $l = 340°$ bis $80°$ und bei $l = 120°$, nebst einem schwachen, von $l = 150°$ bis $220°$ reichenden Band. Bezeichnend ist, dass auf den photosphärischen Karten Ph_{-2} und Ph_{-1} gerade an denselben Stellen einige zerstreute Fackelfelder oberhalb $b = 30°$ auftreten, nämlich bei $l = 30°$ bis $60°$ und bei $l = 120°$.

Die grüne Koronakarte $268a$ vom September 1944 zeigt nochmals minimumsnahe Verhältnisse. Die zugehörige photosphärische Karte Ph_0 (Abb. $269a$) zeigt auf der nördlichen Halbkugel praktisch keine Aktivität (abgesehen von der grossen Fleckengruppe bei $l = 335°$, $b = 22°$, die aber erst in der Nähe des Zentralmeridians, also rund sieben Tage nach der Koronabeobachtung am Ostrand entstanden ist), und dementsprechend ist diese Hemisphäre auch frei von Linienemission bis auf ein kleines Gebiet bei $l = 160°$ bis $170°$, $b = 10°$. An dieser Stelle zeigt die Karte Ph_{-1} (Abb. $268b$) ein ausgedehntes Fackelfeld mit Fleckengruppe, von welchem in Ph_0 nur noch geringfügige Spuren vorhanden sind. Die Fleckengruppe bei $l = 275°$, $b = 41°$ in Ph_{-1} ist in Ph_0 samt ihrem Fackelherd wieder verschwunden, und damit fehlt auch die koronale Emission. Diese drei Fälle zeigen erneut, dass das Emissionsgebiet der Korona erst mit den Fackeln entsteht und mit diesen wieder verschwindet.

Die südliche Hemisphäre zeigt den kräftigen Einsatz des neuen Zyklus. Das schöne koronale Filament bei $l = 20°$ bis $70°$, $b = -25°$ geht auf die Fleckengruppe bei $l = 50°$, $b = -22°$ in Ph_0 zurück, zum Teil auch auf die Fleckengruppen bei $l = 40°$, $b = -29°$, bei $l = 50°$, $b = -21°$ und bei $l = 65°$, $b = -30°$ auf Ph_{-1}. Das Gebiet von $l = 80°$ bis $150°$ ist linienfrei, und es treten in demselben auch keine photosphärischen Störungen auf. Bei $l = 115°$, $b = -35°$ ist noch eine sehr schwache Linienemission von der Fleckengruppe bei $l = 115°$, $b = -25°$ auf Ph_{-1} zurückgeblieben, obschon in Ph_0 das entsprechende Fackelgebiet bereits wieder verschwunden ist. Die neu entstandene Fleckengruppe bei $l = 165°$, $b = -24°$ erzeugt in der Korona das kräftige Emissionsgebiet an derselben Stelle. Die in der photosphärischen Karte Ph_{-1} bei $l = 190°$, $b = -3°$, bei $l = 215°$, $b = -8°$ und bei $l = 265°$, $b = -10°$ aufgetretenen Gruppen sind in Ph_0 samt ihren Fackelgebieten verschwunden, und diese Stellen zeigen dementsprechend auch keine Emissionsgebiete. Hingegen ist an der Stelle der Fleckengruppe $l = 307°$, $b = -26°$ in Ph_{-1} noch ein beachtliches Emissionsgebiet verblieben, obgleich Flecken und Fackeln in Ph_0 fast aufgelöst sind. Der Tätigkeitsherd auf Ph_0 bei $l = 335°$, $b = -25°$ ist wie derjenige auf der nördlichen Hemisphäre bei $b = 22°$ in derselben heliographischen Länge erst in der Zentralzone entstanden und macht sich deshalb bei der acht Tage früher erfolgten Koronabeobachtung am Ostrand nicht bemerkbar. Weniger leicht zu verstehen, jedenfalls auf den ersten Blick, ist das Emissionsgebiet bei $l = 245°$, $b = -31°$, denn die Ph_0-Karte zeigt nur ein kleines Fackelgebiet bei $l = 240°$, $b = -36°$ und die Ph_{-1}-Karte überhaupt keine Störung. Es ist beachtenswert, dass jenes Fackelgebiet nur am Westrand beobachtet worden ist, was darauf hindeutet, dass dieser Tätigkeitsherd in der Nähe des Westrandes sich schnell und rasch entwickelt hat und mit ihm das koronale Emissionsgebiet. Diese Vermutung wird bestätigt durch die Beobachtung, dass eine halbe Rotation später bei $l = 240°$, $b = -31°$ am Ostrand ein alter Hoffleck erschien, gefolgt von einem von $l = 218°$ bis $242°$ reichenden Fackelherd.

Die Ähnlichkeit der Karte der roten Koronaemission (Abb. 269b) mit derjenigen der grünen und mit derjenigen der Photosphäre ist wiederum sehr schwach. Abgesehen von dem Emissionsgebiet bei $l = 20°$ bis $60°$, $b = -26°$, welches durch kräftige Fleckengruppen bedingt ist und in beiden Linien auftritt, sind die beiden Karten eher komplementär: die rote Emission ist auf der nördlichen Hemisphäre, die grüne auf der südlichen kräftiger; an der Stelle, wo ein grünes Band sich von $l = 240°$, $b = -45°$ über $l = 290°$, $b = -40°$ nach $l = 340°$, $b = -20°$ zieht, zeigt das rote Koronabild eine Rinne geringer Intensität.

Auch zu Beginn des Jahres 1945 zeigen sich bezüglich der Zuordnung von photosphärischen und koronalen Störungen noch sehr übersichtliche Verhältnisse. Der grünen Koronakarte vom Januar 1945 (Abb. 270a) sind die vorangehende photosphärische Karte Ph_{-1} (Abb. 270b) und die gleichzeitige Ph_0 (Abb. 271a) gegenübergestellt.

Auf der nördlichen Hemisphäre, auf welcher die Aktivität nun ebenfalls eingesetzt hat, erscheinen auf Ph_{-1} bei $l = 27°$ in der Nähe von $b = 30°$ zwei kleine Fleckengruppen, von denen in Ph_0 noch ein Fackelfeld bei $l = 20°$, $b = 34°$ und in der Korona ein ausgedehntes, aber schwaches Emissionsgebiet zurückgeblieben ist. Auch die kleine Fleckengruppe bei $l = 55°$, $b = 17°$ hat ihr koronales Emissionsgebiet. Bemerkenswert ist die Gruppe bei $l = 130°$, $b = 23°$ auf Ph_{-1}, die, obschon sie in Ph_0 praktisch verschwunden ist, bei $l = 90°$ bis $130°$ noch ein kräftiges Emissionsgebiet der Korona erzeugt. Auch an der Stelle des grossen Fackelherdes bei $l = 190°$ bis $220°$, $b = 27°$ auf Karte Ph_{-1} befindet sich eine kräftige koronale Emission. Diese beiden Fälle zeigen, dass sich die Störung in der Korona oft noch über das Verschwinden aller photosphärischen Störungen hinaus erhalten kann. Die verschiedenen, im Gebiet $l = 240°$ bis $260°$, $b = 20°$ bis $30°$ in Ph_{-1} und Ph_0 aufgetretenen Störungsherde erzeugen das charakteristisch geneigte Filament von $l = 220°$ bis $260°$, bei $b = 20°$ bis $30°$. Ein sekundäres Emissionsgebiet bei $l = 335°$, $b = 28°$ geht auf Flecken- und Fackelherde im Bereich $l = 325°$ bis $345°$, $b = 20°$ bis $35°$ zurück.

Die südliche Halbkugel zeigt zwei koronale Filamente bei $l = 20°$ bis $70°$, $b = -25°$ und bei $l = 300°$ bis $330°$, $b = -33°$, welche sowohl in Ph_0 wie auch in Ph_{-1} mit photosphärisch gestörten Gebieten zusammenfallen. Der Fleckenherd bei $l = 110°$, $b = -17°$ in Ph_{-1} ist wieder ein Beispiel dafür, dass mit dem Herd auch das Emissionsgebiet verschwindet. Auch mit der kleinen Fleckengruppe bei $l = 150°$, $b = -28°$ ist ein kleines Maximum der 5303-Intensität verbunden. Die kräftige Fleckengruppe bei $l = 215°$, $b = -8°$ macht sich deshalb im Koronalicht nicht bemerkbar, weil sie erst nach Überschreiten des Zentralmeridians entstanden, die Koronabeobachtung aber am Ostrand erfolgt ist. Die nächste Koronakarte (Abb. 272b), welche im Abstand eines Monates auf Abbildung 270a folgt, weist mit ihr grosse Ähnlichkeit auf, zeigt nun aber an der Stelle der eben erwähnten kräftigen Fleckengruppe ein intensives koronales Emissionsgebiet bei $l = 220°$ bis $230°$, $b = -7°$.

Wenn wir die drei gleichzeitigen Karten 271b, 272a und b, welche die rote Korona, die Photosphäre und die grüne Korona im Februar 1945 darstellen, betrachten, so fällt in der grünen Korona auf der Nordseite das mächtige Filament von $l = 200°$ bis $290°$ mit Schwerpunkt bei $l = 250°$, $b = 25°$ auf, welches mit einem ebenso ausgedehnten Flecken- und Fackelkomplex zusammenfällt, der bereits während drei Rotationen aktiv ist. Daneben ist noch das Filament aus der vorangehenden Rotation, deformiert und abgeschwächt, bei $l = 80°$ bis $140°$, $b = 40°$ bis $20°$ erkennbar. Die südliche Seite der grünen Korona (Abb. 272b) ist ein getreues Abbild der photosphärischen Störgebiete (Abb. 272a). Die lange Fackelkette von $l = 0°$ bis $80°$ liefert das koronale Filament in demselben Längenbereich mit einzelnen Intensitätsmaxima zwischen $b = -20°$ und $-30°$. Vier weitere Zentren grosser Linienintensität bei $l = 120°$, $b = -18°$, bei $l = 185°$, $b = -32°$, bei $l = 225°$, $b = -6°$ und bei $l = 270°$, $b = -33°$ sind unschwer mit den zugehörigen Flecken- und Fackelherden zu identifizieren.

Die Vergleichung der roten und der grünen Koronakarte zeigt wieder Beispiele der Komplementarität. So zeigt sich auf dem Gürtel kleiner oder verschwindender Intensität der grünen Linie, der sich von $l = 20°$, $b = 20°$ über

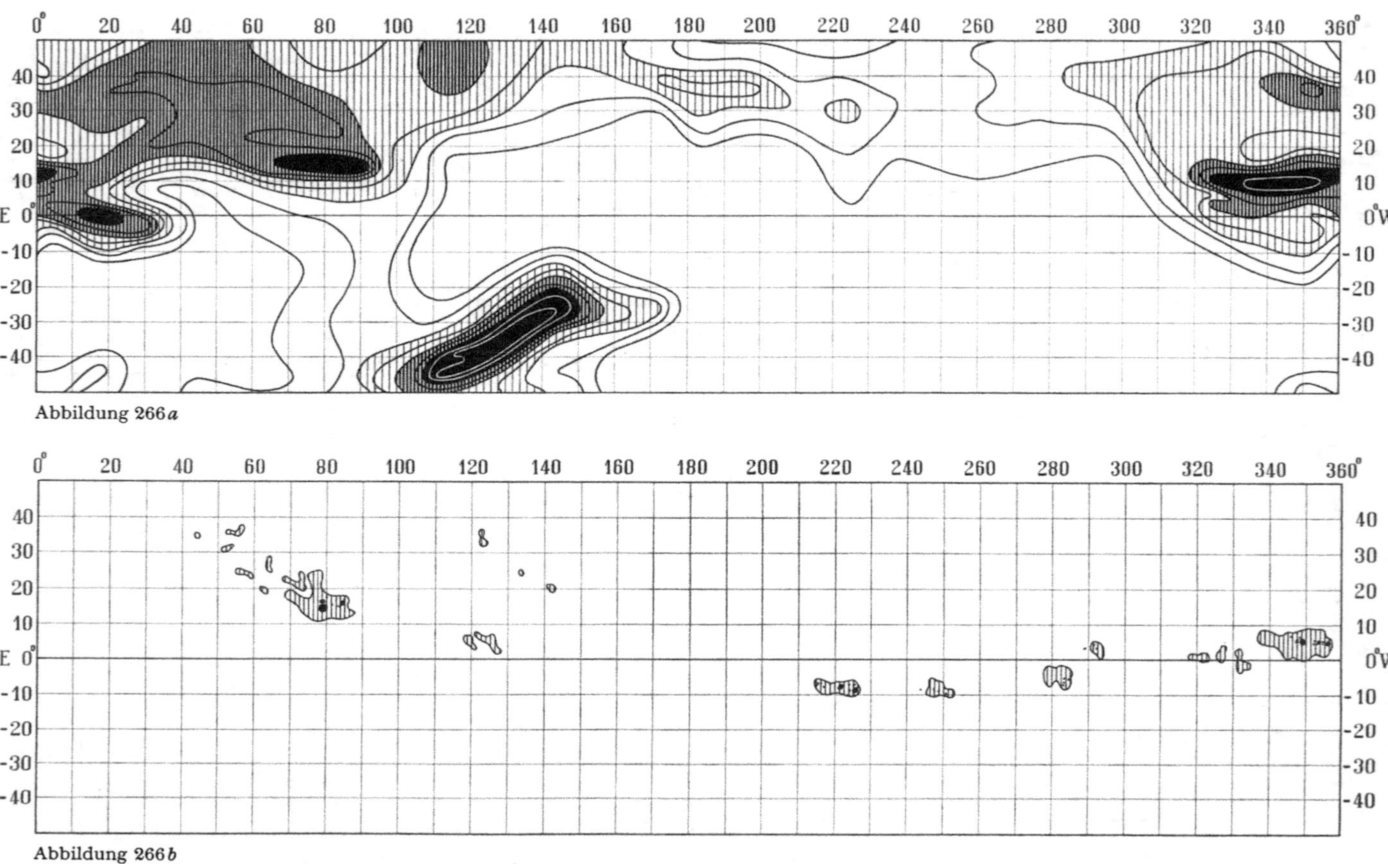

Abbildung 266a

Abbildung 266b

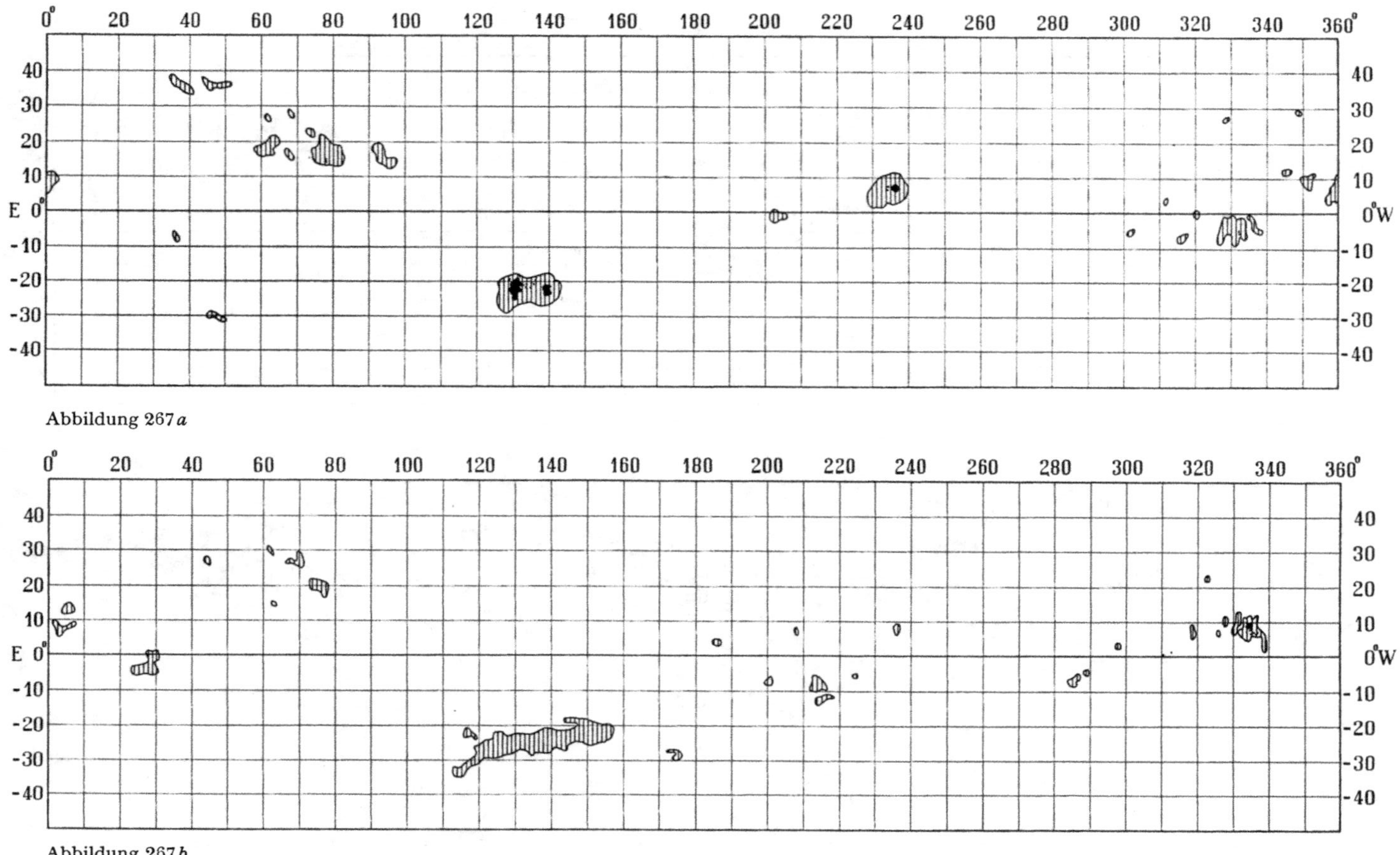

Abbildung 267a

Abbildung 267b

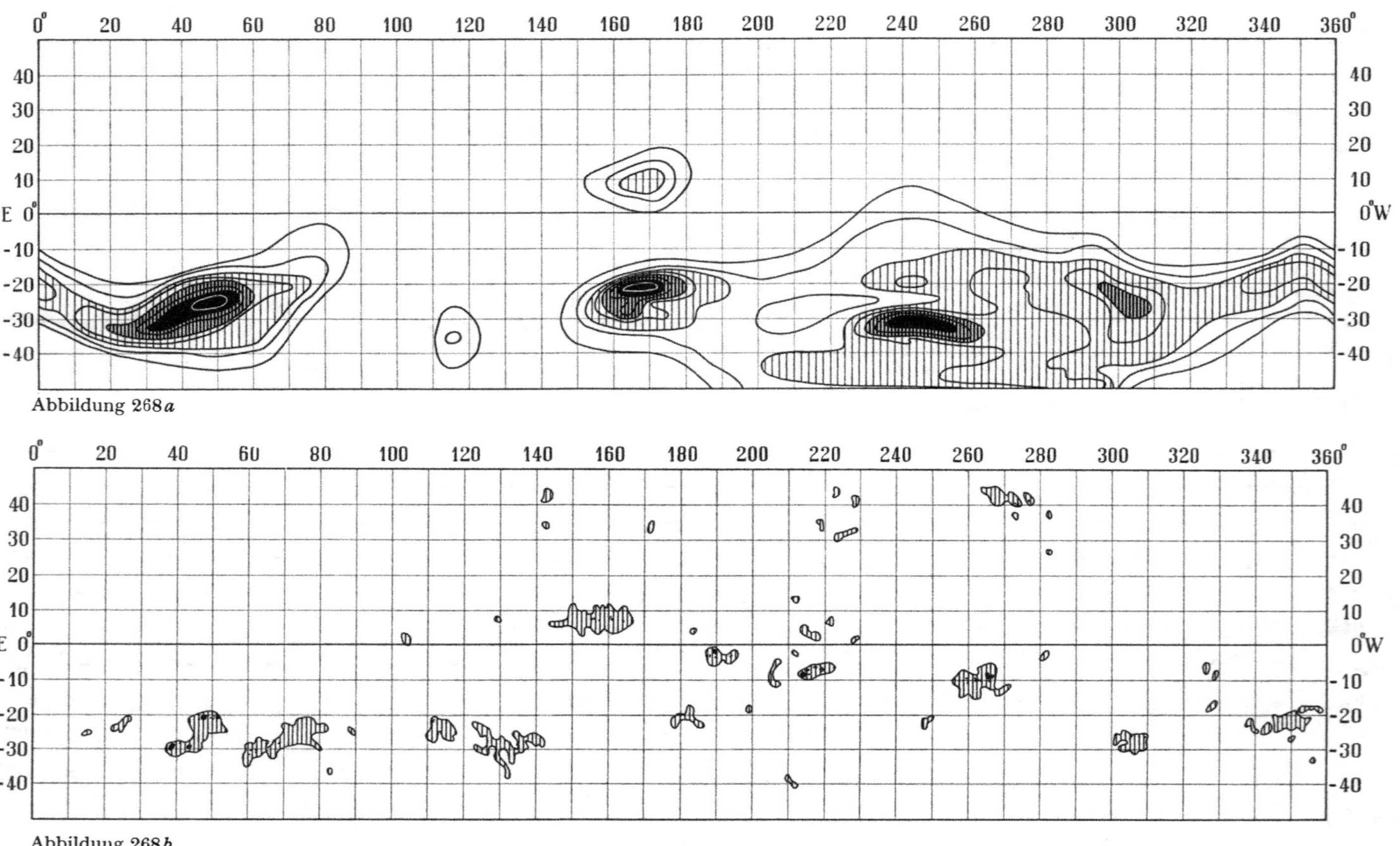

Abbildung 268a

Abbildung 268b

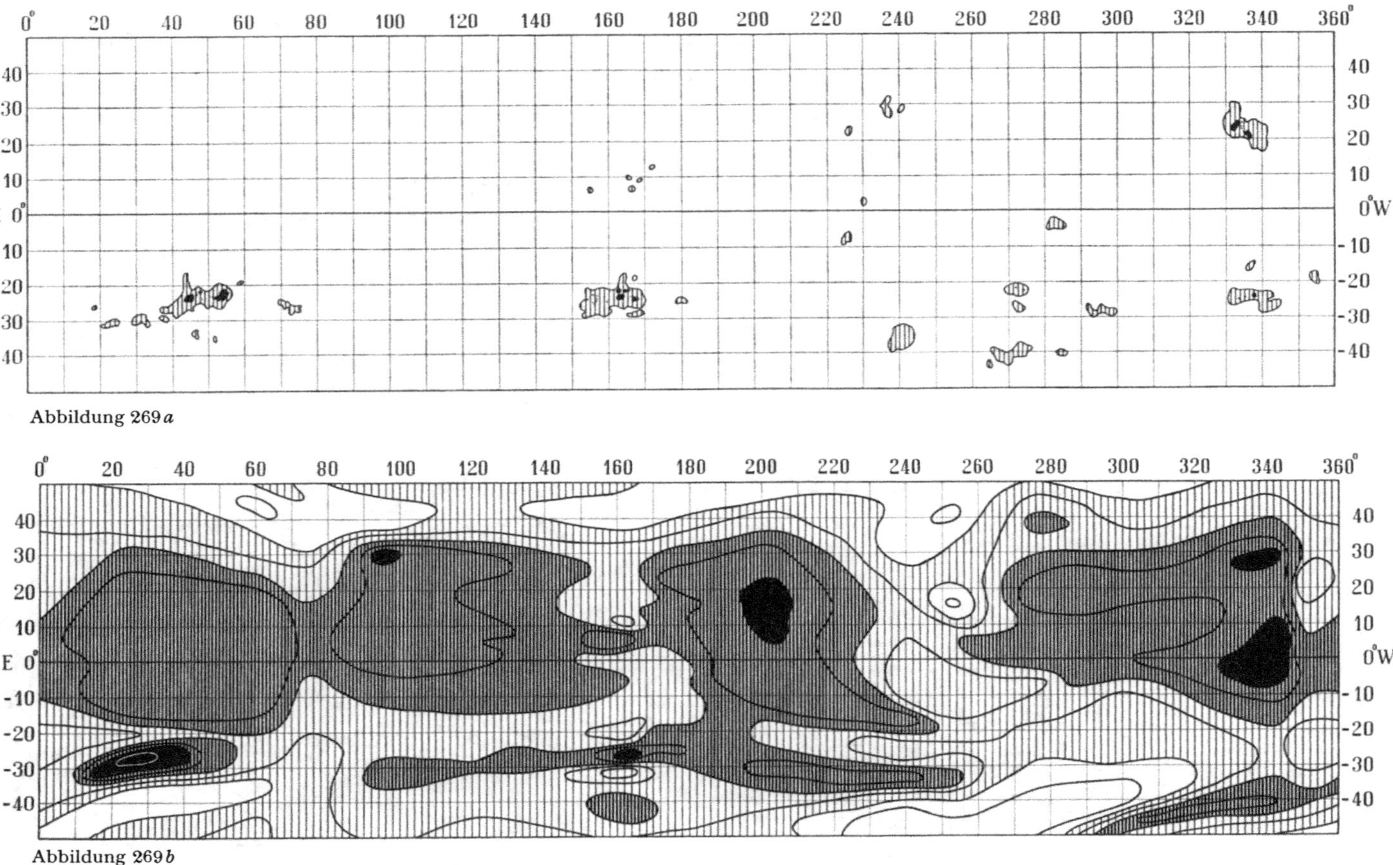

0°
20
40
60
80
100
120
140
160
180
200
220
240
260
280
300
320
340
360°
40
30
20
10
E 0°
-10
-20
-30
-40
0°W
Abbildung 269a
Abbildung 269b

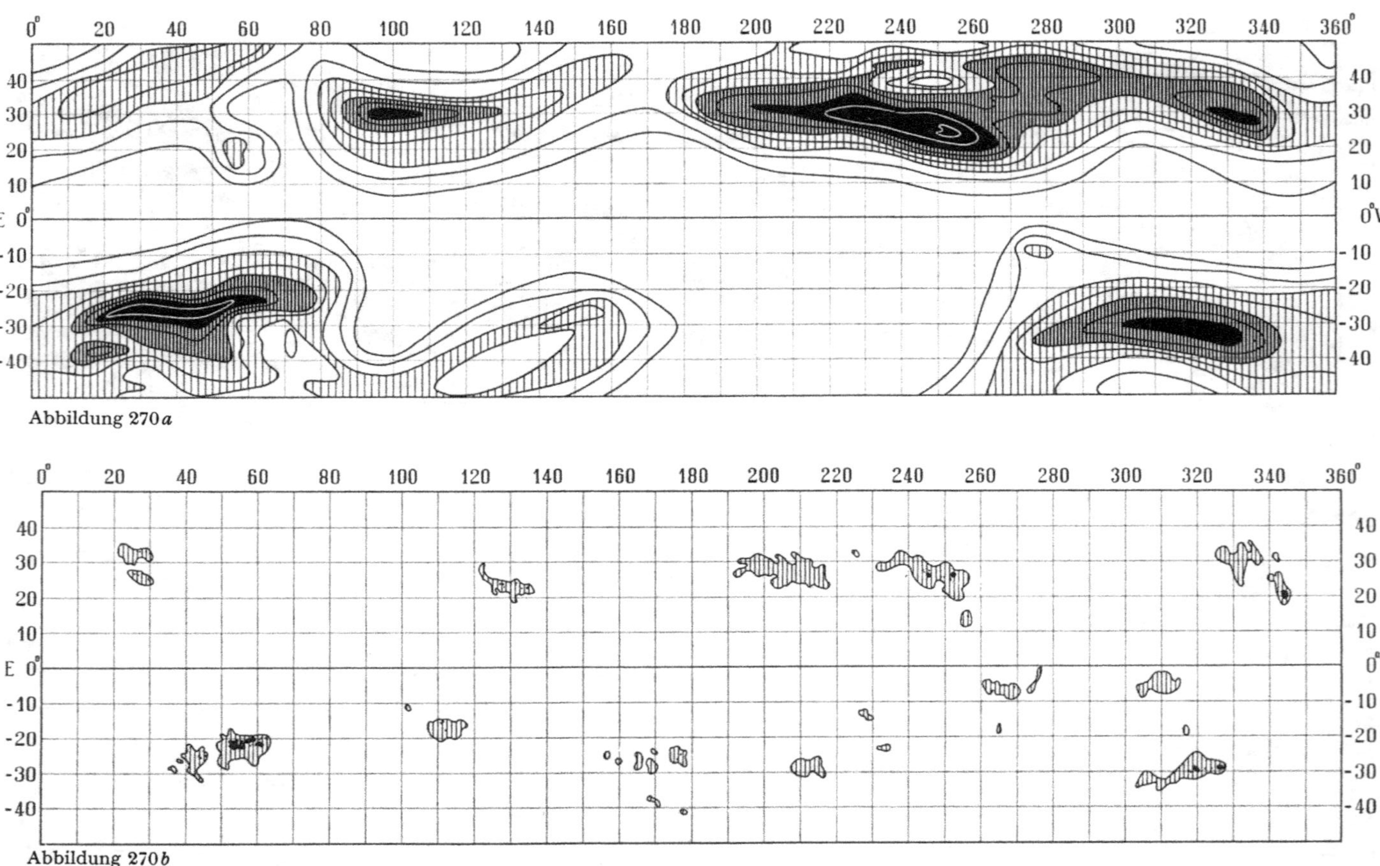

Abbildung 270a

Abbildung 270b

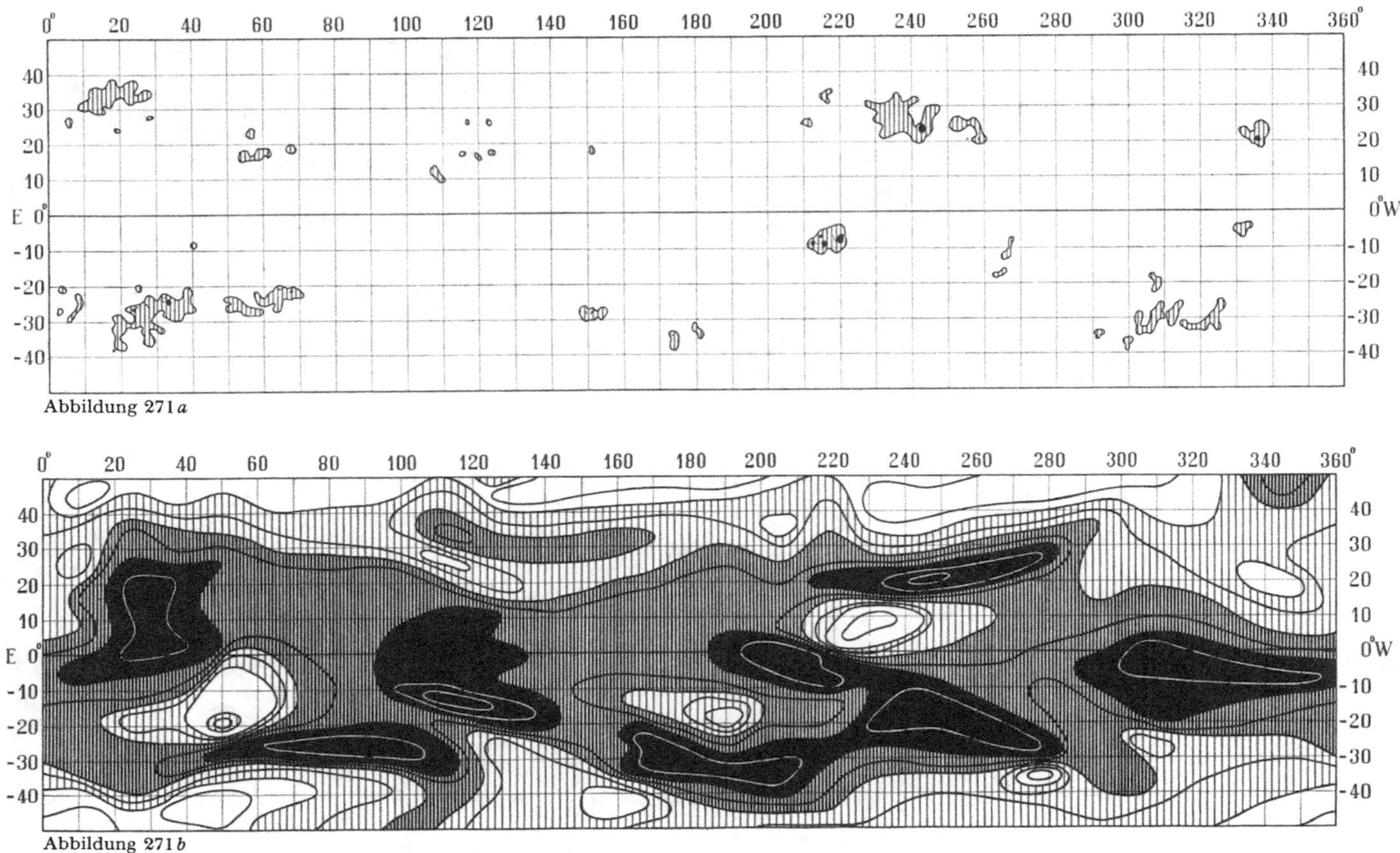

Abbildung 271a

Abbildung 271b

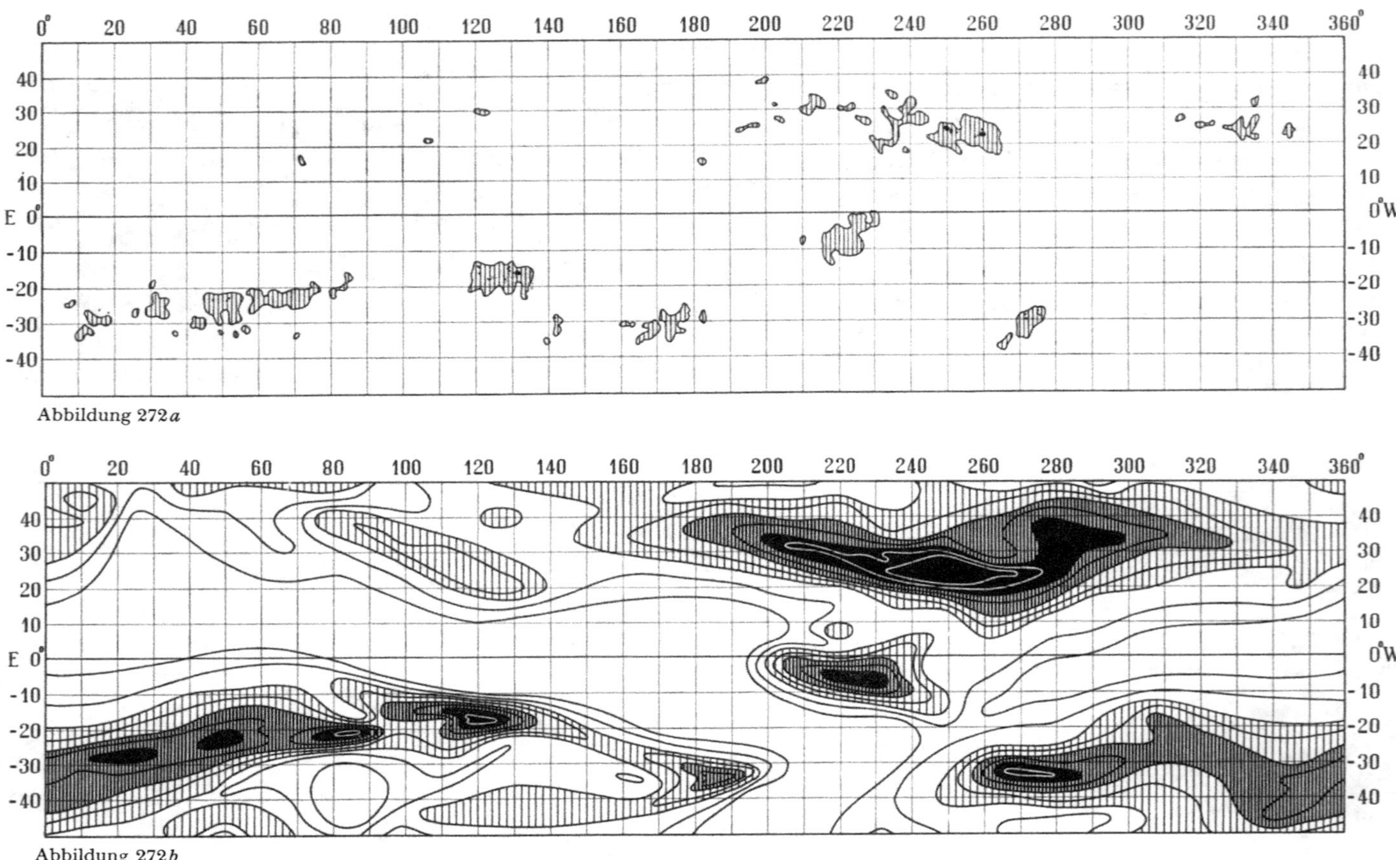

Abbildung 272a

Abbildung 272b

$l = 120°$, $b = 0°$ nach $l = 220°$, $b = -30°$ und nach $l = 320°$, $b = 0°$ zieht, fast überall die rote Linie mit grosser Intensität. Das grüne Filament bei $l = 80°$ bis 140°, $b = 20°$ bis 40° liegt in einer Rinne der roten Karte. In den Fleckengebieten aber, wie zum Beispiel bei $l = 120°$, $b = -17°$ oder bei $l = 250°$, $b = 25°$ sind beide Linien verstärkt.

Die Abbildungen 273 bis 277 geben 5 aufeinanderfolgende Koronakarten der grünen Linie von anfangs Juli bis Mitte September 1945 zusammen mit den entsprechenden photosphärischen Karten. Auf der nördlichen Halbkugel zeigt die erste Karte ein koronales Filament, welches von $l = 60°$ bis 150° reicht und bei $l = 80°$ bis 100°, $b = 30°$ und bei $l = 130°$, $b = 22°$ seine grössten Intensitäten aufweist. Zu diesem Filament korrespondiert die Kette von Fackelfeldern von $l = 70°$ bis 150°, von denen dasjenige bei $l = 80°$ bis 100°, welches in der vorangegangenen Rotation eine Fleckengruppe enthalten hat, mit dem einen Koronamaximum zusammenfällt, das ausgedehnte Fleckengebiet von $l = 120°$ bis 143° mit dem andern. Da dieses Gebiet am Ostrand beobachtet wurde, die kräftige Fleckengruppe bei $l = 50°$, $b = 23°$ aber erst drei Tage nach der Passage des Ostrandes entstand, macht sie sich erst in der folgenden Koronakarte (Abb. 274 a) bemerkbar. Auffallend ist das fast völlige Fehlen jeglicher Aktivität im Bereich $l = 160°$ bis 360° und die gleichzeitige Abwesenheit der koronalen Emission in demselben. Die nächste Koronakarte (Abb. 274 a) zeigt die Koronastruktur wenig verändert; das Filament erstreckt sich nun weiter nach kleineren Längen bis $l = 20°$, entsprechend der inzwischen aufgetretenen Fleckengruppe bei $l = 50°$, $b = 23°$. In dem vorher emissionsfreien Gebiet sind zwei Zentren entstanden bei $l = 210°$, $b = 20°$ und bei $l = 265°$, $b = 20°$. Das eine befindet sich an der Stelle, wo in der vorhergehenden Rotation eine ausgedehnte, aber nur eintägige Fleckengruppe bei $l = 217°$, $b = 22°$ aufgetreten war, die nur bescheidene Fackelgebiete hinterlassen hat. Das zweite fällt zusammen mit dem auf der Sonnenrückseite entstandenen Flecken- und Fackelherd bei $l = 260°$, $b = 18°$. Der kleine Fleckenherd bei $l = 327°$, $b = 23°$ ist erst 2 Tage nachdem diese Stelle den Ostrand, wo die Koronabeobachtung erfolgt ist, passiert hatte, entstanden, und ihr bevorstehendes Auftreten hat sich 2 Tage vor demselben in der Korona durch nichts bemerkbar gemacht. In der dritten Koronakarte (Abb. 275 a) hat sich das Filament noch weiter nach kleineren Längen ausgedehnt, bedingt durch eine auf der Rückseite entstandene Flecken- und Fackelgruppe bei $l = 0°$ bis 10°, $b = 20°$, und reicht nun bis über den Kartenrand hinaus. Innerhalb des Filamentes hat sich die Intensitätsverteilung leicht verändert, indem nun die Maxima bei $l = 40°$ bis 60°, bei 80° und bei 90° bis 140° liegen und die Verteilung der Fackelherde in Abbildung 274 b wiedererkennen lassen, zu welchen noch der auf der Rückseite entstandene grosse Herd bei $l = 90°$ bis 110°, $b = 23°$ kommt, welcher das koronale Hauptmaximum bei $l = 100°$ bis 110°, $b = 26°$ erzeugt. Der Strahl bei $l = 210°$, $b = 20°$ der vorhergehenden Karte hat sich zu einem Filament, das von $l = 190°$ bis 240° reicht, entwickelt, indem bei $l = 175°$, $b = 25°$ und bei $l = 237°$, $b = 23°$ neue, wenn auch kleine Fleckengruppen entstanden sind. Der Strahl bei $l = 265°$, $b = 20°$ der vorhergehenden Rotation ist verschwunden, indem die

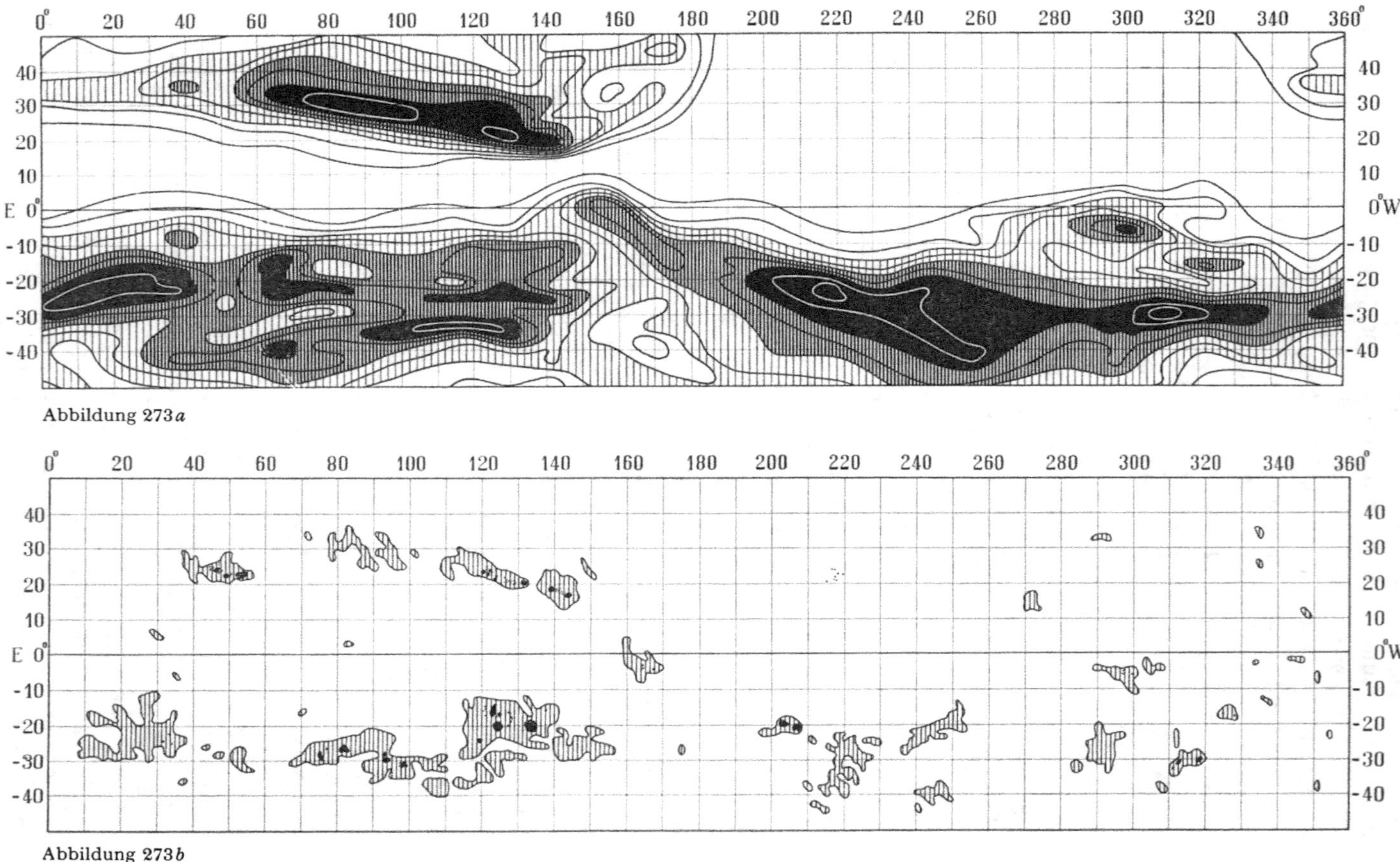

Abbildung 273a

Abbildung 273b

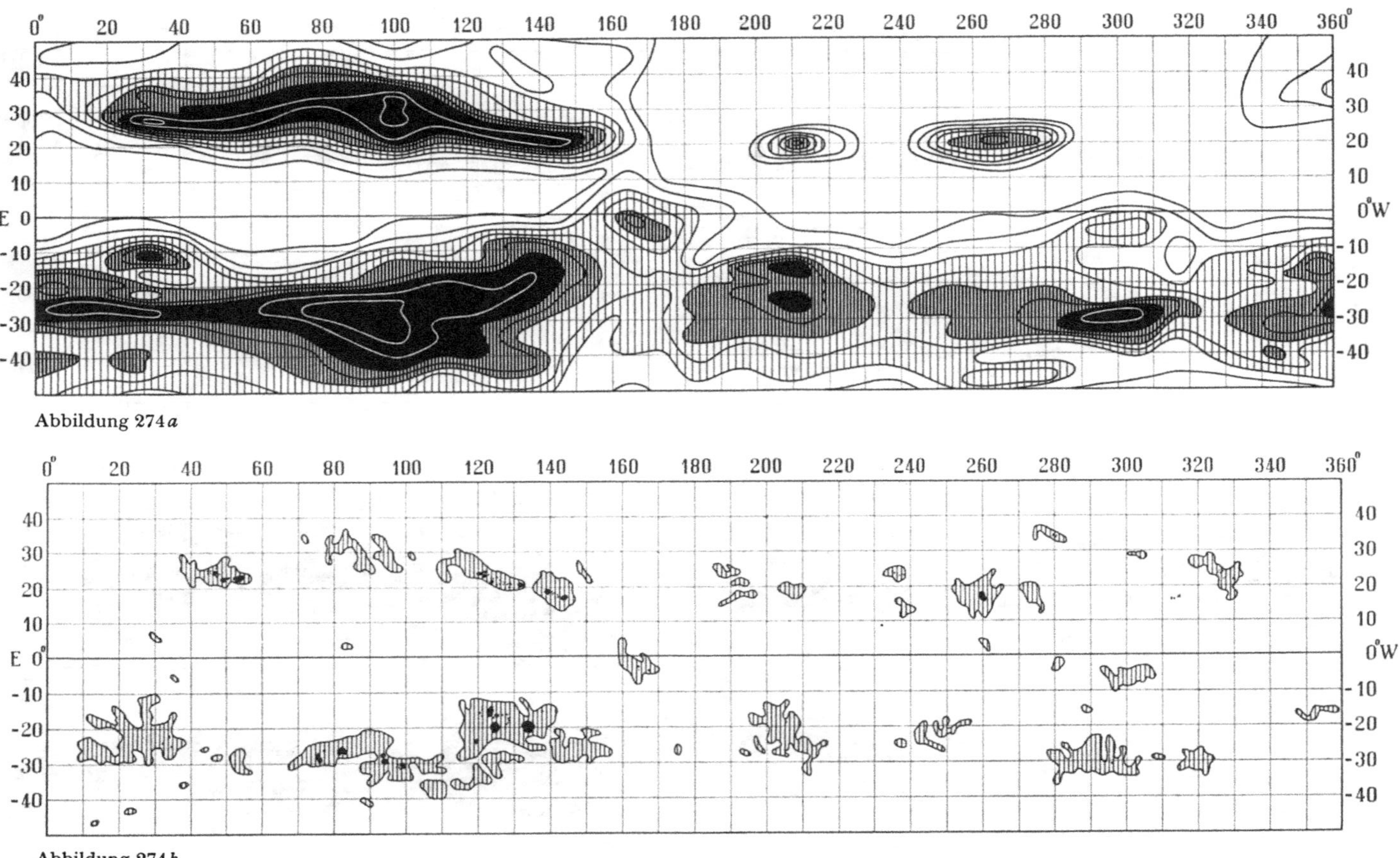

Abbildung 274a

Abbildung 274b

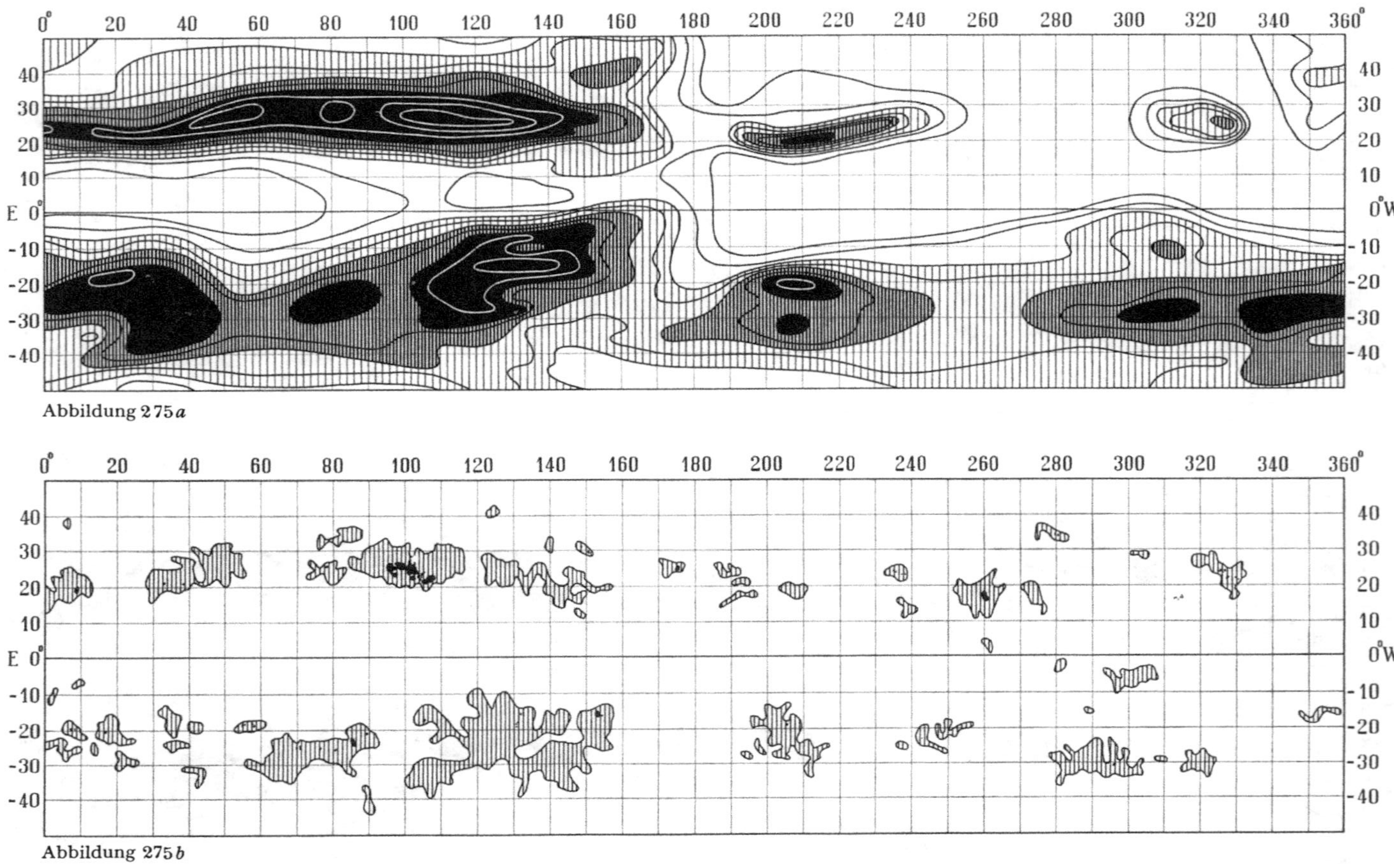

Abbildung 275 a

Abbildung 275 b

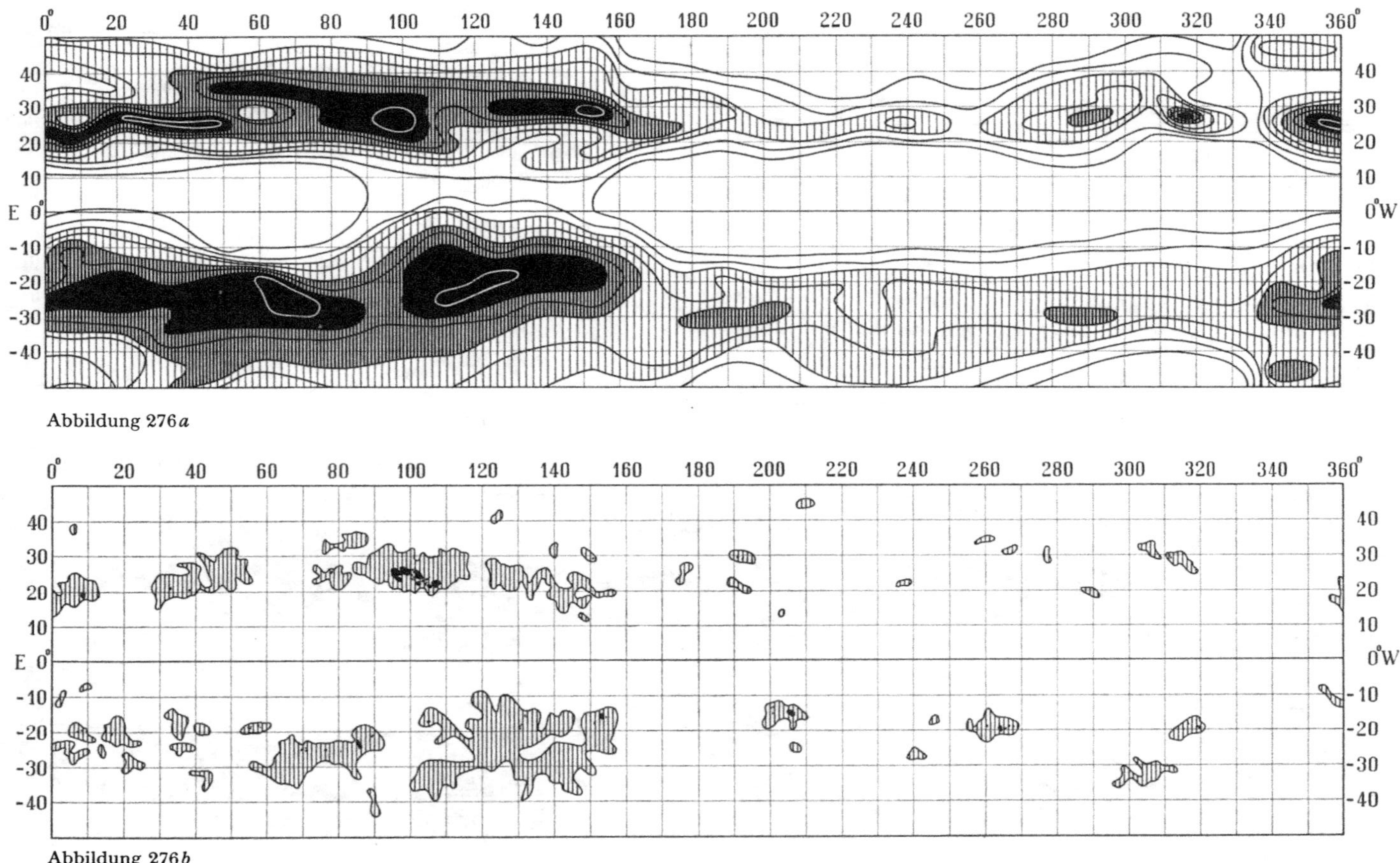

Abbildung 276a

Abbildung 276b

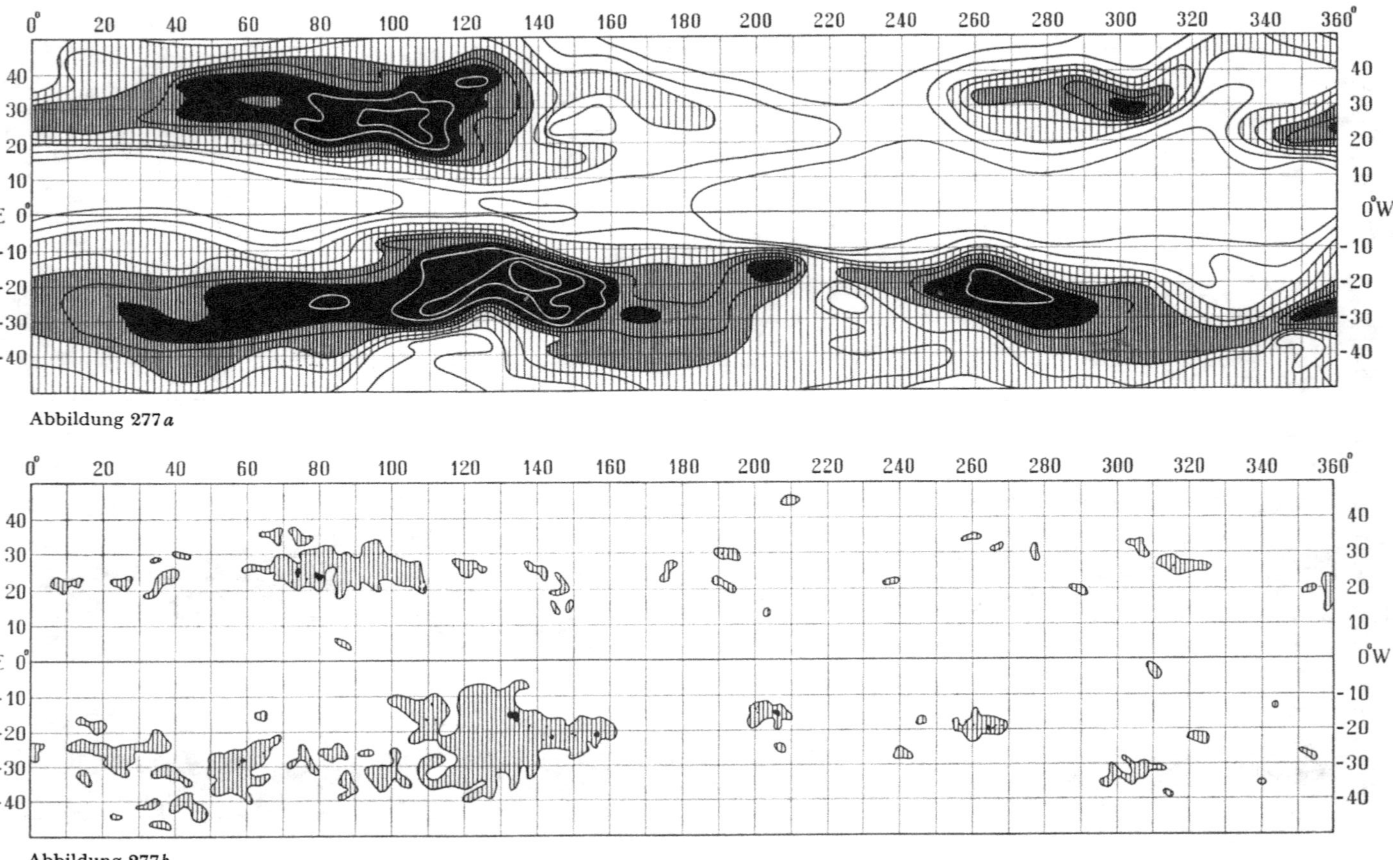

Abbildung 277 a

Abbildung 277 b

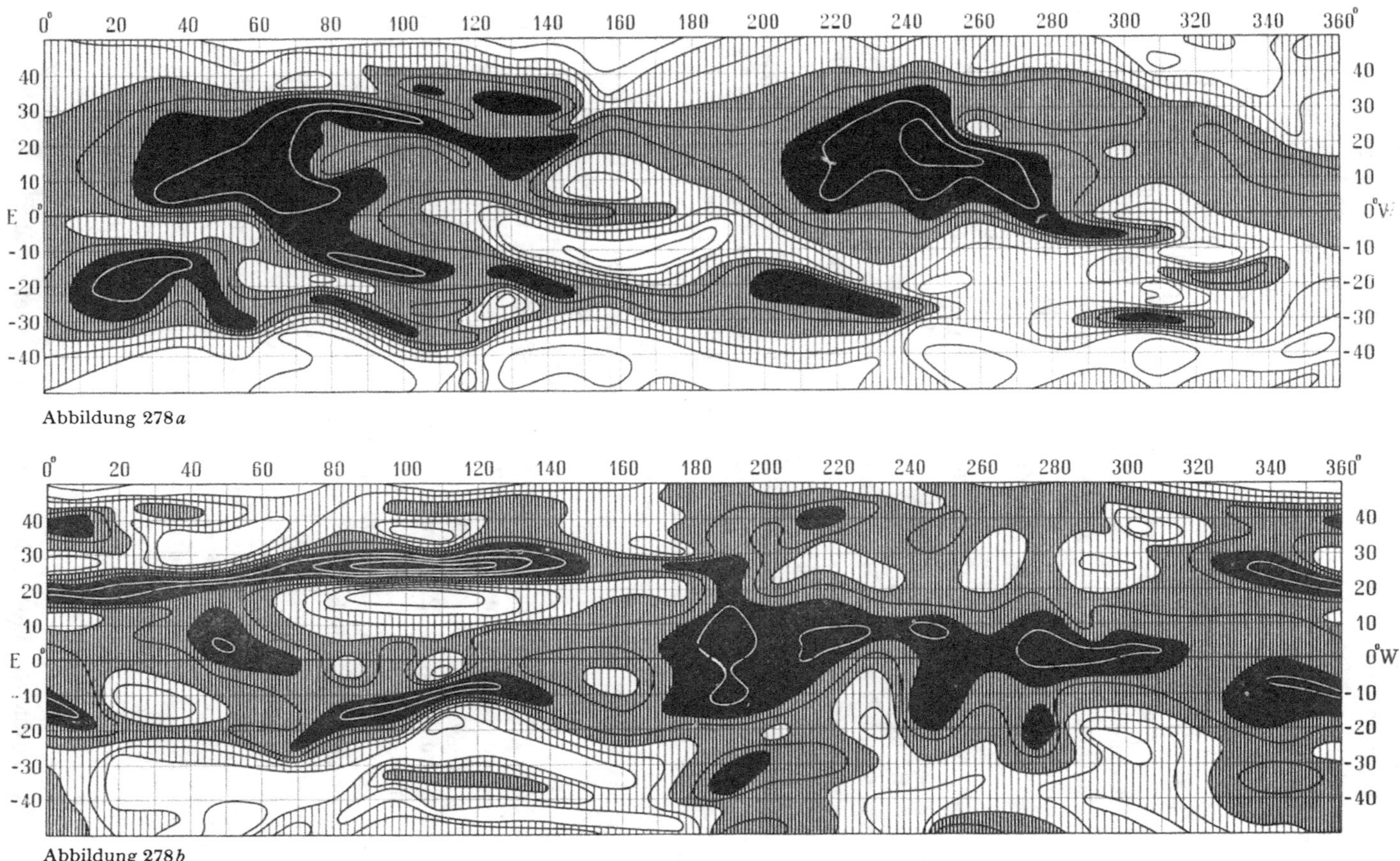

Abbildung 278a

Abbildung 278b

entsprechende Fleckengruppe sich noch vor Erreichung des Westrandes aufgelöst hat. Hingegen zeigt sich bei $l = 325°$, $b = 25°$ ein neues Emissionsgebiet
entsprechend einem kleinen Fleckenherd, welcher 12 bis 7 Tage vor der Koronabeobachtung an dieser Stelle sichtbar war. Die Karte 276a zeigt das Filament,
welches nun von $l = 345°$ über 0° bis 175° reicht, im Abbau. Die Intensitäten
sind kleiner geworden. Die Maxima bei $l = 30°$ bis 40° und bei $l = 100°$ fallen
mit den entsprechenden Fackel- und Fleckenherden zusammen, während das
neue Maximum bei $l = 150°$, $b = 30°$ mit einem nur zwei Tage vor der Koronabeobachtung an jener Stelle entstandenen Fleckengruppe übereinstimmt. Das
alte Filament bei $l = 210°$, $b = 20°$ (Abb. 275a) hat sich stark abgeschwächt,
indem auch die Fackeln der vorhergehenden Rotation sich fast völlig aufgelöst
haben. Der neue Strahl bei $l = 317°$, $b = 28°$ hängt mit der kleinen Fleckengruppe bei $l = 311°$, $b = 29°$ zusammen, während das Intensitätsmaximum
bei $l = 290°$, $b = 27°$ einen der seltenen Fälle bildet, wo sich an der betreffenden
Stelle keine photosphärische Störung zeigt. In Abbildung 277a ist der Zerfall
des grossen Filamentes weiter fortgeschritten, indem die Intensitätsmaxima
bei $l = 40°$ und 150° verschwunden sind, zusammen mit der Auflösung der entsprechenden Fackelfelder. Hingegen hat sich das Filament in seinem mittleren
Teil von $l = 70°$ bis 115° verstärkt, zufolge des intensiven Fackelherdes, welcher
bei $l = 100°$ als Überrest der grossen Fleckengruppe der vorhergehenden Rotation auftritt und zufolge einer neuen Gruppe bei $l = 77°$, $b = 25°$. Obgleich
diese neue Gruppe bei der Koronabeobachtung am Ostrand bereits vom Typus
G war, machte sie sich in der Korona weniger intensiv bemerkbar als das
fleckenlose Fackelgebiet bei $l = 100°$, welches in der vorhergehenden Rotation
Sitz einer Gruppe vom Typus F gewesen ist. Dies zeigt erneut, dass die Koronaintensität stärker korreliert ist mit den Fackelgebieten als mit den Flecken
und deshalb häufig ihre maximalen Werte erst erreicht, wenn die Flecken ihre
maximale Entwicklung bereits überschritten oder sich bereits aufgelöst haben.
Das kleine Filament in der Gegend von $l = 300°$ hat sich verstärkt, reicht nun
von $l = 260°$ bis 314° und hat sein Zentrum bei $l = 302°$, $b = 29°$. Wie in der
vorangegangenen Rotation kann dieses Filament auf Grund der photosphärischen Störungen (Abb. 277b) nicht leicht verstanden werden. Vielleicht liegt
hier ein seltener Fall vor, wo die koronale Entwicklung der photosphärischen
vorausgeht. Die Koronabeobachtung erfolgte am Westrand. In der folgenden
Rotation erschien zwischen $l = 290°$ und 300°, bei $b = 27°$ eine Gruppe vom
Typus D, umgeben von einem Fackelfeld, das von $l = 275°$ bis 305° reichte
und sich gut mit dem koronalen Filament auf Karte 277a deckt.

    Die südliche Halbkugel zeigt stärkere Aktivität. Auch hier erweist sich die
Hemisphäre von $l = 0°$ bis 180° als aktiver als diejenige von $l = 180°$ bis 360°,
wenn auch die Gegensätze bei weitem nicht so ausgeprägt sind wie in der nörd-
lichen Halbkugel. Die erste Karte (Abb. 273a) zeigt drei Gebiete maximaler
Intensität bei $l = 20°$, bei $l = 70°$ und bei $l = 120°$, welche den Flecken- und
Fackelkomplexen bei $l = 25°$, $b = -25°$ und bei $l = 70°$ bis 150° entsprechen.
Das Emissionsgebiet bei $l = 20°$, $b = -22°$ wird in den folgenden Karten all-
mählich schwächer und ist in Abbildung 277a verschwunden; parallel mit

dieser Entwicklung vollzieht sich die Auflösung des entsprechenden Fackelherdes. An der Stelle der beiden kräftigen Fleckengruppen bei $l = 75°$ bis $100°$
(Abb. 273 b) erscheint in der Koronakarte des Ostrandes (Abb. 273 a) kein entsprechendes Emissionsgebiet, weil diese Fleckengruppen erst auf der sichtbaren Sonnenscheibe entstanden sind. Die Koronakarte vom Westrand (Abb.
274 a) dagegen zeigt um das Gebiet dieser Fleckengruppen ein ausgedehntes
Emissionsgebiet mit maximaler Intensität von $l = 75°$ bis $102°$. Die folgende
Abbildung 275 a zeigt dasselbe abgeschwächt bei $l = 70°$ bis $90°$, das entsprechende Fackelfeld auf Abbildung 275 b bei $l = 60°$ bis $90°$. Bei dem Vorübergang
dieser Stelle über die sichtbare Halbkugel traten in ihrer Nachbarschaft verschiedene Fleckengruppen auf, nämlich bei $l = 58°$, $b = -19°$, bei $l = 70°$,
$b = -25°$, bei $l = 78°$, $b = -25°$ und bei $l = 86°$, $b = -23°$, denen bei der
Beobachtung der Korona am Westrand (Abb. 276 a) die Reaktivierung bei
$l = 60°$ bis $75°$, $b = -23°$ entspricht, von welcher in der folgenden Rotation
nur noch eine allgemein verstärkte Linienemission übriggeblieben ist. Der
Komplex von drei Fleckengruppen im Gebiet von $l = 120°$ bis $135°$, $b = -13°$
bis $-23°$ (Abb. 273 b) macht sich zunächst nur durch ein bescheidenes Emissionsgebiet koronal bemerkbar, welches neben dem sehr starken bei $l = 90°$,
$b = -28°$ auf Abbildung 274 a lediglich als Ausläufer desselben erscheint. In
der folgenden Rotation ist von der inzwischen fast überall gänzlich erloschenen
Fleckentätigkeit ein sehr umfangreiches Fackelgebiet übriggeblieben, welches
von $l = 100°$ bis $160°$ und von $b = -10°$ bis $-40°$ reicht (Abb. 275 b); diesem
entspricht das intensive Emissionsgebiet von $l = 100°$ bis $150°$, $b = -5°$ bis
$-32°$ (Abb. 275 a). Eine halbe Rotation später bei Beobachtung am Westrand
ist dasselbe schwächer geworden (Abb. 276 a). Die folgende Rotation (Abb.
277 b) zeigt das Fackelgebiet in maximaler Entwicklung von $l = 100°$ bis $160°$;
genau dasselbe Gebiet wird von dem koronalen Emissionsgebiet bedeckt
(Abb. 277 a). Seine Intensität hat gegenüber der vorhergehenden Rotation
wieder zugenommen und sein Zentrum hat sich nach $l = 140°$, $b = -18°$ verlagert, entsprechend einer erneut aufgetretenen Kette von Flecken im Gebiet
von $l = 132°$ bis $158°$, $b = -20°$.

Am 6. Juli trat am Ostrand bei $l = 165°$, $b = -4°$ eine kleine Gruppe des
alten Zyklus ein (Abb. 273 b). Sie war begleitet von einer entsprechend erhöhten
Koronaemission. Eine halbe Rotation später bei Beobachtung am Westrand
(Abb. 274 a) ist diese Kondensation bei $l = 165°$, $b = -2°$ noch gut entwickelt,
bei der nächsten Wiederkehr am Ostrand (Abb. 275 a), als das Fackelgebiet
bereits verschwunden war, nur noch als Ausläufer des grossen Emissionsgebietes bei $l = 130°$ erkennbar und nochmals eine halbe Rotation später ist sie
ebenfalls verschwunden.

Das grosse von $l = 200°$ bis $260°$ reichende Filament (Abb. 273 a) gibt ein
weiteres Beispiel dafür, dass nicht die Flecken, sondern die Fackeln für die
koronale Emission massgebend sind. Die Fleckengruppe bei $l = 205°$, $b = -20°$
war erst vier Tage vor Erreichung des Westrandes entstanden, hatte sich jedoch
schnell zum Typus D entwickelt. Das geringe Alter der Gruppe ist auch an dem
kleinen Umfang des sie umgebenden Fackelgebietes zu ersehen (Abb. 273 b). An

dieser Stelle ist die Koronaintensität nicht grösser als längs des ganzen Filamentes bis $l = 260°$, in welchem Gebiet nur fleckenlose, in Auflösung begriffene Fackeln sich befinden, welche allerdings in der vorangegangenen Rotation zwischen $l = 225°$ und $245°$, $b = -20°$ drei Fleckengruppen enthalten haben. Die alten Fackeln erzeugen somit eine ebenso grosse Koronaintensität wie die junge D-Gruppe! Beim Wiedererscheinen dieses Gebietes am Ostrand (Abb. 274a) sind die alten Fackeln nahezu verschwunden und damit auch die grosse Koronaintensität, bis auf das Gebiet der inzwischen ebenfalls verschwundenen D-Gruppe, welche aber ein umfangreiches Fackelgebiet hinterlassen hat, dem das Emissionsgebiet mit Zentrum bei $l = 208°$, $b = -20°$ entspricht; beide lösen sich allmählich auf. Beim erneuten Wiedererscheinen am Ostrand sind die Fackeln verschwunden und das Emissionsgebiet ist auf ein schmales Filament bei $l = 175°$ bis $205°$ zusammengeschrumpft (Abb. 276a). Während nun das Gebiet über die Scheibe zog, entwickelte sich in ihm bei $l = 205°$, $b = -14°$ eine C-Gruppe, die sich allerdings bereits zwei Tage nach der Passage des Zentralmeridianes wieder aufgelöst hatte (Abb. 276b, 277b). Die Koronabeobachtung am Westrand (Abb. 277a) zeigt bei $l = 200°$ bis $210°$, $b = -16°$ ein Emissionsgebiet in Form eines getreuen Abbildes des photosphärischen Fackelgebietes.

Erwähnenswert ist noch ein äquatornahes Emissionsgebiet bei $l = 300°$, $b = -8°$ (Abb. 273a), welches mit einem kleinen photosphärischen Störungsherd zusammenfällt und wie dieser noch in der folgenden Rotation vorhanden, in Karte 276a jedoch verschwunden ist. Das benachbarte kleine Emissionsgebiet bei $l = 318°$, $b = -12°$ hat sich bereits in der folgenden Rotation aufgelöst, ebenso wie der kleine entsprechende Fleckenherd.

Schliesslich ist bei $l = 315°$, $b = -30°$ (Abb. 273b) in der Nähe des Zentralmeridians eine Fleckengruppe entstanden, die bei Erreichung des Westrandes vom Typus D war; die Korona (Abb. 273a) zeigt an der Stelle dieses etwa sieben Tage alten Herdes eine starke Erhöhung der Linienemission. Dieses Gebiet ist auf den beiden nachfolgenden Karten mit abnehmender Intensität noch vorhanden, auf Karte 276a jedoch verschwunden. Eine Reaktivierung in diesem Gebiet setzt bei $l = 265°$, $b = -20°$ auf Abbildung 277b ein durch Bildung einer Fleckengruppe drei Tage vor Erreichung des Westrandes. Damit steigt die Koronaintensität im Gebiet $l = 250°$ bis $290°$ stark an, möglicherweise auch als Vorläufer eines im Bereich $l = 252°$ bis $286°$, $b = -13°$ bis $-28°$ in der folgenden Rotation erschienenen grossen und beständigen Störungskomplexes.

Aus der Periode Juli bis September 1945 stammen auch die beiden roten Koronakarten Abbildungen 278a und b. Die erste ist gleichzeitig mit der grünen Karte 273a beobachtet. Die Vergleichung dieser beiden Karten ist besonders für das Gebiet $l = 180°$ bis $360°$ der nördlichen Hemisphäre beachtenswert. Dieses Gebiet ist in der grünen Linie emissionsfrei, leuchtet hingegen kräftig in der roten Linie, ja diese Linie erreicht gerade in diesem Gebiet ($l = 245°$, $b = 20°$) die höchste Intensität (Komplementarität). Auch das Gebiet $l = 20°$ bis $100°$, $b = 0°$ bis $15°$ zeigt sehr starke rote, dagegen keine grüne Linienemission. Im übrigen machen sich viele Flecken- und Fackelherde bei der roten wie bei der grünen Linie durch erhöhte Emission bemerkbar, zum Beispiel fallen die Zentren bei $l = 220°$, $b = -22°$, bei $l = 300°$, $b = -30°$ und bei $l = 295°$, $b = -6°$ auf Abbildung 278a mit den entsprechenden in Abbildung 273a exakt zusammen. Ferner ist beiden Karten gemeinsam das Filament von $l = 70°$, $b = 32°$ bis $l = 140°$, $b = 20°$ und das Gebiet bei $l = 20°$, $b = -20°$. Dagegen sind die Beziehungen zwischen roter und grüner Emission in dem Gebiet $l = 60°$ bis $140°$, $b = -10°$ bis $-40°$ komplizierter.

Bei Vergleichung der roten Karte 278b mit den entsprechenden grünen 276a bzw. 277a fällt in der roten Karte das intensive Äquatorband auf, welches seine grösste Intensität von $l = 40°$ bis $70°$ und von $l = 170°$ bis $320°$ aufweist, wo die grüne Linie völlig fehlt. Die höchsten Intensitäten der roten Linie werden bei $l = 85°$ bis $125°$, $b = 26°$ erreicht über einem grossen Flecken-komplex (Abb. 276b) und zugleich auf einem Filament, das sich gleicherweise in der roten und in der grünen Linie von $l = 340°$, $b = 26°$ über $l = 0°$, $b = 22°$ nach $l = 150°$, $b = 28°$ erstreckt. Auch die Emissionszentren bei $l = 190°$, $b = -30°$ auf Abbildung 276a und $l = 190°$, $b = -31°$ auf Abbildung 278b fallen zusammen. Hingegen flankiert das rote Filament von $l = 80°$, $b = -18°$ bis $l = 125°$, $b = -7°$ das grüne Emissionsgebiet äquatorwärts, während in diesem, nämlich von $l = 100°$, $b = -25°$ bis $l = 130°$, $b = -19°$ die rote Emission minimal ist.

33. Das Übergangsjahr 1946

Im Jahre 1946 hat die Sonnenaktivität ungewöhnlich schnell zugenommen. Im Februar ist bei $l = 300°$, $b = 26°$ eine damals an Grösse unübertroffene Fleckengruppe aufgetreten. Die Karten 279a, b und 280a zeigen die grüne Korona, die Photosphäre und die rote Korona in der ersten Hälfte April. Die Fleckenherde sind bereits so zahlreich und so dicht beisammen, dass ihr individueller Einfluss auf die Koronastruktur häufig nicht mehr erkennbar ist und benachbarte Fackelgebiete zu langen Ketten verschmelzen.

Auf Abbildung 279b dominiert das sich von $l = 220°$, $b = 40°$ nach $l = 325°$, $b = 15°$ erstreckende Fackelgebiet, ein Überbleibsel von der erwähnten grossen Februargruppe. Die grosse Fleckengruppe bei $l = 330°$, $b = 32°$ und das zugehörige Fackelgebiet haben zur Zeit der Koronabeobachtung noch nicht existiert und können somit ignoriert werden. Der erwähnte Fackelherd fällt mit einem Koronafilament zusammen, welches sich von $l = 220°$, $b = 45°$ nach $l = 330°$, $b = 20°$ erstreckt. Auch die Einschnürung des Fackelherdes bei $l = 290°$, $b = 25°$ zeichnet sich in der Koronastruktur ab. Für den Ausläufer von $l = 200°$, $b = 25°$ bis $l = 245°$, $b = 26°$ sowie für das Emissionsgebiet bei $l = 75°$, $b = 23°$ kann auf Grund der photosphärischen Karten schwerlich eine Erklärung gegeben werden. Mehr und mehr verschmelzen die einzelnen Emissionsgebiete zu Gürteln, welche die Sonne längs der Hauptaktivitätszone vollständig umschlingen. Wo die Fackelfelder in Breite stärker ausgedehnt sind, ist auch der koronale Gürtel breiter, und wo jene spärlicher sind, wird der Gürtel schmaler und schwächer. Das lange Filament von $l = 0°$, $b = -20°$ bis $l = 120°$, $b = -38°$

schliesst sich den Fackelfeldern an, wobei bemerkenswerterweise die grösste Intensität bei $l = 75°$, $b = -30°$ im Gebiet alter Fackelfelder auftritt und nicht an der Stelle der jungen Fleckengruppe (Typ E) bei $l = 125°$, $b = -36°$. Dagegen macht sich die alte Fleckengruppe aus der vorhergehenden Rotation bei $l = 130°$, $b = -16°$, von der zur Zeit der Koronabeobachtung nur noch ein J-Fleck übriggeblieben ist, durch grosse Linienintensität bemerkbar. Der Koronagürtel biegt dann mit zunehmender Länge nach höheren Breiten um, den Fackelfeldern folgend, und erreicht im Abschnitt $l = 220°$ bis $270°$, $b = -15°$ bis $-40°$ höchste Intensitäten. Dieses Gebiet ist auch photosphärisch stark gestört und enthält in den Grenzen $l = 220°$ bis $280°$, $b = -10°$ bis $-40°$ nicht weniger als 12 Fleckengruppen, nachdem dasselbe bereits in der vorangegangenen Rotation 4 Gruppen aufgewiesen hatte. Im Gebiet $l = 290°$ bis $360°$ folgen wieder schwächere Koronaintensitäten, indem dort die Fackeln klein und spärlich sind. Die Fleckengruppe bei $l = 332°$, $b = -17°$ hat bei der entsprechenden Koronabeobachtung noch nicht existiert. Das Emissionsgebiet bei $l = 322°$, $b = -23°$ ist auf eine Fleckengruppe bei $l = 315°$, $b = -20°$ in der vorhergehenden Rotation zurückzuführen.

In dem Masse, wie die Fleckenherde grösser und zahlreicher werden, bestimmen die Intensitätsmaxima über den Flecken auch die Struktur der roten Koronakarten, wodurch eine gewisse Angleichung derselben an die grünen Karten erfolgt. Die isolierten Intensitätsmaxima bei $l = 0°$, $b = 26°$, bei $l = 50°$, $b = 38°$ und bei $l = 100°$, $b = 30°$ auf Abbildung 280a lassen sich mit kleinen Fackelfeldern in Abbildung 279b identifizieren. Im Gebiet $l = 200°$ bis $360°$ zeigt auf der nördlichen Hemisphäre die rote Korona dasselbe Filament wie die grüne, jedoch ohne den Ausläufer nach $b = 220°$, $b = 45°$. Die südliche Halbkugel zeigt im grossen und ganzen auf der roten und der grünen Karte dieselbe Struktur, wenn auch im einzelnen starke Unterschiede auftreten.

Eine Serie von 4 aufeinanderfolgenden grünen Koronakarten (Mitte Juli bis Mitte September 1946) und die zugehörigen photosphärischen Karten sind in den Abbildungen 281 bis 284 dargestellt.

Abbildung 281a, welche, beiläufig bemerkt, eine beachtenswerte Symmetrie zwischen nördlicher und südlicher Hemisphäre zeigt, weist in 20° bis 30° Breite nahezu geschlossene Gürtel hoher Intensität auf. Ein Gebiet bei $l = 0°$ bis $10°$, $b = 22°$ fällt mit einer Fleckengruppe bei $l = 6°$, $b = 17°$ zusammen. Dann folgt zwischen $l = 20°$ und $40°$ ein an Fackeln und Koronaemission schwaches Gebiet. Von $l = 50°$, $b = 20°$ bis $l = 140°$, $b = 30°$ reicht ein koronales Filament, welches sich über einer Kette von Fackelgebieten erhebt. Dieses verbreitert sich bei $l = 60°$, wo die photosphärische Karte bei $b = 22°$ eine Fleckengruppe zeigt, welche jedoch erst 7 Tage nach der Koronabeobachtung entstanden ist. Die grösste Intensität wird im Bereich $l = 90°$ bis $130°$ beobachtet, wo alte Fackelfelder liegen, welche in der vorangegangenen Rotation 8 Fleckengruppen enthalten haben. Demgegenüber macht sich die neue und sehr grosse Fleckengruppe bei $l = 110°$, $b = 10°$, welche bei der Koronabeobachtung bereits Typus D zeigte, in der Koronakarte nicht bemerkbar, ebensowenig die Fleckengruppe bei $l = 150°$, $b = 12°$ was aber durchaus in Ordnung ist, da dieselbe erst drei

Tage nach der Koronabeobachtung entstanden ist. Der nun folgende Abschnitt $l = 160°$ bis $210°$ zeigt eine neue Erscheinung: bereits die erhöhte Intensität in dem Filament von $l = 160°$ bis $190°$, $b = 20°$ ist durch keine photosphärische Erscheinung erklärbar, und der Bereich $l = 190°$ bis $210°$, in welchem eine riesige Fleckengruppe, welche schon bei der Beobachtung der Korona am Ostrand vom maximalen Typ F gewesen sein muss, zeigt geringere Koronaintensität als die benachbarten, photosphärisch nur schwach oder gar nicht gestörten Stellen! Dagegen ist über den kleinen Fleckengruppen bei $l = 225°$, $b = 14°$ und $l = 228°$, $b = 22°$ die Koronaintensität sehr gross! Ein weiteres Intensitätsmaximum findet sich bei $l = 280°$ bis $300°$ und steht mit dem grossen Fleck bei $l = 300°$, $b = 22°$ in Zusammenhang. Der Ausläufer dieses Filamentes reicht bis $l = 360°$ und hat als photosphärischen Untergrund ein ausgedehntes, aber fleckenloses, also altes Fackelgebiet. An zwei Stellen reichen die koronalen Filamente aus der Fleckenzone hinaus in höhere Breiten: von $l = 200°$, $b = 32°$ nach $l = 120°$, $b = 40°$ und von $l = 290°$, $b = 30°$ nach $l = 240°$, $b = 43°$. In beiden Fällen sind diese Filamentausläufer durch verstreute Fackelfelder in Abbildung 281b vorgezeichnet.

Die südliche Hemisphäre zeigt ein durchaus normales Verhalten. Das grosse Filament von $l = 40°$ bis $130°$, $b = -33°$ bis $-25°$ folgt dem grossen Fackelkomplex von $l = 65°$ bis $130°$ und zeigt seine maximale Intensität bei $l = 90°$ bis $115°$, $b = -27°$, wo mehrere grössere Fleckengruppen konzentriert sind. Das nächste Filament von geringerer Intensität bei $l = 130°$ bis $210°$, $b = -33°$ fällt mit einem alten Fackelkomplex zusammen, welcher in der vorhergehenden Rotation bei $l = 185°$ bis $200°$, $b = -28°$, wo das Filament am hellsten ist, eine D-Gruppe enthalten hat. Auch das helle Emissionsgebiet bei $l = 225°$ bis $240°$, $b = -17°$, wo sich nur Fackeln von geringer Ausdehnung befinden, hat in der vorhergehenden Rotation, zwischen $l = 225°$ und $240°$, $b = -18°$ eine G- und eine D-Gruppe enthalten. Schliesslich zeigt die Korona noch im Abschnitt $l = 290°$ bis $350°$, $b = -20°$ erhöhte Intensität über dem grossen, von $l = 300°$ bis $350°$ reichenden und mit 4 Fleckengruppen besetzten Fackelkomplex.

Die Karte 282a lässt die Strukturen von 281a noch erkennen, zeigt jedoch viele Veränderungen, bedingt durch die photosphärischen Entwicklungen. Auf der nördlichenHalbkugel ist von $l = 350°$ über $0°$ nach $20°$ ein neuesEmissionsgebiet entstanden und die Lücke bei $l = 30°$ bis $40°$ geschlossen worden, durch das Auftreten von Fleckengruppen bei $l = 355°$, $b = 16°$ und bei $l = 17°$, $b = 17°$. Im Gebiet $l = 100°$ bis $120°$, $b = 10°$, wo eine E-Gruppe liegt, hat die Intensität stark zugenommen. Das grosse Filament ist auch im Gebiet $l = 140°$ bis $160°$ geschlossen worden, indem bei $l = 150°$, $b = 12°$, während diese Stelle die sichtbare Halbkugel passiert hat, eine D-Gruppe entstanden ist. Auch im Gebiet der sehr grossen Fleckengruppe, $l = 190°$ bis $210°$, hat die Koronaintensität zugenommen. Das anschliessende Filament von $l = 280°$ bis $330°$ mit seinem Ausläufer nach $l = 240°$, $b = 42°$ hat sich nicht wesentlich verändert. Auf der südlichen Halbkugel hat im Gebiet $l = 350°$ über $0°$ nach $10°$, $b = -15°$ bis $-35°$ die Koronaintensität stark zugenommen durch das Auftreten einer E-Gruppe bei $l = 5°$, $b = -18°$. Ein strahlförmiges Emissionsgebiet ist bei $l = 40°$, $b = -12°$ aufgetreten im Zusammenhang mit zwei kleinen Flecken-

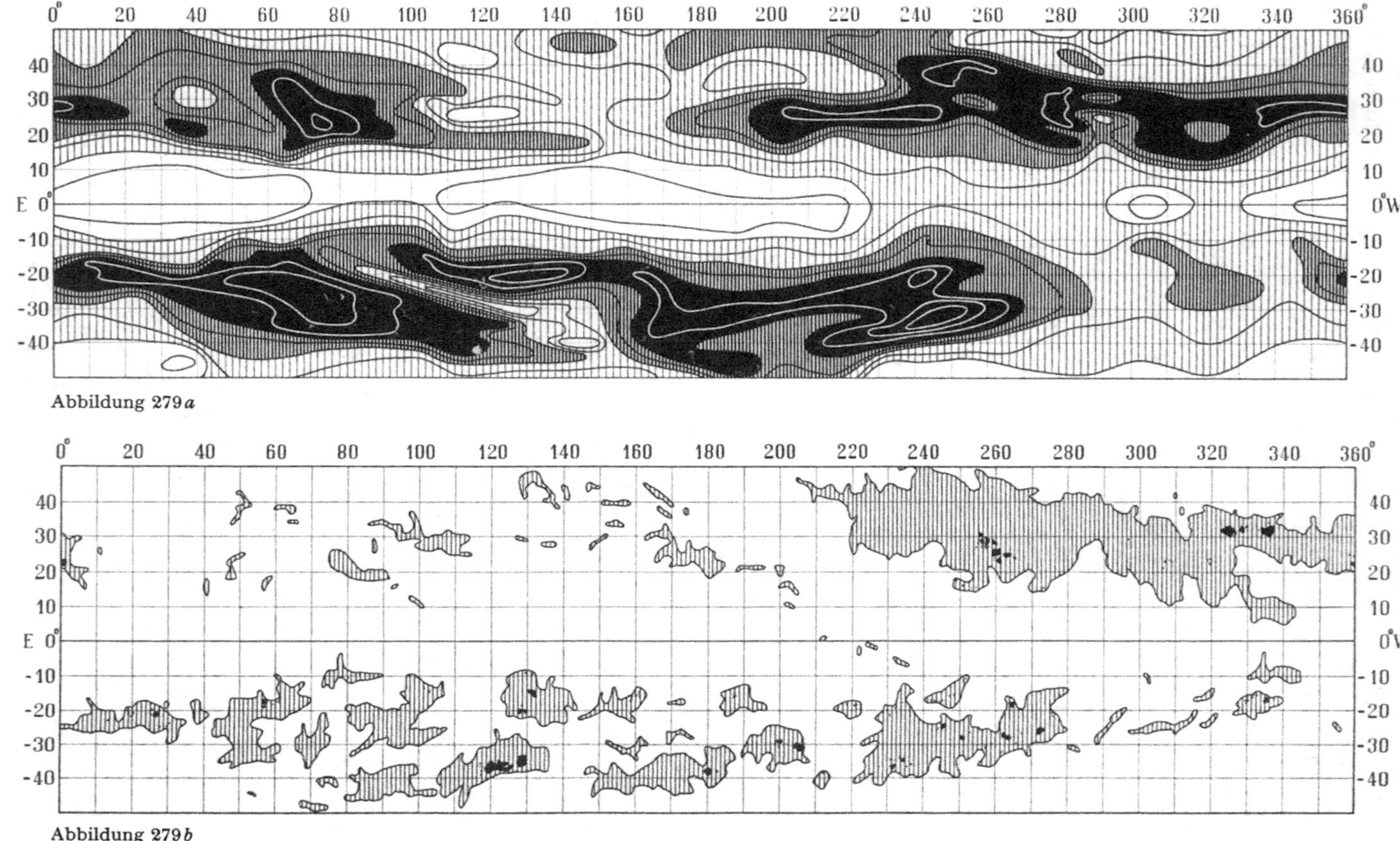

Abbildung 279a

Abbildung 279b

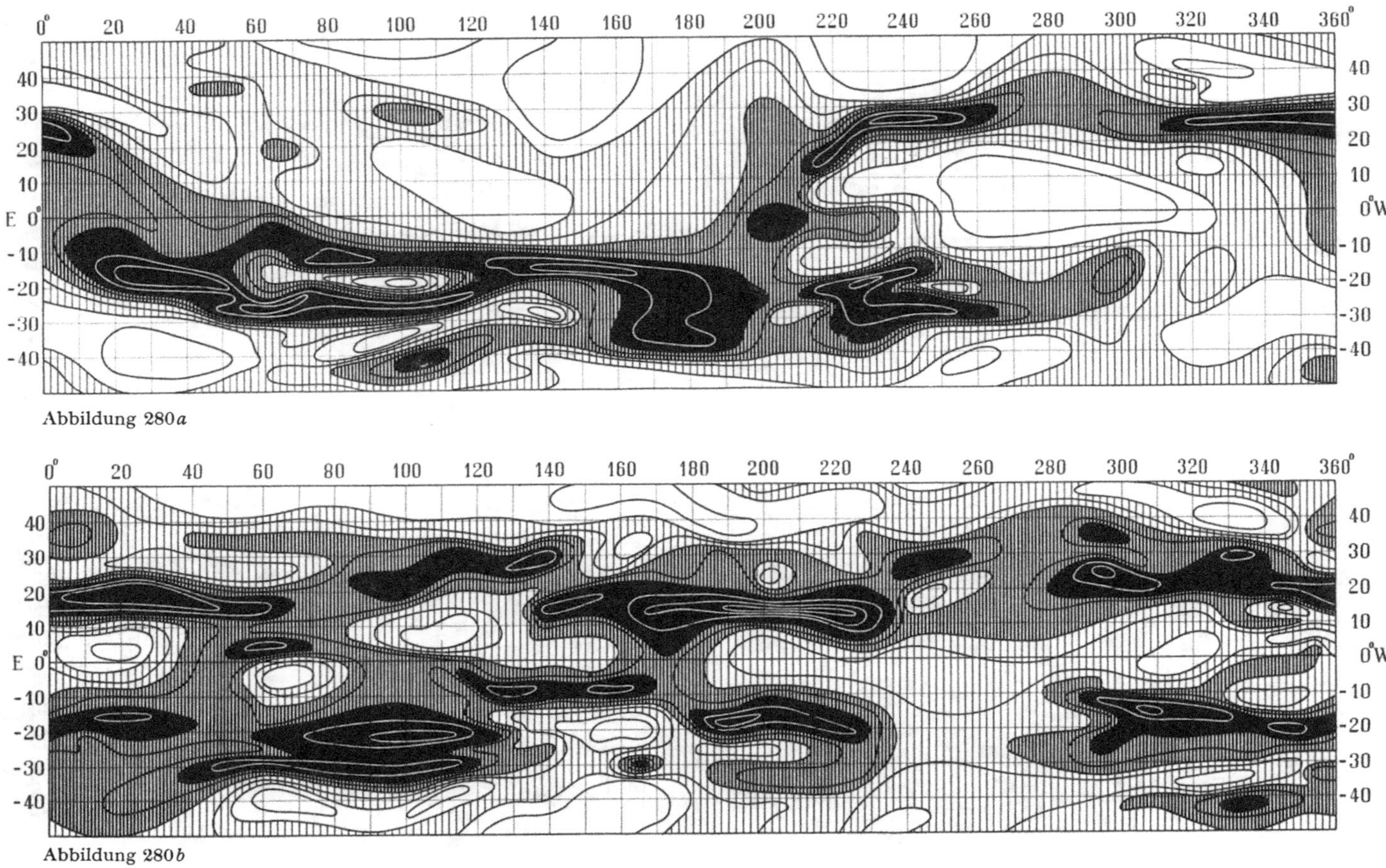

Abbildung 280a

Abbildung 280b

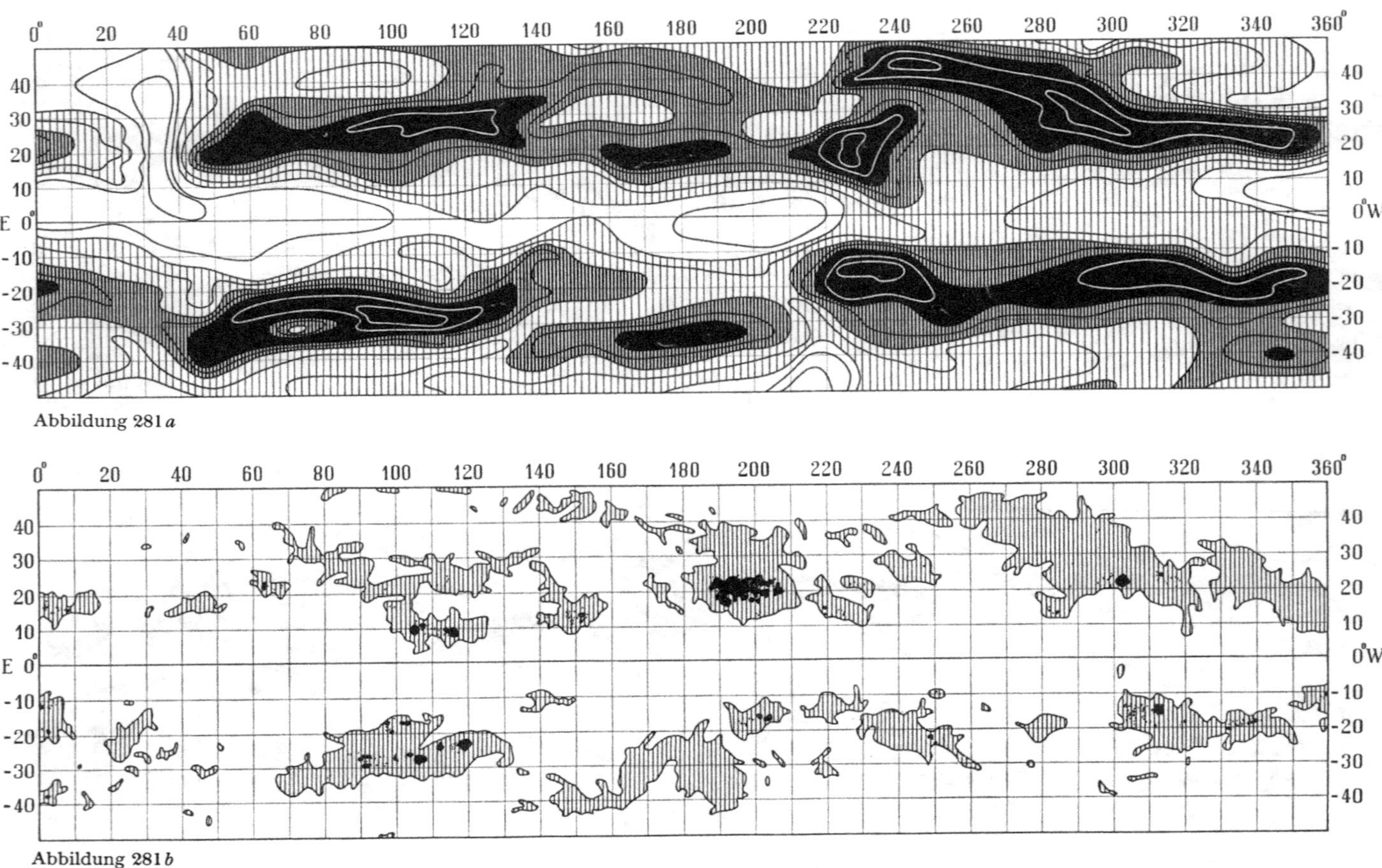

Abbildung 281 a

Abbildung 281 b

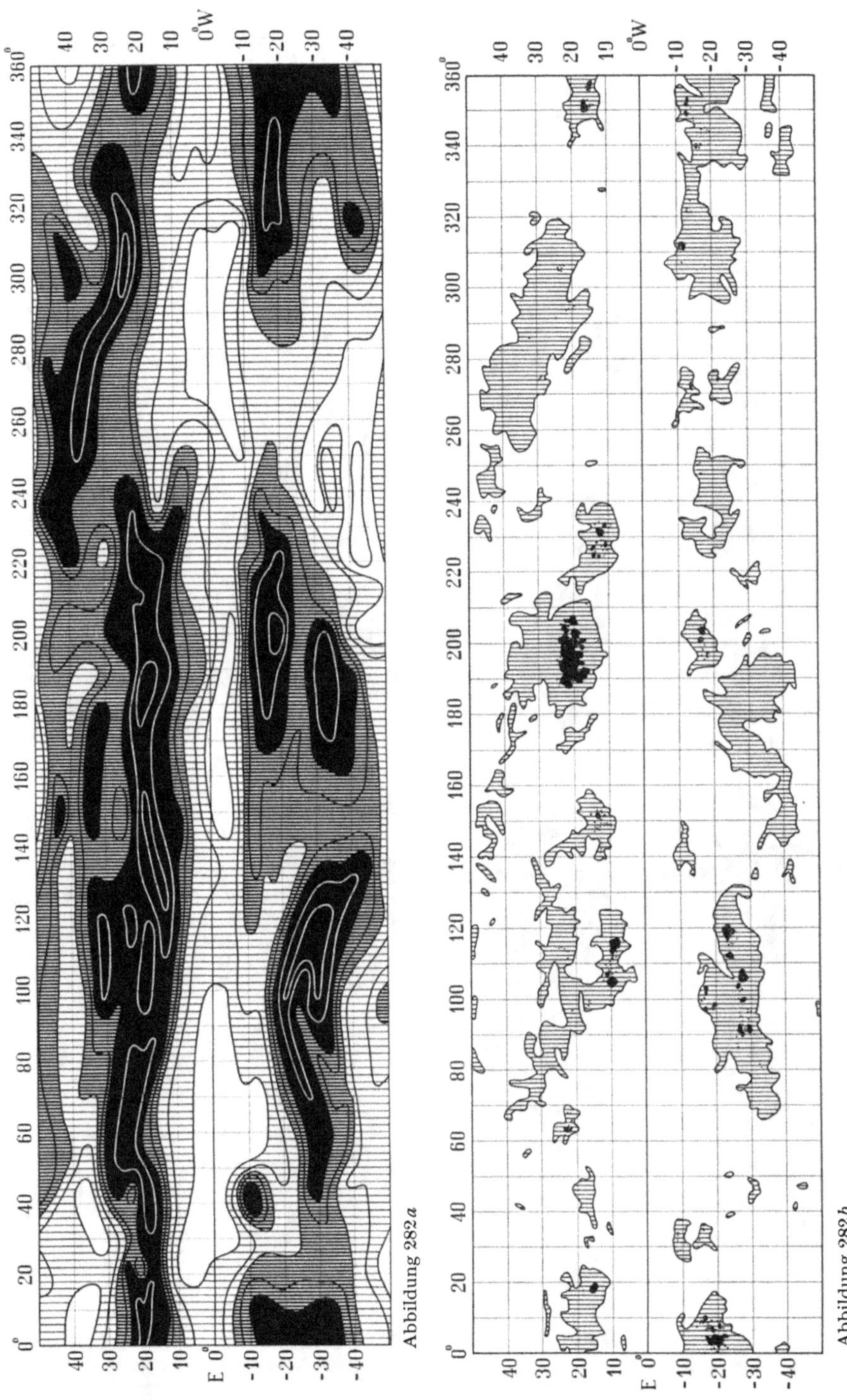

Abbildung 282a

Abbildung 282b

Waldmeier II/21

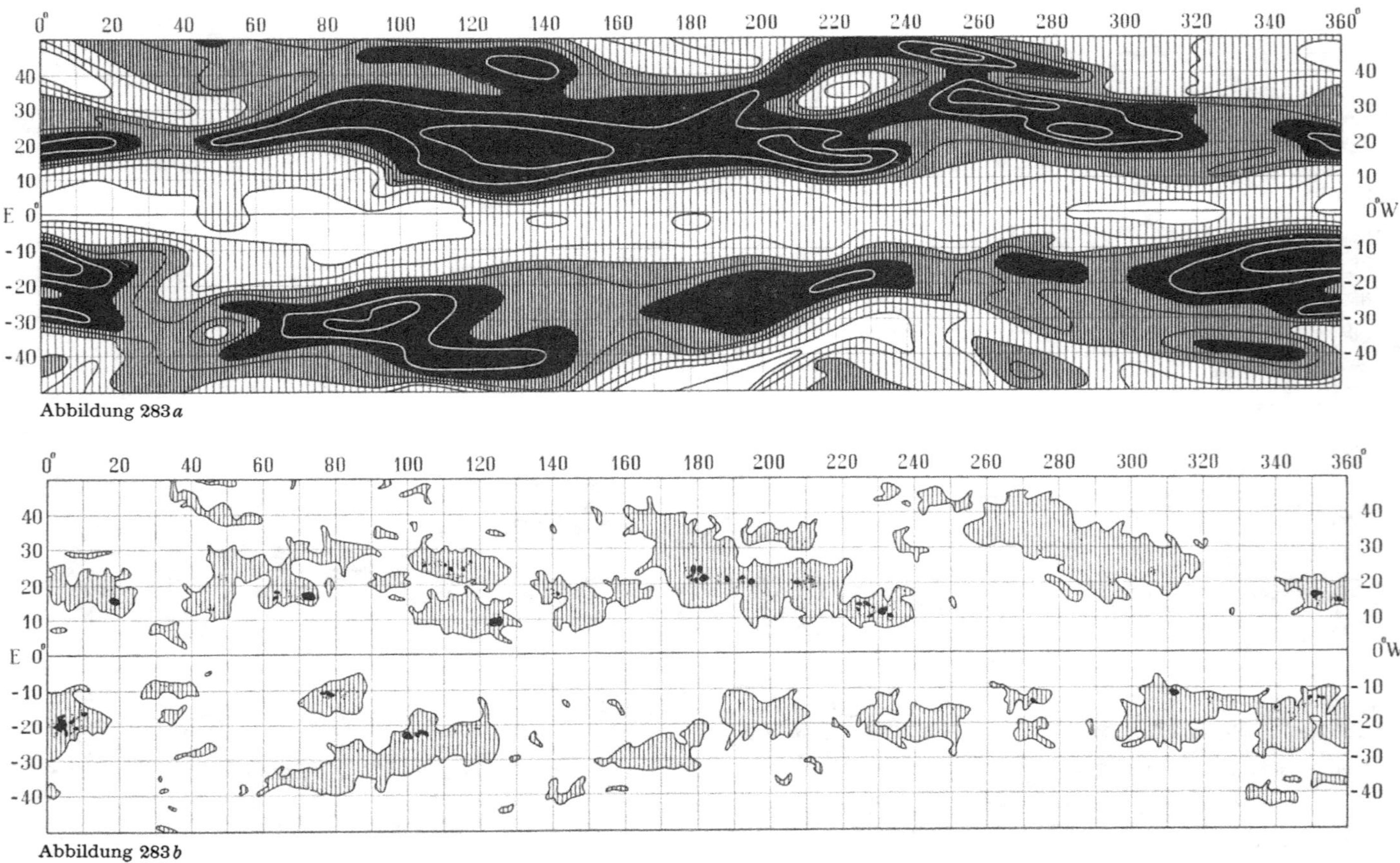

Abbildung 283a

Abbildung 283b

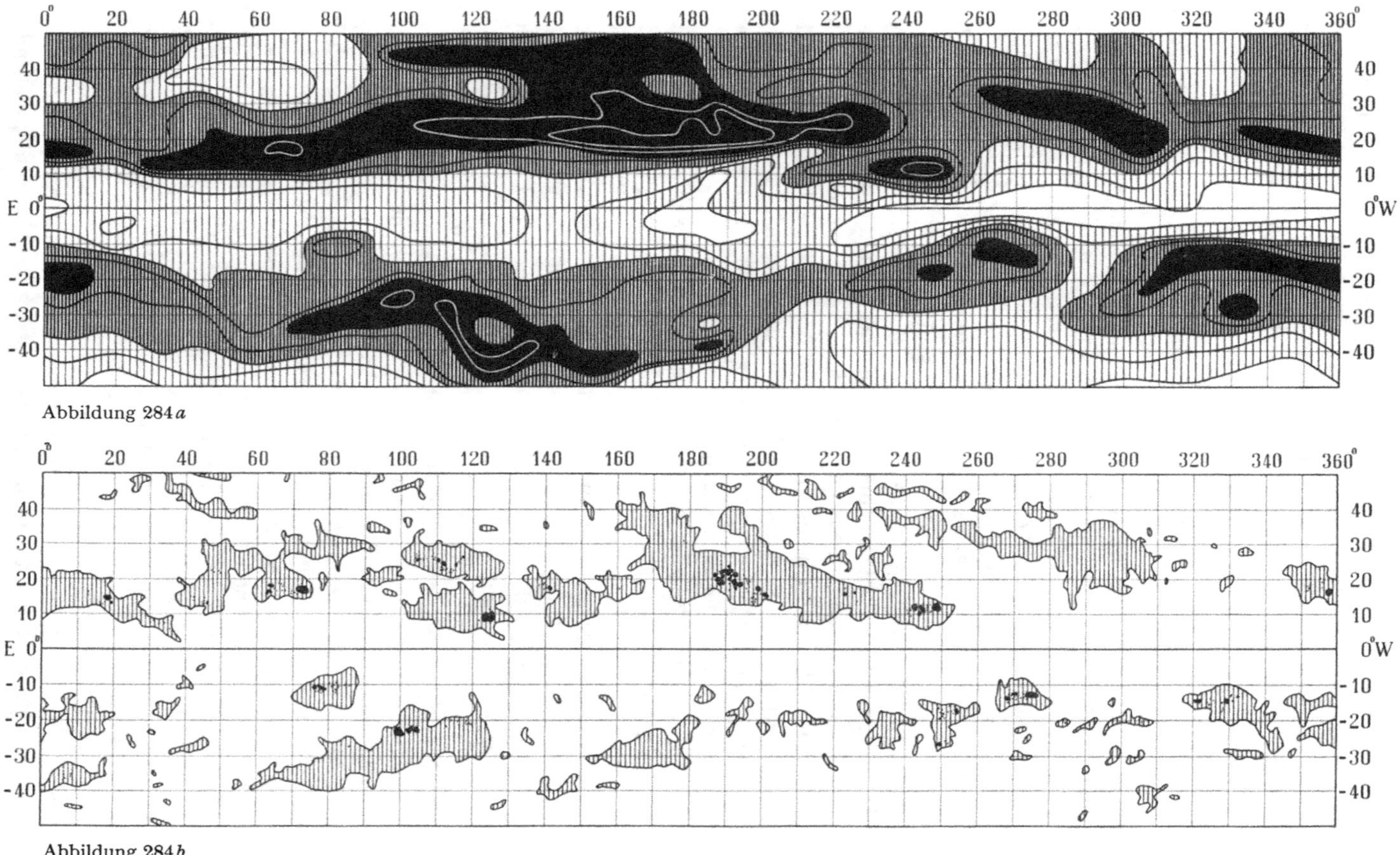

Abbildung 284a

Abbildung 284b

gruppen, welche bei $l = 34°$, $b = -8°$ bis $-16°$ entstanden, zur Zeit der Koronabeobachtung aber bereits wieder verschwunden waren. Nahezu unverändert
geblieben sind die Filamente von $l = 40°$ bis $130°$ und von $l = 160°$ bis $200°$.
Ganz neu ist das Emissionsgebiet mit Zentrum bei $l = 200°$, $b = -20°$. Die
Fleckengruppe bei $l = 200°$, $b = -17°$, welche dieses Gebiet ausgelöst hat, ist
in der Nähe des Ostrandes entstanden. In der damaligen Koronabeobachtung
macht sich an dieser Stelle nichts bemerkbar (Abb. 281 a). Die Gruppe hat sich
dann stark entwickelt bis zum Typus D und ist bereits zwei Tage vor Erreichung
des Westrandes wieder verschwunden. Bei der Beobachtung am Westrand
(Abb. 282 a) aber zeigt die Korona über der erloschenen Fleckengruppe ein sehr hel-
les und voll entwickeltes Filament. Das Verschwinden des Emissionszentrums bei
$l = 225°$, $b = -18°$ geht parallel mit der Auflösung der entsprechenden Fackeln.

Die folgende Karte (Abb. 283 a) zeigt wiederum nur im Detail, nicht aber in
den grossen Zügen, Veränderungen gegenüber Abbildung 282 a. Das grosse Filament der Nordhalbkugel hat seine Struktur vereinfacht; seine beiden Stellen
grösster Helligkeit liegen über den Gebieten stärkster photosphärischer Aktivität während der vorangegangenen Rotation. In dem Gebiet $l = 230°$ bis $320°$,
$b = 18°$ bis $50°$ ist das helle Filament ein getreues Abbild des nahezu fleckenfreien, aber beständigen und ausgedehnten Fackelfeldes zwischen $l = 230°$ und
$320°$, $b = 15°$ und $48°$. Auch das Filament von $l = 90°$ bis $150°$, $b = 45°$ dürfte
mit Ausläufern von Fackelfeldern (Abb. 282 b) in höheren Breiten zusammenhängen, welche allerdings im Aufbau lockerer und in der Helligkeit schwächer
sind als die Fackeln in der Fleckenzone.

Auf der Südhalbkugel hat bei $l = 0°$ die Intensität weiter zugenommen,
nachdem die das Emissionsgebiet verursachende Fleckengruppe ihre maximale
Entwicklung bereits überschritten hat. Der Strahl bei $l = 40°$, $b = -10°$ ist
nur noch andeutungsweise vorhanden, indem die dortigen kleinen Fackelgebiete schon beinahe wieder verschwunden sind. Das in den Abbildungen 283 b
und 284 b bei $l = 80°$, $b = -10°$ eingezeichnete Flecken- und Fackelgebiet, das
erst 3 Tage nach Passage des Ostrandes entstanden ist, zeigt auf der Karte
des Ostrandes (Abb. 283 a) keinerlei Andeutung, auf derjenigen des Westrandes
(Abb. 284 a) dagegen ein neues Emissionsgebiet im Umfang und in der Position
des Fackelherdes. Im Gebiet $l = 160°$ bis $230°$ haben sich die beiden Filamente
verschmolzen und abgeschwächt, indem in den photosphärischen Fackelgebieten keine neuen Flecken mehr aufgetreten sind und diese sich abgeschwächt
haben. Neu ist das Emissionsgebiet bei $l = 270°$, $b = -17°$, wo erst 1 bzw.
3 Tage nach Passage des Ostrandes 2 Fleckengruppen bei $l = 272°$, $b = -14°$
und $-22°$ entstanden sind. Auch das Filament in höherer Breite bei $l = 320°$
bis $350°$ fällt mit einem Fackelgebiet bei $l = 330°$ bis $345°$, $b = -41°$ zusammen.

Die Karte 284 a zeigt in dem am Westrand beobachteten Gebiet $l = 0°$ bis $180°$
ein allgemeines Verblassen der Filamente, abgesehen von der Verstärkung zwischen $l = 140°$ und $180°$, $b = 30°$ bis $50°$. Auch der am Ostrand beobachtete Teil
$l = 180°$ bis $360°$ zeigt vielmehr eine allgemeine Intensitätsabnahme als eine durch-
greifende Strukturänderung. Insbesondere erscheint das Filament bei $l = 260°$
bis $310°$, $b = 32°$ bis $20°$ stark reduziert, gleichzeitig mit einer entsprechenden

Reduktion des unterliegenden alten und beständigen Fackelfeldes. Neu ist das Emissionsgebiet bei $l = 245°$, $b = 12°$, an welcher Stelle sich bereits auf der Rückseite der Sonne eine Fleckengruppe gebildet hatte, welche auf der sichtbaren Seite den Typus E erreichte und zur Zeit der Koronabeobachtung etwa vom Typus C gewesen sein dürfte. Auf der südlichen Hemisphäre hat sich das Intensitätsmaximum abgeschwächt und nach $l = 320°$ bis $330°$, $b = -13°$ verlagert, an welcher Stelle auf der Sonnenrückseite eine Fleckengruppe entstanden war, welche bei ihrem Erscheinen am Ostrand bereits Typus D zeigte.

Schliesslich vergleichen wir die rote Koronakarte $280b$ mit der etwa gleichzeitigen grünen Koronakarte $281a$ und mit der photosphärischen Karte $281b$. Einzelne der intensiven roten Koronagebiete liegen an Stellen, wo die grüne Koronalinie schwach ist (Komplementarität). Hierzu gehört das intensive Maximum bei $l = 20°$ bis $30°$, $b = 17°$, wo die grüne Linie sehr schwach und die Photosphäre ungestört ist. Andere solche rote Strahlen liegen bei $l = 60°$, $b=4°$, bei $l = 120°$ bis $170°$, $b = -9°$ und bei $l = 180°$ bis $210°$, $b = -18°$ bis $-22°$. Andere Emissionsgebiete sind durch Flecken bedingt. Hiezu gehört hauptsächlich die Stelle grösster Intensität bei $l = 190°$ bis $220°$, $b = 15°$, wo sich die sehr grosse Fleckengruppe befindet. Das rote Filament von $l = 80°$, $b = 21°$ bis $l = 145°$, $b = 30°$ fällt mit einem entsprechenden Filament der grünen Karte zusammen. Auch die Struktur der roten Filamente von $l = 220°$ bis $360°$ schliesst sich derjenigen der grünen an, wenn auch die Intensitätsverteilung im einzelnen verschieden ist. Hingegen fehlt im roten Koronabild der kräftige Filamentausläufer nach $l = 240°$, $b = 45°$. Auf der Südhalbkugel ist ausser den erwähnten roten Filamenten, welche nicht mit grünen zusammenfallen, das Gebiet bei $l = 230°$, $b = -15°$, wo die grüne Linie kräftig emittiert wird, nicht aber die rote, bemerkenswert. In den beiden Fällen dieser Karte, wo einer grossen Grünintensität eine unverhältnismässig kleine Rotintensität entspricht, handelt es sich um Gebiete von fleckenlosen, bereits in Auflockerung begriffenen Fackelfeldern.

34. *Die Maximumsperiode 1947 bis 1949*

Die in den Abbildungen $285a$ und b dargestellten Koronakarten der grünen und der roten Linie aus der Zeit kurz vor dem Maximum zeigen auf den ersten Blick eine grosse Ähnlichkeit, während die vorangegangene Periode nur eine schwache und die Minimumsperiode eher eine negative Ähnlichkeit zeigte zwischen grüner und roter Korona. Auf der nördlichen Hemisphäre zeigen beide Karten ein etwa bei $l = 20°$, $b = 12°$ beginnendes und sich nach $l = 120°$, $b = 20°$ verbreiterndes Filament. Dann folgt für beide Linien von $l = 120°$ bis $170°$ ein Gebiet schwächerer Emission, das besonders in der roten Linie ausgeprägt ist. Von $l = 170°$ bis $210°$ liegen, sowohl in der grünen wie in der roten Linie zwei Filamente übereinander, das eine bei $b = 28°$, das andere bei $b = 18°$, von denen das nördlichere in beiden Linien das intensivere ist. Die Fortsetzung des Filamentes erfolgt längs $b = 20°$ mit einem weiteren Intensitätsmaximum auf beiden Karten bei $l = 260°$, $b = 20°$. Während sich das grüne Filament mit abnehmender Intensität bis $l = 360°$ auf etwa $b = 25°$ fortsetzt, biegt das rote Filament bei schnell abnehmender Helligkeit gegen den Äquator ab; im Gebiet $l = 310°$ bis $340°$, $b = 25°$, wo das grüne Filament liegt, erscheint die rote Linie sehr schwach. Die Ähnlichkeit bezieht sich auch auf Strukturen in höherer Breite, wie den Strahl bei $l = 260°$, $b = 41°$ und das Filament von $l = 320°$ bis $360°$ bei $b = 45°$. Auf der südlichen Hemisphäre ist die Übereinstimmung weniger eng. Zwar lassen sich die meisten Erscheinungen der einen Karte auf der andern wiederfinden, jedoch mit sehr verschiedener Intensität, so dass das Gesamtbild auf den ersten Blick wenig Ähnlichkeit zeigt. In ähnlicher Intensität treten das rote Filament von $l = 0°$ bis $100°$, $b = -15°$ und das entsprechende grüne Filament auf. Während das rote nur ein einziges Intensitätsmaximum bei $l = 30°$ bis $40°$, $b = -17°$, zusammenfallend mit dem entsprechenden grünen, aufweist, zeigt die grüne Karte ein weiteres Intensitätsmaximum bei $l = 93°$, $b = -8°$. Das rote Filament von $l = 110°$, $b = -5°$ bis $l = 160°$, $b = -12°$ ist in der grünen Karte nur schwach erkennbar, ebenso dasjenige von $l = 110°$, $b = -33°$ bis $l = 165°$, $b = -32°$, während dasjenige von $l = 30°$, $b = -37°$ bis $l = 120°$, $b = -20°$ in einer «Rinne» der Grünintensität liegt. Die grünen Strahlen bei $l = 210°$, $b = -8°$ und bei $l = 205°$, $b = -40°$ fehlen auf der roten Karte, während das lange grüne Filament von $l = 210°$, $b = -18°$ bis $l = 360°$, $b = -10°$ auch in der roten Karte auftritt, wobei beide ihre maximale Intensität im Gebiet $l = 280°$ bis $300°$ erreichen.

Die hier nicht dargestellte, photosphärische Karte[1] gibt neue Bestätigungen für die schon vielfach festgestellten Zusammenhänge zwischen Photosphäre und Korona. Im Gebiet $l = 0°$ bis $110°$ der nördlichen Halbkugel folgen die Emissionsgebiete den Umrissen der Fackelherde. Dann folgt von $l = 110°$ bis $170°$ ein photosphärisch und koronal wenig gestörtes Gebiet, in welches allerdings bei $l = 155°$, $b = +12°$ eine Fleckengruppe fällt, die sich in der Korona nicht bemerkbar macht. Auf der Südhalbkugel läuft ein Fackelband von $b = -10°$ bis $-30°$ oder $-40°$ fast ohne Unterbrechung um die ganze Sonne herum. Die Zuordnung einzelner Fackelgegenden zu bestimmten bestehenden oder aufgelösten Fleckengruppen ist kaum mehr möglich. Die bemerkenswerteste Erscheinung ist die riesige Fleckengruppe, welche sich von $l = 70°$ bis $100°$ und von $b = -15°$ bis $-30°$ erstreckt; sie fällt sowohl auf der roten wie auf der grünen Karte in ein Gebiet minimaler Intensität, welches von Bändern höherer Intensität flankiert wird, worauf schon in dem analogen, in Abbildung 264a auftretenden Beispiel hingewiesen worden ist. Es ist dies dasselbe Verhalten, wie es bereits bei der sehr grossen Fleckengruppe vom Juli 1946 beobachtet worden ist. Auch eine E-Gruppe bei $l = 130°$ bis $140°$, $b = -16°$ fällt auf beiden Karten auf ein Gebiet minimaler Linienintensität. Wo gelegentlich Fleckengruppen am Rande der Fleckenzone auftreten, wie zum Beispiel bei $l = 122°$, $b = -3°$ und bei $l = 148°$, $b = -38°$ zeigt auch die 6374-Emission eine Verstärkung an.

Im Gebiet $l = 175°$ bis $200°$ liegen verschiedene Fleckengruppen in verschiedenen Etagen, weshalb in Abbildung 285a auch zwei Filamente übereinander

---

[1] Publ. Eidg. Sternw. *9*, H. 2, Rotation 1251 und 1252.

beobachtet werden. Der weitere Verlauf des Filamentes von $l = 210°$ bis $340°$ ist durch eine Reihe von kleineren alten und neuen Fleckengruppen bei $l = 212°$, $b = 19°$, bei $l = 220°$, $b = 18°$, bei $l = 226°$, $b = 13°$, bei $l = 255°$, $b = 16°$, bei $l = 264°$, $b = 18°$, bei $l = 270°$, $b = 17°$ und bei $l = 279°$, $b = 20°$ markiert. Die Südhalbkugel zeigt zwischen $l = 210°$ und $240°$ schwache photosphärische Aktivität, was auch in der geringen Intensität der roten Koronalinie zum Ausdruck kommt. Die nicht unbedeutenden Emissionsgebiete der grünen Linie in diesem Gebiet gehen auf Tätigkeitsherde der vorhergehenden Rotation zurück, nämlich einen bei $l = 203°$, $b = -11°$ und einen solchen bei $l = 240°$, $b = -20°$. Schliesslich hängt die erhöhte Linienemission im Gebiet $l = 270°$ bis $320°$, $b = -8°$ bis $-23°$ mit einigen in derselben und in den beiden vorangegangenen Rotationen aufgetretenen Fleckengruppen bei $l = 277°$, $b = -20°$, bei $l = 288°$, $b = -17°$ und bei $l = 300°$ bis $320°$, $b = -15°$ zusammen.

Die 12 folgenden Abbildungen $286a$ bis $291b$ umfassen je 3 simultane Karten der Photosphäre, der grünen und der roten Korona von Mitte Juli bis Mitte September 1947. Diese Karten der Phase grösster Sonnenaktivität sind so ausserordentlich reichhaltig, dass es völlig unmöglich ist, auf alle Erscheinungen hinzuweisen. Auch sind die Flecken- und Fackelgruppen (bis zu 103 pro Rotation!) so dicht gedrängt, dass man ihre individuellen Wirkungen auf die Korona kaum noch erkennen kann, besonders auch wegen der Mitbestimmung durch die photosphärische Aktivität in den unmittelbar vorangegangenen Rotationen. Trotzdem die Vergleichung Punkt für Punkt dieser 12 Karten sehr lehrreich ist, müssen wir uns hier mit einigen wenigen Hinweisen begnügen.

Die ersten beiden Koronakarten $286a$ und $287a$ zeigen im grossen und ganzen denselben Verlauf der Filamente. Eine Vergleichung mit der photosphärischen Karte $286b$ ist nicht gut möglich, weil die Fackelfelder fast ohne Unterbrechung die ganze Fleckenzone überdecken. Erst eine Differenzierung der Fackeln nach Helligkeit und Dichte könnte weitergehende Aufschlüsse über den Zusammenhang Fackeln–Korona liefern. Von den grösseren Fleckengruppen haben zur Zeit der Beobachtung der beiden Koronakarten die folgenden bestanden: $l = 80°$ bis $90°$, $b = 29°$; $l = 135°$ bis $152°$, $b = 12°$; $l = 170°$ bis $185°$, $b = 11°$; $l = 188°$ bis $207°$, $b = 31°$ bis $20°$; $l = 320°$, $b = 20°$; $l = 83°$, $b = -13°$; $l = 210°$, $b = -30°$; $l = 263°$ bis $282°$, $b = -9°$ und $l = 304°$ bis $324°$, $b = -17°$. An der Stelle der Fleckengruppe $l = 85°$, $b = 29°$ hat die rote Linie ein kräftiges Maximum, während dasjenige der grünen nach $l = 72°$, $b = 26°$ verschoben ist. Diese Verschiebung braucht jedoch nicht reell zu sein, indem bei $l = 80°$ die Beobachtungen vom Ost- und Westrand zusammenstossen und durch die Überführung der Isophoten an dieser Diskontinuitätsstelle das Koronabild (besonders bei starker Aktivität) verfälscht wird. Die in derselben Länge, aber auf der südlichen Halbkugel liegende Gruppe bei $l = 83°$, $b = -13°$ weist sowohl in der grünen wie in der roten Koronakarte ein Intensitätsmaximum auf, diejenige bei $l = 145°$, $b = 12°$ nur in der roten und die Riesengruppe bei $l = 176°$, $b = 12°$ weder in der einen noch in der andern. Damit bestätigt sich erneut, dass über den ganz grossen Gruppen die Linienintensität reduziert erscheint. Der Fleckenkomplex bei $l = 187°$ bis $208°$,

$b = 30°$ bis $20°$ scheint in beiden Karten Intensitätsmaxima zu erzeugen, wenn auch in photosphärisch weniger gestörter Nachbarschaft, zum Beispiel bei $l = 230°$, $b = 10°$ bis $20°$ ebenso grosse oder höhere Intensitäten auftreten. Die Fleckengruppe bei $l = 210°$, $b = -30°$ liegt auf der grünen Karte in einem Sattelpunkt, auf der roten in einem Minimum. Bei $l = 270°$, $b = -12°$, wo man ein Intensitätsmaximum der Gruppe $l = 263°$ bis $282°$, $b = -9°$ erwarten könnte, zeigt nur die rote Linie ein solches, die grüne dagegen ein Minimum. Der ausgedehnte Fleckenkomplex bei $l = 304°$ bis $324°$, $b = -17°$ zeigt in der roten Karte erwartungsgemäss ein hohes Intensitätsmaximum, während in der grünen Karte das koronale Filament wohl über die Fleckengruppe hinwegzieht, an deren Stelle jedoch minimale Intensität aufweist. Über der relativ kleinen Gruppe $l = 320°$, $b = 20°$ (Typus D) zeigen beide Linien Intensitätsmaxima.

Die Fortsetzung wird durch die photosphärische Karte 288a und die koronalen 287b und 288b dargestellt. Von der kleinen Fleckengruppe $l = 5°$, $b = 17°$, über welcher die grüne, nicht aber die rote Linie ein Intensitätsmaximum besitzt, erstreckt sich das grüne Filament über die kleine Fleckengruppe bei $l = 43°$, $b = 10°$ bis nach $l = 60°$. Nördlich von diesem Filament, das auch in der roten Karte wieder erkannt werden kann, liegt ein Gebiet, in welchem die grüne Linie besonders schwach, die rote aussergewöhnlich intensiv ist (Komplementarität). Im Gebiet $l = 70°$ bis $140°$ sind die Fackelfelder nach grösseren Breiten verschoben und gleichzeitig auch die koronalen Filamente. Bemerkenswert ist auf diesen Karten, dass die Äquatorminima in der grünen und roten Linie an derselben Stelle auftreten (keine Komplementarität), nämlich von $l = 25°$ bis $50°$, von $70°$ bis $120°$, von $180°$ bis $230°$ und bei $330°$. Bei $l = 70°$ bis $100°$, $b = 30°$ haben beide Linien, wie in der vorangegangenen Rotation, als an dieser Stelle eine grosse Fleckengruppe aufgetreten war, ein Intensitätsmaximum. Die noch junge Gruppe bei $l = 113°$, $b = 19°$ erzeugt in beiden Karten Intensitätserhöhungen. Der riesige Fackelherd, der in der vorhergehenden Rotation (Abb. 286b) von $l = 110°$ bis $270°$ reicht, wird von dem grünen Filament, das sich von $l = 120°$, $b = 25°$ nach $l = 280°$, $b = 10°$ ausdehnt, überdeckt. Bei der grossen Erstreckung desselben in heliographischer Breite ist seine starke Gliederung, wie auch diejenige des entsprechenden Filamentkomplexes der roten Linie nicht verwunderlich. An der Stelle der alten Fleckengruppe Typus G bei $l = 150°$, $b = +15°$ zeigen beide Koronakarten auffallend geringe Intensitäten. An die Stelle der Riesengruppe bei $l = 180°$, $b = +12°$ der vorangegangenen Rotation ist ein weitverzweigtes Fleckenfeld getreten, das von $l = 180°$ bis $210°$ und von $b = 10°$ bis $20°$ reicht und über welchem beide Koronalinien maximale Intensität aufweisen. Die in der photosphärischen Karte eingetragene Gruppe bei $l = 228°$, $b = 9°$ hat zur Zeit der Koronabeobachtung noch nicht existiert. Von $l = 240°$, $b = 25°$ nach $l = 270°$, $b = 15°$ zieht sich ein fackelfreier Kanal, der in der grünen Linie zu einer tiefen «Rinne» Anlass gibt. Ein zweiter fackelfreier Kanal liegt bei $l = 295°$, wo die Grünintensität ebenfalls reduziert und das koronale Filament eingeschnürt ist. Bemerkenswert ist das rote Filament von $l = 320°$, $b = 42°$ nach $l = 360°$, $b = 32°$, für welches in der grünen Karte keine entsprechende Erscheinung vorliegt.

Dem grossen, südlichen und dichten Fackelherd von $l = 0°$ bis $100°$ ist ein Gebiet erhöhter Linienemission überlagert mit zwei Filamenten am nördlichen und südlichen Rand desselben, während dazwischen von $l = 0°$, $b = -30°$ nach $l = 80°$, $b = -20°$ in beiden Koronakarten eine «Rinne» verläuft. Jetzt zeichnen sich, besonders in der roten Linie, die Stellen $l = 83°$, $b = -11°$ und $l = 104°$, $b = -21°$, an welchen in der vorangegangenen Rotation grosse Fleckengruppen bestanden haben, durch grosse Intensität aus, während in der grünen Linie sich die neue D-Gruppe bei $l = 91°$, $b = -22°$, besonders bemerkbar macht. Das Band läuft weiter und erreicht in beiden Linien bei $l = 170°$, wo in der laufenden und in der vorangegangenen Rotation Fleckengruppen vom Typus C bis D aufgetreten waren, seine grösste Intensität. Der weitere Verlauf geht über $l = 200°$, $b = -20°$ nach $l = 230°$, $b = -13°$, und zwischen $l = 230°$ und $280°$, $b = -25°$ bis $-6°$ erreichen beide Linien im Gebiet grosser und ausgedehnter Fleckengruppen wiederum höchste Intensitäten. Der alte J-Fleck bei $l = 192°$, $b = -33°$ erzeugt in der grünen Karte einen Strahl, während die Gruppe bei $l = 220°$, $b = -20°$ keinen Effekt zeigt, was durchaus normal ist, indem diese erst zwei Tage nach Passage des Ostrandes (wo die Koronabeobachtung stattgefunden hat) entstanden ist. An Stelle des grünen Filamentes von $l = 230°$ bis $280°$, $b = -37°$ bis $-42°$ zeigt die rote Linie minimale Intensität. Über der grossen Fleckengruppe bei $l = 314°$, $b = -18°$ zeigt die grüne Linie wieder maximale Intensität, während das rote Maximum nach $b = -25°$ verschoben ist. Von hier aus bis $l = 360°$ (und Fortsetzung von $l = 0°$ bis $80°$) spaltet sich das Filament wieder auf, indem der eine Ast dem nördlichen, der andere dem südlichen Rand des mächtigen, von $b = -10°$ bis $-40°$ reichenden fleckenfreien Fackelherdes folgt.

Die drei folgenden Karten $289a$, b und $290a$ zeigen die Sonne immer noch in maximaler Aktivität, wenn auch die grossen Fleckenherde sich bereits etwas beruhigt haben. Das grüne Filament (Abb. $289a$) bei $l = 0°$ bis $60°$, $b = 20°$ hat sich abgeschwächt, ebenso der Kanal bei $l = 60°$, $b = 20°$. Die sehr kleine Fleckengruppe bei $l = 55°$, $b = 28°$ erzeugt bei $l = 56°$, $b = 32°$ einen grünen und einen roten Strahl. Die D-Gruppe bei $l = 27°$, $b = 30°$ war zur Zeit der Koronabeobachtung noch nicht entstanden, weshalb sich in den Koronakarten auch keine Andeutung derselben zeigt. Der Einschnitt der Fackelgebiete bei $l = 100°$ macht sich besonders in der roten Koronakarte bemerkbar. Über dem breiten und von $l = 110°$ bis $240°$ reichenden Fackelkomplex hat sich das grüne Filament weitgehend abgerundet und seine maximale Intensität (offenbar zufolge der differentiellen Rotation) nach $l = 140°$ bis $180°$ verlagert. Mitten in diesem Fackelgebiet zeigt die rote Karte eine tiefe von $l = 140°$, $b = 27°$ bis $l = 190°$, $b = 20°$ reichende «Rinne», die bereits in der vorangegangenen Karte vorhanden war und zu welcher noch eine kleinere bei $l = 185°$, $b = 14°$ gekommen ist. Neue Gebiete erhöhter Intensität sind zusammen mit neuen Fleckengruppen bei $l = 236°$, $b = 11°$ und bei $l = 276°$, $b = 18°$ aufgetreten. Die bei $l = 336°$, $b = 11°$ in Abbildung $289b$ eingetragene D-Gruppe ist erst fünf Tage nach der Koronabeobachtung entstanden.

Auf der Südseite hat sich das Doppelfilament $l = 0°$ bis $100°$ abgeschwächt und seine Maximalintensität nach $l = 83°$, $b = -24°$ (Abb. $289a$) bzw. $l = 92°$,

$b = -15°$ (Abb. 290a) verlegt, wo bei $l = 80°$ bis 95°, $b = -12°$ bis $-23°$ neue Fleckengruppen entstanden sind. Der sowohl in der grünen wie in der roten Karte bei $l = 58°$, $b = -35°$ aufgetretene Strahl ist durch die photosphärischen Erscheinungen nicht erklärbar. Die Fleckengruppe bei $l = 140°$, $b = -20°$, welche erst nach Passage des Ostrandes entstanden ist, sich zum Typus D entwickelt hat und mit Annäherung an den Westrand bereits wieder in Auflösung begriffen war, zeigte am Ostrand in der Korona noch keinerlei Voranzeichen (Abb. 287b), bei der Beobachtung am Westrand jedoch ein kräftiges grünes Emissionsgebiet (Abb. 289a). Auch die rote Karte zeigt bei $l = 140°$, $b = -22°$ eine Verstärkung der Linienemission. Die beiden bei der Passage des Westrandes schon nahe vor ihrer Auflösung stehenden Fleckengruppen bei $l = 172°$, $b = -27°$ und bei $l = 194°$, $b = -32°$ machen sich in der grünen Koronakarte noch immer durch kräftige Strahlen bei $l = 172°$, $b = -31°$ und bei $l = 187°$, $b = -41°$ bemerkbar, und in der roten Karte durch einen solchen bei $l = 183°$, $b = -31°$. Charakteristisch ist auch das Verhalten der Stelle bei $l = 220°$, $b = -20°$, an welcher sich auf der sichtbaren Hemisphäre eine E-Gruppe gebildet hat. Die Stelle zeigt deshalb am Ostrand (Abb. 287b und 288b) schwache Linienintensität, am Westrand (Abb. 289a und 290a) dagegen in beiden Koronalinien starke Emissionsgebiete. Von $l = 260°$ bis 360° besteht die hohe Intensität als Folge der intensiven Fleckentätigkeit in diesem Gebiet während der vorangegangenen Rotation weiter. Hingegen sind in der praktisch fleckenfreien Zone $l = 320°$ bis 360° die ausgedehnten Fackelfelder in ihrer Auflösung weiter fortgeschritten und dementsprechend die Linienintensitäten stark zurückgegangen.

Die drei letzten Karten dieser Serie (Abb. 290b, 291a und b) zeigen die Fortsetzung dieser Entwicklung. Geringe Intensitäten längs des Äquators finden sich in beiden Linien von $l = 40°$ bis 170°. Auf der Nordseite hat sich von $l = 30°$ bis 70°, bei $b = 9°$ bis 15° eine Kette von Fleckengruppen gebildet, über welcher auch ein kräftiges rotes Filament entstanden ist, während in der grünen Koronakarte diese frische Aktivität nur andeutungsweise zum Ausdruck kommt. Der in der vorangegangenen Rotation bei $l = 58°$, $b = 32°$ in Zusammenhang mit einer sehr kleinen Fleckengruppe beobachtete Strahl ist vollständig verschwunden, ebenso seine filamentförmige Fortsetzung bis $l = 100°$. Die neue Fleckengruppe bei $l = 90°$, $b = 15°$ hat zur Zeit der Koronabeobachtung noch nicht existiert. Das grosse, die früheren Karten beherrschende Filament befindet sich ebenfalls im Abbau, besonders an seiner äquatorialen Seite. Die maximalen Intensitäten sowohl der roten wie der grünen Linie folgen von $l = 180°$ bis 220°, $b = 25°$ bis 12° einer Kette von neuen Fleckengruppen, während auch noch über der Fleckenkette von $l = 170°$ bis 200°, $b = 10°$ der vorangehenden Rotation, wo sich jetzt nur noch einige kleine Flecken befinden, ein filamentförmiger Ausläufer liegt. Nachdem das grosse Filament bei $l = 240°$ in der Nähe der Fleckengruppe $l = 235°$, $b = 11°$ den kleinsten Äquatorabstand erreicht hat, biegt dasselbe wieder nordwärts, den Fleckengruppen folgend; allerdings ist die in diesem Abschnitt beobachtete Koronaintensität nicht auf die grossen Fleckengruppen bei $l = 300°$ und 340° zurückzuführen, welche zur

Zeit der Koronabeobachtung noch nicht existiert haben, sondern mehr auf diejenigen bei $l = 314°$, $b = 20°$ und bei $l = 336°$, $b = 11°$ in der vorangegangenen Rotation. Das erwähnte grosse Filament zeigt von $l = 160°$, $b = 30°$ an einen Ausläufer nach höheren Breiten, der in der roten Karte bei etwa $l = 110°$, in der grünen bei etwa $l = 100°$ den Bildrand ($b = 50°$) erreicht, wo, wie schon in der vorangegangenen Rotation, auch die Fackeln über $b = 50°$ hinausreichen. Im Bereich $l = 240°$ bis $340°$ reicht von $b > 50°$ ein Filament in die rote Koronakarte hinein, während gleichzeitig die grüne Linie in diesem Bereich besonders schwach ist (Komplementarität).

Auf der Südhalbkugel ist der Bereich $l = 0°$ bis $130°$ bis auf den alten J-Fleck bei $l = 10°$, $b = -20°$ praktisch fleckenfrei, indem die Kette von kleinen Fleckengruppen von $l = 65°$, $b = -6°$ bis $l = 105°$, $b = -18°$ erst nach der Koronabeobachtung entstanden ist. Die Intensität der grünen Linie hat deshalb in diesem Bereich allgemein abgenommen, während diejenige der roten Linie neben dieser allgemeinen Abnahme örtliche Zunahmen zeigt wie bei $l = 10°$, $b = -8°$ und bei $l = 90°$, $b = -27°$. Das rote Hauptfilament, das mit dem grünen bei $l = 63°$, $b = -18°$ ein Intensitätsmaximum gemeinsam hat, erreicht im Gebiet $l = 130°$ bis $160°$, $b = -8°$ bis $-25°$, wo auch die grüne Linie maximale Intensitäten aufweist und die beiden neuen Fleckengruppen $l = 145°$, $b = -18°$ und $l = 165°$, $b = -13°$ liegen, seine grösste Helligkeit. Deutlich spielen in dieser Koronastruktur auch die Nachwirkungen von der vorausgegangenen Rotation mit. Bei $l = 200°$ setzt das grüne Filament erneut kräftig ein, verläuft in $15°$ bis $18°$ Breite bis $l = 300°$ über eine lange Kette von Fleckengruppen in etwas niedrigerer Breite hinweg. In den höheren Breiten lässt sich wieder verschiedentlich ein komplementäres Verhalten zwischen den roten und grünen Filamenten feststellen: in dem grünen Filament von $l = 0°$, $b = -42°$ bis $l = 40°$, $b = -30°$ ist die rote Linie abgeschwächt, ebenso in demjenigen von $l = 130°$ bis $165°$, $b = -40°$, während in dem roten Filament von $l = 45°$, $b = -30°$ bis $l = 70°$, $b = -40°$ die grüne Linie abgeschwächt ist.

Die beiden folgenden Abbildungen 292a und b zeigen die Karte der grünen Korona und der Photosphäre aus der ersten Hälfte März 1948. Wenn auch die Sonnenaktivität noch sehr hoch ist, lässt sich doch gegen 1947 eine Abnahme bemerken, die sich hauptsächlich darin äussert, dass die Fackelherde nicht mehr zusammenhängende, die ganze Sonne umspannende Gürtel bilden, sondern individuell abgegrenzt sind und sich wieder einzelnen Fleckengruppen zuordnen lassen. Dadurch können auch die koronalen Strukturen wieder besser mit den photosphärischen in Zusammenhang gebracht werden, was im Maximumsjahr 1947 nur noch summarisch möglich gewesen ist. Auf der Nordhalbkugel zieht sich längs der Hauptzone ein Filament von $l = 0°$ bis $150°$ in einer Breite von $10°$ bis $20°$. Zwischen $l = 20°$ und $70°$ liegen 6 Fleckengruppen (von denen diejenige bei $l = 35°$, $b = 16°$ besonders gross ist), über welchen die maximale Linienintensität erreicht wird. Die Verbreiterung des Filamentes unmittelbar vor seinem Ende ist auf eine Fleckengruppe bei $l = 138°$, $b = 20°$ zurückzuführen. Der folgende Abschnitt von $l = 150°$ bis $220°$ war bei der Koronabeobachtung fleckenfrei, wodurch die geringen Intensitäten von $l = 150°$

bis 190° verständlich sind; hingegen bleibt die sehr grosse Intensität bei $l = 209°$, $b = 30°$ unerklärt, indem dort keine besondere photosphärische Aktivität aufgetreten ist, auch nicht in der vorangegangenen Rotation. Ein zweites sehr intensives Emissionsgebiet in ungefähr derselben Breite liegt über der grossen von $l = 230°$ bis 246° reichenden Fleckengruppe, nämlich zwischen 230° und 250°, $b = 28°$. Die Erklärung für das erste Gebiet bei $l = 209°$, $b = 30°$ könnte vielleicht folgendermassen gefunden werden: über grossen Fleckengruppen wie derjenigen bei $l = 238°$, $b = 23°$ (Typus F) treten dauernd Fluktuationen der Intensität auf. Es scheint nicht ausgeschlossen, dass zwei Tage, nachdem der Mittelpunkt der Fleckengruppe den Ostrand passiert hatte, eine solche starke Helligkeitszunahme zur Zeit der Koronabeobachtung stattgefunden hat, die sich in grosser Höhe und damit über den Sonnenrand hinaus bemerkbar gemacht hat (vgl. den ähnlichen in Abb. 15 dargestellten Fall). Da aber bei der Konstruktion der Koronakarten alle Intensitäten derjenigen Länge zugeordnet werden, welche im Beobachtungsmoment gerade am Sonnenrand steht, können gelegentlich Verschiebungen der Struktur auftreten, die nicht reell sind. Der Koronastrahl bei $l = 210°$, $b = 30°$ könnte aber noch eine einfachere Erklärung finden durch das Zurückbleiben der aus den Fleckenherden bei $l = 225°$ bis 250°, $b = 23°$ der vorhergehenden Rotation entstandenen Fackelfelder. Dann würde das Maximum bei $l = 210°$, $b = 30°$, der gewesenen, dasjenige bei $l = 240°$, $b = 23°$ der momentanen Fleckentätigkeit entsprechen. Auch der Ausläufer des Filamentes längs $b = 20°$ bis $l = 320°$ mit einem Maximum über einem fleckenlosen Fackelherd bei $l = 301°$, $b = 16°$ geht auf bereits abgeklungene photosphärische Aktivität zurück. Hingegen fällt das kleine Maximum bei $l = 321°$, $b = 9°$ mit einer neuen Gruppe bei $l = 322°$, $b = 6°$ zusammen.

Auf der Südhalbkugel wird die Sonne längs der Hauptzone von einem ununterbrochenen Filament umspannt. Dasselbe folgt den Fleckengruppen wie zum Beispiel denjenigen bei $l = 18°$, $b = -23°$, bei $l = 30°$, $b = -14°$ und $l = 60°$, $b = -21°$. Im übrigen folgen die Emissionsgebiete eher den alten Fackelgebieten; dies gilt besonders für die intensiven Stellen von $l = 90°$ bis 150° und von 200° bis 280°. Von dem grossen Fackelkomplex von $l = 190°$ bis 270° (Abb. 292b) spaltet sich bei $l = 200°$, $b = -35°$ ein Ast ab, welcher polwärts verläuft und bei $l = 120°$ den Kartenrand erreicht. Über diesem Ast liegt ein grünes Filament, das bei $l = 115°$, $b = -46°$ seine grösste Intensität erreicht.

Die folgende Karte (Abb. 293a) zeigt auf der Nordseite das wenig veränderte Filament von $l = 0°$ bis 120°, das in der Fackelverteilung vorgezeichnet (Abb. 293b) und auch in der roten Koronakarte (Abb. 294a) enthalten ist. Für die erst nach der Koronabeobachtung am Nordrand des Filamentes bei $l = 46°$, $b = 21°$ entstandene E-Gruppe sind keine koronalen Voranzeichen vorhanden. Das rote Filament von $l = 20°$, $b = 40°$ bis $l = 60°$, $b = 22°$ liegt am Rand eines Fackelherdes der vorangegangenen Rotation. Auch die Struktur auf der bei der Koronabeobachtung nahezu fleckenlosen Südseite ist durch Aktivität in der vorangehenden Rotation bestimmt, wo drei Gruppen mit Schwerpunkt bei $l = 22°$, $b = -20°$, eine E-Gruppe bei $l = 60°$, $b = -20°$ und zwei Gruppen mit

Schwerpunkt bei $l = 70°$, $b = -10°$ aufgetreten waren. Das in beiden Korona-linien auftretende Intensitätsmaximum bei $l = 145°$, $b = 17°$ liegt über kleinen Fleckengruppen von $l=138°$ bis 162°, bei $b=20°$. Über der sehr grossen F-Grup-pe bei $l=240°$, $b=23°$ zeigen beide Koronakarten Intensitätsminima, welche aber, besonders nach höheren Breiten, von sehr grossen Intensitäten flankiert sind. Das grüne Filament verläuft jedoch über $l=260°$, $b=38°$ nach $l=280°$, $b=50°$, wovon in der roten Karte nur eine Andeutung erkennbar ist, während der rote Hauptast nach $l=270°$, $b=25°$ abbiegt in ein Gebiet minimaler Intensität der Linie 5303. Auf der grünen Karte findet sich ferner, wie schon in der vorangegangenen Karte, ein starkes Emissionsgebiet bei $l=250°$, $b=7°$, in welchem die Rotintensität äusserst gering ist. Auf eine Zone ge-ringer photosphärischer Aktivität von $l=280°$ bis 290°, welche besonders in der roten Koronakarte zum Ausdruck kommt, folgt von $l=300°$ an bei 15° bis 20° ein normales Filament, wesentlich bedingt durch die auf der Rückseite der Sonne bei $l=326°$, $b=15°$ entstandene E-Gruppe. Das grosse grüne Fila-ment der Südseite biegt von $l=120°$ an äquatorwärts und erreicht über drei kleinen Fleckengruppen mit Schwerpunkt bei $l=150°$, $b=-10°$ maximale Intensität, ebenso die rote Linie. In dem folgenden bis $l=190°$ fleckenfreien Abschnitt verbreitert sich das grüne Filament, während das rote sich aufspal-tet. Das Zentrum der Flecken- und Fackeltätigkeit liegt noch immer zwischen $l=200°$ und 250°, wo beide Emissionen um den Punkt $l=220°$, $b=-20°$ maximale Intensitäten aufweisen. Zwei kleinere Fleckengruppen zwischen $l=280°$ und 300°, bei $b=-10°$ bewirken eine Verstärkung der Grünintensität gegenüber der vorangegangenen Rotation und besonders ein rotes Maximum bei $l=290°$, $b=-8°$. Der schon im Zusammenhang mit Abbildung 292 a erwähnte Fackelausläufer von $l=200°$, $b=-30°$ nach $l=120°$, $b=-50°$ ist auch auf Abbildung 293 a von einem Filament begleitet, andeutungsweise auch auf Abbildung 294 a. Schliesslich zeigen die mittleren Breiten wieder ver-schiedene Beispiele für die Komplementarität. Während die grüne Korona-karte im Bereich $b=40°$ bis 50°, von $l=0°$ bis 60° und von $l=200°$ bis 240° sehr kleine Intensitäten aufweist, zeigt an diesen Stellen die rote Linie grosse Helligkeit. Auch das rote Intensitätsmaximum bei $l=245°$, $b=-43°$ ist von schwacher Grünintensität begleitet.

Die beiden aufeinanderfolgenden Serien von je einer photosphärischen, einer grünen und einer roten Koronakarte (Abb. 294 b bis 297 a) vom September 1948 zeigen, trotzdem die Fleckentätigkeit noch maximal ist, bereits wieder einzelne Emissionsgebiete an Stelle der zusammenhängenden, die Sonne umspannenden Filamente.

Auf der Nordseite der Abbildung 294 b liegt ein grünes Filament zwischen $l=10°$ und 60°, welches hauptsächlich durch die Fleckengruppe bei $l=35°$, $b=10°$ bedingt ist. Das in der Zone $b=30°$ bis 40° im gleichen Längenintervall aufgetretene Filament ist einigen verstreuten Fackeln und einer kleinen Flek-kengruppe bei $l=4°$, $b=35°$ aus der vorangehenden Rotation zuzuschreiben. Dasselbe ist, sogar verstärkt, auch in der folgenden Rotation noch vorhanden. Die roten Intensitätsmaxima bei $l=20°$, $b=4°$, bei $l=12°$, $b=18°$ und bei

$l = 46°$, $b = 17°$ liegen ausserhalb der grünen Emissionsgebiete. Bei $l = 60°$ wird das Filament in 10° Breite abgelöst durch ein solches in 19° Breite, welches über der E-Gruppe bei $l = 118°$, $b = 18°$ seine grösste Intensität erreicht. Die rote Linie besitzt hier auch hohe Intensität, doch liegen ihre Maxima zu beiden Seiten der grossen Fleckengruppe, bei $l = 112°$, $b = 21°$ und bei $l = 130°$, $b = 17°$, wo sich eine weitere Fleckengruppe vom Typus D befindet. Nach einer von $l = 150°$ bis 180° reichenden Zone schwacher Aktivität setzt dieselbe bei $l = 185°$, $b = 11°$, wo sich eine kleinere Fleckengruppe befindet, wieder ein. Das weitere Intensitätsmaximum bei $l = 220°$, $b = 15°$ über einem alten Fackelherd findet sich nur auf der grünen Karte; hingegen zeigt sich das Maximum bei $l = 217°$, $b = 25°$ in beiden Linien. Die erst drei Tage nach der Koronabeobachtung entstandene E-Gruppe bei $l = 228°$, $b = 3°$ zeigt keinerlei Vorboten; dagegen zeigt die Beobachtung vom Westrand (Abb. 296a) an dieser Stelle eine kräftige Intensitätszunahme. Von hier aus bis etwa $l = 330°$ verlaufen grünes und rotes Filament über die mit vielen kleinen Fleckengruppen gespickte Zone $b = 10°$ bis 20° hinweg. Bemerkenswert sind die beiden roten Filamente in mittlerer Breite, die von dem Punkte $l = 220$, $b = 23°$ ausgehen, das eine nach $l = 140°$, $b = 50°$, das andere nach $l = 300°$, $b = 50°$. Das erstgenannte besitzt in der grünen Karte nichts Entsprechendes, das zweite bloss eine Intensitätserhöhung bei $l = 280°$ bis 300°, $b = 40°$ bis 50°. Beachtenswert ist, dass in der vorhergehenden Rotation im Gebiet $l = 300°$ bis 320°, $b = 40°$ bis 50° Fackeln aufgetreten sind.

Auf der Südhalbkugel lässt sich das Filament, das sich von $l = 5°$, $b = -23°$ über $l = 40°$, $b = -19°$ über Gebiete schwacher Aktivität nach $l = 100°$, $b = -18°$ hinzieht, in beiden Koronakarten verfolgen. Dagegen erscheint der Ast $l = 0°$, $b = -5°$ bis $l = 20°$, $b = -15°$ nur in der roten, der Ast $l = 0°$, $b = -45°$ bis $l = 40°$, $b = -32°$ nur in der grünen Linie. Bei den grossen Fleckengruppen von $l = 95°$ bis 120°, $b = -13°$ werden die Filamente breiter und intensiver und verlaufen mit abnehmender Intensität bis zu der alten Fleckengruppe $l = 170°$, $b = -9°$. Bei $l = 175°$ setzen beide Filamente in höherer Breite neu ein, erreichen ein erstes Maximum bei $l = 187°$, $b = -18°$ und ein zweites bei $l = 215°$, $b = -12°$, unmittelbar über der G-Gruppe $l = 222°$, $b = -10°$. In dem nun folgenden Abschnitt nehmen gegen $l = 300°$ beide Koronalinien an Intensität ab. Auffallend ist das Verhalten der Korona über der sehr grossen Fleckengruppe bei $l = 285°$, $b = -10°$: die grüne Linie zeigt über derselben ein Intensitätsminimum, die rote eine Einsenkung der Kammlinie des nur schwachen Filamentes. Im letzten Abschnitt $l = 300°$ bis 360° liegen zwei Fackelbänder übereinander, das eine, überlagert von einem grünen und roten Filament, erstreckt sich von $l = 315°$, $b = -15°$ über $l = 340°$, $b = -9°$ nach $l = 360°$, $b = -12°$, das andere von $l = 280°$, $b = -28°$ über $l = 330°$, $b = -20°$ nach $l = 360°$, $b = -20°$.

Die grüne Koronakarte von der zweiten Hälfte September (Abb. 296a) zeigt auf der Nordseite gegenüber der Karte von der ersten Hälfte, abgesehen von der schon erwähnten Intensitätszunahme über der Fleckengruppe $l = 228°$, $b = 3°$, keine neuen Emissionsgebiete. Auch auf der Südhalbkugel sind die Verände-

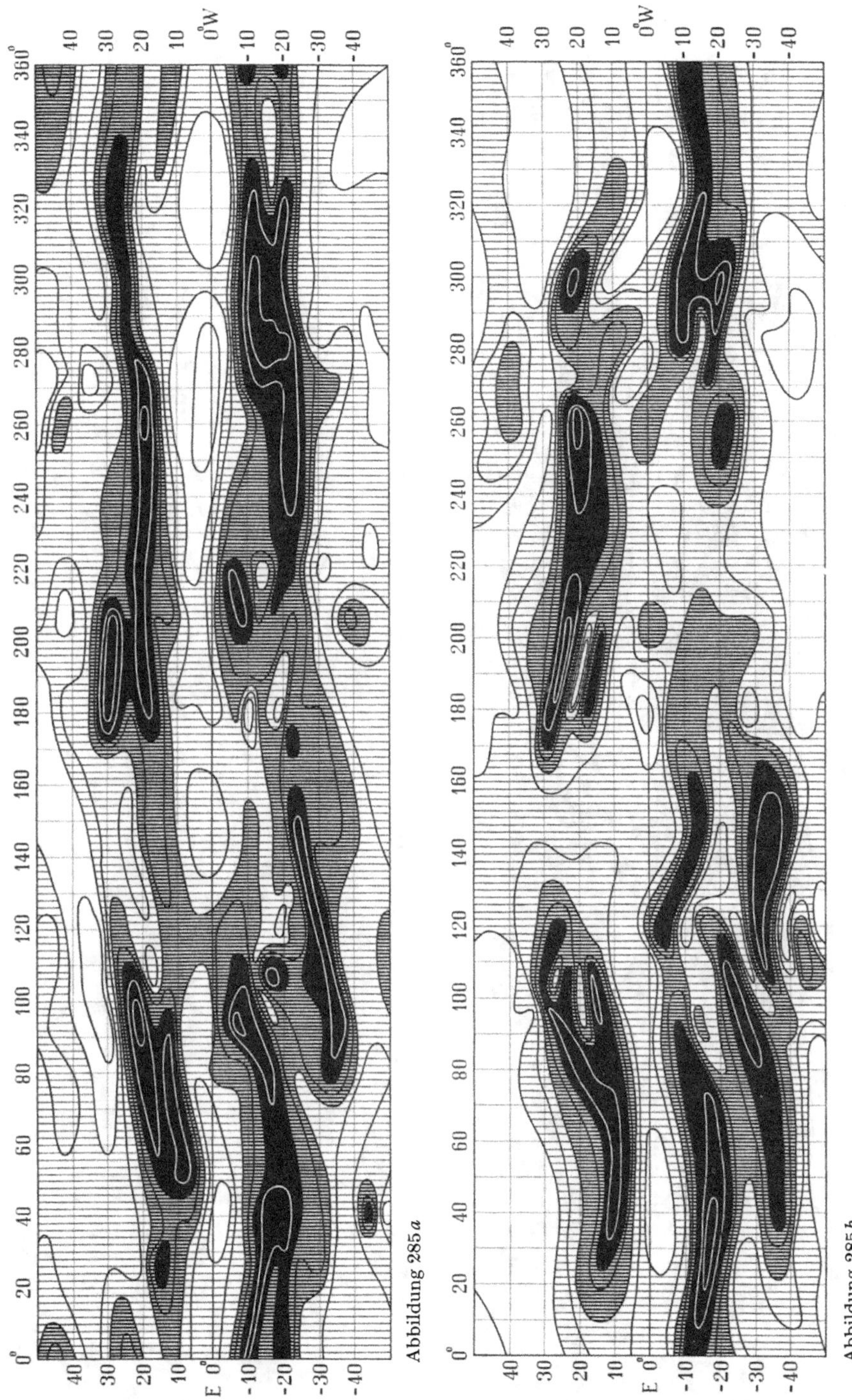

Abbildung 285 a

Abbildung 285 b

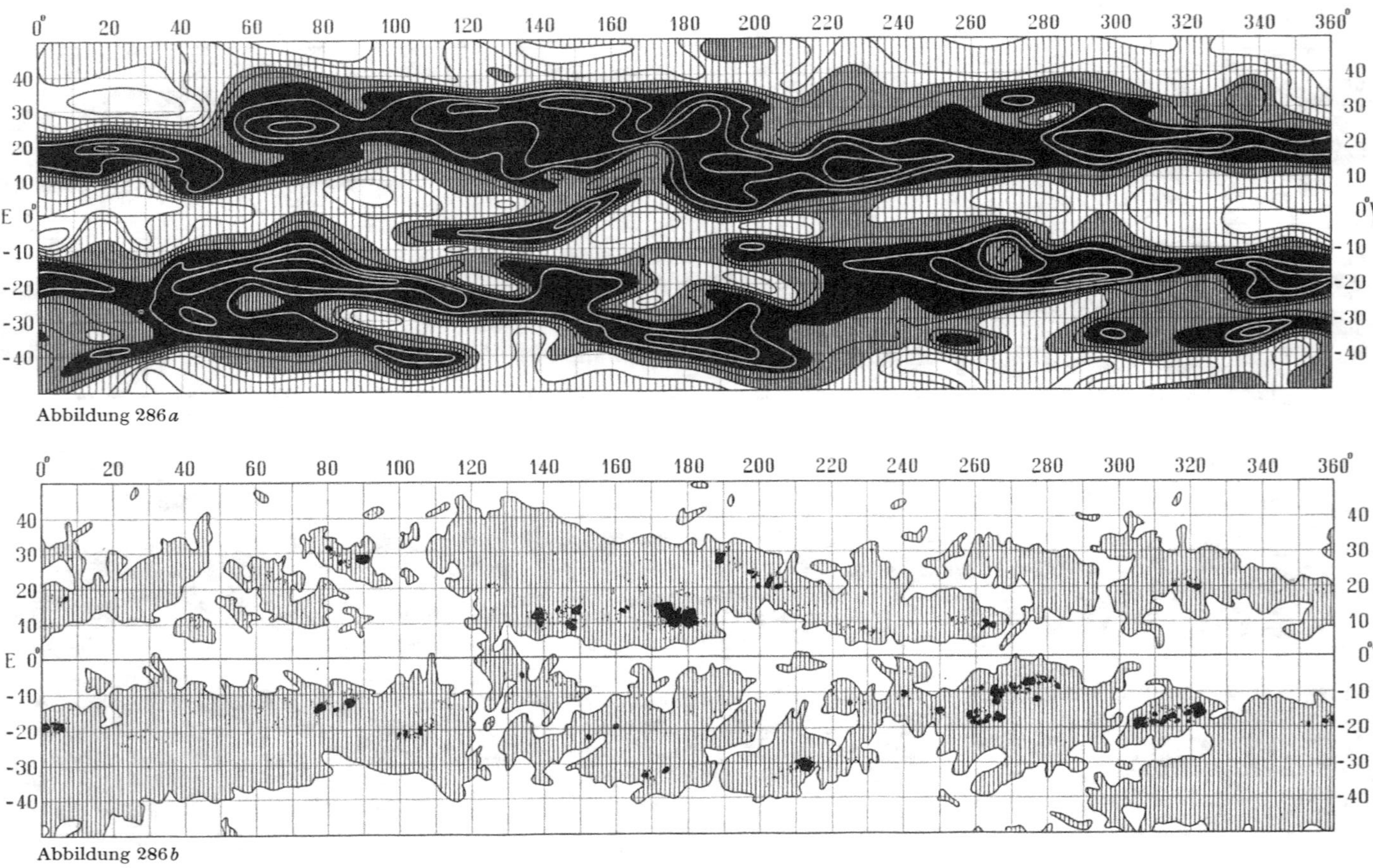

Abbildung 286a

Abbildung 286b

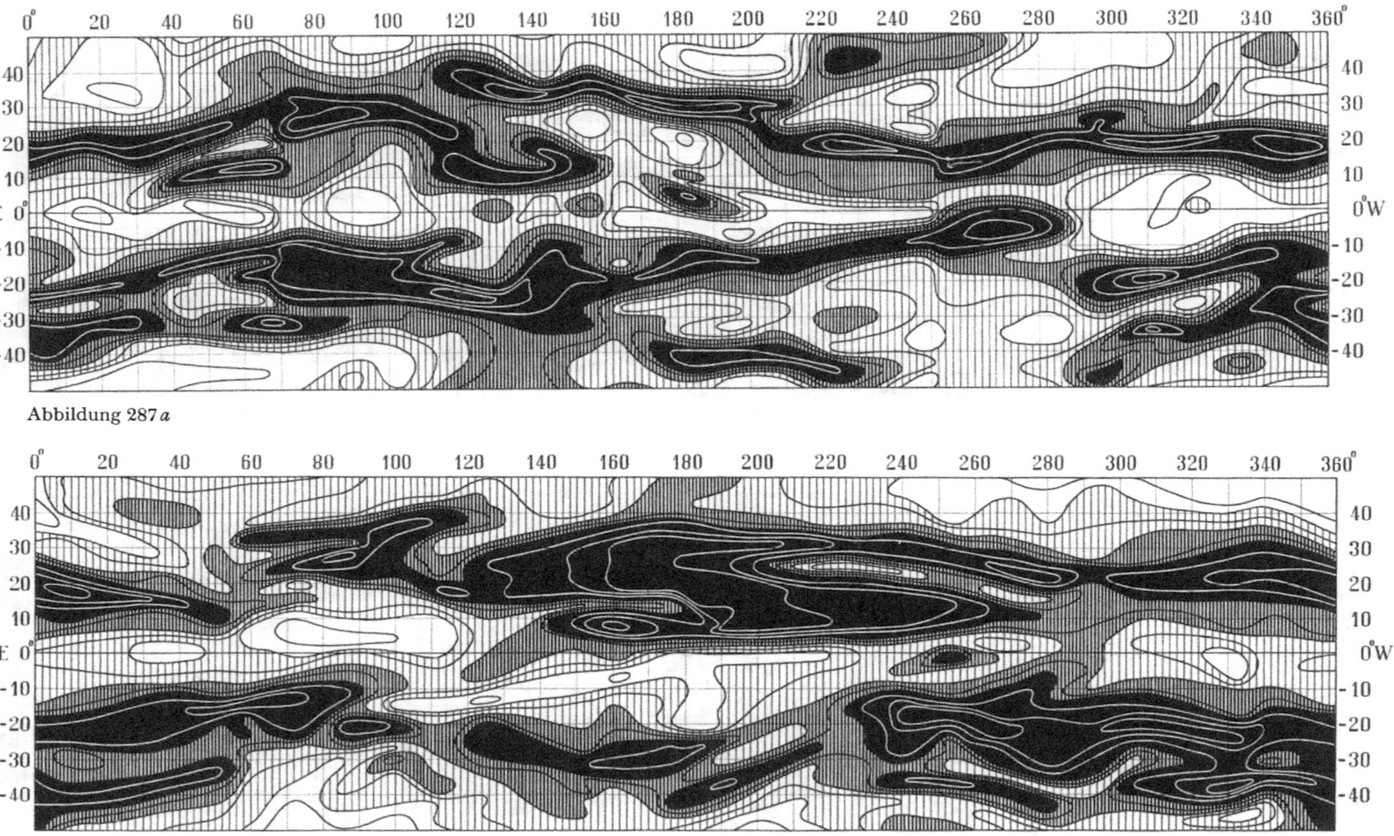

Abbildung 287 a

Abbildung 287 b

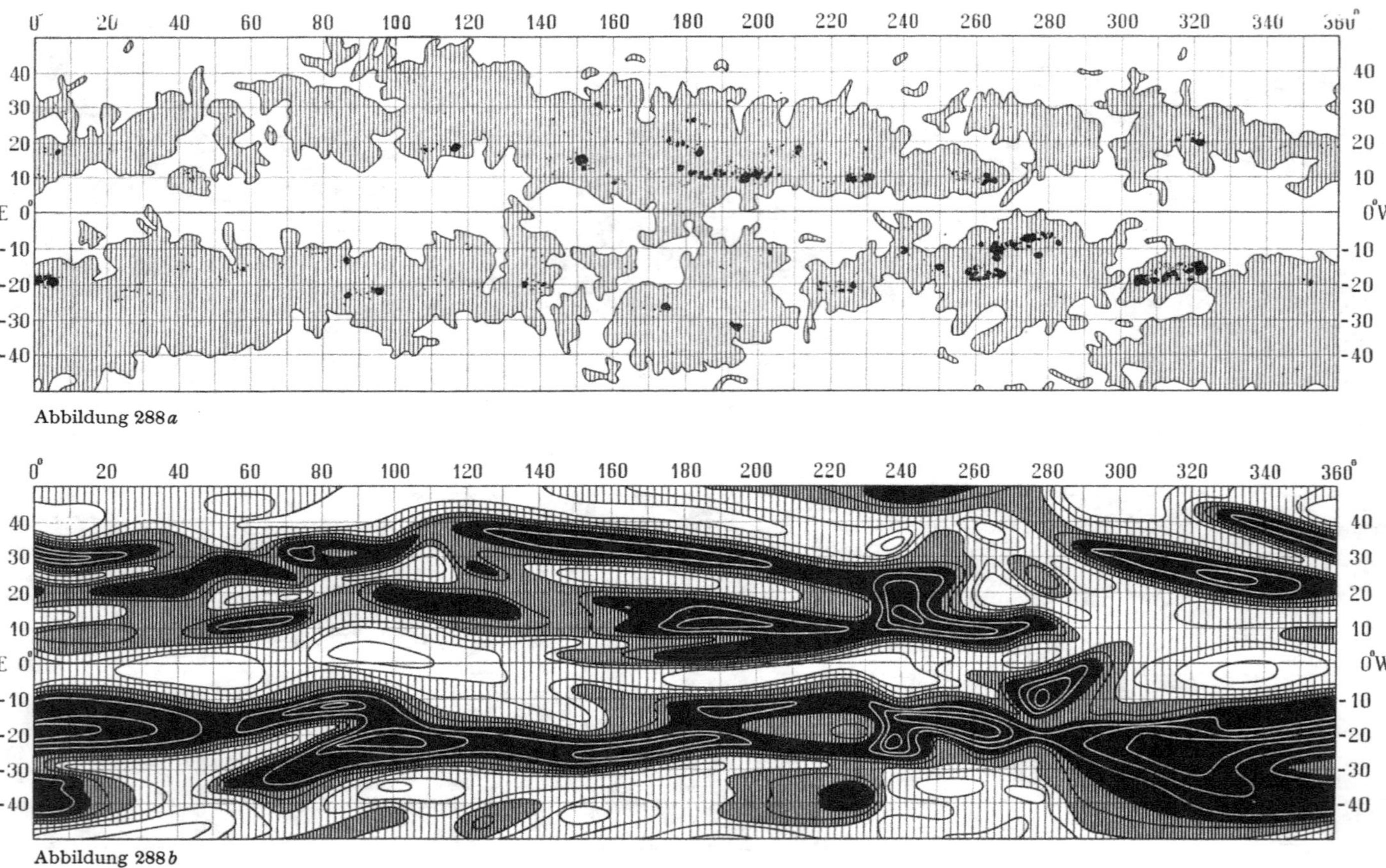

Abbildung 288a

Abbildung 288b

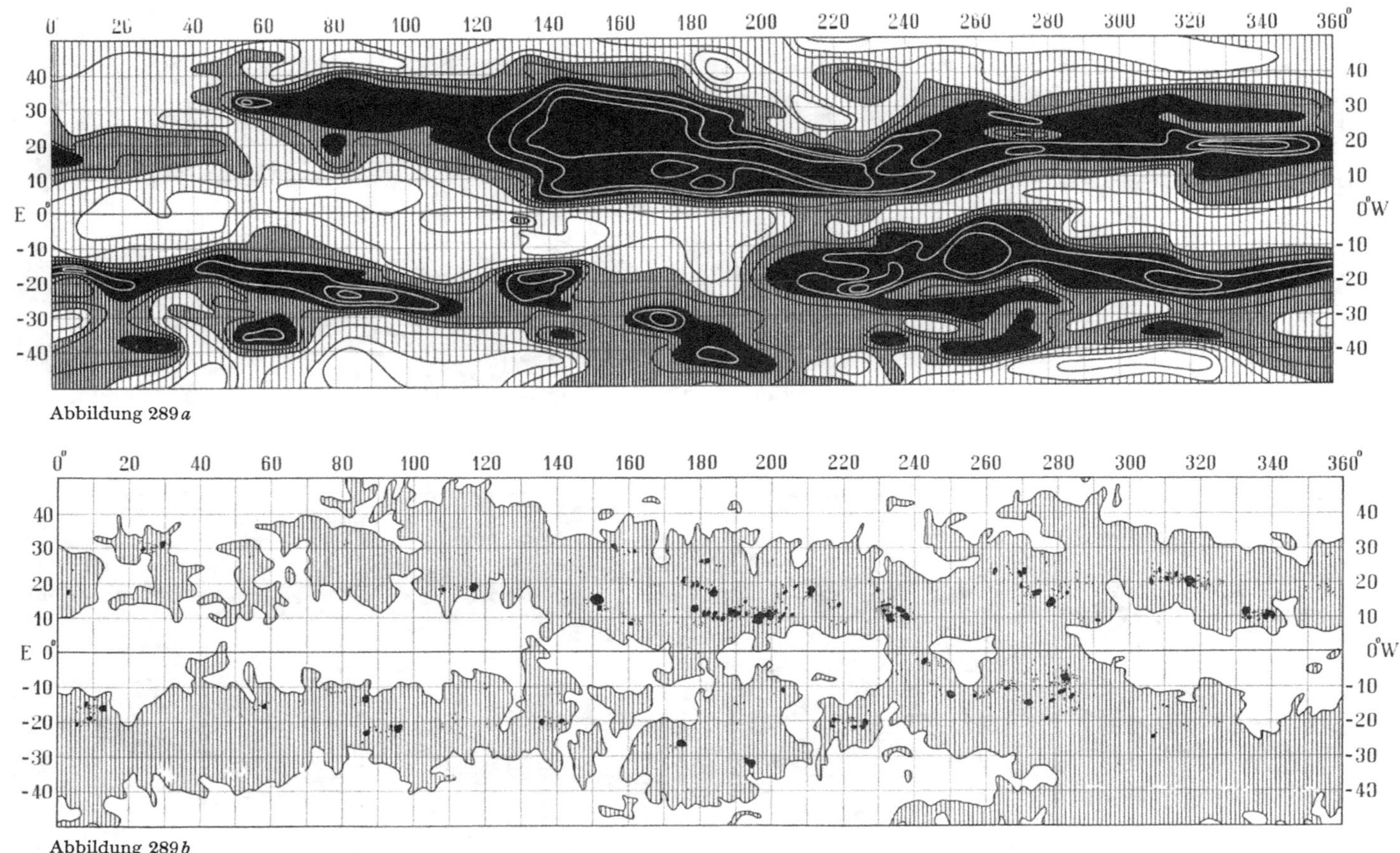

Abbildung 289a

Abbildung 289b

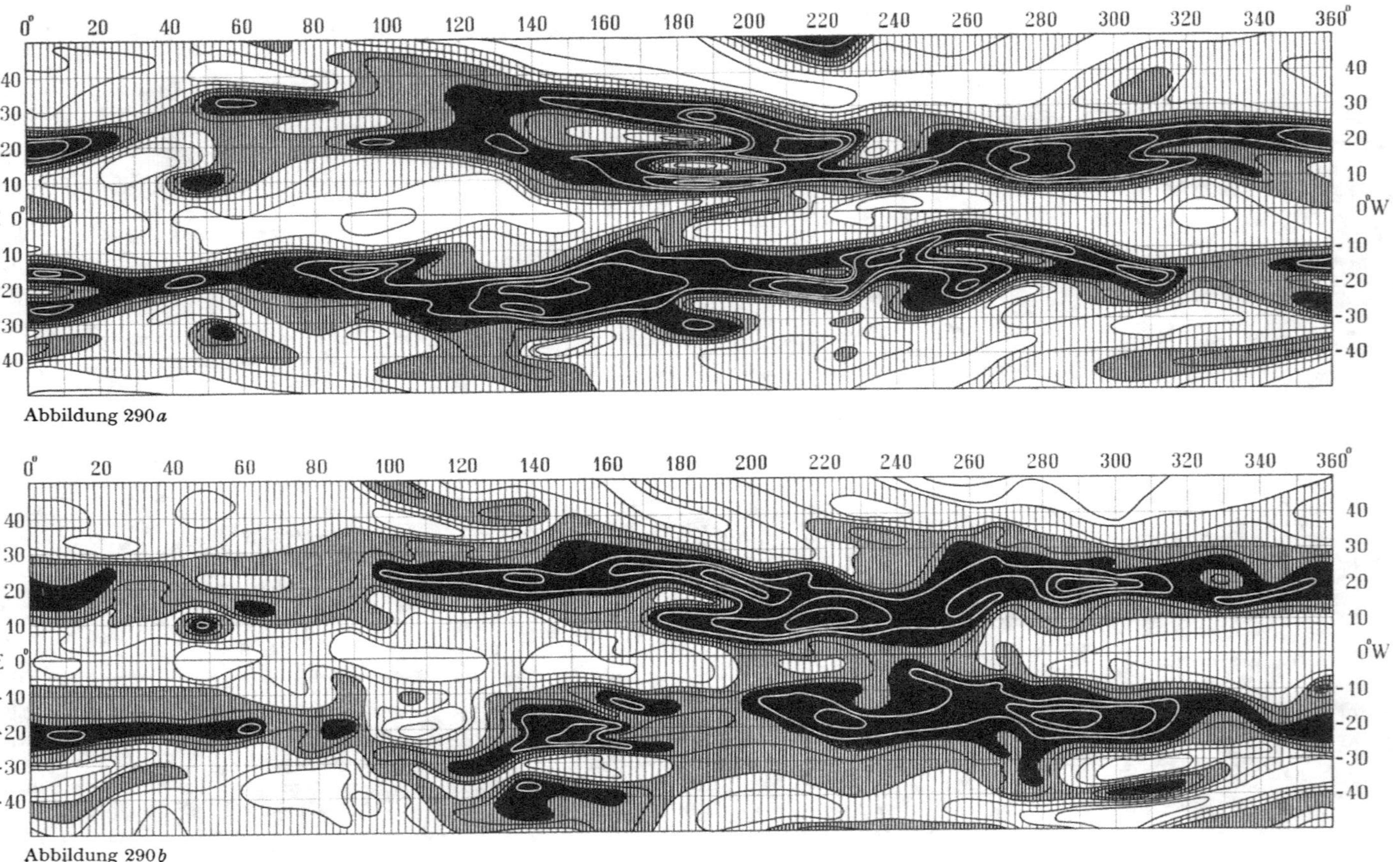

Abbildung 290a

Abbildung 290b

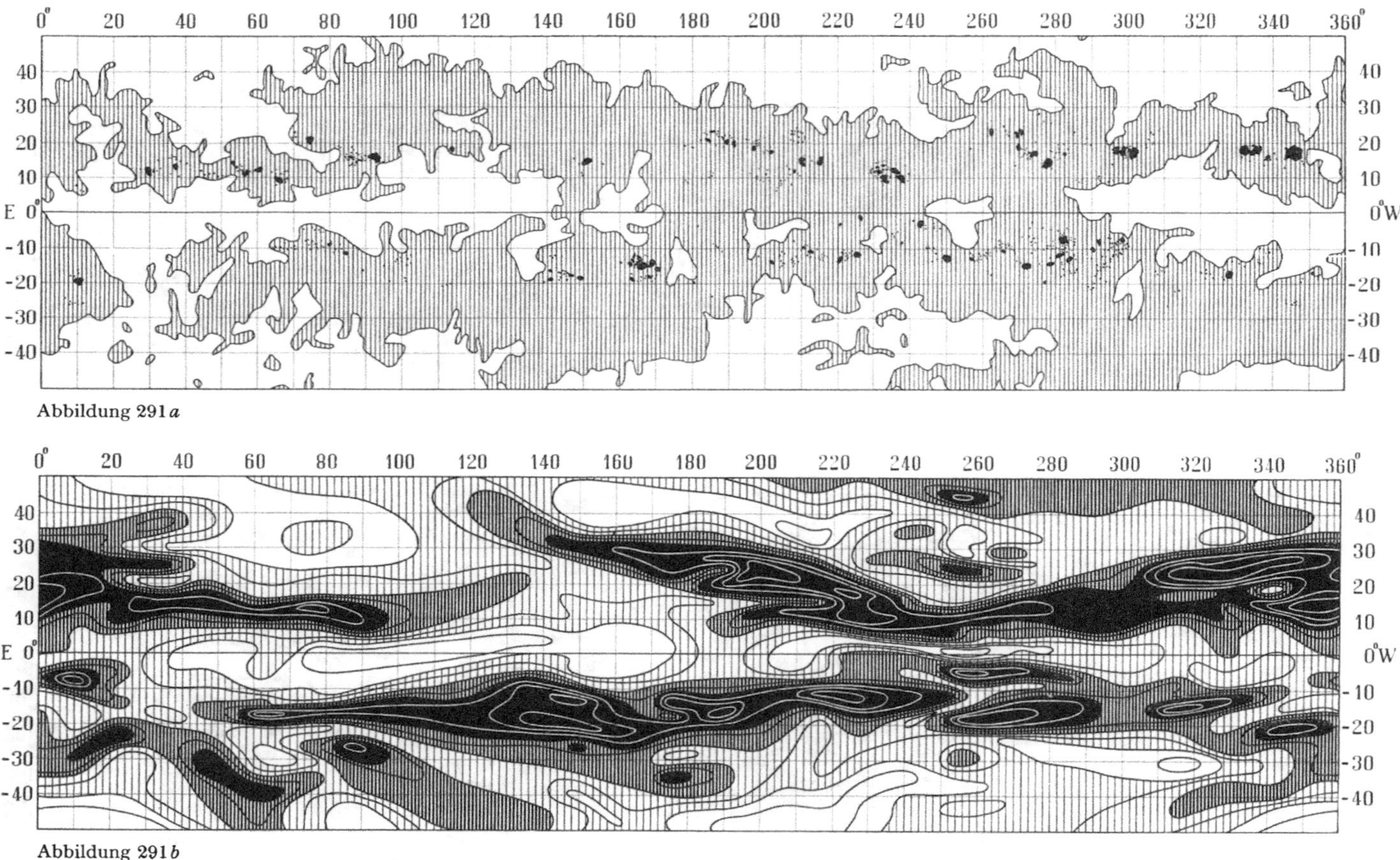

Abbildung 291a

Abbildung 291b

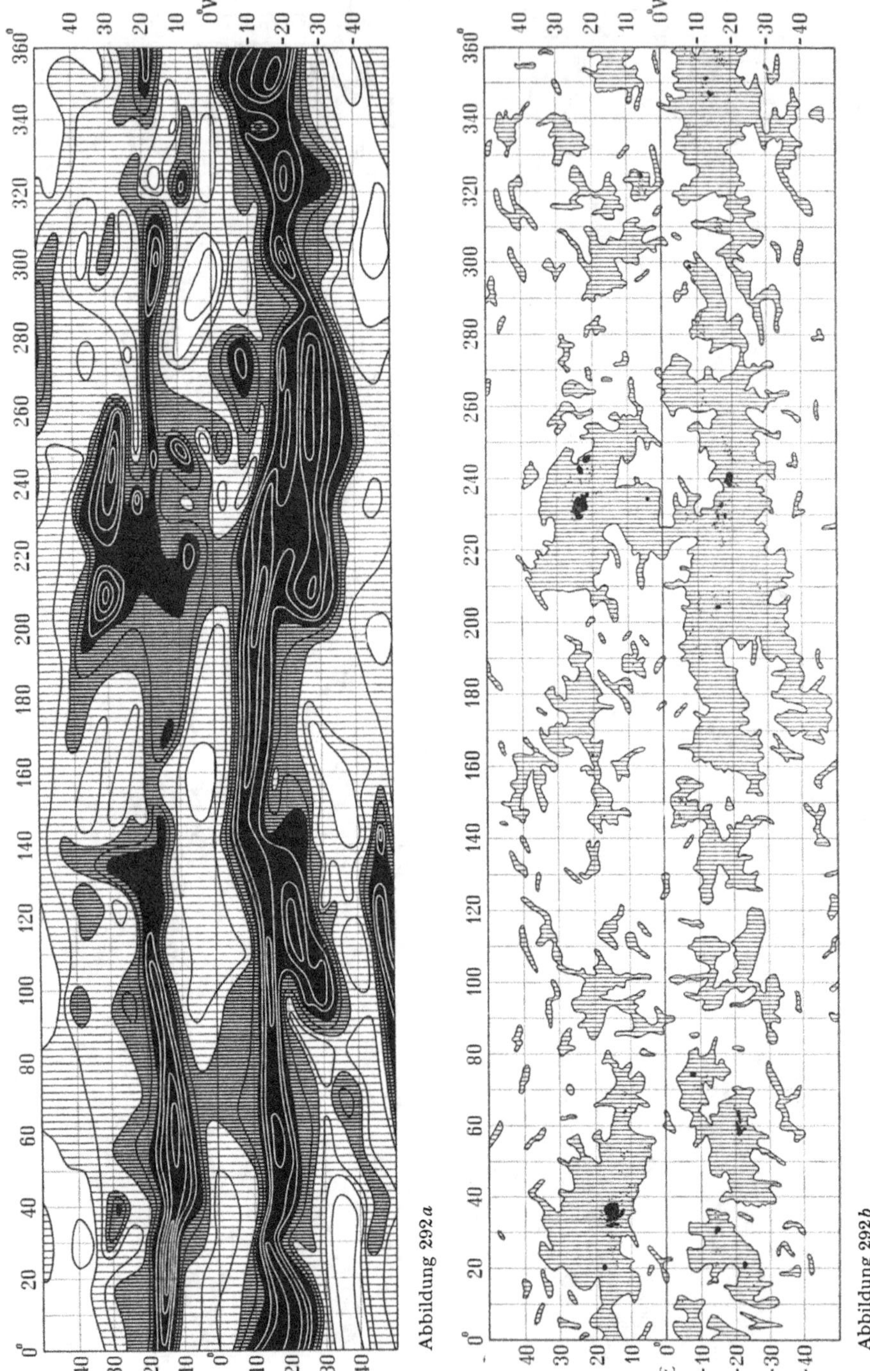

Abbildung 292a

Abbildung 292b

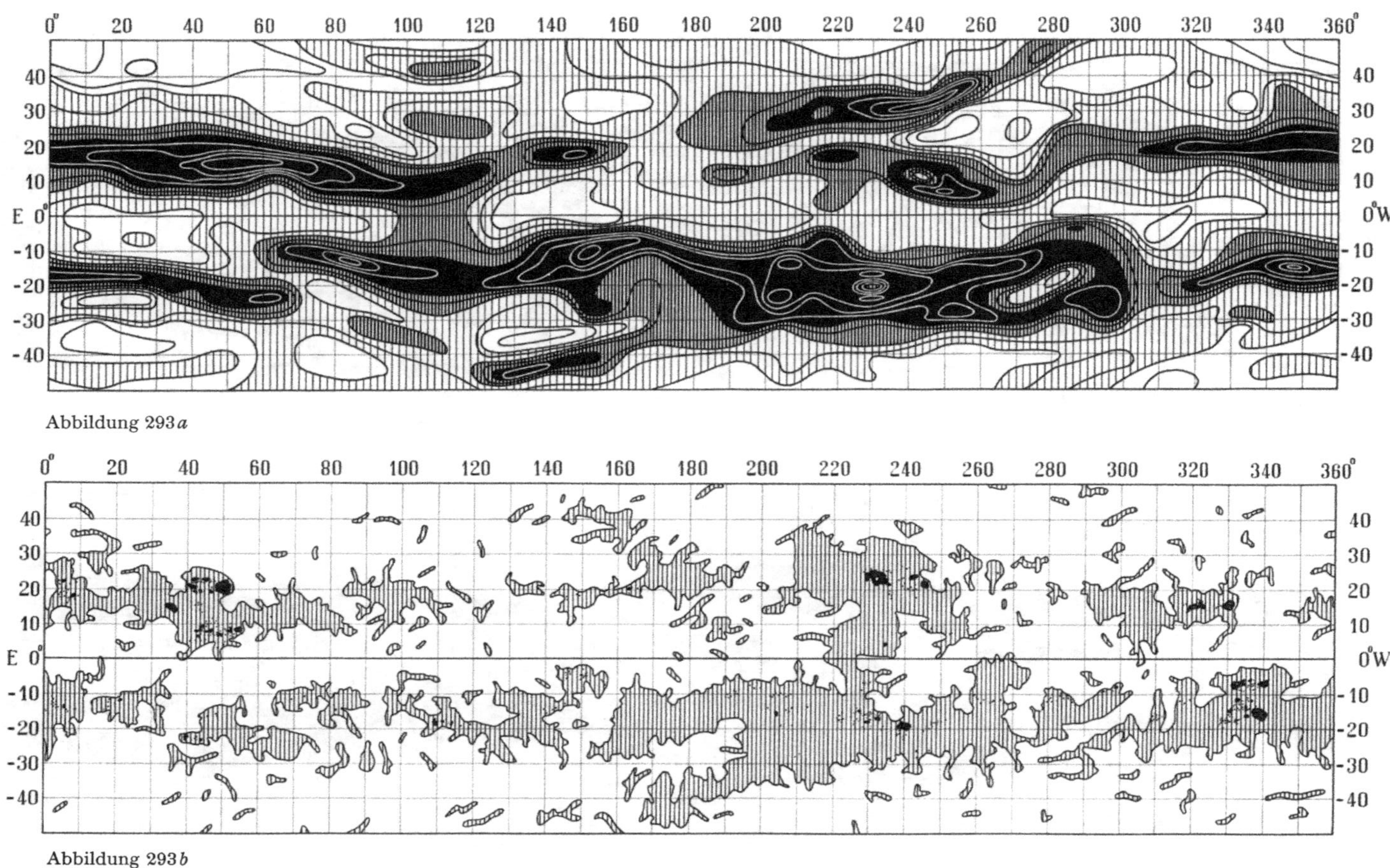

Abbildung 293a

Abbildung 293b

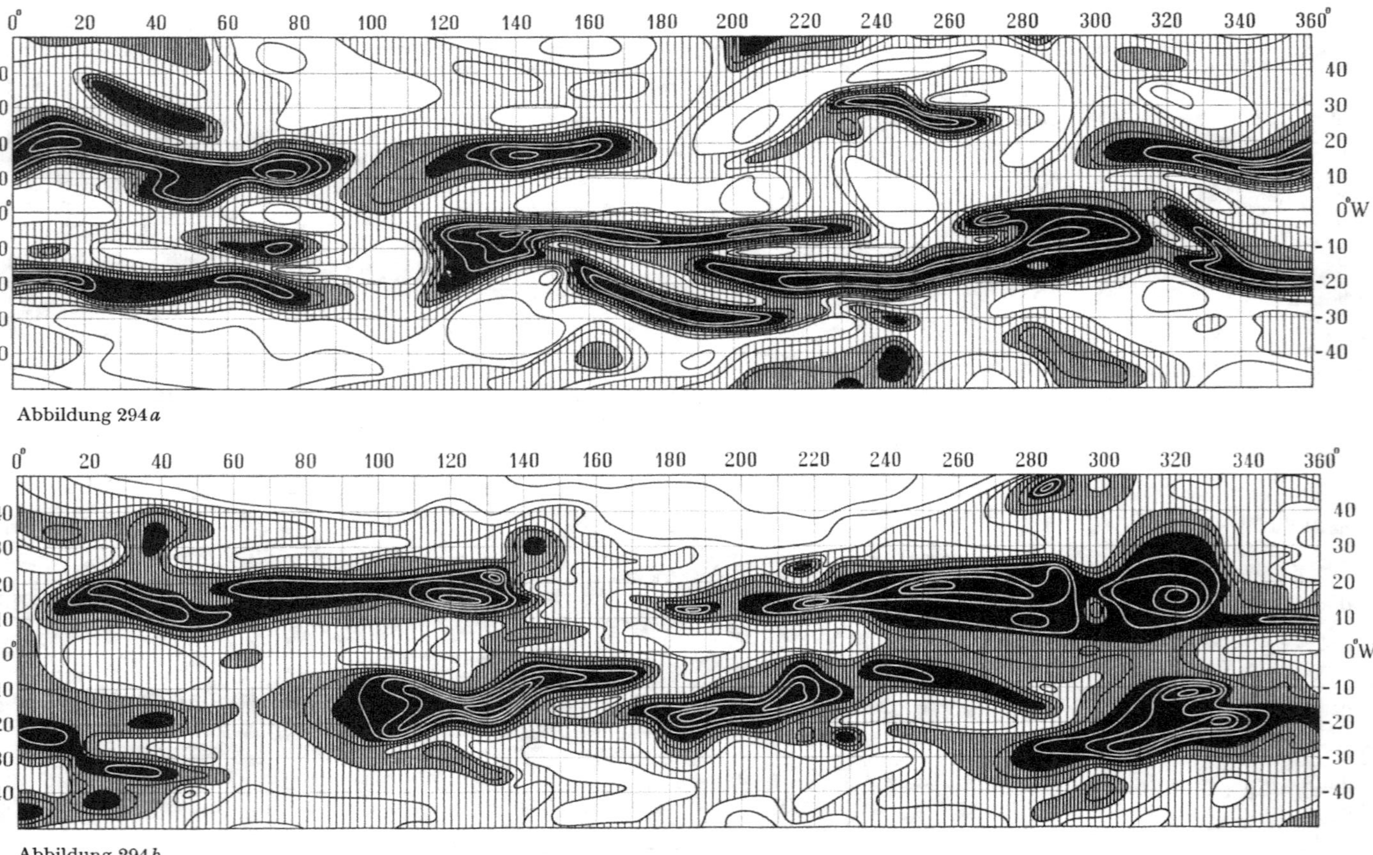

Abbildung 294a

Abbildung 294b

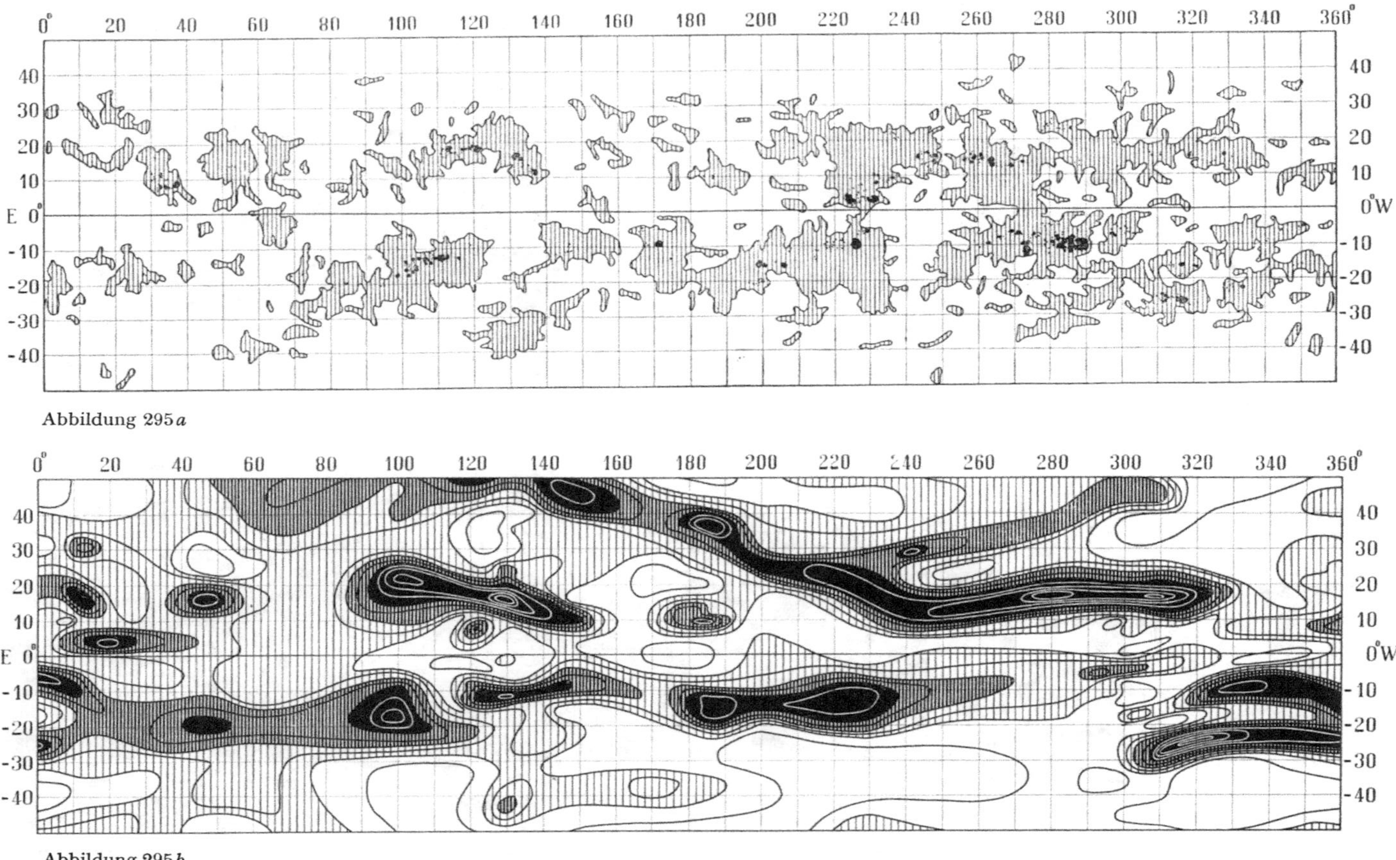

Abbildung 295a

Abbildung 295b

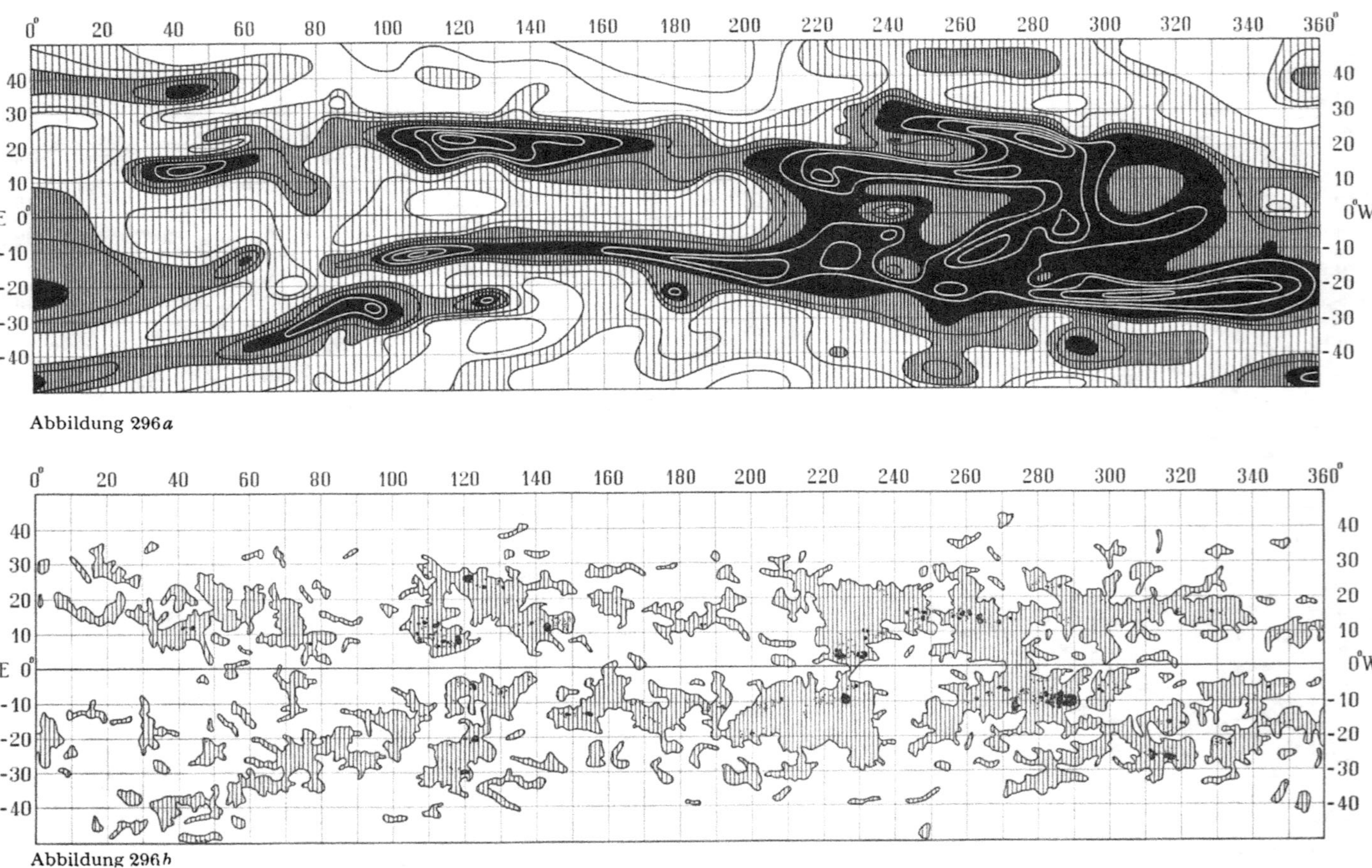

Abbildung 296a

Abbildung 296b

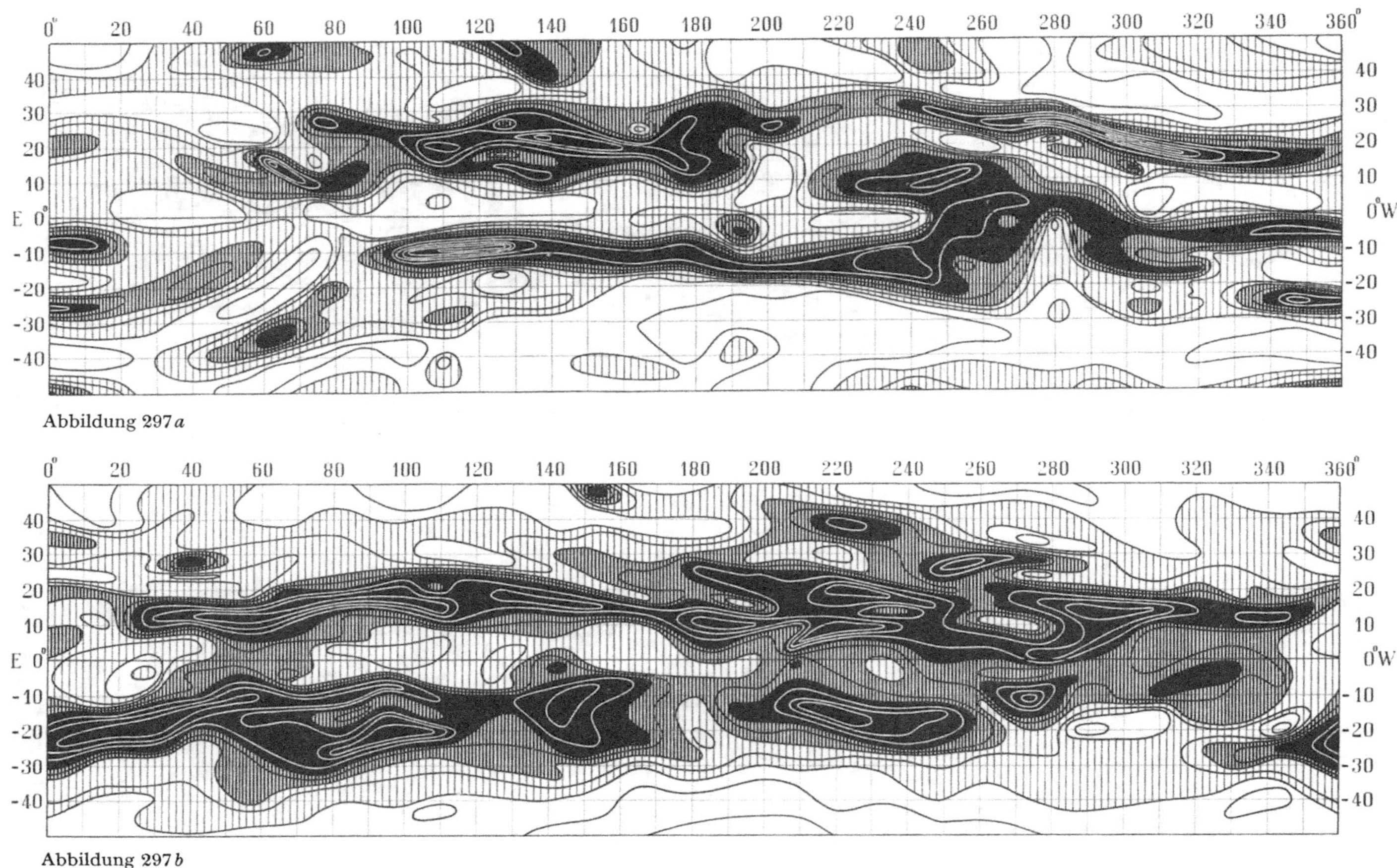

Abbildung 297a

Abbildung 297b

　Die Sonnenkorona

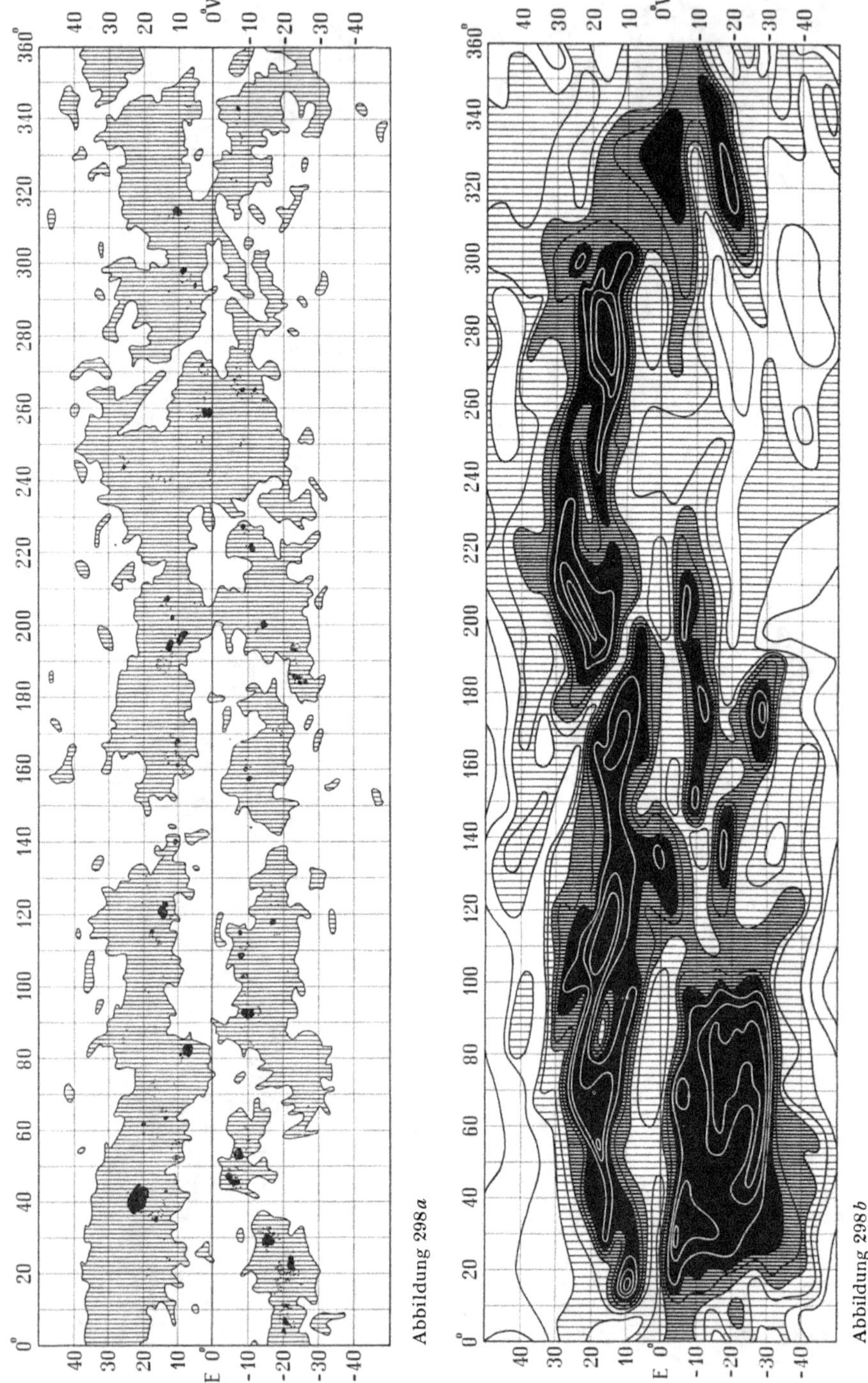

Abbildung 298*a*

Abbildung 298*b*

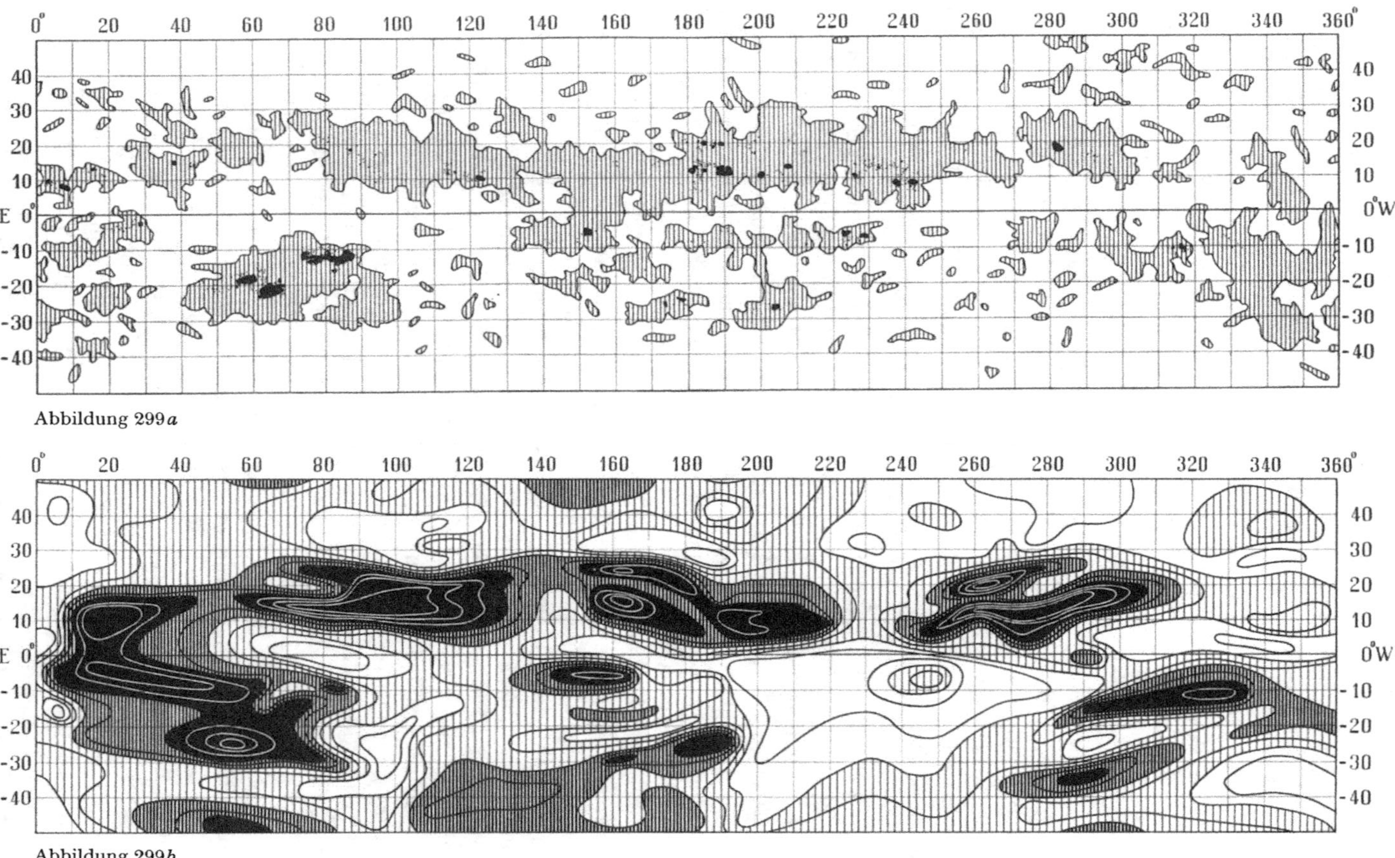

Abbildung 299a

Abbildung 299b

rungen während einer halben Rotation klein: zwischen $l = 60°$, $b = -35°$ und $l = 100°$, $b = -25°$ hat sich, übrigens auch in der roten Koronakarte, eine Brücke gebildet und das Loch bei $l = 250°$, $b = -17°$ hat sich ausgefüllt, indem sich das bereits in der ersten Karte vorgebildete Filament von $l = 220°$, $b = -20°$ nach $l = 280°$, $b = -27°$ verstärkt hat.

Grössere Veränderungen innerhalb einer halben Rotation zeigt die rote Karte (Abb. 297a). Auf der Nordhalbkugel sind die kleinen Emissionsgebiete bei $l = 20°$, $b = 3°$, bei $l = 47°$, $b = 17°$ und bei $l = 13°$, $b = 31°$ verschwunden, dagegen ist ein neues bei $l = 65°$, $b = 14°$ aufgetreten und ein ebensolches bei $l = 78°$, $b = 28°$. Durch das Anwachsen des Emissionsgebietes bei $l = 180°$, $b = 12°$ hat sich das vorher bei $l = 155°$ endende Filament bis $l = 190°$ verlängert. Die beiden ehedem von $l = 220°$, $b = 23°$ nach höheren Breiten verlaufenden Filamente sind nur rudimentär erkennbar. Die bereits in der ersten Karte vorhandene «Rinne» von $l = 230°$, $b = 22°$ nach $l = 300°$, $b = 8°$ hat sich vertieft. Eine ähnliche «Rinne» hat sich auf der südlichen Halbkugel (auch auf der grünen Karte) von $l = 30°$, $b = -33°$ nach $l = 75°$, $b = -10°$ gebildet. Andererseits sind die kurzen Filamentstücke bei $l = 100°$, $b = -18°$, bei $l = 130°$, $b = -12°$ und von $l = 170°$ bis $240°$ zu einem einzigen Filament verschmolzen. Im Gebiet $l = 250°$ bis $280°$ hat die Intensität längs des Äquators stark zugenommen, indem auch die Fackelgebiete der Nord- und Südseite sich zwischen $l = 270°$ und $280°$ über den Äquator hinweg vereinigen. Bemerkenswert ist, wie schon in der Karte von der ersten Septemberhälfte, die stark reduzierte Intensität der roten Koronalinie über dem grossen bei $b = -10°$ von $l = 273°$ bis $290°$ reichenden Fleckenkomplex.

Die grüne Koronakarte von Ende März 1949 (Abb. 297b) stammt noch immer aus einer Zeit grösster Fleckentätigkeit. Die nördliche Halbkugel zeigt ein durchgehendes Filament, welches meist in der Breite von etwa $15°$ liegt, in dem fleckenfreien Abschnitt $l = 0°$ bis $20°$ mit geringer Intensität bei $b = 20°$ beginnt und bis $l = 210°$ über die Fleckengruppen hinwegläuft. Der sehr grosse, aber alte Fleck bei $l = 40°$, $b = 22°$ liegt jedoch ausserhalb des Hauptfilamentes an einer Stelle minimaler Intensität, indem diese vom Fleck aus nordwärts wie südwärts zunimmt. Die Koronastruktur in der Umgebung dieser Fleckengruppe ist bereits früher beschrieben worden[1]. Damit liegt ein weiteres Beispiel vor, dass über sehr grossen Fleckengruppen die Linienintensität wider Erwarten klein ist. Auch über den wesentlich kleineren Gruppen bei $l = 82°$, $b = 8°$ und bei $l = 120°$, $b = 14°$ zeigt sich dieser Effekt, indem im ersten Fall die Isophoten nordwärts der Fleckengruppe ausweichen und im zweiten die Kammlinie des koronalen Filamentes gerade über der Fleckengruppe eine Absenkung zeigt. Während die Gruppe bei $l = 165°$, $b = 10°$ bei der Koronabeobachtung noch nicht existiert hat und sich in der koronalen Karte auch durch nichts bemerkbar macht, ist unmittelbar südlich der bereits am Ostrand vorhandenen E-Gruppe bei $l = 193°$, $b = 13°$ die Korona stark aufgehellt, unmittelbar nördlich davon aber abgeschwächt. Bei $l = 220°$ verbreitert sich das Filament

---

[1] M. WALDMEIER, Z. Astrophys. *27*, 73 (1950).

entsprechend der Verbreiterung der Aktivitätszone, reichen doch bei $l = 240°$ die Flecken vom Äquator bis 28°. Von $l = 240°$ bis 300° liegen die Fleckengruppen bei $b < 10°$, weshalb sich in diesem Abschnitt auch das Filament bis zum Äquator verschiebt. Die «Rinne», die sich von $l = 260°$, $b = 20°$ nach $l = 275°$, $b = 10°$ zieht, ist auch in der Verteilung der Fackeln zu erkennen. Bemerkenswert ist ein Filament, das bei $l = 280°$, $b = 15°$ nach höheren Breiten abzweigt und über $l = 255°$, $b = 28°$ und $l = 220°$, $b = 40°$ bei $l = 155°$ den Kartenrand erreicht. Auf der photosphärischen Karte sind die unterliegenden Fackeln nur andeutungsweise erkennbar; bestimmt hängt das isolierte Fackelfeld bei $l = 160°$, $b = 43°$ mit dem Intensitätsmaximum bei $l = 155°$, $b = 48°$ zusammen.

Die südliche Hemisphäre zeigt eine Kette von grösseren Fleckengruppen, welche sich von $l = 7°$, $b = -20°$ über $l = 50°$, $b = -6°$ nach $l = 120°$, $b = -17°$ erstreckt und über welche hinweg, stets in etwas grösserer Breite als diese, das koronale Filament verläuft. Bei $l = 60°$ bis 80° wächst das Fackelfeld bis auf $b = -33°$, und gleichzeitig verbreitert sich auch das koronale Filament, dessen Umrisse im wesentlichen denjenigen der Fackelfelder folgen. Bei $l = 150°$ bis 160° verbreitern sich Fackelfelder und Filament aufs neue, während die Linienintensität zwischen $l = 180°$ und 190°, wo die Fackeln fast ganz fehlen, stark absinkt. Die grosse Fleckengruppe bei $l = 190°$, $b = -24°$ und das umgebende Fackelfeld sind erst in der Nähe des Zentralmeridians entstanden, können also bezüglich der Koronastruktur ignoriert werden. Weder über der Fleckengruppe bei $l = 200°$, $b = -14°$ noch über derjenigen bei $l = 224°$, $b = -10°$, welche am Ostrande beide vom Typus J waren, zeigt die Korona ein Intensitätsmaximum, sondern dazwischen. Ein weiteres Emissionsgebiet bei $l = 270°$, $b = -11°$ liegt über einer Ansammlung mehrerer kleiner Fleckengruppen, und ein anderes liegt über den Fleckengruppen bei $l = 324°$, $b = -6°$ und $l = 340°$, $b = -7°$. Schliesslich liegt auch über dem Fackelausläufer von $l = 335°$, $b = -28°$ bis $l = 360°$, $b = -23°$ und der kleineren Fleckengruppe bei $l = 350°$, $b = -23°$ ein koronales Filament.

Als letztes führen wir in den Abbildungen 298b, 299a und b drei Karten der grünen und der roten Korona sowie der Photosphäre von anfangs August vor.

Die im Bereich $l = 0°$ bis 10° eingezeichneten Fleckengruppen sind erst nach der Koronabeobachtung entstanden, weshalb sowohl auf der Nord- wie auf der Südseite in beiden Koronakarten geringe Intensitäten auftreten. Von $l = 10°$, $b = 10°$ folgt das grüne Filament den Flecken- und Fackelherden, spaltet bei $l = 65°$, $b = 20°$ in zwei Äste auf, von denen der eine mehr dem nördlichen, der andere dem südlichen Rand eines grossen Fackelherdes folgt und die sich bei $l = 115°$, $b = 18°$ wieder vereinigen. Abgesehen von kleineren Details zeigen bis hieher die beiden Linien dieselbe Koronastruktur. Von hier aus trennen sich die beiden Filamente; das rote verläuft über $l = 140°$, $b = 25°$ nach $l = 170°$, $b = 23°$, biegt nach $l = 190°$, $b = 10°$ um, verläuft somit über die grosse Flekkengruppe bei $l = 186°$, $b = 13°$ und erlischt bei $l = 220°$, $b = 10°$. Das grüne Filament setzt sich von $l = 115°$, $b = 18°$ aus, der photosphärischen Aktivität der vorangegangenen Rotation folgend, über $l = 140°$, $b = 13°$ fort, erreicht, zusammen mit der roten Linie, bei $l = 165°$, $b = 14°$ ein Intensitätsmaximum und erlischt bei $l = 200°$, $b = 6°$. Bemerkenswert ist, dass die grüne Karte an der Stelle des roten Filamentes von $l = 170°$, $b = 22°$ nach $l = 200°$, $b = 10°$ eine tiefe «Rinne» aufweist, in welcher auch die grosse E-Gruppe bei $l = 186°$, $b = 13°$ liegt. Übrigens zeigt auch der Kamm des roten Filamentes über dieser Fleckengruppe eine Absenkung. Das in der grünen Karte nordwestlich der Fleckengruppe liegende Emissionsgebiet von $l = 190°$, $b = 18°$ bis $l = 240°$, $b = 28°$ fehlt in der roten Karte völlig. Ein zweites grünes Filament verläuft südlicher über $l = 210°$, $b = 13°$ nach $l = 240°$, $b = 18°$ und vereinigt sich mit dem nördlichen zu dem Intensitätsmaximum bei $l = 280°$, $b = 17°$, wo sich der alte J-Fleck, $l = 282°$, $b = 18°$, befindet. Für das Verständnis des Verhaltens der Korona im Gebiet $l = 220°$ bis $250°$, $b = 10°$, wo die grünen Isophoten nach Norden ausweichen und die rote Linie besonders schwach ist, muss erwähnt werden, dass die in der photosphärischen Karte zwischen $l = 226°$ und $245°$ eingezeichneten Fleckengruppen zur Zeit der Koronabeobachtung noch nicht existiert haben. An zwei Stellen zeigen sich direkt über dem Äquator grössere Intensitäten der Linie 5303, nämlich in der Umgebung von $l = 135°$ und von $l = 320°$. Damit steht in Zusammenhang, dass in der vorangegangenen Rotation die Fackelherde der nördlichen und der südlichen Zone im Gebiet $l = 130°$ bis $150°$, $l = 300°$ bis $315°$ und $l = 337°$ bis $345°$ über den Äquator hinweg verschmolzen waren. Die beiden roten Filamente von $l = 250°$, $b = 18°$ nach $l = 290°$, $b = 27°$ und von $l = 240°$, $b = 6°$ nach $l = 310°$, $b = 20°$ kreuzen die grünen; das eine zieht nördlich, das andere südlich von dem grossen Fleck vorbei, welcher wiederum in einer «Rinne» geringer Rotintensität liegt.

Auf der Südhalbkugel unterscheiden wir einen ersten, etwa von $l = 0°$ bis $110°$ reichenden Abschnitt. Er enthält ein durch die Punkte $l = 10°$, $b = -5°$, $l = 90°$, $b = -10°$, $l = 90°$, $b = -30°$ und $l = 20°$, $b = -30°$ umrissenes Gebiet, in welchem beide Karten grosse Intensität und ähnliche Struktur aufweisen. Bezeichnend ist auch hier, dass die grössten Intensitäten ausserhalb der beiden F-Gruppen bei $l = 80°$, $b = -13°$ und $l = 60°$, $b = -20°$ auftreten, und zwar vorwiegend in etwa $5°$ höherer Breite. Über den Flecken selber ist die Linienintensität zwar hoch, aber doch schwächer als in ihrer unmittelbaren Umgebung. Im zweiten von $l = 110°$ bis $220°$ reichenden Abschnitt zeigen die beiden Koronakarten ein sehr verschiedenes Verhalten. Ein rotes Filament liegt direkt über dem alten J-Fleck bei $l = 152°$, $b = -5°$, während das entsprechende grüne Filament bei etwa $-10°$ liegt und sich, einigen kleinen Fleckengruppen bei $l = 180°$ bis $190°$, $b = -7°$ und solchen bei $l = 195°$ bis $205°$, $b = -7°$ der vorangehenden Rotation folgend, bis $l = 230°$, $b = -8°$ erstreckt, wo die rote Linie äusserst schwach erscheint. Die bei $l = 226°$, $b = -6°$ eingezeichnete Flecken- und Fackelgruppe hat zur Zeit der Koronabeobachtung noch nicht existiert. Ein weiteres, sowohl grünes wie rotes Emissionsgebiet liegt bei $l = 175°$, $b = -28°$ und ist durch die D-Gruppe mit Fackelfeld bei $l = 176°$, $b = -25°$ bedingt. Von hier aus verläuft ein grünes Filament über Fackelfelder der vorangegangenen Rotation nach $l = 135°$, $b = -17°$ und weiter nach $l = 100°$, $b = -18°$ und ein rotes nach $l = 110°$, $b = -43°$. Von $l = 220°$ bis $280°$ folgt ein photosphärisch und koronal ruhiger Abschnitt, in welchem ein isolierter roter Strahl bei $l = 245°$, $b = -7°$ liegt, wo die grüne Linie ein Intensitätsminimum aufweist. Der letzte Abschnitt $l = 280°$ bis $360°$ war zur Zeit der Koronabeobachtung fleckenfrei, so dass für die Koronastrukturen die photosphärischen Karten der vorangehenden Rotationen massgebend sind. In diesem Abschnitt zeigen die beiden Koronalinien ein ausgesprochen komplementäres Verhalten. Ein erstes grünes Filament verläuft von $l = 270°$, $b = -4°$ über $l = 310°$, $b \doteq -5°$ nach $l = 340°$, $b = -4°$, ein zweites von $l = 290°$, $b = -25°$ nach $l = 350°$, $b = -11°$. In der «Rinne» zwischen diesen beiden liegt das rote Filament von $l = 280°$, $b = -20°$ bis $l = 340°$, $b = -10°$. Parallel zu diesem verläuft ein zweites rotes Filament von $l = 270°$, $b = -36°$ nach $l = 340°$, $b = -20°$. In der «Rinne» zwischen diesen beiden roten Filamenten liegt das zweite grüne.

Die hier in Form von heliographischen Karten verwendeten Unterlagen zur Diskussion des Zusammenhanges zwischen photosphärischen und koronalen Strukturen dürfen nicht überschätzt werden. Unter den 14 für die Konstruktion einer heliographischen Karte benötigten aufeinanderfolgenden Koronabeobachtungen gibt es meistens auch solche von geringerer Qualität oder Lücken, die durch Interpolation überbrückt werden müssen. Auch bei vollständigen Beobachtungen ist das Zeichnen der Isophoten nur in den grossen Zügen zwangsläufig, in den Details aber oft mehrdeutig. Wegen der kurzzeitigen Fluktuationen der Linienintensität über aktiven Fleckengruppen kann das Isophotenbild in solchen Gebieten durch die zufällige Beobachtungszeit entscheidend beeinflusst werden. Auch auf Seiten der photosphärischen Beobachtungen bestehen Unsicherheiten: die Sichtbarkeit der kontrastarmen Fackeln hängt stark ab von der Bildruhe und der Himmelstrübung; auch ist die Zusammenfassung der Fackelpunkte zu Fackelfeldern in gewissen Grenzen willkürlich. Ferner ist der Umstand, dass die photosphärischen und die koronalen Beobachtungen derselben Stelle zeitlich um mehrere Tage auseinanderliegen und die für die Koronastruktur am Ostrand massgebliche photosphärische Aktivität auf der Rückseite der Sonne unbekannt ist, zu berücksichtigen. Aus diesen Gründen lassen sich aus nur wenigen Vergleichungen keine sicheren Schlüsse ziehen. Erst wenn sich in einem grossen Beobachtungsmaterial, wie es hier mitgeteilt worden ist, dieselben bestimmten Beziehungen zwischen photosphärischer Aktivität und koronaler Struktur immer wieder zeigen, können dieselben als Realitäten betrachtet werden.

Der Zusammenhang der koronalen Emissionen mit den Protuberanzen wird erst in dem Band *Physik der Korona* untersucht werden. Es sei hier lediglich darauf hingewiesen, dass die stationären Protuberanzen ausserhalb der Fleckenzone meistens in Gebieten liegen, wo sowohl die rote als auch die grüne Linie schwach ist[1]. Solche Gebiete treten in unseren Koronakarten als die mehrfach erwähnten «Rinnen» in Erscheinung.

---

[1] M. WALDMEIER, Z. Astrophys. *30*, 137 (1952) ; *38*, 219 (1956).

GPSR Compliance
The European Union's (EU) General Product Safety Regulation (GPSR) is a set
of rules that requires consumer products to be safe and our obligations to
ensure this.

If you have any concerns about our products, you can contact us on

ProductSafety@springernature.com

In case Publisher is established outside the EU, the EU authorized
representative is:

Springer Nature Customer Service Center GmbH
Europaplatz 3
69115 Heidelberg, Germany